数字IC设计工程师丛书

Verilog数字设计原理

数字设计基础与Verilog实现

卿文龙　著

孙　健　魏　东　译

科学出版社

北　京

图字：01-2023-3883号

内 容 简 介

本书涵盖与Verilog数字设计相关的基础知识和深入主题，全面介绍现代数字电路的设计和实现方式。

本书特别关注如何使用架构和时序图将设计概念转化为物理实现，总结并解决了初学者甚至经验丰富的工程师可能犯的常见错误，详细说明了几种ASIC设计，除了设计原则和技巧之外，还深入探讨了现代设计方法及其实施方式。全书共分10章，内容包括Verilog基础、Verilog高级话题、数的表示、组合逻辑电路、时序逻辑电路、数字系统设计、高级系统设计、I/O接口、逻辑综合等。书中的许多示例及RTL代码可以将初学者轻松带入数字设计领域。

本书适合数字IC设计工程师阅读，也可作为高等院校微电子、自动化、电子信息等相关专业师生的参考用书。

图书在版编目（CIP）数据

Verilog数字设计原理 / 卿文龙著 ; 孙健, 魏东译. 北京 : 科学出版社, 2025. 1. -- (数字IC设计工程师丛书). -- ISBN 978-7-03-080011-4

Ⅰ. TN79

中国国家版本馆CIP数据核字第2024MK0385号

责任编辑：杨 凯 / 责任制作：周 密 魏 谨
责任印制：肖 兴 / 封面设计：杨安安

科学出版社 出版
北京东黄城根北街16号
邮政编码：100717
http: //www.sciencep.com

北京九天鸿程印刷有限责任公司印刷
科学出版社发行 各地新华书店经销

*

2025年1月第 一 版 开本：787×1092 1/16
2025年1月第一次印刷 印张：33 1/2
字数：637 000

定价：128.00元
（如有印装质量问题，我社负责调换）

前　言

基于半定制设计方法设计的现代数字电路大多采用硬件描述语言进行描述，然后使用标准单元库综合出对应的逻辑门原理图，随后进行物理布局。因此，有必要尽早学习几种电子设计自动化工具，尤其是与设计相关的综合工具。

本书主要介绍计算机系统中的关键组件，例如互连网络、存储系统、仲裁器、I/O 控制器、嵌入式处理器、FIFO 和加速器等，同时，介绍这些组件的寄存器传输级（RTL）的代码描述，以及一种用于高级加密标准算法的嵌入式协处理器。此外，还介绍了驱动协处理器的汇编代码，以便读者可以完全理解处理器中每条指令的执行方式。

本书提供了几种专用集成电路（ASIC）的完整设计。介绍了主要的数字信号处理（DSP）技术，例如数字滤波器、快速傅里叶变换、信源编码和图像处理等，以及它们在 RTL 设计中的实现，此外，对定点 DSP 设计进行了逐步说明展示。

除了理论背景（例如同步器进入非法状态的概率）之外，还通过三个部分全面介绍跨时钟域信号的同步系统级设计：单位同步器、确定性多位同步器和非确定性多位同步器（包括有无流控）。

本书共分十章和五个附录，为了方便参考，列在下面：

第 1 章　导　论

第 2 章　Verilog 基础

第 3 章　Verilog 高级话题

第 4 章　数的表示

第 5 章　组合逻辑电路

第 6 章　时序逻辑电路

第 7 章　数字系统设计

第 8 章　高级系统设计

第 9 章　I/O 接口

第 10 章　使用 Design Compiler 进行逻辑综合

附录 A　基本逻辑门和用户定义的原语

附录 B　不可综合结构

附录 C　高级线网数据类型

附录 D　有符号乘法器

附录 E　设计规则和指南

卿文龙

致谢

感谢为本书出版作出贡献的学生，特别是David Chen和Vivian Pan，他们为本书绘制了插图并验证了RTL代码；感谢Taylor & Francis出版集团的编辑Gabriella Williams，以及Taylor & Francis出版集团的工作人员，感谢他们在本书出版中给予我的支持和帮助。

目　录

第1章 导 论

本章主要介绍数字电路和模拟电路的设计方法，重点介绍专用集成电路（ASIC）的设计流程。通过本章的学习，你将清晰了解寄存器传输级（RTL）电路的设计和一款可行性芯片的需求。同时本章对建立时间和保持时间进行简要介绍，在学习的过程中，你还会了解很多ASIC设计中的专有名词，例如功能验证、逻辑综合、时序验证和物理实现等。

1.1 集成电路产业

现代的集成电路（IC）技术可以将数百万半导体器件集成在很小的硅片（即芯片）上，并且不管是数字芯片还是模拟芯片都使用半导体材料制作而成。半导体产业是很多从事半导体器件设计和制造的公司的集合，其中包括IC设计、掩模、制造、封装、晶圆测试和IC测试，还包括引线框架和很多化学品等，这些环节之间的关系如图1.1所示。通过IC设计，用掩模表征芯片中组成晶体管的各种金属、氧化物以及不同的半导体层图案的平面几何形状。制造包含光刻和化学加工等多个步骤，通过掩模的引导，逐步在晶圆上创建器件。封装是半导体制造的最后阶段，用于将芯片封装在支撑壳中，以防止物理损坏或腐蚀。IC测试用来验证器件是否按照其设计规范的规定工作。

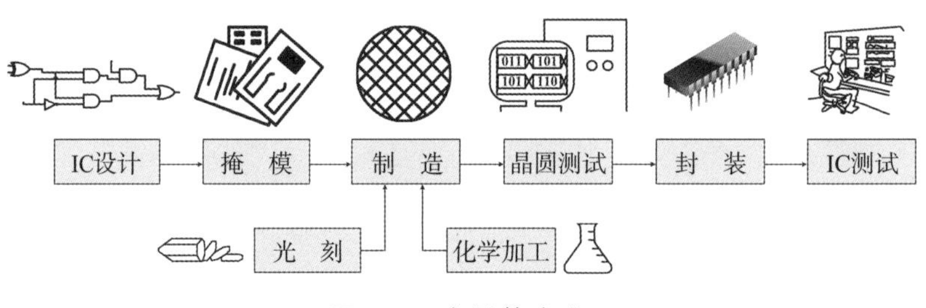

图1.1 半导体产业

人们对高性能微处理器和手机等先进电子产品需求的日益增加，促进了半导体产业的发展。芯片表面的晶体管是通过放置不同形状的半导体材料和绝缘材料构成的。被绝缘层分隔开的金属层主要形成于晶体管上部。与此同时，伴随半导体器件尺寸的不断缩小，器件中单位面积集成的晶体管数目和布线层数也在不断增加，晶体管沟道长度、晶体管阈值电压和电源电压等都在不断减小。

1.2 数字时代

1.2.1 A/D和D/A转换

数字电路和模拟电路分别用于处理数字信号和模拟信号。其中典型的数字电路是基于各种逻辑门（与门、或门、非门等）设计的，而模拟电路是由有源器件（晶体管和二极管等）和无源器件（电阻、电容和电感等）组成的，这里需要注意，虽然逻辑门也是由各种晶体管组成的，但是这些逻辑门主要用于处理数字信号。在数字逻辑电路中存在对应高电平的逻辑 1（用二进制数字 1 表示）和对应低电平的逻辑 0（用二进制数字 0 表示）。

数字系统中的离散时间信号是对连续模拟信号在离散时间进行采样后量化得到的，如图 1.2 所示，其中的每个采样都表示给定时刻模拟信号的近似值。根据采样定理，在满足最小采样率的情况下，离散时间采样点完全可以重构带宽有限的连续时间模拟信号。虽然量化过程还是会引入量化误差或噪声，但是通过增加更多的离散时间采样点数可以有效减少量化误差。

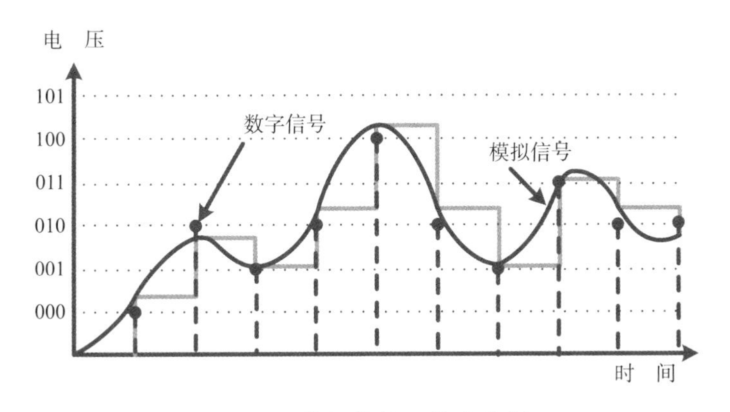

图 1.2 模拟信号和数字信号

应用于数字领域的数字电路一般情况下更容易进行设计。因此，数字信号处理器（DSP）成为当前的发展趋势，通过 DSP 可以控制模数转换器（ADC）将模拟信号转换成数字信号，反之也可以通过控制数模转换器（DAC）将数字信号转换成对应的模拟信号。在数字电路中，量化离散信号更容易操作和存储，数字信号的每一位可以被指定为两个不同的电压作为两种不同的逻辑电平，即高电平（常用 V_{DD} 表示）表示逻辑 1，低电平（常用 0V 表示）表示逻辑 0。

相比之下，模拟电路的设计要困难得多，因为模拟电路对于各种干扰非常敏感，比如噪声和信号或者电源电压的变化等。连续时间模拟信号的一个小小的变化都有可能导致电路功能的错误。在现代电路系统中，模拟电路的应用仅限于系统与外界或者与其他实现特定功能电路之间的接口，例如模拟信号到数字信号的转换、数字信号到模拟信号的转换、稳压器、锁相环（PLL）和超高速信号的处理等。

1.2.2 数字系统和数字逻辑

数字系统在日常生活中扮演着如此重要的角色，以至于我们把信息和通信过程的现代化称为数字化时代。数字系统主要以数字形式存储、处理和交流信息，广泛应用于手机、计算机、在线游戏和多媒体设备等。

经过 A/D 转换之后，数字系统就可以实现对于信息的离散化表示和控制。一个数字系统由很多数字模块互联组成，因此一个数字系统可能包含很多组件。例如，一个计算机系统就包含了中央处理单元、硬盘驱动、键盘、鼠标和显示器等。一个典型的数字系统通常具有以下优点：

（1）性能：高精度、高性价比和低功耗。

（2）可靠性：受老化、噪声、温度和环境影响较小。

（3）灵活性：数字系统通常都具有存储器并且更易于设计，数据信息可以方便地在数字系统中进行存储、处理和交互，这样的特点使得数字系统更加通用并且可以实现很复杂的功能，此外，还可以通过软件控制数字系统的操作。

数字电子技术是数字化世界的基础。想要了解数字模块的功能，就必须掌握数字电路及其逻辑运算的基本知识。目前几乎所有使用晶体管作为开关的电子器件都会涉及数字技术的基本概念。第一个被广泛使用的数字逻辑家族是晶体管逻辑（TTL）家族，其中的逻辑门是由双极性晶体管（BJT）组成的，由这些器件的电气特性产生的设计标准，仍然影响着现在的逻辑设计。

近年来，TTL 器件在很大程度上已经被互补金属氧化物半导体（CMOS）器件取代，CMOS 器件是基于 N 沟道和 P 沟道的场效应晶体管（FET）。图 1.3 是一个简单的 CMOS 逻辑门，它是一个由 N 沟道 MOSFET（金属氧化物半导体场效应管）和 P 沟道 MOSFET 组成的反相器（在逻辑电路中为非门）。FET 可以看作一个由输入 A 控制的开关，对于 N 沟道 MOSFET（NMOS），当输入 A 为逻辑 1（或逻辑 0）时，NMOS 管导通（或关断）；而对于 P 沟道 MOSFET（PMOS），情况正好相反。如图 1.3（c）所示，当输入 A 为逻辑 1 时，Q_2 关断，Q_1 导通，此时 Y 为 0；图 1.3（d）中，当输入 A 为逻辑 0 时，Q_2 导通，Q_1 关断，Y 输出为 1。在理想情况下，COMS 门从 V_{DD} 到地不消耗静态功耗，但是因为存在逻辑信号的翻转，动态功耗是肯定会存在的。

正逻辑或者高电平有效逻辑是经常使用的一种逻辑，其中低电平逻辑表示假条件，而高电平表示真条件。与之相对的是负逻辑或者低电平有效逻辑，经常用在一些能够吸收比驱动更多电流的数字电路中。很多电子器件中的控制信号都是低电平有效，例如触发器的复位信号和片选信号等。诸如 TTL 系列的逻辑门可以吸收比其源电流更多的电流，因此其扇出和抗噪性比较好。在实际使用时，高电平有效和低电平有效经常混合使用，例如，存储类芯片的片选信号和输出使能是低电平有效，但是其地址和数据则是高电平有效。

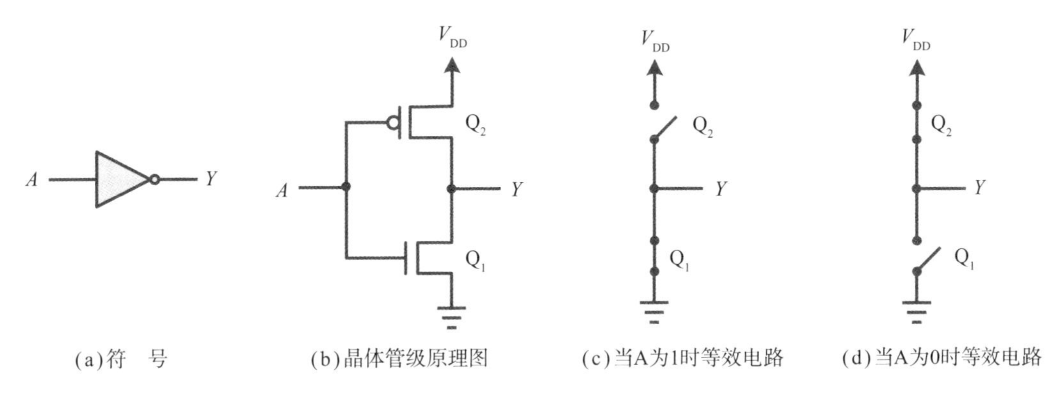

图 1.3　CMOS 反相器

数字逻辑的一个显著特征是其对输入信号的波动或干扰的噪声容限，如图 1.4 所示。因为输出的低电压比输入的低电压更低，输出的高电压比输入的高电压更高，所以逻辑门输入上的干扰不会影响到最终的输出，即不会影响到逻辑功能。下面是图 1.4 中电压符号的说明：

（1）V_{OL}：输出低电压，输出电压如果低于 V_{OL}，则被确定为输出低电平。

（2）V_{OH}：输出高电压，输出电压如果高于 V_{OH}，则被确定为输出高电平。

（3）V_{IL}：输入低电压，输入电压如果低于 V_{IL}，则被确定为输入低电平。

（4）V_{IH}：输入高电压，输入电压如果高于 V_{IH}，则被确定为输入高电平。

有了这些电压阈值，噪声容限就不难理解了。如图 1.4 所示，假设该带有噪声的信号为一个逻辑门的输出信号，当输出为逻辑 0 时，它的电压要低于 V_{OL}，当然此时该电压值也低于另一个逻辑门输入的 V_{IL}，因此，信号中的噪声不会对其驱动的另一个逻辑门的输入造成影响。

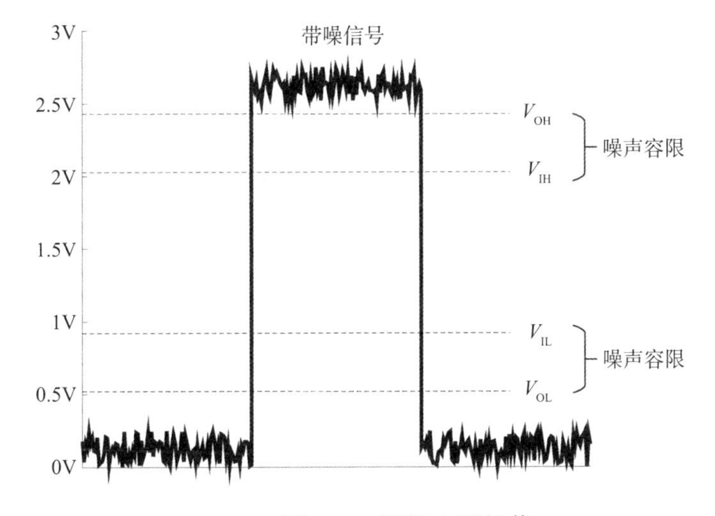

图 1.4　逻辑电平阈值

1.3 布尔代数和逻辑设计

一般情况下，数字电路设计指的是逻辑设计，数字逻辑功能通常通过布尔表达式进行表示，而布尔代数就是用来描述二进制变量和逻辑操作的。式（1.1）为一个关于输出 Y 的布尔表达式：

$$Y = A \cdot B \cdot \overline{C} + \overline{A} \cdot B \cdot \overline{C} + C \tag{1.1}$$

其中，—、·和 + 分别表示逻辑非、逻辑与和逻辑或操作。有时为了更加清楚地表示，可以将逻辑与操作符省略，布尔表达式的输出 Y 可通过表 1.1 的真值表表示。

为了简化逻辑功能，可以使用卡诺图对布尔表达式进行简化，如图 1.5 所示。

表 1.1　Y 的真值表

A	B	C	Y
0	0	0	0
0	0	1	1
0	1	0	1
0	1	1	1
1	0	0	0
1	0	1	1
1	1	0	1
1	1	1	1

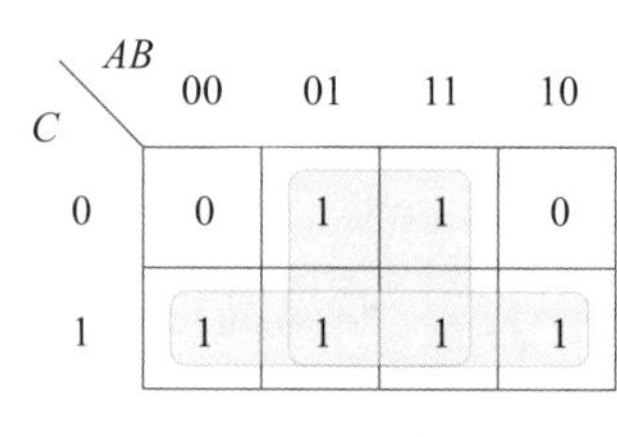

图 1.5　卡诺图

依据卡诺图，布尔表达式可以简化为

$$Y = B + A \tag{1.2}$$

对于这样的结果不用大惊小怪，下面是其推导过程：

$$\begin{aligned} Y &= A \cdot B \cdot \overline{C} + \overline{A} \cdot B \cdot \overline{C} + C \\ &= B \cdot \overline{C} + C \\ &= B \cdot \overline{C} + (B+1) \cdot C \\ &= B + C \end{aligned} \tag{1.3}$$

然而，这种传统的通过手工计算优化设计的方法已经不适合现代的 IC 设计，现代的 IC 设计在很大程度上依赖于下面介绍的计算机工具。

1.4 计算机辅助设计

自 1965 年以来，IC 技术的发展遵循以戈登·摩尔命名的摩尔定律，戈登·摩尔就是仙童半导体公司和Intel公司的联合创始人。摩尔定律指导着半导体产业长期的发展，该定律预测IC中晶体管的数目每18～24个月便会翻一番，如图1.6所示。英特尔副总裁大卫·豪斯引用摩尔定律称，“芯片性能每18个月就会翻一番（这是密度更大和速度更快的晶体管综合效应的结果）”。这里需要注意，戈登·摩尔1965年的论文描述了IC中晶体管数目每一年翻一番，但是在1975年他将预测修改为了每两年翻一番，本书中提及的摩尔定律均以每两年翻一番来计算。

同样的发展趋势也存在于动态随机存储器（DRAM）中，如图1.7所示。

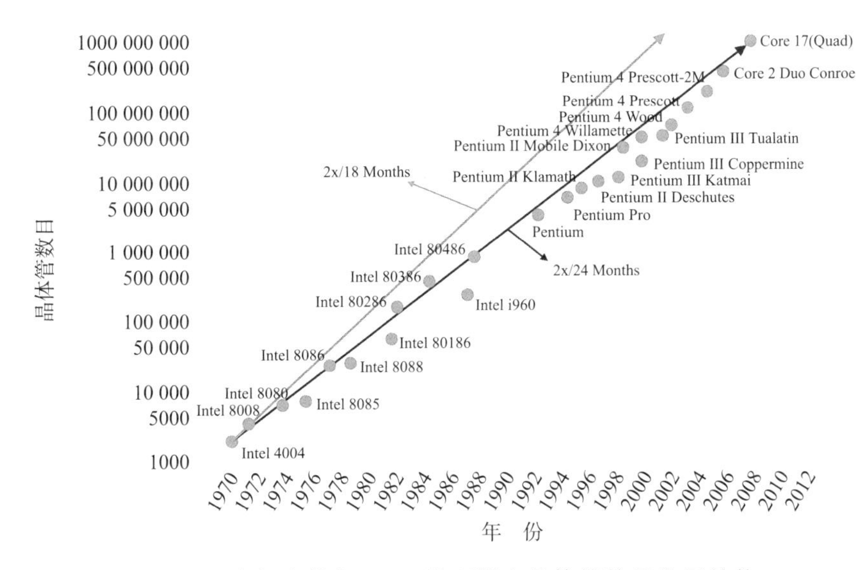

图1.6 摩尔定律与Intel处理器中晶体管数目发展趋势

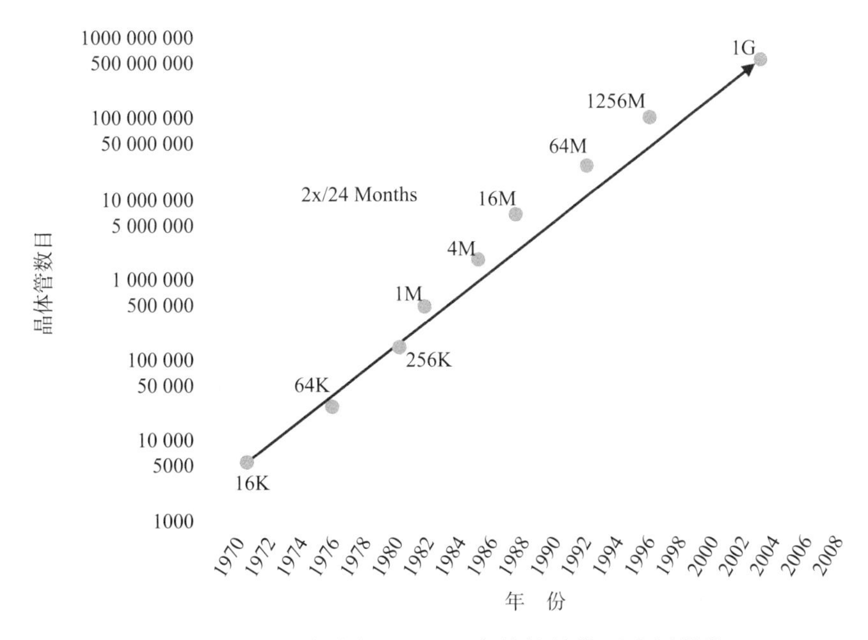

图1.7 摩尔定律与DRAM中晶体管数目发展趋势

起初，电路都是在面包板上手工搭建的，IC 元件的布局、定位和连接都是在纸上或者图形化计算机终端手工完成的。尽管如此，芯片的很多物理属性实际上是由许多重要的运行特性决定的，包括受驱动电流和吸收电流影响的低电压和高电压之间的转换速度，以及每个晶体管的最小尺寸，即最小的特征尺寸。总之，根据摩尔定律，集成电路技术的快速和持续发展需要有效的电子设计自动化（EDA）技术的支持。

计算机辅助设计（CAD）主要是用来提高设计者的设计效率，提高设计质量，并且通过文档简化信息交互，同时产生用于制造的数据库，通过 CAD 工具可以有效地对设计过程的各方面进行管理。现代的系统非常复杂，如果不使用 CAD 工具是不可能完成设计和验证的。安装在计算机（或者工作站）上的 CAD 软件可以有效地对设计进行创建、修改、分析或优化，CAD 软件通常以电子文件的形式输出，这些文件可用于打印、机械加工或其他制造操作。现今，芯片设计人员正在使用仿真、验证和物理实现等 CAD 工具，来处理复杂的电路设计并加快设计进度。

1.5 ASIC设计流程

虽然为了节省系统成本和印刷电路板（PCB）面积，经常会将模拟电路和数字电路混合在一个电路中，但是因为模拟电路和数字电路是使用完全不同的方法和工具进行设计的，所以在将它们集成到单颗芯片中时需要格外注意。

一般 IC 设计方法有两种，分别是全定制和半定制，如图 1.8 所示。全定制设计是指基于晶体管级，所有器件尺寸和互连放置都用手工完成的设计方法，全定制设计提供了最高的性能和最小的器件尺寸，但与此对应带来的缺点是，设计周期、复杂度和风险都显著增加。一般集成度高、速度快的数字电路 / 模

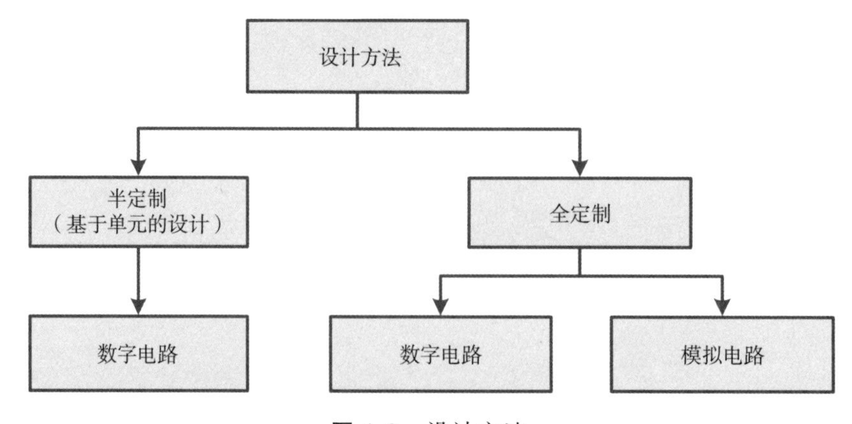

图 1.8 设计方法

拟电路比较适合使用全定制设计方法，传统的微处理器虽然也采用全定制设计方法，但是工程师们已经开始采用半定制的方法进行微处理器的设计。

半定制（或基于单元）设计采用高级语言描述数字电路的行为，即已经被现代数字 ASIC 设计广泛使用的硬件描述语言（HDL），然后采用软件并使用标准单元库进行综合得到对应的门级电路，最后完成物理布局布线。标准单元库是具有各种特征的逻辑门的集合，逻辑综合工具可以使用这些逻辑门来实现硬件描述语言所描述的设计，标准单元库也需要随着技术工艺的发展不断地进行更新。

因为无需再考虑半导体器件具体物理特性等信息，这种基于单元或逻辑门的设计方法使得数字设计变得更容易，当然这些单元都是使用全定制方法设计的。虽然掩模层仍然会对逻辑门及其互连布局进行定制优化，但是此时的设计已经无需再关心标准单元本身的物理特性了。由于基于单元设计的这些优势，基于单元设计的方法已经成为数字电路事实上的设计方法。

下面我们介绍 ASIC 的设计流程。一般来说，随着设计流程朝着物理上可实现的形式发展，设计数据库中也会包含越来越多的工艺信息。在系统规格说明确定之后，团队领导首先要确认设计的可行性，决定哪些组件采用自研或外包的解决方案，然后对设计（数字和模拟）进行划分，包括接口的定义等，紧接着就进入了具体设计阶段。

如图 1.9 所示，ASIC 设计主要包含三个阶段，分别是 ASIC 设计、综合和布局布线。使用标准单元的 ASIC 设计（基于单元的设计）的前端设计阶段，通常在综合阶段结束，一旦综合工具将 HDL 代码映射到具体的门级网表，网表就会被传递到后端阶段，在后端阶段，HDL 代码将不再发挥太大作用。

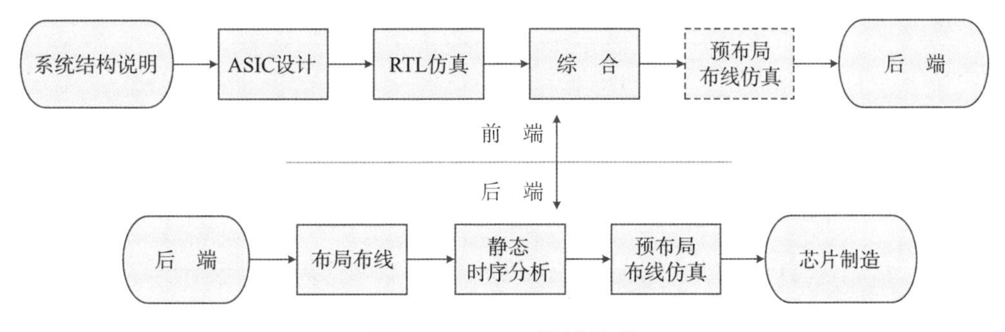

图 1.9 ASIC 设计流程

在设计阶段，通常使用模拟电路或硅知识产权（IP）的行为级模型进行 RTL 仿真。在综合阶段，综合工具会读取模拟电路和 IP 的时序模型并结合综合约束信息对数字电路进行优化，注意在综合过程中将忽略 RTL 代码中的时序结构。在布局布线阶段，将对数字电路、模拟电路和 IP 等子模块按照器件工艺的设计规则进行合并和验证。一般情况下，数字电路和模拟电路分别由数字电路设计团队和模拟电路设计团队开发，其中由于模拟电路对于干扰非常敏感，所以对于新的模拟电路除了进行 SPICE 仿真以外，还要对电路进行测试来进行验证。

为了缩短设计时间，如果设计人员对其综合约束有充分的信心，那么可以跳过对带有时序反标信息的传统预布局布线网表的仿真（pre-sim），例如，一些比较简单的时钟设计或者这个设计没有进行大的修改，相关约束可以沿用上一个版本已经验证过的约束。因为对于一个大型的设计采用精确的标准时序文件（SDF）反标后的后仿真一般非常耗费时间，所以设计人员会仅选择一些仿真向量进行 SDF 反标后的仿真。为了区别于基于设计约束的时序分析，后仿真常常被称为动态时序分析，与之相比较，基于约束的时序分析速度更快，并且可以直接对逻辑单元的延迟特性进行分析，所以基于约束的时序分析也被称为静态时序分析（STA），这样的时序分析不需要耗费仿真时间也不需要动态测试向量。最后，将设计数据提交给芯片制造厂商进行制作。

ASIC 可以使用标准单元或者门阵列进行制作。门阵列是一种由很多没有预设功能的晶体管组成的硅片，这些门阵列中的组件通过互连实现所需的功能，这样就可以通过共享掩模有效节省工艺成本。

表 1.2 给出了一些典型的 ASIC 数字组件及其等效门数。一个特定组件对应门数的评估实际上是基于该组件相对于 2 输入与非门面积的大小，但是需要注意，面积大小受加工工艺的影响，而门数量则不受影响。为了评估一个电路的大小，我们经常将面积转换成等效的门数进行评估。因此，门数统计时，一个门等效于由四个晶体管组成的 2 输入与非门。

表 1.2 IC 组件对应门数

组 件	等效门数
DRAM 中的 1bit	0.05
ROM 中的 1bit	0.25
2 输入与非门	1
SRAM 中的 1bit	1.5
锁存器	2.5
2 选 1 选择器	4
2 输入异或门	4
3 输入异或门	6
D 触发器	6
有复位（置位）的 D 触发器	8
4 输入异或门	9
2 位保留进位加法器	9

续表 1.2

组 件	等效门数
有复位和时钟使能的 D 触发器	12
1 位全加器	12.5
64 位超前进位加法器	750
32 位多路选择器	7500

【示例 1.1】估计八阶有限脉冲响应（FIR）滤波器所占用的门数。输出为 $y(n)$，其中 n 表示采样指数，计算表达式如下

$$y(n)=\sum_{m=0}^{7}h_m x(n-m)$$

我们假设所有 8 个输入 $X(n-m)$ 和 8 个权重 h_m 均为 32 位宽，$m=0$，1，…，7；其中乘法器和加法器的操作数也均为 32 位。

解答 这个电路有 8 个乘法器和 7 个加法器，其中乘法器和加法器等效门数可参考表 1.2 计算，那么

电路中乘法器对应的总门数 $A_{\mathrm{m}}=8\times 7500=6\times 10^4$（个）

电路中加法器对应的总门数 $A_{\mathrm{a}}=7\times 750=5.25\times 10^3$（个）

电路的总门数 A_{FIR} 为电路所有组件门数的总和：

$A_{\mathrm{FIR}}=A_{\mathrm{m}}+A_{\mathrm{a}}=65.25\times 10^3$（个）

【示例 1.2】根据 2015 年实现一个滤波器的面积，估算 2019 年可以实现多少个上例中的 FIR 滤波器。

解答 基于摩尔定律，IC 中晶体管的数目每两年翻一番，这也导致 FIR 滤波器中器件密度也增加了 N，N 的表达式如下

$N=2^{(2019-2015)/2}=4$

1.6 硬件描述语言

除了 CAD 工具以外，HDL 也是 EDA 系统不可或缺的一个重要组成部分。通过 HDL 可以很方便地描述具体物理器件之外的数字逻辑功能。具体来说，在计算机工程领域中，在制作具体的物理电路之前，HDL 作为一种特殊的计算机语言可以用来描述数字电路的逻辑行为和结构，如图 1.10 所示，其中的控制单元、缓冲区和算术逻辑单元（ALU）均可以使用 HDL 进行描述。最后，制造工厂根据布局布线后的数据生产 IC。

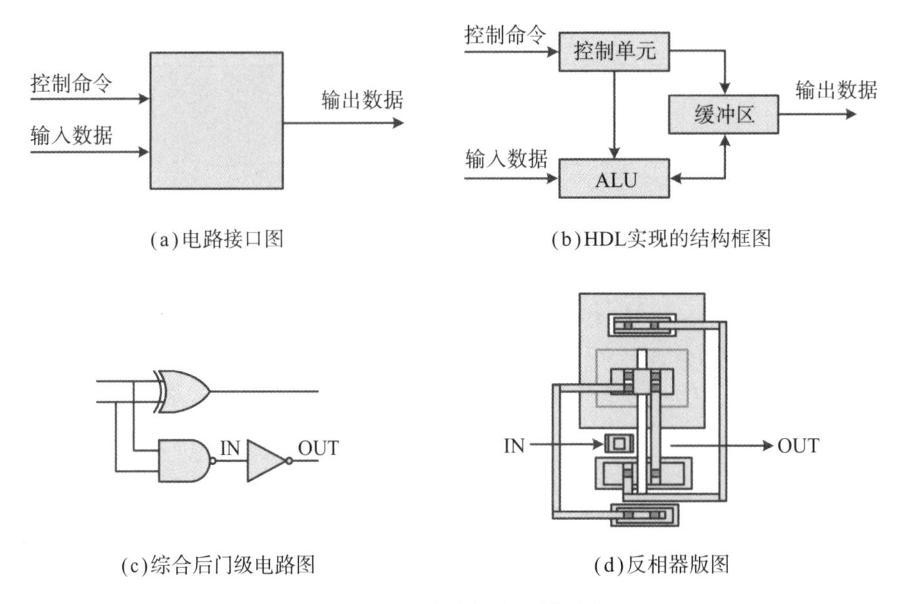

图 1.10 设计概念到版图

由于 20 世纪 60 年代电子电路复杂性的爆炸性增长，电路设计工程师需要一种低设计风险的高级标准数字逻辑描述语言。目前，主流的两种硬件描述语言是 Verilog 和 VHDL。随着设计进入到超大规模集成电路（VLSI），第一个现代的 HDL 语言 Verilog 于 1983 年由 Gateway Design Automation 公司首创并于 1985 年发布第一个版本。DARPA（美国国防高级研究计划局）于 1985 年完成了 VHDL 的第一个版本并于 1987 年进行了标准化。1990 年 Cadence 系统设计公司获得了 Verilog 的专利并于 1991 年将其发布。

1995 年，Verilog HDL 被 IEEE 批准为 IEEE 1364–1995 标准，后来又被多次修订为 1364-2001（也称为 Verilog-2001）和 1364-2005 标准。多年来，人们投入了大量精力来改进 Verilog HDL，特别是其验证能力。目前最新版本的 Verilog 的正式名称为 IEEE 1800-2005 SystemVerilog，其中引入了很多新的特性（类、随机变量、属性和断言等）以满足测试平台对随机化、设计的层次化和复用性等日益增长的需求。如今，Verilog 被系统架构师、ASIC 和现场可编程门阵列（FPGA）设计师、验证工程师和建模人员广泛使用。

因为原型 IC 的构建过于昂贵并且非常耗时，所以现在电路在制造之前，都在软件中使用 HDL 来进行描述、设计和测试。HDL 不仅可以准确地对电路进行形式上的描述，还可以实现电路的自动化分析和仿真。

Verilog HDL 已经成为一种被广泛使用的 HDL 标准，并且是很多设计团队的首选。Cadence 系统设计公司开发的 Verilog-XL 发展很快并且得到了设计工程师的广泛认可。20 世纪 80 年代出现的逻辑综合彻底改变了基于单元的设计方法，如图 1.11 所示，Verilog HDL 描述的设计被综合成网表（表示了物理组件的连接），然后经过布局布线等处理后用于生产芯片，整个过程中的门级网表实际上是逻辑关系中各种逻辑门的连接关系的原理图。

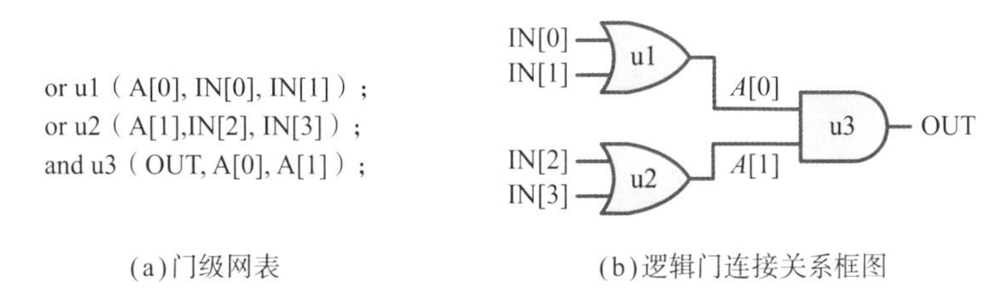

(a)门级网表　　(b)逻辑门连接关系框图

图 1.11

作为一种文本语言，HDL 描述的数字系统可以被人和计算机阅读识别，这种语言描述的设计可以被容易地存储、检索、编辑、转换和传输。在设计的初级阶段，HDL 不要需要和具体的半导体器件和工艺关联，例如 CMOS 和 BJT 等。因此，设计通常是在比晶体管和逻辑门更高的抽象层次进行。尽管如此，在 HDL 中仍然支持四种类型的数据描述方式，即行为级、数据流、门级（结构级）和晶体管级（或者开关级）。

与其他顺序执行的软件语言（例如 C 语言）相比，HDL 允许设计者对硬件（如触发器（FF）和加法器）中的进程进行并发性建模，而不需要考虑它们的电气特性。HDL 可以用于表示真值表、布尔表达式，还可用于表示数字电路中的一些复杂抽象的行为，通过阅读理解 HDL 代码，可以很方便地理解其所描述电路的输入输出信号之间的关系。

HDL 不仅可以被不同的计算机软件处理，还可用于传统的电路设计流程中，例如设计输入、功能仿真、逻辑综合、时序验证和故障仿真等。其中的时序验证可以通过时序分析和时序仿真进行评估；故障仿真主要用于确认量产的芯片的可测试性。

HDL 看起来和其他高级语言很类似，例如 C 语言，代码中都有表达式、语句和控制语句结构，但是 HDL 和其他语言有一个重要的区别是 HDL 中包含了硬件中的时间的概念。同时 HDL 支持数字电路和模拟电路的联合仿真。而在基于单元的设计中，数字电路可以在不同的抽象层次进行设计，模拟电路的设计和仿真都是在晶体管级别进行的，这主要是因为电路的电气特性对于模拟电路很重要。但是模拟电路的行为模型常用于验证数字电路。由于模拟电路的复杂性，数字电路和模拟电路的设计验证通常都是分开的，模拟电路一般都是在全芯片设计的最后阶段才加入到芯片中。

1.7 基于寄存器传输级的设计

如今，半定制的数字设计选择使用的都是RTL。全定制的晶体管级的模拟电路的设计输入也会出现在一些数字电路设计中。现在数字电路都是基于时钟和时钟跳变沿同步设计的。RTL侧重于描述寄存器之间信号的信号流，如图1.12所示。RTL基于已定义的时钟，以周期的形式描述模型，所以RTL建模的数据流是基于时钟的，其一个数据的传输操作是从一个触发器的输出经过组合逻辑传输到另一个触发器，并更新其中的内容。一个RTL模型可以用来精确地描述每一个时序元件，但是必须要保证触发器（或者D触发器）的建立时间和保持时间满足要求。

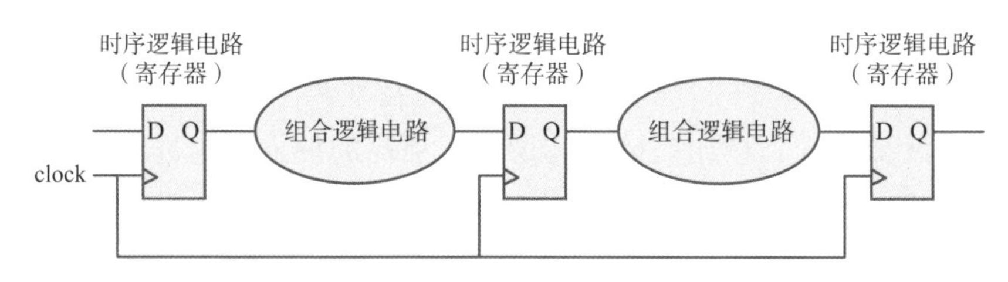

图1.12 寄存器传输级：数据在寄存器之间传输

数字电路中的二进制信息存储在对应的物理器件中，一个二进制时序单元可以存储一位二进制信息（即0或1），而一个寄存器是一组二进制时序单元。Verilog HDL仿真可以使工程师在比电路原理图仿真更高的抽象层次上进行仿真工作，从而极大地提高设计能力。它主要用于实现同步数字电路功能模型的RTL抽象，即硬件寄存器之间的数据（信号）流和对这些数据（信号）执行的逻辑操作，以及电路的时序建模。

与传统的原理图设计相比，RTL设计具有以下特点：

（1）易于设计：RTL设计可以很全面地描述设计并且使设计容易进行修改，从而使设计人员可以专注于架构的开发直到满足设计需求。相比之下，门级电路结构图就比较难于设计和理解。此外，复杂的系统可以划分成更小的RTL设计，为了仿真的需要，系统的一部分可以在所有的抽象层次上采用行为级建模。这些行为级模型描述的设计可以由内部或外包设计团队同时开发。而设计高速微处理器的设计人员比较倾向于采用门级描述设计，这主要是因为逻辑综合后的网表一般可能不是最优的。尽管如此，随着EDA技术的不断成熟发展，RTL在时序要求严格的设计（例如ARM处理器）中越来越被广泛使用。

（2）易于调试：在RTL中描述和仿真的设计的功能验证，可以在设计流程的早期完成，这样可以有效缩短研制周期并降低风险，如果在后期才发现错误，例如在门级网表或者物理布局布线阶段，那么需要重新返回到流程早期进行问题的修复。然而，无论仿真运行多长时间，都只会执行一部分可能的设计行为，这可能会隐藏严重的漏洞。因此，形式化验证和断言检查技术应运而生。形式化验证技术的优势非常明显：它采用数学的方法而不是仿真，对设计进行穷尽分析。形式化验证主要依赖于描述设计功能和约束设计行为的断言，以使分析仅限于合法行为。当违反芯片要求的输入规则或者协议时，缺陷就能够被发现。等价性检查是形式化验证的一种，主要用来检查 RTL 代码与门级和晶体管级网表的一致性。断言检查基于不同的测试激励来确认设计代码的覆盖率。另外，可编程语言接口（PLI）允许用户通过与 Verilog 内部数据结构进行交互从而定制 Verilog 仿真的行为。

（3）移植性：使用 Verilog 实现设计时不涉及具体的制造工艺，并且可以在不改变 Verilog HDL 设计的情况下，对门级网表进行优化并映射到具体的目标工艺上。另外，相同的 HDL 设计可用于不同的物理实现，包括 ASIC 或者 FPGA。值得注意的是，与购买的被广泛引用的标准电子元器件相反，ASIC 是为特定应用或目的而制造的 IC，即是一种定制芯片，其实绝大多数的 IC 都属于 ASIC，ASIC 和标准的 IC 设计方式完全相同，都是用相同的技术、库和各种设计工具。FPGA 是在制造之后，由用户进行配置编程的 IC，并且同样的 HDL 代码可以用于 ASIC 和 FPGA 设计。

（4）完整性：电路可以在不同的抽象层次进行描述，例如 RTL、门级，甚至还包括 RTL 和门级的混合描述。系统级设计通过自己实现的设计或者购买不同厂商提供的 IP 可以快速实现系统的集成。而为了仿真的需要，可以使用相同的 HDL 实现行为级代码和开关级代码的联合仿真。

（5）工具链支持：像验证工具、仿真器、可测试性设计（DFT）、形式化验证、逻辑综合和布局布线等很多的 CAD 工具都支持 Verilog。另外，所有标准单元库的供应商都为各种晶圆代工厂提供了 Verilog HDL 库。因此，利用 RTL 设计和完整的工具链所带来的生产力优势很快就取代了手工制作的数字原理图。

图 1.12 描述了一个使用 RTL 设计的同步电路，该电路包含了两类成员：寄存器（时序逻辑，通常使用的是 D 触发器）和组合逻辑电路。电路的操作同步于寄存器时钟信号的边沿。同步设计可以降低设计的复杂度，同时可以通过流水线等技巧提高设计的性能。组合逻辑电路主要由实现所有逻辑功能的逻辑门组成。设计者可以像其他传统编程语言那样声明寄存器的输出和组合逻辑电路的输出为变量，然后可以像图 1.13 中的代码那样使用不同的赋值、if-then-else 和算术操作符等编程语言结构描述寄存器逻辑和组合逻辑。在该模型中，描述了一个简单的功能，即“在时钟上升沿，将 a+b 的结果锁存（寄存、捕获、

采样或者赋值)在时序单元中,输出c为两位信号,其中包括了运算的和和进位”。因为a和b都是1位宽，所以该代码片段清晰地表示了一个半加器。时序单元的输入是半加器的输出，输出是c[1:0]。

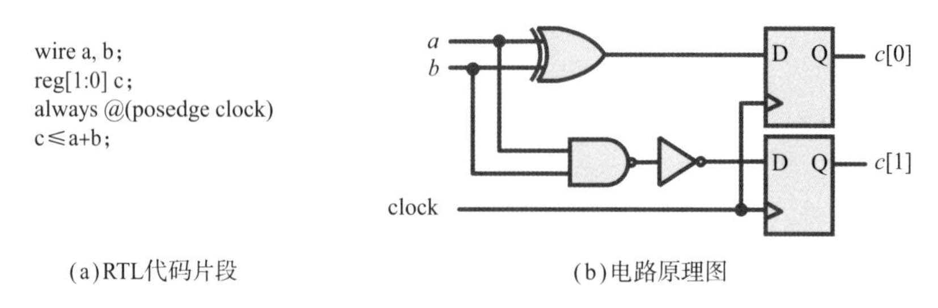

(a)RTL代码片段　　(b)电路原理图

图 1.13 寄存器输出的半加器

现代的RTL代码的定义是“任何代码都是可综合的”。因此，就出现了三种RTL代码的描述：（可综合的）行为级描述、数据流级描述和结构级描述。为了清楚起见，在本书中，我们将使用行为级和数据流级描述的RTL代码称为高级RTL设计，而结构级描述的代码称为低级RTL设计，如图1.14所示。但是这里必须强调的是，Verilog HDL行为级结构中只有一部分是可综合的。除了数据流级的描述以外，在本书中可综合的行为级描述都划分为高级RTL设计。

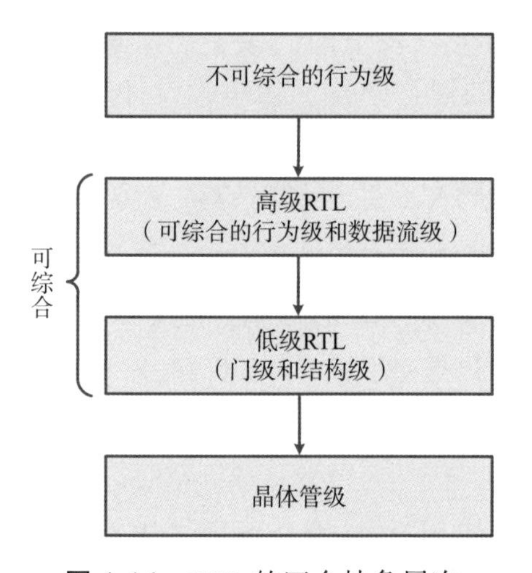

图 1.14 RTL的四个抽象层次

随着数字电路在速度、面积和功耗等方面的性能迅速提高，单芯片集成的功能越来越多，设计人员需要在更高的抽象层次应对越来越复杂的设计。因此，设计人员更加关注功能，而EDA工具则关注具体实现的细节。同时在设计人员的辅助下，EDA工具通过复杂的算法可以保证设计时序的收敛。

1.8 功能验证

除了时序之外，功能验证在数字系统的研制过程中也扮演着重要的角色。一个成功的验证计划，可以有效缩短研制周期，增加对于验证工作完成的信心。特别是制定多重功能验证计划，除了要考虑验证方法外，还必须考虑要验证哪些子模块，要验证哪些功能，以及如何进行验证等。

首先，要验证的模块根据系统设计的层次进行划分，每个设计人员都需要保证其设计的模块满足功能要求，因此，常采用自下而上的验证策略。

其次，在系统级，一个好的验证计划对于覆盖设计的功能至关重要。但是因为整个系统的功能和子模块之间的交互情况很复杂，所以要验证系统所有的功能是否满足功能要求还是比较困难的。

再次，目前有很多基于仿真的技术来实现各种验证方法：

（1）代码覆盖率：覆盖率是指已被验证功能的比例。传统上，代码覆盖率是指 HDL 源代码有多少已经被执行过，代码覆盖率相对比较容易测量。通过代码覆盖率可以评估代码的质量，可以检查 HDL 代码中不同的分支路径是否都被执行到了。尽管如此，代码覆盖率并不能保证设计的功能能够被正确实现。

（2）功能覆盖率：除了代码覆盖率，我们还可以使用功能覆盖率，尽管功能覆盖率比较难进行量化，但是功能覆盖率可以确定操作和操作的序列都已经被验证了，也可以确认数据值范围以及寄存器和状态机覆盖情况。

（3）定向测试：它使用特定的测试用例应用于待测试设计（DUT），然后验证每个用例的输出。这种方法对于规模比较小的子模块的验证非常有效。

（4）受约束的随机测试：对于复杂的系统，通过定向测试来显著提高功能覆盖率是不现实的，因为定向测试用例不可能仿真到所有的测试场景。因此，受约束的随机测试就变得很有吸引力，测试激励产生器可以产生受约束的随机输入数据。为此产生了专门的验证语言，例如 Vera 和 SystemVerilog，都具有指定约束和产生随机数据值的功能。受约束的随机测试允许用户产生随机测试激励，从而可以使用较少的仿真时间覆盖各种输入组合。

验证计划还需要一个测试平台来为每个应用的测试用例生成测试激励。然后，将 DUT 的输出与黄金参考结果进行比较，黄金参考结果可以由其他用不同编程语言编写的行为模型产生，也可以由 Verilog HDL 编写的行为模型产生，如图 1.15 所示。如有必要，检查器可对时序上的差异进行调整。

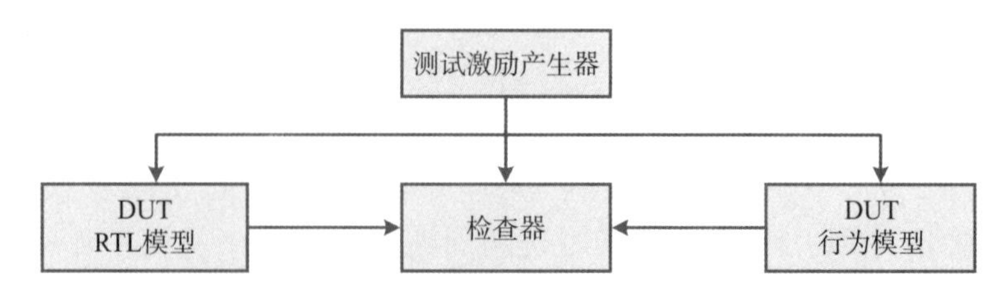

图 1.15 行为级模型输出和 RTL 输出进行自动比较的测试平台

【示例 1.3】时序图对于功能验证很重要。图 1.16 是一个三级流水线设计，实现了 $y=f(a)$，其中组合逻辑函数 $f(\cdot)$ 可以分解为 2 个函数 $f_1(\cdot)$ 和 $f_2(\cdot)$，即 $f(\cdot)=f_2(f_2(\cdot))$。从图中可以看出，这样的设计非常适合使用 RTL 实现。在不考虑组合逻辑电路门延迟和触发器的时序约束的情况下，请绘制出流水线设计的时序图。

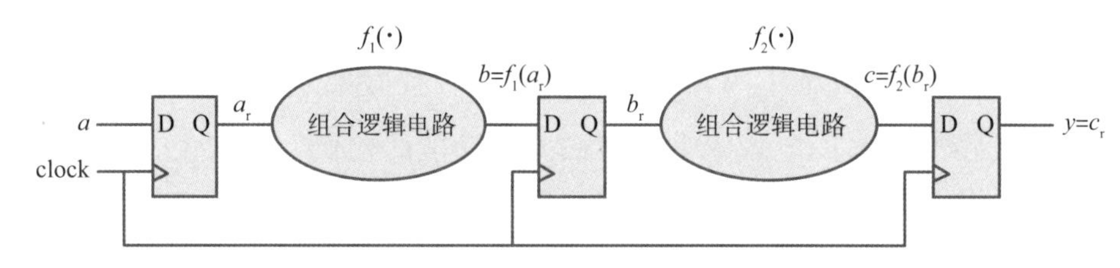

图 1.16 三级流水线设计

解答 在同步数字电路中，数据的处理应该提前一级，由同步时钟沿触发，这是通过像触发器这种时序单元将输入数据在时钟控制下复制到其输出端。对于 RTL 行为级建模，组合逻辑电路门级延迟假设为 0。因此，时序图如图 1.17 所示。在时序图中，在第三个时钟周期，第 3 级信号 c 中正在处理 $f_2\,f_1(a_1)$，第二级可以同时处理信号 b 中的 $f_1(a_2)$。流水线设计可以每个时钟周期都产生输出。因此，即使设计具有 3 个周期的延迟，流水线技术也同样可以提高吞吐量。

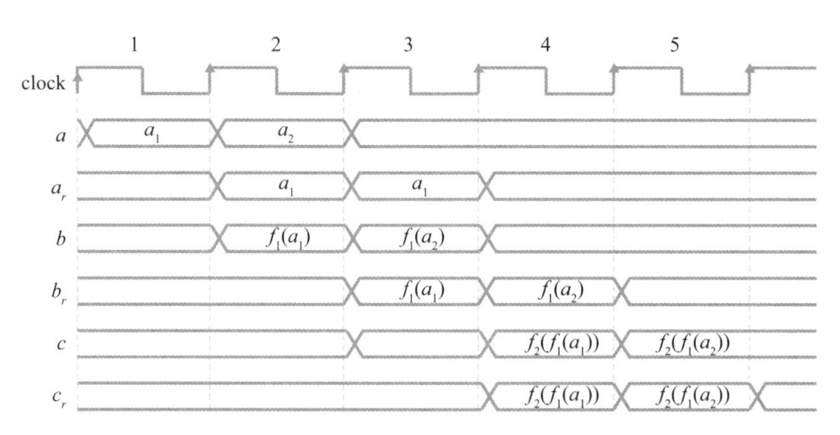

图 1.17 不考虑逻辑门延迟的三级流水线设计时序图

基于仿真的验证要实现 100% 的覆盖率是不可能的，因为所有输入和各种序列的组合非常庞大，无法进行穷尽的仿真。但是形式化验证在不需要进行动态仿真的情况下就可以完全验证设计是否符合设计要求。对嵌入式系统进行系统级仿真比较困难，这是因为我们需要面对软硬件联合仿真带来的挑战。在开始硬件设计之前，软件团队就可以使用指令集仿真器和硬件行为模型进行软件开发，从而可以在设计早期对系统的性能进行评估。

故障仿真是对设计中存在的故障进行仿真。故障仿真可以用于验证故障覆盖率和测试的有效性，并引导测试向量产生器的程序，其中测试向量是使用自动测试向量生成器（ATPG）产生的。为了减少对于昂贵测试设备的使用，需要节省对应的测试时间。对于数字电路而言，扫描链是一种经常使用的测试技术，通过该技术可以使输入可控，同时实现输出可观测，当然也包括对电路内部组合逻辑电路和时序逻辑电路输入输出的观测。

1.9 逻辑综合

因为综合工具会将 HDL 源代码编译成门级网表，所以编写可综合的 RTL 代码是现代数字设计的一条基本规则。“编译”是借鉴了 C 语言等传统高级语言中的描述，这里是指 CAD 对 HDL 代码进行逻辑综合。工具通过分析连线、变量声明、表达式，以及赋值等以确定组合逻辑电路中的硬件组件，再通过分析 always 块区分确定组合逻辑电路和时序逻辑电路。

在完成 RTL 设计和验证之后，设计流程即进入综合这一环节，也就是要将 RTL 设计转换成门级网表。综合器或者逻辑综合工具使用 HDL 的子集，根据 HDL 语句描述的硬件逻辑操作推断出与之功能等效的，使用对应的目标库或者器件的网表，并且综合工具在进行综合操作时，会忽略 HDL 源代码中的任何时序信息，同时数字逻辑综合器通常会使用时钟沿来对电路时序进行约束。

如图 1.18 所示，综合工具执行一般分为三步：转换（转换成布尔表达式）、优化（面积、速度和功耗）和映射（优化后的电路映射到对应的目标库）。综合器是受约束驱动的，你需要设定对应的优化目标以引导综合器进行相应的优化操作。例如，同样的 RTL 代码可能会实现两种电路结构：一种虽然使用较少的逻辑单元，但具有更深的逻辑深度，从而具有更长的传输延迟；一种则可能具有更多的逻辑门但其逻辑深度并不如前者，这将使其具有较短的传输延迟。如果我们使用的综合约束的目标是实现最小的面积，那么工具将会选择前一种实现，当然如果你期望的是更小的延迟，那么工具会选择后一种实现。

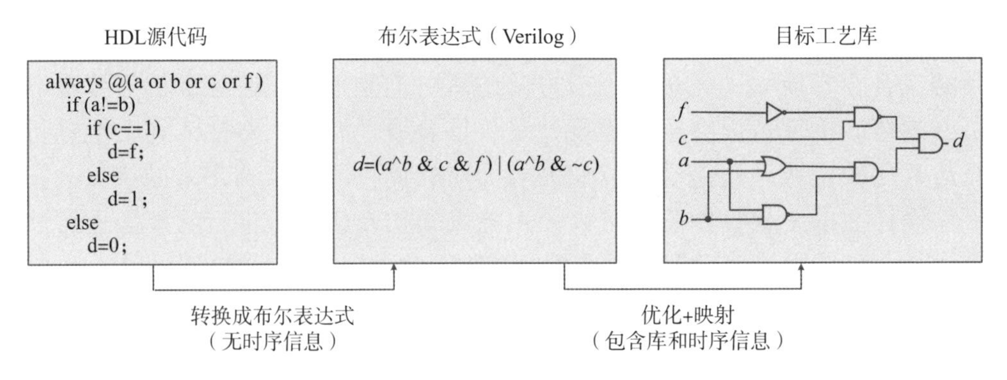

图 1.18 逻辑综合的主要步骤

一般情况下，约束都是按照实现最小面积的时序规范要求进行设置的。除了功能之外，时序要求也是完成一个设计所必需的重要因素，也就是说时序是必须要满足的。因此，综合工具将会对时序进行优化，然后在满足时序要求的情况下减小面积。

综合工具首先会从分析和检查模型与其综合需求的一致性开始，例如设计规则方面的检查，通过检查会发现输出未连接、输入没有驱动和多驱动等问题，其中输入无驱动和多驱动的问题是必需要解决的，而输出未连接的问题，设计人员可以根据具体情况进行忽略。在这个阶段，可以使用简单的线负载模型来确定导线的平均长度和负载，因为在这个阶段实际的布局布线还没有开始进行。

使用 EDA 工具进行综合，HDL 代码会直接被转换成用于 ASIC 或者 FPGA 的等效网表。与 FPGA 相比，ASIC 需要较长的研制周期，缺乏灵活性，只有通过大规模的生产才能降低成本。最终，从电路的高级表示中可以推导出实际的布线和组件。

1.10 时序验证

1.10.1 动态时序分析

动态时序分析是对使用标准延迟文件反标后的门级网表进行仿真。实际存在两种门级网表仿真：一种是预布局布线门级网表仿真，另一种是布局布线后门级网表仿真。布局布线后门级网表仿真使用的标准延迟文件是由综合工具和布局布线工具（或 RC 参数提取工具）生成的，而预布局布线门级网表仿真的对象是 RTL 代码综合后产生的网表，布局布线后门级仿真主要是验证布局布线后产生的门级网表。

门级仿真可以使用综合工具和布局布线工具产生的网表和时序信息进行功

能验证。因为门级仿真比较耗费时间，所以门级仿真只运行一些常用功能的测试用例。这里需要注意，一个设计的功能验证已经在抽象的行为级完成了。门级仿真还可以验证时序约束以及 RTL 和门级网表的不匹配情况。例如，在一个组合逻辑电路中，错误地在 always 块中忽略掉了一个信号，此时 RTL 仿真结果将和门级或者布局布线后网表的仿真结果不一致，这样的错误通过查看综合报告即可发现。因此，在现代的数字设计流程中，在对设计高度自信的情况下可以跳过预布局布线门级仿真，从而缩短研制周期。

相比较而言，布局布线后门级仿真必须作为物理设计的功能和时序要求的最终验证，其中还包括了对于高扇出网络（如时钟和复位网络）的确认。现代的设计流程还采用了对于 RTL 和门级设计的一致性检查，以及通过 STA 完成的时序验证，其中关于 STA 的内容下文将会介绍。

1.10.2 静态时序分析

静态时序分析（STA）采用一种独立于输入的方法对数字电路的时序进行分析，即不需要基于各种测试激励进行动态仿真。同步数字集成电路是基于时钟周期工作的，时钟频率越高，集成电路的运行速度也越快。因此，为了满足设计的要求，在设计过程中，必须要对信号的每条传输路径的传输延迟进行测量和优化，例如逻辑综合时的时序优化、布局布线时序优化等。

在同步数字电路中，像触发器这样的时序元件在每一个同步时钟的跳变沿将输入数据复制到输出端。另外，触发器在运行时需要满足建立时间和保持时间，否则将会产生两种典型的时序错误：

（1）最大时间违例（max time violation）：当信号在时钟跳变沿之前到来得太晚，将会发生建立时间违例。

（2）最小时间违例（min time violation）：当信号在时钟跳变沿之后变化得太快，将会发生保持时间违例。

STA 出众的计算效率使得其被广泛使用，并且其计算效率随电路中路径数呈线性增长。因此，使用 STA 可以快速将组合电路中所有输入组合的最坏工况和最好工况都覆盖到。因为工艺、电压和温度（PVT）的变化，信号的传播延迟可能会变化。一般情况下，最差工况、典型工况和最好工况这三种是最受关注的工况。STA 在综合的时候就可以考虑时钟偏差，并且在布局布线后这个偏差就会被确定下来。时钟抖动也会像时钟偏差一样被考虑计算。

【示例 1.4】根据图 1.16 所示流水线设计中给出的组合逻辑门级延迟、触发器的建立保持时间，分析门级延迟、时序约束和时钟周期之间的关系。

解答 时序图如图 1.19 所示，其中 T 为时钟周期，T_1 是组合逻辑电路 $f_1(\cdot)$ 的延迟，T_2 是组合逻辑电路 $f_2(\cdot)$ 的延迟，同时我们假设 $T_2 > T_1$。与图 1.17 相比，其中忽略了组合电路的门延迟和触发器的时序约束，其触发器的输出与图 1.19 中触发器的输出是相同的，因此，在功能验证中延迟通常会被忽略掉。考虑时序信息的流水线设计也可以保持每个时钟周期给出输出。另外，即使设计具有三个周期的延迟，但是流水线技术仍然能够提高吞吐量。

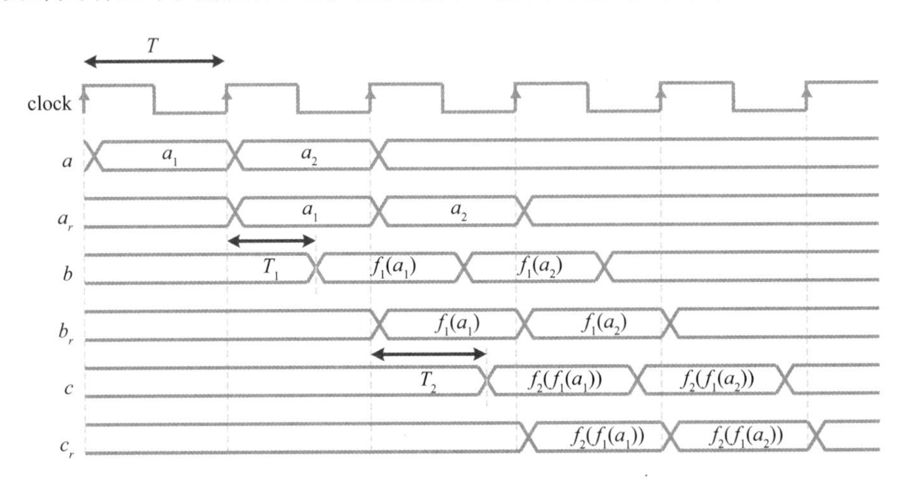

图 1.19 考虑门级延迟的 3 级流水线设计时序图

假设建立时间和保持时间的要求分别是 T_s 和 T_h。为了保证所有触发器的建立时间都满足要求，且因为 $T_2 > T_1$，所以建立时间必须满足：

$$T_s < T - T_2$$

或者

$$T > T_2 + T_s$$

也就是说，时钟周期必须要大于其后续组合逻辑的最大延迟与建立时间之和。

而为了保证第二级触发器的保持时间满足要求，保持时间必须符合下面约束要求：

$$T_1 > T_H$$

也就是说，组合逻辑电路的延迟必须要大于保持时间。

通过 STA 可以根据用户指定的时钟约束计算并且验证建立时间和保持时间是否满足要求。如果实际芯片发生了建立时间违例，那么你可以通过增大时钟周期来解决，但这会导致系统的性能随之降低。因为逻辑延迟和时序约束是固定的，所以，如果保持时间违例一旦发生了，那么这样的违例将没有办法解决。

1.11 物理设计

物理设计是设计流程的最后一步，ASIC 在这个阶段完成门级设计的布局，而 FPGA 主要通过可编程配置文件实现物理器件的配置。这两种设计实现方式比较类似，但是对于具体物理设计来说，实现的技术上还是存在差异的。

功能设计和综合完成之后就进入物理设计阶段，其实也可以将物理设计的信息带入综合阶段以实现时序收敛，从而有效缩短研制周期。像布局布线这样的物理信息，对于电路的面积和时序都会产生较大的影响，同时也可以使计算得到的时序和面积更加精确，以便综合工具可以综合出最适合布局布线工具的结构。所以，只有更好地理解影响物理设计的因素，我们才能在研制流程的早期各环节中更好地优化设计，例如，综合工具可以给设计增加更多信息，形式化一致性检查工具可以检查综合出的网表是否保持功能一致等。这些分析工具可以提供诸如速度、面积和功耗等关于设计质量的各种信息。

物理综合（或布局）主要有两个步骤：

（1）布局规划确定各模块之间的相对位置。

（2）各子模块之间互连。

在现在的设计中，一大部分延迟和功耗不再来自于逻辑门本身，而来自于逻辑门之间的连线。因此，布局规划这一步对于确保最短的关键路径，从而确保电路的高性能和低功耗的实现非常重要，良好的布局规划可以大大降低布线拥塞发生的可能性。

ASIC 的物理设计主要由布局规划和布局布线组成，其中好的布局规划对于布局布线非常重要。EDA 工具提供了图形化的界面，可以帮助用户调整布局规划并且给出其优缺点，同时也可以对全局布线给出可行性分析。另一方面，芯片的纵横比是由设计人员确定的，方形的芯片比矩形的芯片更容易进行布局规划和封装。

第一步，布局规划，确定设计中每个模块在芯片上的位置，特别是硬宏单元（简单地说就是已做好的一个模块，其内部走线已经完成）。更直观地说，就是为了减少布线拥塞和布线长度，相互之间连接的模块应该放置得近些，而接受外部驱动或者驱动外部信号的模块应该放置得比较靠近芯片的 I/O 引脚。因此，引脚分配，包括电源和地的引脚布置，也会受到设计内部模块位置的影响，反之亦然。

第二步，放置和详细布线确定了每个元件的位置，例如每个互连线的布线通道，即详细布线。因为涉及大量的细节，这一步在考虑关键路径、最小面积和信号完整性等因素后，采用EDA工具自动完成。如果工具此时不能完成，就要对布局进行调整，或者将设计返回至前端重新进行综合或者设计。这种基于物理的布局，可以为后续的布局布线后门级仿真提供详细的时序信息。最后，芯片就可以流片交由工厂进行生产制造。

FPGA的物理设计也是由综合、布局规划和布局布线组成，FPGA实现物理设计所使用的资源都是来自于预制在可编程器件中的资源。对于FPGA，综合工具会将设计映射到FPGA器件中的逻辑块、查找表或者I/O块中。与之相对的ASIC则是通过综合工具将设计映射为对应的工艺库单元。鉴于FPGA综合涉及很多细节，FPGA的物理设计一般情况下都是由EDA工具自动完成的。实际上，很多FPGA的实现和ASIC还是非常相似的。尽管如此，FPGA的实现因为受到很多限制，不能像ASIC那样进行定制，相同的RTL代码由FPGA实现要比由ASIC实现运行得慢。如果FPGA实现后不满足时序要求，那么我们可以通过重新布局规划或者重新指定布局布线的约束来减少资源的利用率。最后将生成的比特流文件下载到FPGA中。对于基于FPGA物理设计得到的网表和时序信息我们也可以通过布局布线后的门级仿真进行验证。

1.12 更多关于设计流程的内容

绝大部分设计修改是由RTL设计阶段未意识到的功能错误导致的。因此，除了加速原型设计外，FPGA还经常用来模拟真实硬件环境对设计进行仿真以发现设计中存在的缺陷。所以，硬件仿真是对功能仿真的补充，而相较于硬件仿真，功能仿真具有简单、准确、灵活和成本低的特点，且不需要开发任何定制的硬件。但是，面对一个大型设计时，采用功能仿真的方式完成所有的测试用例仿真速度还是比较慢的，另外对应的应用软件也不能并行进行开发，人工编写的测试激励有时很难覆盖实际物理世界里的复杂测试激励。硬件模拟器可以插入系统级的设计中取代正在开发的ASIC，因此对于整个系统（包括RTL代码和嵌入式软件）而言，都可以通过硬件模拟器进行真实的数据调试和设计。

集成在同一个封装中的晶片数量越多，其结构也就越复杂，发现单个坏晶片的困难性以及器件之间的兼容性和互连性都会对IC产品的可靠性产生影响。此外，成本和上市周期缩短的问题，又促使了常规测试方法的发展。因此，最终的晶圆级测试的重要性也随之降低了。

可测试性设计是从设计角度提高信号的可观测性和可控性，可测试性设计主要关注测试过程中产生的数据，对数据进行分析并反馈给设计人员，从而协助设计人员对设计规范进行调整。在以后，设计、制造、封装和测试将不再是一个循序渐进的过程，而是一个不断优化循环的过程。

1.13 练习题

1. 假设可能发生四起事故（A、B、C、D），其中逻辑 1 和逻辑 0 分别表示事故发生和未发生。当发生三起以上事故或者第四起事故 D 与其他事故同时发生时，警报器激活。请设计该警报器并优化布尔表达式。

2. 能够显示二进码十进数（BCD）的七段译码器是一种组合电路，二进码十进数作为输入，其输出由 a、b、c、d、e、f 和 g 组合显示对应的十进制数字，译码器对七个输出进行选择，并点亮对应的数码管显示，如图 1.20 所示。设计一个 BCD 七段译码器，并推导输出 a、b、c、d、e、f 和 g 的布尔表达式。

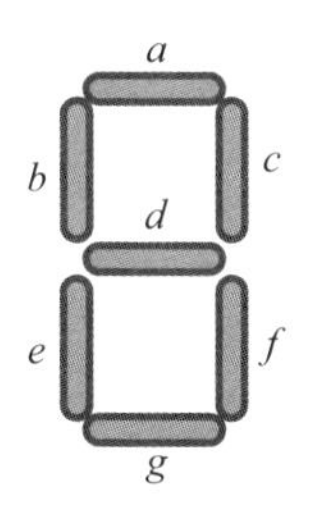

图 1.20 BCD 七段译码器

3. 数字电路使用与非门和异或门相较于使用与门和或门更容易制造，请使用与非门、异或门和非门对下式进行转换：

$$Y=A\cdot B+C\cdot D$$

4. 图 1.21 是示例 1.1 中八阶 FIR 滤波器的实现架构图，其中 D、⊕ 和 ⊗ 分别表示 D 触发器、加法器和乘法器。我们假设输入 $x(n-m)$ 和权重 h_m（$m=0, 1\cdots7$）都是 32 位宽，乘法器和加法器的输入也都是 32 位宽，请估计这个电路的等效门数。

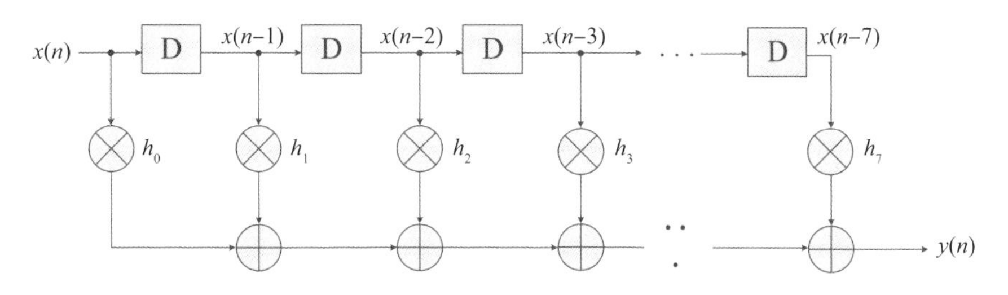

图 1.21 八阶 FIR 滤波器架构图

参考文献

[1] John F Wakerly. Digital design: principles and practices, 5th. Prentice Hall, 2018.
[2] M J S Smith. Application-specific integrated circuits. Addison-Wesley, 1997.
[3] Michael D Ciletti. Advanced digital design with the Verilog HDL, 2nd. Prentice Hall, 2010.
[4] Stephen Brown, Zvonko Vranesic. Fundamentals of digital logic with Verilog design. McGraw-Hill, 2002.
[5] Vaibbhav Taraate. Digital logic design using Verilog: coding and RTL syn thesis. Springer, 2016.
[6] William J Dally, R Curtis Harting. Digital design: a systems approach. Cambridge University Press, 2012.
[7] Zainalabedin Navabi. Verilog digital system design: RT level synthesis, test bench, and verifification. McGraw-Hill, 2005.

第 2 章　Verilog基础

数字设计中的层次化设计可以使用 Verilog 硬件描述语言实现。本章将介绍 Verilog 的基础知识，包括模块、端口、数据类型、四值逻辑、数字表示、原语、表达式、操作符和操作数等。除了学习连续赋值语句和过程语句（initial 和 always）的语法之外，还重点学习通过连续赋值语句、always 块和函数推断组合逻辑电路的方法，以及使用 always 块描述时序逻辑的方法。此外，你还将学习如何编写一个简单的测试平台对设计进行验证。

2.1 Verilog HDL简介

Verilog是一种硬件描述语言,可用于描述信号的传输延迟和电路的敏感性,具有如下特点:

（1）连续赋值是数据流建模中最基本的赋值，主要用于描述由表达式或者布尔表达式表示的组合逻辑电路。

（2）过程语句结构是行为级建模中最基本的语句，常用的过程语句结构有条件语句、if-else 语句、case 语句和循环语句。

（3）支持语句的并发执行和顺序执行。

（4）表达式中可以使用算术运算、逻辑运算、按位运算和缩减运算。

（5）模拟物理电路产生信号延迟的时序控制（在第 3 章中介绍）。

（6）电路行为级建模的赋值延迟和延迟解析（在第 3 章中介绍）。

（7）组合逻辑和时序逻辑建模中使用的阻塞赋值和非阻塞复制语句（在第 3 章中介绍）。

尽管 Verilog HDL 是一种高级语言，但是它的主要作用是描述电路的行为和功能，不要按照传统软件语言的方式学习和编写 Verilog 代码。特别需要注意的是，Verilog HDL 是并发执行的语言，而传统的语言则是顺序执行的。

标识符表示你定义的一个可识别的对象，例如模块名、端口名、实例名和信号名等。标识符的第一个字符必须使用字母，其他字符可以是字母、数字、下划线或者美元符号 $。另外，标识符是大小写敏感的，大写字母和小写字母在 Verilog 中是不同的。

关键字是 Verilog 保留的，用户不能将其声明为标识符，这样的关键字有 module、endmodule、input 和 output 等。这些关键字定义了 Verilog 的语言结构，并且所有的关键字都是小写的。Verilog 中的关键字如表 2.1 所示。

表 2.1 Verilog 关键字

always	and	assign	begin	buf	bufif0
bufif1	case	casex	casez	cmos	deassign
default	defparam	disable	edge	else	end
endcase	endmodule	endfunction	endprimitive	endspecify	endtable
endtask	event	for	force	forever	function
highz0	highz1	if	ifnone	initial	inout
input	integer	join	large	macromodule	medium
module	nand	negedge	nmos	nor	not
notif0	notif1	or	output	parameter	pmos
posedge	primitive	pull0	pull1	pullup	pulldown
rcmos	real	realtime	reg	release	repeat
mmos	rpmos	rtran	rtranif0	rtranif1	scalared
small	specify	specparam	strong0	strong1	supply0
supply1	table	task	time	tran	tranif0
tranif1	tri	tri0	tri1	triand	trior
trireg	vectored	wait	wand	weak0	weak1
while	wire	wor	xnor	xor	

下面是 Verilog 中两种注释方式：

```
// 单行注释

/* 多行注释
 */
```

在 Verilog 中，你可以使用空白符来增强代码的可读性，实际上语言本身在编译时会忽略这些空白符。

2.2 模块和端口

如图 2.1 所示，设计人员通常会从概念到物理设计（或晶体管级原理图）逐步实现一个完整的系统。算法和架构开发通常采用行为级描述，行为级建模可以从更高的抽象层次对系统进行描述。在这个层次上，整体功能的实现比具体的物理实现更重要。高级 RTL 结构用于可综合的行为级和数据流级描述，而低级 RTL 结构主要用于结构级描述。从 RTL 深入到晶体管级将会面对更多的电路复杂性和细节，而深入到系统级则面对的往往是更抽象的行为级概念。

系统架构开发的一个重要方面是将系统划分为不同的组件，而这种对系统的划分实质上是一种“分而治之的”方法。我们可以对每个组件再次分解，直到分解成满足设计约束并且复杂度可控为止。然后我们可以对于这些低层次的模块进行设计验证，最后，再采用自下而上的方法，将这些子模块集成并在系统级进行验证。

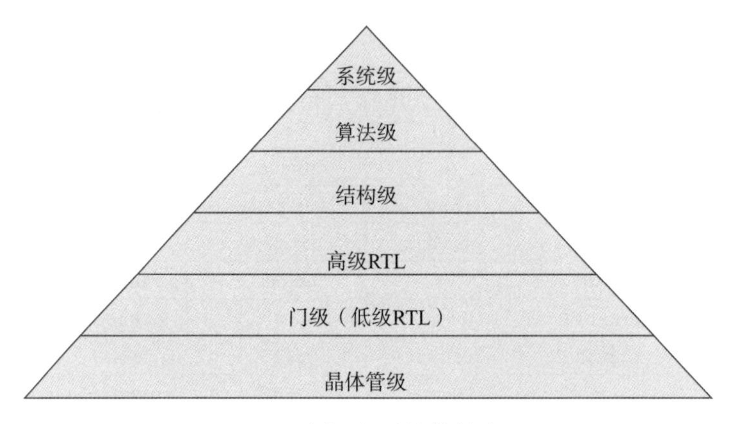

图 2.1 从概念到晶体管实现

在进行逻辑划分时也应考虑具体的物理器件。例如，图 2.2（a）所示的嵌入式系统，在进行系统设计的时候必须考虑都包含哪些组件，例如其中的处理器、加速器、存储器和 I/O 控制器，还要考虑这些组件都要实现什么样的功能任务。在图 2.2（b）中，如果我们的系统工作是按照一定顺序步骤进行的，那么我们在将系统划分成不同组件时，需要考虑划分的每个组件完成一个特定的步骤，这样串行执行的步骤可以有效提高系统的性能。

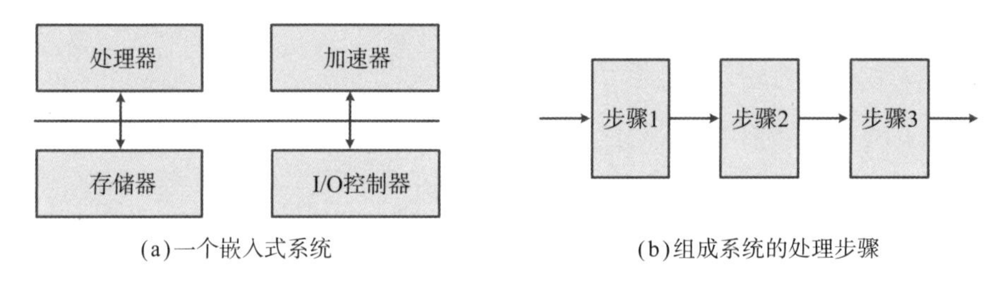

(a)一个嵌入式系统　　(b)组成系统的处理步骤

图 2.2

成本、运行速度、功耗和可靠性等都会对架构的开发产生影响。因此，在满足设计要求和设计规范的前提下，设计架构的开发还是有很大的潜在开发空间。很明显，我们不可能对每个候选项进行完整的设计来得出最佳设计。相反，我们只需要为抽象级候选对象使用电子表格来识别足够的信息即可，例如寄存器的数量、算术和逻辑单元、所需使用的内存空间等信息。这些信息可以帮助我们大致估计出一些潜在的设计行为属性，并且便于对这些信息进行比较和选择。

在开始介绍 Verilog 之前，我们首先来了解下数字设计中的层次化建模的相关概念。如图 2.3 所示，数字电路经常会将整个电路划分成不同的模块或者组件，从而可以使设计结构更加清晰，图中的设计包含三个子模块，每个子模块又包含两个基本元素。

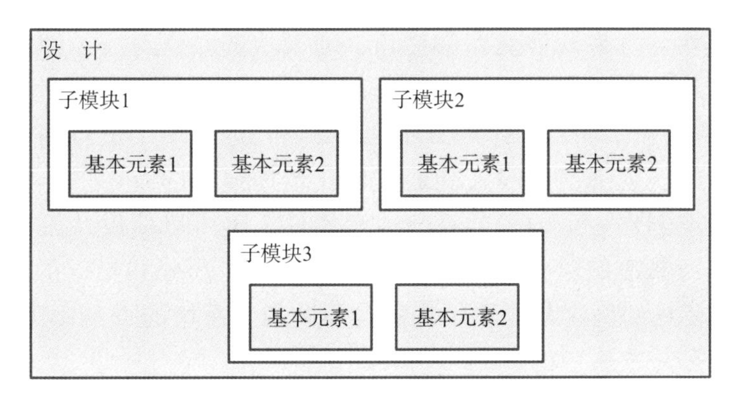

图 2.3　层次化的设计

每一个模块可能由多个子模块组成，因此，我们可以采用自上而下或自下而上的设计策略，如图 2.4 所示。自上而下的设计策略用得比较多，但是对于已经有现成可用的一些模块，也可以采用自下而上的设计策略。

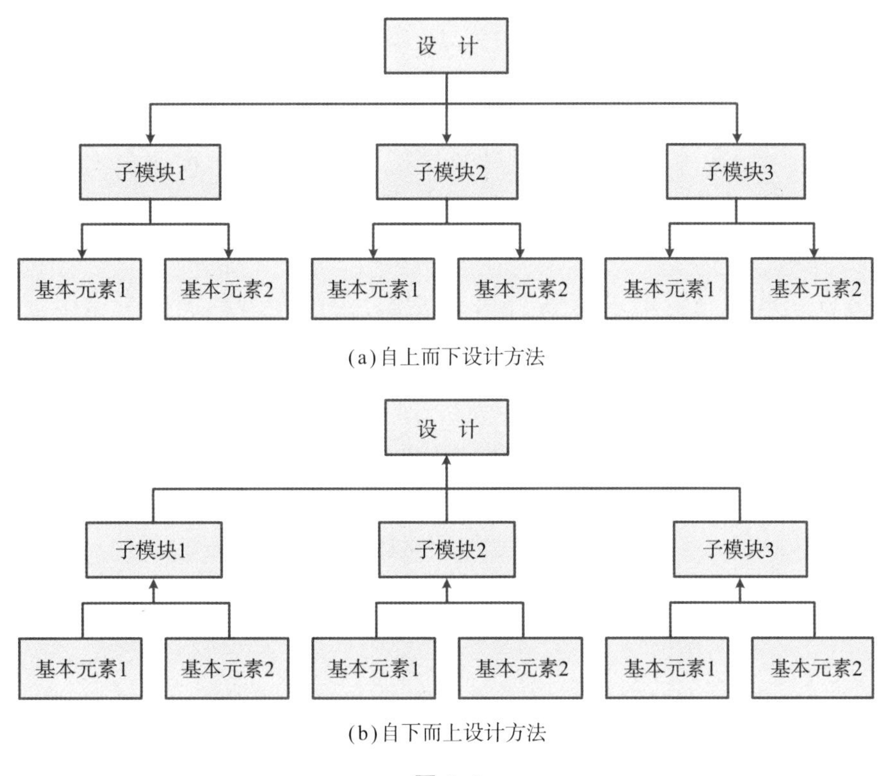

图 2.4

Verilog HDL 描述的数字系统一般都采用模块化的设计方法。构成 Verilog HDL 层次化设计的基本组成模块封装了设计的功能，而通过层次化可以有效地管理整个设计。模块之间可以嵌套任何深度，你可以将逻辑的描述放在模块中，无论这些是采用 RTL 描述（用于数字电路）还是行为模型（用于仿真）描述，都可以将它们的功能定义在模块中。

端口是模块与外界环境交互的接口，而模块的端口对应于硬件的引脚。除了测试平台以外的所有相互连接的模块都有端口，稍后介绍的测试平台使用了对待测设计进行测试的顶层模块，它不需要在其他模块中进行例化。使用模块可以隐藏设计的实现细节同时又能通过例化增加模块的复用性。你可以通过模块的例化和互连创建一个很大的系统或者器件，也可以使设计人员在对一个模块内部功能进行修改的时候不影响整个设计的其他部分和相应的I/O端口。这里需要注意，模块的例化与调用子程序是不同的，模块的每一个实例都是独立、完整的，并且是并发执行的。

模块定义的格式如下所示：

```
// 模块定义
module 模块名 (端口名);
端口声明
数据类型声明
功能描述
endmodule
```

模块定义需要指定一个模块名，同时整个模块的定义位于关键字 module 和 endmodule 之间，模块名使用设计人员指定的标识符。模块与模块外进行交互是通过端口完成的，所有的端口名称都列在一对小括号中。端口声明时使用关键字：input、output 或 inout，其中 inout 用来模拟双向端口。在 Verilog 中，后续将会介绍的基本数据类型有 wire 和 reg。wire 即为线网，主要用于元件之间连接，reg 是一种抽象的数据存储单元。整个电路的功能在功能描述区进行描述。

为了说明如何使用模块描述电路，我们设计了一个二选一多路选择器，多路选择器是一个基本的选择器，其真值表如表 2.2 所示。

表 2.2　二选一多路选择器

mux_in[0]	mux_in[1]	sel	mux_out
0	0	0	0
0	0	1	0
0	1	0	0
0	1	1	1
1	0	0	1
1	0	1	0
1	1	0	1
1	1	1	1

因为多路选择器使用非常广泛，所以很多库中都将其作为一个标准逻辑单元（或门）提供。二选一多路选择器的电路符号和原理图如图 2.5 所示。

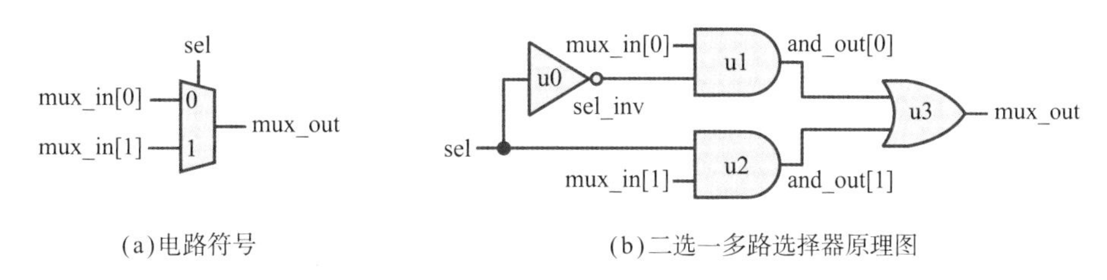

(a)电路符号　(b)二选一多路选择器原理图

图 2.5

下面是二选一多路选择器的 Verilog 代码，其中 module 的名字是 mux2to1，mux_out 是输出端口，sel 是输入端口，mux_in 是 2 位输入端口，sel_inv 是声明的一个 wire 类型线网，and_out 是 2 位宽的 wire 类型线网，not、and 和 or 都是 Verilog 原语，并且代码中根据这四个原语实例化了四个实例 u0、u1、u2 和 u3。代码结构清晰地表现出了电路中包含了哪些组件（原语），以及它们之间的连接关系。这里需要注意的是，所有端口默认的数据类型是 wire 型，所以可以不用再次将它们声明为 wire。代码中的分号“；”用于分隔每条语句。

```
// 二选一多路选择器结构描述
Module mux2to1(mux_out, sel, mux_in);
output mux_out;                 // 输出端口声明
input sel;                      //  输入端口声明
input [1:0] mux_in;//2 位输入端口声明
wire sel_inv;                   // 线网类型声明
wire [1:0] and_out;             //2 位线网类型声明
// 下面是 Verilog 原语描述的具体功能
// 它们的连接关系如电路原理图所示
not u0(sel_inv, sel);
and u1(and_out [0], mux_in [0], sel_ inv);
and u2(and_out [1], mux_in [1], sel);
or u3(mux_out, and_out [0], and_out [1]);
endmodule
```

Verilog 中，允许端口和数据类型声明时使用多位宽（或者一维数组）的声明方式，这样声明的信号一般称为向量或者总线，当然二维数组的声明虽然也是支持的，但是不能用于端口声明。

Verilog 原语是可综合的基本逻辑元素（或门），是可用于低级 RTL（或门级）设计的结构。Verilog 结构级模型可用于描述电路原理图中的各种元件。因为 Verilog 原语是可综合的，所以多路选择器的具体实现和优化将由综合工具决定。你可以将多个模块或者原语的实例通过它们的端口进行连接形成更大的系统。在上面代码中，该模块包含一个 not 门、两个 and 门和一个 or 门。Verilog 原语的端口列表的第一个端口是输出端口，Verilog 原语的端口连接采用按顺序连接的方式（或者位置关联）。例如，示例中的 sel_inv 和 sel 分别连接到了 not 门的 output 和 input 端口。

在介绍基于二选一多路选择器采用自下而上的设计方法构建四选一的多路选择器之前，我们先了解下四选一多路选择器功能表（表 2.3）。当 sel[1:0] 为“00”（即 sel[0] 和 sel[1] 都为 0）时，mux_in[0] 被选中输出至 mux_out；当 sel[1:0] 为“01”（即 sel[0] 为 1 和 sel[1] 为 0）时，mux_in[1] 被选中输出至 mux_out，其他的情况类似。

表 2.3 四选一多路选择器功能表

sel[0]	sel[1]	mux_out
0	0	mux_in[0]
0	1	mux_in[1]
1	0	mux_in[2]
1	1	mux_in[3]

四选一多路选择器的电路符号如图 2.6（a）所示。图 2.6（b）是采用自下而上的设计方法例化了三个二选一多路选择器构建的四选一多路选择器的层次结构模型，这里需要注意，在设计的不同层次可以使用相同的信号名或者例化名。

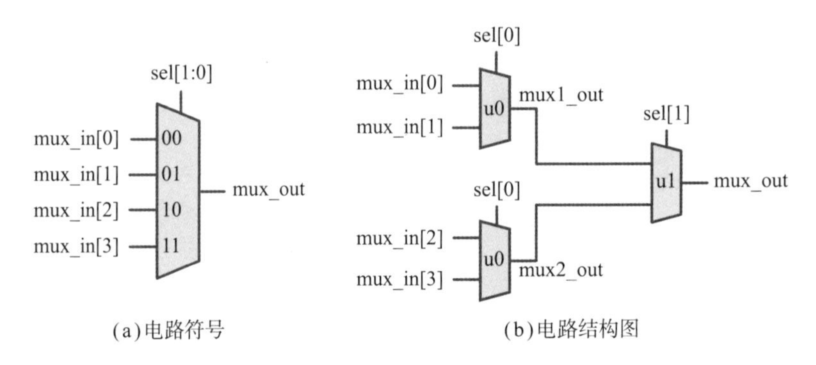

图 2.6 基于二选一多路选择器构建的四选一多路复用器

Verilog 代码如下所示，四选一多路选择器包含三个二选一多路选择器的实例，这三个实例分别是 u0、u1 和 u2。注意，不同层次的实例名（例如 u0、u1 和 u2）是可以一样的。sel[1:0] 为 2'b00 表示 sel[0] 和 sel[1] 均为 0，此时 mux_in[0] 被选中；sel[1:0] 为 2'b01 表示 sel[0] 为 1，sel[1] 为 0，此时 mux_in[1] 被选中。这里需要注意的是，mux1_out 和 mux2_out 使用了拼接操作符 {} 形成了一个 2 位宽的 wire，并且连接到 u2 的输入端口 mux_in。

```
// 自下而上的四选一多路选择器
module mux4to1(mux_out, sel, mux_in);
output mux_out;                  // 输出端口声明
```

```
input [1:0] sel;              //2 位输入端口声明
input [3:0] mux_in;           //4 位输入端口声明
wire mux1_out, mux2_out;      // 线网类型声明
// 三个二选一多路选择器实例
// 其他连接方式如电路原理图所示
mux2to1 u0(.mux_out(mux1_out), .sel(sel [0]), .mux_in(mux_in
  [1:0]));
mux2to1 u1(.mux_out(mux2_out), .sel(sel [0]), .mux_in(mux_in
  [3:2]));
mux2to1 u2(.mux_out(mux_out), .sel(sel [1]), .mux_in({mux2_
  out, mux1_out}));
endmodule
```

模块例化端口连接有两种方式，分别是命名端口连接和位置端口连接（顺序端口连接）。在上面的示例中，mux2to1 采用的是命名端口连接方式。采用这种命名端口连接方式连接模块时不用担心例化模块时实际连接端口位置的变化（在不同的设计版本中，端口位置可能发生变化）。否则的话，将有可能因为端口连接错误导致功能异常。非常不幸的是，仿真工具一般情况下并不会检出这些错误，除非测试失败。

用 RTL 编写的模块通常保存在文件扩展名为“.v”的 Verilog 文件中。虽然一个文件中可以包含多个模块（或定义），但强烈建议每个文件仅包含一个模块的定义，并且文件名与其中的模块名称相同，这样可以更方便地管理设计代码。

2.3 Verilog中数字的表示

在 Verilog 中使用四值逻辑 0（逻辑 0）、1（逻辑 1）、x 或者 X（不定态）和 z 或者 Z（高阻态）表示逻辑，如图 2.7 所示。

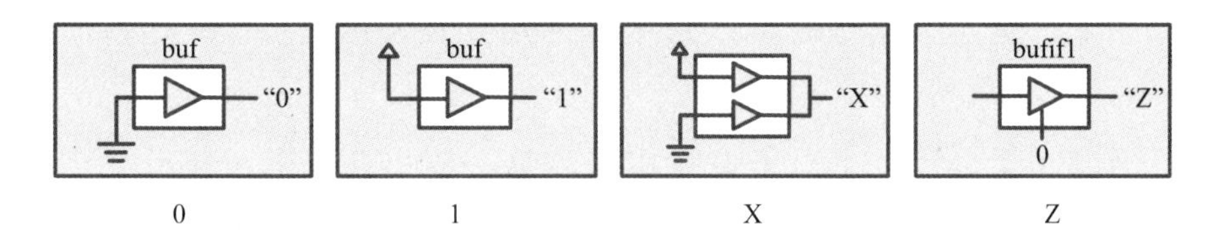

图 2.7　四值逻辑

在物理电路中，实际上只有三种逻辑状态，即 0、1 和 z。在 Verilog 中如果线网没有被逻辑 0 或者逻辑 1 驱动，那么其默认值就是 Z。一般当与其他电路输出连接的线网在物理上断开时，此时线网就处于高阻状态。

不定态 X 主要用于验证（或者仿真）。当一个线网被多驱动或者发生时序

违例时，该线网的逻辑值就为不定态 X，表示当前电路中存在错误。当时序元件存在时序违例时，其输出也将变成不定态 X，此时的 X 既不是逻辑 0 也不是逻辑 1。因此，不定态的实际状态既不是逻辑 0 也不是逻辑 1，其值取决于物理电路的驱动强度或者时序违例的收敛时间。无论如何，电路中的不确定状态很有可能会导致电路功能的错误，需要在设计中引起足够的重视，并且尽早解决。另外，不定态在波形上一般以红色的波形表示。

在 Verilog 中，整型常量或者实型常量是常见的数字常量。整型常量表现形式为：

```
<size>'<base><value>
```

在图 2.8 中，一个数字可以指明位宽也可以不指明。不指明位宽的数字默认是 32 位宽的。其中指明数字基数的基数格式主要有十进制（d 或者 D）、十六进制（h 或者 H）、八进制（o 或者 O）以及二进制（b 或者 B），如果没有指定基数，则默认为十进制。另外，在数字表示时，基数格式和数值域是不区分大小的。

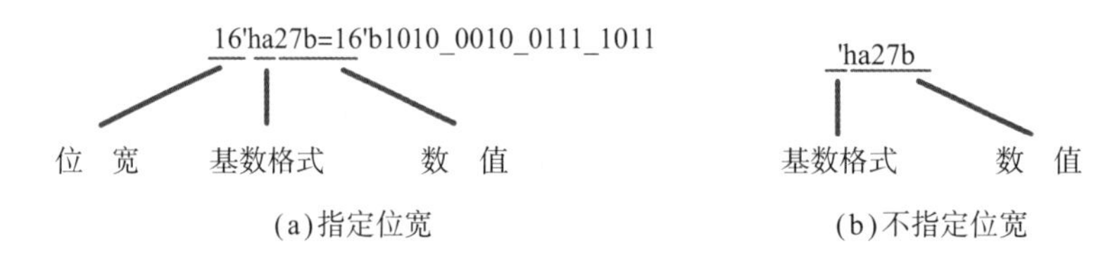

图 2.8 数字的表示示例

注意，在图 2.8 中使用了下划线用于对数字进行分割，从而提高数字的可读性，这个下划线最终会被 Verilog 忽略掉。例如数字 6'hCA 的最高位将会被截掉变成 001010 而不是 11001010；6'hA 变成 001010 时，其最高位由两个 0 补全；16'bz 变成 16'bzzzzzzzzzzzzzzzz，其高位由 15 个 z 补全。为了表示负数，必须将负数符号置于 < 位宽 > 之前。例如，十进制的 -3，必须使用 -8'd3 而不是 8'd-3 表示。最后，实数既可以采用十进制方式表示也可以采用科学记数法进行表示。

【示例 2.1】 设计一个电子设备用来测量一周里两个随机事件发生的时间间隔，其中时间分辨率要求为 1ns(10^{-9}s)，那么需要用多少位来表示这样的时间间隔呢？

解答 一周有 $7\times24\times60\times60=604800$s，那么这个时间间隔最大为 604800s/$10^{-9}$s，即 6.048×10^{14}，因此，需要的位数应该为

$$\left\lceil \log_2\left(6.048\times10^{14}\right)\right\rceil=50 \tag{2.1}$$

其中，$\lceil\cdot\rceil$ 表示向上舍入取整。

2.4 数据类型

在 Verilog 中有三种数据类型：线网（物理器件之间的连线）、寄存器（抽象的存储元件）和参数（仿真运行时为常值），其中线网和寄存器默认都是一位宽的标量。

2.4.1 线 网

如图 2.9 所示，线网表示结构元件之间的连接。

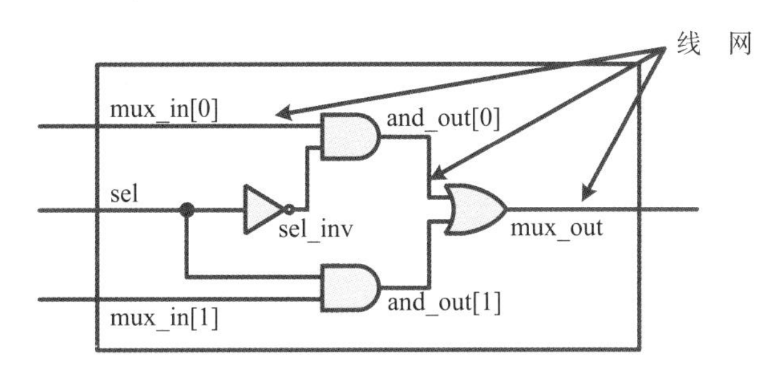

图 2.9 线网连接

线网被连续赋值语句、模块、例化的逻辑门和函数（稍后介绍）等连续驱动。线网类型的默认值是“Z”。在 Verilog 中，线网的驱动发生任何变化都会立即自动更新至线网上，这也就意味着，逻辑门输出的任何值都会自动驱动到与其连接的线网上。

如表 2.4 所示，Verilog 中的线网类型有 wire、tri、wand、wor、supply0 和 supply1 等，其中 wire 和 tri 最为常用，其他使用较少的类型将在附录中讨论。一般情况下线网被多驱动是不允许的，除非线网被声明为 tri、wand 和 wor。supply0 和 supply1 分别连接到逻辑 0 和逻辑 1，用于对地和 V_{DD} 建模。wire、tri、wand、wor、supply0 和 supply1 都是可综合的，其他的线网类型是不可综合的。一般情况下，没有声明类型的信号默认都是 wire 类型。

表 2.4 Verilog 中的线网类型

线网类型	说 明
wire	标准的内部连线（默认）
tri	三态线网
wor,trior	多驱动（三态）线或
wand,triand	多驱动（三态）线与
tri1	上拉型三态线网
tri0	下拉型三态线网
supply0	模拟接地线网
supply1	模拟接电源线网

图 2.10 是 *y* 声明为 wire/tri、wand/triand、wor/trior 时，在 *a* 和 *b* 驱动情况下的真值表。

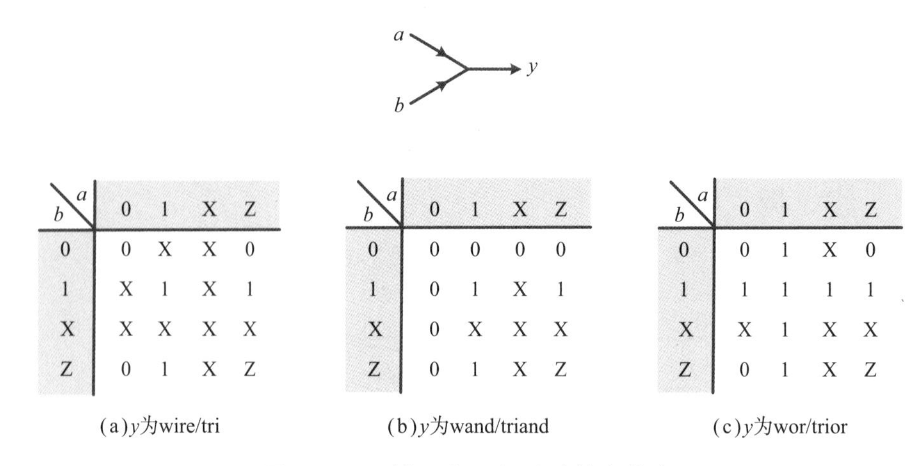

b \ a	0	1	X	Z
0	0	X	X	0
1	X	1	X	1
X	X	X	X	X
Z	0	1	X	Z

(a) *y* 为wire/tri

b \ a	0	1	X	Z
0	0	0	0	0
1	0	1	X	1
X	0	X	X	X
Z	0	1	X	Z

(b) *y* 为wand/triand

b \ a	0	1	X	Z
0	0	1	X	0
1	1	1	1	1
X	X	1	X	X
Z	0	1	X	Z

(c) *y* 为wor/trior

图 2.10 *y* 被 *a* 和 *b* 驱动时的真值表

2.4.2 寄存器

如表 2.5 所示，Verilog 中有 4 种寄存器类型：reg、integer、real 和 time。其中 integer 类型经常用于 for 循环（后续会介绍）中的循环变量，real 和 time 是不可综合的。

表 2.5 Verilog 中的寄存器类型

寄存器类型	说 明
reg	位宽可指定的无符号整型变量
integer	32 位有符号整型变量
real	双精度浮点变量
time	64 位无符号整型变量

寄存器数据类型表示了一种抽象的数据存储单元，它可以保持原有数值直到有新的数值更新。寄存器类型被广泛应用于行为级建模和应用仿真中。寄存器变量的赋值操作发生在过程语句块中，所以在 Verilog 中，可以在 initial 块、always 块或者 function 中对寄存器变量赋值，其默认值是“X”。而 time 变量（后续会介绍）是一个 64 位的变量，主要用于 $time 系统任务中表示仿真时间。

下面是关于 reg 类型声明的示例，其中的二维数组允许进行数据类型声明，但是不允许出现在端口声明中。

```
//reg 声明示例
reg a;                          //1 位标量寄存器类型
reg [3:0] b, c;                 // 两个 4 位宽的向量
reg [7:0] byte_reg;             // 一个 8 位宽的向量
```

```
reg signed [31:0] byte_reg;           //32位有符号寄存器变量
//一个有256个8位宽元素的数组
//数组索引范围为0 ~ 255
reg [7:0] memory_block [0:255];
```

起初，用户可以直接访问二维数组中某个寄存器变量，但是不能直接访问寄存器变量中的单独某一位。为了获取其中的某一位，必须先要读出二维数组中要访问的数据位所在的元素，然后再访问其中要访问的对应位，其过程如下例所示：

```
//读地址120所对应的元素
byte_reg = memory_block [120];
bit = byte_reg [7];    //访问期望的数据位
```

在Verilog-2001之后，用户可以直接访问二维数组中具体的某一位。另外，以变量作为索引的高维数组也是可综合的，如下例所示：

```
reg [7:0] address1, address2;
//256×256×8数组
reg [7:0] memory_block [0:255][0:255];
//通过address1和address2获取具体元素
out_data = memory_block [address1][address2];
```

在数字设计中，硬件（或物理）寄存器表示存储元素，在时钟边沿运行并更新其中的状态，其工作与时钟是同步的。但是Verilog中的寄存器（通过reg声明）仅表示能够保存的数值，切记不要与具体的硬件寄存器混淆。Verilog中的寄存器不一定需要时钟，也不需要像线网那样被驱动，Verilog中的寄存器的值可以在仿真过程中通过赋值随时改变。

2.4.3 参　数

用户可以在任何使用常量的地方使用参数，参数使用的示例如下面参数化设计所示：

```
//参数化设计
module param_test(port_name);
parameter m1 = 8;  //参数声明
wire [m1:0] w1;    //m1+1位的线网
...
endmodule
```

参数化设计是一种很好的设计方法，可以提高代码的复用性。例如，当我们将m1设置为n时，w1就变成了n+1位的线网（m1为10时，w1就变成了11位宽线网；m1为4时，w1就变成了5位宽线网）。参数还可以在对应的模块例化的时候被修改重写。比如上面代码中模块例化时将 m1 设为 10，代码如下：

```
// 参数 m1 在模块例化时设为 10
param_test #(10) param_test(...);
```

参数仅在其定义的模块中可见，它们的符号性和位宽都是可以进行设置的。如果你需要一个全局性的参数，那么你可以使用编译命令 'define。

你也可以在定义一个参数的时候使用其他参数，例如下面代码中的参数 m3 实际上就是通过参数 m1 和 m2 进行定义的：

```
// 使用其他参数定义当前参数
parameter m1 = 8; parameter m2 = 10; parameter m3 = m1+m2;
```

2.4.4 端口数据类型的选择

input 和 output 端口可以被线网或者寄存器类型驱动，inout 只能被线网类型驱动。如图 2.11 所示，模块内部所有的 input 和 inout 只能驱动线网，output 可以驱动线网和寄存器类型。

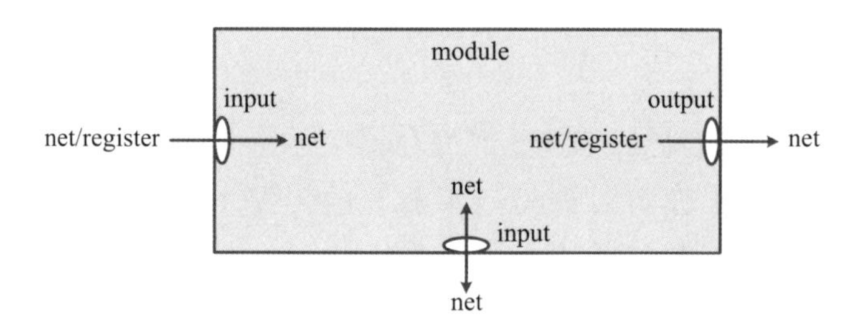

图 2.11 端口选择正确的数据类型

最后，在结束本节之前，我们通过下面的示例说明一些常见的错误。

```
// 不同数据类型连接端口
module top(out, in);
output out;
input in;
reg in;                    // 错误！ input 端口应声明为 wire
reg sum;                   // 错误！ 连接 output 的线网应声明为 wire

reg op1;                   // 正确！ 过程语句块中变量声明为 reg

wire op2;                  // 错误！ 过程语句块中变量应声明为 reg

wire out;                  // 错误！ 连续赋值语句中变量应声明为 wire

adderadd0(.s(sum), .c(cout), .a(.op1), .b(op2));
```

```
initial op1 = 1;
always @ (*)op2 = in;
assign out = sum;
...
endmodule
module adder(s, c, a, b);       // 全加器定义
output s, c;
input a, b;
...
endmodule
```

2.5 连续赋值语句

连续赋值语句是数据流建模的基本语句，其赋值操作以关键词assign开始。对于传统的编程语言，赋值操作只执行一次，但是对于Verilog HDL来说，只要硬件连线电路的输入发生变化，其输出就需要立即更新。下例通过操作符“|”实现了或操作：

```
// 当a或者b发生变化时y就发生变化
wire [7:0] y, a, b;
assign y = a|b;
```

除了可以用于门和线网互连之外，用户还可以使用连续赋值语句进行组合逻辑电路建模。使用连续赋值语句表示的组合逻辑电路可以很方便地转换成对应的表达式或者布尔表达式。在仿真的过程中，只要连续赋值语句右侧表达式发生变化，连续赋值语句就会执行。顾名思义，连续赋值语句的执行是立即执行的，一旦输入a和/或者b发生变化，赋值表达式的左侧y就会立即更新。因为连续赋值语句左侧的y是组合逻辑电路的输出，所以其类型是wire，变量a和b是组合逻辑电路的输入。因为赋值是连续的，所以输出与任何输入变化是同时更新的，因此，可以被推断出连续赋值语句构建的电路是组合逻辑电路。

另外，连续赋值语句也可以在线网声明的时候隐式地使用，如下例所示：

```
// 声明的同时进行连续赋值
wire [7:0]y = a|b;
```

2.6 过程语句结构

语句块是将多条语句分组放在一块的语法结构，而过程语句块是以关键字

begin 和 end 作为分割符。如果一个电路有多个输出或者赋值语句，那么我们可以将这些赋值语句都放在 begin-end 块中。这些 begin-end 块经常与 if、case 和 for 循环配合使用，实现对多个语句块的分组。过程语句块主要有 initial 块和 always 块，如果要包含多条语句，就要使用 begin-end 将多个语句包起来。如果过程语句块只包含一条语句，那么 begin-end 块可以省略。

过程语句块主要包含以下组件：

（1）描述数据流的过程性赋值语句。

（2）描述功能的循环和条件等高级结构。

（3）块中的时间控制语句。

过程性语句块中的赋值语句称之为过程性赋值语句。如果一个信号在过程性语句块中被赋值，那么该信号必须声明为 reg 型，而过程性赋值语句的右侧表达式可以是任何有效的表达式，并且表达式的操作数的数据类型没有限制。

过程性语句块在仿真开始时执行，无论一个模块中有多少个 initial 和 alaways 语句块，它们都是在仿真开始时并行执行。

2.6.1 initial语句块

initial 过程块语句在仿真的最开始时执行，在仿真的过程中只执行一次。位于 initial 块中的语句是顺序执行的，如下例所示：

```
//initial 块中的语句顺序执行
reg b, c;
initial begin
  b = a;
  c = b;
end
```

其中，“=”是阻塞赋值语句，它是顺序执行的，最终 c 和 a 具有相同的值。需要注意的是，那些位于过程块中赋值语句左侧的变量必须声明为 reg。initial 块是不可综合的，所以它一般只用于测试平台中。

如果你写的代码像下面那样，那么 a 的值将是不确定的，它的取值将完全取决于这两个赋值语句的执行顺序：

```
//initial 块在 0 时刻开始执行
// 两个 initial 块同时执行对 a 赋值
// 这样会导致 a 的不确定性
initial
  a = 0;
initial
```

```
  a = 1;
```

但是，如果对上面的代码进行如下修改，那么 a 的最终值将是 1。尽管可以有效地控制语句的延迟执行，但是使用“#0”是一种不好的编码风格，应该避免使用：

```
initial
  a = 0;
initial
// 带有延迟控制的语句将在事件队列最后执行
  #0 a = 1;
```

“#”字符用于进行延迟控制，可用于指定过程语句和门例化的延迟，但不能用于模块的例化。添加零延迟可以确保“#0”延迟后的语句在当前 Verilog 事件队列最后执行。

功能验证主要是针对设计对象的行为功能进行验证，确保设计能够按照预期的效果正确执行，为此需要开发一个测试平台，用于生成 DUT 的测试激励，并且对 DUT 的输出进行检查，代码如下所示：

```
// 复位之后，每个时钟上升沿赋给 a 新的值
initial begin
  wait(! rst_n);                          // 等待复位信号的断言
  wait(rst_n);                            // 等待复位信号无效
  @ (posedge clk)    input_a = 0;    // 第一组输入
  @ (posedge clk)    input_a = 1;    // 第二组输入
end
```

你可以使用所有 Verilog 相关的语法结构，无论这些结构是否可综合。产生激励最简单的方法是在复位撤销（rst_n 从 0 变到 1）之后，在时钟 clk 上升沿产生对应的输入信号 input_a，wait 语句则将会挂起程序，直到其参数为真。

下面是组合逻辑电路二选一多路选择器的测试平台：

```
// 一个简单的测试平台
module testbench;
reg sel;
reg [1:0] mux_in;
// 按名称关联例化
mux2to1 u0(.mux_out(mux1_out), .sel(sel), .mux_in(mux_in
  [1:0]));
// 产生输入激励
initial begin
  #10 sel = 0; mux_in [1:0] = 2'b00;    // 第一组输入
  #10 sel = 0; mux_in [1:0] = 2'b01;    // 第二组输入
```

```
    #10 sel = 0; mux_in [1:0] = 2'b10;    // 第三组输入
    #10 sel = 0; mux_in [1:0] = 2'b11;    // 第四组输入
    #10 sel = 1; mux_in [1:0] = 2'b00;    // 第五组输入
    #10 sel = 1; mux_in [1:0] = 2'b01;    // 第六组输入
    #10 sel = 1; mux_in [1:0] = 2'b10;    // 第七组输入
    #10 sel = 1; mux_in [1:0] = 2'b11;    // 第八组输入
  end
  // 检测信号的变化
  initial
    $monitor($stime, "out = % b, sel = % b, in = % b", mux1_
  out,
      sel, mux_in);
  endmodule
```

上述代码中 DUT u0 是 Verilog 描述的 mux2to1 设计模块的实例。因为测试平台的目的不是描述电路功能，所以使用 Verilog 描述的测试平台并没有 input 和 output 信号，测试平台的目的是给 DUT 产生输入信号值序列（称为测试用例或者测试激励）并且检测其输出（通过 $monitor 系统任务），以确保产生的输出是正确的。测试平台中，当被检测的信号发生变化时，系统任务 $monitor 会以 %b 的二进制格式将检测的信号值显示出来。其中的系统任务 $stime 以 32 位无符号整型值的形式返回当前时间。如图 2.12 所示，仿真器会执行 DUT 和测试平台中的代码，将值赋给和 DUT 相关的线网和变量，从而推进仿真时间。

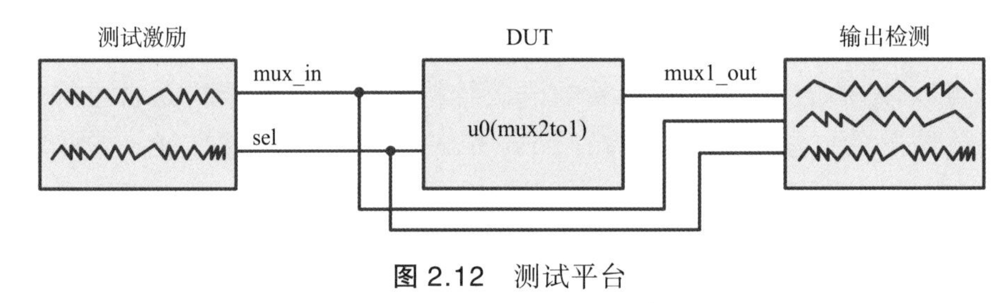

图 2.12 测试平台

我们经常通过图 2.13 所示的时序图来研究电路的功能行为，其中信号的变化和传输都是理想状态。时序图可以将输入和输出之间的关系清晰地表现出来。

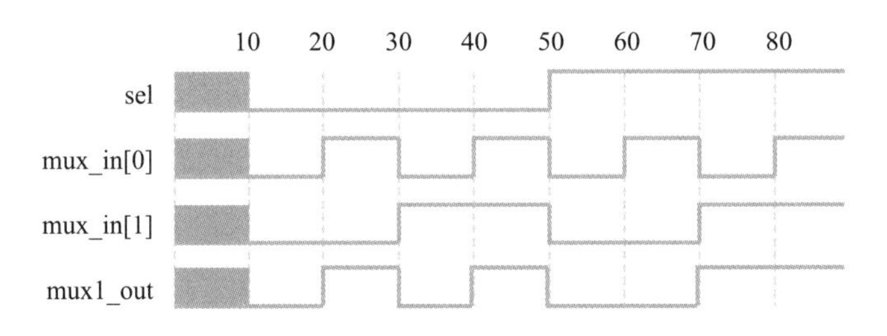

图 2.13 测试平台中的 mux2to1 时序图

2.6.2 always块

always 块和 initial 块都可以包含时序语句。从上文的测试平台可以看到，initial 语句块只执行一次，而 always 语句块更像硬件那样不停地执行。位于 always 块中的语句都会被执行，并且会被反复执行。

always 语句块可以表示锁存器（后续章节介绍）、触发器和组合逻辑电路。在描述可综合的设计时，always 块还包含触发器中逻辑工作的触发事件，这些触发事件主要有电平触发（异步触发）、上升沿触发或者下降沿触发（同步触发）。下面是使用 always 语句块描述组合逻辑电路的代码示例：

```
// 组合逻辑语法
always @ （敏感信号列表） begin
  语句;
end
```

其中，敏感信号列表控制着 always 块的执行，为了描述组合逻辑电路，敏感信号列表至少要包含多个信号，这些信号中的任何一个信号发生变化时，always 块都会执行。只要这样的触发条件再次满足，always 块就会再次执行。例如，一个组合逻辑电路有一个输出 x，三个输入 a、b 和 c，那么当 a、b 和 c 中任何一个信号发生变化时，对应的输出 x 都会有响应，这里的 a、b 和 c 就是我们的敏感信号列表中的信号，always 中语句描述的就是我们设计的功能。

正如下面的代码所示，完整的敏感信号列表可以确保 RTL 和门级网表的一致。比如，敏感信号列表中缺失了信号 c，综合后的网表虽然仍然能够综合出 3 输入的或门，但是此时门级网表的仿真结果将与 RTL 仿真结果不一致。

```
// 一个简单的三输入或门组合逻辑电路
// 代码中的敏感信号是完整的
reg x;
always @ (a or b or c)
  x = a|b|c;
```

这里需要注意的是，过程块中位于赋值表达式左侧的变量需要声明为 reg，用以表示该变量是一种抽象的数据存储单元。无论什么时候，只要敏感信号列表中的信号发生变化，always 块就会被解析。在这个例子中，一旦输入 a、b 和 c 中的任何一个信号发生电平变化（0 变到 1 或者从 1 变到 0），x 都会被重新计算解析，这样的行为方式与组合逻辑电路的功能一样，所以 x 会被综合为组合逻辑电路的输出。

在 Verilog-2001 中引入了一些描述敏感信号列表新的语法结构，如下所示：

```
// 描述组合逻辑电路敏感信号列表的不同方式
```

```
always @ (a, b, c, d)    //结构1
always @ (*)             //结构2
always @ *               //结构3
```

在一些综合工具中，认为敏感信号列表缺失是一种错误，为此，在Verilog-2001中，你可以使用(*)代表always块中所有的输入，这些输入一般是always块中所有位于表达式右侧的变量，例如，我们可以使用always(*)将上例改写为如下代码：

```
//一个使用(*)代表所有输入的组合逻辑电路
reg x;
always @ (*) begin
  x = a|b|c;
end
```

如下例所示，always块还可以用来描述由多个赋值语句组成的复杂表达式：

```
//由多个赋值语句组成的复杂表达式
//这些赋值语句是顺序执行的
always @ (a or b or c or d or e) begin
  y1 = a+b;
  y2 = c*d+e;
  y = y1*y2;
end
```

在这个示例中，表达式 $y = (a + b) \times (c \times d + e)$ 在过程块中是以阻塞赋值的方式顺序执行实现的。上述代码中需要注意的是，其中的“+”表示加法操作，“*”表示乘法操作，并且乘法操作的优先级高于加法操作。

下面的代码是采用always块描述同步时序电路的语法示例：

```
//同步时序电路语法
always @ ([posedge or negedge] events) begin
  statements
end
```

时序电路是具有存储功能的电路结构。如图2.14所示，其中信号的上升沿用关键字posedge表示，下降沿用关键字negedge表示，并且在敏感信号列表中，posedge和negedge不能使用(*)替换。

图2.14 上升沿和下降沿

代码示例如下：

```
//一个同时包含时序逻辑(寄存器x)和组合逻辑(+)的电路
reg x;
always @ (posedge clk)
 x <= a+b;
```

这里的非阻塞赋值“<=”将在第3章介绍，当前你可以暂时将其视为阻塞赋值“=”。在这个示例中，时钟clk从0变为1（即发生上升沿变化）时，x的值就会被重新进行计算，这样的执行方式与硬件存储单元的功能很类似，因此，x会被综合为一个真正的存储单元。但是需要注意的是，在敏感信号列表中不能同时对同一个信号使用posedge和negedge，因为这样的编码是不可综合的，如下例所示：

```
// 对 clk 同时使用 posedge 和 negedge 的错误电路描述方式
reg x;
always @ (posedge clk or negedge clk)
  x <= a+b;
```

但是，如果你确实想同时使用clk的上升沿和下降沿，那么我们可以通过clk的二倍频时钟clk2x来实现，代码示例如下：

```
// 通过 clk2x 实现同时使用 clk 的 posedge 和 negedge 的功能
reg x;
always @ (posedge clk2x)
x <= a+b;
```

另外，在描述可综合的RTL代码时，切记不要将输出的功能单独进行描述，例如下面的RTL代码中，将信号a和b的复位操作和功能操作分开描述的方式应该尽量避免。

```
// 将复位和功能单独分开的错误代码描述方式
always @ (negedge rst_n)
  if (! rst_n)
  begin
    a <= 5'd0;
    b <= 3'd0;
  end
always @ (posedge clk or negedge rst_n)
  if (b == 3'd4) a <= a+b;
always @ (posedge clk or negedge rst_n)
  b <= b+1;
```

将上面的代码重写如下，在一个always块中完整地描述变量的功能：

```
// 在一个 alway 块中描述完整的功能
always @ (posedge clk or negedge rst_n)
  if (! rst_n) a<= 5'd0;
  else if (b == 3'd4) a <= a+b;
always @ (posedge clk or negedge rst_n)
  if (! rst_n) b <= 3'd0;
  else b <= b+1;
```

总之，如果输出由当前的输入直接决定，并且不受时钟控制，那么此时电路为组合逻辑电路。与之对应的是，如果输出并不由任何给定时刻的输入决定，而是由时钟的 posedge 或者 negedge 控制决定，那么电路将会被综合为时序逻辑单元触发器，否则将会被综合为锁存器。

2.6.3 过程块结构的命名

在过程块中，我们可以在命名的过程块中声明变量（reg、integer 和参数等），但是不能在没有命名的过程块中进行声明。如下代码是一个由 begin-end 包起来的命名的块结构。命名的块结构并不常用，但是在 for 循环（下章将会介绍）中使用的索引变量可能出现重复时，往往会使用命名的块结构。

```
// 块的命名
begin:block_name          // 块名
  reg local_variable_1;
  integer local_variable_2;
  parameter local_variable_3;
  statements
end
```

下面示例中的两个 always 块分别包含了 for 循环，并且两个命名块中的 for 循环的循环变量名都是 i：

```
// 命名块示例
always @ (...)
begin:loop1                 // 块名
  integer i;                // 局部变量
  for(i = 0;  i < 8;  i = i+1)
...
end
always @ (...)
begin:loop2                 // 块名
  integer i;                // 局部变量
  for(i = 0;  i < 32;  i = i+1)
...
end
```

2.7 Verilog原语

如表 2.6 所示，Verilog 中提供了很多门级和开关级建模使用的原语。所有的原语都可以用来仿真，但不是所有的原语都可综合，只有组合逻辑和三态门可以综合。原语的管脚数目由连接该原语的线网数目决定，所有的门（除了 not 和 buf 外）都可以有多个输入，但是只能有一个输出。而 not 门和 buf 可以有多个输出，但是只能有一个输入。在这些逻辑门的端口列表中，一般情况下首先出现的是输出或者双向端口，然后依次出现的是输入端口。当然，你也可以定义自己的原语（即 UDP），并且预先设置对应的参数列表。

表 2.6 Verilog 原语

组合逻辑	三态门	MOS 管	CMOS	双向门	上拉 / 下拉门
and	bufif0	nmos	cmos	tran	pullup
nand	bufif1	pmos	rcmos	tranif0	pulldown
or	notif0	rnmos		tranif1	
nor	notif1	rpmos		rtran	
xor				rtranif0	
xnor				rtranif1	
buf					
not					

图 2.15 是一个由 nor 门组成的阵列。

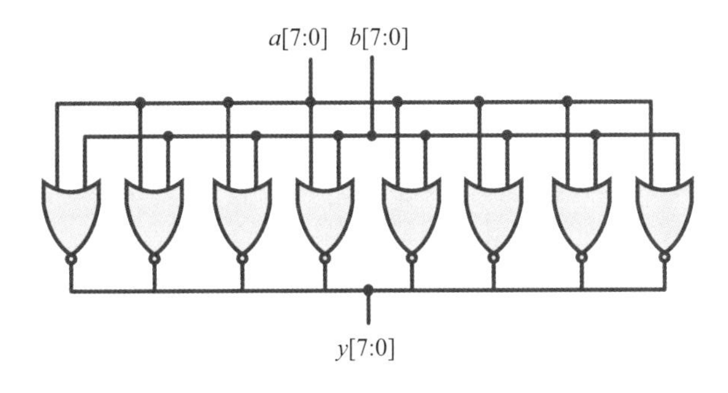

图 2.15 nor 门阵列

我们可以采用结构级描述方式，将 nor 门一个一个地例化连接，代码如下所示：

```
// 例化 8 个 nor 门的模块
module   array_of_nor(y, a, b);
output [7:0] y;
input [7:0] a, b;
// 例化阵列
nor nor_g0(y [0], a [0], b [0]);
nor nor_g1(y [1], a [1], b [1]);
nor nor_g2(y [2], a [2], b [2]);
nor nor_g3(y [3], a [3], b [3]);
nor nor_g4(y [4], a [4], b [4]);
nor nor_g5(y [5], a [5], b [5]);
nor nor_g6(y [6], a [6], b [6]);
```

```
nor nor_g7(y [7], a [7], b [7]);
endmodule
```

但是需要注意，例化时输出端口位于输入端口之前，原语例化时其例化名可以省略。

为了快速例化上述 nor 门，Verilog 中支持类似向量声明的方式实现例化，代码如下所示：

```
// 例化 8 个 nor 门的模块
module array_of_nor(y, a, b);
output [7:0] y;
input [7:0] a, b;
// 向量方式例化
nor nor_g [7:0](y, a, b);
endmodule
```

在 Verilog 中还有 4 种条件控制的原语：bufif0、bufif1、notif0 和 notif1，其真值表如图 2.16 所示。这些门都有三个端口，分别为输出 y、输入 x 和控制端口 e。例如其中的 bufif0，当其控制端 e 为 0 时，y 被 x 驱动，反之 y 将处于高阻态。

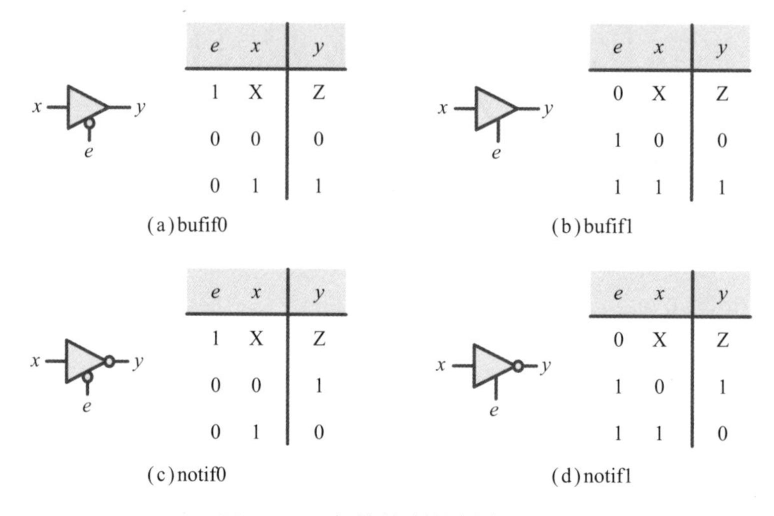

e	x	y
1	X	Z
0	0	0
0	1	1

(a) bufif0

e	x	y
0	X	Z
1	0	0
1	1	1

(b) bufif1

e	x	y
1	X	Z
0	0	1
0	1	0

(c) notif0

e	x	y
0	X	Z
1	0	1
1	1	0

(d) notif1

图 2.16 条件控制的缓存原语

2.8 表达式

表达式是由操作符和操作数组成的，例如下面的表达式：

$$y=x+y-z \tag{2.2}$$

其中，x、y 和 z 都是操作数，+ 和 − 是操作符。

2.8.1 二进制补码

在介绍算术运算之前，我们先来了解下二进制补码的概念。对于一个 n 位宽的二进制数 $x = \{x_{n-1}, x_{n-2}, \cdots, x_0\}$，对应的二进制补码为 $y = \{y_{n-1}, y_{n-2}, \cdots, y_0\}$，则 x 和 y 满足下式：

$$x+y = 2^n \tag{2.3}$$

例如，3 位宽的二进制数 $x = 001_2$ 的补码 $y = 111_2$，这是因为 $001_2(1_{10})+111_2(7_{10}) = 2^3$（$1000_2 = 8_{10}$）。当然，对二进制数 x 取反后加 1，也可以得到同样的结果，例如 x 取反后变为了 110_2，再对其加 1 即可到的其补码 111_2。

在二进制补码系统中，x 的补码实际上是其负数形式，因此 $x = 001_2$ 的补码 $y = 111_2$ 实际上对应的是 -1_{10} 而不是 $+7_{10}$。

还有另外一种对于补码的解释，一个 n 位的二进制数 $x = \{x_{n-1}, x_{n-2}, \cdots, x_0\}$，可以用 2 的幂的加权和表示如下：

$$x = \{x_{n-1} \times 2^{n-1}+x_{n-2} \times 2^{n-2}+, \cdots, +x_0 \times 2^0\} \tag{2.4}$$

当 $x_{n-1} = x_{n-2} = \cdots = x_0 = 0$ 时，将得到最小的正数 0。同样的，当 $x_{n-1} = x_{n-2} = \cdots = x_0 = 1$ 时，将得到最大的正数 2^n-1。因此，n 位无符号二进制数的取值范围为：

$$0 \leqslant x \leqslant 2^n-1 \tag{2.5}$$

对于有符号的二进制数的补码形式，其与无符号二进制数的补码算法类似，主要区别是 n 位有符号数 $x = \{x_{n-1}, x_{n-2}, \cdots, x_0\}$ 的最左侧位的加权需要加上负号，即

$$x = \{-x_{n-1} \times 2^{n-1}+x_{n-2} \times 2^{n-2}+, \cdots, +x_0 \times 2^0\} \tag{2.6}$$

如果 $x_{n-1} = 1$，并且 $x_{\mathrm{m}} = 0, \forall m \neq n-1$，那么最大的负数可以表示为 -2^{n-1}。同理，如果 $x_{n-1} = 0$，并且 $x_{\mathrm{m}} = 1$，$\forall m \neq n-1$，那么最大的正数可以表示为 $2^{n-1}-1$。因此，一个 n 位有符号二进制数的取值范围为：

$$-2^{n-1} \leqslant x \leqslant 2^{n-1}-1 \tag{2.7}$$

当 $x_{n-1} = 1$ 时，因为其余的所有 2 的幂的和不会大于 -2^{n-1}，所以此时的二进制数表示的肯定是负数。反之，当 $x_{n-1} = 0$ 时，则表示的二进制数就是正的。因此，x_{n-1} 又被称为符号位。

【示例 2.2】两个 8 位无符号二进制数 00100101 和 10110001 的补码表示的数值是多少？

解答

第一个数字是：$1 \times 2^5+1 \times 2^2+1 \times 2^0 = 37$

第二个数字是：$1 \times 2^7+1 \times 2^5+1 \times 2^4+1 \times 2^0 = 177$

【示例 2.3】两个 8 位有符号二进制数 00100101 和 10110001 的补码表示的数值是多少?

解答

第一个数字是：$1 \times 2^5+1 \times 2^2+1 \times 2^0 = 37$

第二个数字是：$-1 \times 2^7+1 \times 2^5+1 \times 2^4+1 \times 2^0 = 79$

通过上面的示例可以看到，对数字采用不同的解释方式，那么这些数字表示的数值是不一样的。因此，在使用 Verilog HDL 进行建模时很重要的一点是，要清楚所有变量具体的数字表示情况。

2.8.2 操作数

表 2.7 是操作数会用到的四种数据对象。

表 2.7 Verilog 操作数

操作数	描　述
标识符	用户自定义的信号名
常　量	整型、实型、位和字符串
索引和位选	用户指定信号的一部分
函数调用	函数的输出

下面是关于标识符、字符串和数字常量操作数的示例：

```
// 标识符、数字常量和字符串的示例
module test_literals(y1, y2, sel1, sel2);
output [4:0] y1, y2;
input [1:0] sel1;
input sel2;
reg [4:0] y1, y2;
parameter CONST 1 = 5'b11010, CONST 2 = 10;
/*sel1、sel2、y1、y2、CONST1 和 CONST 都是标识符 */
always @ (sel1)
//5'b0000 是一个位字串
  if (sel1 == 2'b00) y1 = 5'b0000;
  else if (sel1 == 2'b01) y1 = CONST 1;
//5'h0A 是一个位字串
  else y1 = 5'h0A;
always @ (sel2)
//10 和 20 是数字字串
  if (! sel2) y2 = 10;
  else y2 = CONST 2+20;
endmodule
```

下面的示例是索引和位选操作。通过索引可以访问向量中一位，也可以通过位选访问向量中的某个片段。

```
// 索引和位选示例
module test_index_slice(y, a);
output [3:0] y;
input [2:0] a;
reg [3:0] y;
always @ (a) begin
  y [0] = a [1] & a [0];      // 索引操作数 8
  y [3:1] = a [2:0];          // 索引操作数 9
end
endmodule
```

函数使用关键字 function 和 endfunction 进行声明。下面的示例展示了 function 的调用。函数必须作为操作数出现在表达式中。函数调用时的返回值可以被调用函数的表达式使用。

```
// 函数调用示例
module test_function(y, a, b, c);
output [3:0] y;
input [2:0] a, b, c;
reg [3:0] y;
Always @ (a or b or c)
  y = add_func(a, b)-c;       // 函数调用
function [3:0] add_func;      // 函数定义
input [2:0] i1, i2;
  add_func = i1+i2;
endfunction
endmodule
```

在上面的模块中，a–b 会被按照 a+ “b 的补码”的方式进行计算。当由于值太大或者太小而无法表示时，就会发生溢出现象。如果不存在溢出的话，那么最终结果将会有两种情况：

（1）有进位产生。这种情况下，结果是正数，此时去掉进位位剩下的部分就是最终的结果。

（2）不产生进位。这种情况下，结果是负数，剩余的部分就是最终的结果。

例如，$2_{10}-1_{10}=1_{10}$。在二进制表示中，$010_2+111_2=1001_2$，因为产生了进位位，所以最终的结果是 $001_2=1_{10}$。再来看另一种情况，$1_{10}-3_{10}=-2_{10}$，二进制表示中为 $001_2+101_2=110_2$，不产生进位位，此时的最终结果为 $110_2=-2_{10}$。

2.8.3 操作符

表 2.8 是表达式中用到的各种操作符，表达式通过这些操作符可以实现特定的功能。

表 2.8 Verilog 操作符

<table>
<tr><th colspan="2">操作符名称</th><th>操作符</th></tr>
<tr><td></td><td>位选或部分位选</td><td>[]</td></tr>
<tr><td></td><td>括号</td><td>()</td></tr>
<tr><td>算术操作符</td><td>乘
除
加
减
求模</td><td>*
/
+
-
%</td></tr>
<tr><td>符号操作符</td><td>正数
负数</td><td>-
+</td></tr>
<tr><td>关系操作符</td><td>小于
小于等于
大于
大于等于</td><td><
<=
>
=></td></tr>
<tr><td>等价操作符</td><td>逻辑等
逻辑不等
全等
非全等</td><td>==
!=
===
!==</td></tr>
<tr><td>逻辑操作符</td><td>逻辑非
逻辑与
逻辑或</td><td>!
&&
||</td></tr>
</table>

<table>
<tr><th colspan="2">操作符名称</th><th>操作符</th></tr>
<tr><td>按位操作符</td><td>取反
与
或
异或
同或</td><td>~
&
|
^
~^或^~</td></tr>
<tr><td>移位操作符</td><td>逻辑左移
逻辑右移
算术左移
算术右移</td><td><<
>>
<<<
>>></td></tr>
<tr><td>拼接和重复操作符</td><td>拼接操作符
重复操作符</td><td>{}
{{}}</td></tr>
<tr><td>缩减操作符</td><td>缩减与
缩减或
缩减与非
缩减或非
缩减异或
缩减同或</td><td>&
|
~&
~|
^
~^或^~</td></tr>
<tr><td>条件操作符</td><td>条件操作符</td><td>?:</td></tr>
</table>

1. 算术操作符

下面示例展示了“+”、“-”、“*”、“/”和“%”这些算术操作符的使用，所有的算术操作符都是可综合的。

```
//+、-、*、/ 和 % 等操作符的使用示例
module test_arithmetic(y1, y2, y3, y4, y5, a, b);
output [3:0] y1, y2;
output [4:0] y3;
output [2:0] y4, y5;
input [2:0] a, b;
reg [3:0]  y1, y2;
reg [5:0] y3;
reg [2:0] y4, y5;
always @ (a or b) begin
   y1 = a+b;    // 可综合
   y2 = a-b;    // 可综合
   y3 = a * b;    // 可综合
```

```
  y4 = a / b;    // 可综合
  y5 = a % b;    // 可综合
end
endmodule
```

为了避免溢出情况的出现，在进行加法和减法操作的时候，相较于操作数，结果需要比操作数多一位。这可以用 n 位操作数和 $(n+1)$ 位结果的范围来证明，$(n+1)$ 位结果的动态范围大于两个 n 位操作数之和。

同样，两个 n 位数相乘，需要使用 $2n$ 位存放其结果以避免溢出。乘法操作的实现比加法操作复杂很多，这主要是因为乘法器是由很多加法器组成的。如图 2.17 所示，两个 4 位的操作数 M 和 Q，需要 3 个 4 位加法器，其积为 8 位宽。第一个加法器存在一个空缺位，位于加法器的 MSB，这个空缺位用 0 进行填充，主要是因为这是一个无符号乘法运算。

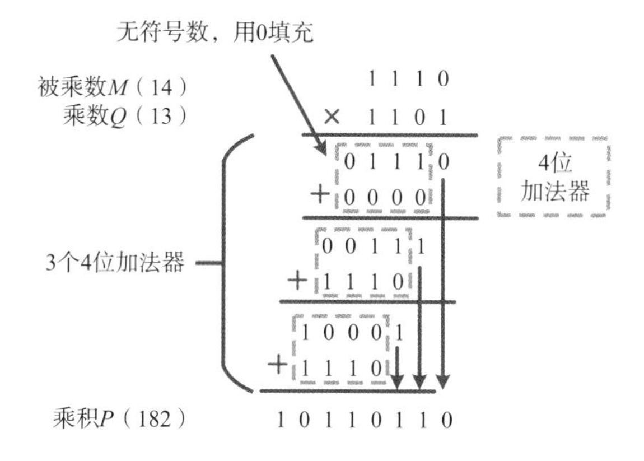

图 2.17 2 个 4 位操作数的乘法

在上面代码的模块中，y1 如果为 [5:0] 宽，那么就需要多出两位，操作数 a 和 b 将在最左边的两个 MSB 上填充 2'b00 来产生结果。当然，如果 y1 为 [1:0]，那么结果就可以少两位，此时 4 位的 a 和 b 相加的结果就会被截位，只保留最低两位给 y1。

Verilog 中还引入了幂运算操作符 **，例如 x**y 的意思是 x 的 y 次幂。幂运算操作符经常用 2^N 表示 2 的 N 次幂。幂操作符不能综合，除非 x 为 2 或者 y 为 2。当 x 为 2 时，表示移位操作；当 y 为 2 时，相当于乘法操作。

2. 符号操作符

下面代码展示了符号操作符“+”和“−”的使用。

```
// 符号操作符示例
module test_sign(y1, y2, a, b);
output [3:0] y1;
```

```
output [2:0] y2;
input [2:0] a, b;
reg [3:0] y1;
reg [2:0] y2;
always @ (a or b)
  y1 = a+-b;          // 与 a-b 相同
always @ (a)
  y2 = -a;            // 负 a
endmodule
```

3. 关系操作符

下面代码展示了关系操作符“>”、“>=”、“<”和“<=”的使用。

```
// 关系操作符示例
module test_relation(y, a, b);
output [3:0] y;
input [2:0] a;
input [2:0] b;
reg [3:0] y;
always @ (a or b) begin
//y [0] 保存的是 "a 大于 b" 的比较结果
  y [0] = a > b;
  y [1] = a >= b;
  y [2] = a < b;
  y [3] = a <= b;
end
endmodule
```

4. 等价操作符

下面代码展示了等价操作符“==”、“!=”、“===”和“!==”的使用。

```
// 等价操作符示例
module test_equality(y, a, b);
output [3:0] y;
input [2:0] a;
input [2:0] b;
reg [3:0] y;
always @ (a or b) begin
//y [0] 保存的是 "a 不等于 b" 的结果
  y [0] = a != b;
  y [1] = a == b;
  y [2] = a !== 3'b1X0; // 不可综合
  y [3] = b === 3'bZZZ; // 不可综合
```

```
end
endmodule
```

这里需要注意的是，“===”和“!==”也可以对高阻Z和不定态X进行比较，但是这种比较仅限于仿真，这主要是因为硬件电路中就没有高阻态和不定态，所以“a! == 3'b1X0”和“a === 3'bZZZ”是不可综合的。

5. 逻辑操作符

下面代码展示了逻辑操作符“! ”、“&&”和“||”的使用，这些操作符主要用于if-else结构中。

```
// 逻辑操作符示例
module test_comparison(y, sel, a);
output [1:0] y;
input sel;
input [2:0] a;
reg [1:0] y;
always @ (sel or a)
  if ((sel == 1)&&(a > 4))
    y = 2'b00;
  else if (sel == 1)
    y = 2'b01;
  else if (!a)
    y = 2'b10;
  else
    y = 2'b11;
endmodule
```

这里需要注意的是，一般情况下会首先执行括号中运算。如果操作时是一个多位的操作数a，那么只有当a的所有位都为0时，a的逻辑值才为假，否则非零即一，所以“! a”实际上与“a == 0”表示的含义是一样的。

6. 按位操作符

下面代码展示了按位操作符“~”、“&”、“|”、“^”的使用。

```
// 按位操作符示例
module test_bitwise(y1, y2, y3, y4, y5, a, b);
output [2:0] y1, y2, y3, y4, y5;
input [2:0] a;
input [2:0] b;
reg [2:0] y1, y2, y3, y4, y5;
always @ (a or b) begin
  y1 =~ a;
```

```
  y2 = a & b;
  y3 = a | b;
  y4 = a ^ b;
  y5 = a ^~ b;
end
endmodule
```

示例中 y1 =~ a 的效果等同于下面代码：

```
// 展宽按位操作符
y1 [0] =~ a [0];
y1 [1] =~ a [1];
y1 [2] =~ a [2];
```

类似的，y2 = a&b 的效果等同于下面代码：

```
// 展宽按位操作符
y2 [0] = a [0] & b [0];
y2 [1] = a [1] & b [1];
y2 [2] = a [2] & b [2];
```

7. 移位操作符

下面代码展示了移位操作符“<<”和“>>”的使用。

```
// 移位操作符示例
module test_shift(y, sel, a);
output [2:0] y;
input sel;
input [2:0] a;
reg [2:0] y;
parameter B = 1;
always @ (sel or a)
  if (sel) y = a<<B;
  else y = a>>2;
endmodule
```

上例中，当 sel 为真时，y 的结果为 a 左移一位，空出的位将会补 0，因此上述代码实际上是下面代码的简写：

```
// 逐位展宽左移操作
y [0] = 1'b0;
y [1] = a [0];
y [2] = a [1];
```

当 sel 为假时，y 是 a 右移两位的结果，其中空出的位将会补 0，因此上述代码实际上是下面代码的简写：

```
// 逐位展宽右移操作
y [0] = a [2];
y [1] = 1'b0;
y [2] = 1'b0;
```

在 Verilog 中，乘除法也可以通过移位操作来实现，例如 a × 8 = << 3, a/4 = a>>2，同样的，a × 5 = a × 4+a = (a<<2)+a。

算术右移操作符“>>>”右移后空缺位由符号位填补。例如，8'b1100_0110>>>2 的结果是 8'b1111_0001。需要注意的是有符号二进制数 8'b1100_0110 和 8'b1111_0001 对应的十进制数分别是 –58 和 –15。由此可见，算术右移保持了原始值的符号，右移 2 个位置得到原始值的舍入除以 4，与之对应的算术左移“<<<”则与逻辑左移类似。因此，如果你期望保留符号位，则必须将其扩展到足够的长度。

8. 拼接和重复操作符

下面示例展示了拼接“{}”和重复操作符“{{}}”的使用，示例中 a 通过 {2{a}} 重复了两次，实现了 {a，a} 的效果，然后 b、{2{a}} 和 c 又通过拼接操作符拼接成向量赋值给 y。

```
// 拼接和重复操作符
module test_concat_replic(y, a, b);
output [10:0] y;
input [2:0] a, b;
reg [10:0] y;
parameter C = 2'b01;
always @ (a or b)
  y = {b, {2{a}}, C};
endmodule
```

9. 缩减操作符

下面示例展示了常用的缩减操作符“&”、“|”、“~&”、“~|”、“^”和“~^”的使用。与位操作符有两个操作数不同，缩减操作符对单一操作数上的所有位进行操作。例如“&a”表示“a[0]&a[1]&a[2]”。

```
// 缩减操作符示例
module   test_reduction(y, a);
output [5:0] y;
input [2:0] a;
reg [5:0] y;
always @ (a) begin
  y [0] = & a;
```

```
  y [1] = | a;
  y [2] =~& a;
  y [3] =~| a;
  y [4] = ^ a;    //XOR，奇数奇偶校验
  y [5] =~^ a;   //XNOR，偶数奇偶校验
end
endmodule
```

10. 条件操作符

下面示例展示了条件操作符“？：”的使用，当位于“？”前的逻辑为真时，“：”前的语句的执行结果返回，反之返回“：”之后语句的执行结果。因此，示例中如果 sel 为真，则 a+b 的值将赋给 y，反之 y 将得到 a–b 的值。

```
// 条件操作符示例
module test_condition(y, el, a, b);
output [3:0] y;
input sel;
input [2:0] a, b;
reg [3:0] y;
always @ (sel or a or b)
  y = (sel == 1)? a+b:a-b;
endmodule
```

2.9 仿真环境

顶层仿真环境一般称为测试平台，如图 2.18 所示，其中包含了同步设计的顶层例化、顶层设计的管脚信号声明和连接，以及时钟和复位的产生。产生激励的行为级模型的例化也被称为输入激励，是可选的。测试平台的主要目的是对 DUT 产生激励并对其输出进行监测。为了验证 DUT 的逻辑功能，测试平台允许用户在仿真的任何时刻暂停和结束仿真，同时通过日志、监测的数据以及输出的波形进行调试。在仿真之后，用户可以通过图形化的界面（GUI）查看仿真波形。

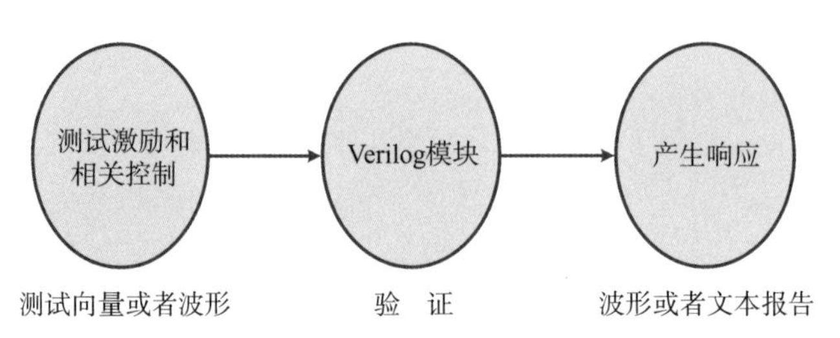

图 2.18 测试平台

我们需要设计一个具有控制使能的3-8译码器，并为之开发一个测试平台。表2.9是具有控制使能的3-8译码器的真值表。

表2.9 具有控制使能的3-8译码器真值表

e_n	$x[2]$	$x[1]$	$x[0]$	$y[7]$	$y[6]$	$y[5]$	$y[4]$	$y[3]$	$y[2]$	$y[1]$	$y[0]$
0	X	X	X	0	0	0	0	0	0	0	0
1	0	0	0	0	0	0	0	0	0	0	1
1	0	0	1	0	0	0	0	0	0	1	0
1	0	1	0	0	0	0	0	0	1	0	0
1	0	1	1	0	0	0	0	1	0	0	0
1	1	0	0	0	0	0	1	0	0	0	0
1	1	0	1	0	0	1	0	0	0	0	0
1	1	1	0	0	1	0	0	0	0	0	0
1	1	1	1	1	0	0	0	0	0	0	0

对应的门级网表如图2.19所示。

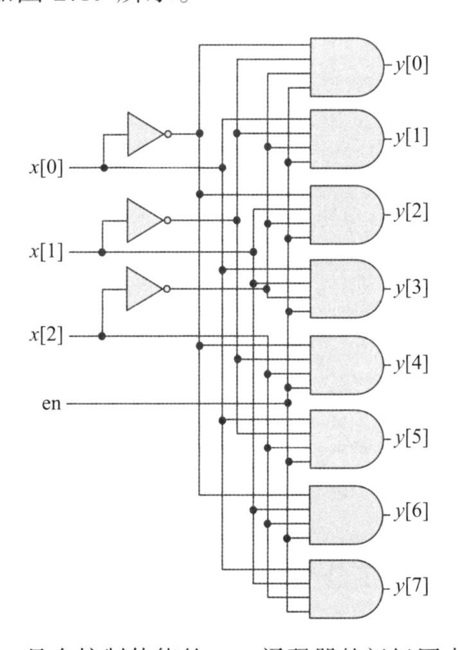

图2.19 具有控制使能的3-8译码器的门级网表原理图

下面我们将对译码器的测试平台进行描述。其中 'timescale 用于设置时间单位和时间精度，对于具有延迟的模型非常重要，其格式如下：

'timescale <time_unit>/<time_precision>

例如，'timescale 10ns/1ns 表示时间单位是10ns，时间精度是1ns。一般情况下只在顶层模块中使用 'timescale，例化在其中的所有子模块将继承顶层中设置的 'timescale。如果子模块中也设置了 'timescale，那么子模块中设置的 'timescale 将覆盖其上层模块中设置的 'timescale。

```
// 具有控制使能的 3-8 译码器测试平台示例
'timescale 10 ns/1 ns
module testbench;
reg enable;
reg [2:0] in;
wire [7:0] out;
// 模块例化
decoder dec(.en(enable), .x(in), .y(out));
// 测试激励
initial begin
  #0    enable = 0; in = 3'b000;
  #10   enable = 1; in = 3'b000;
  #10   enable = 1; in = 3'b001;
  #10   enable = 1; in = 3'b010;
  #10   enable = 1; in = 3'b011;
  #10   enable = 1; in = 3'b100;
  #10   enable = 1; in = 3'b101;
  #10   enable = 1; in = 3'b110;
  #10   enable = 1; in = 3'b111;
end
// 保存波形
initial begin
  $dumpfile("decoder. vcd");
  $dumpvars();
end
endmodule
```

因为时间单位设置为 10ns，所以延迟值 #10 表示延迟 10 个时间单位，即延迟 100ns。另一个示例中，延迟值为 #10.75，表示延迟 10.75 个时间单位，即延迟 108ns。示例中的测试平台仅仅是产生了简单的测试激励，对于比较大的设计，要覆盖所有的测试场景是不可能达到的，此时就需要使用一些其他的测试方法，例如验证过程中引入不同的随机测试方法和断言检查等。

图 2.20 为 3-8 译码器的功能仿真波形，其中的波形可以通过系统任务 $dumpfile 和 $dumpvars 记录下来。这些波形文件会借助 Verilog 提供的一系列系统任务以值变转储文件（VCD）的格式记录下来，这种格式的波形文件可以被绝大多数的波形显示工具读取。其中系统任务 $dumpfile 用于指定 VCD 文件的名字，$dumpvars 用于指定哪些变量信号需要被 VCD 记录下来。

下面代码给出了 $dumpvars 指定保存信号层次和范围的语法格式：

```
// 系统任务 $dumpvars 示例
$dumpvars(<levels>, <scope>);
```

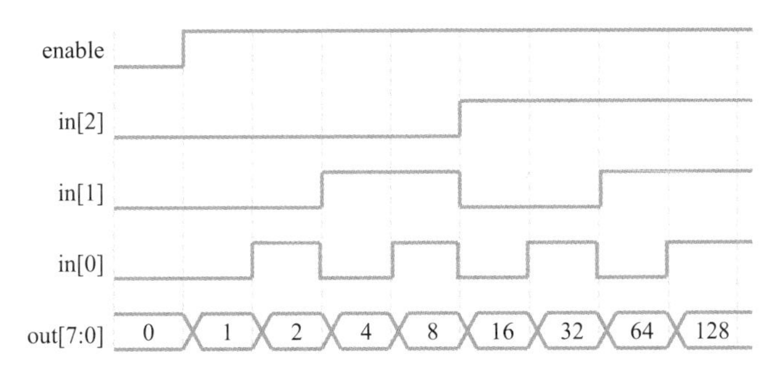

图 2.20 功能仿真

其中，scope 参数用来指定要保存的模块层次。假设我们的顶层模块例化名是 top，u1、u2 和 u3 三个模块例化在其中，如果按照 $dumpvars(0, top) 这样将其中的 level 设置为 0，那么表示的意思是将 top 中的所有变量及其下面所有模块实例中的所有变量都转储保存下来，这种设置也是经常用到的设置。把 level 设置为 1，即 $dumpvars(1, top)，表示只将 top 模块的中的变量转储保存下来，对于其中例化的 u1、u2、u3 和以下的其他子模块不进行保存。除了 0 和 1 以外，level 的值 n 指定要转储的范围，即 n−1 个级别内的信号。例如，$dumpvars(3, top.u1, top.u2) 表示只转储 top.u1 和 top.u2 及其下面 2 个层次内的所有变量。

图 2.21 是 3−8 译码器门级网表反标后的时序仿真波形，其中因为存在门级延迟和路径延迟，所以不同的输入到输出的延迟是不一样的。

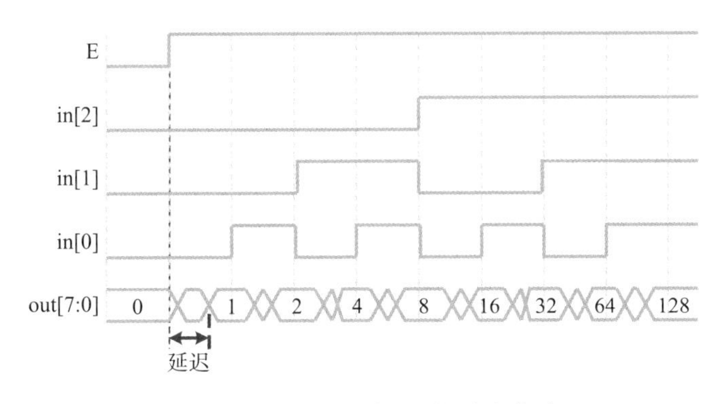

图 2.21 延迟反标后的时序仿真

2.10 练习题

1. a = 4'b1011，b = 4'b0010，c = 8'b00000100，d = 8'b00001111，e = 4'b0000，请完成下表中各表达式的计算结果。

表达式	输　出	表达式	输　出
a || b		e	
a && b		!a	
a | b		!e	
a & b		{c[3:0],d[3:0]}	
|a		{2{a}}	
&a		{2{4'd0}}	
a			

2. 根据表格中的时间单位和时间精度，给出 Verilog 模型中延迟的实际延迟值。

timescale	延　迟
'timescale 10 ns/1ns，#5	
'timescale 10 ns/1ns，#5.738	
'timescale 10 ns/100ps，#5.738	

3. 有一个分发器的设计，例化了 rxFIFO、txFIFO0 和 txFIFO1 三个子模块。其中 rxFIFO 和 txFIFO0（txFIFO1）对应的设计名分别是 rx_FIFO 和 tx_FIFO。子模块 rxFIFO 中还例化了一个子模块 rxCRC（对应设计名是 rx_CRC）。请通过 module 和 endmodule 描述上述各模块，暂且不考虑它们之间的端口连接。

4. 请完成以下内容的声明：

（a）一个 8 位宽的线网 a_in。

（b）一个 32 位宽寄存器 address，并且将 3 赋给该变量。

（c）一个整型变量 count。

（d）一个深度为 1024，位宽为 8 位的存储器 membyte。

（e）一个值为 512 的参数 cache_size。

5. 写出下列代码的仿真结果：

（a）
```
latch = 4'd12;
    $display("The current value of latch = %b", latch);
```
（b）
```
#0 in_reg = 3'd2;
    #5 in_reg = 3'd4;
    $monitor($time, "In register value = %b", in_reg [2:0]);
```
（c）
```
'define MEM_SIZE 1024
    $display("The maximum memory size %h", 'MEM_SIZE);
```

6. 分析并查找下列代码中存在的缺陷，进行修改并验证仿真结果。

```
module SRAM(dout, clk, ce, we, oe, addr, din);
output [7:0] dout;
input clk, ce, we, oe;
input [15:0] addr;
input [7:0]   din;
reg [7:0] mem [0:65535];
wire [7:0] tempQ, dout;
always @ (posedge clk)
  if (ce & we)
  mem [addr]<= din;
always @ (oe or ce)
  if (ce & oe)
  temp Q = mem [addr];
  else
  temp Q = 8'hzz;
always @ (posedge clk)
  dout <= temp Q;
 endmodule
```

7. 重新设计并优化第 1 章练习——警报器的功能，新的设计中必须涵盖以下内容：

（a）使用 Verilog 原语。

（b）使用 always 块，同时使用工具的优化功能。

8. Verilog 数制转换：

（a）将无符号十六进制数字 B2EF 转换成对应的十进制数。

（b）将无符号十进制数字 4256 转换成对应的二进制数。

（c）将有符号二进制数字 8'b0110_1001 转换成对应的十进制数。

（d）将有符号二进制数字 8'b1110_1001 转换成对应的十进制数。

9. 使用连续赋值语句描述下面布尔表达式：

（a）$\mathrm{Out1} = (C+B) \cdot (\overline{A}+D)$。

（b）$\mathrm{Out2} = C \cdot (A \cdot D+B)+B \cdot \overline{A}$。

其中，+、$\overline{(\cdot)}$ 和 · 分别表示按位或、按位非和按位与操作。

10. 多数表决函数功能描述如下：

$$\mathrm{Out} = \begin{cases} 1: & \text{输入IN[3:0]中多数位为1} \\ 0: & \text{其他情况} \end{cases}$$

根据上式，使用 Verilog 实现一个 4 位的多数表决函数。

11. 设计实现一个组合逻辑电路，实现的功能如下：

（a）当输入 In[2:0] 为 0、1、2、3 时，输出 Out[3:0] 比输入大 2。

（b）当输入 In[2:0] 为 4、5、6、7 时，输出 Out[3:0] 是输入的 2 倍。

12. 为上例设计一个测试平台。

13. 将下列十进制数表示成 8 位宽的无符号二进制数：9，88，213。

14. 将下列十进制数表示成 8 位宽的有符号二进制数：–9，–88，–213。

15. 将下列 8 位无符号二进制数表示成对应的十进制数：11100101 和 11001100。

16. 可以用多少位表示 0 ~ 360°，分辨率为 0.1°。

17. 将下列无符号二进制数表示成对应的八进制数：101010101、000000000 和 111111111。

18. 将下列无符号二进制数表示成对应的十六进制数：11100101、11111101 和 010010111。

19. 完成下面无符号二进制数的加法操作，并用 Verilog 进行验证，在计算时需要注意完成对应运算所需要的位数。

（a）01010001+01010110

（b）11010001+01110101

（c）10101010+00000001

20. 使用 Verilog 实现 3 个 8 位无符号二进制数相加产生一个 9 位数的结果，不考虑溢出。

21. 实现下面两个无符号二进制数相乘，形成一个 16 位宽的结果：

11101001 × 01010100

22. 编写测试平台，分析 Verilog 描述的 test_literals。

23. 编写测试平台，分析 Verilog 描述的 test_index_slice。

24. 编写测试平台，分析 Verilog 描述的 test_function。

25. 编写测试平台，分析 Verilog 描述的 test_arithmetic。

26. 编写测试平台，分析 Verilog 描述的 test_sign。

27. 编写测试平台，分析 Verilog 描述的 test_relation。

28. 编写测试平台，分析 Verilog 描述的 test_equality。

29. 编写测试平台，分析 Verilog 描述的 test_comparison。

30. 编写测试平台，分析 Verilog 描述的 test_bitwise。

31. 编写测试平台，分析 Verilog 描述的 test_shift。

32. 编写测试平台，分析 Verilog 描述的 test_concat_replic。

33. 编写测试平台，分析 Verilog 描述的 test_reduction。

34. 编写测试平台，分析 Verilog 描述的 test_condition。

35. 如图 2.22 所示，编写一个数据包产生器的行为级模型，包括目的标识 DI（1 个字节宽）、源标识 SI（1 个字节宽）、优先级 P（只有高低两种情况，1 个字节宽）、随机数 DA（16 ~ 32 个字节）和 32 位宽的循环冗余校验码 CRC（4 个字节）。不同的数据包有两个时钟周期间隔。随机产生具有 CRC 错误和没有 CRC 错误的数据包。

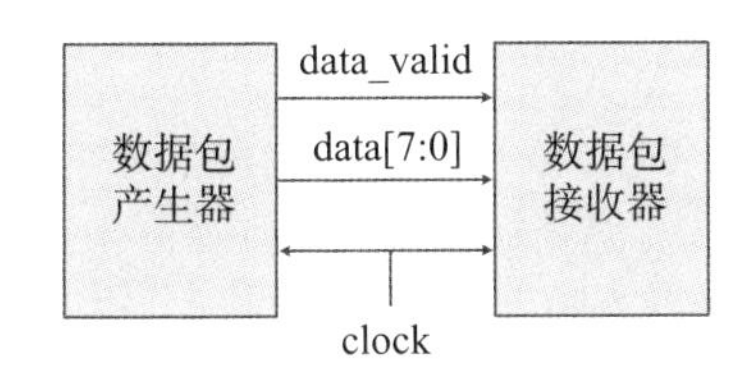

(a) 数据包产生器和接收器连接关系结构图

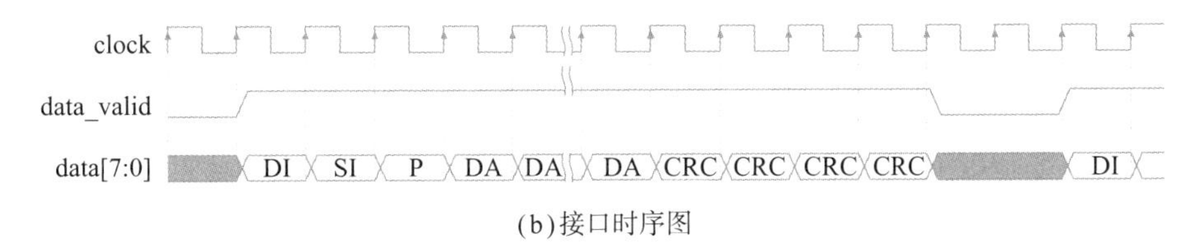

(b) 接口时序图

图 2.22

36. 如图 2.22 所示，编写一个数据包接收器的行为级模型，检查接收到数据包的 CRC，并且统计其中高低数据包的数目和 CRC 错误数据包的数目。

参考文献

[1] Samir Palnitkar. Verilog HDL: a guide to digital design and synthesis. 2nd. Pearson, 2011.

[2] Zainalabedin Navabi. Verilog digital system design: RT level synthesis, test bench, and verifification. McGraw-Hill, 2005.

[3] Joseph Cavanagh. Verilog HDL: digital design and modeling. CRC Press, 2007.
[4] David Money Harris, Sarah L Harris. Digital design and computer ar chitecture, 2nd. Morgan Kaufmann, 2013.
[5] Donald E Thomas, Philip R Moorby. The Verilog hardware description language, 5th. Kluwer Academic Publishers, 2002.
[6] Joseph Cavanagh. Computer arithmetic and Verilog HDL fundamentals. CRC Press, 2010.
[7] Michael D Ciletti. Advanced digital design with the Verilog HDL, 2nd. Prentice Hall, 2010.
[8] John F Wakerly. Digital design: principles and practices, 5th. Prentice Hall, 2018.
[9] M J S Smith. Application-specifific integrated circuits. Addison-Wesley, 1997.
[10] Vaibbhav Taraate. Digital logic design using Verilog: coding and RTL syn Thesis. Springer, 2016.
[11] John Michael Williams. Digital VLSI design with Verilog: a textbook from Silicon Valley Polytechnic Institute, 2nd. Springer, 2014.
[12] Ronald W Mehler. Digital integrated circuit design using Verilog and Systemverilog, Elsevier, 2014.

第 3 章　Verilog高级话题

本章主要讨论 Verilog 中的 if-else、case、for 循环、function 和 task 等。我们将重点阐述一些组合逻辑和时序逻辑的设计规则，重点强调电路的时序和功能同等重要。同时，我们还将了解赋值语句间延迟和赋值语句内延迟，以及阻塞赋值和非阻塞赋值的区别。最后，讨论系统任务、时序仿真的方法，以及一些 Verilog 高级用法。

3.1 抽象级别

Verilog 硬件描述语言支持四种描述方式：行为级描述（常用 always 块、initial 块、while、wait、for、if-else 等结构）、数据流描述（常用连续赋值语句）、结构级（门级）描述和开关级（晶体管级）描述。具体使用时使用哪种描述方法，可参考图 3.1。一般所说的高级 RTL 设计主要包括可综合的行为级描述和数据流级描述。上述这些描述方式中，开关级描述和行为级描述中的 initial 块是不可综合的。

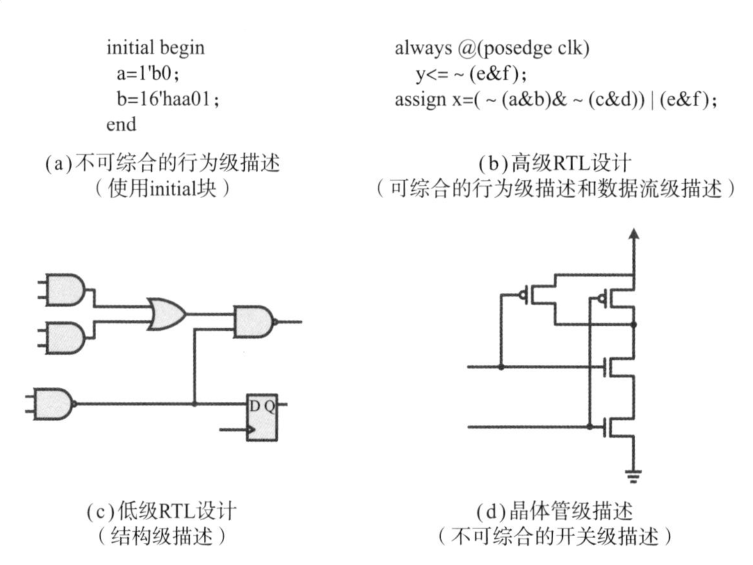

图 3.1 抽象描述方式

3.2 if-else语句

if 语句是 RTL 设计中经常使用的一种语句结构，其后一般会跟着一条语句或者多条由 begin-end 包含的语句。

```
//if-else 语句结构
```

```
if (expression) begin
  statements
end
[else begin
  statements
end]
```

如果 if 语句后的表达式的结果非零，那么该表达式为真，if 语句后的语句块就会被执行。如果表达式的结果为零，即该表达式为假，那么 else 后的语句块将会被执行。if-else 语句可能会被综合为锁存器，在静态时序分析和同步设计中一般不推荐使用锁存器。例如下例中，如果信号 en 为逻辑 1，那么 in1+in2 的结果会通过 out 输出。反之，out 的值为 in1。

```
//if-else 语句结构示例
module if_else(out, in1, in2, en);
output [1:0] out;
input in1, in2, en;
reg [1:0] out;
always @ (in1 or in2 or en) begin
// 完整的 if-else 结构
  if (en == 1) out = in1+in2;
  else out = in1;
end
endmodule
```

另外，output 端口在声明时可以与数据类型合并写出，如下所示：

```
// 端口声明与数据类型一并声明
module if_else(out, in1, in2, en);
output reg [1:0] out;
input in1, in2, en;
always @ (in1 or in2 or en) begin
  // 完整的 if-eles 结构
  if (en == 1) out = in1+in2;
  else out = in1;
end
endmodule
```

其实 output 端口默认的数据类型是 wire，所以，一般在 output 端口声明的同时不指明 wire。

为了避免锁存器的出现，所有的输出都应该指定具体值，这是组合逻辑电路的一个基本要求。如果输出的所有可能结果没有被完全覆盖，那么就会像图 3.2 所示的那样，产生锁存器，因为当出现没有覆盖到的数值时，输出将会保持之前的数值，而这样的逻辑行为与锁存器一致。另外需要注意的是，锁存器属于时序逻辑电路，常被用于存储数据。

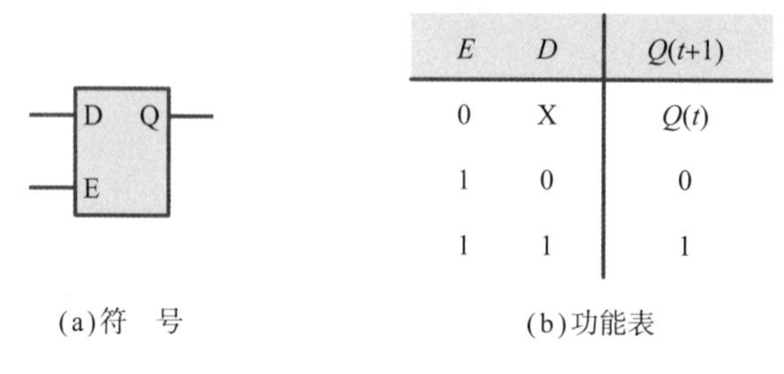

E	D	$Q(t+1)$
0	X	$Q(t)$
1	0	0
1	1	1

(a)符　号　　　(b)功能表

图 3.2　锁存器

下面的代码缺失了 else 分支，所以代码会被综合为锁存器：

```
// 缺少 else 分支，module 将会被推断为 latch
module latch(out, in, enable);
output [3:0] out;
input enable;
input [3:0] in;
always @ (in or enable)
begin
  // 没有指定 else 分支，故产生 latch
  if (enable) out = in;
end
endmodule
```

下面的代码中，信号 out 隐式地赋了默认值，如果信号 enable 为假，那么 out 将会被赋予指定的默认值，因此 out 在 enable 的所有条件下都有指定确切的值，所以不会被综合出锁存器。

```
// 通过赋初值，避免 latch 产生
always @ (in or enable) begin
  out = 0;    // 给变量赋初值
  if (enable) out = in;
end
```

如果一个 4 位宽的矢量信号 out 直接用于 if（out）表达式中，只要 out 中有任何一位是逻辑 1，那么这个 if（out）就会成立，因此在使用类似的矢量信号时，一定要注意相关信号表达式的结果位宽。

图 3.3 是 if-else-if 语句对应的优先级编码选择器。

图 3.3 对应的源代码如下所示：

```
// 优先级编码选择器示例
always @ (sel or a or b or c or d)
```

```
if (sel [3] == 1'b1) //sel 是 1XXX
  out = a;
else if (sel [2] == 1'b1) //sel 是 01XX
  out = b;
else if (sel [1] == 1'b1) //sel 是 001X
  out = c;
else if (sel [0] == 1'b1) //sel 是 0001
  out = d;
else //sel 是 0000
  out = e;
```

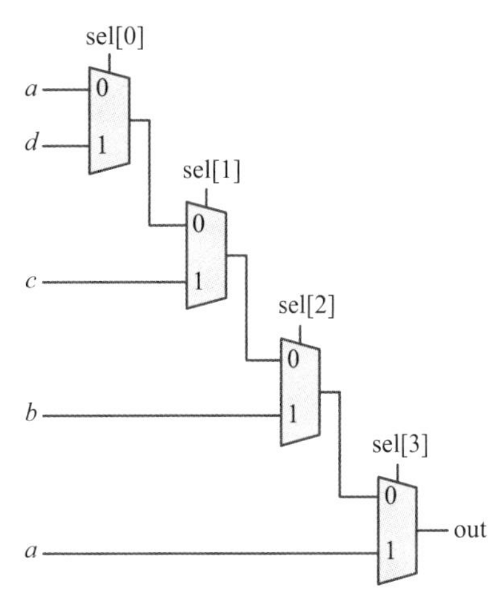

图 3.3 if-else-if 语句对应的优先级编码选择器

虽然 if-else 结构的功能与条件运算符实现的功能基本类似，但是它们在资源共享的能力上还是有一些差异的。通过资源共享，可以将相似的功能在同一公共网表单元上实现，从而有效减少硬件资源，但是可能会降低性能，因为需要增加额外的选择器。这里需要注意，只有位于相同 always 块中的资源才能实现共享，而条件操作符不能采用这样的方式实现资源共享，如下所示：

```
// 资源共享不能用于条件操作符
assign z = sel? a+t:b+t;
```

图 3.4 是上述代码对应的电路图，其中⊕表示加法器。

另外，下面代码片段中 always 块对应的电路如图 3.5 所示，sel 用于选择加法器的操作数，其中加法器被每个条件分支所使用，可实现加法器的共享，但是选择器的引入降低了电路的性能。

```
//always 块实现资源共享
always @ (sel or a or b or t)
  if (sel) z = a+t;
  else z = b+t;
```

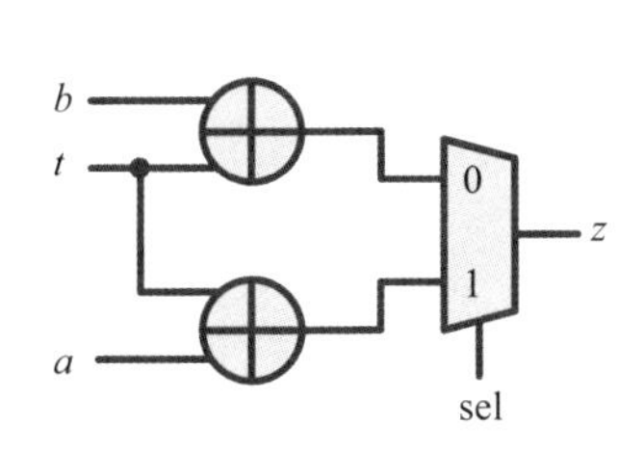

图 3.4 未实现资源共享的条件操作符对应的电路

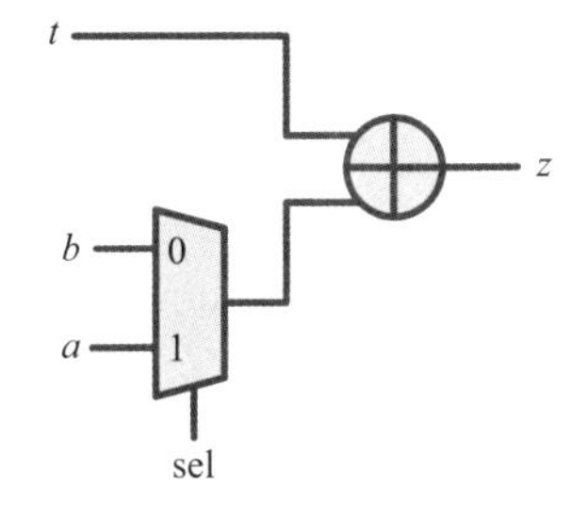

图 3.5 always 块实现资源共享

值得注意的是，如果将代码中的“z = b+t”改为“z = b−t”，那么对于更改后的减法操作，还能实现资源共享吗？答案是肯定的，但这并不是一个好的选择。为了实现对应的资源共享操作，我们在编码时经常采用显式的资源共享方法，代码示例如下：

```
// 显式资源共享
assign op1 = sel? a:b;
assign op2 = t;    // 或者使用"op2 = sel ? : ~ "实现减法
assign z = op1+op2;
```

3.3 case、casez和casex语句

case语句是一种多路条件分支语句，如果case条件表达式的结果与分支表达式匹配，则对应的分支就会被执行。case语句由关键字case组成，在case之后是小括号包起来的表达式，以关键字endcase作为结束，在case和endcase之间可以包含多个case分支语句，这些语句将根据case条件表达式的结果被选择执行。一个case分支项可以由一个表达式组成，也可以由多个逗号分隔开的表达式组成，分支项后紧跟着“:”，在case语句的分支项中还有一个特殊的default分支，这个分支是可选的，只有当所有其他分支项的表达式与case条件表达式不匹配时才会执行default分支。当然，如果没有指定default分支项，且没有匹配分支时，不会有任何分支会被执行，即不会产生任何动作。

```
//case 语句语法格式
case(expression)
  case_item1:
    begin
      statements
    end
  case_item2:
    begin
      statements
    end
...
  default:
    begin
      statements
    end
endcase
```

下面是一个使用case语句描述的译码器的所有可能分支情况。

```
// 覆盖译码器所有可能分支
module full_case(out, in);
```

```
output [3:0] out;
input [1:0] in;
reg [3:0] out;
always @ (in)
  case(in)
    2'b00:out = 4'b0001;
    2'b01:out = 4'b0010;
    2'b10:out = 4'b0100;
    2'b11:out = 4'b1000;
  endcase
endmodule
```

下面是一个使用 case 语句描述的译码器的部分可能情况。

```
// 覆盖译码器部分分支
module not_full_case(out, in);
output [3:0] out;
input [1:0] in;
reg [3:0] out;
always @ (in)
// 没有覆盖所有可能分支，会综合出 latch
  case(in)
    2'b00:out = 4'b0001;
    2'b01:out = 4'b0010;
    2'b10:out = 4'b0100;
endcase
endmodule
```

上例中，当 in = 2'b11 时，没有匹配的分支，这就像我们使用的 if-else 结构没有对应的选择项一样，此时电路会推断出锁存器。为了避免这种情况的出现，一种比较好的编码方式就是使用 default 分支项，如下例所示：

```
// 使用 default 分支覆盖译码器所有可能分支
case(in)
  2'b00:out = 4'b0001;
  2'b01:out = 4'b0010;
  2'b10:out = 4'b0100;
  default:out = 4'b1000;
endcase
```

如果使用 Synopsys 公司的 Design Compiler（DC）工具进行综合，则可以使用编译命令“synopsys full_case”指示 if 和 case 语句所有分支都已经覆盖了，当然这样使用的前提是你必须知道没有写出来的分支肯定不会发生。另外，如果 DC 不能确定你的 case 分支是并行执行的，那么它将会综合出优先级编码器。当然，你也可以使用编译命令“synopsys parallel_case”指示综合工具将 case 语句按照并行结构进行综合。

```
// 使用 Synopsys 编译指令避免 latch 产生
always @ (in)
  case(in) // synopsys parallel_case full_case
    2'b00:out = 4'b0001;
    2'b01:out = 4'b0010;
    2'b10:out = 4'b0100;
endcase
```

简而言之，我们在使用 case 语句和 if 语句时，要覆盖可能的所有分支并且每个分支都要有对应的输出。反之，综合后就会产生锁存器。

如果使用的条件表达式是并行的，并且功能输出相同，如以下两个 RTL 代码所示，则综合出的硬件也将是相同的，如图 3.6 所示。尽管如此，我们还是推荐使用 case 语句代替 if-else-if 语句，这样可以节省仿真时间并且可以显式地推断出多路选择器。

```
// 使用 parallel case 的 case 语句
always @ (sel or a or b or c or d)
  case(sel)
    2'b00:out = a;
    2'b01:out = b;
    2'b10:out = c;
    default:out = d;
endcase
```

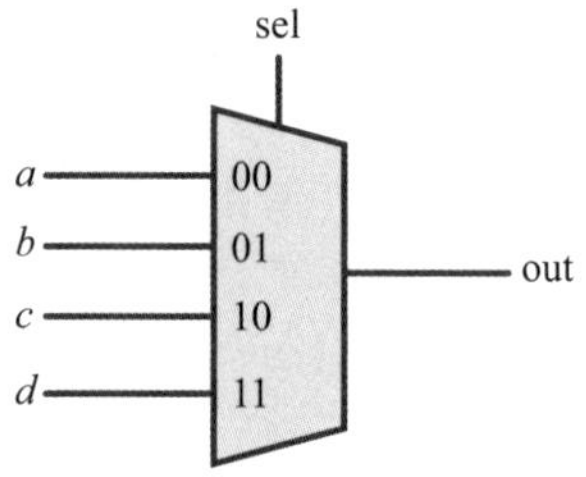

图 3.6 相互排斥的条件表达式会被综合为多路选择器

```
// 使用 parallel case 的 if-else-if 语句
always @ (sel or a or b or c or d)
  if (sel == 2'b00)
    out = a;
  else if (sel == 2'b01)
    out = b;
  else if (sel == 2'b10)
    out = c;
  else
    out = d;
```

case 语句还有两种形式，分别是 casex 和 casez，这两种形式允许分支项表达式中分别可以包含（Z 或？）和（Z、X 或？）。其中 casex 比 casez 使用得更为广泛一些。字符？表示逻辑 0 或者逻辑 1。例如，分支项 4'b001? 可以覆盖 4'b0010 和 4'b0011，对于综合工具来说，Z 和 X 会被忽略掉，相关示例代码如下：

```
//casex 语句示例
always @ (in) begin
  casex(in)
    4'b0001:out = 2'b00;
    4'b001?:out = 2'b01;    // 可以匹配 4'b0010 和 4'b0011
    4'b01??:out = 2'b10;    // 可以匹配 4'b0100、4'b0101、4'b0110
                               和 4'b0111
    default:out = 2'b11;
  endcase
end
```

图 3.3 描述的优先级编码选择器可以使用 casex 描述如下：

```
// 优先级编码选择器使用 casex 示例
always @ (sel or a or b or c or d or e) begin
  casex(sel)
    4'b1XXX:out = a; //sel 是 1XXX
    4'b01XX:out = b; //sel 是 01XX
    4'b001X:out = c; //sel 是 001X
    4'b0001:out = d; //sel 是 0001
    4'b0000:out = e; //sel 是 0000
    default:out = a;
  endcase
end
```

尽管上面示例中的代码使用了 Verilog 中的 casex 语句，但是这样的代码综合后也不是并行的，因为其中 1XXX 包含了 8 种情况：1000、1001、1010、1011、1100、1101、1110 和 1111。如果你的目的是尽可能减小电路面积，那么图 3.3 的优先级编码选择器可以满足需求。如果你的目的是尽可能减小路径延迟以及中等规模的电路大小，那么图 3.7 的电路可以满足需求，但是图 3.7 中所有从输入（sel、*a*、*b*、*c*、*d* 和 *e*）到输出的路径延迟需要尽可能做好平衡，当然图 3.7 的电路面积比图 3.3 大。

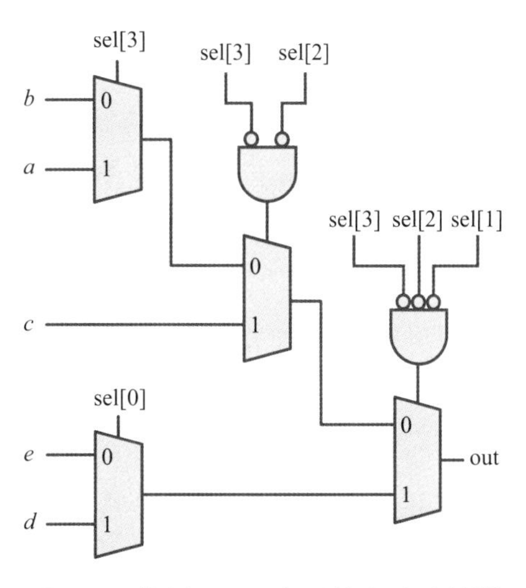

图 3.7　使用 casex 实现的多路选择器的电路结构图

3.4　for循环语句

for 循环语句会重复执行单条或者语句块。循环是通过范围表达式控制循环变量实现的。在每一个 for 循环中，有两个范围表达式：low_range 和 high_range，其语法格式如下所示：

```
//fo 循环语法格式
for(index = low_range; index < high_range; index = index+step)
for(index = high_range; index > low_range; index = index-step)
for(index = low_range; index <= high_range; index = index+step)
for(index = high_range; index >= low_range; index = index-step)
```

一般情况下 high_range 大于等于 low_range。HDL 编译器可以自动识别循环是递增还是递减，放在 for 循环后的 begin-end 中的语句将会被反复执行。下例中的 for 循环，其中的循环变量、范围下限和范围上限一般都声明为 integer：

```
//for 循环示例
integer i;
always @ (a or b)
  for(i = 0; i <= 4; i = i+1)
    out [i] = a [i] & b [4-i];
```

上面代码中的 for 循环可展开如下，由代码可以看到循环变量 *i* 虽然声明为 integer，但是其实其并不代表任何硬件组件。

```
//for 循环展开
out [0] = a [0] & b [4];
out [1] = a [1] & b [3];
out [2] = a [2] & b [2];
out [3] = a [3] & b [1];
out [4] = a [4] & b [0];
```

图 3.8 是上例综合完后的电路结构。

为了使 for 循环可综合（且可展开），low_range、high_range 和步进值必须是常量，不能是变量，因此，循环变量的值实际上是可以预知的，从而可以推断出重复电路的数目。

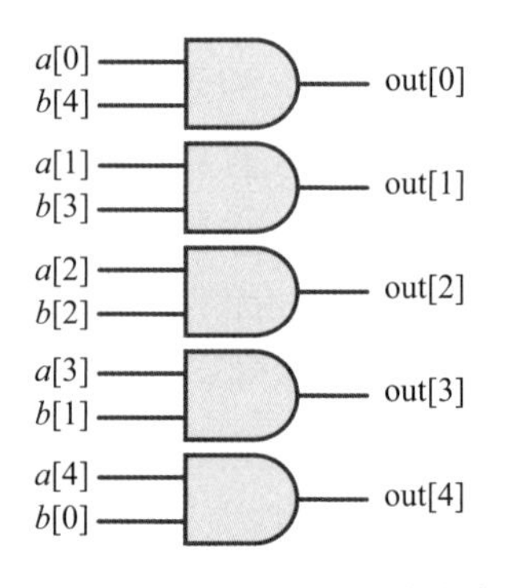

图 3.8 for 循环展开并综合为 5 个与门组成的电路图

目前，可综合的 for 循环的最大循环次数是 4096，如果你的 for 循环的次数为 16384，那么你得考虑将这个大的 for 循环拆分为多个小的 for 循环结构。

如果代码中有多个 for 循环结构，那么这些 for 循环结构使用的循环变量就有可能重叠，所以在这种情况下，你需要为每个 for 循环结构声明不同的循环变量。当然，你也可以声明相同名字的循环变量（例如 i），但是需要限定在要使用它们的 for 循环语句所在的块内，如下例所示：

```
// 命名块中声明局部变量
always @ (*) begin:y1
  integer i;                          // 局部变量
  parameter I1 = 8                    // 局部变量
  for(i = 0; i < I1; i = i+1)
    y1 [i] = a [i] & b [i];
end
always @ (*) begin:y2
  integer i;                          // 局部变量
  parameter I1 = 16                   // 局部变量
  for(i = 0; i < I1; i = i+1) 12
    y2 [i] = a [i] | b [i];
end
```

3.5 函数和任务

Verilog 中，函数是以关键字 function 开始，以关键字 endfunction 结尾的，用户通过函数可以开发一些重用性和可维护性更高的设计，其语法格式如下所示。这里需要注意，二维数组不能作为函数的输入端口进行声明。

```
//function 语法格式
function [ 范围 ] name_of_function;
  输入声明
  语句
endfunction
```

其中，“范围”指定了函数执行完后的返回值的宽度，该宽度默认为 1 位；“输入声明”指定了函数的输入信号，函数的输出为函数名。

下面模块通过三种不同的方式实现了加法器的组合逻辑电路，分别是连续赋值语句、always 块和函数，其中函数在 always 块中被调用。

```
// 加法器的三种不同组合逻辑实现方式
wire [3:0] a, b;
reg [4:0] c1, c2;
wire [4:0] c3;
function [4:0] fn1;
  input [3:0] a;
  input [3:0] b;
  fn1 = a+b;          // 类似于 C 语言
endfunction
always  @ (a or b)
```

```
    c1 = fn1(a, b);    //always 块中调用函数
  always @ (a or b)
    c2 = a+b;
  assign c3 = a+b;
```

函数一般定义在调用其的模块中，并且不能包含延迟语句。

如果函数有多个独立的输出，那么可以使用拼接操作符将多个独立的值进行拼接后赋给函数名，作为函数的输出。函数中可以包含一条或者多条过程性赋值语句（这些语句需要放在 begin-end 中），其实函数本身就是一个过程块，因此函数中位于赋值操作左侧的操作数只能是 reg 和整型类变量，当然你也可以在连续赋值语句中调用函数。下面的示例中，需要注意 y1 和 y2 可能上溢。

```
// 多输出函数的示例
function [9:0] fn1;
input [3:0] f1, f2;
reg [4:0] y1_1, y2_1;
begin
  y1_1 = f1+f2+5;
  y2_1 = f1+f2+2;
  // 拼接多个独立的输出值给单一的输出
  fn1 = {y1_1, y2_1};
end
endfunction
// 再次通过拼接操作符将单一的输出转变成多个输出
assign {y1, y2} = fn1(a, b);
```

下面的代码中函数可以相互嵌套，即一个函数中可以调用另一个函数，但是需要注意 fn1 可能会上溢。

```
// 函数嵌套示例
function [4:0] fn2;
input [3:0] f1, f2;
  fn2 = f1+f2;
endfunction
function [4:0] fn1;
input [3:0] f1, f2;
  fn1 = fn2(f1, f2)+2;
endfunction
```

Verilog 中的任务是以关键字 task 开始，以关键字 endtask 结尾。作为 Verilog 代码的一部分，用户可以通过任务开发可重用性和可读性更高的代码。将任务放在测试平台中，可以很方便地开发一些具有时间延迟的代码，这一点也是任务和函数的一个主要区别，即函数中是不允许包含时间延迟的，任务除

了时间延迟这一点与函数不同以外，其他基本与函数是一样的。也正是任务可以包含时间延迟，所以任务是不可综合的，它们被主要用于测试平台中，下面的代码片段是任务的语法格式。另外这里需要注意，二维数组不能作为任务的输入端口和输出端口进行声明。

```
//task 语法格式
task name_of_task;
  input 声明
  output 和 inout 声明
  语句;
endtask
```

“input 声明”用于指定任务的输入信号，在任务中也可以没有输入；“output 和 inout 声明”的使用方式类似于 module 中的方式。任务可以包含很多 input、output 和 inout 端口，以及延迟等，其中也是可以没有输出的。另外，任务可以在 always 块和其他任务中被调用。

下面的代码可以在时钟沿通过 sel 信号选择产生序列 10101010 或者 10100110，其中的“@posedge clk”在任务中用于控制时序。

```
// 测试平台中带有时序控制的 task
reg out, sel, clk;
initial begin
  clk = 0; out = 0; sel = 0;
  #200;sel = 0; seq_gen(sel, out);
  #200;sel = 1; seq_gen(sel, out);
end
always #5clk =~ clk;
task seq_gen;
input sel;
output out;
begin
  @ (posedge clk)out = sel?1:1;
  @ (posedge clk)out = sel?0:0;
  @ (posedge clk)out = sel?1:1;
  @ (posedge clk)out = sel?0:0;
  @ (posedge clk)out = sel?0:1;
  @ (posedge clk)out = sel?1:0;
  @ (posedge clk)out = sel?1:1;
  @ (posedge clk)out = sel?0:0;
end
endtask
```

表 3.1 是 task 和 function 的主要区别，这里需要注意的是，函数和任务只能包含过程性赋值语句，不能包含 always 块。

表 3.1 task 和 function 比较

function	task
function 可以调用其他 function，但是不能调用 task	task 可以调用其他 function 和 task
function 的执行不消耗仿真时间	task 的执行消耗仿真时间
function 中不能包含延迟、事件或者时序控制	task 中可以包含延迟、事件或者时序控制
function 中至少包含一个输入	task 可以包含 0 个或者多个 input、output 或者 inout 参数
function 可以返回一个值，存放值的变量就是函数名	task 可以通过 output 和 inout 返回多个数值

3.6 参数化设计

参数化设计可以增强设计的复用性。下面的代码中有 WIDTH、HEIGHT 和 LENGTH 三个参数，你可以在这些参数定义的时候改变它们的值。

```
// 具有参数的模块
module test(d, a, b, c);
output [WIDTH:0] d;
input [WIDTH-1:0] a;
input [HEIGHT-1:0] b;
input [LENGTH-1:0] c;
parameter WIDTH = 8;
parameter HEIGHT = 8;
parameter LENGTH = 8;
assign d = a+b+c;
endmodule
```

当然，在这个模块例化时你也可以修改这些参数的数值。例如，模块 test 例化时可以令 WIDTH = 5，HEIGHT = 4 和 LENGTH = 4，从而覆盖这些参数在模块定义时指定的默认值。因此，我们可以看到，模块中的参数不必来回地在模块中修改就可以很好地维护。通过这种方式，你只需要在例化时指定所有的参数即可。

```
// 模块例化时传递参数示例
module param_1(d, a, b, c);
output [5:0] d;
input [4:0] a;
input [3:0] b;
input [3:0] c;
```

```
test #(5, 4, 4) u0(.a(a), .b(b), .c(c), .d(d));
endmodule
```

另外一种在设计中配置参数的方法是在测试平台中通过关键字 defparam 进行修改，在这种情况下，参数的数值在编译阶段就被修改了。也可以通过更高层次模块（例如 test_bench）通过句点 “.” 指定层次，通过层次化引用的方式对不同设计层次中的参数进行修改，如果要修改一些 defparam 没有办法修改的参数，可以通过使用 localparam 进行修改。

```
// 在测试平台中通过 defparam 修改参数
module testbench;
defparam u0.WIDTH = 5;
defparam u0.HEIGHT = 4;
defparam u0.LENGTH = 4;
test u0(.a(a), .b(b), .c(c), .d(d));
endmodule
```

3.7 电路中的延迟

关于电路的延迟，可能会有一个问题浮现在大家的脑海中，那就是“门延迟来自哪里？”这里使用图 3.9 所示的缓冲器来分析这个延迟，图 3.9 中的缓冲器包含两个反相器，每一个反相器由一个 P 沟道 MOSFET 和一个 N 沟道 MOSFET 组成。

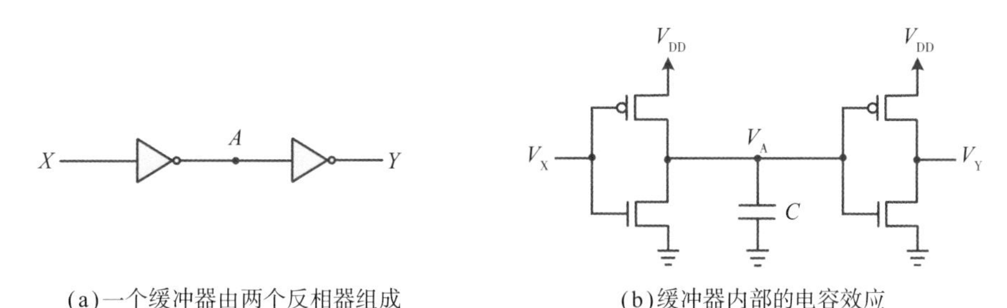

(a) 一个缓冲器由两个反相器组成　　(b) 缓冲器内部的电容效应

图 3.9　其中 V_X、V_A 和 V_Y 分别是节点 X、A 和 Y 处的电压，位于节点 A 的电容 C 的电容效应是由第二个反相器的高频寄生电容引起的

图 3.10 中的电容，通过第一个反相器的 PMOS 管充电，通过 NMOS 放电。其中 PMOS 和 NMOS 管的工作状况是互补的，例如当输入电压为低时，PMOS 管打开，NMOS 关闭，反之则相反。

当 V_X 从 V_{DD} 变为 0 时，A 点的电压将会因为 PMOS 管的充电作用从 0 变为 $V_{DD}/2$。如图 3.11 所示，因为电容效应引起的第一个反相器的传输延迟是 V_A

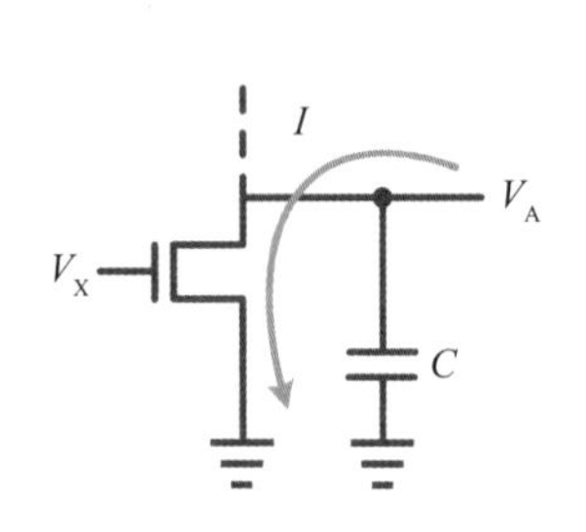

(a)输入电压V_X从0变为V_{DD}时，电容器C上的电荷通过NMOS释放掉

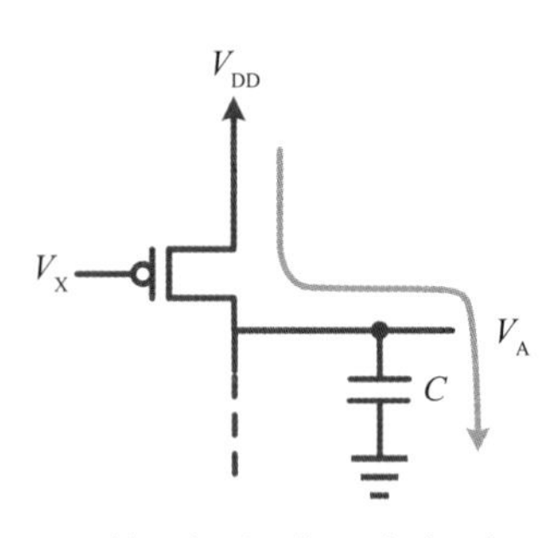

(b)输入电压V_X从V_{DD}变为0时，电容器C又通过PMOS充电

图 3.10

从 0 变为 $V_{DD}/2$ 时所耗费的时间，其实第二个反相器也存在一个传输延迟，这个传输延迟发生在电容放电时（图中没有标出），V_Y 从 V_{DD} 变为 0。同样地，当 V_X 从 0 变为 V_{DD} 时，电容通过 NMOS 放电，V_A 从 V_{DD} 变为 0，因为不同的充放电传输路径，所以上升时间和下降时间是不同的，上升沿传输延迟和下降沿传输延迟也是不同的。

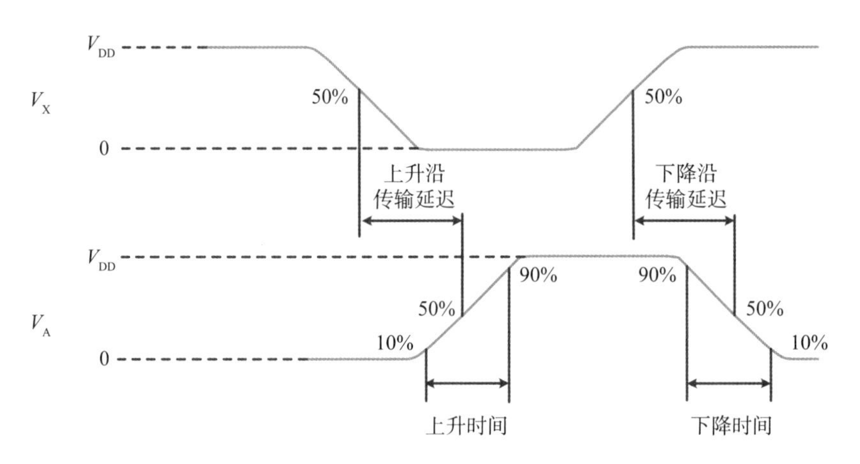

图 3.11 反相器的上升时间、下降时间和传输延迟

现在我们可以基于上边的模型引入动态功耗（开关功耗）。如图 3.11 所示，对于 PMOS 管，当信号从 0 变为 V_{DD} 时，其功耗可以由下式得到

$$E=\int_0^{V_{DD}} q(t)\mathrm{d}V_A(t)=\int_0^{V_{DD}} CV_A(t)\mathrm{d}V_A(t)=\frac{1}{2}CV_{DD}^2 \tag{3.1}$$

同样地，NMOS 通过放电路径消耗的功耗也为 $\frac{1}{2}CV_{DD}^2$。如果信号的频率是 $f=1/T\text{Hz}$，那么动态功耗可表述为

$$P=\frac{E}{T}=\frac{1}{2}fCV_{DD}^2 \tag{3.2}$$

功耗来源主要有两种，一种是动态的，一种是静态的。静态功耗是因为模拟集成电路电流从电源流向地导致的。如图 3.10 所示，在理想稳定状态下，数字电路的静态功耗在 PMOS 或者 NMOS 断开时都是 0，即在 V_{DD} 和 GND 之间没有通路。然而，目前半导体器件因为关断电压的低阈值，漏电流是不可避免的，所以静态功耗是肯定存在的。

3.7.1 缓冲器减载

缓冲器本身对于逻辑功能没有什么影响，貌似没有必要使用它，因为它会耗费电路的面积和功耗。但是如图 3.12 所示，如果考虑输出的电容负载，那么使用缓冲器将会驱动更多的下一级电路的输入到特定的电平。在这种情况下，输出被作为一个具有高扇出的网络。过载输出主要是因为从单元库中提取的参数直接表征门延迟，这样就有可能导致电路的不准确和不稳定。通过在输出和下一级电路的输入之间插入缓冲器，每一个缓冲器可以驱动原输出的一小部分负载，通过对输出负载这样拆分，每个缓冲器就可以驱动四个器件。

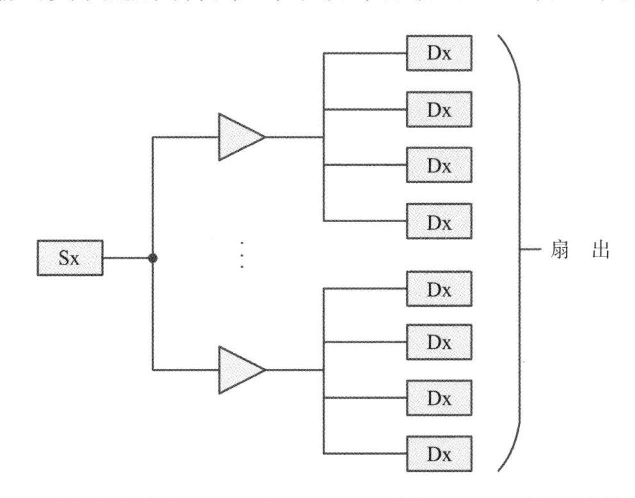

图 3.12 缓冲器减载（图中的 Sx 是源器件，Dx 是被驱动的器件）

类似地，当下一级电路被驱动的输入数目非常庞大时，例如时钟和复位网络，我们就必须在前一级缓冲器的输出再插入缓冲器，就像一个缓冲器树一样。如图 3.13 所示，例如扇出被限定为 4，二级缓冲器树的源头是原来驱动的输出，驱动的是下一级要使用 4 个缓冲器的电路的输入。随着缓冲器树呈指数级增加，可以驱动的输入的数目也随之进一步提高。为了实现同步电路设计，必须平衡每个分支的延迟，以便尽可能减少时钟偏差。因此，缓冲器是均匀分布在整个芯片中的。

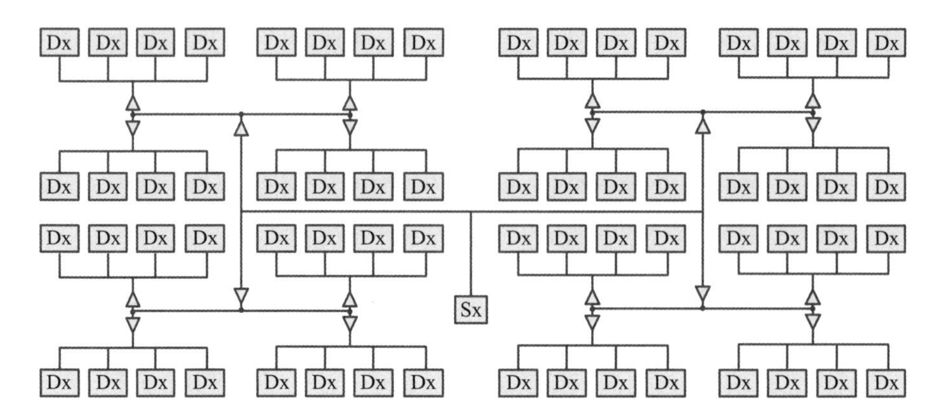

图 3.13 平衡缓冲器树降低高扇出负载，例如时钟网络，可以有效保证最小的时钟偏差

3.7.2 延迟模型

为了保证电路功能的正确性，设计人员必须要确保电路的时序满足设计规范的要求，而精确的延迟模型是验证时序的关键所在。图 3.14 是延迟模型的三种常见方式：

（1）集总延迟：将全部延迟集中到驱动输出的最后一个门上。集总延迟虽然比较容易理解，但是对于收敛于同一输出但有不同延迟的多条路径来说，集总延迟是不适用的。

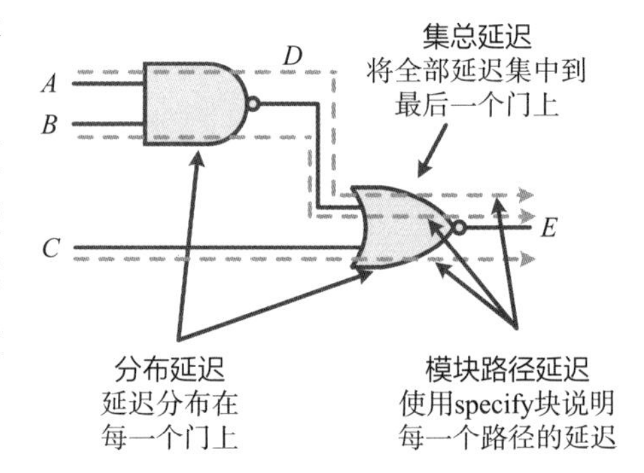

图 3.14 三种不同的延迟模型

（2）分布延迟：贯穿于所有的门中，相较于集总延迟，分布延迟更加精确，但是同样对于收敛于同一输出但有不同延迟的多条路径来说，也是不适用的。例如，管脚 A 和 B 到 E 有相同的路径延迟，但是 C 到 E 却具有不同的路径延迟。

（3）模块路径延迟：在 specify 块中指定模块路径延迟，模块路径延迟建模比较容易，并且允许不同路径具有不同的延迟。

门延迟也可称为惯性延迟或者固有延迟。而信号传输的物理行为实际上是具有惯性的，这是因为电路的每条路径都会有电容和电阻，也就意味着信号在每条路径都不能快速改变。也正因如此，如果输入信号的宽度小于惯性延迟，那么该脉冲信号将不会通过这个门单元。

延迟建模有多种不同的实现方式，可以通过 Verilog 原语在例化的时候重写其中的延迟参数，我们可以像下面代码示例那样指定三种延迟：

```
// 延迟的语法格式
#(delay1, delay2, delay3).
```

如果三种延迟都进行了指定，那么其中第一个延迟 delay1 指的是输出上升沿延迟（值变为 1），第二个延迟 delay2 指的是输出下降沿延迟（值变为 0），最后一个延迟 delay3 指的是输出关断延迟（值变为 z）。如果没有指定延迟，那么所有延迟的默认值为 0。如果只指定一个延迟，那么输出的上升沿延迟、下降沿延迟和关断延迟的延迟值都是一样的，就是指定的这个延迟值。如果指定了两个延迟值，那么 delay1 和 delay2 分别代表了上升沿延迟和下降沿延迟，关断延迟将是这两个延迟值中的最小值。

在下面的 Verilog 代码中，如果我们设定了时间尺度为 'timescale 10ns/1ns，那么其中的非门、或门和与门的延迟分别是 20ns、25ns 和 36ns。如果 in[2] 在第 10ns 有一个新的值，那么对应的输出将在第 91ns 输出。如果 in[3] 有一个新值在第 2ns，仿真的输出将在第 63ns 输出，当然这些延迟在综合时都会被忽略掉。

```
//NOT 门有 2 个时间单位延迟
not #(2) u1(temp [2], in [2]);
//OR 门有 2.54 个时间单位延迟
or #(2.54) u2(temp [1], temp [2], in [3]);
//AND 门有 3.55 个时间单位延迟
and #(3.55) u3(out, temp [0], temp [1]);
```

电路的延迟主要取决于电路运行时采用的工艺（P）、电压（V）和温度（T）。电压越高，温度越低，电路中的延迟也就越小。最差工况是一种极端的工作情况，这种情况采用最差的工艺、最低的电压和最高的温度。与之对应的，采用最好的工艺、最高的工作电压和最低的温度，此时的工况被认为是最好工况。因此，在最差工况下，对时钟周期的约束是最严格的；在最好工况下，对于保持时间的约束是最严格的。还有一种工况是介于最差和最好工况之间，此时的工艺、电压和温度都是典型的值，称之为典型工况。采用不同的 PVT 值，可以影响电路的延迟（包括输入上升沿和下降沿的时间），为了更精确地对延迟进行模拟，可以在每个延迟中指定最差值、最好值和典型值，这三个值之间采用冒号分隔，代码示例如下：

```
//NOT 门的（最小值：典型值：最大值）延迟值是 (1:2:4) 个时间单位
not #(1:2:4) u1(temp [2], in [2]);
//OR 门的上升沿延迟是 (1.52:2.54:4.30) 个时间单位
// 下降沿延迟是 (1.22:2.1:4.17) 个时间单位
or #(1.52:2.54:4.30, 1.22:2.1:4.17)
  u2(temp [1], temp [2], in [3]);
```

另一方面，延迟的建模和时序约束的检查，可以使用关键字 specify 和 endspecify 限定的 specify 块表示。specify 块中可以增加描述模块中路径时序关系的说明，也可以在其中通过关键字 specparam 声明 specify 块中的参数。通常在 specify 块中可以对特定状态下的路径延迟和特定条件下的时序进行检查，这些检查通过调用任务描述，下面代码是一个典型的示例，其中的注释给出了对应的解释。如果有时序违例，那么检查建立时间的 $setup(in1, posedge clk, tS) 就会使触发器的输出 q 输出 X，波形也将变红，同时也会有关于违例的文本信息显示在仿真工具的仿真窗口中。

```
// 含有 specify 块的模块
module buffer_cntl(out, q, q1, in1, in2, in3, in4, a, b, rst_n,
  clk);
output [2:0] out;
output q, q1;
input in1, in2, in3, in4, rst_n, clk;
input [2:0] a;
input [5:0] b;
reg [2:0] out;
reg q, q1;
always @ (*)
  case({in2, in1})
  2'b00:out = a;
  2'b01:out = {&b, |b, ^b};
  default:out = {in3&in4, in3|in4, in3^in4};
  endcase
always @ (posedge clk)
  q <= in1;
always @ (posedge clk ornegedge rst_n)
  if (!rst_n) q1 <= 0;
  else q1 <= in2;
specify
  // 时钟到输出的上升沿延迟和下降沿延迟参数
  specparam tCQ_Rise = 4, tCQ_Fall = 6;
  // 需要满足的建立时间的参数
  specparam tS = 2;
  // 时钟到输出路径延迟
  (clk = > q) = (tCQ_Rise, tCQ_Fall);
  //S 建立时间检查
  $setup(in1, posedge clk, tS);
  // 带有条件的建立时间检查
  $setup(in2, posedge clk &&& rst_n, tS);
endspecify
specify
```

```
    //引脚到引脚延迟的 specify 块
    //9 和 10 分别是上升沿和下降沿延迟
    (in1 = > out [0]) = (9, 10);
    (in2 = > out [0]) = (9, 10);
    // 上升沿和下降沿延迟都是 11
    (in3 = > out [0]) = 11;
    // 基于状态的路径延迟
    if (in1)(in4 = > out [0]) = 8;
    if (!in1)(in4 = > out [0]) = 6;
  endspecify
  specify
    // 矢量的并行连接
    (a = > out) = 5; // 功能同引脚到引脚的连接
    /*(a [0] = >out [0]) = 5;
    (a [1] = >out [1]) = 5;
    (a [2] = >out [2]) = 5;*/
  endspecify
  specify
    /*b 是 6 位，out 是 3 位，其中各位为全连接 */
    (b *> out) = 9;
  endspecify
  endmodule
```

比延迟建模更精确的物理延迟可以通过综合得到，并且只有在布局布线完成后才能得到一个精确的物理延迟。而精确的物理延迟主要取决于采用的是什么 VLSI 工艺（0.25μm、0.18μm 或者 0.13μm）和采用的什么单元库。目前针对特定类型的 PVT 只有三种类型的延迟可供选择，分别是 min/typ/max。综合之后像“#3.55”这种用于仿真的延迟将会被综合掉。还有用于仿真的时间尺度，对于实际的物理电路也将不起作用。

综合工具产生的电路中的传输延迟是由电路内部的门单元决定的，延迟的长短则取决于采用的工艺库和最终的布局布线。这些用于时序仿真的门延迟来自于综合工具或者布局布线工具产生的 SDF 中的参数，SDF 是一个独立于工具采用统一格式表征时序信息的文件，其中包括（条件和非条件）路径延迟、器件延迟、内部延迟、端口延迟、时序检查，以及路径和线网约束等信息。

单元延迟是通过工艺库中提供的表格计算得来的，表 3.2 展示了特定的输入变化和输出负载对应的延迟，例如，当输入转换时间为 0.5，输出电容负载为 0.2 时，对应的延迟就是 0.678。当然，单元的输出传输延迟也可以通过输入变化和输出负载的对应关系通过类似的延迟表得到，这里就不再赘述了。

在先进工艺中，线网延迟受寄生电容和电感的影响，并且由此产生的延迟在现代的系统中占了很大的比例。为了减少线网延迟的影响，现代设计采用了很多方法，例如，通过布局布线工具缩短线网长度。另外，电路互连延迟和输入端口延迟不能通过 specify 块指定，如果要使用互连延迟进行仿真，那就需要通过 SDF 对延迟信息进行反标。

表 3.2 延迟表

		输入转换时间		
		0	0.5	1
输出电容负载	0.1	0.345	0.567	0.89
	0.2	0.456	0.678	0.987

在 Verilog 代码中指定的任何延迟都不会对综合得到的电路产生任何影响，综合工具会忽略掉赋值语句中的延迟，有的工具可能会产生对应的警告信息。所以，我们一般在测试平台中的赋值语句中使用延迟来产生激励，或者对于一些与宏交互的设计，指定特定的时序约束和检查。图 3.15 给出了只读存储器（ROM）的接口时序图，其中 ren、addr 和 data 表示读使能、读地址和读出的数据。

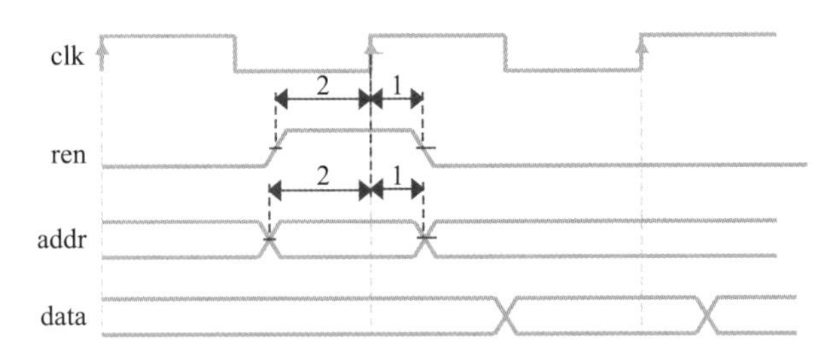

图 3.15 ROM 的接口时序

图 3.15 对 ren 和 addr 的建立时间和保持时约束分别为 2 个时间单位和 1 个时间单位，它们都可以在如下的 ROM 行为级模型中的 specify 块中进行检查：

```
 //ROM 模型中使用 specify 块
specify
  $setup(ren, posedge clock, 2);
  $hold(posedge clock, ren, 1);
  $setup(addr, posedge clock, 2);
  $hold(posedge clock, addr, 1);
endspecify
```

其中的建立时间和保持时间也可以通过一个系统任务 $setuphold 完成检查，代码如下所示：

```
//ROM 模型中使用 specify 块
```

```
specify
  $setuphold(posedge clock, ren, 2, 1, notifier);
  $setuphold(posedge clock, addr, 2, 1, notifier);
endspecify
```

因为这个设计是与时钟上升沿同步的，所以如果不指定延迟，那么将会出现保持时间违例。因此，在 RTL 仿真阶段，我们必须采用如下代码示例的方式，给 ren 和 addr 增加延迟，其中 ren_i 和 addr_i 是内部同步于时钟的读使能和读地址信号。在综合阶段，这些延迟会被忽略掉，同时保持时间的问题也会通过在相关产生保持时间违例的路径中插入缓冲器得到解决。

```
// 在 RTL 仿真阶段增加延迟解决保持时间违例
assign #1 ren = ren_i;
assign #1 addr = addr_i;
```

3.7.3 延迟控制

在 Verilog 中，“#”是用来进行延迟控制的。如下代码所示，可以在连续赋值语句中给上升沿和下降沿延迟分别指定最小、典型和最大延迟值。在这个示例中，上升沿延迟的（最小值：典型值：最大值）是（1：2：3），下降沿延迟的（最小值：典型值：最大值）是（2：3：5），关断延迟的（最小值：典型值：最大值）是（3：4：5）。

```
// 给上升沿、下降沿和关断延迟指定的（最小值：典型值：最大值）
assign #(1:2:3, 2:3:4, 3:4:5) a =~ b;
```

如果类似如下的过程赋值语句中只指定了一种（最小值：典型值：最大值）延迟信息，那么就相当于上升沿、下降沿和关断延迟是一样的。

```
// 上升沿、下降沿和关断延迟指定相同的（最小值：典型值：最大值）
always @ (posedge clk)
#(1:2:3) a =~ b;
```

有两种赋值语句延迟，一种是赋值语句间延迟，一种是赋值语句内延迟。其中赋值语句间延迟经常用于测试平台中。在下面的 Verilog 代码示例中的 initial 块中，代码是顺序执行的。当执行到延迟控制 #2 时，会有 2 个时间单位的延迟，之后会进行 a+b 的操作，然后将计算的结果赋值给 c。因此，执行的过程实际上是在 2 个时间单位后，c 变成了 3，由此可见，赋值语句间延迟可以简单地解释为“将 c = a+b 延迟至两个时间单位后执行”，这样的操作实际上就是一种延迟解析。

```
// 赋值语句间延迟示例
initial begin
  a = 1;
```

```
    b = 2;
    #2 c = a+b;
  end
```

另一种延迟是赋值语句内延迟，在下面的 Verilog 代码的 initial 块中，“c = #2 a+b”就是一种赋值语句内延迟。首先，在 0 时刻，会进行 temp = a+b 的操作，其中的 temp 是一种隐含的临时存储。然后，temp 的计算结果 3 将会在 2 个时间单位延迟后赋值给 c。换句话说就是 c 的结果在 2 个时间单位内不会再受到 a 和 b 的变化的影响。因此，第 2 个时间单位时，c 的值变为了 3，这样的操作时实际上是一种延迟赋值。

```
  // 赋值语句内延迟示例
  initial begin
    a = 1;
    b = 2;
    c = #2 a+b;
  end
```

通过上述两个代码示例，我们可以看到 c 在第 2 个时间单位时的值都是 3。尽管如此，如果代码中还有另外一个如下的 initial 块，其中在时间单位 1 将 b 的值变为了 4，那么此时赋值语句间延迟和赋值语句内延迟的结果将不一样，赋值语句间和赋值语句内的结果将分别是 5 和 3。

```
  // 另一个 initial 块中的赋值语句
  // 影响赋值语句间延迟的结果
  initial begin
  #1 b = 4;
```

3.7.4 路径延迟

图 3.16 为典型的逻辑门的晶体管数目和对应的门延迟，门单元的面积与其中晶体管数目成正比。

路径延迟，顾名思义，就是所有输入到输出的连接延迟。在这些连接路径中，延迟最长的一条路径我们称之为关键路径，这条路径限制了同步设计的时钟频率。图 3.17 是一个全加器的示例。

表格 3.3 是对全加器示例中的每一个输入到输出的最长路径延迟的统计。从这个表格可以看出，关键路径延迟值为 6.6ns。并且从图 3.16 中我们可以发现，与门由 6 个晶体管组成，异或门由 14 个晶体管组成，所以整个全加器由 46 个晶体管组成。

名 称	符 号	功 能	晶体管数目	延迟（ns）
缓冲器	x z	$z=x$	4	1.4
非 门	x z	$z=\bar{x}$	2	0.7
与 门	x y z	$z=xy$	6	1.2
或 门	x y z	$z=x+y$	6	1.2
与非门	x y z	$z=\overline{xy}$	4	1.0
或非门	x y z	$z=\overline{x+y}$	4	1.0
异或门	x y z	$z=x\oplus y$	14	3.3
同或门	x y z	$z=\overline{x\oplus y}$	12	3.5

图 3.16 典型的逻辑门的晶体管数目和对应的门延迟

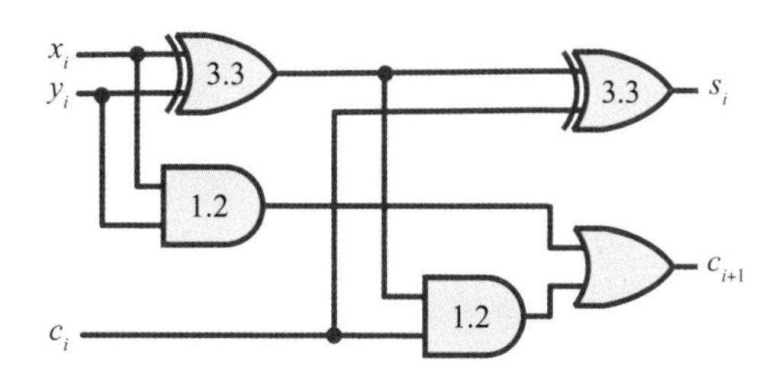

图 3.17 全加器原理图（逻辑门中数字为该门的延迟值）

表 3.3 输入到输出的最长延迟值

路 径	最长延迟值 /ns
c_i 到 c_{i+1}	2.4
c_i 到 s_i	3.3
x_i 和 y_i 到 c_{i+1}	5.7
x_i 和 y_i 到 s_i	6.6

图 3.18 是由与非门和或门实现的全加器。它的关键路径延迟为 4.4ns，整个实现包含 36 个晶体管。

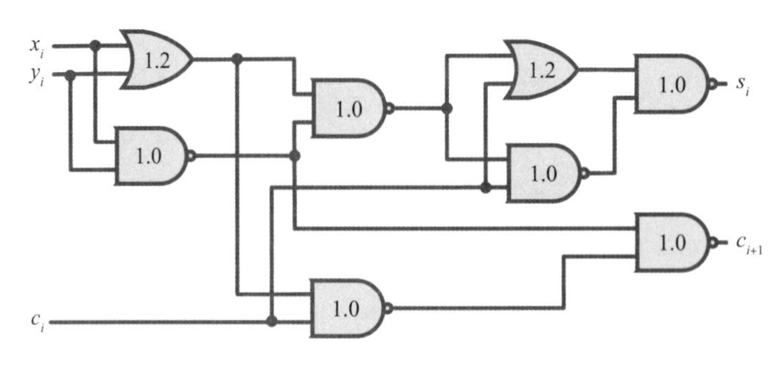

图 3.18 全加器的另一种等价实现

对比两种实现，第二种方法实现的全加器虽然使用了更多的门，但是因为其关键路径延迟更小，总的面积也最小，所以比第一种全加器的实现更好一些。但尽管如此，在实际设计中，我们还是需要对电路的面积和路径延迟进行总体权衡考虑。

3.8 阻塞赋值和非阻塞赋值

有两种过程性赋值语句，分别是阻塞赋值和非阻塞赋值，阻塞赋值（=）中语句的执行顺序需要特别注意，而非阻塞赋值语句中的各语句的执行是相互独立的。阻塞赋值中，语句按照在过程块中排列的顺序顺序执行，这些语句的执行会立刻影响到 reg 中的内容，并且当前语句执行完下一条语句才会执行。而非阻塞赋值中的所有语句的右侧表达式是并行解析的，并且执行都是先于给左侧表达式赋值。由此可见，非阻塞赋值语句的赋值操作和解析过程是相互不影响的。

正如下面的示例代码，阻塞赋值在 begin-end 块中是顺序执行的，因此，阻塞赋值对于语句的执行顺序是敏感的。而非阻塞赋值语句是并行执行的，因此，每条赋值语句的执行是并行的，相互独立的。

```
// 顺序执行的阻塞赋值语句
initial begin
  a = #12 1;
  b = #3  0;
  c = #2  3;
end
// 并行执行的非阻塞赋值语句
initial begin
```

```
  d <= #12 1;
  e <= #3  0;
  f <= #2  3;
end
```

从图 3.19 可以看到两者的区别。注意，“<=”在关系操作符中表示小于等于，区分关系操作符和非阻塞赋值，主要通过操作符使用的上下文，出现在 if-else 或者条件操作符等语句中表示比较时，此时“<=”会被解释为条件操作符。

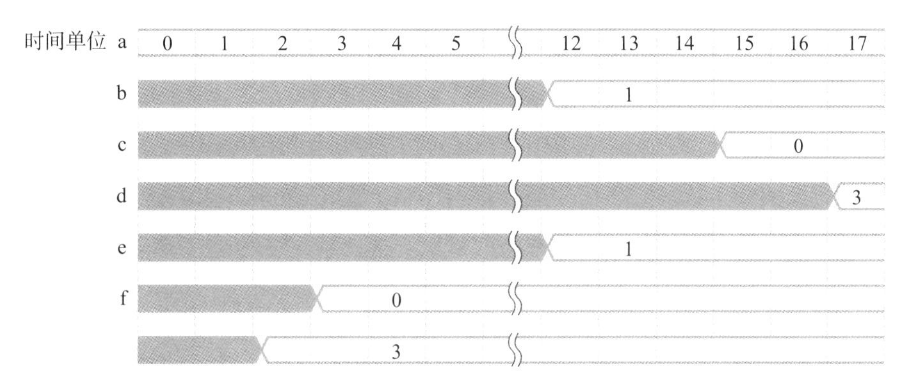

图 3.19 阻塞赋值和非阻塞赋值对比

图 3.20 是阻塞赋值和非阻塞赋值区别的另一个示例，注释给出了一些主要信息。另外，可以看到，改变阻塞赋值语句的执行顺序，仿真的结果会发生变化，但是非阻塞赋值语句并没有发生变化，由此可见，阻塞赋值语句对于语句的顺序是敏感的，而非阻塞赋值中语句相互之间比较独立。

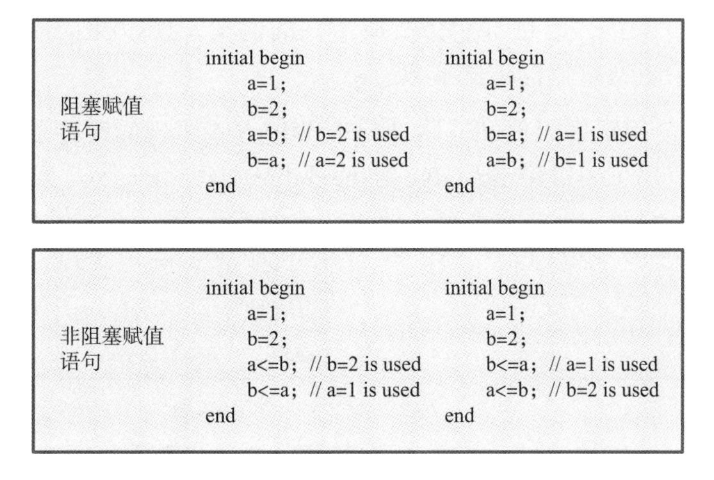

图 3.20 阻塞赋值和非阻塞赋值对比的另一个示例

图 3.21 是通过阻塞赋值和非阻塞赋值两种方式描述的组合逻辑电路。

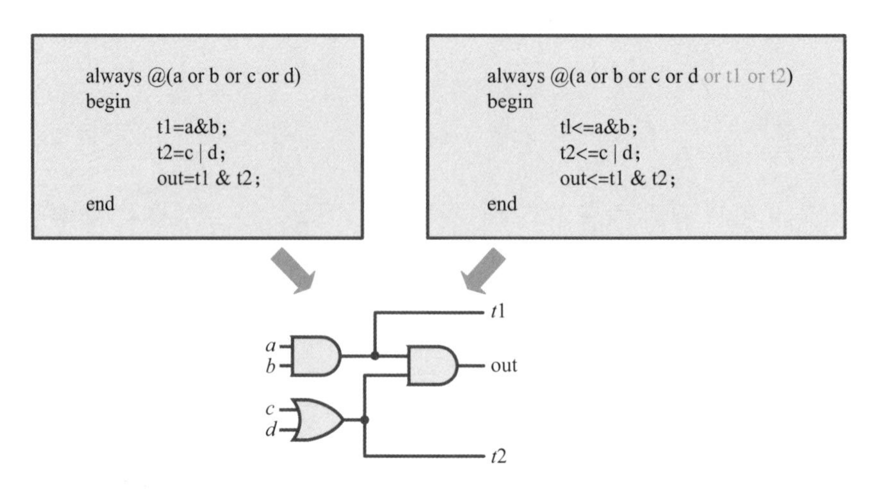

图 3.21 阻塞赋值和非阻塞赋值两种方式描述的组合逻辑电路

在这个示例中，通过阻塞赋值实现了一个组合逻辑电路，在这个非阻塞赋值语句实现的组合逻辑电路的 always 块中，敏感信号列表包括了输入信号 a、b、c 和 d。每当输入发生变化时，这个 always 块中的语句就会重新解析、顺序执行并且产生对应的输出，其中 t1 和 t2 的值也会被更新，同时新的 t1 和 t2 又会用于计算最终的输出。

在另一个 always 块中，采用了非阻塞赋值语句，所有的语句都是并行执行的。当输入发生变化时，输出会采用 t1 和 t2 的旧值，因为此时 t1 和 t2 的新值还没有更新。为了确保组合逻辑电路的行为上的一致性，电路的内部信号 t1 和 t2 也需要放在敏感信号列表中。每当 t1 和 t2 发生变化，这个 always 块就会被再次激活，此时输出就会获得新的值。尽管通过这样相对复杂的方法可以同样实现组合逻辑电路，但是可能会造成潜在的混淆，所以在描述组合逻辑电路时，最好只使用阻塞赋值的方式实现。

图 3.22 是使用阻塞赋值和非阻塞赋值两种方式实现的时序逻辑电路，其中的触发事件中使用了关键字 posedge 和 negedge。

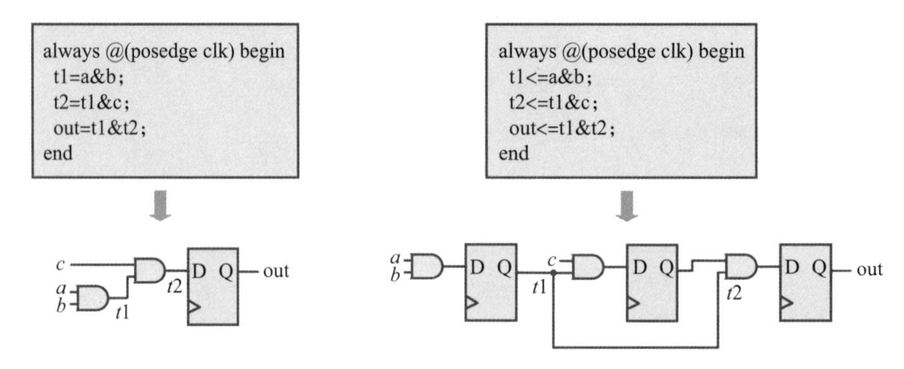

图 3.22 阻塞赋值和非阻塞赋值实现的时序逻辑电路

为了更好地理解这些代码描述的电路，我们需要仔细分析下这些代码是如何执行的。对于采用阻塞赋值的 always 块，在每个时钟上升沿，其中的三个赋值语句都会顺序执行。因此，a 和 b 在时钟上升沿更新了 t1，t2 同样在时钟上升沿被新的 t1 和 c 的值更新。最后的输出 out 的值由新的 t1 和 t2 共同决定。正如所见，t1 和 t2 在代码中仅仅是为了划分复杂的表达式，作为临时存储使用而已，它们并不代表具体的硬件寄存器的输出，在进行综合时一般情况下也会被优化掉，组合电路会被优化为：

```
out = t1|t2 = (a&b)&(t1&c) = (a&b)&(a&b&c) = a&b&c = t1&c =
t2
```

而对于使用非阻塞赋值的 always 块，在每个时钟上升沿，三个赋值语句同时执行：

（1）a 和 b 在时钟上升沿更新 t1。

（2）当前时钟上升沿 c 的值和 t1 的旧值更新 t2（t1 此时还没有被新值更新）。

（3）所有并行的输出都采用 t1 和 t2 的旧值进行更新（t1 和 t2 此时还没有被新值更新）。

正如所见，阻塞赋值与非阻塞赋值描述时序电路的方式是完全不同的，基于阻塞赋值和非阻塞赋值的特点，它们描述的代码分别对应一个触发器和三个触发器。其中通过阻塞赋值给 t1 和 t2 赋值的方式，它们对应的不是时序逻辑输出，而是组合逻辑输出。因此，为了避免混淆，在构建时序电路模型时，建议采用非阻塞赋值。

图 3.23 是另一个示例，正如上面示例展示的那样，如果我们将阻塞赋值语句描述的时序电路中的语句的顺序进行改变，那么得到的电路将是不同的，这主要是因为阻塞赋值语句的执行对于语句的顺序很敏感。但是如果我们使用非阻塞赋值语句，那么这些语句的顺序不会对电路的建模产生影响，这主要是因为非阻塞赋值语句的执行都是相互独立的。

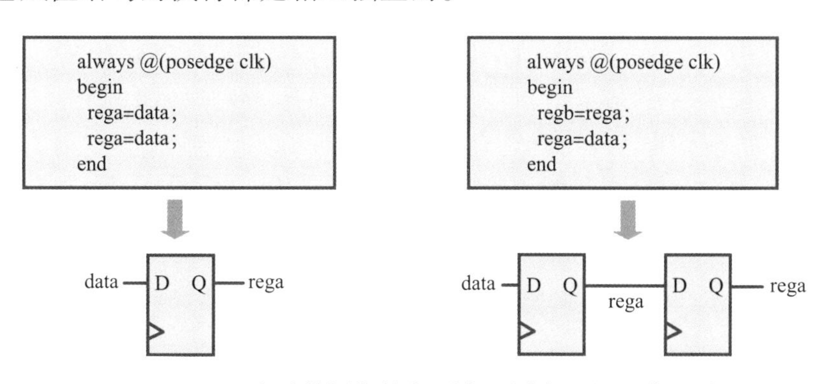

图 3.23 阻塞赋值语句执行顺序不同产生的电路不同

为了确保 RTL 设计中的同步操作以及 HDL 模型与其综合后的电路匹配，必须对边沿敏感的所有变量使用非阻塞赋值，即使用时钟采样的 always 块。用于边沿敏感的 always 块中的非阻塞赋值语句可以准确模拟同步时序电路的行为。另外，非阻塞赋值语句中保存的值将一直保持到当前时间片的最后，从而可以有效避免竞争和不确定结果情况的出现。

总而言之，不管描述组合逻辑电路还是时序逻辑电路，你必须知道哪些信号是组合逻辑的输出，哪些是时序逻辑电路的输出，最重要的是阻塞赋值语句和非阻塞赋值语句可分别用于描述组合逻辑电路和时序逻辑电路（包括触发器和锁存器）。另外，像下面的代码那样，在一个 always 块中混合使用阻塞赋值和非阻塞赋值是不允许的，必须严格禁止。

```
// 避免阻塞赋值和非阻塞赋值混用
always @ (posedge clk or negedge rst_n)
if (! rst_n) a = 0;    // 阻塞赋值语句
else a <= b;           // 非阻塞赋值语句
```

最后，让我们检查不同赋值方式和延迟控制的各种组合，如图 3.24 所示。可以看出，赋值语句内延迟和阻塞赋值比事件触发具有更高的优先级。因此

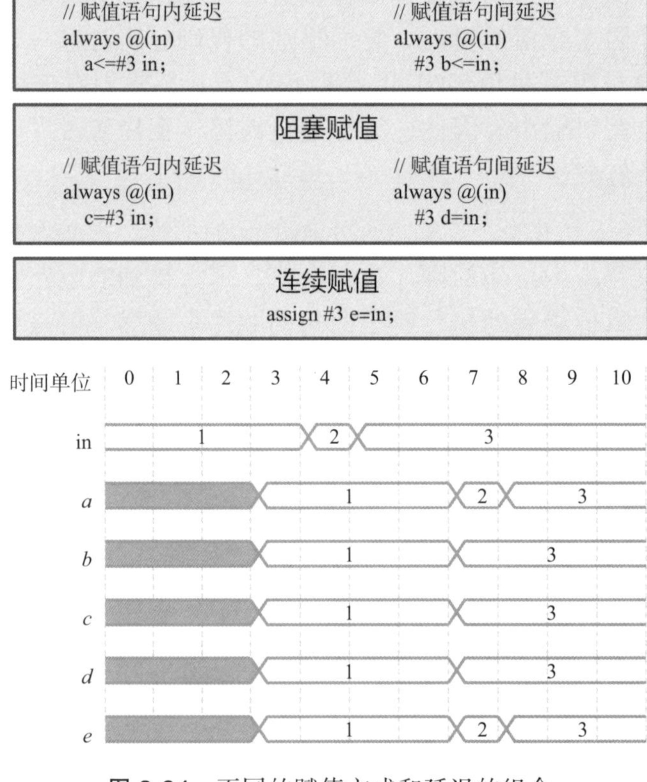

图 3.24 不同的赋值方式和延迟的组合

always 块直到三种赋值都完成了才会被触发：采用赋值语句间延迟的非阻塞赋值语句（对应给代码中的信号 b 赋值）；采用赋值语句内延迟的阻塞赋值语句（对应给代码中的信号 c 赋值）；采用赋值语句间延迟的阻塞赋值语句（对应给代码中信号 d 赋值），由此可以看出，包含赋值语句间延迟和阻塞赋值语句的 always 块是不允许重入的。

从上述代码和仿真波形可以看到，always 块中使用赋值语句内延迟和非阻塞赋值时，不会丢失输入信号 in 的任何变化，同时采用赋值语句间延迟的连续赋值语句，也不会丢失输入信号 in 的任何变化。因此，在对一个有敏感信号列表（posedge clk）的 always 块的输出延迟进行建模时，我们经常用赋值语句内延迟去模拟时序电路中的 clock-to-Q 延迟，而对组合逻辑电路的输出延迟进行建模时，经常在连续赋值语句中使用赋值语句间延迟。

3.9 一些有用的系统任务

3.9.1 仿　真

表 3.4 中为仿真中经常用到的一些系统任务。

表 3.4　仿真系统任务

任　务	说　明
$stop	将仿真挂起，进入与仿真器交互模式
$finish	仿真结束退出
$time	以 64 位整数形式返回当前仿真时间
$stime	以 32 位无符号整数形式返回当前仿真时间
$realtime	以实型返回当前仿真时间
$random	返回一个 32 位的随机有符号整数

随机任务采用 $random%s 的方式可以产生范围在 [(−s+1):(s−1)] 之间的随机数，如果你期望得到一个正数，可以如下例中代码所示，只需要在任务外加一层 {} 即可：

```
integer a, b, c;
a = $random %60;          //  -59 <= a <= 59
b = {$ random}% 60;       //   0 <= b <= 59
c = {$ random}% 60+40;    //   40 <= c <= 99
```

3.9.2 I/O

常用的 I/O 系统任务如表 3.5 所示。

表 3.5 I/O 系统任务

任　务	说　明
$dumpfile	指定要转储的文件
$dumpvars	指定要转储的变量
$dumpon	使所有转储任务继续
$dumpoff	使所有转储任务被挂起
$display	显示任务
$monitor	当被检测信号发生变化时显示被监测信号的值
$monitoron	启动最近关闭的监控任务
$monitoroff	关闭激活的监控任务
$strobe	当被检测信号在每个时钟步进时发生变化，显示被监测信号的值
$write	显示信息后不换行
$fopen	打开一个文件
$fclose	关闭一个文件
$fdisplay	在文件中显示信息
$fmonitor	当被检测信号发生变化时在文件中显示被监测信号的值
$fstrobe	当被检测信号在每个时钟步进时发生变化，在文件中显示被监测信号的值
$fwrite	在文件中显示信息后不换行
$readmemb	读二进制数据
$readmenh	读十六进制数据

其中打开一个文件的方式如下所示：

```
// 打开文件的方法
integer file_id;
initial file_id = $fopen("in_data_file");
```

3.9.3 时序检查

如图 3.25 所示，硬件触发器有建立时间和保持时间的要求，时钟和复位信号有最小宽度的要求。

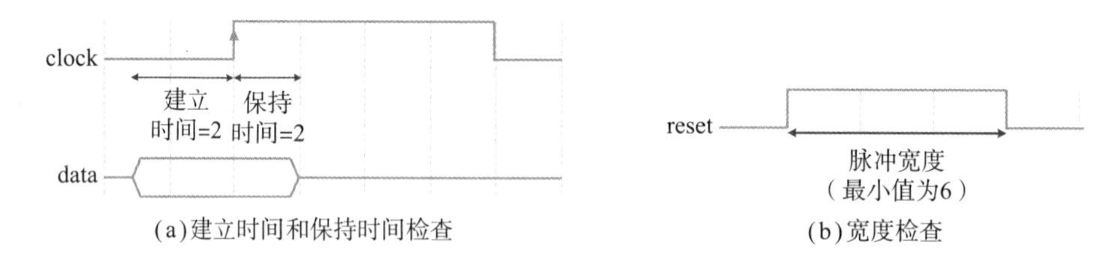

图 3.25 时序检查

时序检查主要用于 specify 块中，其中 $setup、$hold 和 $width 分别用于检查建立时间、保持时间和信号宽度。

```
//specify 块中的 $setup、$hold 和 $width 用于时序检查
```

```
specify
  $setup(data, posedge clock, 3);
  $hold(posedge clock, data, 2);
  $width(reset, 6);
endspecify
```

在考虑建立时间要求时，可以参考下式：

关键路径延迟 + 建立时间<时钟周期

随着时钟周期的增加，时钟频率会降低，在这样的情况下，我们说触发器在每个时钟边沿都是同步的，而组合逻辑电路的操作则发生在当前时钟和下一个时钟跳变沿之间，即一个时钟周期。时钟同步的时序设计可以保证组合逻辑电路的操作结果在时钟触发采样前完成。通过这样的方式，可以有效地通过多级流水线简化整个 RTL 设计。

在考虑保持时间要求时，可以参考下式：

路径延迟>保持时间

其中的路径延迟指的是两个触发器之间的最小延迟值，保持时间违例经常发生在两个背靠背连接的触发器之间。为了解决这样的问题，经常会在不满足延迟要求的路径中插入缓冲器，虽然这样会增加芯片的面积，但是对于关键路径和时钟周期不会产生影响，这是因为这些关键路径的延迟相较于插入的缓冲器带来的延迟要大很多。

为了确保芯片的可靠性，芯片必须在任何工作情况下功能都是正常的，因此建立时间需要在使用最长延迟的最差工况下满足时序要求，保持时间需要在使用最短延迟的最好工况下满足时序要求。如果满足了这些时序约束，那么就可以使用同步设计的时序抽象模型。如果在芯片测试的时候，建立时间不满足要求，那么这时可以通过增加时钟周期或者降低时钟频率进行解决。如果芯片测试时保持时间不满足要求，那么此时芯片可能会存在一个致命的错误，芯片中可能某个点存在功能错误。

系统任务 $recovery 是用来检查时序电路中异步控制信号撤销到下一次时钟边沿时变为有效的恢复时间，例如，可以检查图 3.26 中的复位信号。恢复时间 t_{rec} 指的是撤销异步控制信号时，恢复到时序电路正常功能模式所需要的时间。在图 3.26 中，系统任务 $removal 检查时序电路的异步控制信号（例如，复位信号）在时钟有效沿到来之后需要保持的撤销时间是否满足要求。考虑一个有效时钟边沿已经发生了，那么在这个时钟沿之后异步信号必须要保持的时间就是撤销时间 t_{rem}。并且当 t_{rec} 或者 t_{rem} 小于时钟周期时，t_{rec} 和 t_{rem} 就类似于触发器的建立时间和保持时间。

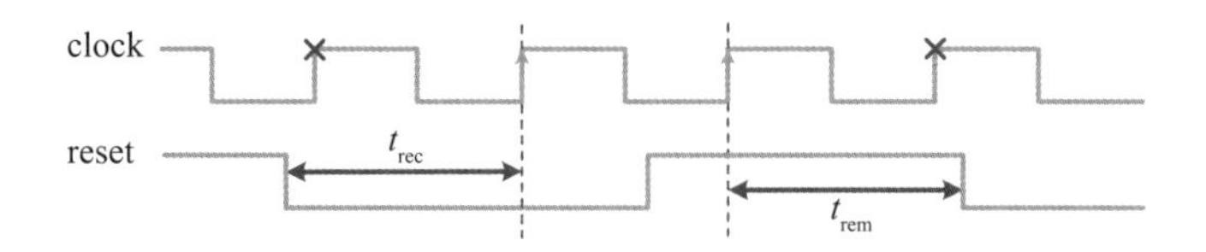

图 3.26 恢复和撤销时间，其中高电平复位有效

如下代码所示，时序信息的反标是在 initial 块中通过调用系统任务 $sdf_annotate 实现的，其中的 SDF 文件是 chip.sdf，作用范围是 chip 层。

```
// 时序仿真反标 SDF 文件
initial
  $sdf_annotate("chip.sdf", chip);
```

3.9.4 数据转换

表 3.6 是常用于数据转换的系统任务。

表 3.6 数据转换系统任务

任 务	说 明
$realtobits	将实数转换为 64 位数
$bitstoreal	将位数据转换为实数
$rtoi	将实数转换为截位后的整型数据
$itor	将整型数据转换为实数

3.10 高级Verilog仿真

3.10.1 编译命令

编译命令主要是被编译器识别使用，它本身并不具有设计功能。我们可以像下面代码所示的那样，在测试平台中使用条件编译命令（'ifdef）、宏定义（'define）和隐藏代码命令（'include）等，其中 in 的大小和时钟 clk 的周期都可以通过不同的测试模式进行改变。在不同的测试条件下，条件编译命令可以选择测试平台中不同的 Verilog 代码。同样，通过编译命令还可以在编译时将另一个 Verilog 文件包含到当前的代码中，例如示例中的 decode.v。

```
// 带有编译命令的测试平台
'define WORD_SIZE 3
'define CLOCK_CYCLE 10
'define TEST_CONDITION 1
module  test_bench;
reg ['WORD_SIZE-1:0]  in;
```

```
reg en;
reg clk;
'include decode.v
initial clk = 0;
always # 'CLOCK_CYCLE/2 clk =~ clk;
initial begin
'ifdef TEST_CONDITION 1
  en = 1;
'else
  en = 0;
'endif
end
endmodule
```

decode.v 中包含了如下一段代码，是 decoder 模块的例化，而这段代码可能你不期望出现在测试平台。

```
//decode.v 中的 Verilog 代码
decoder dec(.y(out), .en(en), .x(in));
```

decoder 模块的定义如下：

```
// 采用数据流描述方式：decoder
module decoder(y, en, x);
output [7:0] y;
input en;
input [2:0] x;
assign y = en ?1'b1 << x:8'h0;
endmodule
```

代码中的宏可以在仿真命令中通过“+define TEST_CONDITION1”选项进行指定。

我们可以通过编译命令 ('define) 指定一个新的宏。如下示例中，宏 CLOG2 返回了一个向上取整的函数 log2(x)，即以 2 为底 x 的对数：

```
 // 宏定义：向上取整的函数 log 2(x)
'define CLOG 2(x)  (x <= 2)?1:(x <= 4)?2:(x <= 8)?3:(x <= 16)
  ?4:(x <= 32)?5:(x <= 64)?6:(x <= 128)?7:(x <= 256)?8:
  (x <= 512)?9:(x <= 1024)?10:(x <= 2048)?11:-1;
```

当 depth = 1024 时，bit_number 就是 10。

```
wire depth = 1024;
wire bit_number = 'CLOG 2(depth);
```

另外，如果使用的是 Synopsys 公司的综合工具 DC，那么可以在代码中使用“synopsys translate_on”和“synopsys translat_off”控制 DC 是否对代码进行综合。这样子我们就可以像下面代码中那样，方便地加入行为代码或者断言，对设计的功能进行监测。

```
// 不被综合的行为级代码
//synopsys translate_off
always @ (rd_en or wr_en)
// 同时读写的断言检测
  if (rd_en && wr_en) begin
    $display($stime, "Error!!");
    $stop;
  end
// synopsys translate_ on
```

3.10.2 时序仿真

有两种使用 SDF 的时序仿真，分别是前仿真和后仿真。为了实现门级时序仿真，必须按照如下的操作步骤进行：

（1）完成 RTL 的综合，同时产生对应的门级网表和 SDF 文件。

（2）在测试平台中使用系统任务 $sdf_annotate 对时序信息进行反标。

（3）进行门级时序仿真。对于 SDF 反标的仿真，通常在仿真命令中增加参数指定时序仿真对应的 min/typ/max 延迟。例如，运行 Verilog 可以使用如下的命令进行仿真，其中 test.v 是测试平台文件，chip.vg 是你的设计对应的门级网表，library.v 是对应的工艺库仿真模型。

```
verilog test.v chip.vg-v library.v+typdelays(or+mindelays
  or+maxdelays)
```

或者使用 NC-Verilog 进行仿真：

```
ncverilog test.v chip.vg-v library.v+typdelays(or+mindelays
  or+maxdelays)+access+r
```

如果不想在 RTL 仿真时进行时序检查，你可以在命令中采用如下方式禁止：

```
verilog test.v chip.vg-v library.v+notimingchecks
```

3.11 Verilog高级功能

3.11.1 ANSIC-C风格端口声明

在 Verilog2001 中，可以像如下代码那样采用 ANSIC-C 的方式声明模块端口：

```
module  module_v2001 #(parameter width = 8)(
  input rd_en, wr_en;
  input [width-1:0] data_in;
);
...
endmodule
```

在 Verilog-1995 中，声明端口必须采用如下的方式声明：

```
module module_v1995(rd_en, wr_en, data_in);
input rd_en, wr_en;
input [width-1:0] data_in;
parameter width = 8;
...
endmodule
```

3.11.2 generate语句

在 Veilog-2001 中支持使用 generate 语句生成一个关于某个实例的数组，如下代码所示。这种功能适用于带有变量的设计，并且要求生成比较多该设计实例的情况。下面的代码中通过参数化的方式生成了 8 个模块的实例。

```
//生成设计结构的一维数组
module top#(parameter PE_NUM = 8)(
  input [PE_NUM-1:0] a, b;
  output [PE_NUM-1:0] y;
);
genvar i;
generate
  for(i = 0; i < PE_NUM; i = i+1)
    PE ProcessElement U(.a(a [i]), .b(b [i]), .y(y [i]));
endgenerate
endmodule
```

其中，ProcessElement 的端口声明如下所示：

```
module ProcessElement(
  input a, b;
  output y;
);
...
endmodule
```

通过上述 generate 结构，生成了模块的 8 个实例，分别是 PE[0].U、PE[1].U、…、PE[7].U，相对应的引用名是 PE_0、PE_1、…、PE_7。

3.12 练习题

1. 下面的 RTL 代码实现了一个可以同时对 16 个 8 位数进行操作的累加器，当结果计算完毕后，将会触发一个有效信号。

（a）找出代码中的缺陷。

（b）改正设计并进行仿真。

```
module acc(out_valid, sum, in_valid, in_data, clk, reset);
output out_valid;
output [11:0] sum;
input in_valid;
input [7:0] in_data;
input clk, reset;
wire [11:0] sum;
wire [7:0] in_data;
wire [3:0] data_count;
initial begin
  out_valid = 0;
  sum = 0;
  data_count = 0;
end
always @ (posedge clk)
  if (in_valid) begin
    data_count = data_count+1;
    sum = sum+in_data;
end
always @ (posedge clk)
  if (in_valid && data_count == 15)out_valid = 1'b1;
  else out_valid = 1'b0;
endmodule
```

2. 设计一个四选一的选择器，其中每一个输入和输出的位宽都是可配置的或者是参数化的，位宽默认都是 8 位。

（a）使用 always 块。

（b）使用连续赋值语句。

3. 用 case 语句设计一个 4-2 编码器。输入 A[3:0] 采用独热码，即一次只有 1 位为高。当 A 为 4'b0001 时，输出 Y[1:0] 为 2'd0；当 A 为 4'b0010 时，输出 Y[1:0] 为 2'd01，其他输入以此类推。因为没有指定所有可能的条件，所以你必须使用 defualt 指定其他可能的情况，default 情况下，输出 Y[1:0] 为 2'd0。

4. 用 casex 或者 casez 设计一个 4-2 编码器，同时设计一个 valid 有效输出信号用于指示输入信号 A 中有任意位为 1，相关真值表如表 3.7 所示，其中 X 表示“不关心状态”。

表 3.7 4-2 优先级编码器

A[3]	A[2]	A[1]	A[0]	Y[1]	Y[0]	Valid
0	0	0	0	0	0	0
0	0	0	1	0	0	1
0	0	1	X	0	1	1
0	1	X	X	1	0	1
1	X	X	X	1	1	1

5. 设计一个 3-6 译码器，不能产生锁存器。

6. 根据本题下述的不同条件，为下面的 Verilog 代码设计上溢检测，其中 w 为 2 位无符号数：

```
x << w
```

（a）如果 x 为 3 位宽无符号数。

（b）如果 x 为 3 位宽有符号数。

7. 画出下面代码的结构框图。

```
reg out;
always @ (posedge clk) begin
  if (sel)
    out <= a;
  else
    out <= b;
end
```

8. 画出下面代码的结构框图。

```
reg [7:0] counter;
always @ (posedge clk or negedge rst_n) begin
  if (!rst_n)
    counter <= 0;
  else
    counter <= counter+1;
end
```

9. 画出下面代码的结构框图，但是需要注意，这段代码有问题，其中会产生组合逻辑回路。

```
reg [7:0] counter;
always @ (*) begin
```

```
    if (!rst_n)
      counter <= 0;
    else
      counter <= counter+1;
end
```

10. 考虑资源共享，画出下面 RTL 代码的结构框图。

（a）RTL 代码 1：假设其中加法器没有共用。

```
module noshare(z, v, w, x, k);
output [3:0] z;
input [2:0] k, v, w;
input x;
wire [3:0] y;
assign y = x?k+w:k+v;
assign z = x?y+w:y+v;
endmodule
```

（b）RTL 代码 2：假设其中同一个 always 块中的加法器共用。

```
module share(z, v, w, k);
output [3:0] z;
input [2:0] k, v, w;
input x;
reg [3:0] y, z;
always @ (x or k or v or w) begin
  if (x) y = k+w;
  else y = k+v;
end
always @ (y or x or w or v) begin
  if (x) z = y+w;
  else z = y+v;
end
endmodule
```

11. Verilog 代码如下：

```
integer i;
for(i = 0;i <= 31; i = i+1) begin
s [i] = a [i] ^ b [i] ^ carry;
carry = (a [i] & b [i])|(a [i] & carry)|(b [i] & carry);
end
```

（a）描述这段代码实现的功能。

（b）将这个 for 循环展开描述。

（c）画出这个 for 循环对应的门级网表。

12. 我们要对四个数 a、b、c 和 d 进行排序，输出其中最大的数。下面是对应的模块代码：

```
module for_loop(out, a, b, c, d);
output [3:0] out;
input [3:0] a, b, c, d;
reg [3:0] temp [3:0];
reg [3:0] buffer, out;
integer i, j;
always @ (a or b or c or d) begin
  temp [0] = a;
  temp [1] = b;
  temp [2] = c;
  temp [3] = d;
  for(i = 2; i >= 0; i = i-1)
    for(j = 0; j <= i; j = j+1)
      if (temp [j] > temp [j+1]) begin
        buffer = temp [j+1];
        temp [j+1] = temp [j];
        temp [j] = buffer;
      end
  out = temp [3];
end
endmodule
```

（a）完成 4 个数的排序需要多少个比较器？

（b）你是如何进行排序和赋值的？最大的数值是哪一个？次大数值又是哪一个？其他的数值大小关系呢？

（c）按照如下代码将 for 循环替换展开，并且画出对应的模块结构图：

```
function comp_swap(a, b);
input [3:0] a, b;
// 最大的数位于最高有效位
if (a > b) comp_swap = {b, a};
else comp_swap = {a, b};
endfunction
```

（d）找出电路的关键路径。

（e）完成代码并且用 Modelsim 进行仿真验证。注意其中位宽是可编程的，并且默认值为 3 位，写出对应的测试平台和激励，完成对设计的验证。

13. 对图 3.14 中的逻辑电路进行延迟建模。

（a）所有路径使用 3 个时间单位的集总延迟进行建模。

（b）A 和 B 到 D 使用 2 个时间单位的分布延迟，D 和 C 到 E 使用 1 个时间单位的延迟。

（c）使用 specify 块指定 A 到 E 为 3 个时间单位延迟、B 到 E 为 4 个时间单位延迟、C 到 E 为 2 个时间单位延迟。

14. 对图 3.14 中的逻辑电路进行延迟建模。

（a）使用连续赋值语句描述电路，并且对所有路径使用 3 个时间单位的集总延迟进行建模。

（b）使用两个 always 块分别用于描述输出 D 和 E，其中 A 和 B 到 D 使用 2 个时间单位的分布延迟进行建模，D 和 C 到 E 使用 1 个时间单位的分布延迟进行建模。

（c）使用两个 always 块分别用于描述输出 D 和 E，使用 specify 块指定 A 到 E 为 3 个时间单位延迟、B 到 E 为 4 个时间单位延迟、C 到 E 为 2 个时间单位延迟。

15. 根据如下代码画出推导出的电路图。

（a）RTL 代码 1：

```
module rtl_1(regb, data, clk);
output regb;
input data, clk;
reg rega, regb;
always @ (posedge clk) begin
  rega = data;
  regb = rega;
end
endmodule
```

（b）RTL 代码 2：

```
module rtl(regc, regd, data, clk);
output regc, regd;
input data, clk;
reg regc, regd;
always @ (posedge clk) begin
  regc <= data;
  regd <= regc;
end
endmodule
```

16. 根据如下代码画出推导出的电路图。

（a）RTL 代码 1：

```
module latch_if2(out, en, A, B, C);
output out;
input en, A, B, C;
reg K, out;
always @ (en or A or B or C)
  if (en) begin
    K <= !(A & B);
    out <= ! (K | C);
  end
endmodule
```

（b）RTL 代码 2：

```
module latch_if3(out, en, A, B, C);
output out;
input en, A, B, C;
reg K, out;
always @ (en or A or B or C)
  if (en) begin
    K = ! (A & B);
    out = ! (K | C);
  end
endmodule
```

17. 根据如下代码画出推导出的电路图。

（a）RTL 代码 1：

```
module test3(Clock, Data, YA, YB);
input Clock, Data;
output [3:0] YA;
reg [3:0] YA; reg [3:0] PA;
integer N;
always @ (posedge Clock) begin
  for(N = 3; N >= 1;N = N-1)
    PA [N] <= PA [N-1];
  PA [0] <= Data;
  YA <= PA;
end
endmodule
```

（b）RTL 代码 2：

```
module test1(Clock, Data, YA, YB);
```

```
input Clock, Data;
output [3:0] YA;
reg [3:0] YA, PA;
integer N;
always @ (posedge Clock) begin
for(N = 1; N <= 3; N = N+1)
PA [N] = PA [N-1];
PA [0] = Data;
YA = PA;
end
endmodule
```

（c）RTL 代码 3：

```
module test2(Clock, Data, YA, YB);
input Clock, Data;
output [3:0] YA;
reg [3:0] YA, PA;
integer N;
always @ (posedge Clock) begin
  for(N = 3; N >= 1; N = N-1)
    PA [N] = PA [N-1];
  PA [0] = Data;
  YA = PA;
end
endmodule
```

18. 下面有六个设计代码片段，画出其中阻塞赋值和非阻塞赋值语句描述的电路的波形，并且通过仿真结果验证你画出的波形。信号 a、b、c 和 d 均为 5 位宽，E 为 1 位宽，out 为 7 位宽，e 和 f 为 6 位宽。下面哪些代码的功能一样，并且检查哪些代码符合 RTL 编码规范？

（a）RTL 代码：

```
always @ (posedge clk)
  if (E)
    out <= (a+b)+(c+d);
```

（b）RTL 代码 2：

```
always @ (posedge clk) begin
  e = a+b;
  f = c+d;
  if (E)
    out <= e+f;
end
```

（c）RTL 代码 3：

```
always @ (posedge clk) begin
  e <= a+b;
  f <= c+d;
  if (E)
    out <= e+f;
end
```

（d）RTL 代码 4：

```
always @ (posedge clk) begin
  e = a+b;
  f = c+d;
  if (E)
    out = e+f;
end
```

（e）RTL 代码 5：

```
always @ (posedge clk) begin
  e <= a+b;
  f <= c+d;
  if (E)
    out = e+f;
end
```

（f）RTL 代码 6：

```
always @ (a or b or c or d) begin
  e = a+b;
  f = c+d;
end
always @ (posedge clk)
  if (E)
    out <= e+f;
```

19. 时序分析：假设时钟是同步的且没有任何偏移。其中全加器的实现如图 3.18 所示。根据说明的要求，输入信号的输入延迟为 2 个时间单位，输出信号的输出延迟为 3 个时间单位。触发器的建立时间和保持时间分别是 2.2 个时间单位和 0.8 个时间单位。

（a）请确认 RTL 设计中的所有路径和路径延迟，注意，其中的寄存器输出 result_r 和非寄存器输出 result 都是模块 adder 的输出。

（b）找出满足最大时钟频率的关键路径。

```
module adder(result, result_r, op1, op2, clk, reset);
```

```
output [2:0] result, result_r;
input [1:0] op1, op2;
input clk, reset;

wire [2:0] result;
reg [2:0] result_r;

FAFA0(.s_out(result [0]), .c_out(carry), .x_in(op1 [0]),
  .y_in(op2 [0]), .c_in(1'b0));
FAFA1(.s_out(result [1]), .c_out(result [2]), .x_in(op1 [1]),
  .y_in(op2 [1]), .c_in(carry));

always @ (posedge clk orposedge reset)
  if (reset)result_r <= 0;
  else result_r <= result;

endmodule

module FA(s_out, c_out, x_in, y_in, c_in);
output s_out;  // 和
output c_out;  // 进位输出
input x_in;    // 操作数 1
input y_in;    // 操作数 2
input c_in;    // 进位输入
...
endmodule
```

20. 假设R为1，那么下面HDL代码块中E的值分别是多少？

（a）RTL代码1：

```
R = R-1;
if (R == 0) E = 1;
else E = 0;
```

（b）RTL代码2：

```
R <= R-1;
if (R == 0) E <= 1;
else E <= 0;
```

21. 画出下面代码中always块的结构框图。这段代码中是否包含了一些冗余代码？如果包含，请将其删除。

```
always @ (posedge CLK) begin
  if (sell) R1 <= R1+R2;
```

```
  else R1 <= R1;
end
```

22. 如果一个设计的时钟周期是 2ns，设计中时序电路中复位信号的最小宽度、恢复时间和撤销时间分别是 7ns、5ns 和 9ns，请设计符合电路时序要求的正常功能复位信号和使能信号。

参考文献

[1] David Money Harris, Sarah L. Harris. Digital design and computer architecture, 2nd. Morgan Kaufmann, 2013.

[2] Donald E Thomas, Philip R Moorby. The Verilog hardware description language, 5th. Kluwer Academic Publishers, 2002.

[3] John Michael Williams. Digital VLSI design with Verilog: a textbook from Silicon Valley Polytechnic Institute, 2nd. Springer, 2014.

[4] Joseph Cavanagh. Verilog HDL: digital design and modeling. CRC Press, 2007.

[5] Joseph Cavanagh. Computer arithmetic and Verilog HDL fundamentals. CRC Press, 2010.

[6] M J S Smith. Application-specific integrated circuits,. Addison-Wesley, 1997.

[7] Ronald W Mehler. Digital integrated circuit design using Verilog and Systemverilog. Elsevier, 2014.

[8] Samir Palnitkar. Verilog HDL: a guide to digital design and synthesis, 2nd. Pearson, 2011.

[9] Zainalabedin Navabi. Verilog digital system design: RT level synthesis, testbench, and verifification. McGraw-Hill, 2005.

第 4 章　数的表示

专用集成电路（ASIC）主要用于处理二进制信息，在很多情况下，整型数据没有小数部分，不能满足使用需要，例如，整型数据是没有办法区分小数的，比如 0.567 和 0.123。基于上述原因，我们引入二进制小数点，它和十进制小数点类似。随后，也会对 ASIC 中主要使用的定点二进制数和相关的操作进行介绍。要理解定点数的表示法，必须先了解定点数的二进制值和十进制值的相互转换。此外，本章还将介绍用于数字信号处理的定点数设计，包括定点数的位宽和精度（或者分辨率）等。为了避免出现上溢，我们在进行定点数设计时一定要关注定点数的动态范围。然而在有些情况下，我们可能想用一个更大的动态范围来表示数据，这时，就可以考虑后续要介绍的二进制浮点数。

4.1 数的精度和分辨率

在数字系统中，我们表示一个数 x，会通过一个规格化的函数 $Q(\cdot)$ 转换成一个位串，转换之后的绝对误差可以通过下式表示：

$$e_{\mathrm{a}}(x)=|Q(x)-x| \tag{4.1}$$

x 的误差百分比为

$$e_{\mathrm{p}}(x)=\frac{e_{\mathrm{a}}(x)}{|x|} \tag{4.2}$$

数字表示的质量由精度（或准确度）给出，即在其范围 X 内所有输入 x 的最大误差。

因此，绝对精度可以如下表示：

$$p_{\mathrm{a}}=\max_{x\in X} e_{\mathrm{a}}(x) \tag{4.3}$$

对应的精度百分比为

$$p_{\mathrm{p}}=\max_{x\in X} e_{\mathrm{p}}(x) \tag{4.4}$$

注意，这里的误差和精度百分比均没有定义在 $x=0$ 附近。

当我们想要按照给定的绝对精度表示数字时，经常会使用定点二进制数。相比之下，当需要按照给定的精度百分比表示时，那么此时使用浮点数更合适。

假如有一个实数，其取值范围 $X=[0, 100]$，现在要用最接近该实数的一个 7 位的二进制整型数据表示，而这个最接近的实数的整数，经常是通过四舍五入或者截尾的方法得到。四舍五入会产生一个额外的增量，而截尾不会，例

如四舍五入表示 45.678 会得到 46 或者 101110_2，对应的绝对误差 $e_a(45.678) = |45.678-46| = 0.322$。并且你会发现，在整个可取值的范围内，绝对精度都为 $p_a = 0.5$，这主要是因为介于两个整型数中间的值，无论是向上还是向下四舍五入，都是最大误差，例如 45.500 这个数。而如果使用截尾的话，对应的 $e_a(45.678) == 0.678$，$p_a = 1$。

另外，我们必须清楚精度和分辨率这两个概念。上面讨论的四舍五入和截尾表示方法，分辨率都是 1.0，这主要是因为整型数据的间隔均为 1 个单位。然而，两种方法的精度却是不一样的，四舍五入方法的精度为 0.5，截尾的精度为 1.0。另外需要注意，精度数值越小，所表示的数字也就表示得越好。

4.2 定点数

4.2.1 数的表示

1. 二进制数到十进制数的转换

一个给定的数字，指定的二进制小数点位置不同，其对应表示的二进制数也会有所不同，因此为了使设计更加简便，我们经常在设计的整个算法中将二进制小数点固定。

一个 n 位的无符号定点二进制数由 p 位整数部分和 f 位小数部分组成，即

$$\left\{\underbrace{a,\ a_{p-2},\ \cdots,\ a_0}_{p}\ .\ \underbrace{a_{-1},\ \cdots,\ a_{-f+1},\ a_{-f}}_{f}\right\}$$

其中，“.”表示二进制小数点；$n = p+f$，p 表示整数部分的位宽，f 表示小数部分的位宽。定点二进制数对应的十进制数值可由下式得到

$$\frac{\sum_{i=0}^{n-1} a_{i-f}\, 2^i}{2^f} = \sum_{i-0}^{n-1} a_{i-f}\, 2^{i-f} \tag{4.5}$$

正如我们看到的那样，二进制小数点右侧（左侧）的第一位的权重是 $2^{-1} = 0.5$（$2^0 = 1$），二进制小数点右侧（左侧）的第二位权重是 $2^{-2} = 0.25$（$2^1 = 2$），其他位以此类推，总之，所有位的权重都是正数。

我们用 $u(p.f)$ 来表示一个无符号定点二进制数，通过这种方式，可以用 $u(1.3)$ 表示 $n = 4$ 和 $p = 1$。表 4.1 列出了二进制定点数 $u(1.2)$ 对应的十进制数，表中的整型数没有考虑二进制小数点对应的数字。

表 4.1 $u(1.2)$ 定点二进制数

二进制数	整型数	十进制数
3'b1.11	7	7/4=1.75
3'b1.10	6	6/4=1.50
3'b1.01	5	5/4=1.25
3'b1.00	4	4/4=1.00
3'b0.11	3	3/4=0.75
3'b0.10	2	2/4=0.50
3'b0.01	1	1/4=0.25
3'b0.00	0	0/4=0.00

但是，Verilog 并不支持定点方式表示二进制数。在 Verilog 中为了表示一个无符号定点二进制数，可以采用 a[(p−1): f] 这样的方式进行声明。例如 $u(1.3)$ 的线网，我们可以像下面代码那样子声明为 a[0:−3]，其中负的索引清晰地表示出了二进制小数点以及小数点左右侧数的位数。尽管如此，在 Verilog 中实际上还是将变量 a[0:−3] 作为整数对待的，也就是说 a[0:−3] = 4'b1001 呈现在波形或者显示器上的值仍然是 4'd9（十进制方式），而不是定点数 1.125（十进制方式）。

```
// 无符号定点二进制数声明
// 二进制小数点由文本自行表示
wire [0:-3]a;//u(1.3)定点线网
```

当然，你也可以像下面的代码那样将 $u(1.3)$ 声明为 a[3:0]。虽然可以这样表示，但是这种声明方式不能通过文本本身表现出二进制小数点。这里需要注意的是，不管数字的索引是 [0:−3] 还是 [3:0]，在 Verilog 中都会被解释为相同的值，只是这里索引是负值而已。[0:−3] 索引仅在字面上表示该定点数有 1 位整数部分和 3 位小数部分。

```
// 无符号定点二进制数声明
// 文本体现出二进制小数点
wire [0:3]a;//u(1.3)定点线网
```

如果给整数部分的左侧增加一位额外的符号位，我们就可以表示一个 n 位的有符号定点二进制数 $s(p.f)$，其中包括 p 位的整数部分（包括符号位在内）和 f 位的小数部分，即 $n = p+f$。像整型数据一样，我们一般在 $s(p.f)$ 系统中采用补码形式表示数。类似于无符号数，一个 n 位的有符号定点二进制数

$$\left\{\underbrace{a_{p-1}, a_{p-2}, \cdots, a_0}_{p} . \underbrace{a_{-1}, \cdots, a_{-f+1}, a_{-f}}_{f}\right\}$$

也可以由下式得到

$$\frac{-a_{p-1}2^{n-1}+\sum_{i=0}^{n-2}a_{i-f}2^{i}}{2^{f}}=-a_{p-1}2^{n-1-f}+\sum_{i-0}^{n-2}a_{i-f}2^{i-f} \tag{4.6}$$

其中，a_{p-1} 是符号位。正如上式表示的，有符号数的表示与无符号数类似，二进制小数点右侧（左侧）的第一位的权重是 $2^{-1}=0.5$（$2^{0}=1$），二进制小数点右侧（左侧）的第二位权重是 $2^{-2}=0.25$（$2^{1}=2$），其他位以此类推。但是需要注意的是，符号位 a_{p-1} 的权重值是负值 -2^{p-1}，其他的权重值都仍是正值。

表 4.2 是 $s(1.2)$ 定点二进制数对应的十进制数值。表中整型数是没有考虑二进制小数点对应的值，并且可以看到，当符号位 a_{p-1} 为 1 时，其对应的十进制数值是负数。

表 4.2　$s(1.2)$ 定点二进制数

二进制数	整型数	十进制数
3'b0.11	+3	+3/4=+0.75
3'b0.10	+2	+2/4=+0.50
3'b0.01	+1	+1/4=+0.25
3'b0.00	+0	+0/4=+0.00
3'b1.11	−1	−1/4=−0.25
3'b1.10	−2	−2/4=−0.50
3'b1.01	−3	−3/4=−−0.75
3'b1.00	−4	−4/4=−−1.00

在 Verilog 中我们也可以使用多位线网或者寄存器表示定点数。当用多位寄存器类型表示整型数时，我们可以用与二进制格式相对应的索引值声明它们。因此，在 Verilog 中，一个定点二进制数可以声明为 a[(p−1): f]。例如，下面示例中，线网 $s(1.3)$ 可以声明为 a[0:−3]，表示其中包含 1 位整型数（包括 1 位符号位）和 3 位小数，这样一来 a 就表示一个有符号小数。

```
// 有符号定点二进制数声明
// 二进制小数点由文本自行表示
wire [0:-3]a;//s（1.3）定点线网
```

【示例 4.1】假设二进制小点位于从右数第四个位置，那么 8 位无符号定点二进制数 $u(4.4)$，即 01010010（0101.0010）表示的数字是多少？

解答　这个数字可通过下式得到

$$0101.0010_{2}=2^{2}+2^{0}+2^{-3}=5.125$$

当然，因为二进制小数点位于从右数第四个位置，所以最终的数字结果也可以通过 82/16 = 5.125 得到。

【示例 4.2】正如大家所知道的，在具体的硬件中不存在二进制小数点，所以，设计人员在进行计算时必须考虑合适的缩放比例。例如，如果将二进制小数点放在从右侧数第六个位置，那么8位无符号定点二进制数 $u(2.6)$，即上例的 01010010(01.010010) 表示的数字又是多少呢？

解答 这个数字可通过下式得到

$$01.010010_2 = 2^0+2^{-2}+2^{-5} = 1.28125$$

当然，因为二进制小数点位于上例小数点左侧第二个位置，所以最终的数字结果也可以通过上例的结果得到 5.125/4 = 1.28125。

【示例 4.3】假设二进制小点位于从右数第四个位置，那么6位有符号定点二进制数 $s(2.4)$，即 101101(10.1101) 表示的数字是多少？

解答 这个数字可通过下式得到

$$10.1101_2 = -2^1+2^{-1}+2^{-2}+2^{-4} = -1.1875_{10}$$

数字的小数部分位数 f 决定了无符号和有符号定点系统中数字系统的分辨率。我们可以分辨的数之间的最小间隔就是分辨率，即 $r = 2^{-f}$。换句话说，分辨率就是两个相邻定点数之间的距离，并且该值是固定的。与此相对应，浮点数的分辨率是可变的，接近0方向的分辨率小于远离0方向的分辨率。例如，$f = 3$ 时，$u(1.3)$ 在定点系统中的分辨率为或者 0.125。每一次二进制数的递增变化都是以 1/8 为单位进行的，当然，这样的方法也适用于有符号定点数。

对于格式为 $u(p.f)$ 的无符号定点数 a，所能表示的最大数字是 2^p-r，此时，$a_{p-1} = a_{p-2} = \cdots = a_{-f+1} = a_{-f} = 1$，并且对应的权重都是正数；所能表示的最小数字是0，此时，$a_{p-1} = a_{p-2} = \cdots = a_{-f+1} = a_{-f} = 0$。因此格式为 $u(p.f)$ 的无符号定点数 a 所能表示的数字的范围为

$$0 \leqslant a \leqslant 2^p-r$$

n 位无符号整型数 b 的动态取值范围为

$$0 \leqslant b \leqslant 2^n-1$$

n 位无符号定点数 a 的动态范围可以通过给 n 位无符号整型数乘以分辨率 r 得到

$$0 = \frac{0}{2^f} \leqslant a \leqslant \frac{2^n-1}{2^f} = r\times\left(2^n-1\right) = 2^p - r$$

对于格式为 $s(p.f)$ 的有符号定点数 a，所能表示的最大数字是 $2^{p-1}-r$，此时 $a_{p-1} = 0$，$a_{p-2} = \cdots = a_{-f+1} = a_{-f} = 1$，并且对应的权重除了符号位 a_{p-1} 之外都是正数；所能表示的最小数字是 -2^{p-1}，此时，$a_{p-1} = 1$，$a_{p-2} = \cdots = a_{-f+1} = a_{-f} = 0$。因此格式为 $s(p.f)$ 的有符号定点数 a 所能表示的数字的范围为

$$-2^{p-1} \leqslant a \leqslant 2^{p-1}-r$$

n 位有符号整型数 b 的动态取值范围为

$$-2^{n-1} \leqslant b \leqslant 2^{n-1}-r$$

n 位有符号定点数 a 的动态范围可以通过给 n 位有符号整型数乘以分辨率 r 得到

$$-2^{p-1}=\frac{-2^{n-1}}{2^f}\leqslant a\leqslant\frac{-2^{n-1}-1}{2^f}=r\times\left(2^{n-1}-1\right)=2^{p-1}-r$$

使用分辨率可以很容易地在不考虑二进制小数点的情况下得到定点二进制数对应的十进制值，因此，我们可以将 n 位无符号定点二进制数的值重写如下：

$$\frac{\sum_{i=0}^{n-1}a_{i-f}2^i}{2^f}=2^{-f}\sum_{i=0}^{n-1}a_{i-f}2^i=r\underbrace{\sum_{i=0}^{n-1}a_{i-f}2^i}_{\text{整数值}} \tag{4.7}$$

同理，我们也可以将 n 位有符号定点二进制数的值重写如下：

$$\frac{-a_{p-1}2^{n-1}+\sum_{i=0}^{n-1}a_{i-f}2^i}{2^f}=r\underbrace{\left(-a_{p-1}2^{n-1}+\sum_{i=0}^{n-1}a_{i-f}2^i\right)}_{\text{整数值}} \tag{4.8}$$

综上所述，可以将定点数转换为十进制数值的步骤归纳如下：

步骤一：转换成整数。

步骤二：转换结果乘以分辨率 r。

表 4.3 是一些转换的示例。

表 4.3 将定点二进制数转换为十进制数

格 式	二进制数	r	整型数	十进制数
$u(4.4)$	0111.0010	0.0625	114	7.125(114/16)
$s(2.4)$	10.1101	0.0625	−19	−1.1875(−19/16)
$u(1.3)$	1.001	0.125	9	1.125(9/8)
$s(2.3)$	01.001	0.125	9	1.125(9/8)
$u(2.4)$	10.1111	0.0625	47	2.9375(47/16)

【示例 4.4】使用 Verilog 编写一个行为级模型，将定点数 $s(2.3)$ 转换为十进制数。

解答 为了得到一个定点数 a 的十进制数，我们可以声明一个 real 类型的变量来存储这个定点数的十进制表示，方法是以操作数的分辨率 $r=2^{-f}$ 对定点数进行缩放处理。在下面的 Verilog 代码中，符号 ** 表示的是幂运算，例如 x**y 表示 x 的 y 次方，即 xy。

系统任务 $itor 可以将 integer 类型（或者 signed reg 类型）数据转换成 real 型数据。signed 类型的声明方式将在第 5 章介绍。Verilog 并不支持定点数类型，因此声明为 a[p−1:− f] 的 signed reg 型数据将按照整型数处理。例如，定点数 a[1:−3] 是 10.101，$itor(a) 将会得到 $-1.1\times10^1(-11)$ 而不是 $-11/8=-1.375$，这是因为 a[1:−3] 和 a[4:0] 被认为是相同的，其差异只是索引不同而已，对于 a[1:−3] 来说，它的第 0 位是 a[−3]，第一位是 a[−2]，其他位以此类推。

因此，$itor 的结果需要按照分辨率 $r=2^{-3}=1/8=0.125$ 进行缩放，以获得定点数 a[1:−3] 的精确实数值，即 a[1:−3]−11/8 = −1.375。

```
// 定点数转换成十进制数值的行为级模型
// 格式为 s(2.3)f
parameter n = 5; parameter p = 2; parameter f = 3;
// 分辨率
real r = 1/(2**f);
wire signed [p-1:-f]a;    // 原始定点数
real a_r;                 // 最终实数
assign a_r = r* $itor(a);  //a 的最终或者准确实数值
```

2. 十进制数转换为二进制数

与之对应的，将十进制数转换成定点二进制数最简单的方法可以按照如下步骤进行：

第一步：十进制数乘以 $\frac{1}{r}$（$=2^f$）。

第二步：将所得乘积四舍五入到最接近的整数。

第三步：将生成的十进制整数转换为二进制整数。

第四步：将二进制整数乘以 r（$=2^{-f}$），即将二进制小数点向左移动 f 位。

第一步通过除以 r（$=2^{-f}$）或者乘以 $\frac{1}{r}$（$=2^f$）获得十进制数的缩放版本，这相当于将原来十进制数对应的二进制数的二进制小数点向右移动了 f 个位置。

第二步通过将十进制数的缩放版本进行四舍五入得到与该十进制数最接近的整数以减小转换误差，从而获得缩放的十进制数对应的整数值。

第三步，将缩放的十进制数对应的整数值转换成二进制格式，这比直接将有小数的十进制转换成定点格式更简单些。

第四步，通过将二进制格式的二进制点向左移动 f 个位置，将四舍五入的整数缩放为对应的定点二进制数。

带小数的十进制数转换成定点二进制数的基本原理依赖于整数到二进

制数的转换。为了实现转换，在第一步需要乘以 $\frac{1}{r}$（$=2^f$），并且在第二步将乘积四舍五入为整数。而第三步从整数向二进制数的转换相对容易些。例如，将一个无符号整数 87 转换为二进制数，可以表示为 $87=64+16+4+2+1=2^6+2^4+2^2+2^1+2^0=(1010111)_2$。最后，在第四步通过将二进制整数乘以 r（$=2^{-f}$），将其缩放为（近似）定点二进制数。

假设我们需要将 1.816 转换成 $u(1.3)$ 定点格式。首先我们给 1.816 乘以 2^f（$=2^3=8$），得到 14.528，其次 14.528 四舍五入得到 15，然后再将其转换为二进制整数 1111_2，最后我们对其按照十进制方式乘以 r（$=2^{-f}=1/8$）或者将二进制小数点左移 3 位得到 1.111_2，即 1.875。而与此对应的绝对误差为 $e_a(1.816)=|1.816-1.875|=0.059$，因此，在这种情况下对应的精度为 $r/2$，即 0.625。

【示例 4.5】编写一个将十进制实数转换成 $s(2.3)$ 定点数的 Verilog 行为级模型。

解答　为了获得一个十进制数的定点数格式，我们可以声明一个 signed reg 类型的变量 a[p−1:−f]，用于保存将十进制数按照分辨率 $r=2^{-f}$ 缩放后得到的定点数。

下面的 Verilog 代码中，系统任务 $rtoi 通过“截断”将 real 转换为 integer 值或 signed reg 值。要对十进制数进行四舍五入，需要获取其缩放后的小数部分 a_r_scaled_f，同时将其与 0.5 进行比较，以确定是否需要四舍五入。

```
// 十进制转换成定点数的行为级模型
// 格式为 s(2.3)f
parameter n = 5; parameter p = 2; parameter f = 3;
// 分辨率
real r = 1/(2**f);
real a_r; // 原始实数
// 被缩放实数的全部部分
real a_r_scaled;
// 被缩放实数的整数部分
real a_r_scaled_i;
// 被缩放实数的小数部分
real a_r_scaled_f;
// 缩放四舍五入实数的整数部分
real a_r_round_i;
wiresigned [p-1:-f]a; // 最终定点数
real a_r_round;
// 缩放版本的所有部分
assign a_r_scaled = a_r/r;
```

```
// 缩放版本的整数部分
assign a_r_scaled_i = $rtoi(a_r_scaled);
// 缩放版本的小数部分
assign a_r_scaled_f = a_r_scaled-a_r_scaled_i;
// 四舍五入
assign a_r_round_i = (a_r_scaled_f >= 0.5)?a_r_scaled_i+1:a_
r_scaled_i;
assign a = a_r_round_i;      // 最终定点数
assign a_r_round = a*r;      // 最终定点数的实数值
```

Verilog 本身并不支持定点数据类型，因此，声明为 signed reg 的 a[p−1:− f] 被作为整型数看待。所以四舍五入（或者缩放）的结果 a_r_round_i 是十进制数对应的最终定点数。

为了方便起见，用 integer 或者 signed reg 表示的最终定点数的实数值也可以按照分辨率 r 对定点数进行缩放获得。

3. 数字信号处理应用

定点数表示方式使我们可以在低成本只能表示整数的硬件上使用小数。更重要的是，此时定点表示法的算术运算与整数表示法十分相似。因此，定点数在信号处理应用中很受欢迎。在这些应用中，只要知道原始数据的范围和精度，就可以确定数据的位宽和对应的二进制小数点的位置，据此就可以有效覆盖数据值的整个范围，从而有效消除（或者最小化）量化的误差和溢出发生的可能性。

通常，这些数值会被缩放到 −1 和 1 之间的范围之内，也就是说，可以使用 $s(1.f)$ 的方式进行表示。对于绝大多数信号处理的应用来说，16 位的数据使用 $s(1.15)$ 就可以表示了。使用 $s(1.15)$ 格式的一个优点是使用 $s(1.15)$ 格式的两个数字 x 和 y 相乘的乘积 z 在进行表示时，需要使用 $s(1.30)$ 格式表示，而不是 $s(2.30)$ 格式，但是前提是 z 的最大值（即 +1）可以忽略不计。也就是说，如果 $-1 \leqslant x \leqslant 1-2^{-15}$ 且 $-1 \leqslant y \leqslant 1-2^{-15}$，那么 $-(1-2^{-15}) \leqslant z=xy \leqslant +1$。只有 $s(2.30)$ 格式中 z 可以取到最大值 +1（$x=y=-1$ 时），不在 $[-1, 1-20^{-30}]$ 范围内，即此时不能用 $s(1.30)$ 格式表示。如果 x 和 y 是均匀分布的，那么 x 和 y 按照 $s(1.30)$ 格式取 $x=y=-1$ 的可能性是 $\frac{1}{2^{21}} \times \frac{1}{2^{21}} = \frac{1}{2^{62}} \approx 2.1684 \times 10^{-19}$，这个概率很低。

要确定定点数的格式，除了要考虑动态范围，还要对分辨率保持足够的重视。例如上面的示例中，采用 $s(1.30)$ 格式的分辨率是 2^{-30}，与理想状态下的 $s(2.30)$ 的分辨率相等。

要决定应用程序中定点数的格式，我们需要考虑以下两个主要因素：

（1）给定算法中需要表示的最大数字，这决定了整数部分需要指定多少位。

（2）算法所能接受的精度和分辨率，这决定了小数部分的长度。

考虑下面的示例，要求表示 0 ~ 5V 的电压，精度为 10mV。很明显，为了使用最少的位数表示电压，我们需要在二进制小数点的左侧使用 3 位用来表示整数部分 5。为了实现 10mV 的精度，如果采用四舍五入的方式，那么我们需要使用的分辨率是 $r = 20\text{mV} = 0.02\text{V}$。因为 $\lfloor \log_2 0.02 \rfloor \approx \lfloor -5.6439 \rfloor = -6$，我们需要 6 位表示小数部分，此时的分辨率是 $2^{-6} = 0.015625$，精度是 $2^{-7} = 0.0078125$。因此，使用十位表示定点数，该定点数格式为 $u(3.6)$，表示的动态范围为 $[0, 2^p - r] = [0, 2^3 - 2^{-6}] = [0, 7.984375]\text{V}$。

另一种表示方式是使用缩放后的数字进行表示。如果我们按照 20mV 对这个范围进行缩放，即计数 1 对应 20mV，我们可以使用一个 8 位二进制数表示数，范围在 0 到 255 之间，对应的电压动态范围在 [0, 5.100]V 之间。因为采用了 8 位表示定点数的格式 $u(8.0)$，所以该数字系统具有 10mV 的精度。与之前的 $u(3.6)$ 定点数格式相比，由于缩放后的 $u(8.0)$ 定点格式的动态范围比 $u(3.6)$ 定点格式的动态范围小，因此节省了 1 位。

【示例 4.6】使用 Verilog 写一个代码转换模块，该模块的输入是一个取值范围在 0 到 24 之间的无符号数，精度至少是 0.01，输出是一个取值范围在 −50 到 50 的有符号数，精度至少也是 0.01。

解答　对于输入来说，我们在二进制小数点前需要用 5 位表示，这是因为我们需要的精度要比 0.01 小，四舍五入所需要的分辨率是 0.02，又因为 $\lfloor \log_2 0.02 \rfloor \approx \lfloor -5.6439 \rfloor = -6$，所以小数部分需要 6 位表示，对应的分辨率是 2−6 = 0.015625，精度是 2−7 = 0.0078125，所以输入的格式是 $u(5.6)$。

对于输出，因为 $\lceil \log_2 50 \rceil = 6$，所以我们好像需要 6 位，但是还需要考虑 1 位的符号位，所以在二进制小数点前需要 7 位。又因为输出的精度至少要为 0.01，所以小数部分需要 6 位进行表示，因此，输出的格式为 $s(7.6)$。

综上所述，我们只要需要将输入的 5 个整比特再扩展 2 个零比特，就可以得到和输出一样的 7 比特整数部分了。并且因为输入是无符号数，所以我们可以用“00”填充两个空位从而实现输入整数部分变成 7 位。又因为需要输入与输出具有相同的精度，所以需要的小数位数都是 6。对应的 Verilog 代码如下所示:

```
//u(5.6) 转换成 s(7.6)
module fixed_converter(out, in);
output signed [6:-6] out;    //s(7.6) 定点数
input [4:-6] in;             //u(5.6) 定点数
assign out = {2'b0, in };
endmodule
```

4.2.2 运 算

1. 加法运算

定点二进制数可以像其他整数那样进行基本的运算，只需要在运算前后记住二进制小数点的位置即可。例如，两个定点二进制数 $u(p.f)$ 相加的结果是 $u((p+1).f)$。可见两个数相加，需要额外增加一位。如图 4.1 所示，为了避免溢出，两个格式为 $u(2.3)$ 的定点二进制数相加，结果的定点数格式是 $u(3.3)$。因此，如果我们将 M 个数字相加，那么需要增加 $\lceil \log_2(M) \rceil$ 位。

$$
\begin{array}{r}
(+1.25) \\
+\quad (+3.625) \\
\hline
(+4.875)
\end{array}
\qquad
\begin{array}{r}
01.010[\mathrm{u}(2.3)] \\
+\quad 11.101[\mathrm{u}(2.3)] \\
\hline
100.111[\mathrm{u}(3.3)]
\end{array}
$$

图 4.1 两个 $u(2.3)$ 定点二进制数相加，结果需要增加一位，定点数格式为 $u(3.3)$

Verilog 代码可以描述如下：

```
// 具有相同二进制定点数格式的数字加法
wire [1:-3] op1, op2;      //u(2.3) 定点数
wire [2:-3] sum;             //u(3.3) 定点数
assign sum = op1+op2;    // 符号位扩展
```

如果要实现两个不同格式的定点数相加，必须要将两个数的二进制小数点对齐，这通常都是通过将两个数字转换为一种定点数的格式来实现的，这种定点数具有足够大的 p 和 f，能够覆盖这两个相加数字的 p 和 f。如下例所示，将格式为 $u(2.3)$ 的数字 $A = 11.101$ 和格式为 $u(4.2)$ 的数字 $B = 1111.01$ 相加，计算过程如图 4.2 所示。首先，将 $u(4.2)$ 和 $u(4.3)$ 的小数点对齐，然后进行对应位的加法操作 $Y = A+B = 11.101.1111.010$，得出的结果为 $Y = 10010.111$。

$$
\begin{array}{r}
(+15.25) \\
+\quad (+3.625) \\
\hline
(+18.875)
\end{array}
\qquad
\begin{array}{r}
1111.010[\text{align u}(4.2)\text{to u}(4.3)] \\
+\quad +11.101[\mathrm{u}(2.3)] \\
\hline
10010.111[\mathrm{u}(5.3)]
\end{array}
$$

图 4.2 格式分别为 $u(4.2)$ 和 $u(4.3)$ 的小数相加，对齐二进制小数点，和需要扩展一位，格式为 $u(5.3)$

通常情况，$u(p1.f1)$ 和 $u(p2.f2)$ 两个定点数的和为 $u(p.f)$，其中 $p = \max(p1, p2)+1$，$f = \max(f1, f2)$，这里的 $\max(A, B)$ 返回的是 A 和 B 中最大的值。

上述示例的 Verilog 代码如下：

```
// 具有不同格式的二进制定点数相加
module fixed_add(Y, A, B);
output [4:-3] Y; //u(5.3) 定点数
```

```
input [1:-3] A; //u(2.3) 定点数
input [3:-2] B; //u(4.2) 符号位扩展
wire [4:-3] A_ext, B_ext;
// 符号位扩展，与 8 位和位宽相同
assign A_ext = {3'b0, A};
// 符号位扩展，与 8 位和位宽相同
// 需要对齐二进制小数
assign B_ext = {1'b0, B, 1'b0};
//u(5.3) 定点数
assign Y = A_ext+B_ext;
endmodule
```

除了对齐二进制小数点外，我们还需要对操作数进行符号位扩展，使其位宽与和的位宽一样，这里需要注意，符号位扩展不能影响原有数值。例如，可以将格式为 $u(2.3)$ 的数字 01010（十进制为 1.25）扩展为格式为 $u(5.3)$ 的数字 00001010（十进制为 1.25），而不影响其值。同样的，也可以将格式为 $s(2.3)$ 的数字 11010（十进制为 −0.75）扩展为格式为 $s(5.3)$ 的数字 11111010（十进制为 −0.75），也不影响其值。因此，在扩大一个数的位宽时，必须对其符号位进行扩展，并以保持其原有数值不变。

2. 乘法运算

当我们将两个无符号定点数相乘时，其乘积的总位宽由二进制小数点两边的所有位数共同决定。例如，我们要实现两个格式为 $u(2.3)$ 的定点数相乘，它们的结果格式为 $u(4.6)$，计算过程如图 4.3 所示。

```
     (+1.25)           01.010[u(2.3)]
×   (+3.625)      ×    11.101[u(2.3)]
(+4.53125)              01010
                       00000
                      01010
                     01010
                    01010
                    100.100010[u(4.6)]
```

图 4.3 两个 $u(2.3)$ 定点数相乘，乘积需要的位数是两个操作数位数之和，其格式是 $u(4.6)$

通常来说，不管格式是 $u(p1.f1)$ 和 $u(p2.f2)$ 的两个数相乘，还是格式是 $s(p1.f1)$ 和 $s(p2.f2)$ 的两个数相乘，它们的乘积格式分别是 $u(p1+p2.f1+f2)$ 和 $s(p1+p2.f1+f2)$，并且不会出现上溢。

因此，在进行计算的时候需要将操作数的符号位扩展到与乘积位宽相同，如下例所示：

```
// 二进制定点数相乘示例
module fixed_mul(Y, A, B);
output [3:-6] Y;      //u(4.6) 定点数
input [1:-3] A;       //u(2.3) 定点数
input [1:-3] B;       //u(2.3) 符号位扩展
wire [6:-3] A_ext, B_ext;
// 符号位扩展，与 10 位积位宽相同
assign A_ext = {5'b0, A};
// 符号位扩展，与 10 位积位宽相同
assign B_ext = {5'b0, B};
//u(4.6) 定点数
assign Y = A_ext*B_ext;
endmodule
```

3. 信号处理

很多信号处理器都会将无符号数调整为 $u(0.16)$ 格式，将有符号数调整为 $s(1.15)$ 格式。两个格式为 $u(0.16)$ 的数相乘得到结果的格式为 $u(0.32)$，两个格式为 $s(1.15)$ 的数相乘得到结果的格式为 $s(1.30)$，而为了保证操作不损失精度，很多主流的信号处理器都会使用 40 位的累加器进行计算，其最多可以累加 256 个格式为 $u(0.32)$ 的乘法结果，得到的和的格式为 $u(8.32)$。对于有符号数来说，结果格式是 $s(9.30)$。在很多情况下，使用高精度的计算结果，必须缩放并四舍五入到原始精度。然后，对该和进行缩放和四舍五入，以得到 $u(0.16)$ 格式的无符号数或 $s(1.15)$ 格式的有符号数的最终结果。

【示例 4.7】 图 4.4 是一个输入为 $x(n)$，系数为 h_m（$m = 0, 1, \cdots, 7$），输出为 $y(n)$ 的 8 阶 FIR 滤波器，其中每阶数字的格式均为 $s(1.15)$。现在需要确定中间变量的位宽和定点数格式，以避免量化错误的发生。

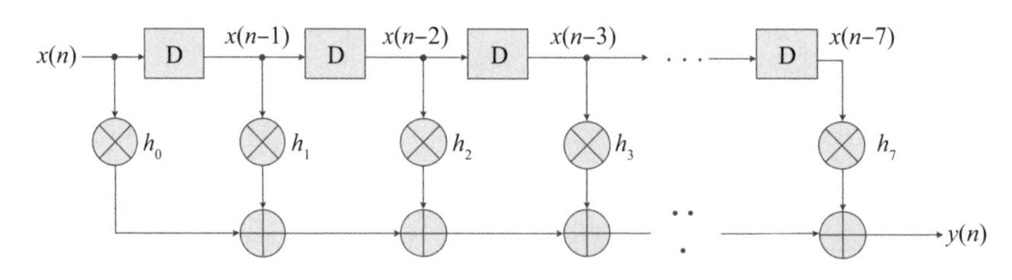

图 4.4 8 阶 FIR 滤波器

解答 所有信号的定点数格式和位宽如图 4.5 所示。模块 Q 通过截断的方式对输入进行量化。两个格式为 $s(1.15)$ 的数的乘积格式为 $s(1.30)$。8 个格式为 $s(1.30)$ 的数的累加和需要使用 $s(4.30)$ 格式表示，其中还要额外加上位。最后，块 Q 没有使用溢出检测的方式，而是通过截断方式截掉不需要的位，将格式为 $s(4.30)$ 的输入量化为 $s(1.15)$ 的输出。

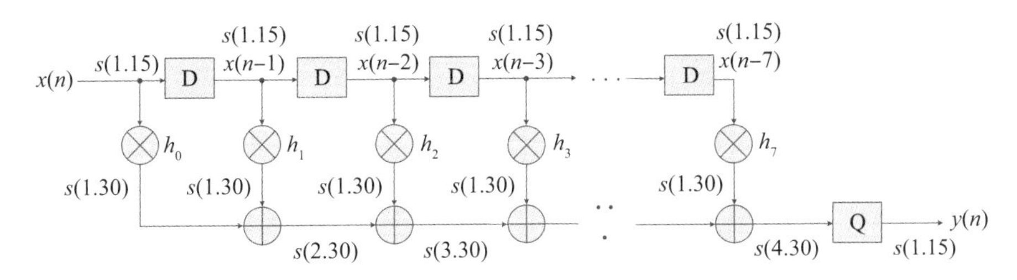

图 4.5 8 阶 FIR 滤波器设计的位宽

【示例 4.8】实现 8 阶 FIR 滤波器的 RTL 设计。

解答 完成定点系统设计之后，可以直接完成 RTL 代码的设计，在 RTL 代码中，$x0, x1, \cdots, x7$ 分别表示 $x(n-7), x(n-6), \cdots, x(n)$，具体代码如下：

```
//8 阶 FIR 滤波器的 RTL 设计
module FIR(y, x, h0, h1, h2, h3, h4, h5, h6, h7, clk);
output signed [0:-15] y;
input signed [0:-15] x;
input signed [0:-15] h0, h1, h2, h3, h4, h5, h6, h7;
reg signed [0:-15] x0, x1, x2, x3, x4, x5, x6;
wire signed [0:-15] x7 = x;
reg signed [3:-30] tmp_y;
always @ (posedge clk) begin
  x6 <= x7; x5 <= x6; x4 <= x5; x3 <= x4;
  x2 <= x3; x1 <= x2; x0 <= x1;
end
always @ (*)
  tmp_y = x7*h0+x6*h1+x5*h2+x4*h3+x3*h4+x2*h5+
    x1*h6+x0*h7;
assign y = tmp_y [0:-15];
endmodule
```

为了验证 8 阶 FIR 滤波器的数字设计，使用实数建立了一个 8 阶 FIR 滤波器的行为级模型来验证该定点系统的正确性。这里需要注意的是，作为黄金参考设计的行为级模型，所实现的功能要与定点系统一样，例如，也必须要实现量化等操作，只有这样，计算结果才能完全匹配。

Verilog 中并没有定点数据类型，为了计算定点数运算的结果，我们可以声明一个 real 型变量来存储定点数按照 $r = 2^{-15}$ 缩放后的十进制表示，具体代码如下所示，这里需要注意，缩放是必须的，因为实际的变量是一个有小数部分的定点数值，而不是一个整型数值。real 变量实际上是一个浮点数格式，我们对这些 real 型变量按照如下代码的方式进行操作，其中 $x0, x1, \cdots, x7$ 分别表示 $x(n-7), x(n-6), \cdots, x(n)$。

```
//8 阶 FIR 滤波器的行为级模型的实数版本
```

```
parameter p = 1; parameter f = 15; parameter n = p+f;
//s(1.15) 分辨率
real r = 1/(2**f);
real x0_r, x1_r, x2_r, x3_r, x4_r, x5_r, x6_r, x7_r;
real h0_r, h1_r, h2_r, h3_r, h4_r, h5_r, h6_r, h7_r;
real tmp_y_r;
//s(1.15) 定点数
wiresigned [p-1:-f] x0, x1, x2, x3, x4, x5, x6, x7;
wiresigned [p-1:-f] h0, h1, h2, h3, h4, h5, h6, h7;
// 按照精度 r = 2^(-15) 对 x 和 h 进行缩放
assign x0_r = $itor(x0)*r; assign x1_r = $itor(x1)*r;
assign x2_r = $itor(x2)*r; assign x3_r = $itor(x3)*r;
assign x4_r = $itor(x4)*r; assign x5_r = $itor(x5)*r;
assign x6_r = $itor(x6)*r; assign x7_r = $itor(x7)*r;
assign h0_r = $itor(h0)*r; assign h1_r = $itor(h1)*r;
assign h2_r = $itor(h2)*r; assign h3_r = $itor(h3)*r;
assign h4_r = $itor(h4)*r; assign h5_r = $itor(h5)*r;
assign h6_r = $itor(h6)*r; assign h7_r = $itor(h7)*r;
//FIR 滤波器采用实数计算
assign tmp_y_r = x7_r*h0_r+x6_r*h1_r+x5_r*h2_r+
  x4_r*h3_r+x3_r*h4_r+x2_r*h5_r+x1_r*h6_r+x0_r*h7_r;
```

在 Verilog 代码中，使用 signed 进行声明对于算术运算非常方便，这主要是因为 Verilog 和综合工具可以对其识别并自动完成符号位的扩展。

将 FIR 滤波器输出的定点数进行截取，从格式 $s(4.30)$ 转换为格式 $s(1.15)$ 从而实现对实数的量化处理。量化的输入通过使用其分辨率（即 $r1 = 2^{-30}$）缩放输入，并使用定点格式转换回整数。最后，量化的定点数 y_i_q 就是得到的最佳参考结果。

```
// 量化行为模型
//s(4.30) 格式
parameter p1 = 4; parameter f1 = 30; parameter n1 = p1+f1;
// 分辨率
real r1 = 1/(2**f1);
//y 的整数表示
wire [p1-1:-f1] tmp_y_i;        //s(4.30) 格式定点数表示
// 参考模型结果：y 量化后的整数表示
wire [p-1:-f] y_i_q;            //s(1.15) 格式定点数表示
// 按照 tmp_y_r 的分辨率 r1 缩放
assign tmp_y_i = $rtoi(tmp_y_r/r1);
// 量化后的 y_i_q
assign y_i_q = tmp_y_i [p-1:-f];
```

4.3 浮点数

一般情况下，具有高动态范围的数常以浮点格式表示。特别地，当一个数需要用固定精度百分比而不是绝对精度表示时，使用浮点数格式表示也是十分有效的。与定点数相比，浮点数的二进制小数点的位置是可以变动的。

一个浮点数由两部分组成：指数部分 e 和尾数 m 部分。一个浮点数的数值可由下式表示

$$v = m \times 2^{e-x} \tag{4.9}$$

其中，m 表示小数部分；e 是二进制整数；x 是用于动态范围居中的指数偏差。尾数 m 是一个小数，表示二进制小数点位于 m 最高位（MSB）的左侧。指数 e 是一个整数。如果 m 由 $\{m_{n-1}, \cdots, m_0\}$ 这些位表示，e 由 $\{e_{k-1}, \cdots, e_0\}$ 这些位表示，那么浮点数的值可由下式得到

$$v = \sum_{i=0}^{m-1} m_i 2^{i-n} \times 2^{\sum_{i=0}^{k-1} e_i 2^{k-x}} \tag{4.10}$$

我们按照浮点数系统，将具有 a 位尾数和 b 位指数的浮点数记为 $a\mathrm{E}b$。例如，具有 5 位尾数和 3 位指数的浮点数表示为 5E3。

下面我们将继续使用字符“E”来记录数字。例如，数字 5E3 就是尾数为 10110，指数为 010 的 10110E010。假设偏差为 0，那么，这个数字对应的值为

$$v = \frac{22}{2^5} \times 2^2 = 22/32 \times 4 = 2.75$$

大多数的浮点数系统中都会通过向左移动尾数来规格化尾数，直到尾数的 MSB 中出现 1 或指数为 0。对于规格化后的数字，我们可以简单地对两个数字进行逐位比较来快速检查它们是否相等。如果数字是非规格化的，那么在它们比较之前必须对它们进行规格化（或者至少要对齐）。因为尾数的最高位经常是 1，所以在一些数字系统中，利用了规格化数的这个特点忽略掉尾数的最高位。通常情况下，存储浮点数时，指数存储在尾数的左侧。例如，10110E010 将以 8 位 01010110 的形式存储。一旦数字规格化后，可以将指数存储在左侧，从而实现浮点数使用整数方式进行比较。

如果想表示一个有符号数，需要在指数的左侧增加一位符号位。例如，一个 8 位数 S4E3，从左到右表示的是 1 位符号位、3 位指数位和 4 位尾数（即 SEEEMMMM）。在这种表示方式中，位串 11010110 可以表示 −6E5 或者（没有偏差）$\frac{-6}{2^4} \times 2^5 = -12$。

4.4 其他二进制数

将二进制数字系统扩展到有符号数最著名的方法有：原码、反码和补码。用原码表示一个数时，数字的符号位由一位符号位表示：对于正数或正零，将该位（通常是最高有效位）设置为0；对于负数或负零，将其设置为1。数字中剩余的位表示幅度（或绝对值）。

4.5 练习题

1. 将十进制数67转换成格式为 $u(7.0)$ 的定点二进制数。

2. 将十进制数0.375转换成格式为 $u(1.3)$ 的定点二进制数。

3. 将十进制数67.75转换成格式为 $u(7.2)$ 的定点二进制数。

4. 将格式为 $u(5.2)$ 的无符号定点二进制数10110.11转换成十进制数。

5. 将数字4.23转换成如下定点数格式，然后再将其转换回十进制数，必须要包含每个格式的绝对误差和误差百分比。

（a）$u(4.1)$

（b）$s(5.2)$

（c）$s(5.5)$

6. 设计一个定点数系统，其中表示的数字范围为0到31，精度为0.05。

7. 设计一个浮点数系统，可以表示数的范围为到，精度为2.5%，按照这种格式表示数字4.5。

8. 完成下面无符号二进制数的加法，结果是8位。同时注意在每种计算情况下，是否会产生加法溢出？

（a）00110010+10010100

（b）11110000+00110010

（c）11001100+10001111

9. 编写一个Verilog代码，将四个12位无符号二进制数相加，产生具有溢出检测的12位结果。

10. 完成下面无符号二进制数的减法，结果是8位。同时注意在每种计算情况下，是否会产生减法溢出？

（a）10111000-01010000

（b）01110000-00110010

（c）01111100-10000111

11. 格式为 $u(4.3)$ 无符号定点二进制数 1001001 和 0011110 表示是哪些数字？

12. 以下每个无符号定点格式所表示的范围和精度是多少？

（a）12 位，$p=5$，$f=7$

（b）10 位，$p=0$，$f=10$

（c）8 位，$p=8$，$f=0$

13. 要以 0.002 的精度表示 0.0 到 12.0 范围内的数字，整数部分和小数部分分别需要多少位？

14. 假设有格式为 $s(5.3)$ 的有符号定点二进制数 00101100 和 11111101，那么与它们对应的十进制数是什么？

15. 要以 0.01 的精度表示 −5.0 到 +5.0 范围内的数字，整数部分和小数部分分别需要多少位？

16. 证明符号位的扩展，不会影响定点数的原有数值。

17. 图 4.6 是一个 8 点按时间抽取（DIT）的快速傅里叶变换（FFT），具有复杂的并行输入和并行输出，即输入数据为 $x[n]$（$n=0, 1, 7$），输出数据为 $x[k]$，（$k=0, 1, \cdots, 7$），并且数据在每个时钟周期都有效。所有输入、输出和

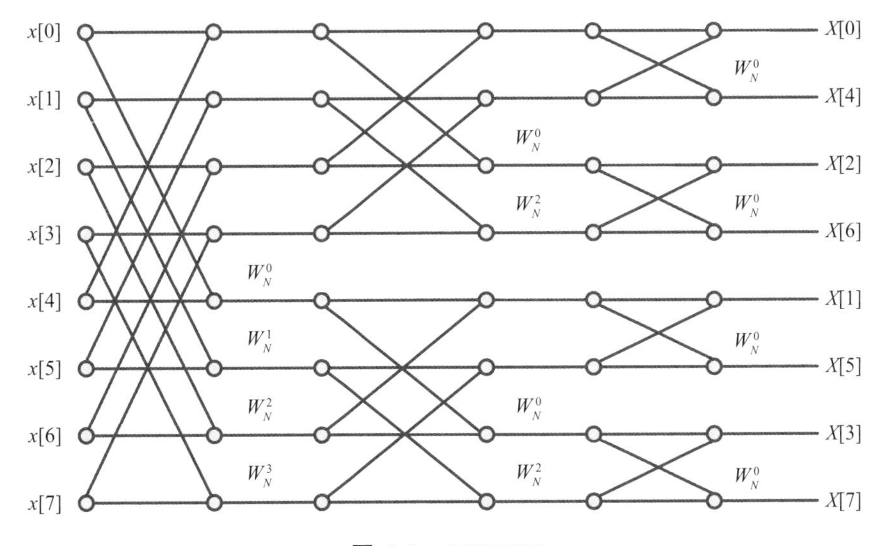

图 4.6 DIT FFT

中间因子（$i=0, 1, 2, 3$）的实部和虚部都是格式为 $s(1.15)$ 的定点数。请为前馈 DIT FFT 设计一个纯组合逻辑的电路，确定其中中间变量的位宽，以避免量化误差的出现。最终的输出 $X[k]$ 通过四舍五入进行量化，使得它们是按照格式 $s(1,15)$ 表示的定点数。

参考文献

[1] David Money Harris, Sarah L Harris.Digital design and computer architecture, 2nd.Morgan Kaufmann, 2013.

[2] Donald E Thomas, Philip R Moorby.The Verilog hardware description language, 5th.Kluwer Academic Publishers, 2002.

[3] Joseph Cavanagh.Computer arithmetic and Verilog HDL fundamentals.CRC Press, 2010.

[4] M Morris Mano, Michael D Ciletti.Digital design, 4th.Prentice Hall, 2006.

[5] Peter J Ashenden.Digital design: an embedded systems approach using Verilog.Morgan Kaufmann Publishers, 2007.

[6] Stephen Brown, Zvonko Vranesic.Fundamentals of digital logic with Verilog design.McGraw-Hill, 2002.

[7] William J Dally, R Curtis Harting.Digital design: a systems approach.Cambridge University Press, 2012.

第 5 章　组合逻辑电路

组合逻辑和时序逻辑是 RTL 设计的两个基本组成部分。如图 5.1 所示，组合逻辑电路由逻辑门组成，其输出在任何时刻都是由当前输入的组合决定的，而与之前的输入和 / 或输出没有关系。因此，在组合逻辑电路中，没有存储信息的概念，既不依赖于之前的值，也不受时钟控制，所以很多复杂的逻辑功能都是通过组合逻辑电路实现的。

图 5.1 组合逻辑电路

本章首先介绍组合电路的数据流、行为和结构描述，然后介绍组合电路的基本组成部分，如算术逻辑单元，以及它们的 RTL 代码。逻辑单元主要包括多路选择器、多路分配器、比较器、移位器和循环移位器、编码器、优先级编码器、译码器和冒泡排序法等；算术单元主要包括半加器、全加器、算术逻辑单元、超前进位加法器和复杂的乘法器等。最后，对溢出检测、位宽设计和饱和算法等设计问题进行深入讨论。

5.1 数据流级描述

连续赋值语句是描述组合逻辑电路的最基本结构。连续赋值语句表示的组合逻辑电路可以很容易地通过方程或者布尔表达式表示。在仿真过程中，只要连续赋值语句右侧表达式发生变化，连续赋值语句都会执行。顾名思义，执行是立即的，即一旦输入发生变化，表达式左侧的输出就会立即更新，这种行为就类似于组合逻辑电路的行为。如下例所示：

```
// 连续赋值语句：实现简单的组合逻辑电路
assign out = (a & b) | c;
```

如图 5.2 所示，使用 RTL 代码中的按位操作符就可以直接表示逻辑门。

在 Verilog 代码中，如果将 a、b、c 和 out 都声明为索引为 [1:0] 的 2 位向量，则逻辑门就变成了图 5.3 所示形式。

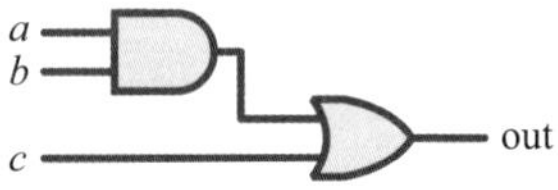

算术运算符根据工具提供的算术硬件块进行解释，如下所示：

图 5.2 按位操作符对应的逻辑门电路

```
// 连续赋值语句：全加器
assign {c_out, sum} = a+b+c_in;
```

根据综合工具和设计约束，RTL 代码中的算术操作符对应实现的逻辑门电路如图 5.4 所示。

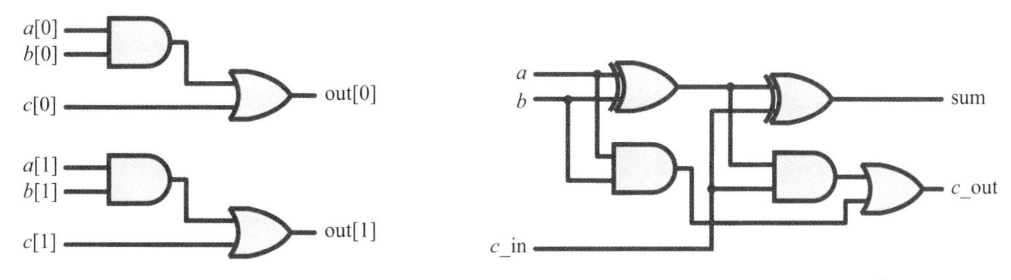

图 5.3 2 位按位操作符对应的逻辑门电路　　**图 5.4** 全加器的逻辑门电路

下面是一个 3 位加法器，这几个 3 位数的和需要用 4 位表示，代码描述如下：

```
// 连续赋值语句：3 位加法器
wire [2:0] a, b;
wire [3:0] sum;
assign sum = a+b;
```

图 5.5 是加法器综合后得到的行波进位加法器，其中的全加器可以由图 5.4 所示的逻辑门实现。行波进位加法器中第一个全加器的输入进位端连接常值 0，进位输出 c_out[0] 连接至第二个全加器的输入进位端，然后第二个全加器的进位输出 c_out[1] 连接至第三个全加器的输入进位端，从而进位位从最低位像水波纹一样传递到最高位。因此，这样的加法器被称为行波进位加法器。

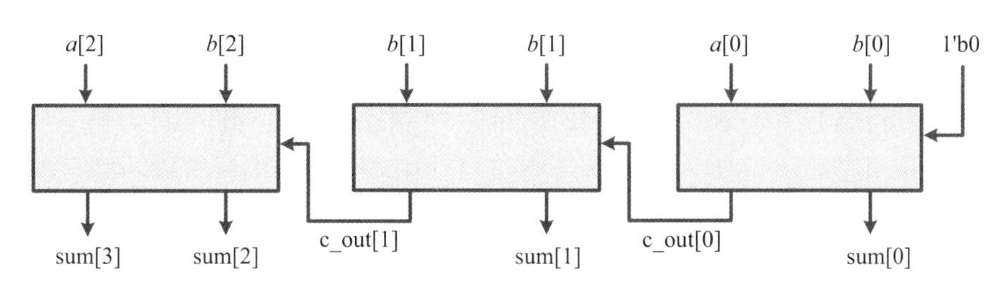

图 5.5 3 位行波进位加法器

条件操作符一般推断出来的是一个选择器，如下所示：

```
// 连续赋值语句：选择器
 assign out = s?i1:i0;
```

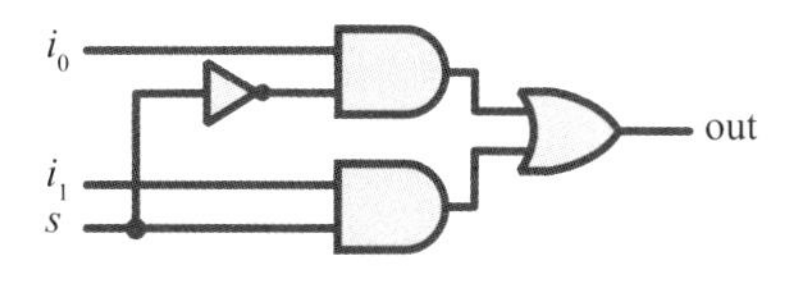

图 5.6 逻辑门实现的条件操作

RTL 代码中的条件运算符可以使用图 5.6 所示的逻辑门或单元库中的多路选择器来实现。

可以在连续赋值语句中给上升沿延迟和下降沿延迟指定最小值、典型值和最大值。在下面的示例中，上升沿延迟的（最小值：典型值：最大值）是（1：2：3），下降沿延迟的（最小值：典型值：最大值）是（2：3：4），关断延迟的（最小值：典型值：最大值）是（3：4：5）。

```
// 连续赋值语句延迟模型
// 给上升沿延迟、下降沿延迟和关断延迟指定（最小值：典型值：最大值）
assign #(1:2:3, 2:3:4, 3:4:5) out = s?i1:i0;
```

5.2 行为级描述

always 语句也经常用于描述组合逻辑电路的行为，敏感信号列表控制着 always 块的执行。在描述一个组合逻辑电路时，需要将其输入都列在敏感信号列表中，每当输入发生变化时，always 块就会触发执行，然后立即对其输出进行解析，这种行为方式模拟了组合逻辑电路的行为，如下例所示：

```
//always 块实现全加器
reg c_out, sum;
Always @ (a or b or c_in)
  {c_out, sum} = a+b+c_in;
```

因此，在组合逻辑电路中，右侧表达式（RHS）的所有输入必须都包括在 always 块的敏感信号列表中。为了防止漏掉某些输入，可以使用 (*) 表示所有输入，如下例所示：

```
//always 块实现全加器
always @ (*)
 {c_out, sum} = a+b+c_in;
```

另外，根据 Verilog 的要求，always 块中表达式左侧（LHS）的那些变量必须声明为 reg。这里必须强调的是，即使左侧表达式变量声明为 reg，它们仍然是组合逻辑的输出，但是需要注意的是，实际上并不存在对应的物理硬件寄存器，因此，不应将数据类型 reg 与硬件寄存器混淆，这也是很多初学者经常遇到的困惑。

模拟组合逻辑电路的 always 块中的赋值语句都是顺序执行的，因此它们的执行都是阻塞的。

```
// 使用多条赋值语句描述
// 组合逻辑电路的 always 块
always @ (a or b  or c or d) begin
  sum1 = a+b;
  sum2 = c+d;
  sum = sum1+sum2;
end
```

示例中，sum 的计算分为 sum1 和 sum2。因此，sum1 和 sum2 的值必须先于 sum 确定。这就要求在 RTL 代码中，应该使用阻塞赋值语句实现赋值语句的顺序执行。

一个单独的 if-else 结构也可以推断出选择器，如下所示：

```
//always 块实现的选择器
always @ (s or i0 or i1)
  if (s) out = i1;
  else out = i0;
```

尽管如此，多个 if-else-if 语句也不会综合出一个大型的多路选择器，而是综合出一个优先级选择器。除此之外，case 语句也能够用于推断出多路选择器，但是，大量的 case 语句却可能会综合出大型的多路选择器。

```
//always 块实现的大型选择器
always @ (s or i0 or i1 or i2 or i3)
  case(s)
    2'b00:out= i0;
    2'b01:out= i1;
    2'b10:out= i2;
    2'b11:out= i3;
  endcase
```

for 循环展开后，可以构建级联或者并行的组合逻辑电路，因此，for 循环的索引常被声明为整型数据类型，这个循环变量实际上不会占用任何硬件资源。例如，下面是一个 8 位级联的行波进位加法器：

```
//always 块中使用一个 for 循环实现的行波进位加法器
always @ (a or b or c_in) begin
  c = c_in;
  for(i = 0; i <= 7; i = i+1)
    {c, sum [i]} = a [i]+b [i]+c;
  c_out = c;
end
```

在前面的示例中，变量 c 被所有的全加器所共用，这样做是十分混乱的，并且这样的操作也极易导致错误，因为对于一个全加器来说，c 是当前全加器的进位输入，也是前一个全加器的进位输出。因此，最好用 c[i-1] 和 c[i] 分别声明全加法器的输入进位和输出进位，代码如下所示，这样的描述就与多位全加器的物理连接方式一致了。

```
//always 块实现的带有不同输入进位和输出进位的 8 位行波进位加法器
always @ (a or b or c_in) begin
  c [-1] = c_in;
  for(i = 0; i <= 7; i = i+1)
```

```
    {c [i], sum [i]}= a [i]+b [i]+c [i-1];
  c_out = c [7];
end
```

另一个示例是用 XOR 异或门实现的，代码如下：

```
//always 块的 for 循环中使用异或门
always @ (a or b)
  for(i = 0; i <= 31; i = i+1)
    s [i] = a [i] ^ b [i];
```

函数也可以被综合为具有一个输出的组合逻辑块，如下所示：

```
// 函数是一种可复用的组合逻辑块
function [1:0] sum3;
  input a, b, c_in;
  sum3 = a+b+c_in;
endfunction
```

包含过程语句的函数也属于行为级描述。对于简单的组合逻辑，可以通过函数调用的方式实现复用，函数被调用一次就会例化一个组合逻辑电路。但是，如果函数是在 if-else 或者 case 语句中被调用，那么只可能例化一个组合逻辑电路，这主要是因为综合工具知道在所有互斥的条件项中，每次执行的时候只有一个函数调用是有效的，如下所示：

```
// 不同的分支调用相同函数
// 实现资源共享
wire [1:0] sel;
wire [3:0] a, b, c;
reg [1:0] out;
always @ (sel or a  or b or c) begin
  case(sel [1:0])
  2'b00:out = sum3(a [0], b [0], c [0]);
  2'b01:out = sum3(a [1], b [1], c [1]);
  2'b10:out = sum3(a [2], b [2], c [2]);
  default:out = sum3(a [3], b [3], c [3]);
  endcase
end
```

图 5.7 是综合后得到的电路，可见，综合工具推断出 sum3 的一个电路，并使用多路选择器来选择不同的输入。

即使如此，最好还是明确指出用于选择不同输入的选择器，以及一个 sum3 的组合逻辑电路，如下所示：

```
// 在调用函数之前，通过不同的输入选择不同的 case 分支项
```

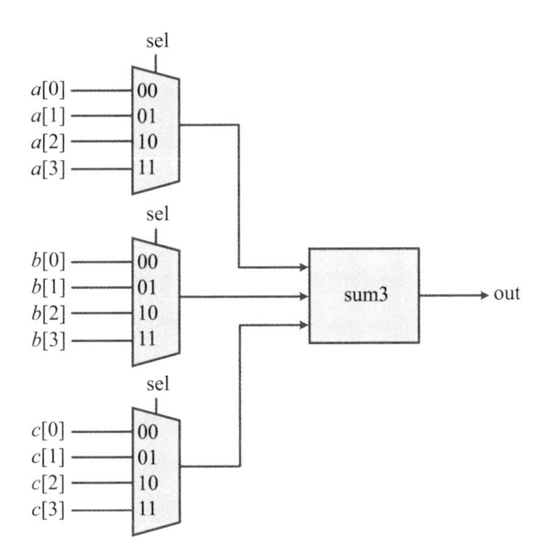

图 5.7 通过选择输入操作数实现函数数量的优化

```
wire [1:0] sel;
wire [3:0] a, b, c;
reg a_sel, b_sel, c_sel;
wire [1:0] out;
always @ (sel or a or b or c) begin
  case(sel [1:0])
  2'b00:begin
          a_sel = a [0];
          b_sel = b [0];
          c_sel = c [0];
        end
  2'b01:begin
          a_sel = a [1];
          b_sel = b [1];
          c_sel = c [1];
        end
  2'b10:begin
          a_sel = a [2];
          b_sel = b [2];
          c_sel = c [2];
        end
  default:begin
          a_sel = a [3];
          b_sel = b [3];
          c_sel = c [3];
        end
  endcase
```

```
end
assign out = sum3(a_sel, b_sel, c_sel);
```

另一个示例是找到 4 个输入 a、b、c 和 d 中最大的一个数，需要进行三次比较操作，代码如下所示：

```
// 非均衡设计
always @ (a or b or c or d) begin
  if (a >= b) out1 = a;
  else out1 = b;
  if (out1 >= c) out2 = out1;
  else out2 = c;
  if (out2 >= d) out = out2;
  else out = d;
end
```

下面是编写的另一个具有相同功能的 RTL 代码示例：

```
// 非均衡设计
always @ (a or b or c or d) begin
  if (a >= b) out1 = a;
  else out1 = b;
  if (c >= d) out2 = c;
  else out2 = d;
  if (out1 >= out2) out = out1;
  else out = out2;
end
```

上面两段代码实现了相同的功能，但是推断出了不同的结构，如图 5.8 所示。通过对比两个电路结构的关键路径，很显然，均衡设计的时序更好些。

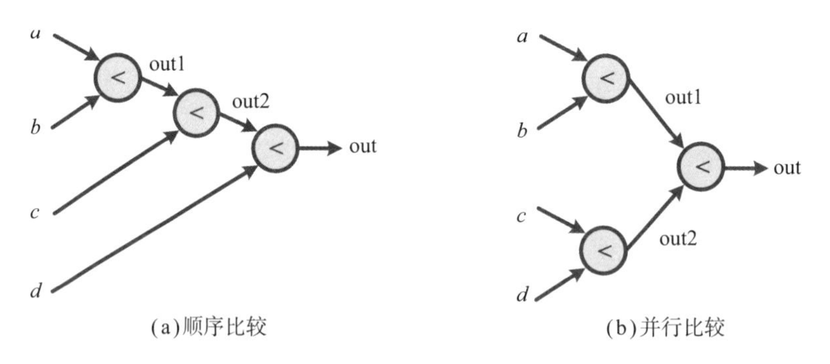

图 5.8 查找 4 个输入最大值的不同结构

如果在过程赋值语句中只指定了单延迟（最小值：典型值：最大值），那么上升沿延迟、下降沿延迟和关断延迟就是一样的。在下面的示例中，如果 s 为真，则指定 i1 到 out 延迟的（最小值：典型值：最大值）为（1：2：3）个时间单位；如果 s 为假，则指定 i0 到 out 延迟的（最小值：典型值：最大值）为（2：3：4）个时间单位。

```
//always 块中的延迟建模
always @ (s or i0 or i1)
  if (s) #(1:2:3) out = i1;
  else #(2:3:4) out = i0;
```

5.3 结构级描述

组合逻辑电路的结构级描述是最简洁的描述方式之一。最直观的表述方式是基于门级网表将描述的单元实例连接起来。Verilog 的原语是可综合的，因此，使用 Verilog 原语代替单元库中逻辑单元的实例是一种比较好的方法，因为不同工艺节点对应的单元库是不同的。例如下例中，我们使用 Verilog 原语实现了全加器，这里需要注意，Verilog 原语例化时其例化名是可以省略掉的。

```
// 结构级描述的全加器
module fulladder(
  output sum,
  output c_out,
  input a,
  input b,
  input c_in);
  wire tmp, tmp1, tmp2;
  xor(tmp, a, b);
  xor(sum, tmp, c_in);
  and(tmp1, tmp, c_in);
  and(tmp2, a, b);
  or(c_out, tmp1, tmp2);
endmodule
```

Verilog 原语可以在例化的同时指定延迟，如下所示：

```
//Verilog 原语延迟建模
or #(1:2:3, 2:3:4, 3:4:5) (c_out, tmp1, tmp2);
```

5.4 组合逻辑电路

组合逻辑电路是不允许使用的，例如下面这个数字自增的代码：

```
// 组合逻辑电路
```

```
always @ (a)
  a = a+1;
```

这个 always 块推断出来的是一个具有反馈回路的组合逻辑电路，如图 5.9 所示，其中⊕表示加法操作。

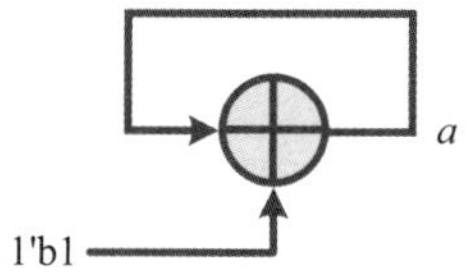

图 5.9 数字自增的组合逻辑电路

使用组合逻辑电路主要存在 3 方面的问题：

（1）如果 *a* 突然从一个数字变成了另一个数字，那么你觉得结果会是什么呢？在给定的时间间隔内，自增可以执行一次、两次或者更多次，所以，实际上最终的结果是无法预测的。

（2）时序循环将是一个无限循环，这样的时序是没有办法进行分析的。

（3）因为存在无限循环，所以仿真将会被挂起。

解决此问题的一种方法是对代码进行如下修改：

```
// 无组合逻辑电路
always @ (a)
b = a+1;
```

从图 5.10 可以看出，电路中已经不存在组合逻辑电路了，自增的结果是 *b*。

为了避免组合逻辑电路，也可以在反馈回路中加入时序逻辑电路，用来存储之前的结果。

```
// 无组合逻辑电路
always @ (posedge clk)
a <= a+1;
```

其推导出的电路结构图如图 5.11 所示。

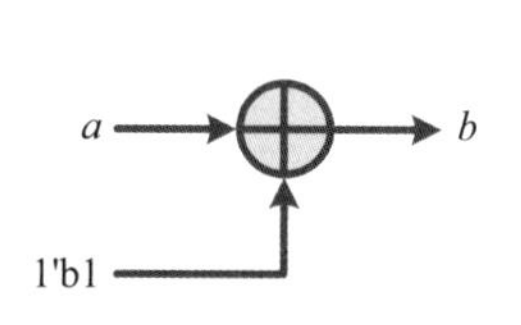

图 5.10 没有组合逻辑电路的自增电路

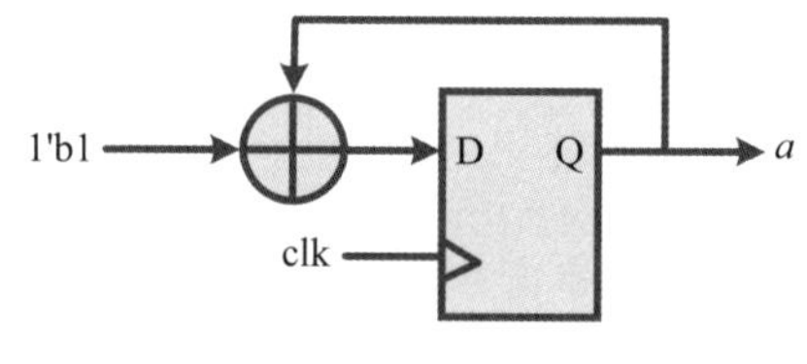

图 5.11 使用时序逻辑电路推导组合逻辑电路

带反馈的条件操作符的连续赋值语句也会引入组合逻辑电路，如下例所示。当其中的 CS_b 为 0，WE_b 为 1 时，执行 data_out = data_out，形成组合逻辑电路。

```
// 连续赋值语句产生的组合逻辑电路
assign data_out = (CS_b == 0)?((WE_b == 0)?data_in:data_out):
  1'bz;
```

如果在设计中不小心使用了组合逻辑电路，那么 Design Compiler（综合工具）会自动将反馈回路打断。如果没有将组合逻辑电路禁止掉，那么，在进行静态时序分析时将无法解析分析路径的时序。

5.5 组合逻辑电路的基本构件：逻辑单元

5.5.1 多路选择器

对于一个 n 选 1 的选择器，需要有位选择线用于选择 n 个输入。下面分别给出了结构级、数据流级和行为级的代码描述：

```
//数据选择器的结构级描述
not(sel_inv, sel);
and(and_out [0], sel_inv, mux_in [0]);
and(and_out [1], sel, mux_in [1]);
or(mux_out, and_out [0], and_out [1]);
//数据选择器的数据流级描述
assign mux_out1 = sel?mux_in [1]:mux_in [0];
//数据选择器的行为级描述
always @ (sel or mux_in)
  if (sel)
    mux_out2 = mux_in [1];
  else
    mux_out2 = mux_in [0];
```

对于逻辑电路，可以结合 case 语句或者 casex 语句描述一个表，来实现对应的设计，从而推断出一个多路选择器。下面的示例描述了一个 8×16 的表：

```
//行为级描述的 8×16 的表
reg [15:0] tab [0:7], out;
wire [2:0] addr;
always @ (addr or tab)
  case(addr)
  3'd0:out =tab [0];
  3'd1:out = tab [1];
  3'd2:out = tab [2];
  3'd3:out = tab [3];
  3'd4:out = tab [4];
  3'd5:out = tab [5];
  3'd6:out = tab [6];
  default:out = tab [7];
  endcase
```

5.5.2　多路分配器

多路分配器的功能与多路选择器的功能相反，是具有一个输入并根据选择线将输入发送给其中一个输出的组件，又被称为数据分配器。另外，如果将输入设置为真，那么多路分配器的行为表现就类似于一个译码器。

下面的示例是具有 2 位选择线（sel[1:0]）的 1–4 路多路分配器，选择线决定了 4 个输出（demux_out[3:0]）中的哪一个输出与输入（demux_in）连通。其工作的真值表如表 5.1 所示。

表 5.1　demux_out 真值表

sel[1]	sel[0]	demux_out[3]	demux_out[2]	demux_out[1]	demux_out[0]
0	0	0	0	0	demux_in
0	1	0	0	demux_in	0
1	0	0	demux_in	0	0
1	1	demux_in	0	0	0

多路分配器的符号和电路原理图如图 5.12 所示。

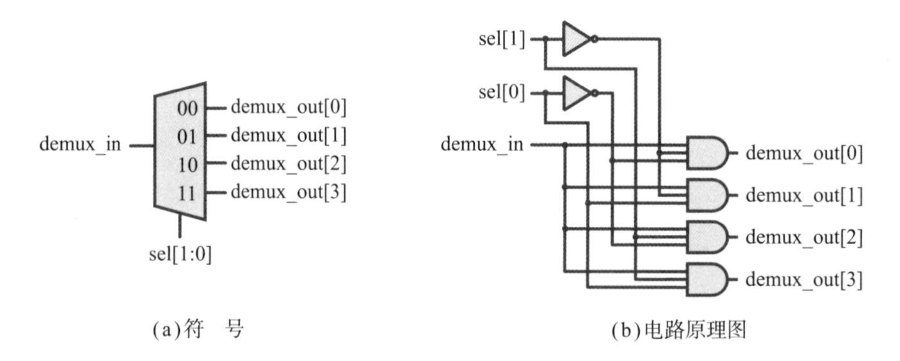

(a)符　号　　(b)电路原理图

图 5.12　多路分配器的符号和电路原理图

下面是 1–2 多路分配器的结构级、数据流级和行为级描述：

```
// 多路分配器的结构级描述
not(sel_inv, sel);
and(demux_out [0], sel_inv, demux_in);
and(demux_out [1], sel, demux_in);
// 多路分配器的数据流级描述
assign demux_out1 [0] =~sel&demux_in;
assign demux_out1 [1] = sel&demux_in;
// 多路分配器的行为级描述
always @ (sel or demux_in) begin
  demux_out2=2'b00;
  case(sel)
  1'b0:demux_out2 [0] = demux_in;
```

```
  1'b1:demux_out2 [1] = demux_in;
  endcase
end
```

5.5.3 比较器

表 5.2 是两个 1 位二进制数比较的真值表。a 与 b 进行比较，来确定 a 是否大于 b、小于 b、等于 b 或不等于 b，比较器分别使用 $y1$、$y2$、$y3$ 和 $y4$ 来输出对应的比较结果。需要注意的是，$y4 = a \oplus b = a\cdot\overline{b}+\overline{a}\cdot b$ 可以用于表示两位数是否不同，其中$\oplus$、$\cdot$、$\overline{(\cdot)}$ 和 + 分别表示按位异或、与、非和或操作。类似的 $y3 = \overline{a \oplus b} = \overline{a}\cdot\overline{b} = a\cdot b$，可用于表示两位数相等。在本书中，布尔表达式中使用的$\oplus$符号表示按位异或，反之，其表示加法器件。

图 5.13 给出了对应的电路原理图。

表 5.2 比较器真值表

a	b	$y1$	$y2$	$y3$	$y4$
0	0	0	0	1	0
0	1	0	1	0	1
1	0	1	0	0	1
1	1	0	0	1	0

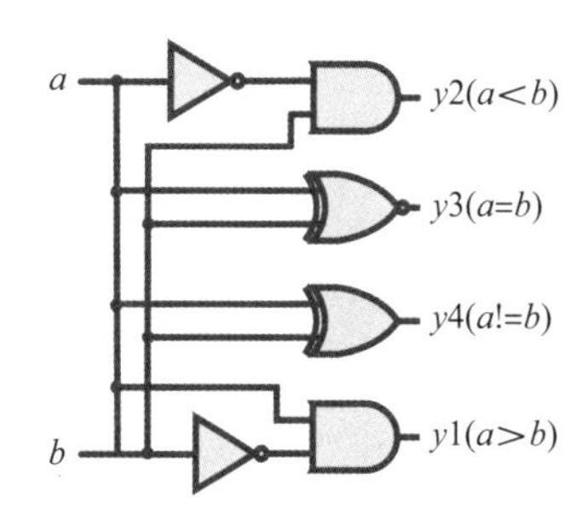

图 5.13 比较器电路原理图

下面给出了两个 1 位数比较器的结构级、数据流级和行为级的代码描述。

```
// 比较器的结构级描述
not(b_inv, b);
and(y1, b_inv, a);
not(a_inv, a);
and(y2, a_inv, b);
xnor(y3, a, b);
xor(y4, a, b);
// 比较器的数据流级描述
assign y1_1 = a > b;
assign y2_1 = a < b;
assign y3_1 = a == b;
assign y4_1 = a != b;
// 比较器的行为级描述
always @ (a or b) begin
  if (a>b)y1_2 = 1'b1;
  else y1_2 = 1'b0;
```

```
    if (a<b)y2_2 = 1'b1;
    else y2_2 = 1'b0;
    if (a==b)y3_2 = 1'b1;
    else y3_2 = 1'b0;
    if (a!=b)y4_2 = 1'b1;
    else y4_2 = 1'b0;
  end
```

5.5.4 移位器和循环移位器

移位操作符“<<”和“>>”可以将输入进行移位操作，同时对空缺出来的位补零。左移操作和右移操作都不需要任何数字电路，只需要通过适当的布线即可实现。例如 a[2:0] = b[2:0]<<1，等价于将 a[0] 与逻辑 0、a[1] 与 b[0]、a[2] 与 b[1] 相连接。对应的结构级、数据流级和行为级的代码描述如下：

```
// 移位器的结构级描述
assign a [0] = 1'b0;
buf (a [1], b [0]);
buf (a [2], b [1]);
// 移位器的数据流级描述
assign a1 [2:0] = b [2:0] << 1;
// 移位器的行为级描述
always @ (b)
  a2 [2:0] = b [2:0] << 1;
```

循环左移和循环右移会对输入进行循环移位操作。一个简单的一次移动一位的循环移位器，实际上就是将 a[0] 与 b[2]、a[1] 与 b[0]、a[2] 与 b[1] 连接起来，代码如下所示：

```
// 循环移位器的结构级描述
buf (a [0], b [2]);
buf (a [1], b [0]);
buf (a [2], b [1]);
// 循环移位器的数据流级描述
assign a1 [2:0] = {b [1:0], b [2]};
// 循环移位器的行为级描述
always @ (b) begin
  {carry, a [2:0]} = b [2:0] << 1;
  a2 [0] = carry;
end
```

如果我们写的 Verilog 代码像下面这段代码一样（其中 b 是一个变量），那么，我们将得到一个桶形移位器，并且对于每一个移位位都有对应的层。

```
// 桶形移位器的数据流级描述
assign y = a<< b;
```

总之，一个 8 位的桶形移位器需要 3 位来表示要移动多少位，因此，需要使用 3 层的多路选择器，如图 5.14 所示。

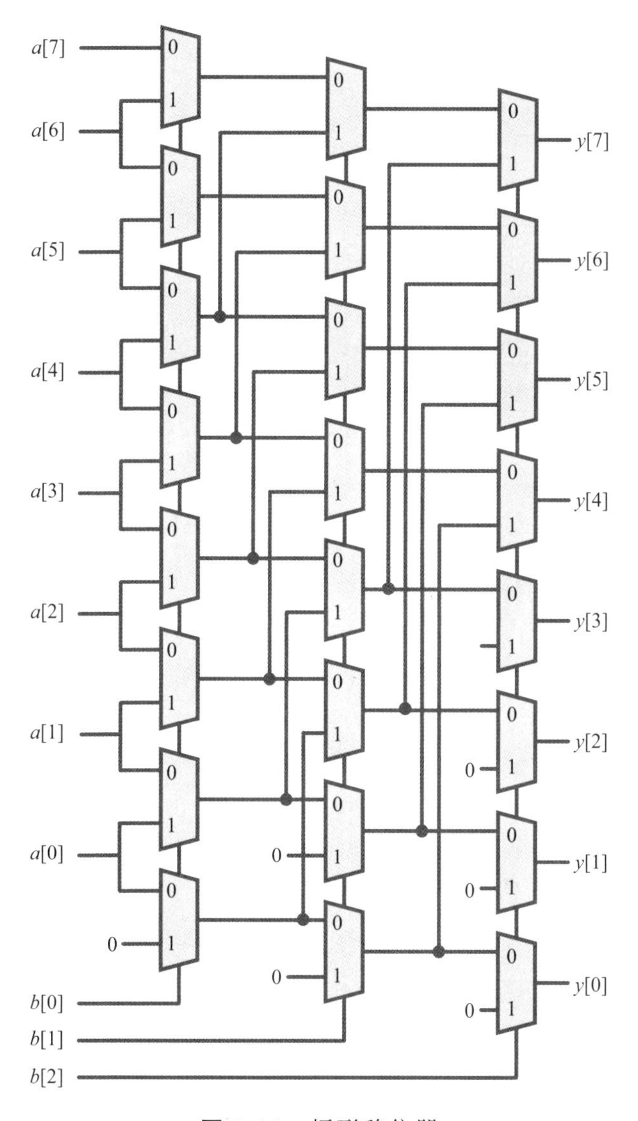

图 5.14 桶形移位器

5.5.5 编码器

表 5.3 是一个 4–2 编码器的真值表，当 $\{a, b, c, d\} = 0001$ 时，编码器输出 $y = 00$；当 $\{a, b, c, d\} = 0010$ 时，编码器输出 $y = 01$，以此类推。

图 5.15 是该编码器对应的电路原理图。

表 5.3 编码器真值表

a	*b*	*c*	*d*	*y*[1:0]
0	0	0	1	00
0	0	1	0	01
0	1	0	0	10
1	0	0	0	11

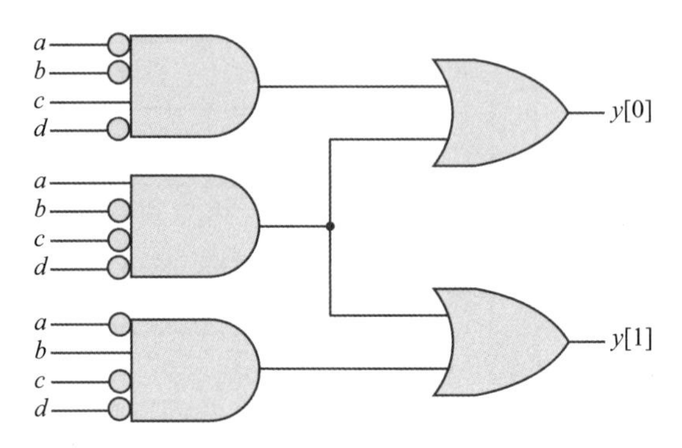

图 5.15 编码器的电路原理图

下面是 4-2 编码器对应的结构级、数据流级和行为级的代码描述：

```
// 编码器的结构级描述
not(a_inv, a);
not(b_inv, b);
not(c_inv, c);
not(d_inv, d);
and(and_out [0], b_inv, a_inv);
and(and_out [1], d_inv, c);
and(and_out [2], b_inv, a);
and(and_out [3], d_inv, c_inv);
and(and_out [4], b, a_inv);
and(and_out1 [0], and_out [0], and_out [1]);
and(and_out1 [1], and_out [2], and_out [3]);
and(and_out1 [2], and_out [4], and_out [3]);
or(y [0], and_out1 [1], and_out1 [0]);
or(y [1], and_out1 [2], and_out1 [1]);
// 编码器的数据流级描述
assign all = {a, b, c, d};
assign y1 [0] = (all == 4'b0010)|(all == 4'b1000);
assign y1 [1] = (all == 4'b0100)|(all == 4'b1000);
// 编码器的行为级描述
always @ (all)
  case(all)
  4'b0001:y2 = 2'b00;
```

```
  4'b0010:y2 = 2'b01;
  4'b0100:y2 = 2'b10;
  4'b1000:y2 = 2'b11;
  default:y2 = 2'b00;
  endcase
```

5.5.6 优先级编码器

表 5.4 是 4–2 优先级编码器对应的真值表。

图 5.16 是对应的电路原理图。这里需要注意的是，由卡诺图可知，输出 y 的值不取决于输入 a。

表 5.4 4–2 优先级编码器真值表

d	c	b	a	$y[1]$	$y[0]$
0	0	0	0	0	0
0	0	0	1	0	0
0	0	1	x	0	1
0	1	x	x	1	0
1	x	x	x	1	1

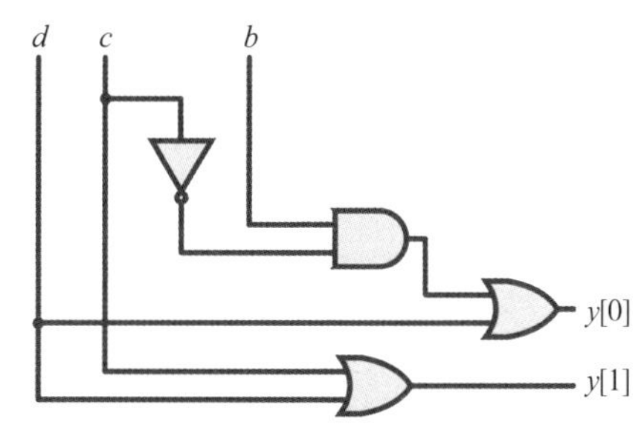

图 5.16 优先级编码器的电路原理图

下面是 4–2 优先级编码器对应的结构级、数据流级和行为级的代码描述：

```
// 优先级编码器的结构级描述
not(c_inv, c);
and(and_out, c_inv, b);
or(y [0], d, and_out);
or(y [1], c, d);
// 优先级编码器的数据流级描述
assign all = {d, c, b, a};
assign y1 [0] = (all [1] &~all [2]) | (all [3]);
assign y1 [1] = (all [2]) | (all [3]);
// 优先级编码器的行为级描述
always @ (all) begin
  casex(all)
  4'b0000:y2 =2'b00;
  4'b0001:y2 =2'b00;
  4'b001x:y2 = 2'b01;
  4'b01xx:y2 = 2'b10;
  4'b1xxx:y2 = 2'b11;
  default:y2 = 2'b00;
  endcase
end
```

我们还可以像下面示例那样，使用 if-else-if 的结构实现上述优先级编码器的行为级模型。正如代码中表述的那样，编码器中的 d 具有较高的优先级，同时也可以看出输出 y3 与输入 a 没有关系。

```
// 优先级编码器的行为级描述 #1
always @ (*) begin
  if (d)y3 = 2'b11;
  else if (c)y3 = 2'b10;
  else if (b)y3 = 2'b01;
  else y3 = 2'b00;
end
```

5.5.7 译码器

表 5.5 是带有使能端的 3-8 译码器的真值表。

表 5.5 有使能端的 3-8 译码器真值表

e	*x*[2]	*x*[1]	*x*[0]	*y*[7]	*y*[6]	*y*[5]	*y*[4]	*y*[3]	*y*[2]	*y*[1]	*y*[0]
0	*x*	*x*	*x*	0	0	0	0	0	0	0	0
1	0	0	0	0	0	0	0	0	0	0	1
1	0	0	1	0	0	0	0	0	0	1	0
1	0	1	0	0	0	0	0	0	1	0	0
1	0	1	1	0	0	0	0	1	0	0	0
1	1	0	0	0	0	0	1	0	0	0	0
1	1	0	1	0	0	1	0	0	0	0	0
1	1	1	0	0	1	0	0	0	0	0	0
1	1	1	1	1	0	0	0	0	0	0	0

图 5.17 是对应的门级网表电路图。

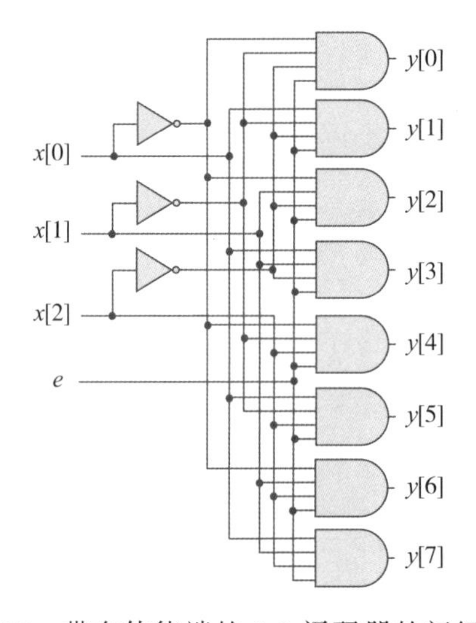

图 5.17 带有使能端的 3-8 译码器的门级网表

译码器的结构级描述代码如下：

```
// 译码器的结构级描述
module decoder_struct(y, e, x);
output [7:0]y;
input e;
input [2:0]x;
wire [7:0]y;
wire tmp0, tmp1, tmp2;
not u0(tmp0, x [0]);
not u1(tmp1, x [1]);
not u2(tmp2, x [2]);
and u3(y [0], e, tmp0, tmp1, tmp2);
and u4(y [1], e, x [0], tmp1, tmp2);
and u5(y [2], e, tmp0, x [1], tmp2);
and u6(y [3], e, x [0], x [1], tmp2);
and u7(y [4], e, tmp0, tmp1, x [2]);
and u8(y [5], e, x [0], tmp1, x [2]);
and u9(y [6], e, tmp0, x [1], x [2]);
and u10(y [7], e, x [0], x [1], x [2]);
endmodule
```

译码器的数据流级描述如下所示：

```
// 译码器的数据流描述
module decoder_dataflow(y1, e, x);
output [7:0] y1;
input e;
input [2:0] x;
assign y1 = e?1'b1 << x:8'h0;
endmodule
```

译码器的行为级描述如下所示，可由真值表直接得到：

```
// 译码器的行为级描述
module decoder_behavior(y2, e, x);
output [7:0] y2;
input e;
input [2:0] x;
reg [7:0] y2;
always @ (e or x)
  if (!e)y2 = 8'h00;
  else
    case(x)
    3'b000:y2 = 8'h01;
```

```
    3'b001:y2 = 8'h02;
    3'b010:y2 = 8'h04;
    3'b011:y2 = 8'h08;
    3'b100:y2 = 8'h10;
    3'b101:y2 = 8'h20;
    3'b110:y2 = 8'h40;
    default:y2 = 8'h80; //3'b111
    endcase
endmodule
```

图 5.18 是基于 2–4 译码器实现的 3–8 译码器的层次化设计结构图。

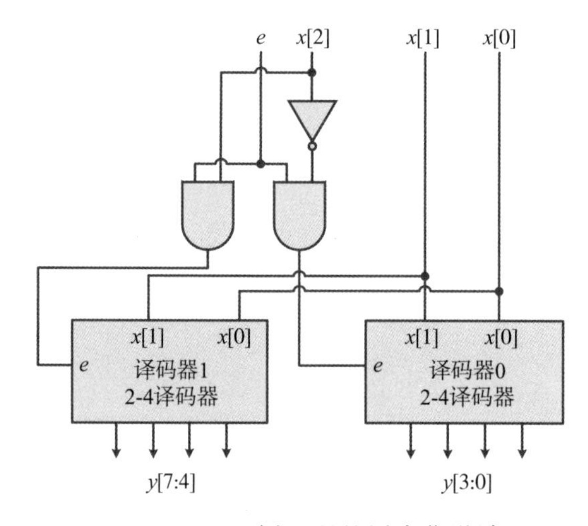

图 5.18 3-8 译码器的层次化设计

3–8 译码器对应的 RTL 设计代码如下：

```
// 自下而上设计的 3-8 译码器的结构级描述
module decode_3_8(e, x, y);
output [7:0] y;
input e;
input [2:0] x;
wire e1, g1, g2;
not u0(e1, x [2]);
and u1(g1, e, x [2]);
and u2(g2, e, e1);
decoder_2_4 d0(y [7:4], g1, x [1:0]);
decoder_2_4 d1(y [3:0], g2, x [1:0]);
endmodule
```

上述代码中的 2–4 译码器的设计代码如下所示：

```
//2-4 译码器的数据流级描述
module decoder_2_4(y, e, x);
```

```
output [3:0] y;
input e;
input [1:0] x;
assign y = e?1'b1 << x:4'h0;
endmodule
```

5.5.8　冒泡排序法

下面我们使用一个组合逻辑电路对 4 个无符号数 a、b、c 和 d 进行排序。排序之后，最大的数存放在 max1 中，第二大的数存放在 max2 中，其他以此类推。

要选出最大的数，需要进行 3 次比较；要选出第二大的数，需要进行两次比较；要选出第三大的数和最小的数，需要进行 1 次比较。因此，要实现对四个无符号数的排序，需要进行 6 次比较。

示例中，我们在一个函数中实现了排序算法，其中使用了两个 for 循环，第一个 for 循环依次找到最大的数、第二个大的数、第三大的数和最小的数。第二个 for 循环 3 次、2 次和 1 次，以确定最大的数、第二大的数和第三大的数。

```
// 冒泡排序法组合逻辑电路
wire [7:0] max1, max2, max3, max4;
assign {max1, max2, max3, max4} = sort(a, b, c, d);
function [31:0] sort(a, b, c, d);
input [7:0] a, b, c, d;
reg [7:0] temp [0:3];
reg [7:0] buffer;
integer i, j;
begin
// 将排序的数字存放在二维数组中
// 可以通过 for 循环索引二维数组
  temp [3] = a;
  temp [2] = b;
  temp [1] = c;
  temp [0] = d;
  for(i = 2; i >= 0; i = i-1)
    for(j = 0; j <= i; j = j+1)
      if (temp [j] > temp [j+1]) begin
        // 交换
        buffer = temp [j+1];
        temp [j+1] = temp [j];
        temp [j] = buffer;
      end
  sort = {temp [3], temp [2], temp [1], temp [0]};
```

```
    end
endfunction
```

用于交换两个数字（例如 x 和 y）的基本单位是 if 语句中 begin-end 块中的语句，其示意图如图 5.19 所示。

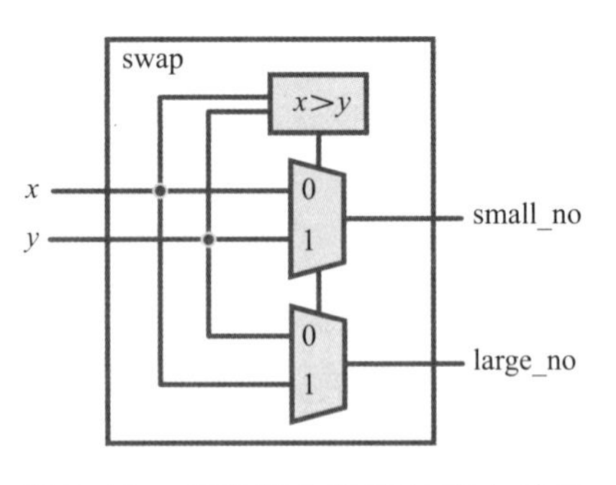

图 5.19　交换两个数字的基本单元

冒泡排序法电路的整体架构如图 5.20 所示，图中显示了第一 / 第二循环的索引 i/j。由图 5.20 可知，冒泡排序的关键路径由 5 个交换单元（最长路径）组成，且交换单元个数随排序次数线性增长。

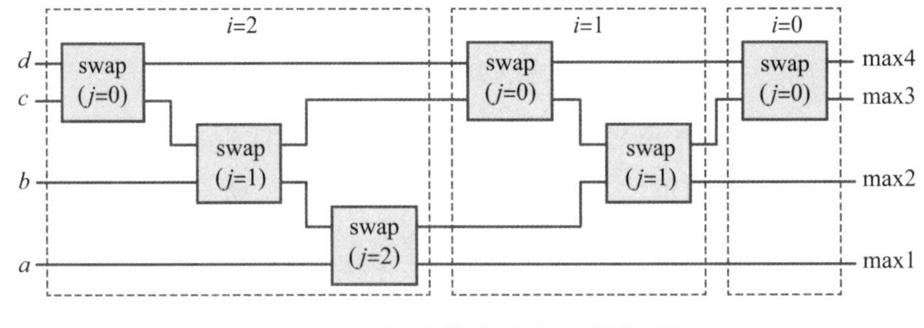

图 5.20　冒泡排序法电路结构图

5.6　组合电路中的基本模块：算术单元

本节代码都是综合优化过的。

5.6.1　半加器

RTL 设计给了设计师很大的自由来实现他们的目标，下面我们以半加器为例进行说明，半加器的真值表如表 5.6 所示。

表 5.6　半加器真值表

b	a	c_out	sum
0	0	0	0
0	1	0	1
1	0	0	1
1	1	1	0

其中 c_out 和 sum 对应的布尔表达式如下：

$$
\begin{aligned}
&\text{sum} = a \oplus b \\
&\text{c\_out} = a \cdot b
\end{aligned}
\tag{5.1}
$$

对应的设计原理图如图 5.21 所示。

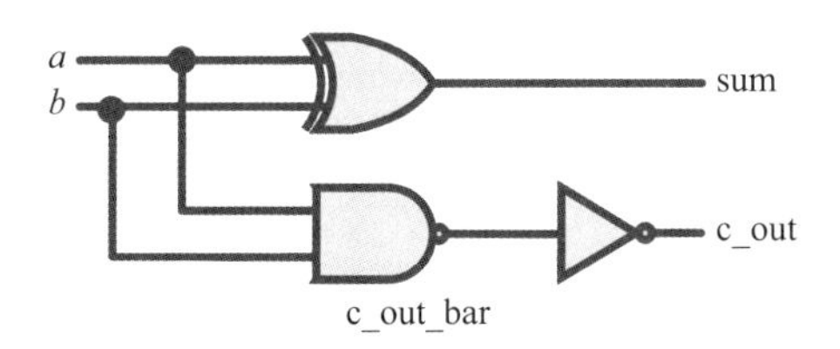

图 5.21 半加器

采用结构级描述方式实现的半加器代码如下：

```
// 半加器的结构级描述
module add_half (sum, c_out, a, b);
output sum, c_out;
input a, b;
wire c_out_bar;
xor u0(sum, a, b);
nand u1(c_out_bar, a, b);
not u2(c_out, c_out_bar);
endmodule
```

对应的数据流级描述方式如下：

```
// 半加器的数据流级描述
module add_half (sum, c_out, a, b);
output sum, c_out;
input a, b;
assign {c_out, sum} = a+b;
endmodule
```

对应的行为级描述方式有两种，第一种方式如下：

```
// 半加器的行为级描述方式一
module add_half (sum, c_out, a, b);
output sum, c_out;
input a, b;
reg sum, c_out;
always @ (a or b) begin
  sum = a ^ b;
  c_out = a & b;
end
endmodule
```

第二种行为级描述方式是基于真值表直接实现该功能，具体实现如下：

```
// 半加器的行为级描述方式二
module add_half (sum, c_out, a, b);
```

```
output sum, c_out;
input a, b;
reg sum, c_out;
always @ (a or b) begin
  case({a, b})
  2'b00:begin
        sum=0; c_out=0;
       end
  2'b01:begin
        sum=1; c_out=0;
       end
  2'b10:begin
        sum=1; c_out=0;
       end
  default:begin //2'b11
        sum=0; c_out=1;
       end
  endcase
end
endmodule
```

5.6.2 全加器

下面我们以全加器为例，表 5.7 是全加器对应的真值表。

表 5.7 全加器真值表

a	b	c_in	c_out	sum
0	0	0	0	0
0	1	0	0	1
1	0	0	0	1
1	1	0	1	0
0	0	1	0	1
0	1	1	1	0
1	0	1	1	0
1	1	1	1	1

对应的布尔表达式如下：

$$\begin{aligned}&\mathrm{sum}=\left(a\oplus b\right)\oplus \mathrm{c\_in}\\&\mathrm{c\_out}=a\cdot b+\left(a\oplus b\right)\cdot \mathrm{c\_in}\end{aligned}\tag{5.2}$$

下面是采用数据流级描述方式实现的全加器：

```
// 全加器的数据流级描述
```

```
module add_full(sum, c_out, a, b, c_in);
output sum, c_out;
input a, b, c_in;
reg sum, c_out;

assign {c_out, sum} = a+b+c_in;
// 也可以采用行为级描述方式实现布尔表达式
/*always @ (a or b or c_in) begin
    sum = (a ^ b) ^ c_in;
    c_out = (a & b) | ((a ^ b) & c_in);
  end*/
endmodule
```

或者你也可以使用 add_half 半加器模块，采用自下而上的方法进行设计，如图 5.22 所示。

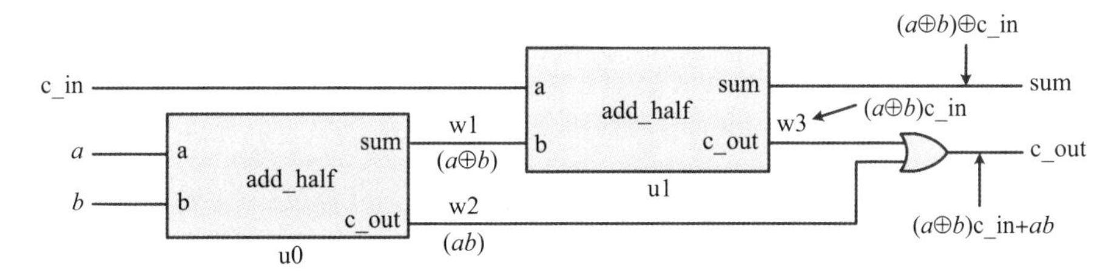

图 5.22　采用自下而上方法实现的全加器设计

对应的 RTL 代码如下：

```
// 自下而上方法实现的全加器设计的结构级描述
module add_full(sum, c_out, a, b, c_in);
output sum, c_out;
input a, b, c_in;
wire w1, w2, w3;

add_half u0(w1, w2, a, b); // 按照端口顺序连接
add_half u1(sum, w3, c_in, w1);
or u2(c_out, w2, w3);
endmodule
```

图 5.23 就是我们设计的 4 位加法器。

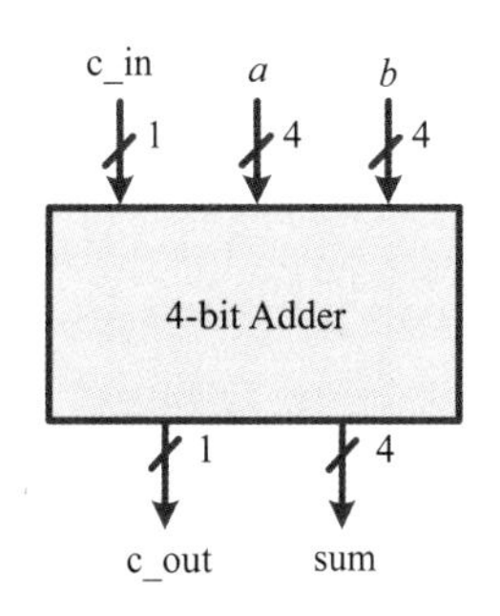

图 5.23　4 位加法器

对应的 RTL 代码可以简单描述如下：

```
// 全加器设计的数据流级描述
module adder_4_RTL(sum, c_out, a, b, c_in);
output [3:0] sum;
output c_out;
```

```
input [3:0] a, b;
input c_in;
assign {c_out, sum} = a+b+c_in;
endmodule
```

这个 4 位加法器与前面采用数据流级描述的 1 位全加器相比较，RTL 代码几乎一模一样，唯一的区别就是信号声明的位宽不同。因此，可以将基于一位标量设计的 RTL 代码扩展到基于多位矢量设计的 RTL 代码。最终综合得到的电路则取决于你使用的工具（可能会综合出行波进位加法器、超前进位加法器或者其他加法器等）。

当然，你可以构架图 5.24 所示的采用自下而上方法设计的 4 位加法器。

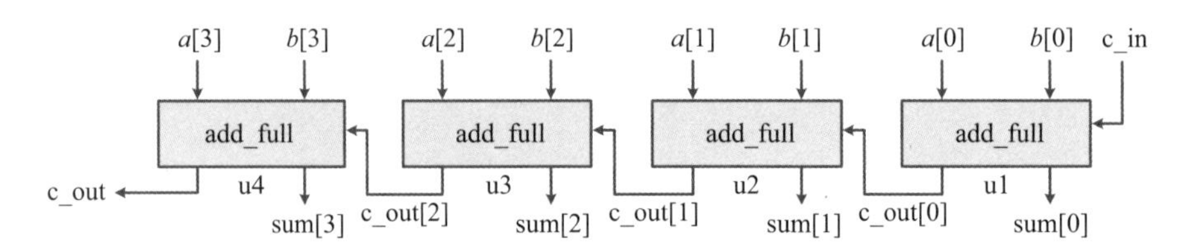

图 5.24 自下而上设计的 4 位加法器

下面是一个采用结构级描述的行波进位加法器的 RTL 代码：

```
// 自下而上方法实现的全加器的结构级描述
module add_rca_4(sum, c_out, a, b, c_in);
output [3:0] sum;
output c_out;
input [3:0] a, b;
input c_in;
wire [2:0] c_out;
add_full u1(sum [0], c_out [0], a [0], b [0], c_in);
add_full u2(sum [1], c_out [1], a [1], b [1], c_out [0]);
add_full u3(sum [2], c_out [2], a [2], b [2], c_out [1]);
add_full u4(sum [3], c_out, a [3], b [3], c_out [2]);
endmodule
```

5.6.3 有符号数运算

在介绍有符号算术运算之前，我们先介绍一下数的反码。对于 n 位二进制数 $x=\{x_{n-1}, x_{n-2}, \cdots, x_0\}$，它的反码是 $y=\{y_{n-1}, y_{n-2}, \cdots, y_0\}$，且

$$x+y=2^n-1 \tag{5.3}$$

例如，4 位二进制数 $x=0001_2$ 对应的反码就是 $y=1110_2$，这是因为 $0001_2(1_{10})+1110_2(14_{10})=2^4-1=15$（$1111_2=15_{10}$）。换句话说，$x$ 的反码就是将 x

的每一位取反即可。例如，将 x 的每一位取反后，就会得到对应的反码 1110_2。在反码数字系统中，x 的反码就是其对应的二进制数负数的表示。因此，在一个反码数字系统中，$x = 0001_2$ 的反码 $y = 1110_2$ 实际上表示的是 -1_{10} 而不是 $+14_{10}$。

表 5.8 是表示 4 位整数 $\{x_3x_2x_1x_0\}$ 常用的三种有符号数表示方法，其中 x_3 是符号位，在反码表示方式和原码表示方式中，存在“两个零”。

表 5.8　有符号数的表示

$x_3x_2x_1x_0$	原　码	反　码	补　码
0111	+7	+7	+7
0110	+6	+6	+6
0101	+5	+5	+5
0100	+4	+4	+4
0011	+3	+3	+3
0010	+2	+2	+2
0001	+1	+1	+1
0000	+0	+0	+0
1000	−0	−7	−8
1001	−1	−6	−7
1010	−2	−5	−6
1011	−3	−4	−5
1100	−4	−3	−4
1101	−5	−2	−3
1110	−6	−1	−2
1111	−7	−0	−1

三种有符号数表示方法的特点总结如下：

（1）原码表示法：这种表示方式虽然比较好理解，但是并不是特别适用于计算机领域，因为需要对符号位和该数的绝对值单独进行处理。

（2）反码表示法：负数和正数之间的转换需要简单地对每一位取反来实现。

（3）补码表示法：正负数之间的转换只需要给对应的反码加一即可实现。一个 n 位无符号数 x 能表示的数值范围为 $0 \leqslant x \leqslant 2^n-1$；而一个 n 位的有符号数 x 能表示的数值范围为 $-2^{n-1} \leqslant x \leqslant 2^{n-1}-1$。

当操作数都是正数时，三种表示方法的加法操作是一样的，但是如果操作数的符号是相反的，那么三种表示方法的加法操作将是不一样的。在没有溢出的情况下，它们之间的差异如下：

（1）原码加法操作：此时需要用较大的数减去较小的数，这也意味着需要用到比较器和减法器。

（2）反码加法操作：可以简单地得到负数，如图 5.25 所示，产生进位时，就需要进行算法修正。

（3）补码加法操作：如图 5.25 所示，忽略进位位时不需要进行修正。

反码加法的实现

(+5) + (+2) = (+7)	0101 + 0010 = 0111	(−5) + (+2) = (−3)	0101 + 0010 = 0111
(+5) + (−2) = (+3)	0101 + 0010 = 1 0111 → +1 → 0011	(−5) + (−2) = (−7)	0101 + 0010 = 1 0111 → +1 → 0011

补码加法的实现

(+5) + (+2) = (+7)	0101 + 0010 = 0111	(−5) + (+2) = (−3)	0101 + 0010 = 0111
(+5) + (−2) = (+3)	0101 + 0010 = 1 0111（1 忽略）	(−5) + (−2) = (−7)	0101 + 1110 = 1 1001（1 忽略）

图 5.25 反码和补码的加法操作

1. 补码加减法基础

补码的减法操作就是将减数变成其补码，然后按照加法进行操作，如图 5.26 所示。

通过将加法器的进位输入设置为 1，可以实现加法器的最低有效位加 1 的操作。因此，对于补码的减法转换操作不需要额外的硬件资源。如图 5.27 所示，直接将进位输出位忽略掉，可以避免算法的修正，其中 $\overline{\text{Add}}/\text{Sub}$ 用于控制是否进行加法（$\overline{\text{Add}}/\text{Sub}$ 为 0）或者减法（$\overline{\text{Add}}/\text{Sub}$ 为 1）操作。当 $\overline{\text{Add}}/\text{Sub}$ 为 0 时，异或门的输出 $y=\{y_{n-1}, \cdots, y_1, y_0\}$，进位输入 $c_{n-1}=0$。当为 1 时，异或门的输出是 y 的反码，即 $\{\overline{y_{n-1}}, \cdots, \overline{y_1}, \overline{y_0}\}$，进位输入 $c_{n-1}=1$。因此，$\overline{\text{Add}}/\text{Sub}$ 为 0 时，实现的

十进制	二进制减法		转换为补码加法
(+5) − (+2) = (+3)	0101 − 0010	⟶	0101 + 1110 = 1 0011（1 忽略）
(−5) − (+2) = (−7)	1011 − 0010	⟶	1011 + 1110 = 1 1001（1 忽略）
(+5) − (−2) = (+7)	0101 − 1110	⟶	0101 + 0010 = 0111
(−5) − (−2) = (−3)	1011 − 1110	⟶	1011 + 0010 = 1101

图 5.26 补码的减法操作

是 $x = \{x_{n-1}, \cdots, x_1, x_0\}$ 和 y 的加法操作。当 $\overline{\text{Add}}/\text{Sub}$ 为 1 时，进行的是 x 和 y 的补码的加法操作，实际上实现的是从 x 中减去 y 的操作。所以，除了异或门外，无需额外的硬件，加法操作和减法操作就可以共享相同的加法器电路。

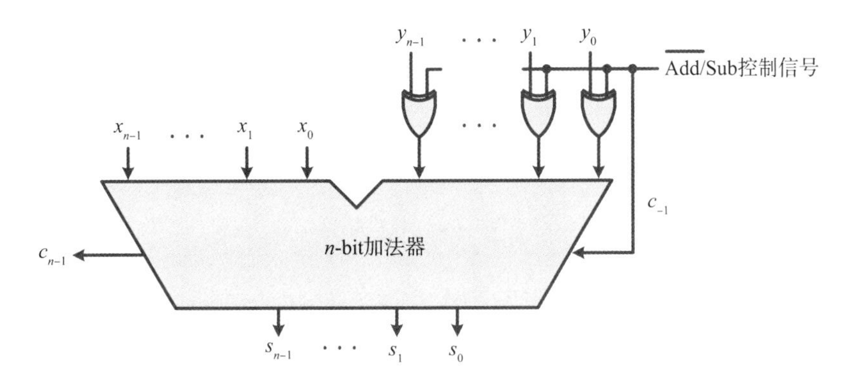

图 5.27 补码的加减法操作

如果有一个 n 位有符号数，那么结果的取值范围应该为 $-2^{n-1} \sim 2^{n-1}-1$，否则将会出现溢出。当结果表示的数值太大或者太小时，就会发生溢出。因此，可以很直观地得出，只有当输入 x 和 y 具有相同的符号时才会发生溢出。检测是否发生溢出的一种方法就是检查和的符号位。如果和的符号位与 x 和 y 的符号位不同，那么就可以确定发生了溢出。更具体地说，可以通过布尔表达式表示为：

$$\text{溢出} = x_{n-1} \cdot y_{n-1} \cdot \overline{s_{n-1}} + \overline{x_{n-1}} \cdot \overline{y_{n-1}} \cdot s_{n-1} \tag{5.4}$$

表 5.9 给出了采用式（5.4）检测两个 3 位有符号数和的溢出。同时，为了表示方便，表中的 $y_2y_1y_0 = 001(+1)$ 是固定的。当然，其他减数的结果也可以像表格中给出的方式得到，在此不再赘述。

表 5.9 采用式（5.4）检测两个 3 位有符号数的和

$x_2x_1x_0$	$y_2y_1y_0$	c_2	$s_2s_1s_0$	溢 出
011(+3)	001(+1)	0	100(−4)	1
010(+2)	001(+1)	0	011(+3)	0
001(+1)	001(+1)	0	010(+2)	0
000(+0)	001(+1)	0	001(+1)	0
100(−4)	001(+1)	0	101(−3)	0
101(−3)	001(+1)	0	110(−2)	0
110(−2)	001(+1)	0	111(−1)	0
111(−1)	001(+1)	1	000(+0)	0

另一种检测溢出的方法如图 5.28 所示。

	$c_3c_2c_1c_0$		$c_3c_2c_1c_0$
	溢出 [01]10		0000
(+7)	0111	(−7)	1001
+ (+2)	+0010	+ (+2)	+0010
(+9)	1001	(−5)	1011

	$c_3c_2c_1c_0$		$c_3c_2c_1c_0$
	1110		溢出 [10]00
(+7)	0111	(−7)	1001
+ (−2)	−1110	+ (−2)	+1110
(+5)	10101	(−9)	10111

图 5.28 检测 3 位有符号数加减补码溢出的另一种方法

示例中，当全加器进位输出的第三位和第四位不同时，溢出就会产生，对应的表达式为

$$溢出 = c_3\cdot\overline{c_2}+\overline{c_3}\cdot c_2=c_3 \oplus c_2$$

对于 n 位数据，可表示为

$$溢出 = c_{n-1} \oplus c_{n-2} \tag{5.5}$$

那么，如何解释计算得到的结果呢？下面分两种情况进行讨论。图 5.29 中，注意观测全加器 FA_{n-1} 的最左侧，情况一（图 5.29（a））：进位输入为 0，进位输出为 1。如果进位输入为 0，那么只有在 $x_{n-1}=1$ 和 $y_{n-1}=1$ 时，进位输出才会为 1，此时 s_{n-1} 为 0，进位输出位 1，将两个负数相加，和为正数就属于这种情况。情况二（图 5.29（b））：进位输入为 1，进位输出为 0。在进位输入为 1 的情况下，只有在 $x_{n-1}=0$ 和 $y_{n-1}=0$ 时，进位输出才会为 0。此时 s_{n-1} 为 1，进位输出为 0，将两个正数相加，和为负数就属于这种情况。

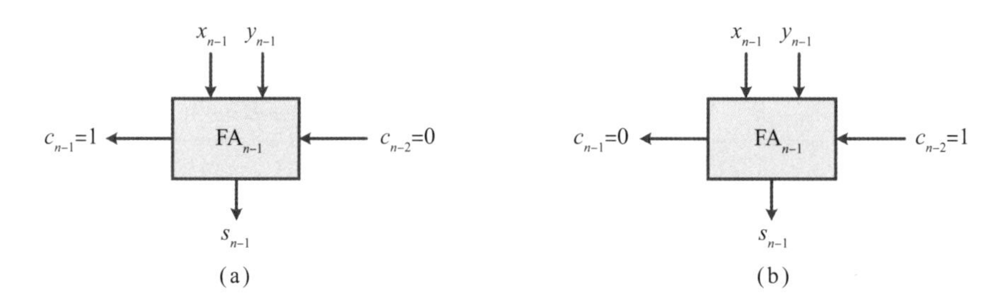

图 5.29 另一种检测溢出的方法

2. Verilog 实现补码的加减法

当输出结果的位宽与操作数的位宽不一致或者操作数的位宽不一致时，在进行运算时需要额外注意，代码如下所示：

```
// 结果位宽比操作数位宽宽
wire [2:0] a, b;
wire [3:0] c;
```

```
assign c = a+b;
//不同位宽的操作数
wire [7:0] d;
wire [3:0] e;
wire [7:0] f;
assign f = d+e;
```

在这段代码中，如果 a 和 b 都是无符号数，因为操作数的高位会补零，所以不会产生什么问题。但是如果 a 和 b 是有符号数，如果给 a 和 b 的左侧补零，使其成为 4 位数，那么计算的结果将是不正确的。但是如果我们使用符号位进行位宽拓展，那么我们将会获得正确的结果，如图 5.30 所示。

```
  0010  (+2)
+ 0101  (-3)
  ----
  0111  (+7) ——→ 不正确

  0010  (+2)
+ 1101  (-3)
  ----
  1111  (-1) ——→ 正 确
```

图 5.30 使用 Verilog 实现补码运算可能存在的问题

因此，可以使用 c = {a[2], a}+{b[2], b} 这种方式来对 a 和 b 的符号位进行扩展，实现起来也很简单，就是将操作数的符号位扩展至需要的结果位数。例如，一个五位无符号数 01010（十进制数的 10），在不影响其值的情况下变为 8 位无符号数 00001010（十进制数的 10）。一个五位有符号数 11010（十进制数的 −6），在不影响其值的情况下变为 8 位有符号数 11111010（十进制数的 −6）。因此，要扩展一个数的位宽，必须在不改变其值的情况下，对其符号位进行扩展。

对于 f = d+e 也可以得到类似的结果，其中操作数具有不同的位宽度，因此需要对 e 进行符号位扩展，即 f = d+{{4{e[3]}}, e}。

如果不想手动进行符号位扩展，那么，可以采用 Verilog-2001 中有符号数的声明方式进行声明，这种声明方式很便捷，综合工具会自动综合和优化有符号数算法。

```
//通过有符号声明实现符号位扩展
wire signed [2:0] a, b;
wire signed [3:0] c;
wire signed [7:0] d;
wire signed [3:0] e;
wire signed [7:0] f;
assign c = a+b;
assign f= d+e;
```

当然也可以使用 Verilog-2001 中支持的有符号系统任务，如下所示：

```
//有符号系统任务实现符号位扩展
wire signed [2:0] a, b;
wire signed [3:0] c;
```

```
wire signed [7:0] d;
wire signed [3:0] e;
wire signed [7:0] f;
c = $signed(a)+$signed(b);
f = $signed(d)+$signed(e);
```

输入输出端口在声明的时候也可以指定“signed”，如下所示：

```
// 有符号端口声明
input signed [2:0] a, b;
output signed [3:0] c;
```

除了符号扩展之外，有符号定点数在进行加法操作时，需要对齐操作数的二进制小数点，然后依然采用有符号声明的方式进行运算，不需要手动进行符号位扩展。下面 Verilog 代码所示是将定点数 $s(2, 4)$ 和定点数 $s(4, 2)$ 相加的示例，$s(4, 2)$ 的二进制小数点首先必须和 $s(2, 4)$ 的小数点对齐，之后，就可以根据有符号数的声明方式推断出加法器。

```
// 有符号定点数加法
module fixed_add_signed(y, a, b);
output signed [4:-3] y;            // 格式为 s(5.3) 的定点数
input signed [1:-3] a;             // 格式为 s(2.3) 的定点数
input signed [3:-2] b;             // 格式为 s(4.2) 的定点数
wire signed [3:-3] b_align;        // 格式为 s(4.3) 的定点数
// 对齐二进制小数点
assign b_align = {b, 1'b0};
// 格式为 s(5.3) 的定点数
assign y = a+b_align;
endmodule
```

总之，在硬件中使用有符号数声明来推断出有符号数加法器和减法器是最方便的。

只需要最开始声明操作数和结果所需要的位数即可，工具将会自动实现符号位的扩展，不需要手动对操作数进行符号位扩展，也不需要在门级去实现它们。也就是说，我们只需要在 RTL 中描述加法器 / 减法器的行为即可，其他更细节的实现留给综合工具处理完成。但是，仍然需要保证定点数二进制小数点的对齐。

3. Verilog 实现补码的乘法

如果要实现有符号数的乘法，那么需要手动对操作数的符号位进行扩展。在下面的示例中，描述了一个 10 位乘 10 位的无符号数乘法器，其中不必要的位将会被综合工具优化删除掉。

```
// 无符号数乘法
```

```
wire [4:0] a, b;
wire [9:0] c;
assign c = {{5{a [4]}}, a}*{{5{b [4]}}, b};
```

也可以采用 Verilog-2001 有符号数声明的方式描述如下：

```
// 有符号数乘法
// 通过有符号声明实现符号位扩展
wire signed [4:0] a, b;
wire signed [9:0] c;
// 将综合出 5 位 ×5 位有符号乘法器
assign c = a * b;
```

当然，也可以通过 Verilog-2001 中的有符号系统任务进行描述，代码如下所示：

```
// 有符号数乘法
// 通过有符号任务实现符号位扩展
wire [4:0] a, b;
wire [9:0] c;
// 将综合出 5 位 ×5 位有符号乘法器
assign c = $signed(a) * $signed(b);
```

对于有符号定点数的乘法，不需要对二进制小数点进行对齐。因此，可以使用有符号的声明方式，而不需要手动进行符号位扩展，代码示例如下所示：

```
// 有符号定点数乘法
module fixed_mul_signed(y, a, b);
output signed [5:-5] y;     // 格式为 s(6.5) 的定点数
input signed [1:-3] a;      // 格式为 s(2.3) 的定点数
input signed [3:-2] b;      // 格式为 s(4.2) 的定点数
// 格式为 s(6.5) 的定点数
assign y = a * b;
endmodule
```

总之，在硬件中使用有符号数声明的方式来推断有符号数乘法器是最方便的方式，也就是说，我们在 RTL 代码中描述乘数器的行为即可，其他更细节的实现留给综合工具处理完成。

4. 设计的位宽

为了保证加法操作 $z=x+y$ 不产生溢出，例如两个 3 位无符号数相加，它们的和就需要 4 位，这是因为 $0 \leqslant x \leqslant 7$，$0 \leqslant y \leqslant 7$，所以它们和的取值范围为 $0 \leqslant z \leqslant 14$，而为了能够表示这个范围内所有的数，就必须使用 4 位无符号数表示。对应的 RTL 代码如下：

```
// 无符号数加法
```

```
// 工具自动补零
wire [2:0] x, y;
wire [3:0] z;
assign z = x+y;
```

类似地，如果3位有符号数相加，那么结果需要4位宽表示。下面RTL代码示例中，$-4 \leqslant x \leqslant 3$，$-4 \leqslant y \leqslant 3$，它们的和是一个有符号4位数，取值范围为$-8 \leqslant z \leqslant 6$。

```
// 有符号数加法
// 工具自动进行符号位扩展
wire signed [2:0] x, y;
wire signed [3:0] z;
assign z = x+y;
```

如果一个3位无符号数和一个3位无符号数相乘，那么结果需要用6位表示。下面RTL代码示例中，$0 \leqslant x \leqslant 7$，$0 \leqslant y \leqslant 7$，它们的乘积是一个无符号6位数，取值范围为$0 \leqslant z \leqslant 49$。

```
// 无符号数乘法
// 工具自动补零
wire [2:0] x, y;
wire [5:0] z;
assign z = x * y;
```

如果3位有符号数相乘，那么结果需要6位宽表示。下面的RTL代码示例中，$-4 \leqslant x \leqslant 3$，$-4 \leqslant y \leqslant 3$，它们的乘积是一个有符号4位数，取值范围为$-12 \leqslant z \leqslant 16$。

```
// 有符号数乘法
// 工具自动进行符号位扩展
wire signed [2:0] x, y;
wire signed [5:0] z;
assign z = x * y;
```

由上可知，3位有符号数乘以3位有符号数，结果z需要6位表示。如图5.31所示，乘法器的结果需要累加8次得到，因此累加器的输出y需要$6+3=9$（不是$6+7=13$位）位。

5. 关于溢出检测的更多内容

补码可以用图5.32所示的圆圈表示，通过顺时针和逆时针操作可以实现加法和减法操作。例如，对于一个4位有符号数，$7(0111_2)$加上$1(0001_2)$，如果溢出发生将会得到$-8(1000_2)$。如果给结果$-8(1000_2)$加上$-1(1111_2)$，将会再次得到7(01112)。因此，补码的优点在于可以巧妙地处理溢出。

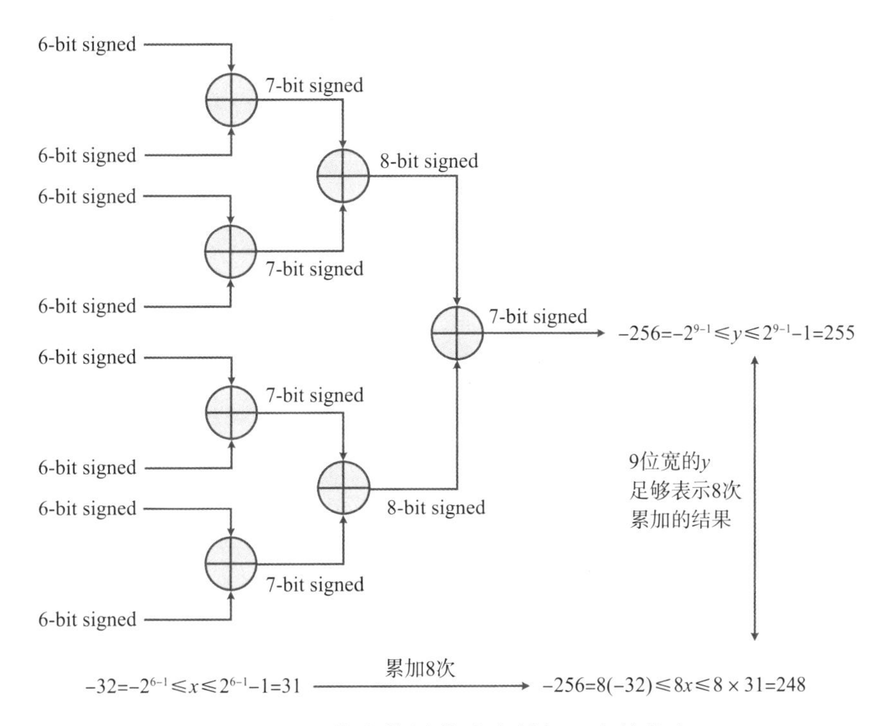

图 5.31 3 位有符号数乘法累加 8 次的位宽

通常，溢出属于一种错误情况。加法器会在发生溢出时进行取模操作。例如，如果有两个无符号 3 位数 $a = 111_2$ 和 $b = 010_2$，那么 $a+b$ 将会得到 001_2（$7_{10}+2_{10} = 1_{10}(\mathrm{mod}\ 8_{10})$）。如果发生了临时溢出，只要保证最终结果没有溢出，那么最终结果就是正确的，但是如果最终结果发生了溢出，那么此时就可能存在比较严重的错误。例如上面的示例中，结果就会从 9_{10} 变成 1_{10}。

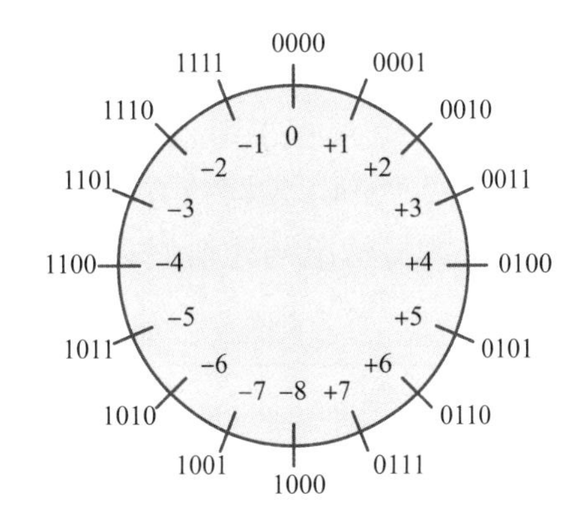

图 5.32 使用圈表示 4 位有符号整数

因此，通常期望有一个饱和加法器，对于 n 位有符号数产生溢出时，产生的结果在 $2^{n-1}-1$ 和 -2^{n-1} 之间，而不会产生取模的结果。为了消除算术运算产生的巨大误差，通常采用饱和算术运算，其中所有的加法运算和乘法运算都被限制在一个固定的最小值和最大值范围之间，并且饱和算法需要进行溢出检测。

在式（5.5）中，使用进位输出作为溢出检测，并且只需要一个异或门即可。然而，在 Verilog 中，使用行为级算术操作符“+”描述进位输出并不容易，因此，除了检测式（5.5）中的进位输出之间的差别外，我们还可以检测产生溢出的和各位之间的差异，如下式所示：

$$溢出 = s_n \oplus s_{n-1} \tag{5.6}$$

其中，s_n 和 s_{n-1} 分别表示去掉 1 位之前和之后，扩展符号的加法的和的符号位；$\oplus$表示按位异或。直观上观察，当 s_n 和 s_{n-1} 不同，即符号位不同时，检测器会输出一个溢出事件。

其实可以通过推导证明式（5.5）和式（5.6）是等价的。由于对 n 位有符号数 x 和 y 的和 $s=x+y$ 的符号位进行了扩展，所以，s 是 $n+1$ 位有符号数，我们有 $x_n=x_{n-1}$ 和 $y_n=y_{n-1}$，因此有

$$s_n = x_n \oplus y_n \oplus c_{n-1} = x_{n-1} \oplus y_{n-1} \oplus c_{n-1} \tag{5.7}$$

和

$$s_{n-1} = x_{n-1} \oplus y_{n-1} \oplus c_{n-2} \tag{5.8}$$

将式（5.7）和式（5.8）带入式（5.6），有

$$溢出 = (x_{n-1} \oplus y_{n-1} \oplus c_{n-1}) \oplus (x_{n-1} \oplus y_{n-1} \oplus c_{n-2}) \tag{5.9}$$

根据异或操作符的交换特性 $A \oplus B = B \oplus A$，且 $A \oplus A = 0$，我们可以将式（5.9）重写如下：

$$\begin{aligned} 溢出 &= (x_{n-1} \oplus y_{n-1}) \oplus (x_{n-1} \oplus y_{n-1})(c_{n-1} \oplus c_{n-2}) \\ &= c_{n-1} \oplus c_{n-2} \end{aligned} \tag{5.10}$$

表 5.10 展示了两个 3 位有符号数使用式（5.6）检测溢出的情况，与表 5.9 中使用式（5.4）表述的方式一样。为了简化起见，将减数 $y_2y_1y_0=001(+1)$ 固定，其他减数的情况与此类似，这里不再赘述。

表 5.10　使用式（5.6）检测两个 3 位数和溢出的示例

$x_2x_1x_0$	$y_2y_1y_0$	c_2	$s_2s_1s_0$	溢　出
011(+3)	001(+1)	0	100(−4)	1
010(+2)	001(+1)	0	011(+3)	0
001(+1)	001(+1)	0	010(+2)	0
000(+0)	001(+1)	0	001(+1)	0
100(−4)	001(+1)	1	101(−3)	0
101(−3)	001(+1)	1	110(−2)	0
110(−2)	001(+1)	1	111(−1)	0
111(−1)	001(+1)	0	000(+0)	0

式（5.6）中的溢出检测可以推广到在其他算术运算符（例如乘法）丢弃超过一位的情况，这时问题就变成了量化的问题。也就是说，如果一个无溢出的算术运算的原始结果 s 有 m 位，并且需要截断 p 位（$p \geqslant 1$），使得 $s_{m-1}, s_{m-2}, \cdots, s_{m-p}$ 被丢弃掉，s_{m-p-1} 是截断后结果的符号位，则

$$\{\underbrace{s_{m-1},\ s_{m-2},\ \cdots,\ s_{m-p}}_{\text{丢弃}},\ \underbrace{s_{m-p-1},\ \cdots,\ s_1,\ s_0}_{\text{保留}}\}$$

当溢出发生时，可以通过下面的布尔表达式检测到溢出：

$$\text{溢出} = s_{m-1} \oplus s_{m-2} + s_{m-1} \oplus s_{m-3} + \cdots + s_{m-1} \oplus s_{m-p-1} \tag{5.11}$$

为了消除溢出，丢弃的位必须是一些不相关的符号位，例如 s_{m-1}, s_{m-2}, $\cdots$, s_{m-p-1} 必须要一样。换句话说，如果原始结果的符号位 s_{m-1} 与丢弃的符号位 s_{m-2}, $\cdots$, s_{m-p-1} 和剩余要保留的符号位 s_{m-p-1} 不一致，就会产生溢出。

对于饱和算法来说，我们经常需要分别检测“正”溢出和“负”溢出。正（负）溢出指的是原始结果 s 大于（小于）量化后结果所能表示的最大正（最小负）。

正溢出的布尔方程可表示如下：

$$\begin{aligned}\text{正溢出} &= \overline{s_{m-1}} \cdot s_{m-2} + \overline{s_{m-1}} \cdot s_{m-3} + \cdots + \overline{s_{m-1}} \cdot s_{m-p-1} \\ &= \overline{s_{m-1}} \cdot \left(s_{m-2} + s_{m-3} + \cdots + s_{m-p-1}\right)\end{aligned} \tag{5.12}$$

也就是说，当 s 为正（$s_{m-1}=0$），但 s_{m-2}, s_{m-3}, $\cdots$, s_{m-p-1} 等任何位为负（逻辑 1）时，就表示发生了正溢出。

类似地，负溢出的布尔方程可表示如下：

$$\text{负溢出} = s_{m-1} \cdot \left(\overline{s_{m-2}} + \overline{s_{m-3}} + \cdots + \overline{s_{m-p-1}}\right) \tag{5.13}$$

也就是说，当 s 为负（$s_{m-1}=1$），但 s_{m-2}, s_{m-3}, $\cdots$, s_{m-p-1} 等任何位为正（逻辑 0）时，就表示发生了负溢出。

表 5.11 给出了将 5 位有符号数 s 截断为 3 位有符号数 z 的溢出检测，这些截断的位是 $\{s_4, s_3, s_2\}$，正溢出和负溢出的检测可以用布尔方程表示为

$$\text{正溢出} = \overline{s_4} \cdot (s_3 + s_2) \tag{5.14}$$

$$\text{负溢出} = s_4 \cdot (\overline{s_3} + s_2) \tag{5.15}$$

表 5.11 5 位有符号数 s 截断为 3 位有符号数 z 的溢出检测

$s_4s_3s_2s_1s_0$	$z_2z_1z_0$	溢出
01111(+15)	111(−1)	1（正溢出）
01110(+14)	110(−2)	1（正溢出）
01101(+13)	101(−3)	1（正溢出）
01100(+12)	100(−4)	1（正溢出）
01011(+11)	011(+3)	1（正溢出）
01010(+10)	010(+2)	1（正溢出）
01001(+9)	001(+1)	1（正溢出）
01000(+8)	000(+0)	1（正溢出）

续表 5.11

$s_4s_3s_2s_1s_0$	$z_2z_1z_0$	溢 出
00111(+7)	111(−1)	1（正溢出）
00110(+6)	110(−2)	1（正溢出）
00101(+5)	101(−3)	1（正溢出）
00100(+4)	100(−4)	1（正溢出）
00011(+3)	011(+3)	0
00010(+2)	010(+2)	0
00001(+1)	001(+1)	0
00000(+0)	000(+0)	0
10000(−16)	000(+0)	1（负溢出）
10001(−15)	001(+1)	1（负溢出）
10010(−14)	010(+2)	1（负溢出）
10011(−13)	011(+3)	1（负溢出）
10100(−12)	100(−4)	1（负溢出）
10101(−11)	101(−3)	1（负溢出）
10110(−10)	110(−2)	1（负溢出）
10111(−9)	111(−1)	1（负溢出）
11000(−8)	000(+0)	1（负溢出）
11001(−7)	001(+1)	1（负溢出）
11010(−6)	010(+2)	1（负溢出）
11011(−5)	011(+3)	1（负溢出）
11100(−4)	100(−4)	1（负溢出）
11101(−3)	101(−3)	1（负溢出）
11110(−2)	110(−2)	1（负溢出）
11111(−1)	111(−1)	1（负溢出）

n 位无符号数的饱和加法比有符号数的饱和加法要简单得多，因为它主要关注第 $n-1$ 个全加器的进位输出 s_n，可通过 Verilog 中的算术运算符“+”得到。下面示例是使用 n 位加法器和 n 位选择器来产生最终结果 sum_q。

```
// 通过无符号数的和检测溢出
// 丢弃一位
wire [2:0] x, y;
wire  [2:0] sum_ q;    // 量化和
wire [3:0] sum;        // 原始和
assign sum = x+y;
// 当产生溢出时选择最大输出
assign sum_ q = sum [3]?3'b111:sum [2:0];
```

通常情况下，如果将 m 位无符号算术运算的结果 s 截掉 p 位（$p \geqslant 1$），即 s_{m-1}, s_{m-2}, $\cdots$, s_{m-p} 被丢弃，s_{m-p-1} 就变成截断后结果的符号位了。因此，当溢出发生时，就可以通过下面的布尔表达式检测到：

$$溢出 = s_{m-1}+s_{m-1}+\cdots+s_{m-p} \tag{5.16}$$

也就是说，任何截断位只要具有逻辑 1 就会产生溢出。

```
// 通过无符号数的和检测溢出
// 丢弃三位
wire [7:0] x, y;4
wire [5:0] sum_q;    // 量化和
wire [8:0] sum;      // 原始和
assign sum = x+y;
// 当产生溢出时选择最大输出
assign sum_q = | sum [8:6]?6'b11_1111:sum [5:0];
```

6. 数字信号处理系统的位宽设计

定点数在 Verilog 中的表示和声明方式如表 5.12 所示。

表 5.12 定点数的表示和声明

表　示	Verilog 声明	示　例
$u(p.f)$	$a[(p-1):-f]$	$u(8.8)a[7:-8]$
$s(p.f)$	$a[(p-1):-f]$	$s(8.8)a[7:-8]$

在无符号数和有符号数中，$a[(p-1):-f]$ 表示为

$$\{\underbrace{a_{p-1}, a_{p-2}, \cdots, a_0}_{P} \quad \underbrace{a_{-1}, \cdots, a_{-f+1}, a_{-f}}_{f}\}$$

其中，p 和 f 分别指所要表示数字的整数部分和小数部分；“.”仍然表示的是二进制小数点；a_{p-1} 为有符号数的符号位。

下面我们设计图 5.33 中数字信号处理系统的位宽，其中方框图中标出了定点数的表示及其声明。注意，为了节省乘积的一位，乘积 c 用 $s(1.30)$ 表示。块 Q 使用舍入的方式对数字进行量化，块 S 对产生的溢出结果进行钳位或者饱和计算，以尽量减少错误，块 R 表示寄存器。

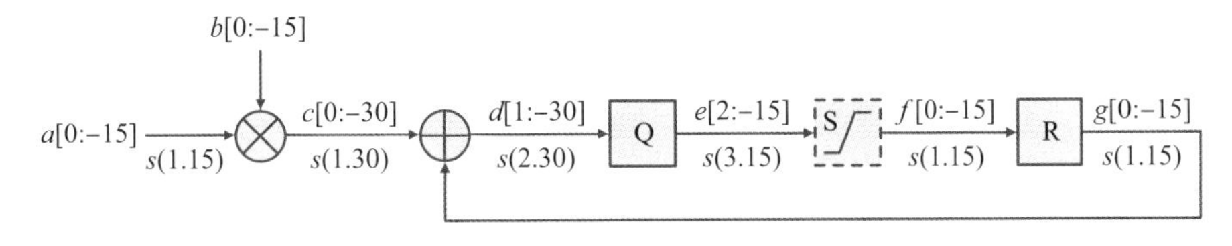

图 5.33 乘法累加电路

在进行定点数加法时，必须将它们的二进制小数点对齐。因此，给格式为 $s(1.15)$ 的数 $g[0:-15]$ 左侧补 15 位的 0，得到格式为 $s(1.30)$ 的数。另外，如果位选操作数（被视作无符号数）的位数不足以进行算术运算，就需要进行手动

的符号位扩展。此外，格式为 $s(1.15)$ 的 f 的最大正值为 0111_1111_1111_11112 或 16'h7fff，格式为 $s(1.15)$ 的 f 的最大负值为 1000_0000_0000_00002 或 16'h8000。图 5.33 中的定点设计对应的 RTL 模型描述如下：

```
//DSP 系统：乘法累加电路
wire signed [0:-15] a, b, f;
wire signed [0:-30] c;
wire signed [1:-30] d;
wire signed [2:-15] e;
reg signed [0:-15] g;
assign c = a * b;
//g 按照 s(1.30) 格式对齐
assign d = c+{g, 15'b0};
//d 的位选数据需要手动进行符号位扩展
//d 的位选数据被视作无符号数
assign e={d [1], d [1:-15]}+d [-16];
// 溢出检测：of_pos 指正溢出
assign of_pos =~e [2] & (e [1] | e [0]);
// 溢出检测：of_neg 指负溢出
assign of_neg = e [2] & (~e [1] | ~e [0]);
// 饱和运算
assign f = of_pos?16'h7fff:(of_neg ?16'h8000:e [0:-15]);
always @ (posedge clk)
g <= f;
```

5.6.4 算术逻辑单元

算术逻辑单元（ALU）是中央处理器（CPU）的组成部分，这里我们基于表 5.13 所示的功能设计一个 ALU。

表 5.13 ALU 功能

选择信号	操 作	功 能	实 现
0000	$y=a$	传输 a	算术单元
0001	$y=a+1$	a 增加 1	算术单元
0010	$y=a+b$	加 法	算术单元
0011	$y=b+1$	b 增加 1	算术单元
0100	$y=a+$	a 与 b 的反码之和	算术单元
0101	$y=a-b$	减 法	算术单元
0110	$y=a-1$	a 减 1	算术单元
0111	$y=b$	传输 b	算术单元
1000	$y=a\&b$	逻辑与	逻辑单元
1001	$y=a\|b$	逻辑或	逻辑单元
1010	$y=a\hat{}b$	逻辑异或	逻辑单元

续表 5.13

选择信号	操　作	功　能	实　现
1011	$y=$	a 反码	逻辑单元
1100	$y=$	b 反码	逻辑单元
1101	$y=a$	a 右移	逻辑单元
1110	$y=a$	a 左移	逻辑单元
1111	$y=0$	传递 0	逻辑单元

对应的 RTL 代码描述如下：

```
//算术逻辑单元模块
module   alu(y, sel, a, b);
output [7:0] y;
input [3:0] sel;
input [7:0] a, b;
reg      [7:0] y;
always @ (sel or a or b)
case(sel)
  4'b0000:y = a;
  4'b0001:y = a+1;
  4'b0010:y = a+b;
  4'b0011:y = b+1;
  4'b0100:y = a+~ b;
  4'b0101:y = a+~ b+1;
  4'b0110:y = a-1;
  4'b0111:y = b;
  4'b1000:y = a & b;
  4'b1001:y = a | b;
  4'b1010:y = a ^ b;
  4'b1011:y =~ a;
  4'b1100:y =~ b;
  4'b1101:y = a>>1;
  4'b1110:y = a<<1;
  4'b1111:y =0;
  default:y =8'bX;
  endcase
 endmodule
```

5.6.5 超前进位加法器

超前进位加法器（CLA）是一种我们经常使用的快速加法器。考虑到全加器电路，我们定义第 i 级的进位产生为 g_i，进位传播为 p_i，则

$$p_i = a_i \oplus b_i$$

$$g_i = a_i \cdot b_i$$

其中，a_i 和 b_i 为加法器的操作数。值得注意的是，p_i 和 g_i 与第 i 级的进位输入 c_{i-1} 无关。根据全加器的布尔方程我们得到输出和 s_i 与进位 c_i：

$$s_i = (a_i \oplus b_i) \oplus c_{i-1}$$

$$c_i = a_i \cdot b_i + (a_i \oplus b_i) \cdot c_{i-1}$$

更进一步第 i 级加法器可表示为

$$\begin{aligned} s_i &= p_i \oplus c_{i-1} \\ c_i &= g_i + p_i \cdot c_{i-1} \end{aligned} \tag{5.17}$$

如上所示，当 a_i 和 b_i 均为 1 时，g_i 产生的进位 c_i 为 1，进位传播 p_i 决定了进入第 i 级的进位，即 c_{i-1} 是否会通过 c_i 传播到 i+1 级。

式（5.17）中的进位输出 c_i 是一个迭代方程。现在我们写出每一级的进位输出 c_i（$i = 0, 1, \cdots$），同时将前一级的 c_{i-1} 代入，直到输入进位 c_{-1}：

$$c_0 = g_0 + p_0 \cdot c_{-1}$$

$$c_1 = g_1 + p_1 \cdot c_0 = g_1 + p_1 \cdot g_0 + p_1 \cdot p_0 \cdot c_{-1}$$

$$c_2 = g_2 + p_2 \cdot c_1 = g_2 + p_2 \cdot g_1 + p_2 \cdot p_1 \cdot g_0 + p_2 \cdot p_1 \cdot p_0 \cdot c_{-1}$$

……

这个过程可以不断继续下去，直到所有的进位都用 g_i、p_i 和 c_{-1} 表示为止。如上所述，c_i 的值取决于 g_i、p_j（$j = i, i_{-1}, \cdots, 0$）和 c_{-1}，而与 c_{i-1} 无关。CLA 的进位不需要像行波进位加法器那样传播。因此，CLA 比传统的行波进位加法器计算得更快。但是，将式（5.17）的迭代方程展开后，c_i 中不再包含 c_{i-1}，所以 CLA 的电路面积相较于行波进位加法器要大。

类似地，输出和 s_i 也可以用 g_i、p_i 和 c_{-1} 表示如下：

$$s_0 = p_0 \oplus c_{-1}$$

$$s_1 = p_1 \cdot c_0 = p_1 \oplus (g_0 + p_0 \cdot c_{-1})$$

$$s_2 = p_2 \oplus c_1 = p_2 \oplus (g_0 + p_1 \cdot g_0 + p_1 \cdot p_0 \cdot c_{-1})$$

……

CLA 的原理图如图 5.34 所示。CLA 完成加法操作比行波进位加法器用时更少，因为其中的 c_3 的产生不需要等待 c_2 和 c_1。与图 5.5 所示的行波进位加法器和图 5.4 所示的全加器相比，CLA 运算速度的提高是以牺牲额外的硬件为代价的。

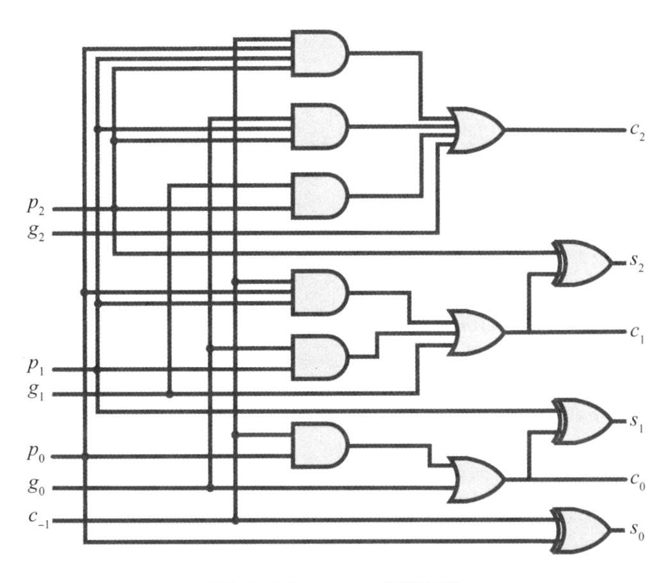

图 5.34　CLA 原理图

5.6.6 复数乘法器

两个复数 $x=a+b\text{j}$ 和 $y=c+d\text{j}$ 相乘得到：

$$z=x\times y=(a+b\text{j})\times(c+d\text{j})=(ac-bd)+(bc+da)\text{j} \tag{5.18}$$

其中，$\text{j}=\sqrt{-1}$。如图 5.35 所示，完成上述运算需要四次乘法操作和两次加法操作，其中 a、b、c 和 d 的格式均为 $s(1.15)$。模块 Q 采用舍入的方法对数据进行量化处理。模块 S 对溢出结果进行钳制饱和处理，尽量减少错误的出现。当然，我们也可以使用三个乘法器来实现 ad、bc 和 $(a-b)(c+d)$，但是我们这里使用四个乘法器表示该电路，从实现上看更加直观。

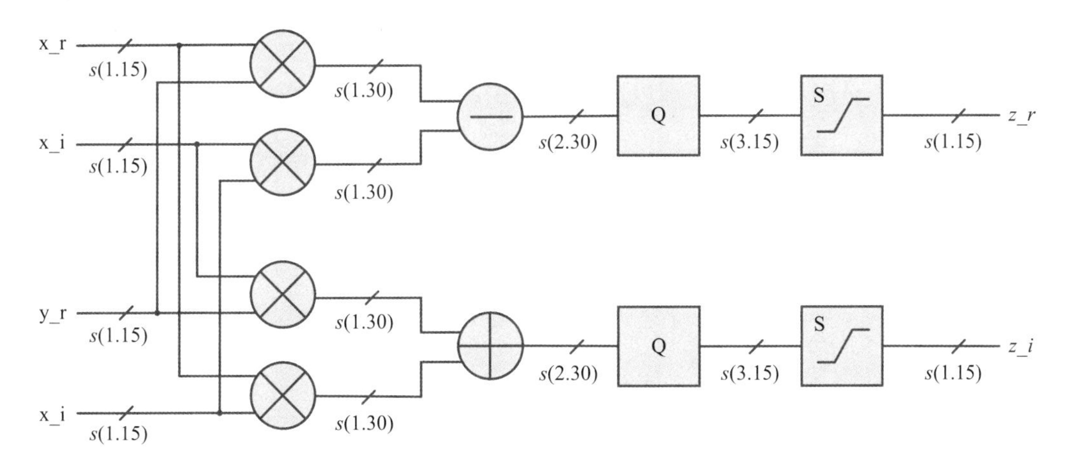

图 5.35　复数乘法器（x_r、x_i、y_r、y_i、z_r 和 z_i 分别是 x 的实部、x 的虚部、y 的实部、y 的虚部、z 的实部和 z 的虚部）

我们的复数乘法器采用的是 $s(1.15)$ 有符号定点格式，这在许多信号处理任务中很常见。为了避免溢出错误或在最终求和后损失精度，需要保持中间值为全位宽。对于格式为 $s(p.f)$ 的有符号定点数 a 来说，其动态范围为 $-2^{p-1} \leqslant a \leqslant 2^{p-1}-r$，其中 $r=2^{-f}$。例如，格式为 $s(1.15)$ 的有符号定点数的动态范围为 $-1 \leqslant a \leqslant 1-2^{-15}$，将两个格式都为 $s(1.15)$ 的数 a 和 b 相乘，得到的乘积的动态范围为 $-(1-2^{-15}) \leqslant ab \leqslant 1$，因此，需要一个动态范围为 $-2 \leqslant c \leqslant 2-2^{-30}$，格式为 $s(2.30)$ 的有符号定点数 c。但是，如果可以忽略 $a=-1$ 和 $b=-1$ 求得的 ab 的最大值 1，则用一个动态范围为 $-1 \leqslant d \leqslant 1-2^{-30}$，格式为 $s(1.30)$ 的有符号定点数就足以表示它们的乘积了，这样表示后，可以将这两个有符号定点数的乘积减少一位。

然后，将格式为 $s(1.30)$ 的有符号数的乘积相加，得到格式为 $s(2.30)$ 的结果。紧接着对格式为 $s(2.30)$ 的结果进行量化处理，即实部 s_rnd_r 和虚部 s_rnd_i 通过舍入的方法得到格式为 $s(3.15)$ 的结果。在最后的阶段，使用限幅器检查溢出，使格式为 $s(3.15)$ 的结果经过饱和计算后，变为格式为 $s(1.15)$ 的数字。

当 s_rnd_r[17] 的符号位为 0（正），且与 s_rnd_r[16]（负）或 s_rnd_r[15]（负）不一致时，则 s_rnd_r 产生正溢出。例如，如果将表 5.8 中的 4 位有符号数 a 截断为 3 位有符号数，则 4 位数字 4'b0100、4'b0101、4'b0110 和 4'b0111 都大于 3 位有符号数所能表示的最大正值 3'b011，此时就会产生正溢出，这时可以通过对 $a[2]$ 和 $a[3]$ 组成的 $\overline{a[3]}\cdot a[2]$ 检测到。一般情况下，如果一个 m 位有符号数 a 被截断 p 位，且 $p \geqslant 1$，则可以用下式检测是否产生正溢出：

$$\overline{a[m-1]}\cdot\big(a[m-2]+a[m-3]+\cdots+a[m-p-1]\big) \tag{5.19}$$

负溢出可以采用类似的办法得到：

$$a[m-1]\cdot\big(\overline{a[m-2]}+\overline{a[m-3]}+\cdots+\overline{a[m-p-1]}\big) \tag{5.20}$$

s_rnd_i 的溢出检测可以采用类似的方法实现。我们的复数乘法器使用饱和算法对溢出结果进行钳制，实现了最小化的误差。

```
// 复数乘法器模块
module complex_mul(z_r, z_i, x_r, x_i, y_r, y_i);
output signed [0:-15] z_r, z_i;                //s(1.15)
input signed [0:-15] x_r, x_i, y_r, y_i;       //s(1.15)
wire signed [0:-30] p_r1, p_r2, p_i1, p_i2;    //s(1.30)
wire signed [1:-30] s_r, s_i;                  //s(2.30)
wire signed [2:-15] s_rnd_r, s_ rnd_i;         //s(3.15)
wire of_pos_r, of_neg_r, of_pos_i, of_neg_i;
assign p_r1 = x_r * y_r;
```

```
assign p_r2 = x_i * y_i;
assign p_i1 = x_i * y_r;
assign p_i2 = x_r * y_i;
assign s_r = p_r1-p_r2;
assign s_i = p_i1+p_i2;
// 量化处理：手动进行符号位扩展，因为s_r [1:-15] 会被作为无符号数处理
assign s_rnd_r ={s_r [1], s_r [1:-15]}+s_r [-16];
assign s_rnd_i ={s_i [1], s_i [1:-15]}+s_i [-16];
// 溢出检查
assign of_pos_r =~ s_rnd_ r [2] & (s_rnd_r [1] | s_rnd_r [0]);
assign of_neg_r = s_rnd_r [2] & (~s_rnd_r [1] | ~s_rnd_r [0]);
assign of_pos_i =~ s_rnd_i [2] & (s_rnd_i [1] | s_rnd_i [0]);
assign of_neg_i = s_rnd_i [2] & (~s_rnd_i [1] | ~s_rnd_i [0]);
// 限制器输出
assign z_r = of_pos_r?16'h7fff:(of_neg_r?16'h8000:
  s_rnd_r [0:-15]);
assign z_i = of_pos_i?16'h7fff:(of_neg_i?16'h8000:
  s_rnd_i [0:-15]);
endmodule
```

5.6.7 关于符号和位宽的更多内容

无论是有符号数赋值还是无符号数赋值，十进制常数（例如：–12）都会被作为有符号数处理。但是，基于常量的数字（无论该数位宽如何，例如：–12）都会被视为无符号数，如下例所示：

```
// 示例：使用基数表示的常数作为无符号数
reg [7:0] a;
integer int32;
initial begin
  a =-4'd6;
  int32 =-4'd6;
end
```

第一个赋值表达式中 4 位宽的无符号数（1010_2）赋值给一个 8 位宽的无符号变量，此时就会产生一个潜在的问题，即 –4'd6 会被用 0 扩展为 0000_10102。在第二个赋值表达式中，4 位宽的无符号数（1010_2）赋值给一个 32 位宽的有符号变量，此时 –4'd6 会被符号位扩展为 $1111\_\cdots\_1111\_1010_2$，这种表示方式对于原码表示很方便，但是对于补码表示却不是很好。这种处理方式极易造成混淆。为此，在表示一个负数时，不要基于常量表示数字。

下面的示例中，RHS 符号扩展或者截位后赋值给 LHS。

```
// 示例 #1: RHS 符号扩展或者截位后赋值给 LHS
reg [3:0] a, b;
reg  [15:0] c;
initial begin
  a =-1;
  b = 8;
  c = 8;
  #10 b = b+a;
  #10 c = c+a;
end
```

首先，将 -1_{10} 赋值给 4 位无符号 reg 类型数据 a，a 的值将会是 -1_{10} 的 4 位补码，即 1111_2，所以，此时 a 的值为 1111_2；其次，将 8 赋值给一个 4 位无符号 reg 类型数据 b，此时 b 为 1000_2；接着，将 8 赋值给一个 16 位无符号 reg 类型数据 c，此时 c 的值为 $0000\_0000\_0000\_1000_2$；然后，将 4 位无符号数 a 和 4 位无符号数 b 相加，结果赋值给 4 位无符号数 b，又因为加法的结果为 1_0111_2，所以此时 b 中的值为截位后的值 0111_2；最后，将 16 位无符号数与 4 位无符号数 a 相加，结果赋值给 16 位无符号数 c，此时会将 4 位无符号数 a 扩展为 $0000\_0000\_0000\_1111_2$，所以此时加法操作的结果为 $0000\_0000\_0001\_0111_2$，然后将该结果赋值给 c。

另一个示例如下所示，RHS 符号扩展或者截位后赋值给 LHS。

```
// 示例 #2: RHS 符号扩展或者截位后赋值给 LHS
reg [3:0] a;
integer b;       //32 位有符号数
initial begin
  b = 32'hffff_fff0;
  #10 a = b+1;
end
```

b 是一个 32 位有符号数，所以 b 被赋值为 $FFFF\_FFF0_{16}$，该值是 -16_{10} 的补码。$-16_{10}+1$ 的结果为 -15_{10} 或 $FFFF\_FFF1_{16}$，又因为 a 是 4 位无符号数据类型，所以，最后赋值给 a 的值是被截断后的值 0001_2。

综上所述，在对一个表达式进行解析时可以按照如下步骤进行：

（1）确定 RHS 的符号特性：

· 如果 RHS 所有操作数均为有符号数，不管操作符是什么，最终的结果都是有符号数。

· 如果 RHS 有任何一个操作数为无符号数，最终的结果都是无符号数。

· 如果 RHS 的操作数是十进制常数（例如 –12），则这样的操作数会被作为有符号数看待。但是，基于常量的数字会被作为无符号数看待。

（2）解析 RHS 表达式，根据第一步确定的符号特性类型确定结果的类型（即符号特性），结果的位宽由 RHS 操作数最大位宽决定。

（3）将 RHS 赋值给 LHS，最终结果位宽由 LHS 决定。

· 如果 RHS 的位宽小于 LHS，且 RHS 的结果为有符号数，那么 RHS 会按照 LHS 位宽使用 RHS 的符号位进行位宽扩展。

· 如果 RHS 的位宽小于 LHS，且 RHS 的结果为无符号数，那么 RHS 会按照 LHS 位宽使用 0 进行位宽扩展。

· 如果 RHS 位宽大于 LHS，那么 RHS 结果截位后赋值给 LHS。

5.7 练习题

1. 设计一个组合逻辑移位器，实现表 5.14 中所列功能。

表 5.14 组合逻辑移位器

选择信号	操 作	功 能
0	$Y=A$	不移位，保持
1	$Y=A<<1$	左 移
2	$Y=A>>1$	右 移
3	$Y=0$	输出 0

2. 设计一个电路，能够检测由 3 位宽无符号操作数加法和减法产生的 3 位宽结果的溢出。

3. 绘制用 RTL 代码描述的 A[7:0]>>B[2:0] 桶形器移位器的结构图。

4. 绘制下面 RTL 代码的结构框图：

```
wire [4:0] a, b;
reg [4:0] c;
integer i;
always @ (*)
  for(i = 0; i < 5; i = i+1)
    c [i] = a [i] | b [4-i];
```

5. 绘制下面 RTL 代码的结构框图：

```
wire a, b, c;
reg d, e;
```

```
always @ (*) begin
  d = (a & b)&(a | c);
  e = c ^ d;
end
```

6. 设计一个电路，能够检测 3 位宽有符号操作数加法和减法产生的 3 位宽结果的溢出。

7. 证明符号扩展不影响有符号整数和无符号整数的原始值。

8. 我们已经熟悉原码的加法操作，实现加法操作最便捷的方式是使用补码。我们设计一个电路，实现 $Y=A+B-C$，其中 A、B 和 C 都是 3 位原码，一种可行的实现方框图如图 5.36 所示。

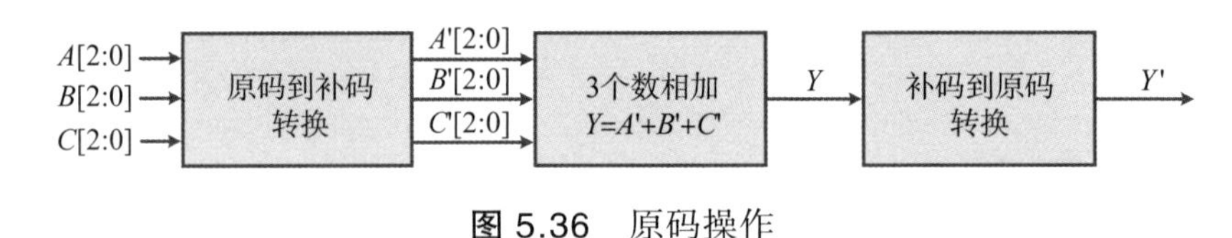

图 5.36 原码操作

（a）第一个模块实现将原码转换成补码。为了设计第一个模块，即将原码转换成补码，需要记录原码与补码的一一对应关系。然后基于这样的关系，根据形成的查找表完成对应 RTL 代码。由于这样的转换要实例化 3 次，所以在设计第一个模块时请使用模块化设计。

（b）图 5.37 是第二个模块的一种可能实现方式。为了防止溢出，Y 的位宽应该是多少呢？完成对应的 RTL 代码，注意不能使用有符号声明方式，同时在进行加法操作之前需要注意符号位的扩展。

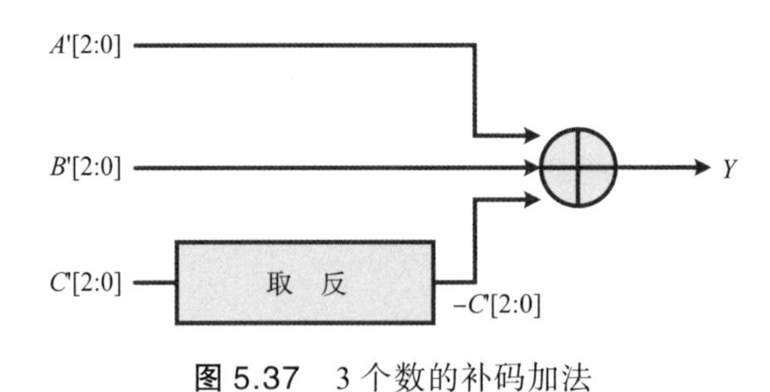

图 5.37 3 个数的补码加法

（c）第三个模块是第一个模块的逆过程，请基于原码和补码的关系完成对应的 RTL 代码描述。

（d）完成一个顶层模块，在其中例化上述三个模块。

（e）你是否可以将第一个模块中 $C[2:0]$ 的转换和第二个模块中 $C[2:0]$ 的取反在设计中进行合并，从而优化设计的面积？

（f）使用函数重新完成步骤（a）中的描述。

（g）你能否使用一个加法器替换掉步骤（a）中的查找表，使原码到补码转换的设计规模更小？并且陈述你的新设计有什么优点？

9. 使用布尔表达式证明下式

$$c_{n-1}\cdot\overline{c_{n-2}}=x_{n-1}\cdot y_{n-1}\cdot\overline{s_{n-1}}$$

其中，c_{n-1} 和 c_{n-2} 是式（5.4）中的进位输出。

10. 使用布尔表达式证明下式

$$\overline{c_{n-1}}\cdot c_{n-2}=\overline{x_{n-1}}\cdot\overline{y_{n-1}}\cdot s_{n-1}$$

11. 基于练习题 9 和练习题 10，证明式（5.4）和式（5.5）中的溢出检测器是等价的。

12. 设计一个 6 位原码比较器。

13. 绘制表 5.14 描述的 ALU 的结构框图。

14. 证明两个 n 位数的乘积的宽度小于等于 $2n$ 位。

15. 证明 1 个 n 位数与 1 个 m 位数相加的和的宽度小于等于 $n+m$ 位。

16. 编写一个 RTL 行为级代码，描述 2 个用原码描述的 8 位有符号数的加法，并验证加法的正确性。

17. 请重新设计模块 complex_mul，使两个格式为 $s(1.15)$ 的数的乘积的最大值 1 不被忽略。

18. 一个数的平方根的近似值可通过计算它的泰勒级数得到

$$\sqrt{x}\approx x+\frac{(x-1)^2}{2}+\frac{(x-1)^3}{6}$$

设计一个 Verilog 模块，使用 $u(1.8)$ 格式计算 x 的近似平方根。假定输出的格式为 $u(1.8)$。你的设计不能损失任何中间精度，计算在 0.5 到 1.5 之间所有 x 的最坏情况下的误差是多少？

19. 绘制下面两段实现二选一多路选择器的 RTL 代码的结构框图，然后分别分析它们的关键路径。

RTL 代码 1：

```
always   @ (*)
  if (sel==2'b00) out = a;
  else if (sel==2'b01) out = b;
```

```
  else if (sel==2'b10) out = c;
  else out = d;
RTL代码2:
always @ (*)
  case(sel)
  2'b00:out = a;
  2'b01:out = b;
  2'b10:out = c;
  default:out = d;
  endcase
```

20. 通过以下表达式，求 0.3 和 0.8 之间一个数的倒数的近似值

$$\frac{1}{x} \approx 1+(1-x)+(1-x)^2+(1-x)^3$$

（a）绘制 $0.3 \leqslant x \leqslant 0.8$ 范围内，该近似值的误差。

（b）绘制该近似值电路的结构框图。

（c）使用 Verilog 实现格式为 $u(0.4)$ 的数 x 的近似值，你的设计不能损失任何中间精度值。

21. 设计一个电路，实现 8 位原码比较器。

22. 设计一个格式为 $s(1.4)$ 的有符号数的串行加法器。

23. 设计一个格式为 $s(1.4)$ 的有符号数的串行乘法器。

24. 设计一个格式为 $s(1.4)$ 的有符号数的串行除法器。

25. 请设计一个电路，用于解码如下所示 4×4 矩阵中每一行和每一列的所有元素的和是否可以被 2 整除，其中 $a_{ij} \in \{0, 1\}, i, j = 0, 1, 2, 3$。

$$\begin{bmatrix} a_{00}a_{01}a_{02}a_{03} \\ a_{10}a_{11}a_{12}a_{13} \\ a_{20}a_{21}a_{22}a_{23} \\ a_{30}a_{31}a_{32}a_{33} \end{bmatrix}$$

解码器的接口如图 5.38 所示。当每一行和每一列中所有元素的和都能被 2 整除时，输出 $r[1:0]$ = 2'b00。当只有一个元素导致一行一列不能被 2 整除时，输出 $r[1:0]$ = 2'b01；否则，输出 $r[1:0]$ = 2'b10。此外，当 $r[1:0]$ = 2'b01 时，输出不能被 2 整除的元素的行索引和列索引，即 row[1:0] 和 col[1:0] 的值；当 $r[1:0] \neq$ 2'b01 时，row[1:0] 和 col[1:0] 为“不关心值”

（a）设计一个名为 add4 的模块，实现每行或者每列 4 个元素的和。

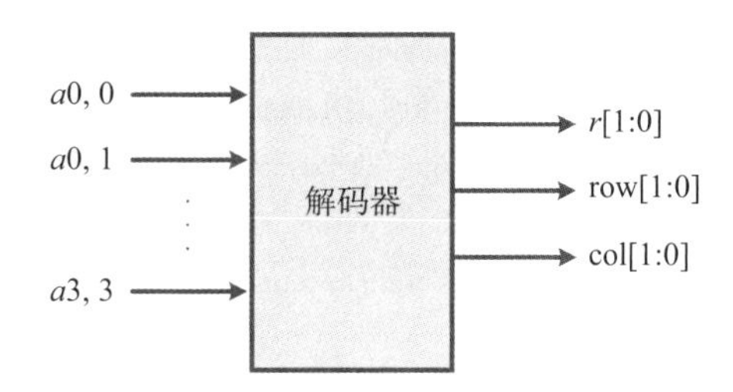

图 5.38 解码器接口

（b）完成 RTL 代码，确定 add4 的输出是否可以被 2 整除。

（c）例化 add4 模块 8 次，基于每一行和每一列的结果，输出 r[1:0]、row[1:0] 和 col[1:0] 的值。

26. 基于图 5.21 中的半加器，根据图 5.39 所示时序模型，完成下面时序图的绘制。

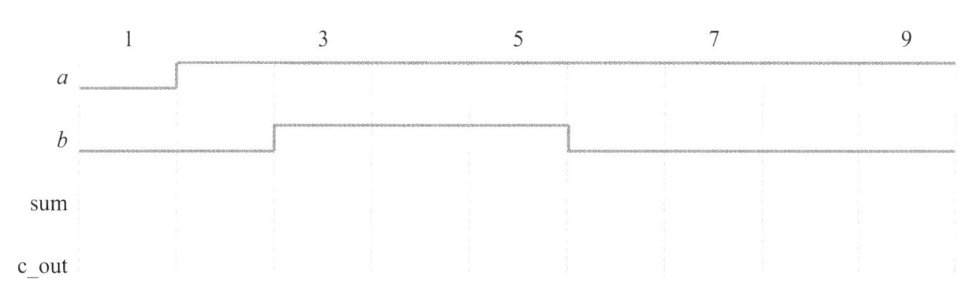

图 5.39 半加器波形图

（a）XOR、NAND 和 NOT 门的延迟分别是 2.5、1.5 和 0.5 个时间单位。

（b）在典型情况下，XOR、NAND 和 NOT 门的上升沿延迟分别为 2.5、1.5、0.5 个时间单位，XOR、NAND 和 NOT 门的下降沿延迟分别为 2.2、1.2、0.4 个时间单位。

（c）在最坏工况下，所有延迟是典型工况下延迟的 1.6 倍。

27. 使用有符号声明方式，重新设计 4.2.2 节中定点数加法的示例。

28. 使用有符号声明方式，重新设计 4.2.2 节中定点数乘法的示例。

参考文献

［1］ David Money Harris, Sarah L Harris.Digital design and computer architecture, 2nd.Morgan Kaufmann, 2013.

［2］ Donald E Thomas, Philip R Moorby.The Verilog hardware description language, 5th.Kluwer Academic Publishers, 2002.

[3] John F Wakerly.Digital design: principles and practices, 5th.Prentice Hall, 2018.
[4] Joseph Cavanagh.Computer arithmetic and Verilog HDL fundamentals.CRC Press, 2010.
[5] M Morris Mano, Michael D Ciletti.Digital design, 4th.Prentice Hall, 2006.
[6] Michael D Ciletti.Advanced digital design with the Verilog HDL, 2nd. Prentice Hall, 2010.
[7] Peter J Ashenden.Digital design: an embedded systems approach using Verilog.Morgan Kaufmann Publishers, 2007.
[8] Samir Palnitkar.Verilog HDL: a guide to digital design and synthesis, 2nd.Pearson, 2011.
[9] Stephen Brown, Zvonko Vranesic.Fundamentals of digital logic with Verilog design.McGraw-Hill, 2002.
[10] James E Stine.Digital computer arithmetic datapath design using Verilog HDL.Kluwer Academic Publishers, 2004.
[11] Vaibbhav Taraate.Digital logic design using Verilog: coding and RTL synthesis.Springer, 2016.
[12] William J Dally, R Curtis Harting.Digital design: a systems approach.Cambridge University Press, 2012.
[13] Zainalabedin Navabi.Verilog digital system design: RT level synthesis, testbench, and verification.McGraw-Hill, 2005.

第 6 章　时序逻辑电路

本章将介绍两种时序电路：异步锁存器和同步触发器，详细说明时序约束的基本原理，包括触发器对建立时间、保持时间和时钟到 Q 的延迟的要求，以及相关时序，同时，给出时序电路的行为级和结构级描述的示例，其中包括时序电路中经常使用到的寄存器、移位寄存器、寄存器组、状态机、（同步和异步）计数器和 FIFO 缓存器（或者队列）等，以及对应的 RTL 代码。最后，简要介绍 Verilog 代码中遇到的竞争情况的解决方法。

6.1 时序逻辑电路简介

组合逻辑电路很重要，这主要是因为其可以实现数字系统中的一些主要功能，然而，几乎所有的数字系统都是时序逻辑的。换句话说，所有的数字系统中都或多或少地包含存储单元，允许由当前的输入和以前的输入决定输出。例如，我们经常需要知道系统的当前状态，以确定系统将来的状态。

时序逻辑电路主要有两种：异步（锁存器）和同步（触发器）。当输入发生变化时，锁存器的输出状态可能就会发生改变。相比之下，触发器只能在固定的时间点（一般为时钟信号）才改变其状态。现代的数字电路是采用同步触发器的同步电路，这样的电路设计简单并且可以借助工具实现。锁存器一般只在需要更小的面积（约为触发器的一半）和比触发器更小的功率的电路中使用。基于触发器的设计相较于基于锁存器的设计更加受到设计人员青睐，因为基于触发器的设计在面积和时序方面都比较均衡，并且更容易进行静态时序分析和测试（扫描测试）设计。

同步存储器件一般用于数据存储，并对数据进行一些简单的操作，主要用于寄存器、计数器、寄存器组、存储体、队列和堆栈等。如图 6.1 所示，同步时序逻辑电路工作在时钟（周期信号）的跳变沿。

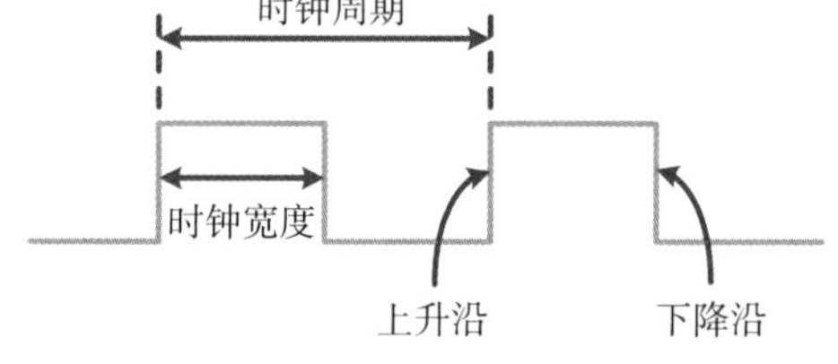

图 6.1 周期时钟波形

时钟周期（通常以 μs 或者 ns 为单位）是沿同一方向（正负沿）连续转换之间的时间。时钟频率（单位是 MHz 或者 GHz）是时钟周期的倒数。时钟宽度指的是时钟为高的时间间隔。占空比指的是时钟宽度和时钟周期的比值，占空比为 50% 的时钟波形一般较好。尽管占空比非 50% 的时钟也适用于数字电路，时钟宽度也符合器件规格要求，但是面对复杂设计时，可能会存在跨时钟域或者正负沿混用的情况。时钟信号有效指的是变化发生在时钟上升沿（对于触发器）或在时钟宽度（对于锁存器）期间，否则，时钟则处于无效状态。

6.1.1 锁存器

首先回想一下，组合逻辑电路的输出只取决于当前的输入。另外，组合逻辑电路是非循环的，如果我们在组合逻辑电路中加入一个反馈路径，此时电路可能会成为一个时序电路，因为此时电路可以保存过去的值。也就是说，时序逻辑电路的输出不仅依赖于当前的输入，还与之前的输入有关，而存储在反馈信号中的信息将作为时序逻辑电路的状态使用。

如图 6.2 所示，锁存器是电平敏感的时序电路，因为它们在时钟宽度期间会对输入的变化产生响应。因此，一个锁存器在一个时钟宽度内可以改变很多次。也正是因为这个原因，锁存器使用起来相对比较麻烦。

所有锁存器都由这里介绍的由 NOR 门组成的 SR（set-reset）锁存器构成，如图 6.3 所示，其中 $\overline{(\cdot)}$ 表示按位 NOT 操作。锁存器置位时，输出为逻辑 1，锁存器复位时，输出为逻辑 0。锁存器可以一直保持对应的二进制状态，直到被输入信号更新切换状态为止。

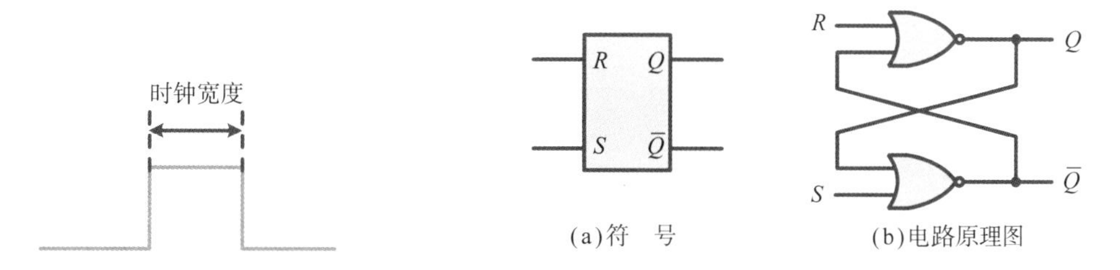

图 6.2　锁存器在时钟宽度期间产生响应

图 6.3　SR 锁存器

表 6.1 给出了锁存器对应的真值表，这里需要注意，S 和 R 为 1 应该被禁止，因为如果下一个输入 S 和 R 都为 0，那么输出 $Q(t+1)$ 将会在 0 和 1 之间振荡。

表 6.1　锁存器真值表

S	R	$Q(t+1)$	$\overline{Q(t+1)}$
1	0	1	0
0	1	0	1
0	0	$Q(t)$	$\overline{Q(t)}$
1	1	不确定	不确定

由图 6.3（b）可以得到

$$Q(t+1)=\overline{R}\cdot(S+Q(t)) \tag{6.1}$$

对应的取反表示如下：

$$\overline{Q(t+1)}=\overline{S}\cdot\left(R+\overline{Q(t)}\right) \tag{6.2}$$

图 6.4 给出了带有使能控制端的 SR 锁存器。要实现这样的锁存器，第一步，

将 SR 锁存器中的 NOR 门替换成 NAND 门；第二步，分别将 u1 和 u4、u2 和 u3 合并；第三步，增加使能端 E，当 $E=1$ 时，SR 锁存器工作，当 $E=0$ 时，SR 锁存器保持不变。

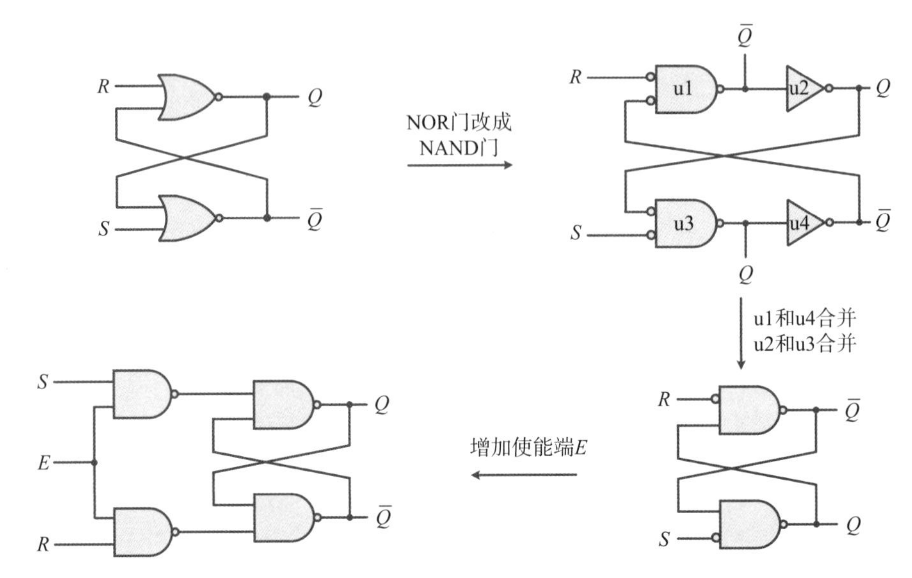

图 6.4 NAND 门实现的带有使能端的 SR 锁存器

对应的功能如表 6.2 所示。

表 6.2 带有使能端的 SR 锁存器功能表

E	S	R	$Q(t+1)$
0	x	x	$Q(t)$
1	0	0	$Q(t)$
1	0	1	0
1	1	0	1
1	1	1	不确定

然而，其中的不确定状态使得 SR 锁存器使用起来不是很方便，为了消除 SR 锁存器中的这种不确定状态情况的出现，设计了图 6.5（a）中的 D 锁存器，其中 SR 锁存器的 S 和 R 引脚分别连接到 D 引脚和 D 反引脚上，如图 6.5（b）所示。

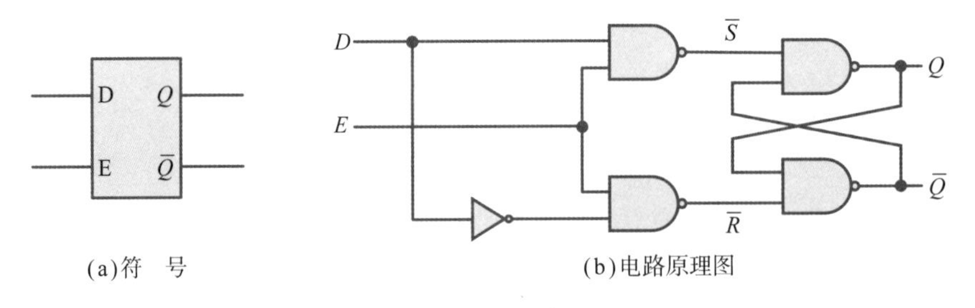

(a)符 号 (b)电路原理图

图 6.5 D 锁存器

表 6.3 是对应的功能。

表 6.3 D 锁存器功能表

E	D	$Q(t+1)$
0	x	$Q(t)$
1	0	0
1	1	1

D 锁存器的功能相对比较简单。当 $E=1$ 时，Q 输出 D，反之 Q 端无变化。因此，在 E 为真的情况下，D 锁存器的输出状态 Q 可以连续变化，所以，D 锁存器是电平触发（或电平敏感）的。因此，D 锁存器也叫透明锁存器，在 $E=1$ 期间，锁存器是透明的，输出 Q 总是 D。

如图 6.6 所示，电平触发锁存器也存在不稳定的问题。这是因为使能引脚为逻辑 1 时会保持一定时间，此时反馈路径可能会引起不稳定问题。也就是说，在使能引脚为逻辑 1 时，可能会发生多次翻转。相反，对于边沿敏感的触发器来说，传输状态的变化只发生在时钟的跳变沿，从而，可以有效消除多次转换的问题。

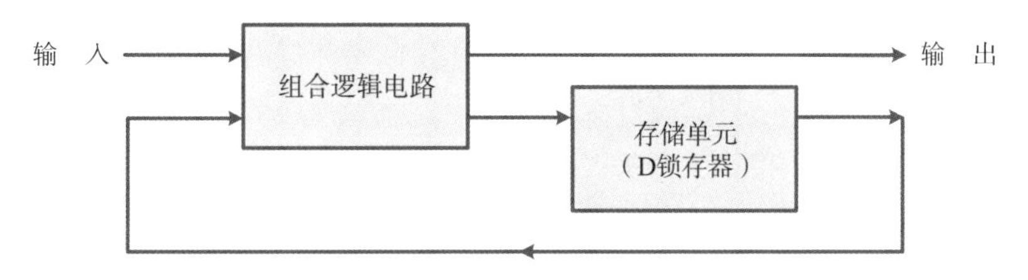

图 6.6 D 锁存器存在的问题

前面介绍的 D 锁存器使用的是静态 CMOS 门。图 6.7 所示的 CMOS 技术允许我们使用由传输门、三态反相器和反相器构建的 D 锁存器。三态反相器如图 6.7（a）所示，相当于一个后跟传输门的反相器，当 $E=1$ 时，由 NMOS 和 PMOS 组成的传输门打开，输出 $Y=\overline{A}$；当 $E=0$ 时，NMOS 和 PMOS 组成的传输门关闭，此时 Y 处于三态，Y 与 A 处于隔离状态。绝大多数的 COMS 锁存器都使用这种传输门，因为这种风格的锁存器不仅面积比静态 CMOS 门小，运行

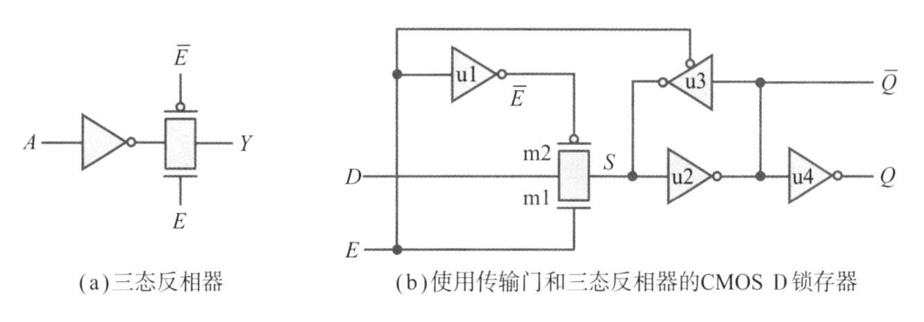

(a)三态反相器　(b)使用传输门和三态反相器的CMOS D锁存器

图 6.7

速度也更快。与图 6.5（b）中具有 18 个晶体管的静态 CMOS D 锁存器相比，使用传输门的 D 锁存器只需要 12 个晶体管。

当使能端 E 为高（或者 $\overline{E}$ 为低）时，由 NMOS（m1）和 PMOS（m2）组成的传输门导通，使输入 D 上的值传递到存储节点 S，节点 S 的值经过反相器 u2 和 u4 传输到 Q，输出 Q 的值即为输入 D 的值。当使能 E 为低时，由 m1 和 m2 组成的传输门关断，存储节点 S 与输入隔离，此时输入被采样到存储节点上，三态反相器 u3 导通，通过两个反相器 u2 和 u3 组成的回路，形成从节点 S 返回自身的存储环路，这个反馈回路强化了存储的值，允许它无限期地保留。

6.1.2 触发器

触发器仅在时钟信号（上升沿或者下降沿）变化时响应输入的变化。触发器很容易使用，尽管比锁存器更贵一些。在时钟脉冲传递的过程中，触发器的触发状态会发生变化。图 6.8 是一个正沿触发的 D 触发器，它由三个 SR 锁存器组成。

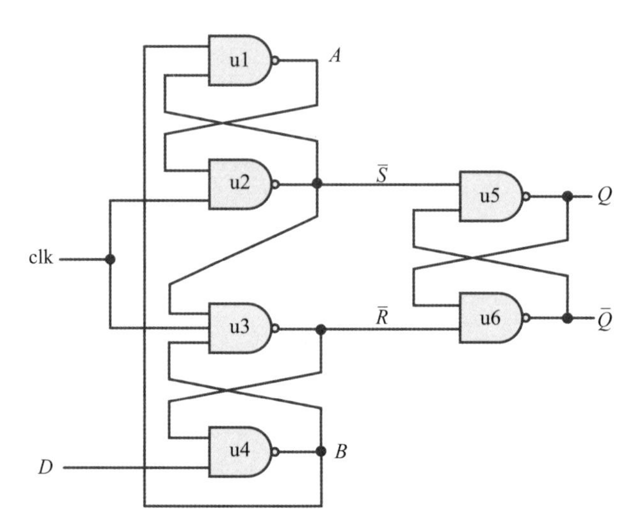

图 6.8 正沿触发的 D 触发器

为了进一步了解触发器，我们在表 6.4 中给出了最后一个 SR 锁存器的真值表。

表 6.4 最后一个 SR 锁存器真值表

$\overline{S}$	$\overline{R}$	$Q(t+1)$
0	1	1
1	0	0
1	1	$Q(t)$
0	0	不确定

D 触发器的功能如图 6.9 所示。除了信号波形以外，其对应的信号值也在原理图中进行了标记，以方便对比学习。需要注意的是，$\overline{S}$ 和 $\overline{R}$ 都为 0 这种产生不确定情况的输入不能发生。

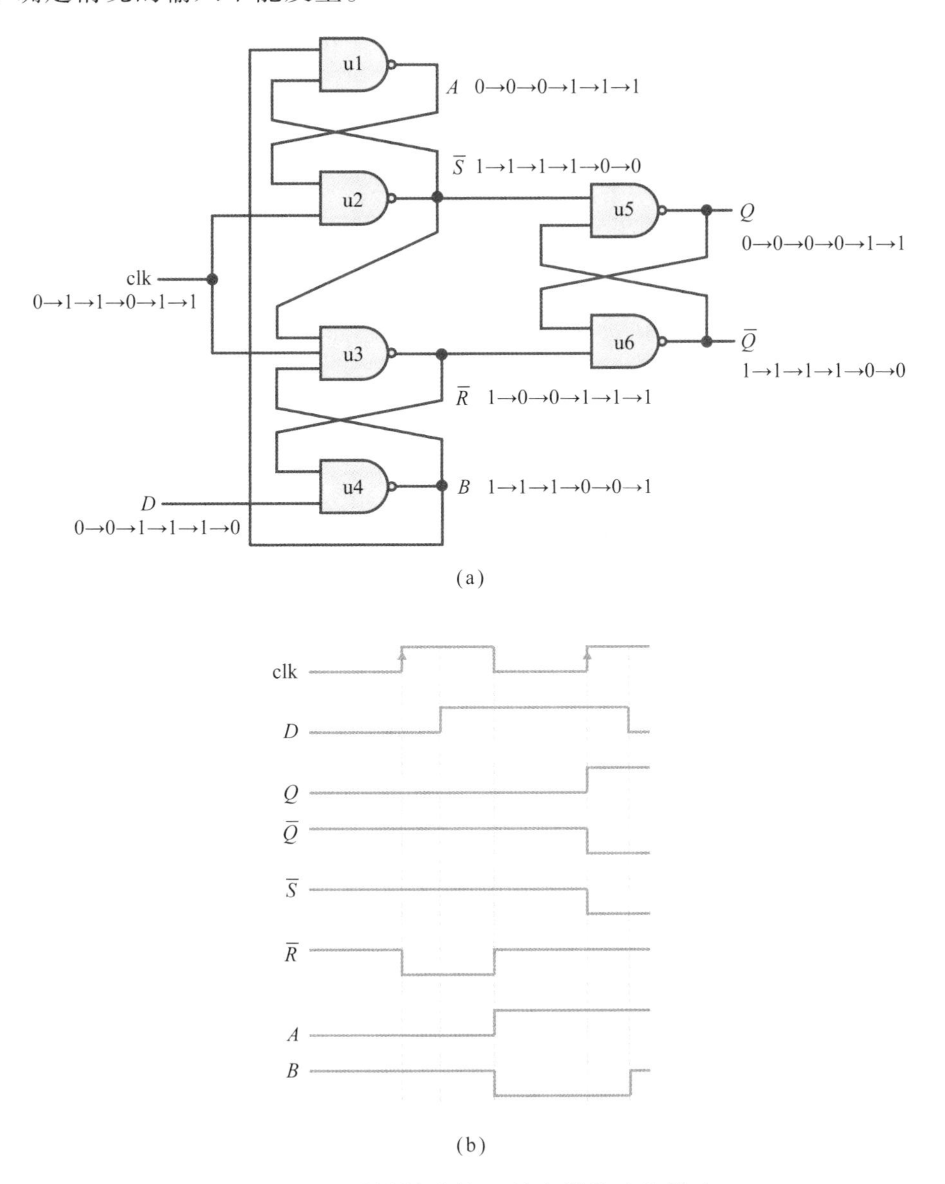

图 6.9 上升沿敏感的 D 触发器的功能描述

总之，通过波形，我们可以知道：

（1）当 clk = 0 时，$(\overline{S}, \overline{R}) = (1, 1)$，通过最后一级 SR 锁存器的真值表可以知道，此时状态没有发生变化。

（2）当 clk = ↑（上升沿）时，状态立刻发生变化。

（3）当 clk = 1 时，保持之前状态。

因此，边沿触发的触发器允许所有触发器在同一时刻或者时钟上升沿进行转换，可以有效消除时序电路中的反馈回路问题，从而实现同步设计。因此，所有的触发器会同时进行转换，这也是同步数字电路的一个重要特性。

图 6.10（a）中引入了一个组合逻辑电路，相比之下，图 6.10（b）中带反馈的触发器不会引发回路问题。在带有触发器的电路中，有两条路径可能会影响 D 触发器的输入 D。为了保证正常的功能，输入 D 必须在每个时钟周期的时钟上升沿之前准备好。需要注意，C 程序代码中的 a = a+c 会被翻译成 r0 = r0+r1 这样的汇编语言，其中 r0 和 r1 寄存器分别存储 a 和 c 变量的值，在寄存器上的操作过程与图 6.10(b) 类似。

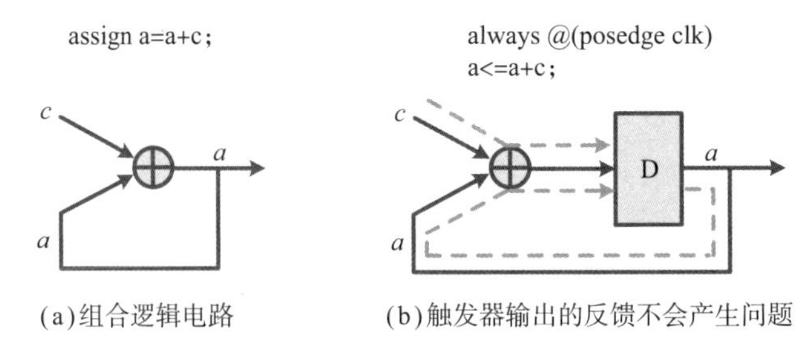

(a)组合逻辑电路　(b)触发器输出的反馈不会产生问题

图 6.10

如下例所示，带反馈的条件操作符的连续赋值语句将会综合出锁存器。当 CS_b 为 0，WE_b 为 1 时，执行 data_out = data_out。综合工具会综合出锁存器，这是因为在这种情况下 data_out 会保持其中的内容，此时时序路径回路必须被打断。

```
// 连续赋值语句产生的组合逻辑电路
assign data_out = (CS_b == 0) ? ((WE_b == 0) ? data_in:
  data_out):1'bz;
```

简而言之，在任何情况下，都应尽量不要使用组合逻辑电路，此外，触发器电路中不会引入任何的组合逻辑电路。

6.1.3 触发器的建立时间和保持时间

考虑到物理门延迟，正沿触发器都有建立时间和保持时间的要求。建立时间指的是输入 D 必须在时钟脉冲上升沿之前保持稳定的时间。如图 6.11 所示，为了保证输出 Q 在 clk 的上升沿（第三次转变）成功地从 0 变化到 1，输入 D 必须在上升沿之前从 0 变为 1（第二次转变）。因此，在 clk 上升沿之前，虚线箭头所标记的信号必须是稳定的（由输入 D 从 0 到 1 变化引起）。因此，输出 Q 从 0 到 1 变化的上升沿建立时间就是信号通过门 u4 和 u1 的传播延迟。另外，时钟到 Q 的延迟，即 t_{CQ}，是在时钟上升沿之后从输入 D 到输出 Q 的延迟。

实线箭头所标记的路径表示的就是上升沿时钟到 Q 延迟，因此，上升沿时钟到 Q 的延迟就是信号通过门 u2 和 u5 的传播延迟。

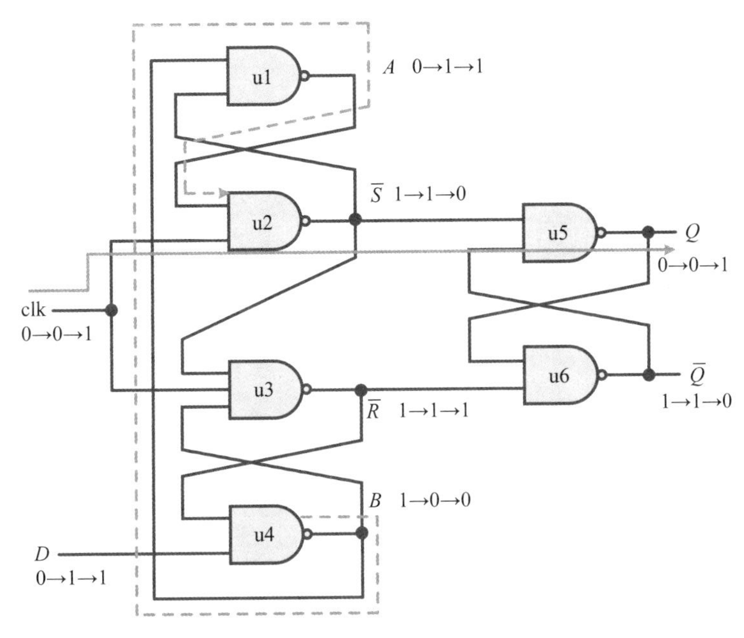

图 6.11 上升沿建立时间和时钟到 Q 延迟的时间要求
（在原理图中重点标记了 Q 端信号从 0 变为 1 的变化过程）

类似地如图 6.12 所示，输出端口 Q 从 1 到 0 转换的下降沿建立时间就是信号通过 u4 门的传播延迟（用虚线箭头表示），时钟到 Q 的下降沿延迟是通过 u3、u6 和 u5 门的传播延迟（用实线箭头表示）。

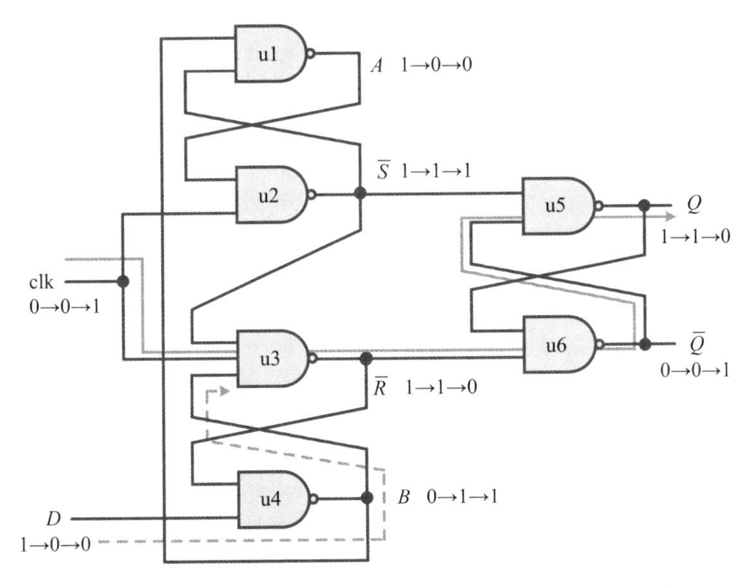

图 6.12 下降沿建立时间和时钟到 Q 延迟的时间要求
（在原理图中重点标记了 Q 端信号从 1 变为 0 的变化过程）

另外，保持时间指的是输入 D 在时钟脉冲（第二次转变）上升沿之后保持不变的时间。如图 6.13 所示，在输入 D 变化（第三次转变）之前，虚线箭头所标记的信号必须保持稳定。因此，它实际上就是门 u3 的传播延迟，即时钟到内部锁存器的延迟。

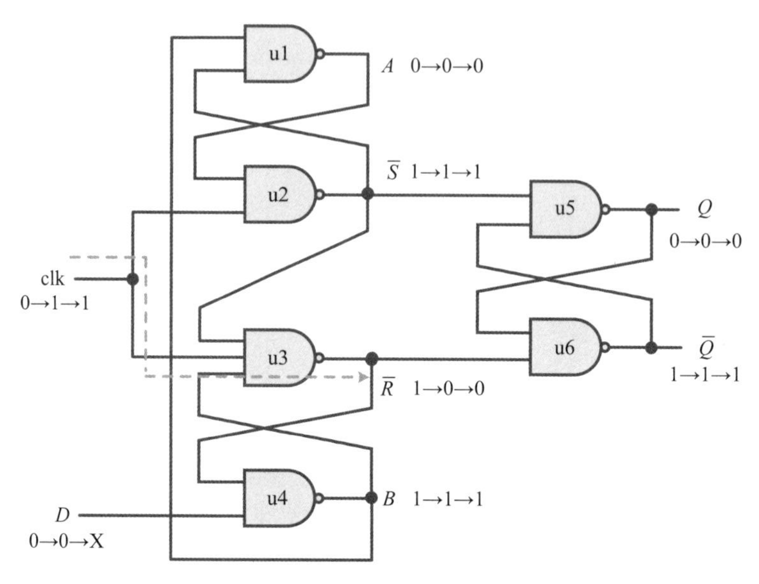

图 6.13 保持时间要求（原理图中标记了相关信号的转换值）

时钟到 Q 的延迟，即 t_{CQ}，指的是在时钟边沿发生后，寄存器输出处于稳定状态所需的延迟。代码如下所示，我们可以使用赋值语句内延迟模拟时钟到 Q 的延迟，其代码中在时钟到 Q 之间添加了 1 个时间单位的延迟。这个延迟会在后续综合的过程中删除。这个延迟还可以用于区分时钟上升沿和时序电路输出事件的解析。本例中，在 clk 的上升沿，对触发器的输入 D（或 $A+B$）进行解析，然后将结果延迟，最后在 1 个时间单位后赋值给输出 Q。

```
// 时钟到 Q 延迟的建模
always @ (posedge clk or negedge reset_n)
  if (!reset_n) Q <= #1 0;
  else Q <= #1 A+B;
```

在过程赋值语句中，只能指定单个延迟的（最小值 : 典型值 : 最大值），此时上升沿延迟、下降沿延迟和关断延迟都是一样的。为了区分上升沿延迟和下降沿延迟，在连续赋值语句中可以按照下面示例的方式进行处理，在下面的示例中，Q 模拟的是触发器的真实输出。上升沿延迟、下降沿延迟和关断延迟的（最小值 : 典型值 : 最大值）分别为（1 : 2 : 3）、（2 : 3 : 4）和（3 : 4 : 5）。

```
// 时钟到 Q 的上升沿延迟、下降沿延迟和关断延迟建模
// 它们的（最小值 : 典型值 : 最大值）是不同的
```

```
assign #(1:2:3, 2:3:4, 3:4:5) Q = tmpQ;
always @ (posedge clk or negedge reset_n)
  if (!reset_n) tmpQ <= 0;
  else tmpQ <= A+B;
```

触发器的建立时间和保持时间可以通过 specify 块进行约束，下面示例中的建立时间指定为 2 个时间单位，保持时间指定为 1 个时间单位。

```
// 在 specify 块中指定 FF 的建立时间和保持时间的检查
specify
  $setup(D, posedge clk, 2);
  $hold(posedge clk, D, 1);
endspecify
```

6.1.4 主从触发器

另一个比较常用的边沿触发的触发器如图 6.14 所示，由两个 D 锁存器采用主从结构构成。当 clk 为低时，主锁存器使能，但是由于此时从锁存器未使能，所以输入 d 不会直接影响到输出 q。因此，从锁存器阻塞了输入，从而也解决了 D 锁存器的透明性问题。

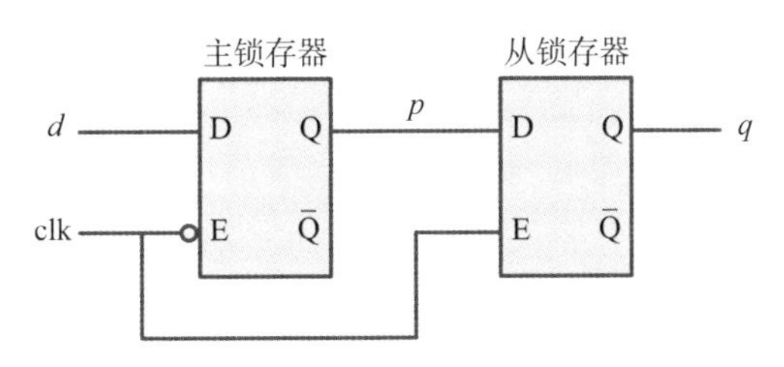

图 6.14 主从边沿触发的触发器

在时钟的上升沿，主锁存器将从使能转换成不使能，从锁存器将从不使能转换成使能。因此，此时输入 d 被主锁存器锁存的值 p 会发送给输出端 q。

主从边沿触发的触发器的时序图如图 6.15 所示，由图可知，主从触发器是边沿触发的。

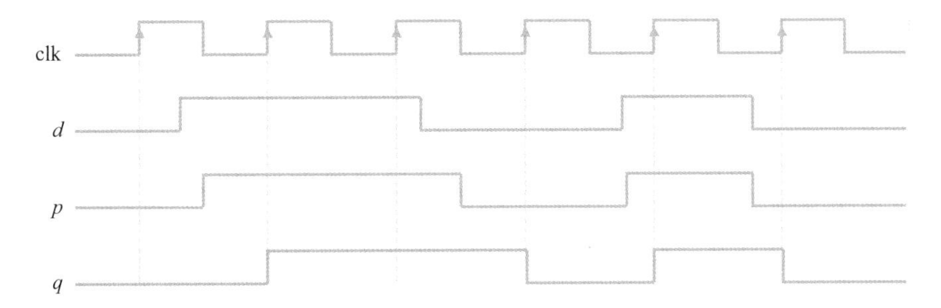

图 6.15 主从边沿触发的触发器的时序图

6.1.5 锁存器与触发器的比较

图 6.16 给出了锁存器和触发器之间的不同。由图可知，只要锁存器的使能信号（与 clk 连接）为高，锁存器输出就可以发生多次变化。相反，触发器只有时钟的正沿或者负沿才会翻转。

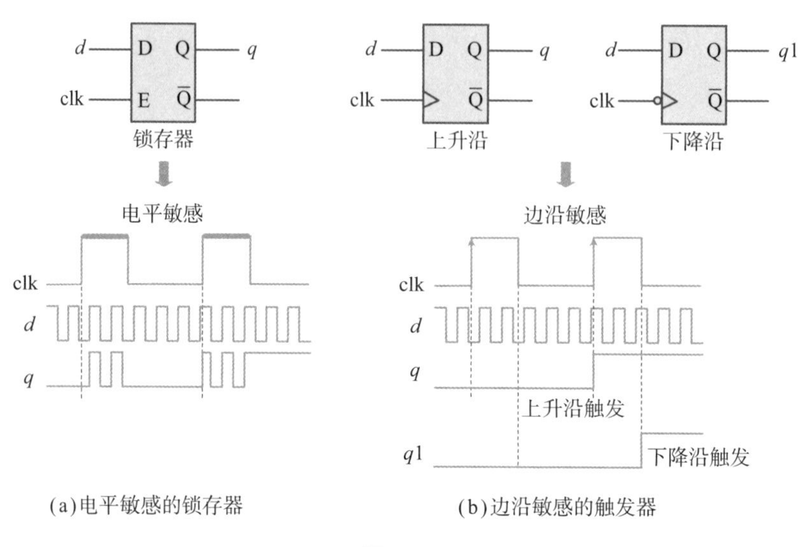

(a)电平敏感的锁存器　　(b)边沿敏感的触发器

图 6.16

6.2 行为级描述

always 语句可以推断出时序逻辑和组合逻辑电路。例如，可以通过 always 语句中敏感信号列表中的 posedge 推断出正沿触发的 D 触发器（D-FF）。

```
// 正沿触发的触发器
always @ (posedge clk)
  q <= d;
```

上述代码推断出来的 DFF 如图 6.17 所示。

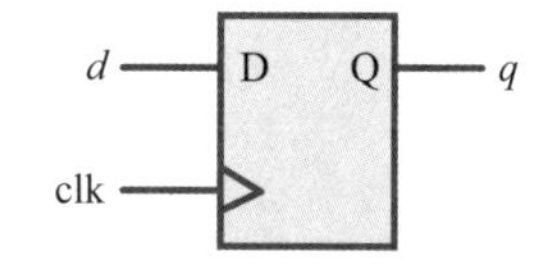

图 6.17　由 always 语句推断出来的 DFF

在 clk 的每个上升沿，d 会赋值给 q。因此，当输入 d 发生变化时，被缓存的输出 q 只有在下一个 clk 的上升沿才会反映出 d 的值。如果将 posedge 换成 negedge，我们将得到一个负沿敏感的 DFF。下面我们使用非阻塞赋值语句描述时序逻辑电路的行为。例如，如果有三个 FF 要推断，可以像下面示例代码中所描述的 always 块那样，变量 a、b 和 c 是由 DFF 实现的硬件寄存器的输出，它们是并行执行的且执行顺序相互独立。

```
// 非阻塞赋值推断出触发器
```

```
always @ (posedge clk) begin
  a <= d+e;
  b <= f+g;
  c <= h+i;
end
```

always 块也可以使用类似于组合逻辑电路敏感信号列表的描述方式，从而推断出电平敏感的锁存器，例如，下面示例中并未完全指定所有可能输出分支，从而推断出了锁存器。

```
// 不完全的 if-else 对，推断出锁存器
always @ (clk or d)
  if (clk) q <= d;
```

带异步低电平复位 reset_n 的正沿 DFF 的描述方式如下所示：

```
// 带异步低电平复位的正沿 DFF
always @ (posedge clk or negedge reset_n)
  if (!reset_n) q <= 0;
  else q <= d;
```

在 always 块中，一般都混合包含了两种功能：复位和正常功能。其中复位是异步的，这是因为它也出现在了敏感信号列表中，也就是说，每当 reset_n 发生负沿（negedge）变化时，FF 的输出 q 都会清零（赋值为 0），因为 reset_n = 0 并且具有比正常功能更高的优先级，所以，FF 会立即响应异步复位。否则，将执行正常功能。以上 RTL 代码准确描述出了图 6.18 所示的边沿触发的异步复位 DFF 的行为，图 6.18 还给出了对应的时序图。

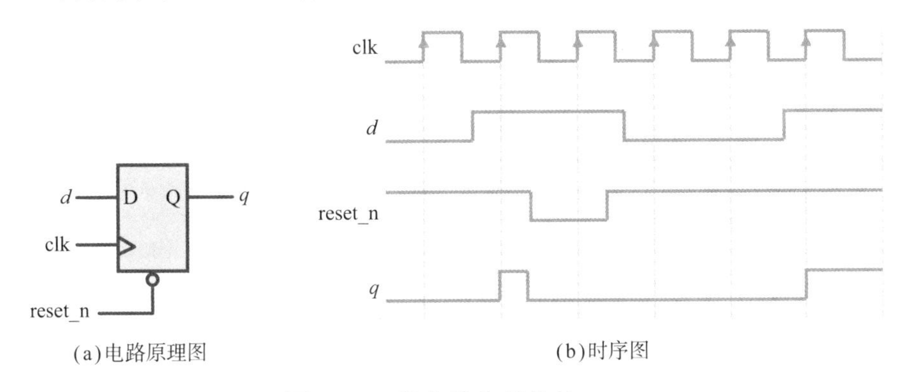

(a)电路原理图　　(b)时序图

图 6.18　带有异步复位的 DFF

通常，上电复位（POR）和硬件复位（由复位按钮触发）都采用异步复位，而正常功能一般使用同步复位对模块进行复位（或者清零）或者对部分数字电路进行复位。对于低电平有效的 POR 和硬件复位来说，两者经常相与后产生异步复位，具体操作如下面代码所示，这里的 POR 一般是在电源电压稳定后由电压调节器产生。

```
// 组合 POR 和硬件复位信号
assign reset_n = reset_n_por & reset_n_hard;
```

同步复位的正沿 DFF 可以描述如下：

```
// 同步复位的 DFF
always @ (posedge clk)
  if (! reset_n) q <= 0;
  else q <= d;
```

在 clk 的每个上升沿，如果 reset_n 为 0，则复位 D 触发器；如果 reset_n 为 1，则 $q = d$。这时的复位同步于时钟的上升沿，所以称为同步复位。当 reset_n 释放掉后，正常功能就会执行。同步复位的工作原理类似于多路选择器的选择信号。图 6.19 是上述代码推导出的 DFF，并给出了时序图。

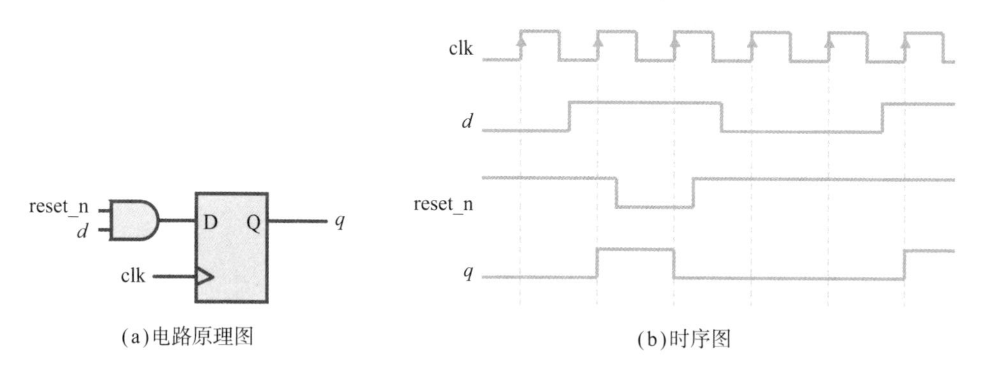

图 6.19 同步复位 DFF

下面使用两种典型的方法描述时序电路的输出：

（1）方法 1：将组合逻辑和时序逻辑放在一个 always 块中。

```
// 将组合逻辑和时序逻辑放在一个 always 块中
always @ (posedge clk or negedge reset_n)
if (! reset_n) q <= 4'd0;
else q <= a+b;
```

（2）方法 2：使用两个 always 块分别描述组合逻辑电路和时序逻辑电路。这样做可以分别强调组合逻辑电路和时序逻辑电路的作用，特别是当触发器的下一个状态，即组合逻辑电路的输出需要一些逻辑功能时，这样的代码结构就会很清楚。

```
// 两个 always 块分别描述组合逻辑电路和时序逻辑电路
// 组合逻辑电路
always @ (a or b)
  d = a+b;
// 时序逻辑电路
always @ (posedge clk or negedge reset_n)
```

```
    if (! reset_n) q <= 4'd0;
    else q <= d;
```

6.3 结构级描述

将输出反馈到输入端 D，可以得到一个分频倍数为 2 的分频器，如下面代码所示，其中 DFF 表示单元库中的 D 触发器。时钟分频器在时钟的每个正沿切换输出 Q（信号 clock_div2）。可以看出，通过绘制时序图（此处省略），Q 处输出脉冲的频率恰好是输入时钟的一半。

```
// 为分频器例化一个 DFF
DFF u0(.D(clock_div2_inv), .Q(clock_div2), .QN(clock_div2_inv),
  .CLK(clock));
```

6.4 常用的时序逻辑电路模块

具有时序逻辑门的电路，例如触发器，即使电路中没有组合逻辑门，这样的电路也被认为是时序逻辑电路。

6.4.1 寄存器

n 位寄存器是一组 n 个二进制时序逻辑单元（或触发器）。一个二进制时序逻辑单元可以存储一位信息，或者存储两种状态：0（复位）和 1（置位）。寄存器的状态是一个由 1 和 0 组成的 n 元数组。具有同步使能的寄存器描述如下：

```
// 具有同步使能的寄存器
module dff_en(q, enable, d, clk);
output [3:0] q;
input clk, enable;
input [3:0] d;
reg [3:0] q;
always @ (posedge clk)
  if (enable) q <= d;
endmodule
```

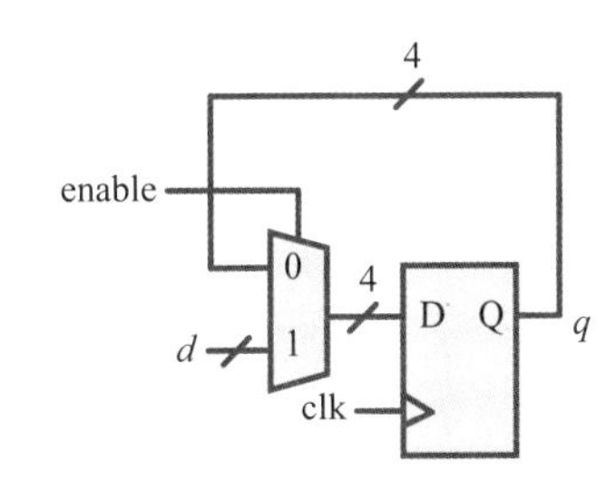

图 6.20 具有同步使能的寄存器

上述模块推断出来的寄存器结构如图 6.20 所示。

6.4.2 移位寄存器

移位寄存器能够将存储在每个单元中的二进制信息保存到相邻的单元中，这种寄存器也被称为串行输入串行输出（SISO）移位寄存器，可以实现数据的右移或者左移。如图6.21所示，移位寄存器由一串级联的触发器组成，一个触发器的输出连接另一个触发器的输入，每个时钟脉冲，数据都会从一个触发器传递到另一个触发器。

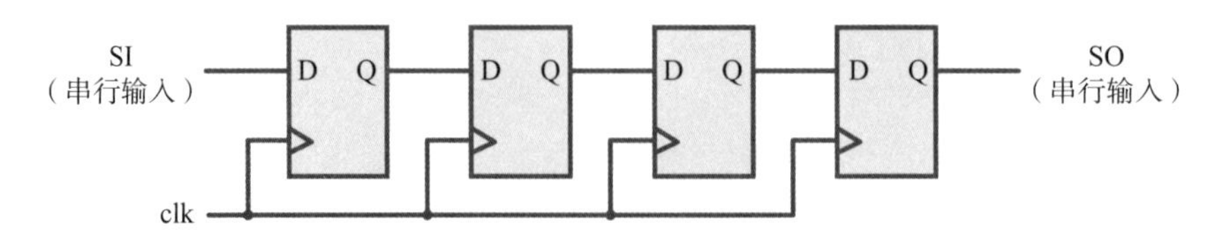

图6.21　4位移位寄存器

在串行模式下信息一次可以被传输或者操作一位，信息从源寄存器一次一位地传输到目的寄存器，串行模式下可以有效减少引脚数和布线复杂性，相比之下，并行传输方式同时传输寄存器的所有位，可以实现高比特率的数据传输。

图6.22是一个串行传输，其中发送器/接收器将并行/串行输入转换为串行/并行输出。

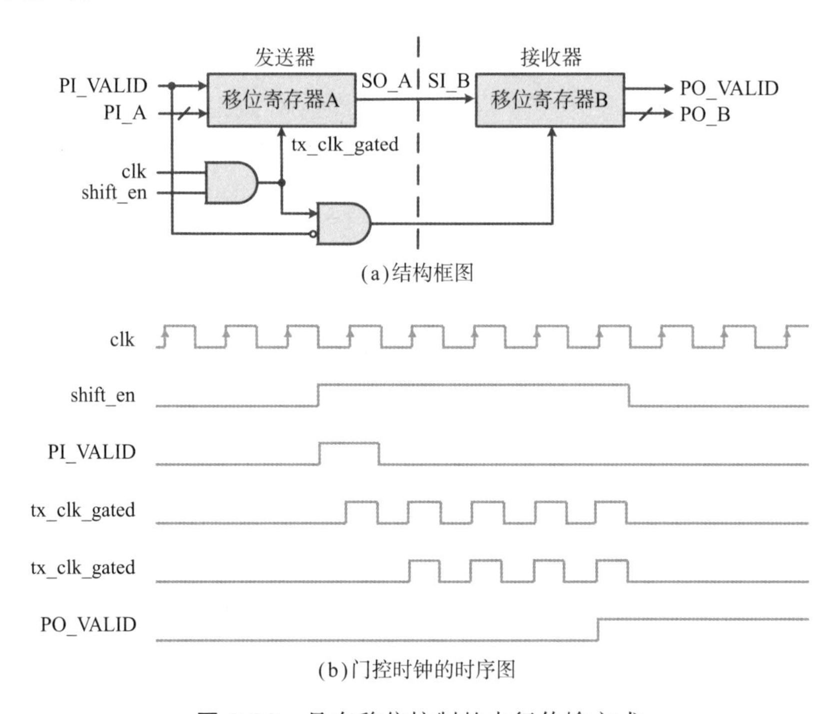

图6.22　具有移位控制的串行传输方式

我们假设图中的设计具有4位的并行输入和4位的并行输出，当PI_VALID为真时，输入PI_A被加载到寄存器A中，当PO_VALID为真时，输出PO_B从寄存器B中输出。寄存器A的串行输出（SO）连接到寄存器B的串行输入（SI），也就是说，寄存器A和寄存器B分别以并行输入到串行输出（PISO）和串行输入到并行输出（SIPO）的方式传输数据。

移位控制输入（shift_en）决定移位寄存器A何时加载以及移位多少次数据，这是通过与门完成实现的，该门只允许时钟脉冲在移位控制信号为高时传递给寄存器的时钟端，这里通过逻辑门控制的时钟信号也常被称为门控时钟。但是这样做可能会有问题，因为可能会使时钟路径上的信号tx_clk_gated产生毛刺，从而导致移位寄存器的功能不正确。因此，控制信号shift_en在进行设计时需要仔细考虑，以避免门控时钟产生毛刺。

门控时钟信号rx_clk决定了寄存器B移位的次数，当一个完整的字信息被移入寄存器后，信号PO_VALID变为真。

对应的RTL代码如下所示：

```
// *****************
// * 发送器
// *****************
// 产生门控时钟
assign tx_clk_gated = clk & shift_en;
// 产生门控时钟
assign rx_clk_gated = tx_clk_gated &~ PI_VALID;
// 移位寄存器A
always @ (posedge tx_clk_gated) begin
  if (PI_VALID)
    A_reg <= PI_A;
  else begin
    for(i = 0:i <= 2; i = i+1) A_reg [i+1] <= A_reg [i];
  end
end
 assign SO_A = A_reg [3];
 // *****************
 // * 接收器
 // *****************
 // 移位寄存器B
always @ (posedge rx_clk_gated) begin
  B_reg [0] <= SO_A;
  for(i = 0:i <= 2; i = i+1) B_reg [i+1] <= B_reg [i];
end
 // 产生PO_VALID的计数器
 always @ (posedge rx_clk_gated or negedge rst_n)
  if (! rst_n) begin
    counter <= 0;
    PO_VALID <= 0;
  end
```

```
    else begin
      if (counter == 3) begin
        counter <= 0;
        PO_VALID <= 1'b1;
      end
      else begin
        counter <= counter+1'b1;
        PO_VALID <= 1'b0;
      end
    end
  assign PO_B = B_reg;
```

6.4.3　寄存器组

寄存器组是中央处理单元中的一个寄存器数组，可以存储 CPU 中的中间操作结果，例如算术逻辑单元和内存管理单元等。虽然通过一组触发器可以实现寄存器组，但是基于静态随机存储器（SRAM）的全定制寄存器组使用的面积和功耗更少。一般普通的 SRAM 都具有一个可读或可写的端口，所以这种基于 SRAM 的寄存器组都具有专用的读写端口，与透明的缓存相比，寄存器组对程序员来说是可见的。

由于芯片面积的限制，过去的微处理器只有很少的寄存器。而现在，微处理器可以容纳大量寄存器，此时的寄存器的数量仅仅受到操作数字段、中断或上下文切换时对寄存器进行存取所花费时间的限制。

处理器的性能与寄存器组的存取速度成正比，因此，微处理器中使用的寄存器组通常都是由存取速度最快的存储体实现的，此外，CPU 的整体性能通常也受到寄存器组读取操作速度的限制。因此，在完成一个有 2 个操作数的 ALU 指令时，至少需要一个写端口和两个读端口。例如，加法运算 r3 = r2+r1，需要对寄存器 r1 和 r2 共进行两次读操作，然后对寄存器 r3 进行一次写操作。

下面是一个 256 × 32 位的寄存器组的行为模型，其中，写端口使用具有使能控制的解码器实现，而读端口使用多路选择器实现。

```
// 基于 SRAM 的寄存器组
module reg_files(ren1, raddr1, dout1, ren2, raddr2, dout2,
  wen, waddr, din, clk);
output [31:0] dout1, dout2;
input ren1, ren2, wen;
input [7:0] raddr1, raddr2, waddr;
input [31:0] din;
input clk;
```

```
reg [31:0] mem [0:255], tempQ1, tempQ2, dout1, dout2;
always @ (posedge clk)          // 写端口一
  if (wen) mem [waddr] <= din;
always @ (ren1 or raddr1)       // 读端口一
  if (ren1) tempQ1 = mem [raddr1];
  else tempQ1 = 8'hzz;
always @ (posedge clk)
  dout1 <= tempQ1;
always @ (ren2 or raddr2)       // 读端口二
  if (ren2) tempQ2 = mem [raddr2];
  else tempQ2 = 8'hzz;
always @ (posedge clk)
  dout2 <= tempQ2;
endmodule
```

6.4.4 状态机

有限状态机（FSM）通常用于产生控制序列（信号），以控制数据路径上的各种操作。图 6.23 所示的 Mealy FSM 的输出取决于输入和当前的状态，而 Moore 状态机的输出仅与当前状态有关。

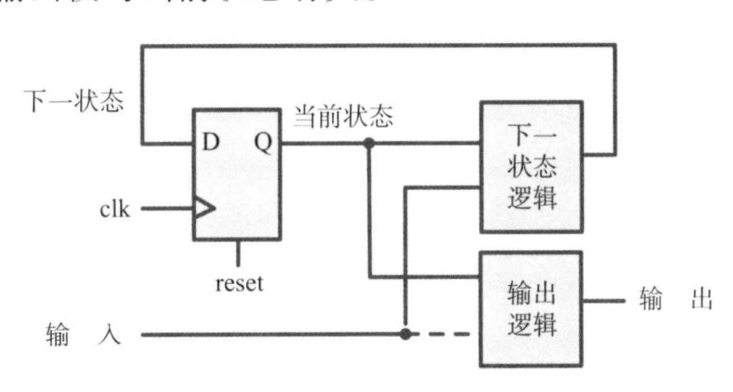

图 6.23 有限状态机

1. 状态化简

m 个触发器可以表示 2^m 个状态，通过对状态数目的化简，可以有效减少使用的触发器的数目。图 6.24 是一个状态图，其中给出了状态之间的转移关系。在这个状态图中，一共有 7 个状态，分别是 a、b、c、d、e、f、g。圆圈内为标记状态的字母符号，这里没有直接使用二进制数值，这些状态可以通过下一节中将要讨论的不同编码技术表示。

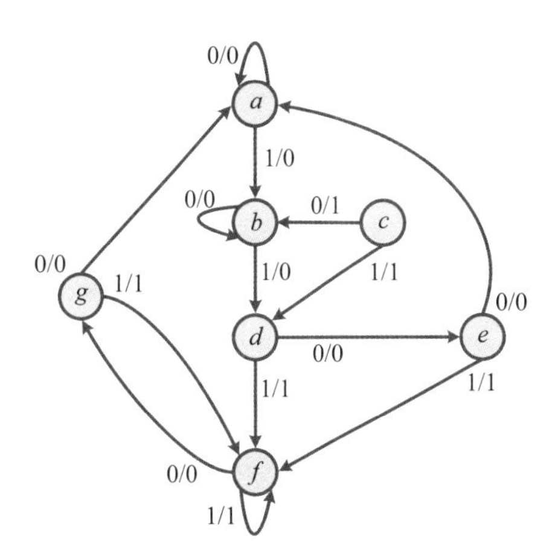

图 6.24 状态图

接下来，使用状态表对状态进行化简。

在图 6.25 中，x 表示单 bit 的输入。其中，如果两个状态依赖于相同的输入，能够给出相同的输出，并且能够转移到相同的状态或者等价的状态，则此时称这两个状态为等效状态，当两个状态等效时，例如 g 和 e，d 和 f，可以在不改变输入输出关系的情况下约掉其中一个状态。图 6.25 中简化的状态表中最终只包含了 5 个状态。在本例中，即使触发器的数目没有减少，但是伴随着状态数的减少，组合逻辑占用的资源也在减少。

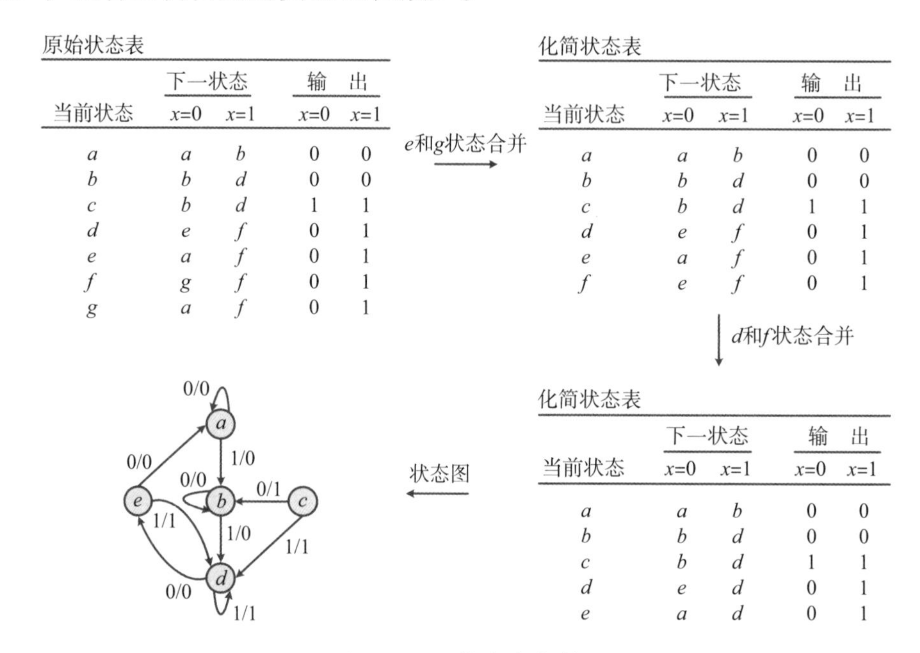

图 6.25 状态表化简

2. 状态编码

为了设计一个可实现的时序逻辑电路，必须为每个状态分配唯一的编码的二进制数值。对于一个有 m 个状态的电路，编码需要使用 n 位，则 m 和 n 之间的关系为 $2^n \geqslant m$。如表 6.5 所示，对 5 个状态最简单的编码方法，是将前 5 个整数按二进制计数顺序进行编码。

表 6.5 三种可能的二进制状态编码

状 态	二进制编码	格雷码	独热码
a	000	000	00001
b	001	001	00010
c	010	011	00100
d	011	010	01000
e	100	110	10000

使用传统的二进制编码方式实现的状态机如下所示：

```
// 状态机：传统二进制编码
```

```
reg [2:0] state_ns, state_cs;
parameter a = 3'b000; parameter b = 3'b001;
parameter c = 3'b010; parameter d = 3'b011;
parameter e = 3'b100;
// 组合逻辑
always @ (*) begin
  state_ns = state_cs;
  case(state_cs)
  a:tate_ns = x?b:a;
  b:state_ns = x?d:b;
  c:state_ns = x?d:b;
  d:state_ns = x?d:e;
  e:state_ns = x?d:a;
  endcase
end
// 时序逻辑
always @ (posedge clk or negedge rst_n)
  if (! rst_n) state_cs <= a;
  else state_cs <= state_ns;
```

这里需要注意，功耗产生的原因之一就是因为比特位在 0 和 1 之间翻转产生的。如表 6.6 所示，相邻两个格雷码之间只有一位发生变化，采用这种编码方式可以使较少的比特位发生翻转。此外，格雷码还可用于一个数变化到另一个数的过程中，当多位发生变化时用于检测产生的误差。

表 6.6　格雷码

格雷码	等价的十进制数
000	0
001	1
011	2
010	3
110	4
111	5
101	6
100	7

使用格雷码编码方式实现的状态机如下所示。因为 RTL 代码中具体实现的部分与传统二进制编码描述那部分一样，所以，此处将省略这部分相同的代码内容。

```
//状态机：格雷码编码
parameter a = 3'b000; parameter b = 3'b001;
```

```
parameter c = 3'b011; parameter d = 3'b010;
parameter e = 3'b110;
```

另一种常用于控制数据路径单元的状态机编码方式是独热码，因为采用独热码方式可以有效消除状态机中解码器的使用，所以可以有效减少数据路径单元中关键路径出现的可能性，采用独热码编码的状态机如下代码所示：

```
// 状态机：独热码
reg [4:0] state_ns, state_cs;
parameter a = 5'b00001; parameter b = 5'b00010;
parameter c = 5'b00100; parameter d = 5'b01000;
parameter e = 5'b10000;
```

如果我们想通过使用 Verilog 代码表示“state_cs == a”，来确定 state_cs 是否处于状态 a，则在独热码表示方式中，只需要通过“state_cs[0] == 1'b1”即可实现，而不需要额外的解码器。独热码编码之所以可以实现更快的电路，是因为不需要组合逻辑解码器电路来产生 FSM 的控制信号。但是，使用独热码需要耗费更多的寄存器，使用的寄存器数目与状态数目相当，而不是 $\lceil \log_2(\cdot) \rceil$。

6.4.5 计数器

计数器本质上是一个寄存器，有预定的二进制状态序列会经过其中。计数器中的门以产生指定状态序列的方式进行连接。

1. 同步计数器

同步计数器中的所有触发器接收相同的时钟脉冲，并且同时改变状态。下面的代码是一个同步计数器的示例，这个计数器具有同步复位，在 enable 为 1 时，从 0 计数到 7，再从 0 开始计数，以此类推。

```
// 同步计数器
module counter1(out, enable, clk, reset);
output [2:0] out;
input enable, clk, reset;
reg [2:0] out;
always @ (posedge clk) begin
  if (reset) //同步复位
    out <= 3'b0;
  else if (enable == 1'b1)
    out <= out+1'b1;
end
endmodule
```

上述 RTL 代码对应的结构图如图 6.26 所示。

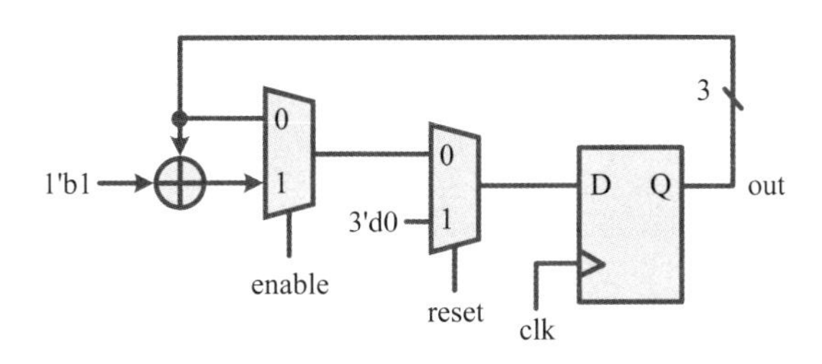

图 6.26　同步计数器

如果期望计数器计数到 3'd5 就清零，此时代码中就需要增加与 3'd5 进行比较的代码，如下所示：

```
// 同步计数器
module counter1(out, enable, clk, reset);
output [2:0] out;
input enable, clk, reset;
reg [2:0] out;
always @ (posedge clk) begin
  if (reset) //  同步复位
    out <= 3'b0;
  else if (enable == 1'b1) begin
    if (out == 3'd5) out <= 3'b0;
    else out <= out+1'b1;
  end
end
endmodule
```

【示例 6.1】数字闹钟需要产生一个频率约为 500Hz 的周期性信号来驱动扬声器发出闹铃音。用计数器对频率为 1MHz 的系统主时钟信号进行分频，得到 500Hz 的闹铃声。

解答　闹铃声产生的 RTL 代码如下所示。计数器将在主时钟的每个上升沿进行计数，一直计数到 1000。当计数到 1000 时，闹铃声翻转。因此，闹铃声的频率为主时钟频率的 1/2000，即 $1\text{MHz} \times 1/2000 = 500\text{Hz}$。

```
// 使用计数器产生闹铃
reg [9:0] counter;
always @ (posedge master_clock or negedge rst_n)
  if (! rst_n) begin
    counter <= 0;
    alarm_tone <= 0;
  end
  else if (counter == 10'd999) begin
```

```
    counter <= 0;
    alarm_tone <=~ alarm_tone;
  end
  else
counter <= counter+1'b1;
```

2. 异步计数器

异步计数器也称为纹波计数器，触发器对纹波的转换是按顺序从一个触发器到下一个触发器，直到所有触发器达到一个新的稳定值（状态）。异步计数器的每一级触发器将其输入信号的频率除以 2，对应的代码如下所示：

```
// 异步计数器：周期为 16
module CNT_ASYNC_CLK_DIV16(clk, rst_n, Y);
input clk, rst_n; output Y;
reg div2, div4, div8, div16, Y;
always @ (posedge clk or negedge rst_n)   // 除 2
  if (! rst_n) div2 = 0;
  else div2 =~ div2;
always @ (posedge div2 or negedge rst_n)  // 除 4
  if (! rst_n) div4 = 0;
  else div4 =~ div4;
always @ (posedge div4 or negedge rst_n) // 除 8
  if (! rst_n) div8 = 0;
  else div8 =~ div8;
always @ (posedge div8 or negedge rst_n) // 除 16
  if (! rst_n) div16 = 0;
  else div16 =~ div16;
 // 同步输出
 always @ (posedge clk or negedge rst_n)
  if (! rst_n) Y = 0;
  else Y = div16;
endmodule
```

上述 RTL 代码对应的结构图如图 6.27 所示。

最后一级的寄存器 Y 是将输出 Y 同步到时钟 clk 上。每一级触发器都会对其输入信号的频率进行分频，因此异步计数器也可用于分频器。示例中的电路对时钟进行了 16 分频，所以也可当作时钟分频器使用。

纹波计数器的主要优点是它的实现使用的电路资源比较少（因为不需要递增），并且功耗不高。但是仍然需要面对一个重要的时序问题，即纹波计数器中的触发器并不是同时被时钟触发计时的，因为每个触发器的时钟输入上升沿到输出值发生变化之间都有一个传播延迟。由于每个触发器的时钟都来自前一个触发器的输出，因此这个传播延迟会逐级累加。在考虑计数器长度的时候，特别是对于较长的计数器来说，每一个变化都需要经过很多触发器的传播，因此，累积的延迟可能会超过时钟周期。而对于较短的计数器，这个延迟则是可以接受的。

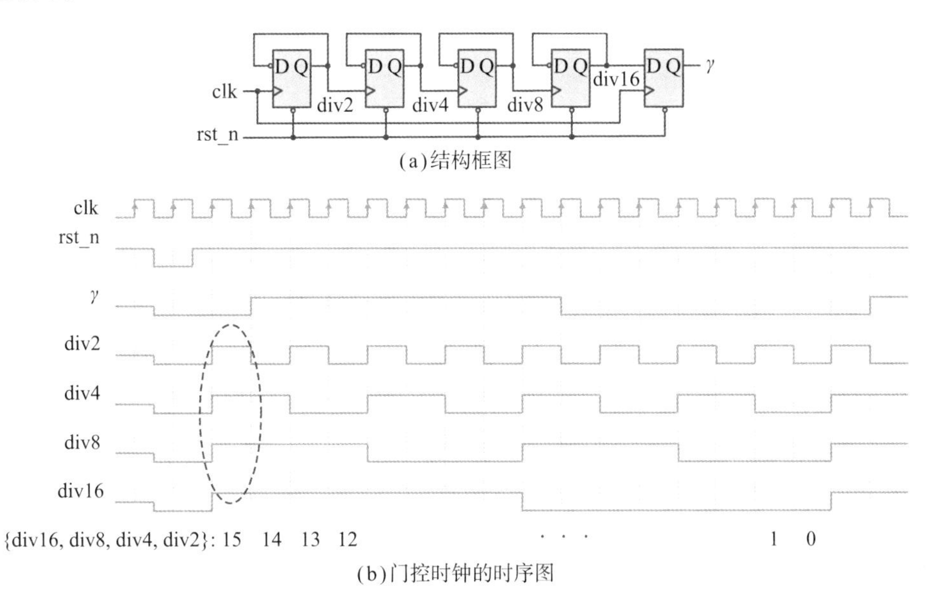

图 6.27　异步计数器

下面的 RTL 代码通过异步计数器实现了一个 13（不是 2 的幂）分频的时钟分频器。

```
// 异步计数器：周期为 13
module CNT_ASYNC_CLK_DIV13(clk, rst_n, Y);
input clk, rst_n;
output Y;
reg div2, div4, div8, div16, Y, clear;
wire div2_b, div4_b, div8_b, div16_b;
wire [3:0] counter;
always @ (posedge clk or negedge rst_n or posedge clear)
  if (! rst_n) div2 <= 0;
  else if (clear) div2 <= 0;
  else div2 <=~ div2;
assign div2_b = ! div2;
always @ (posedge div2 or negedge rst_n or posedge clear)
  if (! rst_n) div4 <= 0;
  else if (clear) div4 <= 0;
  else div4 <=~ div4;
assign div4_b = ! div4;
always @ (posedge div4 or negedge rst_n or posedge clear)
```

```
    if (! rst_n) div8 <= 0;
    else if (clear) div8 <= 0;
    else div8 <=~ div8;
  assign div8_b =~ div8;
  always @ (posedge div8 or negedge rst_n or posedge clear)
    if (! rst_n) div16 <= 0;
    else if (clear) div16 <= 0;
    else div16 <=~ div16;
  assign div16_b =~ div16;
  assign counter = {div16_b, div8_b, div4_b, div2_b};
  always @ (posedge clk or negedge rst_n)
    if (! rst_n) Y <= 0;
    else if (counter == 11)
         Y <= 1;
    else Y <= 0;
  always @ (div16_b or div8_b or div4_b or div2_b)
    if (counter == 12)
      clear = 1;
    else clear = 0;
  endmodule
```

图 6.28 是上述 RTL 代码对应的仿真波形。

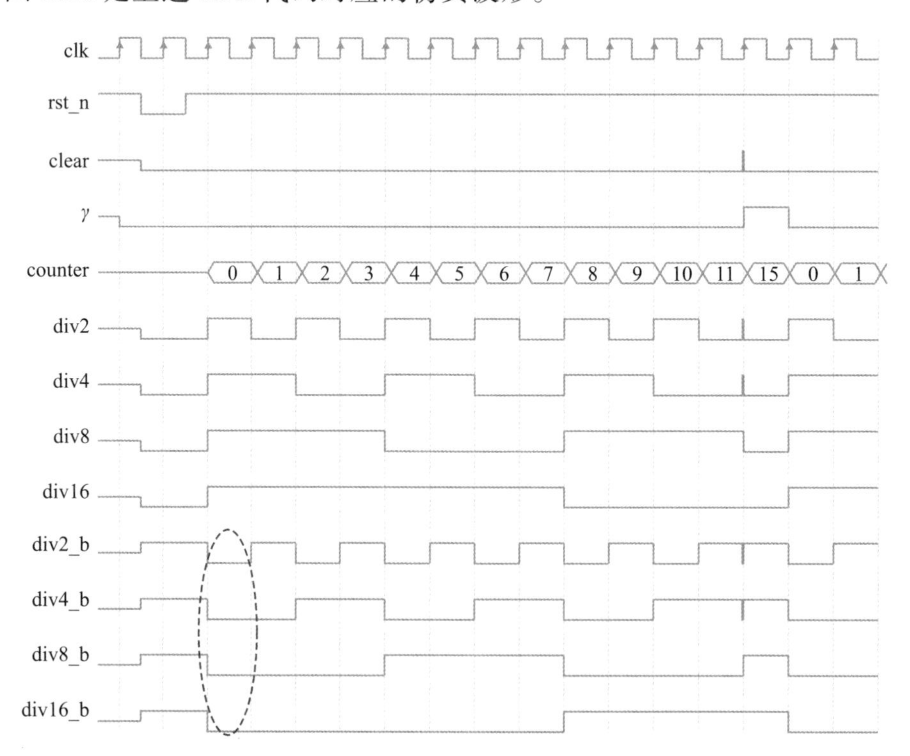

图 6.28 异步向上计数器周期性循环计数到 13

尽管如此，电路中清除功能的清除信号因为是由组合逻辑产生的输出，所以很容易产生毛刺，从而导致错误。最好是能够对输出进行缓存，代码如下所示：

```
// 异步计数器：周期为 13
module CNT_ASYNC_CLK_DIV13(clk, rst_n, Y);
input clk, rst_n;
output Y;
reg div2, div4, div8, div16, Y, clear;
wire div2_b, div4_b, div8_b, div16_b;
wire [3:0] counter;
always @ (posedge clk or negedge rst_n or posedge clear)
  if (! rst_n) div2 <= 0;
  else if (clear) div2 <= 0;
  else div2 <=~ div2;
assign div2_b = ! div2;
always @ (posedge div2 or negedge rst_n or posedge clear)
  if (! rst_n) div4 <= 0;
  else if (clear) div4 <= 0;
  else div4 <=~ div4;
assign div4_b = ! div4;
always @ (posedge div4 or negedge rst_n or posedge clear)
  if (! rst_n) div8 <= 0;
  else if (clear) div8 <= 0;
  else div8 <=~ div8;
assign div8_b =~ div8;
always @ (posedge div8 or negedge rst_n or posedge clear)
  if (! rst_n) div16 <= 0;
  else if (clear) div16 <= 0;
  else div16 <=~ div16;
assign div16_b =~ div16;
assign counter = {div16_b, div8_b, div4_b, div2_b};
always @ (posedge clk or negedge rst_n)
  if (! rst_n) Y <= 0;
  else if (counter == 10)
       Y <= 1;
  else Y <= 0;
always @ (negedge clk or negedge rst_n)
  if (! rst_n) clear <= 0;
  else clear <= Y;
endmodule
```

上述代码进行了两处修改：

（1）输出 Y 提前了一个时钟周期，但是其周期仍然为 13。

（2）清除信号是 clk 负沿将锁存的 Y 进行缓存后输出产生的，清除信号上不会再有毛刺产生。但是需要注意的是，时序电路中一般不推荐混合使用时钟的上升沿和下降沿，因为这样会对芯片的测试带来一些问题，所以使用时需要谨慎处理。

图 6.29 是上述 RTL 代码对应的仿真波形。

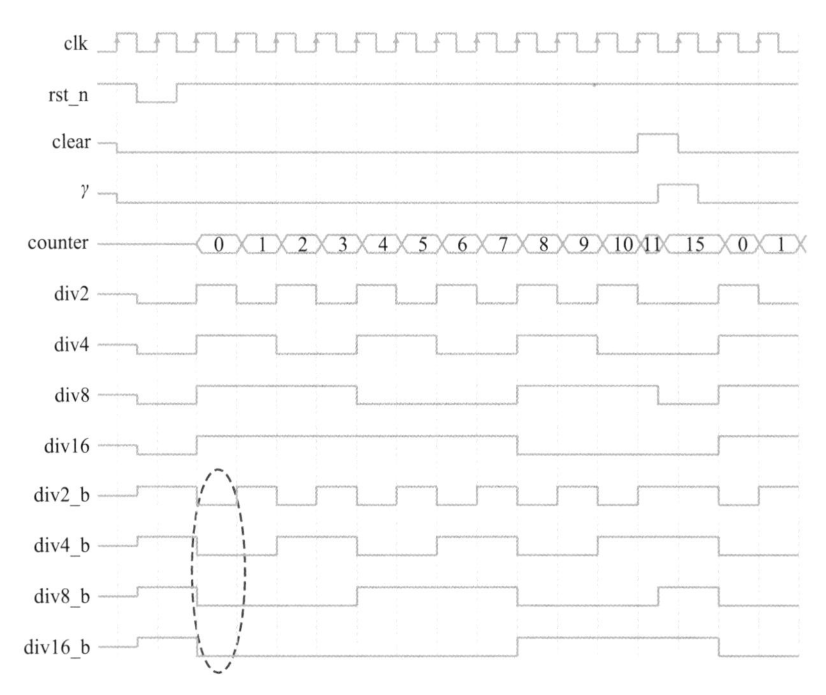

图 6.29 异步向上计数器周期性循环计数到 13，清除信号不产生毛刺

6.4.6 FIFO

如图 6.30 所示，先进先出（FIFO）缓冲区在不被读访问操作时，可用于存储元素（或数据）。一次只有一个新元素被写入，一次也只有一个元素可以被读取。FIFO 缓冲区和队列这两个名词可以互换使用，FIFO 是硬件设计中经常使用到的一个名词，而队列常用于编程语言中。术语队列和堆栈分别指的是 FIFO 和后进先出（LIFO）缓冲区。

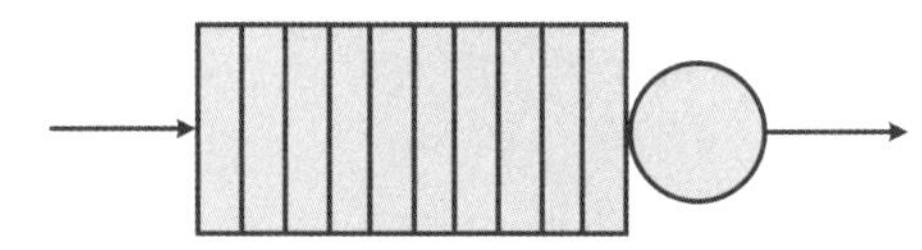

图 6.30 深度为 10 的 FIFO 缓冲区

FIFO 在硬件设计的很多领域中都有使用，例如队列和同步器等。图 6.31 展示了一个典型的使用环形结构实现的 FIFO。

下面使用触发器设计一个 10 × 8 的 FIFO，该 FIFO 对应的 I/O 接口如表 6.7 所示，其中有一个读端口和写一个写端口。

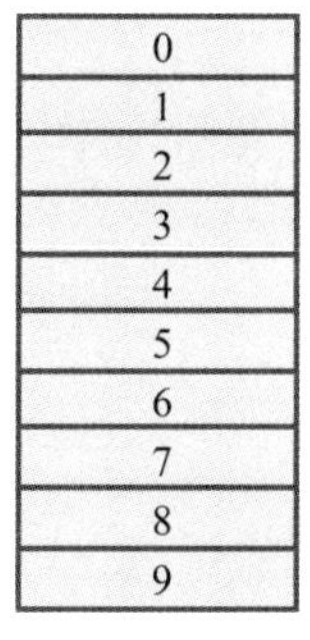

(a)物理结构

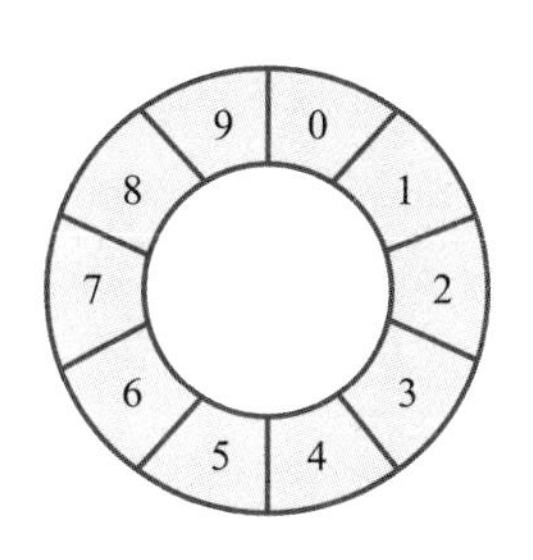

(b)逻辑循环结构

图 6.31 FIFO 深度（地址空间）为 10

表 6.7 I/O 接口

信号名	I/O	说 明
clk	I	系统时钟
rst_n	I	复位信号，低电平有效
fifo_full	O	FIFO 满指示信号
fifo_wr	I	FIFO 写端口写使能
fifo_wdata	I	FIFO 写端口写数据
fifo_notempty	O	FIFO 非空指示
fifo_rd	I	FIFO 读端口读使能
fifo_rdata	O	FIFO 读端口读数据

如图 6.32 所示，FIFO 写指针 wr_ptr（或读指针 rd_ptr）指向将要写读的元素的地址。除了读指针 rd_ptr 和写指针 wr_ptr 外，FIFO 中还有一个队列长度计数器 queue_length，用于实现对 FIFO 存储空间的有效充分访问。

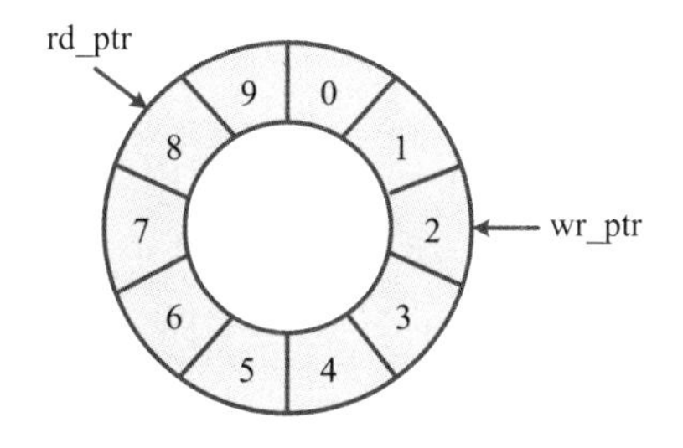

(a)wr_ptr=2，rd_ptr=8，queue_length=4的情况

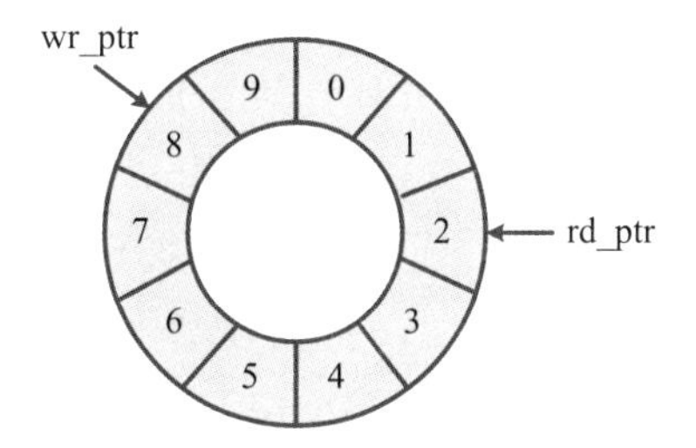

(b)wr_ptr=8，rd_ptr=2，queue_length=6的情况

图 6.32 FIFO 存储空间的访问可以通过读写指针实现

该 FIFO 缓冲区设计是一个参数化设计，代码如下所示：

```
//FIFO 写指针，读指针和队列长度
parameter DEPTH = 10; parameter BITS = 8;
parameter DEPTH_BITS = 'CLOG2(DEPTH);
reg [DEPTH_BITS-1:0] wr_ptr, rd_ptr;
reg [DEPTH_BITS-1:0] queue_length;
```

```
// FIFO写指针
always @ (posedge clk or negedge rst_n)
  if (! rst_n)
    wr_ptr <= 0;
  else if (fifo_wr && wr_ptr == DEPTH-1)
    wr_ptr <= 0;
  else if (fifo_wr)
    wr_ptr <= wr_ptr+1'b1;
//FIFO读指针
always @ (posedge clk or negedge rst_n)
  if (! rst_n)
    rd_ptr <= 0;
  else if (fifo_rd && rd_ptr == DEPTH-1)
    rd_ptr <= 0;
  else if (fifo_rd)
    rd_ptr <= rd_ptr+1'b1;
//FIFO存储空间被有效充分访问
always @ (posedge clk or negedge rst_n)
  if (! rst_n)
    queue_length <= 0;
  else if (fifo_wr && ! fifo_rd)
    queue_length <= queue_length+1'b1;
  else if (fifo_rd && ! fifo_wr)
queue_length <= queue_length-1'b1;
```

参数 DEPTH_BITS 是利用第 3 章中宏 CLOG2 定义的 $\log_2$(DEPTH) 向上取整得到的，其中 $\log_2(x)$ 表示 x 的以 2 为底的对数。当 FIFO 写（或读）使能时，fifo_wr（或 fifo_rd）有效，此时一个元素就会根据索引 wr_ptr（或 rd_ptr）写入（或读出）FIFO 存储区中，同时 wr_ptr（或 rd_ptr）自动完成递增。FIFO 存储区是由一个环形的缓存实现的，当 wr_ptr（或 rd_ptr）到达 FIFO 存储区的末尾时，即 9，它会再次返回到地址 0。当 fifo_wr 有效而 fifo_rd 无效时，queue_length 增加；当 fifo_rd 有效而 fifo_wr 无效时，queue_length 减小；否则，queue_length 保持不变，在 fifo_wr 和 fifo_rd 都有效或者都无效时就可能会发生这种情况。

FIFO 的状态是通过信号 fifo_full 和 fifo_notempty 指示的。当 fifo_full 为真时，fifo_wr 无效，此时不允许对 FIFO 写入。类似的，当 fifo_notempty 为假时，fifo_rd 无效，此时不允许对 FIFO 进行读访问。

```
// FIFO状态
assign fifo_full = queue_length == DEPTH;
assign fifo_notempty =~ (queue_length == 0);
```

最后，FIFO 存储区 fifo_mem 被声明为一个二维数组，并且使用触发器实现。在 clk 上升沿时，如果 fifo_wr 有效，则写入数据 fifo_wdata 被写入写指针 wr_ptr 索引的 fifo_mem 中。而读数据 fifo_rdata 则通过一个多路选择器构成的组合逻辑电路输出，该多路选择器由读指针 rd_ptr 索引访问。

```
// FIFO 读写端口
reg [BITS-1:0] fifo_rdata;
reg [BITS-1:0] fifo_mem [0:DEPTH-1];
// FIFO 控制器
// FIFO 写操作
always @ (posedge clk)
  if (fifo_wr) fifo_mem [wr_ptr] <= fifo_wdata;
// FIFO 读操作
always @ (*)
  fifo_rdata = fifo_mem [rd_ptr];
```

另外一种常用的 FIFO 控制器是只使用读写指针，而不使用 queue_length 计数器。当 FIFO 满时，wr_ptr 和 rd_ptr 相等，所以检测 FIFO 满状态的另一种方法是检测 wr_ptr == rd_ptr。但是，当 FIFO 为空时，wr_ptr 和 rd_ptr 相同，为了区分 FIFO 满状态和空状态，在进行满判断时，可以通过判断写指针将要指向的地址是否和当前的读指针指向的地址一样。也就是说，当 rd_ptr == wr_ptr+1 或 rd_ptr 为 0 且 wr_ptr 为 9（存储结构最后一个地址）时，FIFO 满有效。在后续版本中，这样做意味着留下一个未占用的元素，即浪费一个缓存空间。

6.4.7 信号在不同过程块之间交互时存在的问题

Verilog HDL 用于模拟硬件组件的并行执行。因此，在进行设计时，用户需要理解哪些语句的执行是有保证的，哪些是不确定的（IEEE 标准中未指定的），为此，Verilog 将这些语句执行的事件队列划分成了五个连续的区域。

（1）激活事件：在同一仿真时间内，激活事件执行的顺序是不确定的。例如阻塞赋值、连续赋值和非阻塞赋值的解析。

（2）非激活事件：在同一仿真时间内，非激活事件在所有激活事件处理完毕后进行处理。例如显式的 0 延迟赋值：#0y = x，该赋值操作将发生在所有激活事件处理完毕之后。

（3）非阻塞赋值更新事件：这些事件的解析发生在前边的仿真时间内，但是其对应的赋值操作发生在激活事件和非激活事件执行处理完毕之后。例如非阻塞赋值语句的赋值操作。

（4）监控事件：这些事件发生在激活事件、非激活事件和非阻塞赋值更新事件处理完之后。例如 $monitor 和 $strobe 系统任务。

（5）后续事件：在后续某个时间内发生的事件，主要分为后续非激活事件和后续非阻塞赋值更新事件。

当一个事件发生时，会触发其他事件的发生。例如一个非阻塞赋值的更新事件或者一个激活事件可以再次触发一个激活事件（使用 always 块或者连续赋值语句描述的激活事件）的发生。在当前仿真时间内，在非阻塞赋值更新（或者激活）事件和激活事件之间的任何激活事件都会不断迭代，直到激活事件队列中的所有事件都执行完毕。

这里需要注意，非阻塞赋值的执行实际上分为两步：第一步，赋值表达式右侧的表达式完成解析，并将结果存储在临时存储空间中；第二步，将临时存储的结果赋给表达式左侧变量，该赋值事件将被安排在非阻塞赋值更新事件中或后续非阻塞赋值更新事件中执行，并根据延迟控制将其写入相应的队列区域。

激活事件中事件执行的任意性是 Verilog 仿真器执行结果不确定的主要来源。例如，如果 6.4.4 节“编码状态”中传统二进制编码状态机的输入 x 按照如下所示代码中的 initial 块生成，会出现什么样的情况呢？

```
initial begin
  #1 wait(! rst_n);            // 等待触发复位
  wait(rst_n);                 // 等待复位释放
  @ (posedge clk) x = ;        // x 赋值，保持一个周期
  @ (posedge clk) x = 0;
end
```

当语句执行顺序或者激活事件执行顺序发生变化时，竞争冒险的情况就有可能导致电路输出不同的结果。在图 6.33 中，我们假设在 clk 的第三个上升沿，Verilog 仿真器按照以下顺序调度三个激活事件：$x = 1$，因为 x 的变化，会更新 state_ns，同时对 stats_cs 进行解析，也就是说，首先，1 会赋值给 x，然后描述状态机的 always 块会被触发从而决定下一个状态（使 state_ns 变成 b），最后又将状态 b 赋值给 stats_cs 的非阻塞赋值的临时存储区。

在激活事件处理完成后，非阻塞赋值更新事件会将临时存储区中的状态 b 赋值给 state_cs，然后 state_cs 的变化又引起了新的激活事件，因为 state_cs 的变化触发了 state_ns 状态的更新，而在 x 为 1 的时候，state_ns 被更新为状态 d。类似的事件还会发生在 clk 的第四个时钟上升沿，唯一不同的是，在非阻塞赋值更新事件执行完后 state_cs 没有发生变化，即也不会触发新的激活事件。

很显然，阻塞赋值（测试平台中的 initial 块）与非阻塞赋值（RTL 中因

为 clk 上升沿触发的 always 块）产生的信号相互交互时产生了错误的结果，如图 6.33 所示。为了解决这个竞争问题，我们可以给原始输入 x 在时钟跳变沿以外指定一个固定的时间延迟，或者在测试平台中使用非阻塞赋值。

下面的代码是在时钟边沿之后，给输入 x 指定了 1 个时间单位的延迟。

```
initial begin
  #1 wait(! rst_n);            // 等待触发复位
  wait(rst_n);                 // 等待释放复位
  @ (posedge clk) #1 x = 1;    // x 赋值，保持一个周期
  @ (posedge clk) #1 x = 0;
end
```

也可以在产生输入 x 激励时使用如下的非阻塞赋值语句：

```
initial begin
  #1 wait(! rst_n);            // 等待触发复位
  wait(rst_n);                 // 等待释放复位
  @ (posedge clk) x <= 1;      // x 赋值，保持一个周期
  @ (posedge clk) x <= 0;
end
```

图 6.34 是修改后产生的对应的仿真波形。

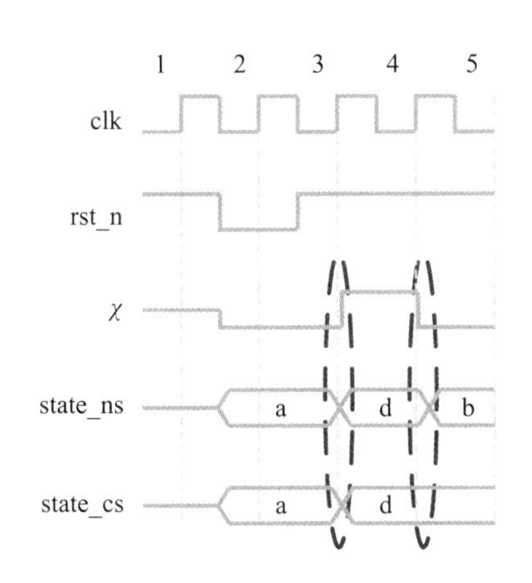

图 6.33　竞争冒险产生的错误波形

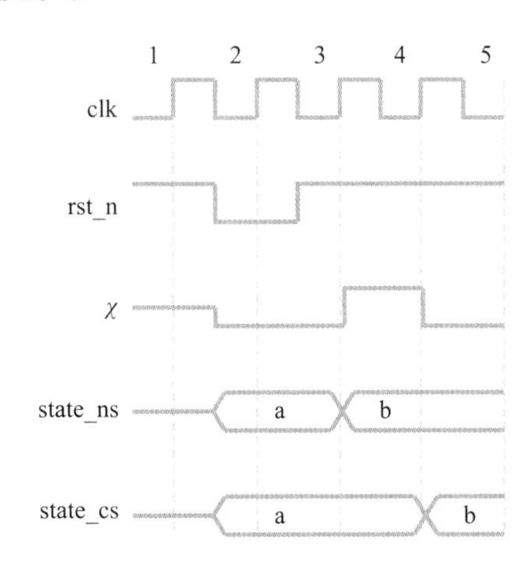

图 6.34　没有竞争冒险情况的正确波形

6.5 练习题

1. 只使用一个处理元件（PE）和合适的状态机重新设计冒泡排序问题。

（a）绘制架构的数据路径。

（b）指定设计的关键路径。

（c）完成设计的 RTL 代码（包括状态机），并对其进行验证。使用参数化设计方法完成设计，其中位宽可编程配置，默认值为 3 位。

2. 设计一个可以检测位序列“1011”的状态机，例如，如果输入序列为“0011_1011_0110”，那么输出为“0000_0001_0010”。

3. 绘制下面 RTL 代码的结构图。

```
wire a, b, c;
reg d, e, f;
always @ (posedge clk) begin
  d <= a ^ b;
  e <= c | d;
  f <= d & e;
end
```

4. 完成一个 1 位宽、带有异步置位的 DFF RTL 代码设计。

5. 完成一个 1 位宽、带有同步置位的 DFF RTL 代码设计。

6. 如图 6.35 所示，完成一个 1 位宽、带有同步使能端 DFF 的 RTL 代码设计。当 enable 为真时，将 *x* 赋给 *y*。

7. 如图 6.36 所示，完成一个 1 位宽、带有同步载入端 DFF 的 RTL 代码设计。当 load_en 为真时，load_data 会被赋给 *y*，反之，会将 *x* 赋给 *y*。

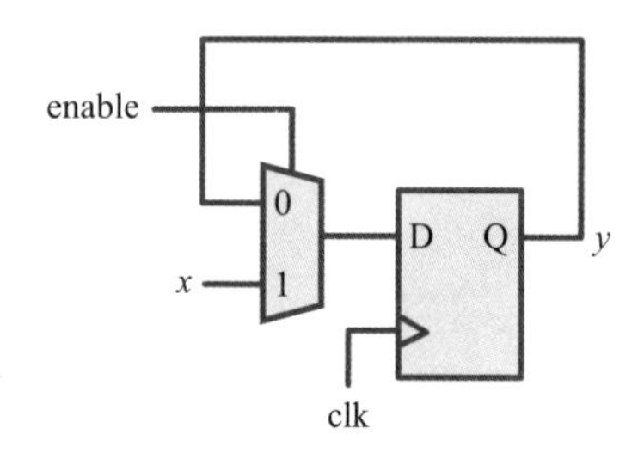

图 6.35 带有同步使能端的 DFF

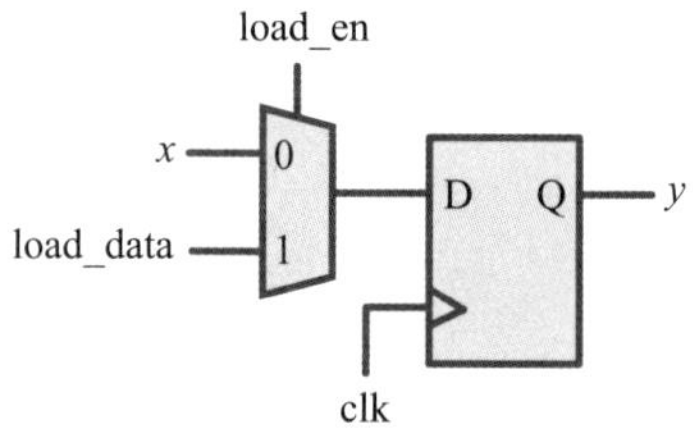

图 6.36 带有同步载入端的 DFF

8. 将上题中的 1 位 DFF 改为 8 位 DFF。

9. 绘制下面 RTL 代码的结构图。

```
module code3(Sel, A, B1, B2);
input Sel; input [1:0] A;
output [1:0] B1, B2; reg [1:0] B1, B2;
always @ (Sel or A)
  if (Sel)
    if (A == 1) begin
      B1 = 0; B2 = 0;
    end
```

```
    else begin
      B1 = 1; B2 = 1;
    end
  else begin
    B1 = 2; B2 = 2;
  end
endmodule
```

10. 绘制下面 RTL 代码的结构图。

```
module code4(Sel, A, B1, B2);
input Sel; input [1:0] A;
output [1:0] B1, B2;
reg [1:0] B1, B2;
always @ (Sel or A)
  if (Sel)
    if (A == 1) begin
      B1 = 0; B2 = 0;
    end
    else
      B1 = 1;
  else begin
    B1 = 2; B2 = 2;
end
endmodule
```

11. 绘制下面 RTL 代码的结构图。

```
module code2(Sel, A, B1, B2);
input Sel; input [1:0] A;
output [1:0] B1, B2;
reg [1:0] B1, B2;
always @ (Sel or A)
  if (Sel)
    if (A == 1) begin
      B1 = 0;
      B2 = 0;
    end
    else begin
      B1 = 1;
      B2 = 1;
    end
endmodule
```

12. 绘制下面 RTL 代码的结构图。

```
module code1(Sel, A, B1, B2);
input Sel; input [1:0] A;
output [1:0] B1, B2;
reg [1:0] B1, B2;
always @ (Sel or A) begin
  if (Sel) begin
    if (A == 1) begin
      B1 = 0; B2 = 0;
    end
    else B1 = 1;
  end
end
endmodule
```

13. 重新设计同步计数器。

（a）其中的加载功能代码片段如下，它的优先级比复位低，但是比使能高。

```
if (Load)
  Out = Data_In;
```

（b）通过引脚 up_down 控制计数器向上计数还是向下计数。

（c）通过引脚 count_mode 控制计数器，控制计数器以 1 或者 2 作为递增或者递减的步进。

14. 将异步递减计数器重新设计为递增计数器。

15. 设计异步递增计数器，计数范围为 0 到 12，其中清除信号由寄存器缓存后输出。

16. 计数器可用于计时器。请使用 1MHz 的时钟，每 1ms 产生一个脉冲。

17. 如图 6.37 所示，设计一个伪随机二进制序列（PRBS）产生器。

18. 设计一个可以左移/右移的 8 位寄存器（左移和右移分别通过信号 left_shift-en 和 right_shift_en 控制），通过端口 load_value[7:0] 加载 8 位数值（由信号 load_en 控制加载和使能）。

19. 时钟分频器问题：推导一个占空比非 50% 的时钟 N 分频器，其中 N 为整数。如果 N 为偶数，可以由纹波时钟直接得到对应的分频时钟。又由于时钟是一个非常重要的信号，所以需要确保产生的时钟没有毛刺。

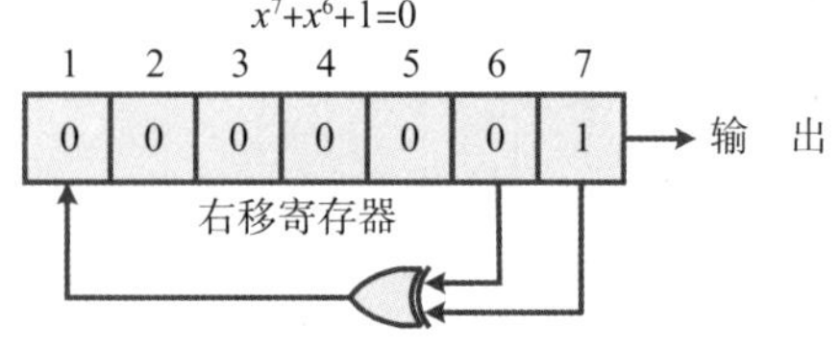

图 6.37 7 位 PRBS 序列产生器

（a）分别使用纹波时钟和非纹波时钟设计一个 $N=2$ 的时钟分频器。

（b）分别使用纹波时钟和非纹波时钟设计一个 $N=5$ 的时钟分频器。这里需要注意，对于纹波时钟，清除信号必须由触发器输出得到，以避免毛刺的产生。

（c）使用非纹波时钟设计一个 $N=1.5$ 的时钟分频器。对于 $N=1.5$, 2.5, 3.5 等的小数分频器，小数分频器不能直接使用单个触发器的输出获得，相比之下，你需要将几个触发器的输出作为组合逻辑电路的输入，通过组合逻辑电路得到对应的时钟。得到的时钟的占空比不一定必须是 50%。

提示：你可以使用两个计数器的组合得到。每个计数器有两位宽，并按 2'b00, 2'b01, 2'b11, 2'b00, 2'b01，……顺序计数，也就是说，它们计数三次后就会重置，使用这样的序列是为了避免产生不必要的毛刺，这两个计数器分别由时钟的正沿和负沿触发。

20. 使用触发器设计具有 32 个 64 位寄存器的寄存器组，该寄存器组具有 4 个读端口和 2 个写端口。

21. 设计一个不带 queue_length 指示器的 FIFO。在本设计中，使用 rd_ptr 和 wr_ptr 来判断 fifo_full 和 fifo_notempty 状态。为了准确地指示队列的状态，FIFO 的一个元素空间可能会被浪费。与使用 queue_length 指示器相比，这种设计的优点和缺点是什么？

22. 通过修改 FIFO 模块来设计一个堆栈，该堆栈只有一个写指针 wr_ptr，它的读指针由 wr_ptr−1 间接得到。

23. 触发器具有 1ns 的时钟到 Q 延迟（t_{CQ}）。使用这种类型触发器的 10 位二进制纹波计数器的延迟是多少？计数器能工作的最大频率是多少？

24. 设计一个计数器，重复二进制序列：0, 1, 2, 3, 4, 5。

25. 设计一个计数器，重复二进制序列：0, 1, 4, 6。

26. 设计一个 8 位计数器，重复二进制序列：1, 2, 1, 4, 8, 1, 16, 1, 32, 1, 64, 1, 128。

27. 设计一个测试平台，验证 10 位纹波计数器。

28. 使用 NOR 门重新设计边沿触发器。

29. 重新设计时钟的 13 分频器，注意清除信号需要缓存后输出。

30. 完成一个 4 位移位寄存器的测试平台。

31. 如图 6.38 所示，使用两个 D 锁存器实现一个触发器，该触发器称为主从 D 触发器。第一个锁存器叫做主锁存器，在 clk 为低时，将输入 d 传递给 x（此时主锁存器是透明的），输出 q 不会受到 x 的影响。当 clk 为高时，d 被采样传递给 x 的值，传递给输出 q（从锁存器是透明的）。当 clk 再次变低时，x 被采样的值给 q，在 clk 为低时，从锁存器输出 q 的值保持不变。

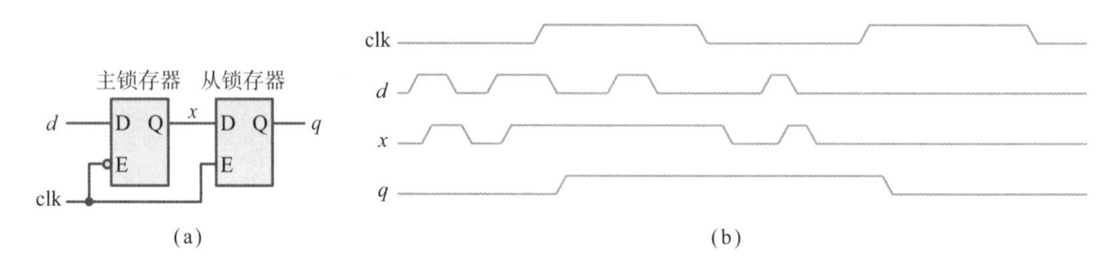

图 6.38 两个锁存器构成的主从 D 触发器

图 6.39 是主从 D 触发器实现的门级电路原理图。

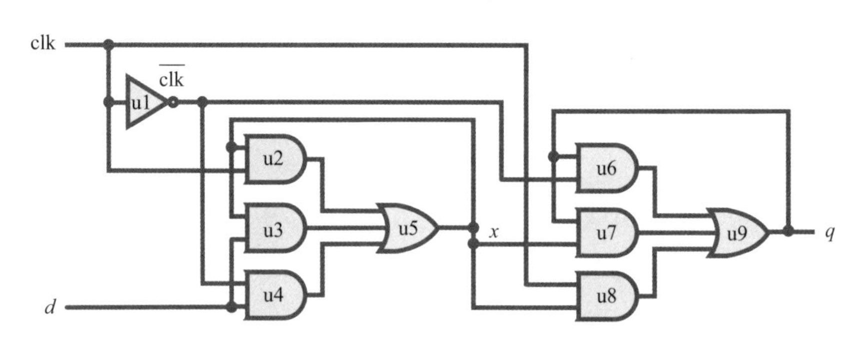

图 6.39 主从 D 触发器的门级电路原理图

（a）使用图 6.38（b）的波形验证其功能。

（b）t_s（建立时间）就是主锁存器的建立时间。请确定触发器的时钟上升沿的建立时间。

（c）对于主从触发器的正确操作，至关重要的是，在从时钟下降沿后，主触发器的输出在 t_H（保持时间）之前保持改变。请确定触发器保持时间。

（d）请确定时钟上升沿到 Q 的延迟时间 t_{cq}。

32. 基于图 6.40 所示的主从触发器，重复上题所问问题。

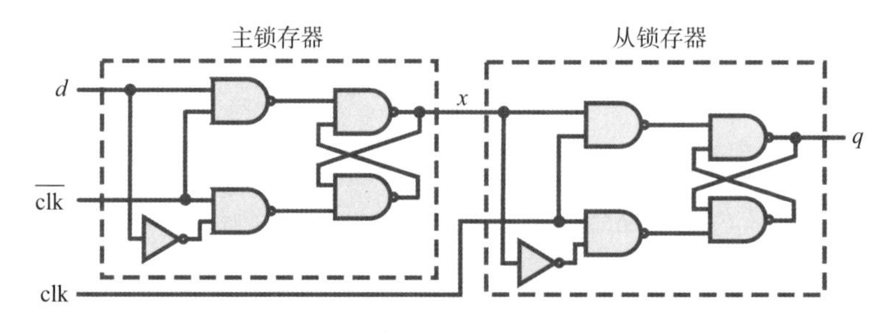

图 6.40 另一种主从 D 触发器

33. 类似上面题目中的问题，如图 6.41 所示，计算由两个 CMOS 锁存器构成的 CMOS 主从触发器的时序约束。通过将图 6.14 中的主从触发器中的锁存器用图 6.7（b）中的 CMOS D 锁存器进行替换后得到图 6.41 所示的 CMOS 主从触发器。

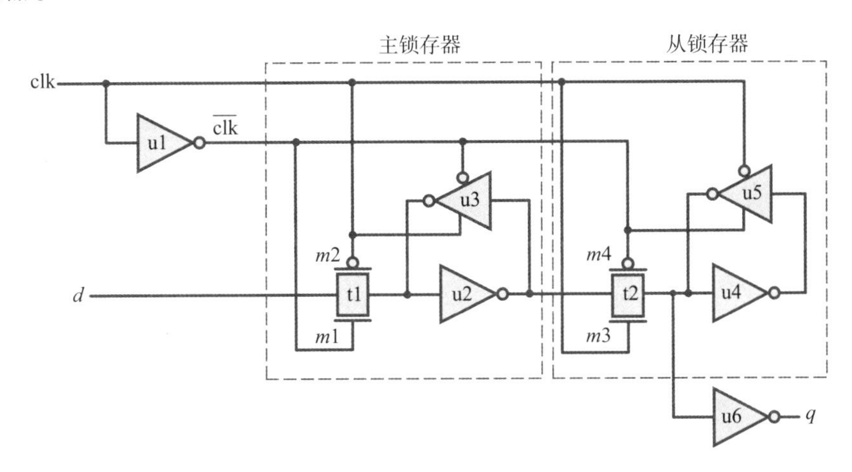

图 6.41 由两个 CMOS 锁存器组成的 CMOS 主从触发器

（a）确定上升沿的建立时间。

（b）确定上升沿的保持时间。

（c）确定时钟上升沿到 Q 的延迟时间。

34. 图 6.42 显示了上升沿 D 触发器的操作，完成下面的时序图。

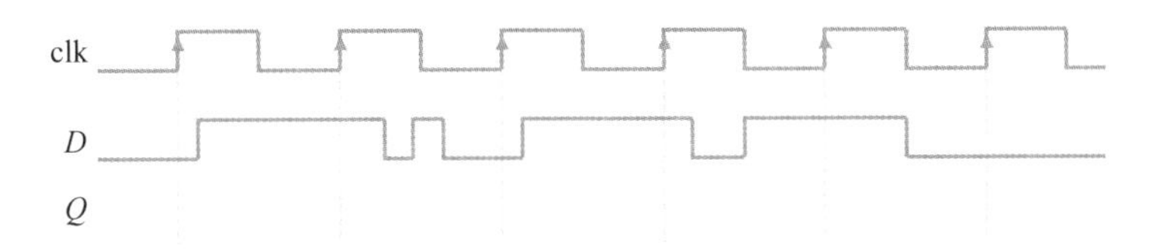

图 6.42 D 触发器的时序图

35. 设计一个时序逻辑电路，该电路具有一个数据输入端 D 和一个数据输出端 Q。当输入数据在当前时钟周期的值与前一时钟周期的值不相同，则输出为高，如图 6.43 所示。

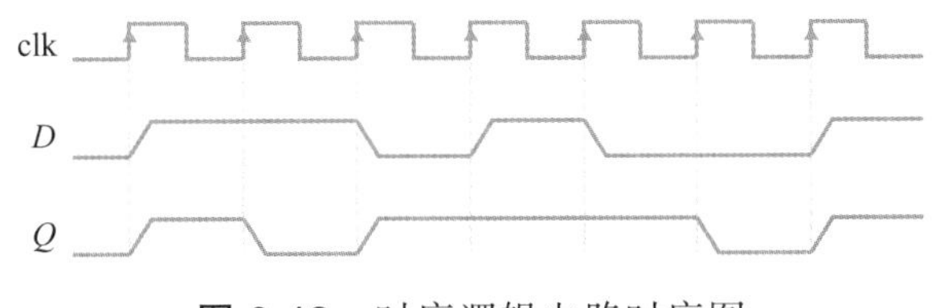

图 6.43 时序逻辑电路时序图

36. 完成自行运行计数器电路的 RTL 代码设计，该计数器计数 30 个时钟周期，并在每 4、18 和 21 个周期时产生的控制信号为 1。

37. 编写一个时钟分频电路的 RTL 代码，该电路实现对主时钟 20.48MHz 的分频，产生占空比为 50%、频率恰好为 10kHz 的信号。

38. 图 6.44 为一个纹波计数器连接的一个译码器。当纹波计数器计数递增时，画出译码器的输出。

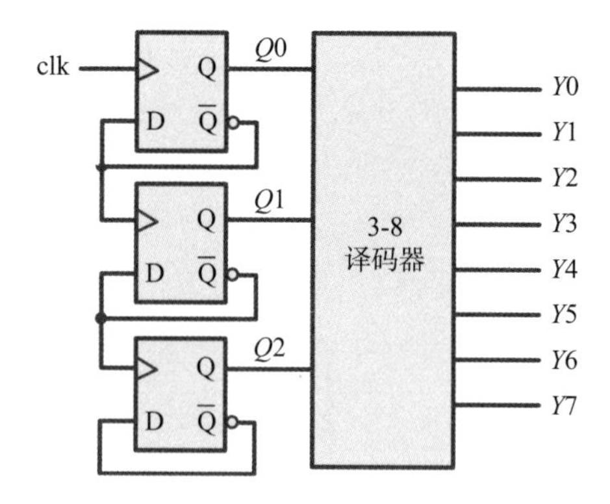

图 6.44 连接到译码器的（异步）纹波计数器

39. 实现一个 4 位格雷码计数器。

40. 下面的 RTL 代码是一个具有两个写端口的 SRAM，根据代码的描述，画出该电路的结构图。

```
always @ (wen1 or wen2 or addr1 or addr2 or din1 or din2)
begin
  if (wen1) mem [addr1] <= din1;
  if (wen2) mem [addr2] <= din2;
end
```

41. 编写示例 4.7 中 8 阶 FIR 滤波器的 Verilog 代码。

参考文献

[1] David Money Harris, Sarah L Harris. Digital design and computer ar chitecture, 2nd. Morgan Kaufmann, 2013.

[2] Donald E Thomas, Philip R Moorby. The Verilog hardware description language, 5th. Kluwer Academic Publishers, 2002.

[3] John F Wakerly. Digital design: principles and practices, 5th. Prentice Hall, 2018.

[4] John Michael Williams. Digital VLSI design with Verilog: a textbook from Silicon Valley Polytechnic Institute, 2nd. Springer, 2014.

[5] Joseph Cavanagh. Computer arithmetic and Verilog HDL fundamentals. CRC Press, 2010.

[6] M Morris Mano, Michael D Ciletti. Digital design, 4th Ed. , Prentice Hall, 2006.

[7] Michael D Ciletti. Advanced digital design with the Verilog HDL, 2nd. Prentice Hall, 2010.

[8] Peter J Ashenden. Digital design: an embedded systems approach using Verilog. Morgan Kaufmann Publishers, 2007.

[9] Samir Palnitkar. Verilog HDL: a guide to digital design and synthesis, 2nd. Pearson, 2011.

[10] Stephen Brown, Zvonko Vranesic. Fundamentals of digital logic with Verilog design. McGraw-Hill, 2002.

[11] Vaibbhav Taraate. Digital logic design using Verilog: coding and RTL syn Thesis. Springer, 2016.

[12] William J Dally, R. Curtis Harting. Digital design: a systems approach. Cambridge University Press, 2012.

[13] Zainalabedin Navabi. Verilog digital system design: RT level synthesis, test bench, and verification. McGraw-Hill, 2005.

第 7 章　数字系统设计

本章将介绍几个重要的系统级硬件设计问题，主要包括流水线和并行技术，以及 FIFO 和 FIFO 作为数据缓存的应用、仲裁、互连与存储系统等。为了得到一个高效健壮的设计，我们建议读者在编写 RTL 代码之前绘制设计的结构框图和时序图。

下面将列举遵循这一指导建议的几个示例，如复数乘法器、两数的电路加法和 FIR 滤波器。通过结构框图，你可以了解设计中需要哪些组件，通过时序图可以控制设计的操作顺序，如果有必要，你也可以通过这些对系统性能进行细微调整。最后，从算法设计到 RTL 编码，介绍霍夫曼编码的数字设计。

7.1 系统设计：从虚拟到现实

一个完整的系统，通常是由硬件和软件两部分组成的。如图 7.1 所示，对于一个软硬件协同设计的系统，一旦对其功能进行软硬件划分之后，那么此时就可以开始针对软硬件并行进行设计开发。

图 7.2 是数字硬件设计的一部分，其中的时序逻辑电路包含有存储元件，其输出可能取决于输入部分，也可能取决于时序电路部分或者由输入和时序电路两部分共同决定。

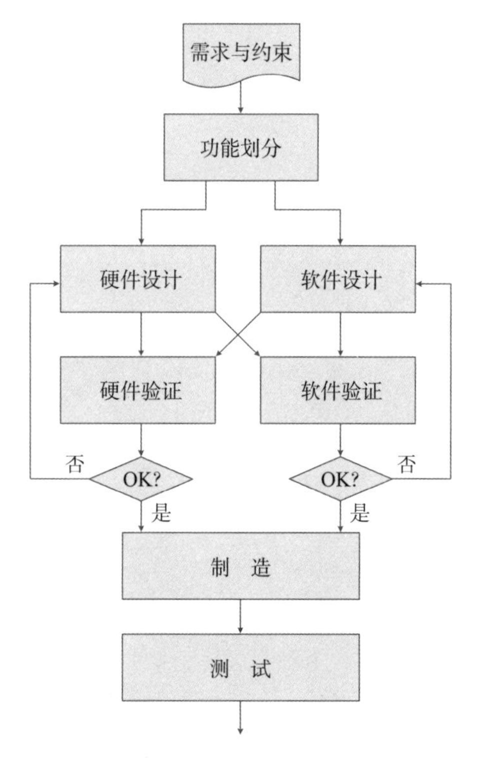

图 7.1 软硬件协同设计方法

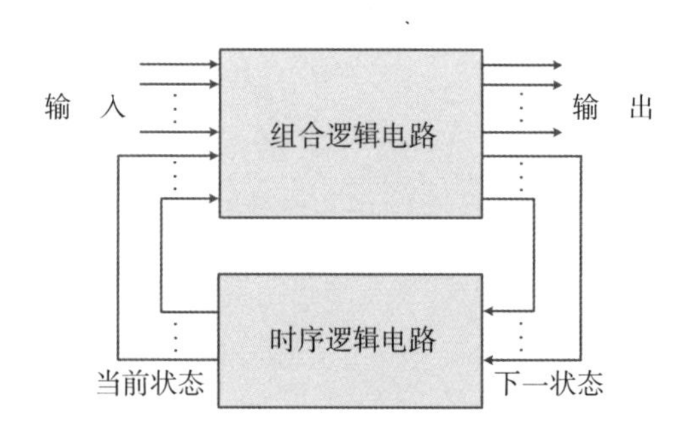

图 7.2 同步数字设计

数字系统一般都是一个时序逻辑系统，通常由时序逻辑和组合逻辑门组成。因为数字电路的重要性和复杂性，经常使用 RTL 实现整个数字系统。使用 RTL 通常可以实现数据流级建模和行为级建模。RTL 常用的描述方式有三种，分别是行为级（使用 always 块描述）、数据流级和结构级。Verilog 是一种硬件描述语言，它既支持使用行为级（always 块描述）和数据流级的结构实现高级 RTL 描述，也支持使用结构级的语法结构实现低级的 RTL 描述，在设计需要的时候，也可以将多种描述方式混合使用，以实现对于设计的 RTL 描述。

在下面的讨论中，我们将重点讨论 Verilog 结构和对应的逻辑门之间的关系，因为要真正精通 RTL，设计师需要从硬件（以电路为中心）的角度去看待问题，而不是将重点放在软件（以 Verilog 为中心）上。RTL 描述了数据从一个寄存器传递到另一个寄存器时如何进行转换，数据的转换是由位于寄存器之间的组合逻辑实现的。这里需要注意，在使用 always 块描述组合逻辑电路时，一定要注意敏感信号列表的完整性。连续赋值方式是 RTL 综合工具可识别的一种描述设计的有效方式之一。如果你想设计一个符合你设计规格书要求的可运行的电路，就必须要保证电路满足时序要求。而 RTL 是实现这种电路的理想选择，因为采用 RTL 描述的电路非常适合在流水线设计的关键路径中插入额外的寄存器以减少其深度。

模块的实例也是可综合 RTL 代码的一种示例。尽管如此，使用可综合技术的原因是利用该技术在更高的抽象层次上描述设计的能力，而不是简单地对模块实例进行整合或者是在连续赋值语句中使用较低抽象层次的二进制操作符。最令人满意的方法是描述设计要实现什么，并且相信综合工具能够就如何实现设计做出正确的选择，而这些，只是通向成功的高层次设计的第一步。

如前所述，RTL 设计主要包括行为级（always 块描述）、数据流级（连续赋值语句）和结构级描述。理想情况下，可以使用状态表完全指定系统的输出，但是由于当前输入和之前的输入存在大量可能的状态，所以大型数字系统的状态表可能会变得非常庞大臃肿。为了解决这个问题，数字系统通常会采用模块化的设计方法，如图 7.3 所示，将系统划分成子系统，每个子系统实现一定的功能，然后使用互连（例如总线）实现系统之间数据的交互。剩下的问题就是在某个层次级别上将系统划分成可控的子系统，如果成功实现了系统的划分，

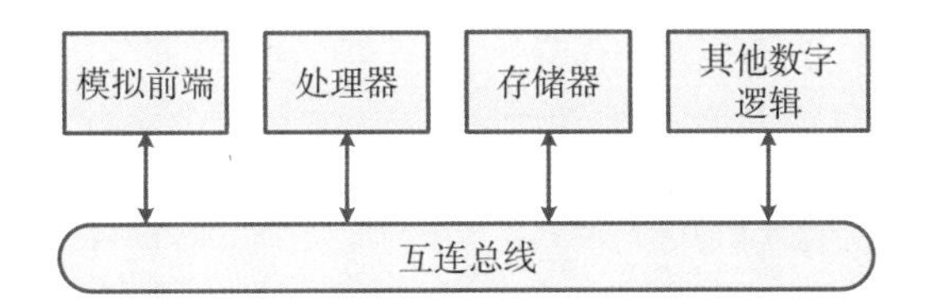

图 7.3 一个现代化的数字系统，抽象的互连结构实现了多个客户端之间的连接

剩下的任务就变得简单直接得多。因此，建立一个稳定的、可行的系统级设计是数字设计中最有趣和最具挑战性的工作之一。

图 7.4 所示的数字系统设计是从规格说明开始的，包括的主要步骤如下：

（1）规格说明：是设计系统最重要的步骤，需要定义并且清楚地指定要构建的内容。

（2）结构划分：一旦完成了系统的定义，就需要将其划分成可管理的子系统或者模块。这是一个分而治之的过程，在这个过程中，需要将一个巨大复杂的完整系统划分成可以单独设计实现的可控子系统。可以想象，在这个过程中出现任何错误问题，都可能导致更多问题的产生。为此，确保这个过程顺利完成，对子系统之间的接口进行足够详细的描述就显得尤为重要。只有将接口规范表述得足够清楚，才有可能独立开发和验证各个模块。同时，接口应该在不影响整个系统的情况下允许模块进行修改。

（3）设计：

① 时序设计：在系统设计的早期，时序和操作顺序的描述是非常重要的。特别是模块之间的数据流描述，必须要准确地确定模块在特定周期执行特定任务的操作时序，以确保所需要的数据能够在正确的时间正确的地方汇集在一起。时序设计同时还对后续微调设计的性能起到了推动作用。

② 模块设计：完成了以上步骤之后，每一个模块就可以单独开始进行设计和验证了。通常，在模块设计完成之前，模块的准确性能和时序（例如，吞吐

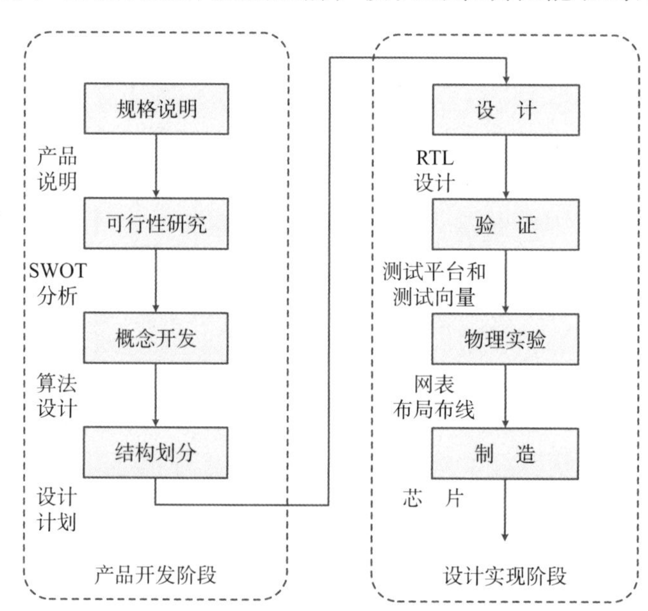

图 7.4 设计流程

量、延迟和流水线深度）是无法准确知道的。而一个好的系统设计是这样的：划分的模块可以再次集成到一个系统中工作，并且不需要额外的返工和调试。

③ 性能微调：一旦每个模块的性能已经完成确定（或至少进行了估计），就可以对系统进行分析，看看它是否满足性能规范的要求。如果系统没有达到性能目标，则可以通过提高系统的并行性等方法来进行调整。

7.1.1 流水线设计

数字系统中使用的流水线，在某种程度上类似于组装汽车的装配线。图 7.5 是一个流水线设计示例，在图 7.5（a）中，一个总任务（一个组合逻辑电路）被分成 4 个子任务（4 个组合逻辑电路）。在图 7.5（b）中，在每个子电路之后加上了时序逻辑电路，这些添加的时序逻辑电路类似于装配线上的工位，这样我们就可以像图 7.5（b）所示的那样，将电路划分成独立的单元，每一个单元我们称之为流水级，划分的这些单元首尾相接，以线性的方式连接在一起，以便每个单元的输出成为后续单元的输入。

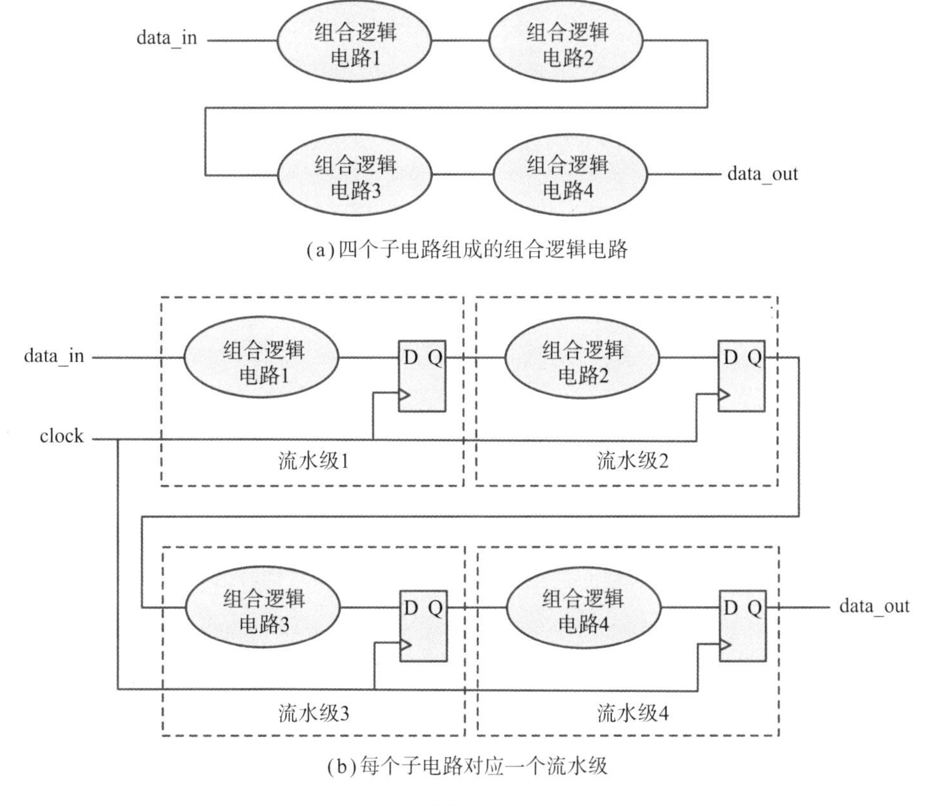

图 7.5

吞吐量 Θ 表示的是一个模块单位时间完成任务的数目。例如，如果我们有一个实现加法操作的加法器，每 10ns 完成一次加法操作，那么我们就可以说这个加法器的吞吐量是 100 MOPS（每秒百万次操作）。延迟 T 表示模块从头到尾完成一项任务所需要的时间。例如，如果加法器完成一个加法操作，从施加输入的时间到输出稳定结果的时间为 10ns，则其延迟 T 就为 10ns。对于一个简单的模块来说，吞吐量和延迟互为倒数关系：$\Theta = 1/T$。

但是，如果我们企图通过流水线或者并行计算技术加速模块的话，那么关系可能会变得更加复杂。例如，假设我们使用流水线技术或者并行技术将一个模块的吞吐量提高 4 倍，其中 $T = 10\text{ns}$，$\Theta = 100$ MOPS。如图 7.6（a）所示，如果使用并行设计技术，我们可以构建模块的四个副本，模块 A ~ D 都与原始模块完全一样。Fork 模块将任务分配给四个模块，Join 模块将四个模块的结果组合在一起。使用这样的结构，我们可以并行启动四个任务。此时延迟仍然是 $T = 10\text{ns}$，因为完成一个任务需要的时间是 10ns。但是，因为我们此时每 10ns 能够处理 4 个任务，因此，此时我们的吞吐量就增加到了 $\Theta = 400$ MOPS。

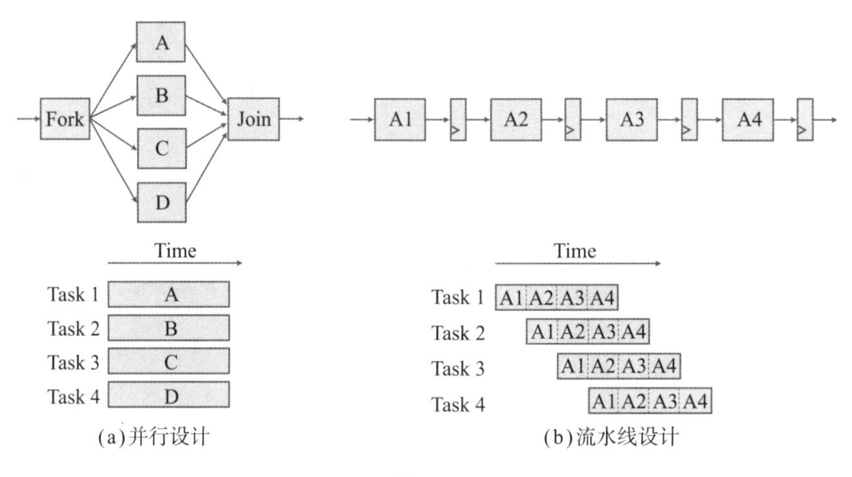

图 7.6

另外一种提高吞吐量的方法是对模块的单个副本使用流水线技术，如图 7.6（b）所示。这里，我们取一个单独的模块 A 并将其要完成的任务分为四个子任务，A1，…，A4。在这个示例中，我们假设将任务进行了均匀划分，使得四个子任务的 $T_{\text{Ai}} = 2.5\text{ns}$。流水线寄存器处于两个流水单元之间，它们可以保持前一个子任务的结果，该任务释放结果之后就可以处理下一个任务了。因此，如图所示，该流水线就可以交错地同时执行四个任务。一旦子任务 A1 完成对问题 Task1 的处理，它就开始处理 Task2，而处理 Task2 时可以继续处理 Task1。每个任务都沿着流水线继续进行，每个时钟周期处理一级流水，直到子任务 A4 完成处理。如果我们忽略寄存器本身的开销，那么延迟仍然是 $T = 2.5\text{ns} \times 4$ 个单元 $= 10\text{ns}$，但此时吞吐量已经增加到 400 MOPS，即系统每 2.5ns 完成一个任务。

通过并行技术和流水线技术的结合，可以进一步提高吞吐量，如图 7.7 所示。独立的几个任务可以在每个时钟周期内发送到模块 A、B、C 和 D。子任务在一个周期中完成各自的子任务。因此，总吞吐量现在就可以达到 $4\times400=1600$ MOPS 了。

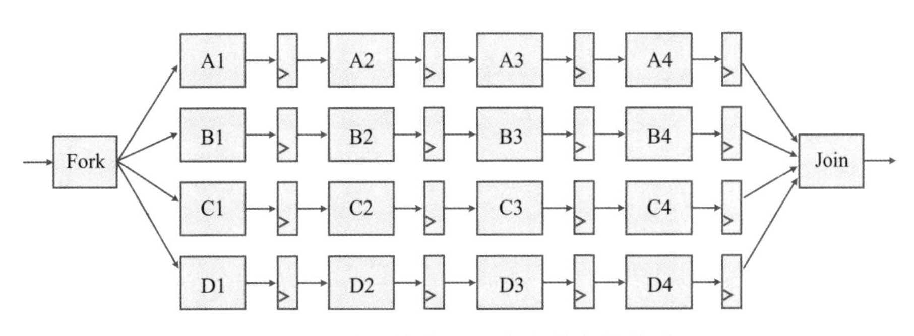

图 7.7 并行技术和流水线技术的结合

【示例 7.1】使用 Verilog 设计一个使用流水线技术的电路，该流水线包含三级。如图 7.8 所示，该电路计算 5 个输入 a、b、c、d 和 e 的平均值。第一级流水分别计算 a 和 b、c 和 d 的和，并将对应的结果缓存。因为 e 的值进行了缓存，所以在第二级流水将缓存的 e 值和第一级流水计算的和相加。最后，在第三级流水，将结果除以 5。所有输入输出都是格式为 $s(6.8)$ 的有符号定点数。请完成电路设计，使中间结果不会产生溢出，为方便起见，图中已经标明了定点数的格式，其中 Q 模块使用截断的方式对数字进行量化处理，D 表示 D 触发器。

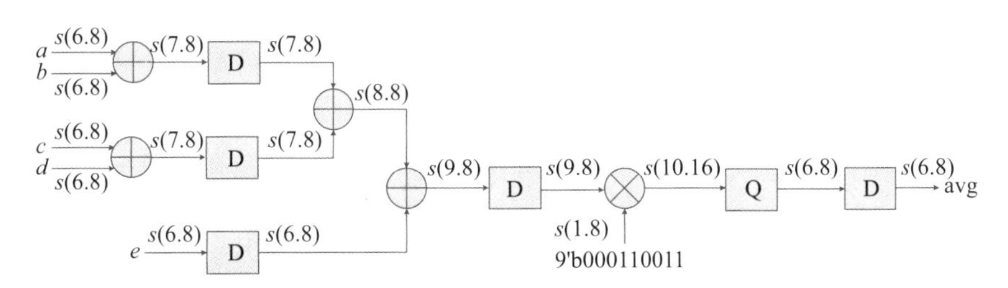

图 7.8 计算 5 个输入 a、b、c、d 和 e 的平均值的流水线设计

解答 由于乘法相较于除法来说比较简单，所以我们将除以 5 转变成乘以 1/5，使用格式为 $s(1.8)$ 的二进制定点数 9'b000110011 近似表示 1/5，该值对应的是十进制的 0.19921875，也就是说，1/5 的近似值是 0.2。

```
// 计算 5 个数平均值的模块
module avg_value(avg, out_valid, in_valid, a, b, c, d, e, clk);
output signed [5:-8] avg;
output out_valid;
input in_valid;
input signed [5:-8] a, b, c, d, e;
```

```
input clk;
wire signed [6:-8] a_plus_b, c_plus_d;
wire signed [8:-8] sum;
wire signed [9:-16] sum_div_5;
reg signed [6:-8] a_plus_b_reg, c_plus_d_reg;
reg signed [5:-8] e_reg;
reg signed [8:-8] sum_reg;
reg signed [5:-8] avg;
reg in_valid_r, in_valid_rr, in_valid_rrr;
parameter const_1over5 = 9'b000110011;
assign a_plus_b = a+b;
assign c_plus_d = c+d;
assign sum = a_plus_b_reg+c_plus_d_reg+e_reg;
assign sum_div_5 = sum_reg * const_1over5;
assign out_valid = in_valid_rrr;
always @ (posedge clk) begin          // 流水线信号 in_valid
  in_valid_r <= in_valid;
  in_valid_rr <= in_valid_r;
  in_valid_rrr <= in_valid_rr;
end
always @ (posedge clk)
  if (in_valid) begin                 // 第一级流水
    a_plus_b_reg <= a_plus_b;
    c_plus_d_reg <= c_plus_d;
    e_reg <= e;
    end
always @ (posedge clk)
  if (in_valid_r)
    sum_reg <= sum;                   // 第二级流水
always @ (posedge clk)
  if (in_valid_rr)                    // 第三级流水
    avg <= sum_div_5 [5:-8];
endmodule
```

7.1.2 缓存数据的FIFO

模块之间的接口可以采用常有效的方式，也可以采用流控的方式。如图 7.9 所示，流控方式通过信号（通常“有效”和“就绪”）使用握手机制对接口上的数据按照特定的时序进行传输。顾名思义，只有当发送方表示要发送的数据“有效”，且接收方表示已“就绪”准备接收数据时，数据才会在两个模块之间进行传递。一旦传输完成，就可以进行下一个数据的交互。如果“有效”或者“就绪”没有触发，那么数据交互将不会发生。因此，如果接收方忙或者发送方没有新的数据发送给接收方时，传输将会停止。

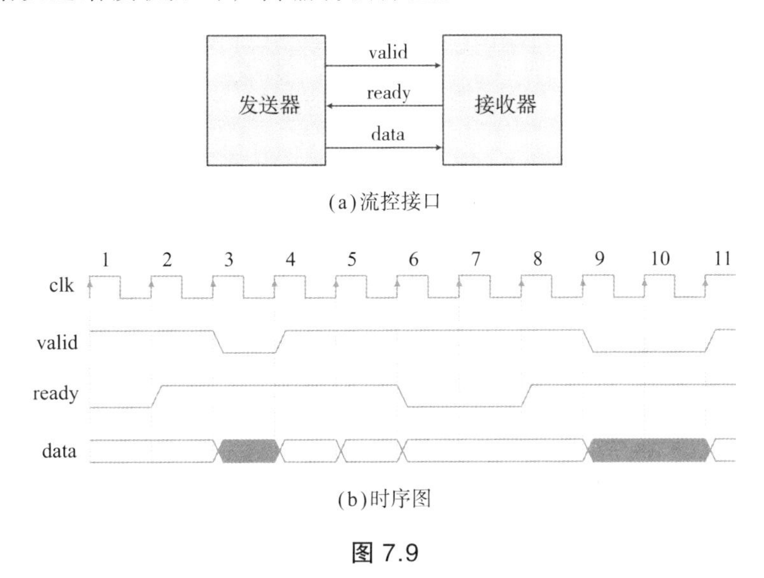

(a)流控接口

(b)时序图

图 7.9

在流水线中，每一级的延迟（或者执行时间）不一定总是恒值，例如图 7.10（a）所示，每当下游处理子任务耗费的时间比较多时，上游的任务处理就会处于暂缓。为了消除对于吞吐量的影响，如图 7.10（b）所示，可以在流水级之间插入 FIFO 缓冲区，在 FIFO 缓冲区的队列未满时，上游将结果插入队尾，而下游则在 FIFO 缓冲区队列非空时，从队首获取要执行的子任务。FIFO 的深度取决于下游阶段执行时间的变化，即可由每级的平均吞吐量来确定。具体来说，总吞吐量的理想吞吐量值，可由各级平均吞吐量的最小值来确定。

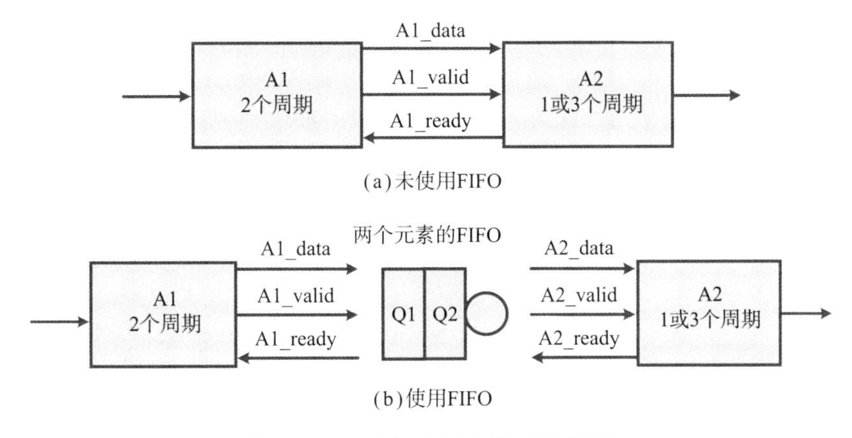

(a)未使用FIFO

(b)使用FIFO

图 7.10 可变延迟条件下的管道

没有使用 FIFO 的流水线的时序和执行顺序示意图如图 7.11 所示，图中小括号中的数字表示任务的 ID 号。由图可见，该例中使用了 16 个时钟周期，完成了 6 个任务。

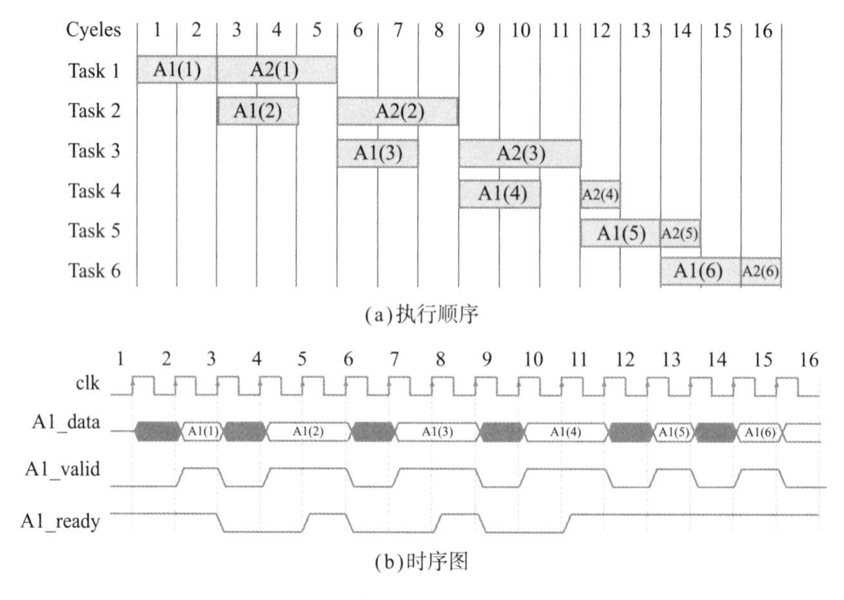

(a)执行顺序

(b)时序图

图 7.11 未使用 FIFO 的流水线

使用 FIFO 的流水线的时序和操作顺序如图 7.12 所示，带有 FIFO 的流水

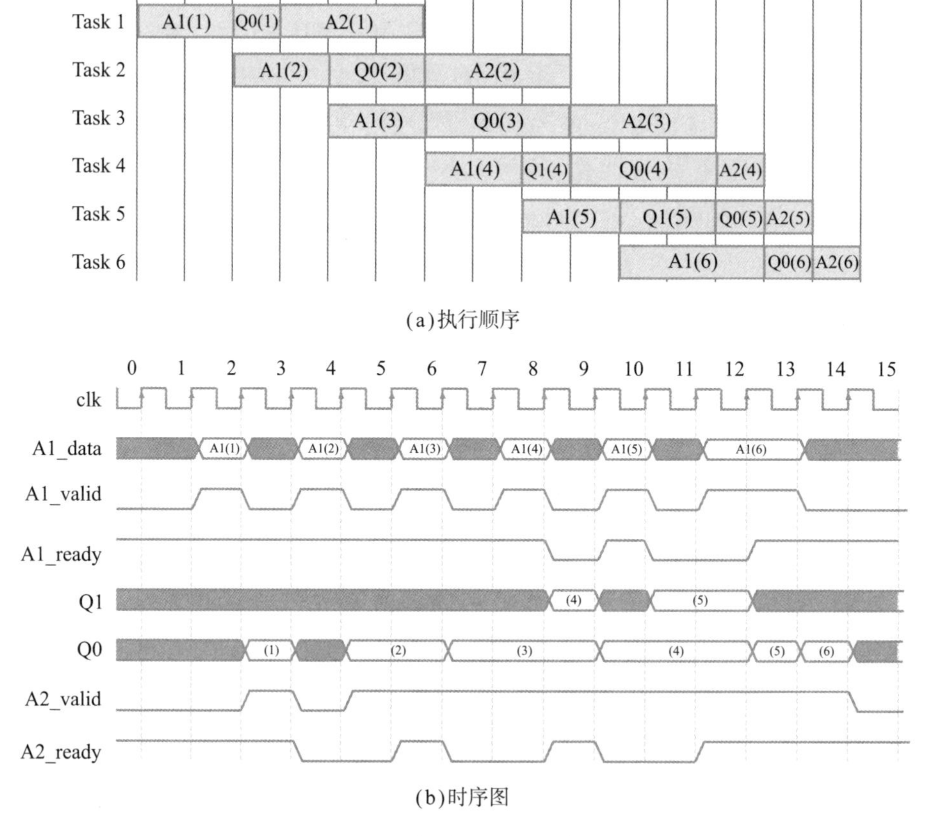

(a)执行顺序

(b)时序图

图 7.12 使用 FIFO 的流水线

线在 A1 级不会出现暂缓问题，在 A2 级也会一直有数据处理。因为 FIFO 可以缓存 A1 中的数据，并在 A2 需要时向 A2 提供数据，所以 A1 和 A2 可以全速运行。因此，整个运行过程很平稳地进行，并且完成 6 个任务所需要的时间也减少到 15 个时钟周期。

7.1.3 仲裁器

有些时候，电路中的资源（总线或者从机）需要在不同模块之间共享，在这种情况下，使用仲裁器就可以防止多个主机在任意指定时间占用共享资源。在每个资源使用周期中，如果主机需要使用资源，它需要发送请求信号，仲裁器只授权一个主机访问资源，没有收到授权响应的主机必须等待下一个使用周期。因此，当有多个主机请求总线使用权时，仲裁器就需要解决总线竞争问题。而为了防止主机空闲，需要使用合理的仲裁策略，例如可以使用轮询仲裁器等。如果设计中某个主机比其他主机的重要性更高，那么可以使用优先级仲裁器。

【示例 7.2】设计一个优先级轮询仲裁器。如图 7.13 所示，有 4 个主机请求一个从机，该从机就是示例 7.1 中实现的求平均值的模块。主机 0 具有最高的优先级，因此，对于来自主机 0 的请求，仲裁器必须予以授权，而来自主机 1，2 和 3 的请求，将会采用轮询的方式授权。

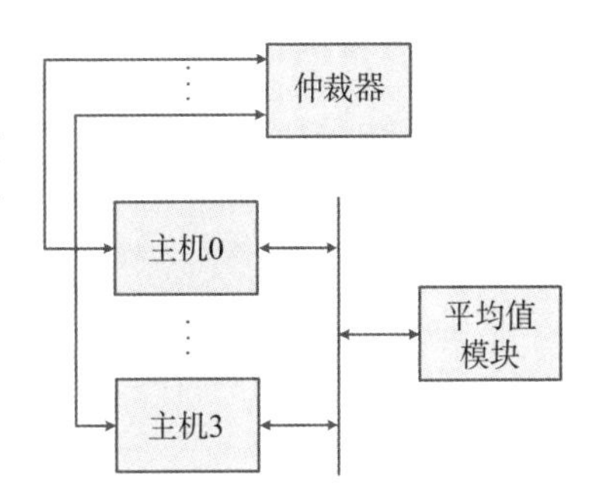

图 7.13　4 个主机请求实现平均值的从机的结构

解答　下面代码中的仲裁器使用状态机实现。在每个状态中，都会对主机 0 的请求进行检查，并且给予最高的优先级，其他请求则会采用轮询的方式进行检查。这里我们假设只有前一个主机的请求释放掉后，下一个请求的主机才会被授权。

```
// 4 个主机的仲裁器
// 主机 0 有最高优先级
module arbiter(gnt, req, clk, rst_n);
output [3:0] gnt;     // 授权
input [3:0] req;      // 请求
input clk;
input rst_n;
reg [3:0] gnt;
reg [2:0] state_ns, state_cs;
parameter ST_IDLE = 3'b000; parameter ST_M0 = 3'b001;
parameter ST_M1 = 3'b011; parameter ST_M2 = 3'b010;
parameter ST_M3 = 3'b100;
always @ (*) begin
```

```
    state_ns = state_cs;
    case(state_cs)
    ST_IDLE:state_ns = req [0]? ST_M0:(req [1]? ST_M1:(req [2]?
      ST_M2:(req [3]? ST_M3:ST_IDLE)));
    ST_M0:state_ns =~ req [0]& req [1]? ST_M1:(~ req [0]& req
      [2]? ST_M2:(~ req [0]& req [3]? ST_M3:(req [0]? ST_M0:
      ST_IDLE)));
    ST_M1:state_ns =~ req [1]& req [0]? ST_M0:(~ req [1]& req
      [2]? ST_M2:(~ req [1]& req [3]? ST_M3:(req [1]? ST_M1:
      ST_IDLE)));
    ST_M2:state_ns =~ req [2]& req [0]? ST_M0:(~ req [2]& req
      [3]? ST_M3:(~ req [2]& req [1]? ST_M1:(req [2]? ST_M2:
      ST_IDLE)));
    ST_M3:state_ns =~ req [3]& req [0]? ST_M0:(~ req [3]& req
      [1]? ST_M1:(~ req [3]& req [2]? ST_M2:(req [3]? ST_M3:
      ST_IDLE)));
    endcase
  end
  always @ (posedge clk or posedge reset)
    if (reset) state_cs <= ST_IDLE;
    else state_cs <= state_ns;
  always @ (posedge clk or posedge reset)
    if (reset) gnt <= 4'b0000;
    else case(state_ns)
      ST_IDLE:gnt <= 4'b0000;
      ST_M0:gnt <= 4'b0001;
      ST_M1:gnt <= 4'b0010;
      ST_M2:gnt <= 4'b0100;
      ST_M3:gnt <= 4'b1000;
    endcase
  endmodule
```

7.1.4 总线互连

对于简单的模块，一般采用点对点的连接方式，而面对大型复杂的系统设计，就需要使用更加灵活的总线或者网络进行连接，如图 7.14 所示。连接可以采用并行或者串行的方式实现。当对总线的访问有竞争情况出现时，流控技术就需要使用背压技术对客户端产生影响。有的总线互连允许同时执行多个操作，有的总线互连不允 许同时执行多个操作。而为了实现较高的吞吐率，在没有任何冲突的情况下，总线互连应支持多个并发事务的执行。

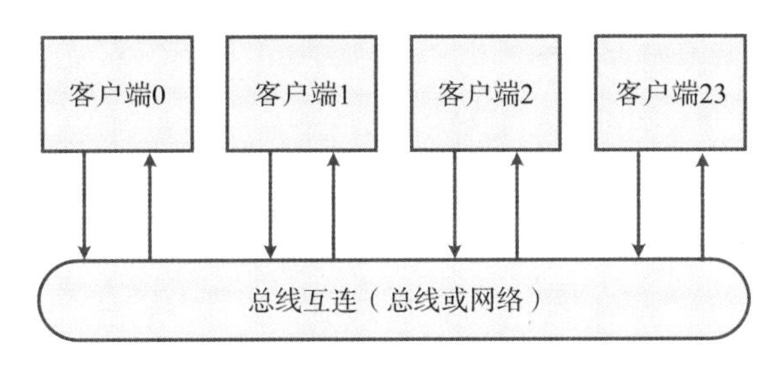

图 7.14 四客户端抽象互连结构

事务可以使用包的格式来实现，一个包至少要包括目标设备的地址 D、任意长度的有效载荷 P。因为互连需要寻址，任何客户端 i 都可以与任何客户端 j 通信，只需要在每个客户端模块的输入与输出之间形成一对单向链路即可。将数据包 (D, P) 从 i 发向 j(即 $D=j$), j 可能据此发送响应或者应答数据包 (S, Q)(即 $S=i$，Q 为有效载荷) 返回给 i。有效负载可能包含请求的类型（例如读或写）、D 中的（内存映射）地址，以及远程操作的数据或其他参数等。

1. 总　线

图 7.15 所示是一种通用的总线互连方式，广泛用于对性能要求不高的场合。所谓总线，是指形成互连的信号的集合，具有简易、广播等特性，同时可以实现对于事务的序列化和排序。总线的主要缺点是一次只能发送一个事务。示例的系统中，有两个主机和两个从机。仲裁器授权的主机连接到它请求的从机上，就好像它们在使用点对点的连接方式进行通信一样。来自主 / 从机的信号由多路选择器 u0/u3 选择，随后由多路分配器 u1/u2 路由到对应的从机 / 主机。如果这里只有一个从机，那么数据分配器 u1 和选择器 u3 就可以省略掉。

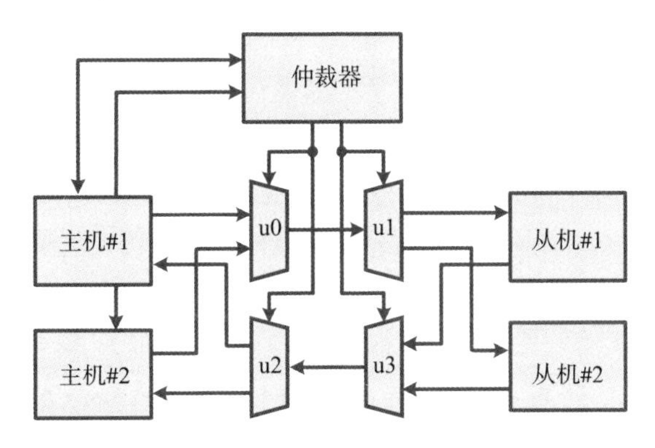

图 7.15 由数据选择器和数据分配器构成的总线

总线接口可以将模块的 valid-ready 等流控转换成总线仲裁形式，如图 7.16 所示，其中显示了详细的接口相关信号。每个模块与接口的连接都包括设备的地址、数据和读 / 写信号。在图 7.16 中，假设有 4 个客户端，需要注意的是，因为目标从机的 s_rw 和 s_wdata 可以由 s_valid 表示，所以用于 s_rw、s_ wdata0、…、s_wdata3、m_rdata0、…、m_rdata3 等信号的数据分配器可以省略。类似的，目标主机的 m_rdata 也可以用 s_ready 进行表示。

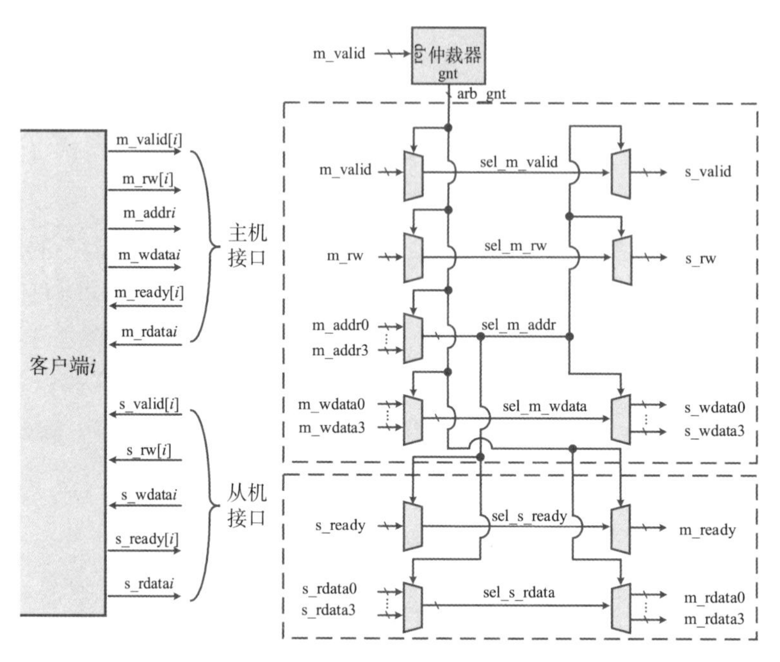

图 7.16 连接到总线上的模块。源模块仲裁对总线的访问，然后将其事务驱动到总线上。目标客户端根据是执行写事务还是读事务来接收数据或将数据发送到源客户端

每一个客户端都有两个接口，一个是主机接口，一个是从机接口。一个客户端的主机接口可以和另一个客户端的从机接口通过总线交互通信。此时，被授权的主机就好像是通过使用多路选择器和多路分配器与目标从机直接实现了互连。

下面是对总线协议的描述。当一个客户端期望在总线上发起一次事务操作时，会将目标客户端的地址插入到事务的地址字段 m_addr 中，将发送的数据插入到数据字段 m_wdata 中，将读/写控制信号放入 m_rw 中，并且触发数据有效信号 m_valid。我们知道，三态驱动常用于片外总线，而片上总线通常会使用数据选择器和数据分配器实现，这种类型的总线接口，通常会将源客户端的有效信号连接到总线仲裁器上，总线仲裁器执行仲裁操作，并发送授权信号 arb_gnt，选通请求主机对应的信号，这些信号包括 m_valid、m_rw、m_addr 和 m_wdata。选通的信号 m_valid、m_rw 和 m_wdata 再根据选通的 m_addr 指定的设备地址，通过数据分配器，关联到对应的从机上。类似的，通过 m_addr 指定的设备地址选通对应从机的信号 s_ready 和 s_rdata，再通过 arb_gnt 选通对应的数据分配器，将包括 m_ready 和 m_rdata 在内的信号发送给关联的主机。

下面的 Verilog 代码是挂接 4 个客户端的总线互连的代码。

```
// 4 个客户端互连
```

```
module bus_interconnect(
  // 主机接口
  m_ready, m_rdata0, m_rdata1, m_rdata2, m_rdata3, m_valid,
    m_rw, m_addr0, m_addr1, m_addr2, m_addr3, m_wdata0,
    m_wdata1, m_wdata2, m_wdata3,
  // 从机接口
  s_valid, s_rw, s_wdata0, s_wdata1, s_wdata2, s_wdata3,
    s_ready, s_rdata0, s_rdata1, s_rdata2, s_rdata3, clk, rst_n
);
// 主机接口
output [3:0] m_ready;
output [DATA_WIDTH-1:0] m_rdata0;
output [DATA_WIDTH-1:0] m_rdata1;
output [DATA_WIDTH-1:0] m_rdata2;
output [DATA_WIDTH-1:0] m_rdata3;
input [3:0] m_valid;
input [3:0] m_rw;
input [1:0] m_addr0;
input [1:0] m_addr1;
input [1:0] m_addr2;
input [1:0] m_addr3;
input [DATA_WIDTH-1:0] m_wdata0;
input [DATA_WIDTH-1:0] m_wdata1;
input [DATA_WIDTH-1:0] m_wdata2;
input [DATA_WIDTH-1:0] m_wdata3;
// 从机接口
output [3:0] s_valid;
output [3:0] s_rw;
output [DATA_WIDTH-1:0] s_wdata0;
output [DATA_WIDTH-1:0] s_wdata1;
output [DATA_WIDTH-1:0] s_wdata2;
output [DATA_WIDTH-1:0] s_wdata3;
input [3:0] s_ready;
input [DATA_WIDTH-1:0] s_rdata0;
input [DATA_WIDTH-1:0] s_rdata1;
input [DATA_WIDTH-1:0] s_rdata2;
input [DATA_WIDTH-1:0] s_rdata3;
input clk, rst_n;
wire [3:0] arb_gnt;
parameter DATA_WIDTH = 16;
// 仲裁器接口
arbiter arb(.gnt(arb_gnt), .req(m_valid), .clk(clk),
```

```
    .rst_n(rst_n));
// 数据选择器和数据分配器接口
mux_demux mux_demux(
  // 主机接口
  .m_ready(m_ready), .m_rdata0(m_rdata0), .m_rdata1
    (m_rdata1), .m_rdata2(m_rdata2), .m_rdata3(m_rdata3),
    .gnt(arb_gnt), .m_valid(m_valid), .m_rw(m_rw),
    .m_addr0(m_addr0), .m_addr1(m_addr1), .m_addr2
    (m_addr2), .m_addr3(m_addr3), .m_wdata0(m_wdata0),
    .m_wdata1(m_wdata1), .m_wdata2(m_wdata2), . m_wdata3
    (m_wdata3),
  // 从机接口
  .s_valid(s_valid), .s_rw(s_rw), .s_wdata0(s_wdata0),
    .s_wdata1(s_wdata1), .s_wdata2(s_wdata2), .s_wdata3
    (s_wdata3), .s_ready(s_ready), .s_rdata0(s_rdata0),
    .s_rdata1(s_rdata1), .s_rdata2(s_rdata2), .s_rdata3
    (s_rdata3)
);
endmodule
```

其中，数据选择器和数据分配器对应的模块代码如下所示：

```
// 数据选择器和数据分配器
module mux_demux(
  // 主机接口
  m_ready, m_rdata0, m_rdata1, m_rdata2, m_rdata3, gnt,
    m_valid, m_rw, m_addr0, m_addr1, m_addr2, m_addr3,
    m_wdata0, m_wdata1, m_wdata2, m_wdata3,
  // 从机接口
  s_valid, s_rw, s_wdata0, s_wdata1, s_wdata2, s_wdata3,
    s_ready, s_rdata0, s_rdata1, s_rdata2, s_rdata3
);
// 主机接口
output [3:0] m_ready;
output [DATA_WIDTH-1:0] m_rdata0, m_rdata1, m_rdata2,
  m_rdata3;
input [3:0] gnt; // 授权
input [3:0] m_valid, m_rw;
input [1:0] m_addr0, m_addr1, m_addr2, m_addr3;
input [DATA_WIDTH-1:0] m_wdata0, m_wdata1, m_wdata2,
  m_wdata3;
// 从机接口
output [3:0] s_valid, s_rw;
output [DATA_WIDTH-1:0] s_wdata0, s_wdata1, s_wdata2,
  s_wdata3;
```

```
input [3:0] s_ready;
input [DATA_WIDTH-1:0] s_rdata0, s_rdata1, s_rdata2,
  s_rdata3;
reg sel_m_valid;
reg sel_m_rw;
reg [1:0] sel_m_addr;
reg [DATA_WIDTH-1:0] sel_m_wdata;
reg [3:0] m_ready;
reg [DATA_WIDTH-1:0] m_rdata0;
reg [DATA_WIDTH-1:0] m_rdata1;
reg [DATA_WIDTH-1:0] m_rdata2;
reg [DATA_WIDTH-1:0] m_rdata3;
reg [3:0] s_valid;
reg [3:0] s_rw;
reg [DATA_WIDTH-1:0] s_wdata0;
reg [DATA_WIDTH-1:0] s_wdata1;
reg [DATA_WIDTH-1:0] s_wdata2;
reg [DATA_WIDTH-1:0] s_wdata3;
reg sel_s_ready;
reg [DATA_WIDTH-1:0] sel_s_rdata;
parameter DATA_WIDTH = 16;
// 数据选择器和数据分配器
always @ (*)
  case(gnt)
  4'b0001:begin
      sel_m_valid = m_valid [0];
      sel_m_rw = m_rw [0];
      sel_m_addr = m_addr0;
      sel_m_wdata = m_wdata0;
      m_ready = {1'b0, 1'b0, 1'b0, sel_s_ready};
      m_rdata0 = sel_s_rdata;
      m_rdata1 = {DATA_WIDTH {1'b0}};
      m_rdata2 = {DATA_WIDTH {1'b0}};
      m_rdata3 = {DATA_WIDTH {1'b0}};
    end
  4'b0010:begin
      sel_m_valid = m_valid [1];
      sel_m_rw = m_rw [1];
      sel_m_addr = m_addr1;
      sel_m_wdata = m_wdata1;
      m_ready = {1'b0, 1'b0, sel_s_ready, 1'b0};
      m_rdata0 = {DATA_WIDTH {1'b0}};
```

```
            m_rdata1 = sel_s_rdata;
            m_rdata2 = {DATA_WIDTH {1'b0}};
            m_rdata3 = {DATA_WIDTH {1'b0}};
          end
        4'b0100:begin
            sel_m_valid = m_valid [2];
            sel_m_rw = m_rw [2];
            sel_m_addr = m_addr2;
            sel_m_wdata = m_wdata2;
            m_ready = {1'b0, sel_s_ready, 1'b0, 1'b0};
            m_rdata0 = {DATA_WIDTH {1'b0}};
            m_rdata1 = {DATA_WIDTH {1'b0}};
            m_rdata2 = sel_s_rdata;
            m_rdata3 = {DATA_WIDTH {1'b0}};
          end
        default:begin // 即4'b1000
            sel_m_valid = m_valid [3];
            sel_m_rw = m_rw [3];
            sel_m_addr = m_addr3;
            sel_m_wdata = m_wdata3;
            m_ready = {sel_s_ready, 1'b0, 1'b0, 1'b0};
            m_rdata0 = {DATA_WIDTH {1'b0}};
            m_rdata1 = {DATA_WIDTH {1'b0}};
            m_rdata2 = {DATA_WIDTH {1'b0}};
            m_rdata3 = sel_s_rdata;
          end
        endcase
      always @ (*)
        case(sel_m_addr)
        2'b00:begin
            sel_s_ready = s_ready [0];
            sel_s_rdata = s_rdata0;
            s_valid = {1'b0, 1'b0, 1'b0, sel_m_valid};
            s_rw = {1'b0, 1'b0, 1'b0, sel_m_rw};
            s_wdata0 = sel_m_wdata;
            s_wdata1 = {DATA_WIDTH {1'b0}};
            s_wdata2 = {DATA_WIDTH {1'b0}};
            s_wdata3 = {DATA_WIDTH {1'b0}};
          end
        2'b01:begin
            sel_s_ready = s_ready [1];
            sel_s_rdata = s_rdata1;
```

```
            s_valid = {1'b0, 1'b0, sel_m_valid, 1'b0};
            s_rw = {1'b0, 1'b0, sel_m_rw, 1'b0};
            s_wdata0 = {DATA_WIDTH {1'b0}};
            s_wdata1 = sel_m_wdata;
            s_wdata2 = {DATA_WIDTH {1'b0}};
            s_wdata3 = {DATA_WIDTH {1'b0}};
        end
      2'b10:begin
            sel_s_ready = s_ready [2];
            sel_s_rdata = s_rdata2;
            s_valid = {1'b0, sel_m_valid, 1'b0, 1'b0};
            s_rw = {1'b0, sel_m_rw, 1'b0, 1'b0};
            s_wdata0 = {DATA_WIDTH {1'b0}};
            s_wdata1 = {DATA_WIDTH {1'b0}};
            s_wdata2 = sel_m_wdata;
            s_wdata3 = {DATA_WIDTH {1'b0}};
        end
      default:begin
            sel_s_ready = s_ready [3];
            sel_s_rdata = s_rdata3;
            s_valid = {sel_m_valid, 1'b0, 1'b0, 1'b0 };
            s_rw = {sel_m_rw, 1'b0, 1'b0, 1'b0 };
            s_wdata0 = {DATA_WIDTH {1'b0}};
            s_wdata1 = {DATA_WIDTH {1'b0}};
            s_wdata2 = {DATA_WIDTH {1'b0}};
            s_wdata3 = sel_m_wdata;
        end
      endcase
    endmodule
```

【示例 7.3】使用图 7.13 所示的总线结构集成仲裁器和 avg_value 模块。

解答 如图 7.17 所示，总线使用数据选择器实现了对于模块 avg_value 的输入信号 *a*、*b*、*c*、*d* 和 *e* 的选择。仲裁器产生的 gnt 信号既要用于数据选择器的选择信号，还要经过或操作后产生 avg_value 模块的 in_valid 信号。因为示例中只有一个从机模块，所以主机到从机总线的数据分配器和从机到主机总线的数据选择器可以省略。另外，gnt 信号可作为总线或者从机的指示信号，所以从机到主机总线的数据分配器也可以忽略掉。因此，avg_value 模块的输出信号 avg 被广播给所有的主机，而输出信号 out_valid 没有被使用。由于 avg_value 模块使用了三级流水，所以主机在被授权后的 3 个周期后才获得输出结果 avg。

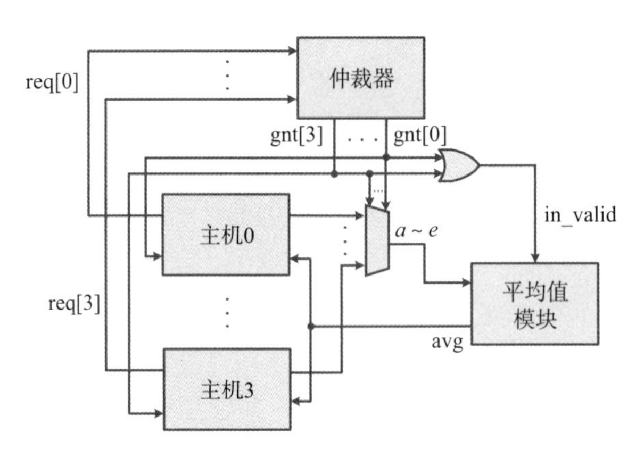

图 7.17 详细的总线接口

假设主机 0 和主机 1 同时向仲裁器发送请求，其他主机不发送请求，时序图如图 7.18 所示。如果主机 i 的 gnt[i] 为真，那么主机 i 就获得了总线（或从机）使用权，数据输出也会在 3 个周期后有效。在主机被授权时，由于握手操作的开销，数据输出会保持 2 个周期，因此，这 2 个周期内的任何 avg 信号都可以被使用。如图所示，如果请求信号 req 在被授权 3 个周期后释放，则此时的吞吐量比较低。因此，由于 avg_value 模块的流水线结构，主机将占用总线（由授权信号 gnt 指示）5 个周期。

分段事务传输可用于提高总线性能，允许在总线请求之后传输应答（或就绪信号）。这样做的好处是，在主机等待从机响应时，仲裁器可以将总线访问权限授权给另一个主机。这种方式对于访问具有较长延迟的设备尤为有用，例如慢速设备或者流水线设备。

【示例 7.4】采用分段传输的方式修改示例 7.3 的总线协议，以提高吞吐量。

解答 假设主机 0 和主机 1 同时向仲裁器发送请求，其他主机（未显示）不发送请求。请求信号收到授权信号后就会释放，而不用等到 avg 模块的结果。因为采用了分段事务传输方式，当输出数据有效时，主机的授权信号已经拉低，对应的时序图如图 7.19 所示，主机当前占用了总线 2 个周期，由于握手操作的开销，到达主机 i 的 avg 模块信号要持续 2 个周期，而在这两个周期中，avg 模块的任何信号都可以被使用。因此，主机为了接收到第一个输出数据，必须在授权后等待 3 个周期。

【示例 7.5】采用分段传输的方式进一步提高吞吐量，对示例 7.4 中的总线协议进行修改。

解答 我们重新设计一个新的请求信号 req_i，在仲裁器的状态机中使用该信号，具体代码如下所示。其中，当 gnt[i] 为真时，req[i] 被屏蔽，状态机

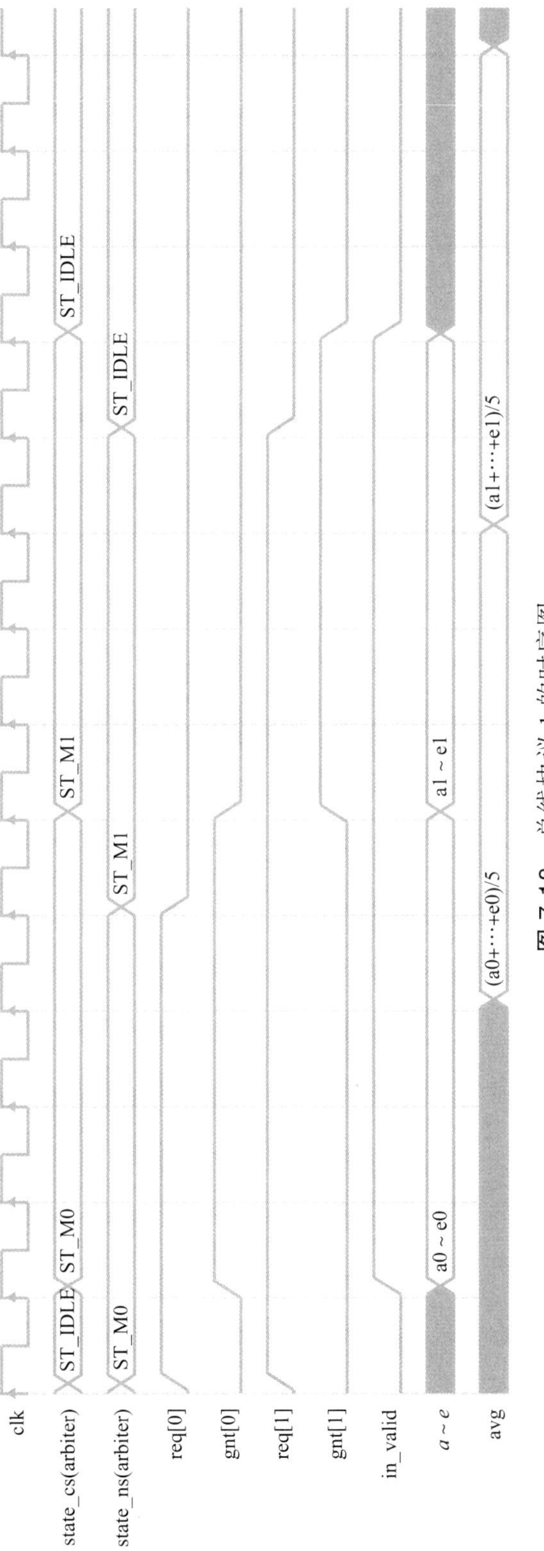

图 7.18 总线协议 1 的时序图

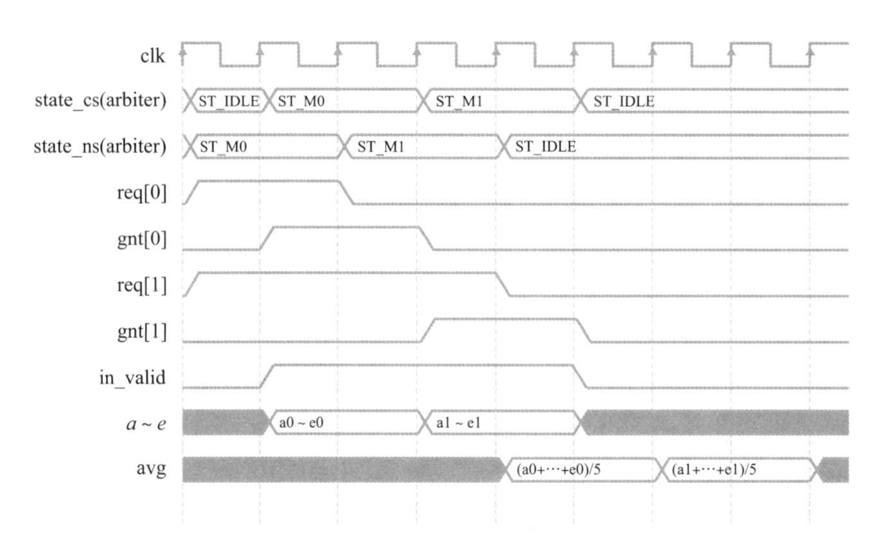

图 7.19 总线协议 2 的时序图

内部使用的 req_i[i] 将变为假。因此，总线可以比以前更早地移交给下一个主机。

```
// 仲裁器使用的内部请求信号
assign req_i [0] = req [0] &~ gnt [0];
assign req_i [1] = req [0] &~ gnt [1];
assign req_i [2] = req [0] &~ gnt [2];
assign req_i [3] = req [0] &~ gnt [3];
```

图 7.20 是对应的时序图。由于采用的是分段事务方式，当输出数据准备好时，主机的授权信号已经拉低。如图所示，仲裁器状态机使用的请求信号因为授权信号的限制而缩短，此时主机只占用总线 1 个周期。采用流水线技术的 avg_value 模块现在可以以最大速度处理主机的输入数据。现在主机为了收到第一个数据，只需要在被授权后等待 3 个周期即可。

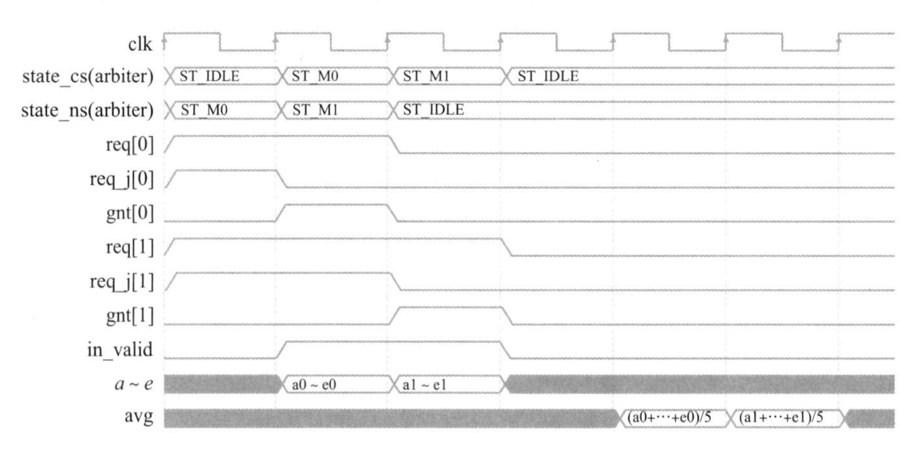

图 7.20 总线协议 3 的时序图

2. 交叉开关

当需要一种比总线性能更高的互连，并且连接的客户端数量较少或中等数量时，交叉（或交叉点）开关通常是一个比较好的解决方案，如图 7.21 所示。与总线互连类似，主机必须提供有效、读 / 写、设备地址和数据输出等信号，而指示就绪和数据输入的信号则由从机给出。如果有 m 个发送（Tx）主机和 n 个接收（Rx）从机，仲裁器对所有的 m 个发送来的不冲突的请求，产生一组授权，使主机和从机的信号可以分别连接到对应的从机和主机上。例如，如果主机 i 请求向从机 j 发送一个事务级数据的请求被授权，那么它们之间的通信就像点对点直接连接进行通信一样。请求矩阵的每一行最多只能有一个为 1，因为每个主机一次只能请求不多于一个的从机。在这样的矩阵中，有 n 个仲裁器，每列（或从机）一个。为了避免冲突，每个从机也只分配给一个主机。

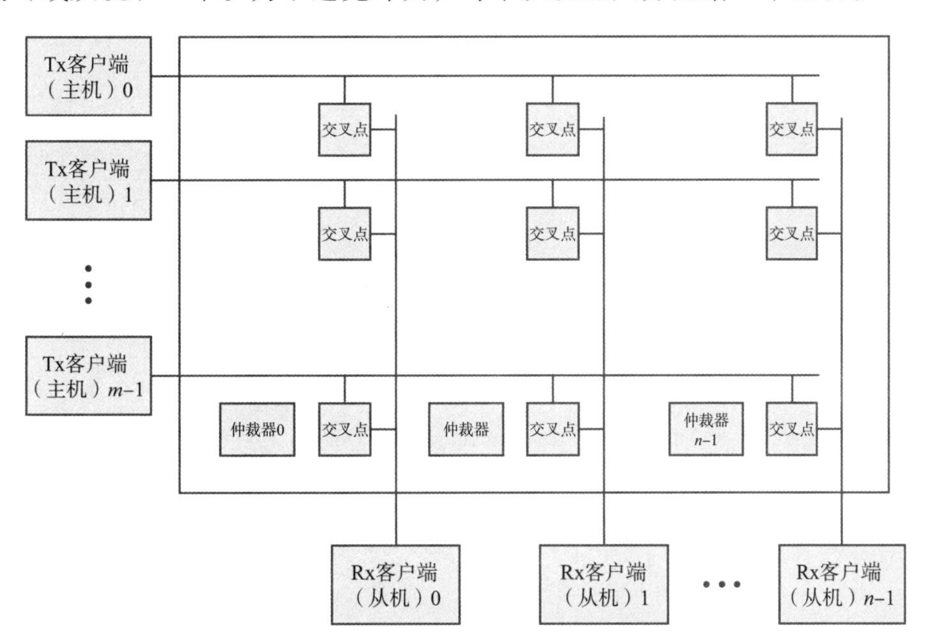

图 7.21 交叉开关的互连

下面是 4 × 4 交叉开关的 Verilog 代码。本例中的仲裁器总是优先对客户端 0 进行处理。与总线一样，仲裁是在数据通信之前的一个周期进行流水线处理的。每个主机最多可以访问一个没有产生冲突的从机，从而可以使性能提高四倍。示例中的仲裁器和 mux_demux 复用了前面示例中已经定义的模块。在交叉点使用缓冲区可以协调输入和输出之间的调度顺序，从而提高交叉开关的吞吐量。

```
// 交叉开关模块
module crossbar_interconnect(
  // 主机接口
  m_ready, m_rdata0, m_rdata1, m_rdata2, m_rdata3, m_valid,
    m_rw, m_addr0, m_addr1, m_addr2, m_addr3, m_wdata0,
```

```
    m_wdata1, m_wdata2, m_wdata3,
  // 从机接口
  s_valid, s_rw, s_wdata0, s_wdata1, s_wdata2, s_wdata3,
    s_ready, s_rdata0, s_rdata1, s_rdata2, s_rdata3, clk, rst_n
);
// 主机接口
output [3:0] m_ready;
output [DATA_WIDTH-1:0] m_rdata0;
output [DATA_WIDTH-1:0] m_rdata1;
output [DATA_WIDTH-1:0] m_rdata2;
output [DATA_WIDTH-1:0] m_rdata3;
input [3:0] m_valid;
input [3:0] m_rw;
input [1:0] m_addr0;
input [1:0] m_addr1;
input [1:0] m_addr2;
input [1:0] m_addr3;
input [DATA_WIDTH-1:0] m_wdata0;
input [DATA_WIDTH-1:0] m_wdata1;
input [DATA_WIDTH-1:0] m_wdata2;
input [DATA_WIDTH-1:0] m_wdata3;
// 从机接口
output [3:0] s_valid;
output [3:0] s_rw;
output [DATA_WIDTH-1:0] s_wdata0;
output [DATA_WIDTH-1:0] s_wdata1;
output [DATA_WIDTH-1:0] s_wdata2;
output [DATA_WIDTH-1:0] s_wdata3;
input [3:0] s_ready;
input [DATA_WIDTH-1:0] s_rdata0;
input [DATA_WIDTH-1:0] s_rdata1;
input [DATA_WIDTH-1:0] s_rdata2;
input [DATA_WIDTH-1:0] s_rdata3;
input clk, rst_n;
// 从机 0
wire [3:0] m_ready_s0;
wire [DATA_WIDTH-1:0] m_rdata0_s0;
wire [DATA_WIDTH-1:0] m_rdata1_s0;
wire [DATA_WIDTH-1:0] m_rdata2_s0;
wire [DATA_WIDTH-1:0] m_rdata3_s0;
wire [3:0] m_valid_s0;
wire [3:0] s_valid_s0;
```

```
wire [3:0] s_rw_s0;
wire [DATA_WIDTH-1:0] s_wdata0_s0;
wire [DATA_WIDTH-1:0] s_wdata1_s0;
wire [DATA_WIDTH-1:0] s_wdata2_s0;
wire [DATA_WIDTH-1:0] s_wdata3_s0;
// 从机 1
wire [3:0] m_ready_s1;
wire [DATA_WIDTH-1:0] m_rdata0_s1;
wire [DATA_WIDTH-1:0] m_rdata1_s1;
wire [DATA_WIDTH-1:0] m_rdata2_s1;
wire [DATA_WIDTH-1:0] m_rdata3_s1;
wire [3:0] m_valid_s1;
wire [3:0] s_valid_s1;
wire [3:0] s_rw_s1;
wire [DATA_WIDTH-1:0] s_wdata0_s1;
wire [DATA_WIDTH-1:0] s_wdata1_s1;
wire [DATA_WIDTH-1:0] s_wdata2_s1;
wire [DATA_WIDTH-1:0] s_wdata3_s1;
// 从机 2
wire [3:0] m_ready_s2;
wire [DATA_WIDTH-1:0] m_rdata0_s2;
wire [DATA_WIDTH-1:0] m_rdata1_s2;
wire [DATA_WIDTH-1:0] m_rdata2_s2;
wire [DATA_WIDTH-1:0] m_rdata3_s2;
wire [3:0] m_valid_s2;
wire [3:0] s_valid_s2;
wire [3:0] s_rw_s2;
wire [DATA_WIDTH-1:0] s_wdata0_s2;
wire [DATA_WIDTH-1:0] s_wdata1_s2;
wire [DATA_WIDTH-1:0] s_wdata2_s2;
wire [DATA_WIDTH-1:0] s_wdata3_s2;
// 从机 3
wire [3:0] m_ready_s3;
wire [DATA_WIDTH-1:0] m_rdata0_s3;
wire [DATA_WIDTH-1:0] m_rdata1_s3;
wire [DATA_WIDTH-1:0] m_rdata2_s3;
wire [DATA_WIDTH-1:0] m_rdata3_s3;
wire [3:0] m_valid_s3;
wire [3:0] s_valid_s3;
wire [3:0] s_rw_s3;
wire [DATA_WIDTH-1:0] s_wdata0_s3;
wire [DATA_WIDTH-1:0] s_wdata1_s3;
```

```
wire [DATA_WIDTH-1:0] s_wdata2_s3;
wire [DATA_WIDTH-1:0] s_wdata3_s3;
wire [3:0] arb_gnt_s0;
wire [3:0] arb_gnt_s1;
wire [3:0] arb_gnt_s2;
wire [3:0] arb_gnt_s3;
parameter DATA_WIDTH = 16;
// 仲裁器接口
// 请求矩阵
assign m_valid_s0 = {m_valid [3] & (m_addr3 == 2'd0), m_valid
  [2] & (m_addr2 == 2'd0), m_valid [1] & (m_addr1 == 2'd0),
  m_valid [0] & (m_addr0 == 2'd0)};
assign m_valid_s1 = {m_valid [3] & (m_addr3 == 2'd1), m_valid
  [2] & (m_addr2 == 2'd1), m_valid [1] & (m_addr1 == 2'd1),
  m_valid [0] & (m_addr0 == 2'd1)};
assign m_valid_s2 = {m_valid [3] & (m_addr3 == 2'd2), m_valid
  [2] & (m_addr2 == 2'd2), m_valid [1] & (m_addr1 == 2'd2),
  m_valid [0] & (m_addr0 == 2'd2)};
assign m_valid_s3 = {m_valid [3] & (m_addr3 == 2'd3), m_valid
  [2] & (m_addr2 == 2'd3), m_valid [1] & (m_addr1 == 2'd3),
  m_valid [0] & (m_addr0 == 2'd3)};
arbiter arb0(.gnt(arb_gnt_s0), .req(m_valid_s0), .clk
  (clk), .rst_n(rst_n));
arbiter arb1(.gnt(arb_gnt_s1), .req(m_valid_s1), .clk
  (clk), .rst_n(rst_n));
arbiter arb2(.gnt(arb_gnt_s2), .req(m_valid_s2), .clk
  (clk), .rst_n(rst_n));
arbiter arb3(.gnt(arb_gnt_s3), .req(m_valid_s3), .clk
  (clk), .rst_n(rst_n));
// mux 和 demux 接口
assign m_ready = m_ready_s0 | m_ready_s1 | m_ready_s2 |
  m_ready_s3;
assign m_rdata0 = m_rdata0_s0 | m_rdata0_s1 | m_rdata0_s2 |
  m_rdata0_s3;
assign m_rdata1 = m_rdata1_s0 | m_rdata1_s1 | m_rdata1_s2 |
  m_rdata1_s3;
assign m_rdata2 = m_rdata2_s0 | m_rdata2_s1 | m_rdata2_s2 |
  m_rdata2_s3;
assign m_rdata3 = m_rdata3_s0 | m_rdata3_s1 | m_rdata3_s2 |
  m_rdata3_s3;
assign s_valid = s_valid_s0 | s_valid_s1 | s_valid_s2 |
  s_valid_s3;
assign s_rw = s_rw_s0 | s_rw_s1 | s_rw_s2 | s_rw_s3;
assign s_wdata0 = s_wdata0_s0 | s_wdata0_s1 | s_wdata0_s2 |
```

```
  s_wdata0_s3;
assign s_wdata1 = s_wdata1_s0 | s_wdata1_s1 | s_wdata1_s2 |
s_wdata1_s3;
assign s_wdata2 = s_wdata2_s0 | s_wdata2_s1 | s_wdata2_s2 |
  s_wdata2_s3;
assign s_wdata3 = s_wdata3_s0 | s_wdata3_s1 | s_wdata3_s2 |
  s_wdata3_s3;
// 从机 0 的 mux 和 demux 接口
mux_demux mux_demux_s0(
  // 主机接口
  .m_ready(m_ready_s0), .m_rdata0(m_rdata0_s0), .m_rdata1
    (m_rdata1_s0), .m_rdata2(m_rdata2_s0), .m_rdata3
    (m_rdata3_s0), .gnt(arb_gnt_s0), .m_valid(m_valid_s0),
    .m_rw(m_rw), .m_addr0(m_addr0), .m_addr1(m_addr1),
    .m_addr2(m_addr2), .m_addr3(m_addr3), .m_wdata0
    (m_wdata0), .m_wdata1(m_wdata1), .m_wdata2(m_wdata2),
    .m_wdata3(m_wdata3),
  // 从机接口
  .s_valid(s_valid_s0), .s_rw(s_rw_s0), .s_wdata0
    (s_wdata0_s0), .s_wdata1(s_wdata1_s0), .s_wdata2
    (s_wdata2_s0), .s_wdata3(s_wdata3_s0), .s_ready
    (s_ready), .s_rdata0(s_rdata0), .s_rdata1(s_rdata1),
    .s_rdata2(s_rdata2), .s_rdata3(s_rdata3)
);
// 从机 1 的 mux 和 demux 接口
mux_demux mux_demux_s1(
  // 主机接口
  .m_ready(m_ready_s1), .m_rdata0(m_rdata0_s1), .m_rdata1
    (m_rdata1_s1), .m_rdata2(m_rdata2_s1), .m_rdata3
    (m_rdata3_s1), .gnt(arb_gnt_s1), .m_valid(m_valid_s1),
    .m_rw(m_rw), .m_addr0(m_addr0), .m_addr1(m_addr1),
    .m_addr2(m_addr2), .m_addr3(m_addr3), .m_wdata0
    (m_wdata0), .m_wdata1(m_wdata1), .m_wdata2(m_wdata2),
    .m_wdata3(m_wdata3),
  // 从机接口
  .s_valid(s_valid_s1), .s_rw(s_rw_s1), .s_wdata0
    (s_wdata0_s1), .s_wdata1(s_wdata1_s1), .s_wdata2
    (s_wdata2_s1), .s_wdata3(s_wdata3_s1), .s_ready(s_ready),
    .s_rdata0(s_rdata0), .s_rdata1(s_rdata1), .s_rdata2
    (s_rdata2), .s_rdata3(s_rdata3)
);
// 从机 2 的 mux 和 demux 接口
mux_demux mux_demux_s2(
  // 主机接口
```

```
    .m_ready(m_ready_s2), .m_rdata0(m_rdata0_s2), .m_rdata1
      (m_rdata1_s2), .m_rdata2(m_rdata2_s2), .m_rdata3
      (m_rdata3_s2), .gnt(arb_gnt_s2), .m_valid(m_valid_s2),
      .m_rw(m_rw), .m_addr0(m_addr0), .m_addr1(m_addr1),
      .m_addr2(m_addr2), .m_addr3(m_addr3), .m_wdata0
      (m_wdata0), .m_wdata1(m_wdata1), .m_wdata2(m_wdata2),
      .m_wdata3(m_wdata3),
    // 从机接口
    .s_valid(s_valid_s2), .s_rw(s_rw_s2), .s_wdata0
      (s_wdata0_s2), .s_wdata1(s_wdata1_s2), .s_wdata2
      (s_wdata2_s2), .s_wdata3(s_wdata3_s2), .s_ready(s_ready),
      .s_rdata0(s_rdata0), .s_rdata1(s_rdata1), .s_rdata2
      (s_rdata2), .s_rdata3(s_rdata3)
);
// 从机 3 的 mux 和 demux 接口
mux_demux mux_demux_s3(
    // 主机接口
    .m_ready(m_ready_s3), .m_rdata0(m_rdata0_s3), .m_rdata1
      (m_rdata1_s3), .m_rdata2(m_rdata2_s3), .m_rdata3
      (m_rdata3_s3), .gnt(arb_gnt_s3), .m_valid(m_valid_s3),
      . m_rw(m_rw), .m_addr0(m_addr0), .m_addr1(m_addr1),
      . m_addr2(m_addr2), .m_addr3(m_addr3), .m_wdata0
      (m_wdata0), .m_wdata1(m_wdata1), .m_wdata2(m_wdata2),
      .m_wdata3(m_wdata3),
    // 从机接口
    .s_valid(s_valid_s3), .s_rw(s_rw_s3), .s_wdata0
      (s_wdata0_s3), .s_wdata1(s_wdata1_s3), .s_wdata2
      (s_wdata2_s3), .s_wdata3(s_wdata3_s3), .s_ready(s_ready),
      .s_rdata0(s_rdata0), .s_rdata1(s_rdata1), .s_rdata2
      (s_rdata2), .s_rdata3(s_rdata3)
);
endmodule
```

3. 互连网络

当需要连接大型客户端（超过 16 个）时，通常需要使用互连网络实现客户端之间的通信。互连网络由一组通过通道连接的路由器组成，具有一定的拓扑结构、路由算法和流控机制。图 7.22 所示的互连网络是一个二维 3×3 的网状拓扑结构，每个路由均有 2 个客户端，共连接 18 个客户端。该网络共有 9 个路由，每个路由最多有 6 个双向端口或者 12 个单向通道。路由算法指定了从源客户端到目的客户端的路径。例如，该网络的一种可能路由算法是：有一条路径，该路径首先在 x 维找到对应的目标列，然后切换到 y 维，在 y 维找到对应的目标行，最后就可以到达指定的客户端端口。

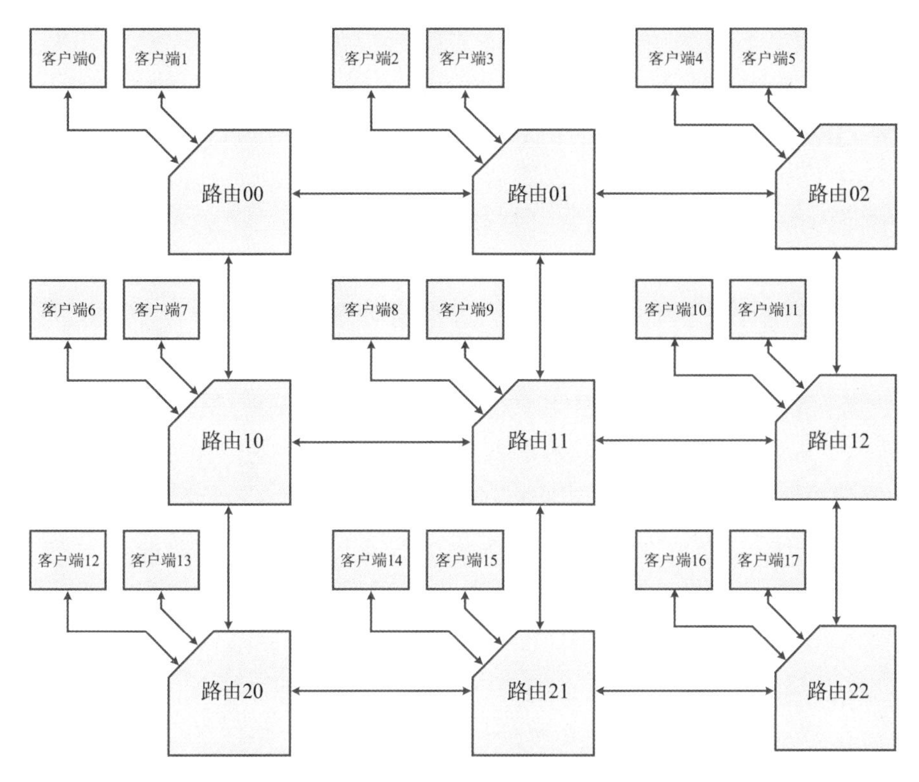

图 7.22 3 × 3 互连网络

互连网络中的流控（与接口的流控相反）是指数据包在网络中传输时，将对应的通道和缓存分配给数据包。每个通道和缓存在一段时间内被分配给特定的数据包之后，又会被重新分配给另一个不同的数据包。到目前为止，我们假设整个数据包是在单个时钟周期内并行传输的。然而，与其他互连一样，互连网络可以串行化，以便在几个周期内，在窄接口上完成数据包的传递。在串行化网络中，流控可以在整个数据包的级别上执行，在这种情况下，路由器必须具有足够大的缓存来容纳整个数据包，或者在流控位或 flit（flow control unit，流控中最小粒度数据单元）级别上执行，即在一个时钟周期内可以传递的信息量。数据包级别的流控类似于帧级流控，而 flit 级别的流控更类似于接口的有效 / 就绪流制方式。

7.2 系统级设计：存储系统

存储器广泛应用在不同用途的数字系统中。在处理器中，DRAM 常用作主存，而 SRAM 阵列则主要作为缓存和其他内部存储。在互连网的路由器中，存储器用于数据包缓存和路由表。在手机应用中，存储器可以用来缓存视频和音频等流数据。

存储器有三个关键的指标：容量、延迟和吞吐量。容量是指可以存储的数据量，延迟是指访问存储数据所需要的时间，吞吐量指的是单位时间内发生的访问量。DRAM 的优势在于其存储单元结构简单，每比特只需要一个晶体管和一个微型电容即可，而 SRAM 则需要六个晶体管。这也就使得 DRAM 可以实现比较高的存储密度，从而使每一比特的成本也更低。电容可以通过充放电实现 0 和 1 两种状态。但是，在没有刷新的情况下，电容上的电荷最终会泄漏，芯片上的数据也就会很快丢失。为了防止这种情况的出现，DRAM 需要一个外部存储器刷新电路周期性地重写电容器中的数据，使其恢复到最初的状态。与不需要刷新数据的 SRAM 相比，这种刷新过程是 DRAM 的一个显著特征。SRAM 中的 S，即“static”，表明只要给存储元件通电，那么其中存储的数据就会永远保存下去。

大型数字系统中的存储系统通常都是由多个具有不同特性的存储器组成的。例如，片上 SRAM 的特点是低延迟和高吞吐量，而 DRAM 则具有较高的容量。此外，DRAM 一般因为不同的工艺制程，通常置于 ASIC 片外。具体使用多少块存储器则是由存储系统对于容量和吞吐量的需求来决定的。如果存储器没有足够的容量，则此时必须使用多个存储器，并且在任何时候只能访问一个存储器。类似地，如果一个存储器没有足够的带宽来维持对于吞吐量的需求，那么必须并行使用多个存储器。另外需要注意的是，存储系统的带宽通常以 bit/s 为单位，而不是通信系统中使用的 Hz。

对于存储器的访问主要有随机访问和顺序访问两种方式。采用随机访问方式的存储器主要有 SRAM、DRAM 和 ROM 等，采用顺序访问方式的存储器主要有 FIFO 和堆栈。另外，非易失性存储器系统（例如用于持久性存储的存储磁盘）不在本书的讨论范围之内。

将信息存入存储器的过程称为对存储器的写操作。把存储的信息从存储器中移出的过程称为存储器的读操作。对 SRAM 和 DRAM 可以执行写操作和读操作，但是对 ROM 只能执行读操作。ROM 是可编程逻辑器件（PLD）的一部分。PLD 是一种通过可配置路径连接内部逻辑门的集成电路。其中的内容是通过编程过程写入的，也是指定插入设备硬件配置位这个硬件过程的一部分。ROM 的编程决定要连接或熔断的熔丝。其他的 PLD 还有可编程逻辑阵列（PLA）、可编程阵列逻辑（PAL）和 FPGA。

7.2.1 静态随机存储器

片上 SRAM 阵列非常适合构建小型、快速或者专用的存储器，这些存储器位于经常要访问它们的逻辑资源的附近。通常情况下，虽然一片芯片上实现的 SRAM 阵列的总容量比单独的一块 DRAM 要小，但是相较于片外 DRAM 需要几十个时钟周期完成的访问来说，片上 SRAM 可以在一个时钟周期内就完成访问。另外，通过同时操作多个 SRAM 阵列，可以实现非常高的带宽。

SRAM 的接口由读 / 写使能信号、地址、数据输出和数据输入组成，一个 SRAM 可以有多个端口，但是因为成本会随着端口数量的平方而增加，所以大多数 SRAM 都有一个端口，但是需要注意，具有一个读和一个写端口的双端口 SRAM 也并不少见。如图 7.23 所示，绝大多数的 SRAM 都是基于时钟实现同步操作的，这样的 SRAM 我们称之为同步 SRAM（即 SSRAM）。在本例中，数据 d0 在周期 0 时被写入地址 8，然后在周期 1 读取同一地址的数据。基于时钟，对于读 / 写使能（ren/wen）、读 / 写地址（raddr/waddr）和写数据（wdata）都有建立时间（t_S）和保持时间（t_H）的约束。读数据（rdata）信号有访问时间（t_A）约束，对于单个 SSRAM 阵列来说，通常会在一个时钟周期内完成访问操作。

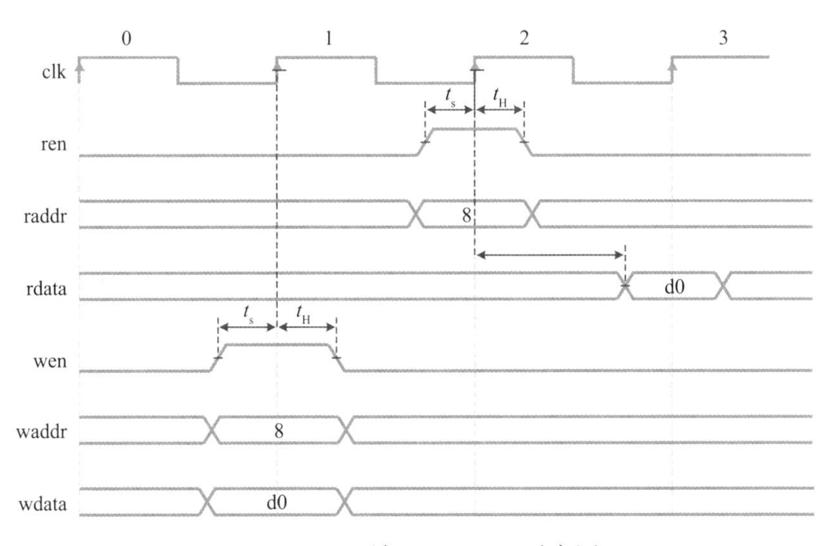

图 7.23 双端口 SSRAM 时序图

SSRAM 可以实现猝发读写操作，每个时钟周期，地址（和写访问的数据）都可以更新为新的随机地址（数据），而不会产生任何中断或额外开销，如图 7.24 所示。

【示例 7.6】下面是一个 512 × 16 的单端口 SSRAM 的行为级模型，其中 rdata、cen、wen、ren、addr 和 wdata 分别为读数据、芯片使能、写使能、读使能、地址和数据输入。片上 SSRAM 的读（rdata）和写（wdata）数据总线是分开的。对于片外的单端口 SSRAM 来说，读写数据总线通常是共享的，即双向的，这样可以节省引脚数目。如果 cen 和 ren 为真，则执行读操作；如果 cen 和 wen 为真，则执行写操作。在延迟赋值语句中，使用了时间控制 #t_A 模拟对模型的访问时间。建立时间 t_S 和保持时间 t_H 的检查则位于 specify 块中。

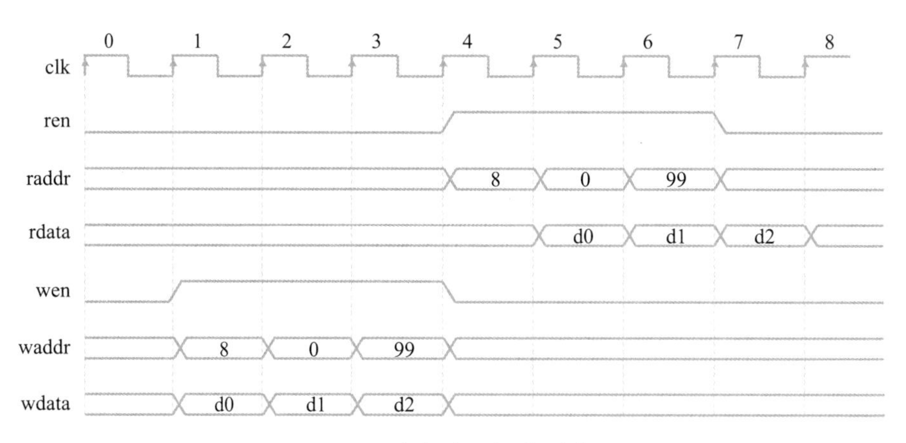

图 7.24 猝发读写操作时序图

```
// SSRAM 行为模型
module SSRAM(rdata, clk, cen, wen, ren, addr, wdata);
output [7:0] rdata;
input clk, cen, wen, ren;
input [15:0] addr;
input [7:0] wdata;
reg [7:0] mem [0:65535], tempQ, rdata;
parameter tA = 3;
always @ (posedge clk)
  if (cen & wen) mem [addr] <= wdata [7:0];
always @ (addr or ren or cen)
  if (cen & ren) tempQ = mem [addr];
  else tempQ = 8'hzz;
always @ (posedge clk)
  rdata <= # tA tempQ;
specify
  // 建立时间和保持时间参数
  specparam tS = 2; specparam tH = 1;
  // 建立时间检查
  $setup(cen, posedge clk, tS);
  $setup(wen, posedge clk, tS);
  $setup(ren, posedge clk, tS);
  $setup(addr, posedge clk, tS);
  $setup(wdata, posedge clk, tS);
  // 保持时间检查
  $hold(posedge clock, cen, tH);
  $hold(posedge clock, wen, tH);
  $hold(posedge clock, ren, tH);
  $hold(posedge clock, addr, tH);
  $hold(posedge clock, wdata, tH);
```

```
endspecify
endmodule
```

SRAM 被组织为具有行解码器和列复用器的单元阵列，并且根据多路选择因子的不同，可以实现具有不同输入数和位宽的各种 SRAM。例如，如果我们需要一个更大容量或更高带宽的 RAM，那么我们可以通过位切片或者划分块组合多个 RAM 来实现。位切片技术可以使用 4 个 64K × 8 位的存储器来设计一个容量为 64K × 32 位的存储系统，从而可以扩大数据位宽，如图 7.25 所示。对所有的 4 个存储器阵列一次访问是并行进行的。如果 cen 为真，wen 为假，则执行读操作；如果 cen 和 wen 为 true，则执行写操作。

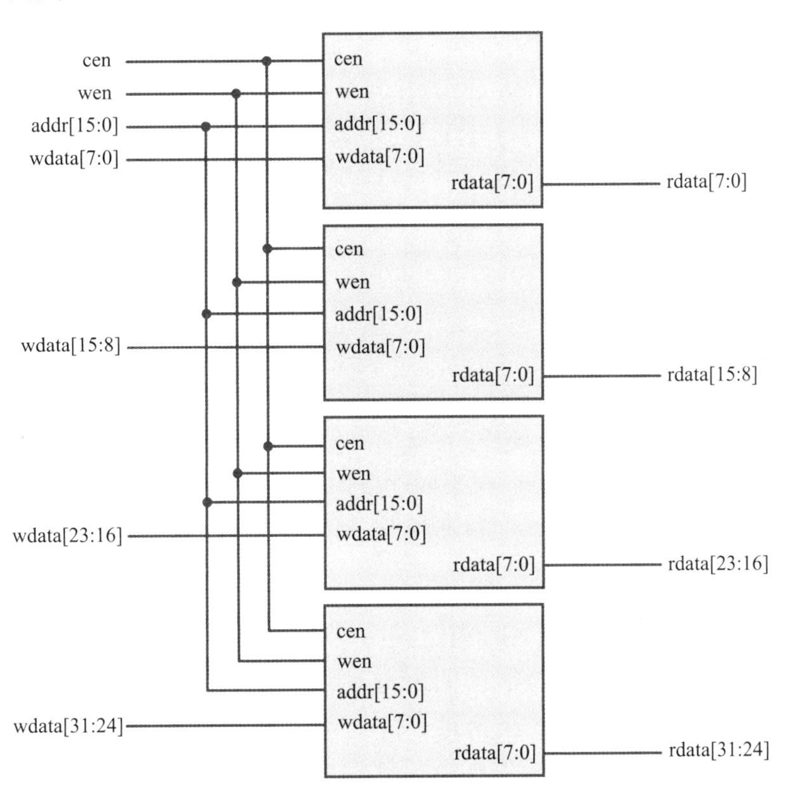

图 7.25 并行连接存储器以形成具有更宽数据宽度和带宽的存储器系统

图 7.26 是使用位切片技术的 RAM 阵列的存储空间结构示意图。

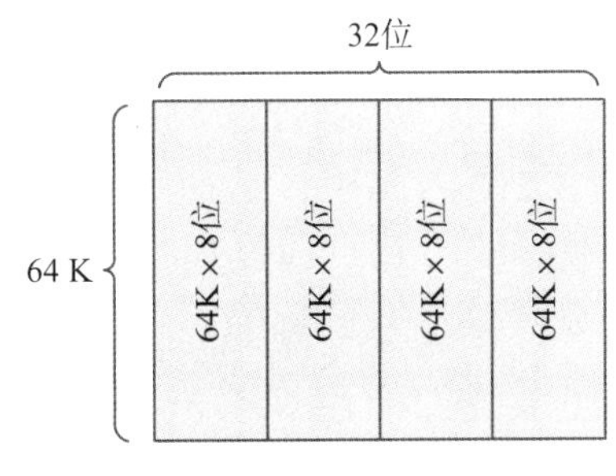

图 7.26 使用位切片技术的 RAM 阵列的存储空间

如图 7.27 所示，我们也可以采用分块技术，使用四个 16K × 32 位的组件组成一个 64K × 32 位的存储系统。其中需要使用一个带有使能端的译码器和一个数据选择器。当 addr[15:14] 为 00 时，通过解码器第一块存储阵列（从上向下数）

被选中，并通过数据选择器，将选中的 rdata 输出，其他块以此类推。需要注意的是，用于选择 rdata[31:0] 的 addr[15:14] 需要进行流水线处理，因为读数据通常比读命令晚一个周期输出。

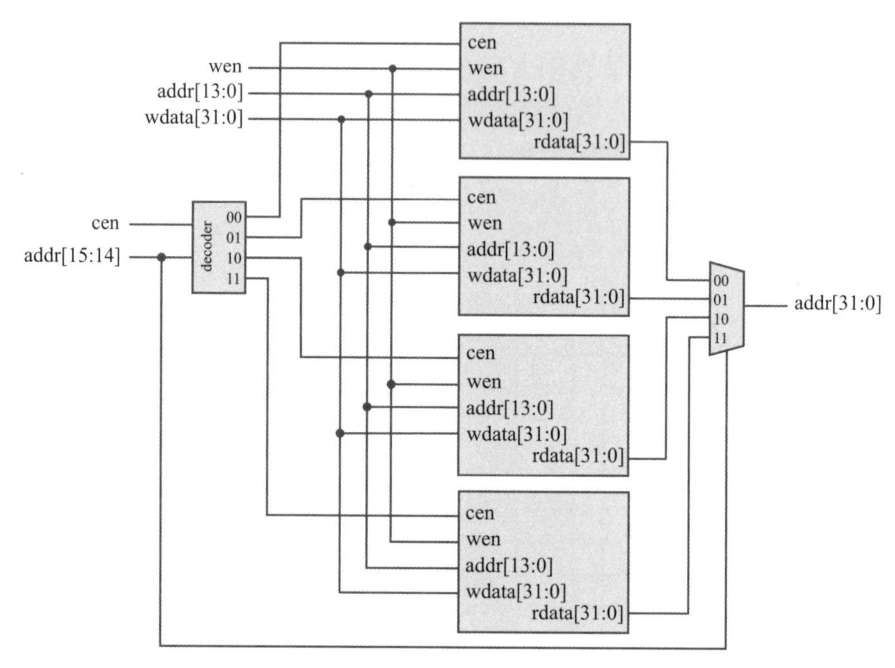

图 7.27 连接 4 个 16K × 32 位组件，构建一个大容量的 64K × 32 位存储系统

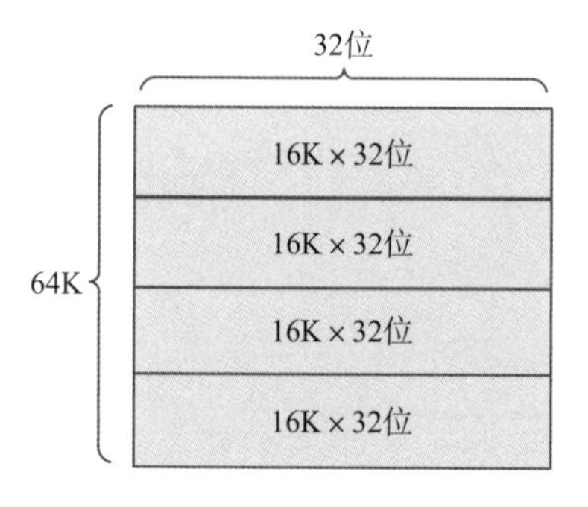

图 7.28 使用分块技术的 RAM 阵列的存储空间分布

图 7.28 是使用分块技术的 RAM 阵列的存储空间结构示意图。

上述两种配置方式具有相同的容量（2Mb）和带宽（4 字节 / 周期）。在位切片存储器中，必须访问所有存储器阵列才能完成一次操作，这是因为每个阵列都提供了最终结果的一部分。然而，在分块存储器中，只需要访问一个阵列即可完成一次操作，这种操作比较省电。但是，采用分块模式需要额外的译码器和多路数据选择器。

我们可以通过为每个数据输出使用一个三态门（图 7.29）来简化存储器组件之间的连接，从而形成一个更大的存储系统。为了驱动输出，三态门的使能端必须为真。如果使能信号为假，则三态门会有效隔离三态门的输入与输出，当然，与存储器的输出也就隔离了。如果我们使用具有三态门控制的数据输出的存储器组件来构建更大的存储系统，则可以省略图 7.27 中的输出多路选择器。

输 入 输 出
使 能

图 7.29 三态门

因此，结合位切片和分块技术创建的存储系统结构如图 7.30 所示。16 个存储器中的每一个都是 16K×8 位的，并且一次需要 4 个存储器（一行）来实现对 32 位数据的访问，此时其他 12 个存储器处于空闲状态，从而降低功耗。通过这种方式，时钟的速度就会由于 SRAM 芯片尺寸的减小得到进一步的提高。每 4 行（称为一个 bank）可以实现 2Mb 的存储容量。图 7.30 中只显示了读数据总线，被选中的块（通过译码器）会驱动数据总线，而其他未被选中的块将保持三态，此时不会影响被选中块中数据的读取。

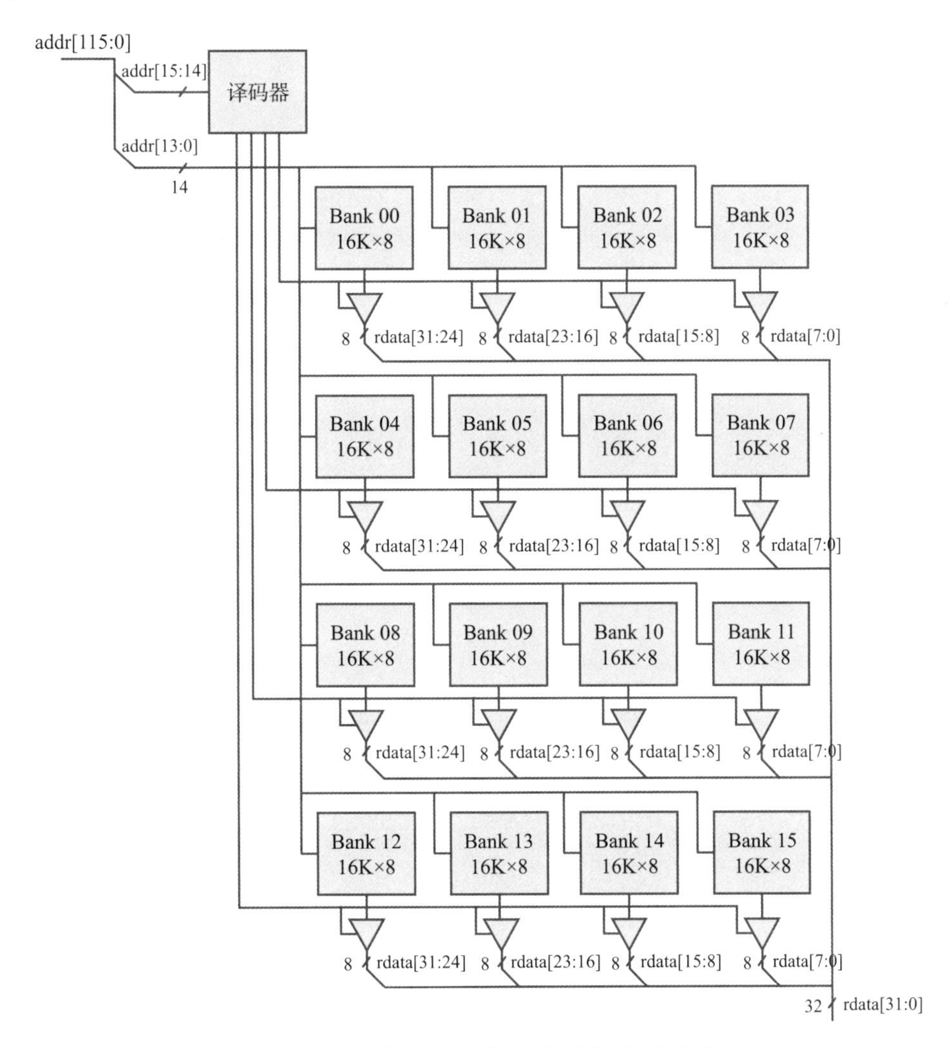

图 7.30 存储器阵列拓展为位切片阵列块

图 7.31 是使用位切片技术和分块技术的 RAM 阵列的存储空间结构示意图。

通过使用仲裁交叉开关，可以允许多个请求同时访问多个块，从而使总的存储器访问带宽从每个周期一个字增加到每个周期 min(*N*, *M*) 个字。其中 *M* 表示请求者数量，*N* 是交错访问的块的数目。基于存储器的地址对存储器的每一个存储器实例进行解码，这样使得每个周期都可以授权多个请求。当然，这些存储器可以进一步使用位切片技术和分块技术，但是，如果有两个请求同时需要访问同一个存储器块时，就会发生冲突，并且此时其中一个请求必须被延迟。

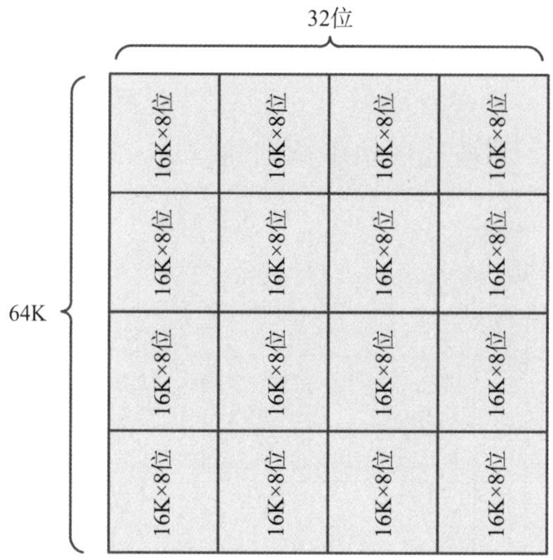

32位

64K

16K×8位	16K×8位	16K×8位	16K×8位
16K×8位	16K×8位	16K×8位	16K×8位
16K×8位	16K×8位	16K×8位	16K×8位
16K×8位	16K×8位	16K×8位	16K×8位

图 7.31 使用位切片技术和分块技术的 RAM 阵列的存储空间结构

【示例 7.7】 片上 SRAM 是实现大数据存储最常用的方法，因为使用 SRAM 实现一位的面积比触发器的面积小得多。例如，我们可以使用带有双端口 SSRAM 的 FIFO 控制器来设计一个 1K × 8 位的 FIFO，如图 7.32 所示。

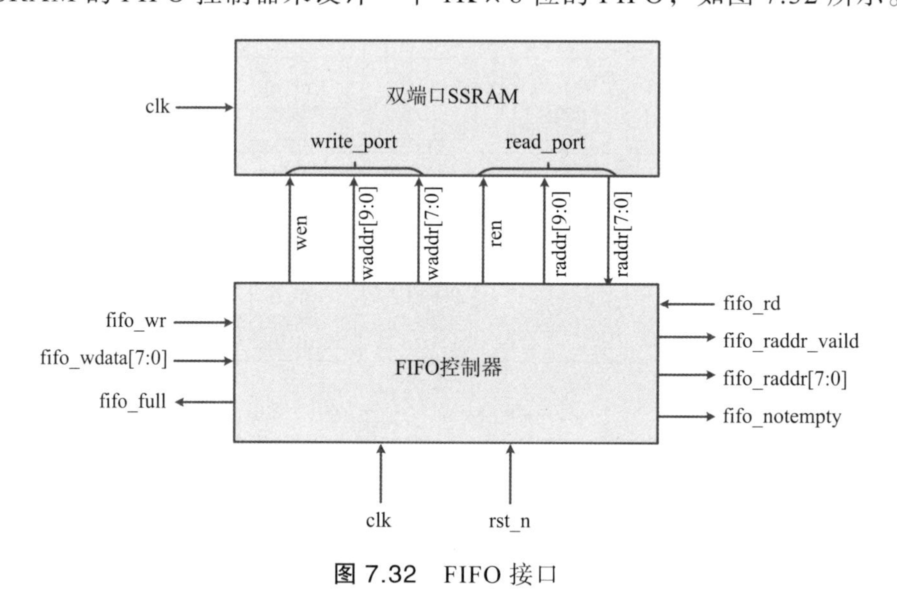

图 7.32 FIFO 接口

解答 FIFO 控制器的 RTL 代码如下所示。为了简单起见，SSRAM 的一个端口专门用于写访问操作，而另一个端口则专门用于读访问操作。为了避免任何可能的时序问题，存储器接口的输出信号（包括 wen、waddr、wdata、ren

和 raddr）都是寄存输出，而输入信号 rdata 则直接由触发器锁存，不需要经过组合逻辑电路。另外，增加了 FIFO 读接口的输出信号 fifo_rdata_valid，以指示 fifo_rdata 的有效性。

```
// 使用SSRAM实现的大规模FIFO缓冲器
module fifo_ctrl(
  // FIFO接口
  fifo_full, fifo_wr, fifo_wdata, fifo_notempty, fifo_rdata_valid,
    fifo_rdata, fifo_rd,
  // SSRAM接口
  wen, waddr, wdata, ren, raddr, rdata, clk, rst_n
);
// FIFO接口
output fifo_full;
input fifo_wr;
input [7:0] fifo_wdata;
output fifo_notempty;
output fifo_rdata_valid;
output [7:0] fifo_rdata;
input fifo_rd;
// SSRAM接口
output wen;
output [9:0] waddr;
output [7:0] wdata;
output ren;
output [9:0] raddr;
input [7:0] rdata;
input clk, rst_n;
reg [9:0] wr_ptr, rd_ptr;
reg [10:0] queue_length;
reg fifo_rd_r, fifo_rd_rr;
reg [7:0] fifo_rdata;
// FIFO控制器
assign fifo_full = queue_length == 11'd1024;
assign fifo_notempty =~ (queue_length == 11'd0);
always @ (posedge clk or negedge rst_n)
  if (! rst_n)
    wr_ptr <= 0;
  else if (fifo_wr)
    wr_ptr <= wr_ptr+1'b1;
always @ (posedge clk or negedge rst_n)
  if (! rst_n)
```

```
      rd_ptr <= 0;
    else if (fifo_rd)
      rd_ptr <= rd_ptr+1'b1;
  always @ (posedge clk or negedge rst_n)
    if (! rst_n)
      queue_length <= 0;
    else if (fifo_wr &&! fifo_rd)
      queue_length <= queue_length+1'b1;
    else if (fifo_rd &&! fifo_wr)
      queue_length <= queue_length-1'b1;
  // SSRAM控制器，写端口
  assign wen = fifo_wr;
  assign waddr = wr_ptr;
  assign wdata = fifo_wdata;
  // SSRAM控制器，读端口
  assign ren = fifo_rd;
  assign raddr = rd_ptr;
  assign fifo_rdata_valid = fifo_rd_rr;
  always @ (posedge clk or negedge rst_n)
    if (! rst_n) begin
      fifo_rd_r <= 1'b0;
      fifo_rd_rr <= 1'b0;
    end
    else begin
      fifo_rd_r <= fifo_rd;
      fifo_rd_rr <= fifo_rd_r;
    end
  always @ (posedge clk)
    if (fifo_rd_r) fifo_rdata <= rdata;
  endmodule
```

SSRAM 的接口通常受保持时间限制，这些接口主要包括 wen、waddr、wdata、ren 和 raddr 等信号。保持时间违例将在综合阶段通过在这些时序路径中插入缓冲器来进行修复。

1. 关于双向总线

为了构建一个双向总线来减少片外存储器的引脚数，我们只需要简单地将存储器组件的数据输出连接在一起。当执行读取操作时，仅启用所选存储器组件的数据输出。所有禁用组件的输出都保持高阻状态，对应的具有三态数据输出的双向总线如图 7.33 所示。设计人员需要确保一次只有一个组件可以驱动双向总线，也就是说，在任何给定时间，enable1、enable2 或 enable3 中只有一个值为真。此外，为了防止总线冲突，通常需要在禁用前一个总线驱动或总线所有者之后，为下一次驱动提供一个周转周期。

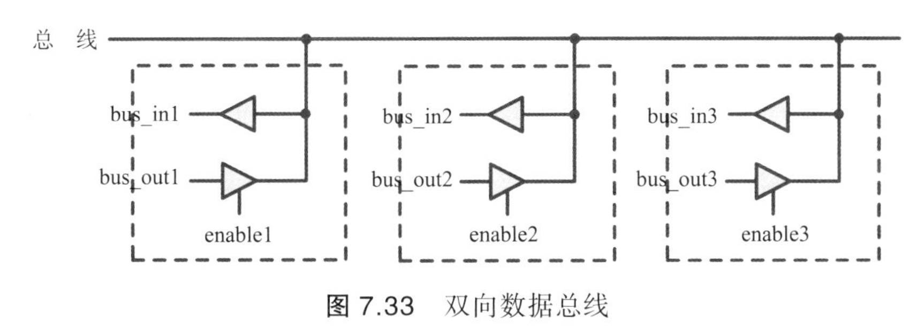

图 7.33 双向数据总线

双向总线（称为总线）可以使用以下原语进行建模。其中，双向总线是三态信号。因此，使用 tri 数据类型声明它。

```
// 使用 Verilog 原语描述的双向总线
tri bus;
bufif1 u1(bus, bus_out1, enable1);
bufif1 u2(bus, bus_out2, enable2);
bufif1 u3(bus, bus_out3, enable3);
buf u4(bus_in1, bus);
buf u5(bus_in2, bus);
buf u6(bus_in3, bus);
```

也可以使用连续赋值语句描述如下：

```
// 使用连续赋值语句描述的双向总线
tri bus;
assign bus = enable1 ? bus_out1:1'bz;
assign bus = enable2 ? bus_out2:1'bz;
assign bus = enable3 ? bus_out3:1'bz;
assign bus_in1 = bus;
assign bus_in2 = bus;
assign bus_in3 = bus;
```

这两种方法中的任何一种方法都允许构建具有双向数据总线的扩展存储器结构，如图 7.34 所示，其中的数据总线 data[31:0] 是一条双向总线。存储器作为 PCB 上的独立 IC，因为其使用更少的封装引脚和内部连线，所以这种使用双向连接的方式可以显著降低成本。

但是，如果具有双向数据总线的端口同时进行读写访问操作，则需要注意读后写（WAR）访问。在图 7.35 中，在 clk 的每个上升沿，当 wen 为 1/0 时，执行写 / 读访问。正如刚才说到的，在第二个周期数据总线发生了存储器访问冲突，因为该周期执行了写命令，但是此时的读数据又是可用的。

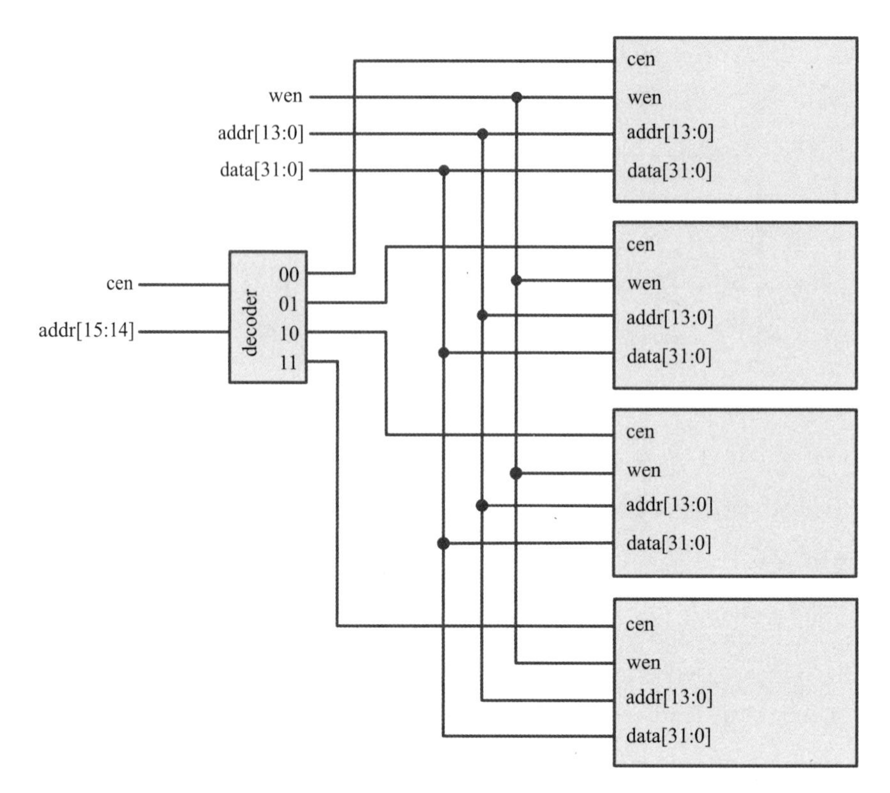

图 7.34 使用双向数据总线构建的存储系统

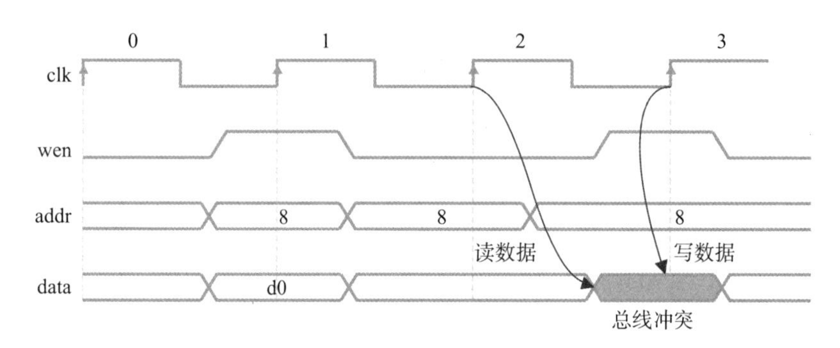

图 7.35 读后写访问产生的存储访问冲突

2. 异步 SRAM

如图 7.36 所示，异步 SRAM 是最古老和最简单的存储器形式之一。因为该存储器不依赖于时钟，所以是异步的。因为 SRAM 是易失性器件，这也意味着它需要电源来维持其存储的数据，如果断电，数据就会丢失。

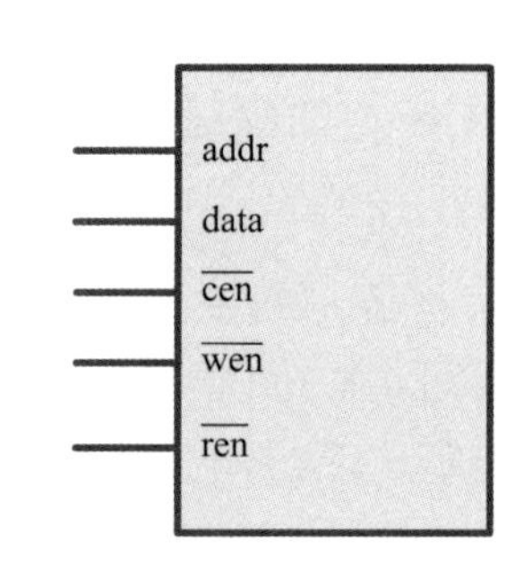

图 7.36 异步 SRAM 的接口

片外异步 SRAM 的读写时序图如图 7.37 所示，其中 addr、$\overline{\text{cen}}$、$\overline{\text{wen}}$、$\overline{\text{ren}}$ 和 data 分别是地址、芯

片使能（低电平有效）、写使能（低电平有效）、读使能（低电平有效）和（双向）数据信号。数据在 $\overline{\text{wen}}$ 的正沿写入，并且满足建立时间（t_S）和保持时间（t_H）要求。数据在 $\overline{\text{ren}}$ 的负沿被读出，并且在 t_A 延迟之后才可以使用。所有的控制信号、写使能和读使能都需要满足宽度约束 t_W。如果用于产生存储器接口信号的逻辑电路的时钟周期小于时序约束，则应延长信号以满足时序要求。

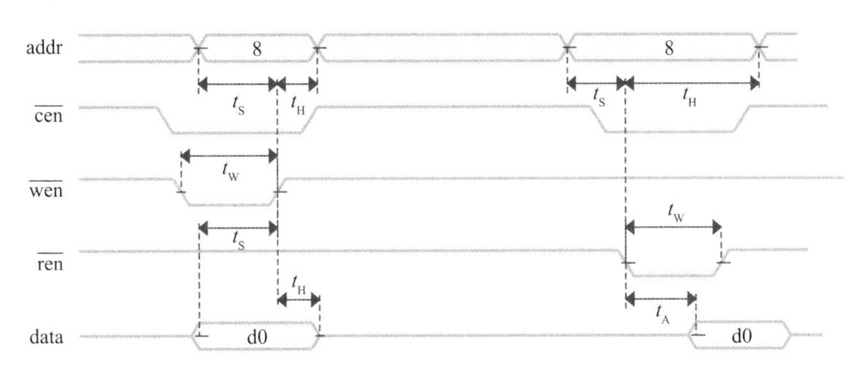

图 7.37 异步 SRAM 的读写操作时序图

【示例 7.8】为图 7.38 中片外 1024 × 32 位的异步 SRAM 设计一个控制器。为了减少引脚数，数据信号使用双向总线。为了简单起见，芯片使能连接低电平，以使异步 SRAM 处于常使能状态。假设在图 7.37 中，$t_S = 5$ 个时间单位，$t_H = 2$ 个时间单位，$t_A = 7$ 个时间单位，$t_W = 5$ 个时间单位，SRAM 控制器的时钟周期为 3 个时间单位。请设计 SRAM 控制器，并满足 SRAM 接口时序要求。

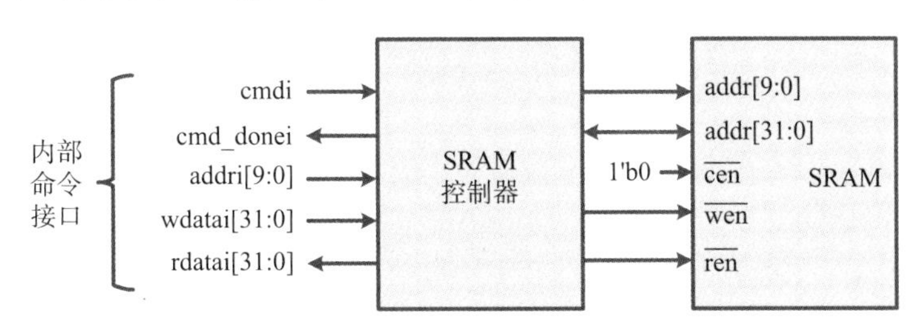

图 7.38 异步 SRAM 控制器接口

异步 SRAM 控制器内部命令接口如表 7.1 所示。当内部命令 cmdi = 2'b00 时，不会发出任何命令。当内部命令 cmdi = 2'b01 时，发出写命令，addri、wdatai 和 cmd_donei 分别为地址、写数据和写命令完成。当内部命令 cmdi = 2'b10 时，发出 read 命令，addri、rdatai 和 cmd_donei 分别为地址、读取数据和读命令完成。对于 read 命令，命令完成信号 cmd_donei 也表示所读数据的有效性。在完成内部命令之后，就可以发出下一个新命令。

表 7.1 内部命令接口

信号名	I/O	说 明
cmdi	I	内部命令：00（空闲），01（写命令），10（读命令）

续表 7.1

信号名	I/O	说　明
cmd_donei	O	内部命令完成
addri	I	内部地址
wdatai	I	内部写数据
rdatai	O	内部读数据

解答　由于 $t_W = 5$ 个时间单位，所以异步 SRAM 控制器的写和读使能控制信号应持续 2 个时钟周期。类似地，建立时间 $t_S = 5$ 和保持时间 $t_H = 2$ 分别需要 2 个和 1 个时钟周期。图 7.39 是对应的时序图，同时还给出了用于生成控制序列的状态机。

状态机的 RTL 代码如下所示：

```
// 异步 SRAM 控制器状态机
reg [3:0] state_ns, state_cs;
parameter ST_IDLE = 4'b0000; parameter ST_WR1 = 4'b0001;
parameter ST_WR2 = 4'b0011; parameter ST_WR3 = 4'b0010;
parameter ST_WR4 = 4'b0100; parameter ST_RD1 = 4'b0101;
parameter ST_RD2 = 4'b0111; parameter ST_RD3 = 4'b0110;
parameter ST_RD4 = 4'b1000; parameter ST_RD5 = 4'b1001;
parameter ST_RD6 = 4'b1011; parameter ST_RD7 = 4'b1010;
parameter IDLE_CMD = 2'b00; parameter WR_CMD = 2'b01;
parameter RD_CMD = 2'b10;
// 组合逻辑
always @ (*) begin
  state_ns = state_cs;
  case(state_cs)
  ST_IDLE:state_ns = cmdi == WR_CMD ? ST_WR1:cmdi == RD_CMD ?
    ST_RD1:ST_IDLE;
  ST_WR1:state_ns = ST_WR2;
  ST_WR2:state_ns = ST_WR3;
  ST_WR3:state_ns = ST_WR4;
  ST_WR4:state_ns = cmdi == WR_CMD ? ST_WR1:cmdi == RD_CMD ?
    ST_RD1:ST_IDLE;
  ST_RD1:state_ns = ST_RD2;
  ST_RD2:state_ns = ST_RD3;
  ST_RD3:state_ns = ST_RD4;
  ST_RD4:state_ns = ST_RD5;
  ST_RD5:state_ns = ST_RD6;
  ST_RD6:state_ns = ST_RD7;
  ST_RD7:state_ns = cmdi == WR_CMD ? ST_WR1:cmdi == RD_CMD ?
    ST_RD1:ST_IDLE;
```

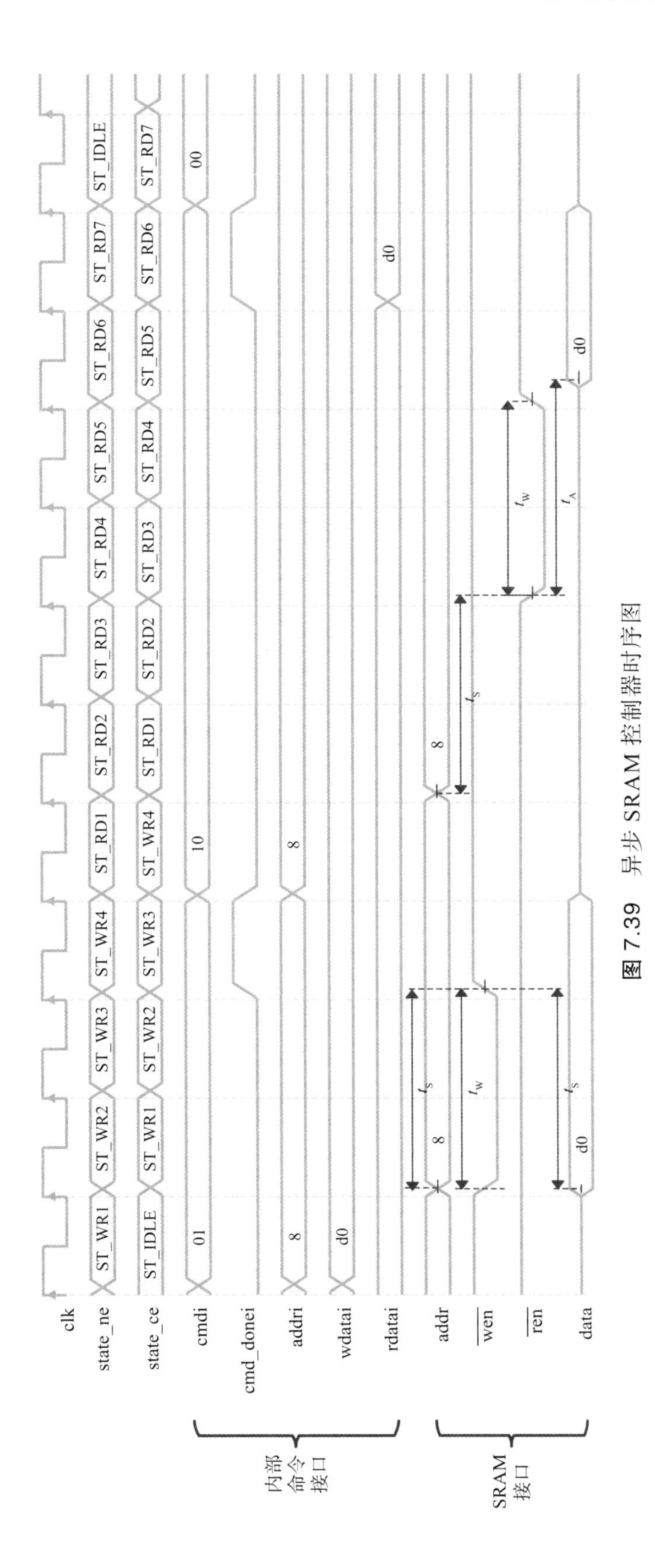

图 7.39 异步 SRAM 控制器时序图

```
    default:ST_IDLE;
    endcase
  end
  // 时序逻辑
  always @ (posedge clk or negedge rst_n)
    if (! rst_n) state_cs <= ST_IDLE;
    else state_cs <= state_ns;
```

产生异步 SRAM 信号和内部命令接口的 RTL 代码如下：

```
  // 异步 SRAM 控制器内部信好
  reg wen_n, ren_n, oen_n, cmd_donei;
  reg [9:0] addr;
  tri [31:0] data;
  reg [31:0] datai;
  reg [31:0] rdatai;
  // 异步 SRAM 接口
  always @ (posedge clk or negedge rst_n)
    if (! rst_n) wen_n <= 1;
    else if (state_ns == ST_WR1) wen_n <= 0;
    else if (state_ns == ST_WR3) wen_n <= 1;
  always @ (posedge clk or negedge rst_n)
    if (! rst_n) oen_n <= 1;
    else if (state_ns == ST_WR1) oen_n <= 0;
    else if (state_ns == ST_WR4) oen_n <= 1;
  always @ (posedge clk)
    if (state_ns == ST_WR1 | state_ns == ST_RD1) addr <= addri;
  always @ (posedge clk)
    if (state_ns == ST_WR1) datai <= wdatai;
  // 双向总线
  assign data =~ oen_n ? datai:32'bz;
  always @ (posedge clk or negedge rst_n)
    if (! rst_n) ren_n <= 1;
    else if (state_ns == ST_RD3) ren_n <= 0;
    else if (state_ns == ST_RD5) ren_n <= 1;
  // 内部命令接口
  always @ (posedge clk)
    if (state_ns == ST_RD6) rdatai <= data;
  always @ (posedge clk or negedge rst_n)
    if (! rst_n) cmd_donei <= 0;
    else if (state_ns == ST_WR3 | state_ns == ST_RD6)
      cmd_donei <= 1;
  else cmd_donei <= 1;
```

7.2.2 只读存储器

到目前为止，我们看到存储器可以任意读写（或更新）存储数据。与之对应的，只读存储器（ROM）只能读取数据，这种存储器在数据固定不变的情况下很有用，因为不需要更新它。其中的这些数据要么在制造过程中就写入到电路中，要么随后被编程到 ROM 中。

一个简单的 ROM 是一个组合电路，它将输入地址映射到具有常数值的输出数据。我们可以以表格的形式指定 ROM 中的内容，每个地址对应一行，其中每个条目显示该地址对应的数据值。这样的表本质上是一个真值表，所以理论上我们可以使用组合逻辑电路来实现映射。然而，ROM 电路的结构通常比基于任意逻辑的电路密度要大得多，因为每个 ROM 单元最多只需要一个晶体管。

【示例 7.9】针对表 7.2 设计一个组合逻辑电路。

表 7.2 使用组合逻辑电路实现 512×16 的表

addr[8:0]	rdata[15:0]
0	0123
1	4567
2	89AB
3	CDEF
…	…

解答 表 7.2 对应的 RTL 代码如下：

```
// 实现查找表的模块
module mem_table(rdata, addr);
output [15:0] rdata;
input [8:0] addr;
reg [15:0] rdata;
always @ (*)
  case(addr)
  9'd0:rdata = 16'h0123;
  9'd1:rdata = 16'h4567;
  9'd2:rdata = 16'h89AB;
  9'd3:rdata = 16'hCDEF;
...
  default:rdata = 16'h0123;
  endcase
endmodule
```

512×16 ROM 的行为级模型如下：

```
// ROM 的行为级模型
module ROM(rdata1, ren, addr, clk);
output [15:0] rdata1;
input ren;
input [8:0] addr;
input clk;
reg [15:0] data_array [0:511];
reg [15:0] rdata1;
initial $readmemh("rom .data", data_array);
parameter tA = 3;
always @ (posedge clk)
  if (ren) rdata1 <= # tA data_array [addr];
endmodule
```

我们可以使用 $readmemh 或者 $readmemb 这两种系统任务将数据加载到存储器中。

$readmemh 系统任务读入的数据是一个十六进制数字的序列，这些数字用空格或换行符分隔。因此，上面例子中指定的 rom.data 文件中包含的数据内容类似下面的内容：

```
// ROM 中的数据
0123 4567 89 AB CDEF
1009 266 A 3115 5435
...
```

将数值从文件 rom.data 中读取到变量 data_array 的连续元素中，直到读取到文件末尾或加载变量的所有元素为止。

类似地，$readmemb 要读取的文件内容包含的是二进制数序列。

使用组合逻辑电路和 ROM 实现的表的时序图如图 7.40 所示。由组合逻辑电路实现的表通常不需要读使能 ren，其输出 rdata 通过组合逻辑数据选择器进行选择。相比之下，由 ROM 实现的表通常需要经过一个访问时间 t_A 来获取读取的数据 rdata1。因此，它们的输出可以在不同的时钟周期中使用。

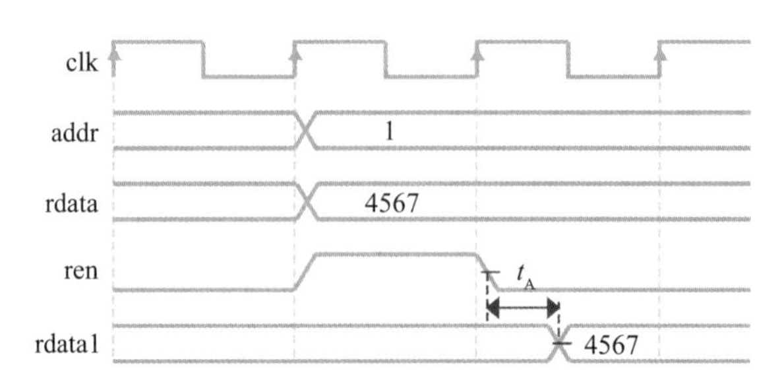

图 7.40 使用 ROM 和组合逻辑电路实现的表的时序图

在产品的生命周期中，ROM 中的内容不需要更改。ROM 常用于部件数量多的一些场景中。对于某些应用程序，特别是对于小容量的产品，如果能够更新 ROM 中的内容可能会更好。要做到这一点，可以使用可编程 ROM（PROM），这是一种现成的芯片，其存储单元中没有存储任何内容。PROM 的存储内容是在制造后编程到其中的，或者在芯片集成到系统中之前使用特殊的编程设备进行编程，或者在芯片已经安装后使用特殊的编程电路进行编程。

PROM 有多种形式。早期的 PROM 使用熔丝连接对存储单元进行编程。一旦一个连接被融合，它就不能被替换，所以编程只能做一次。这些设备现在基本上已经过时了。它们已经被可擦除的 PROM 所取代，这些可擦除的 PROM 要么是使用紫外光（所谓的 EPROM）进行擦除，要么是使用比普通电压更高的电压（所谓的电可擦除 RPOM 或 EEPROM）进行擦除。

7.3 设计架构和时序图

数字系统的逻辑设计可以分为两个不同的部分：数据路径单元和控制单元（或控制路径）。数据路径单元与数字电路的设计有关，这些电路执行数据处理操作，以便可以按照系统的要求操作寄存器中的数据。数据路径包含实现基本操作的组合逻辑电路和存储中间结果的寄存器。控制路径与控制电路的设计有关，控制电路控制各种数据处理操作的执行顺序。控制单元确保控制信号按照正确的顺序在正确的时间被激活，以使数据路径能够在数据流经时执行所需的操作。在很多情况下，控制路径使用的状态信号是由数据路径产生的。

因此，存储在数字系统中的二进制信息可以分为数据信息或控制信息。数据是算术和 / 或逻辑运算操作的离散信号，这些操作是由加法器、译码器和数据选择器等数字组件实现的。控制信息提供的信号，协调和执行数据部分中的各种操作，以完成所需的数据处理任务。控制信息最好使用状态机实现。

图 7.41 描述的是一种自上而下的层次化设计方法。体系架构设计是一个分而治之的过程，它一直执行到整个设计变得可控为止。对于 RTL 设计的体系架构，触发器应该明确并且绘制出来，以便可以清楚地识别或分析关键路径。如果你是一名（新手）设计人员，强烈建议你至少绘制出数据路径单元的架构图，这样做，就可以清楚地了解设计包含哪些组件以及设计中潜在的关键路径有哪些。

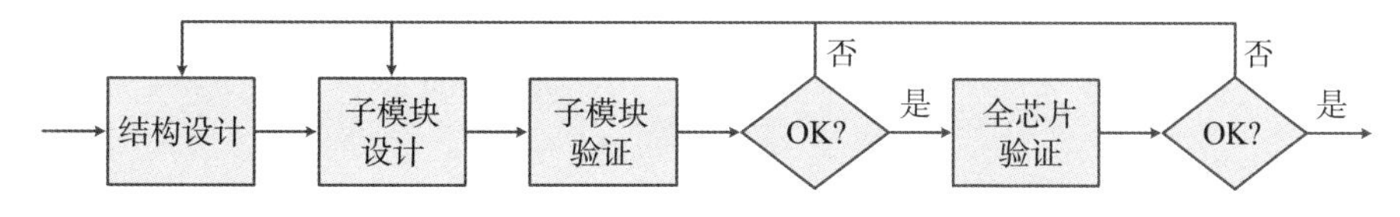

图 7.41 层次化设计和验证

除了物理时序规范（如触发器的建立时间和保持时间约束）要求之外，时序图还可以清楚地展示输入和输出之间的时序关系，以及 RTL 设计流水线的操作顺序。因此，强烈建议在编写 RTL 代码之前绘制设计的时序图，这样做可以清楚地了解信号随时间的变化情况，以便确定在正确的时间执行了正确的事情。如果出现了性能方面的问题，那么说明某些流水线可能需要进行一些调整。

【示例 7.10】 有两种方法实现 a、b、c 和 d 四个数字的加法操作，代码示例如下，因为输入数据像流数据一样输入到设计中，所以设计中只需要数据路径，不需要控制单元，请绘制它们的架构图和时序图。

```
// 实现四数字相加的两种方法
// 方法 1: 纯组合逻辑输出
assign y1 = (a+b)+(c+d);
// 方法 2:2 个流水级
always @ (posedge clk) begin
  sum_ab <= a+b;
  sum_cd <= c+d;
  y2 <= sum_ab+sum_cd;
end
```

解答　架构图和时序图如图 7.42 所示。在图 7.42（a）中，$y1$ 的组件需要 3 个加法器，而 $y2$ 需要 3 个加法器和 3 个寄存器。此外，$y1$ 和 $y2$ 的关键路径上分别具有两个加法器和一个加法器。在图 7.42（b）的时序图中，结果 $y1$ 即可在同一周期中得到。相反，$y2$ 则要在给出 a、b、c 和 d 的值后过 2 个周期才可用。

如果输入数据连续输入到电路中，则在每个周期中 $y1$ 和 $y2$ 都会有一个对应的输出，在相同时钟周期的情况下，它们实现了相同的吞吐量。由于 $y2$ 的关键路径是 $y1$ 的一半，在理想情况下，$y2$ 的最大时钟频率可以是 $y1$ 的两倍。因此，在其最大时钟频率下，$y2$ 的吞吐量也是 $y1$ 的两倍。

从上面的架构和时序图分析中，我们了解到如何在面积、速度甚至功耗方面选择最优的设计方案，最重要的是，设计的性能可以在设计早期阶段得到评估。

7.3.1　复数乘法器

数字设计中最具挑战性的任务之一是设计数据路径和相应的控制单元，使其满足给定的设计要求和约束。通常有许多可供选择的数据路径能够满足系统的功能需求，但是其中有些路径比其他路径方法会更有优势，此时，需要在面积和性能之间进行权衡。

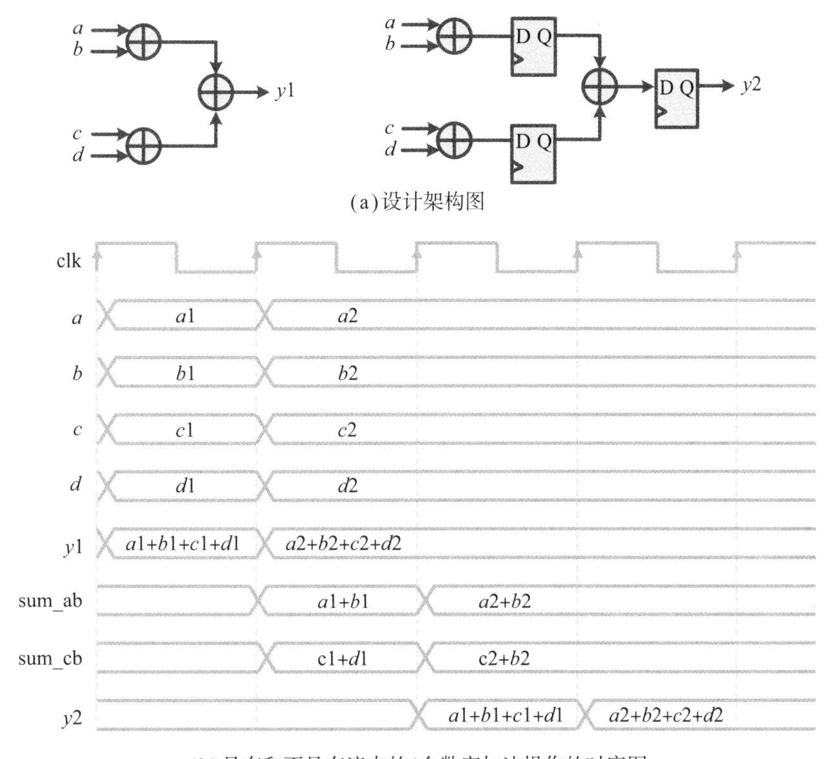

(a)设计架构图

(b)具有和不具有流水的4个数字加法操作的时序图

图 7.42

下面我们使用架构图和时序图给出复数乘法器的另一种设计示例。

【示例 7.11】 图 7.43 所示是一个实现两个复数乘法运算的模块设计，包括了数据路径和控制单元。其中的操作数和乘积都按照笛卡儿形式进行表示。操作数的实部和虚部按照格式为 $s(4.12)$ 的 16 位有符号定点二进制数表示。乘积的实部和虚部使用格式为 $s(8.24)$ 的 32 位有符号定点二进制数表示。

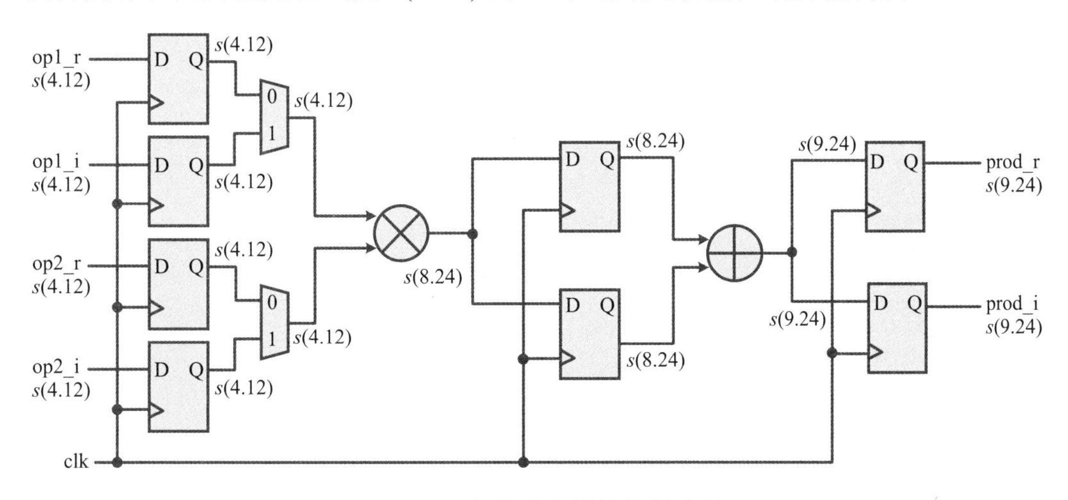

图 7.43 复数乘法器的数据路径

解答　复数乘法操作序列如图 7.44 所示。

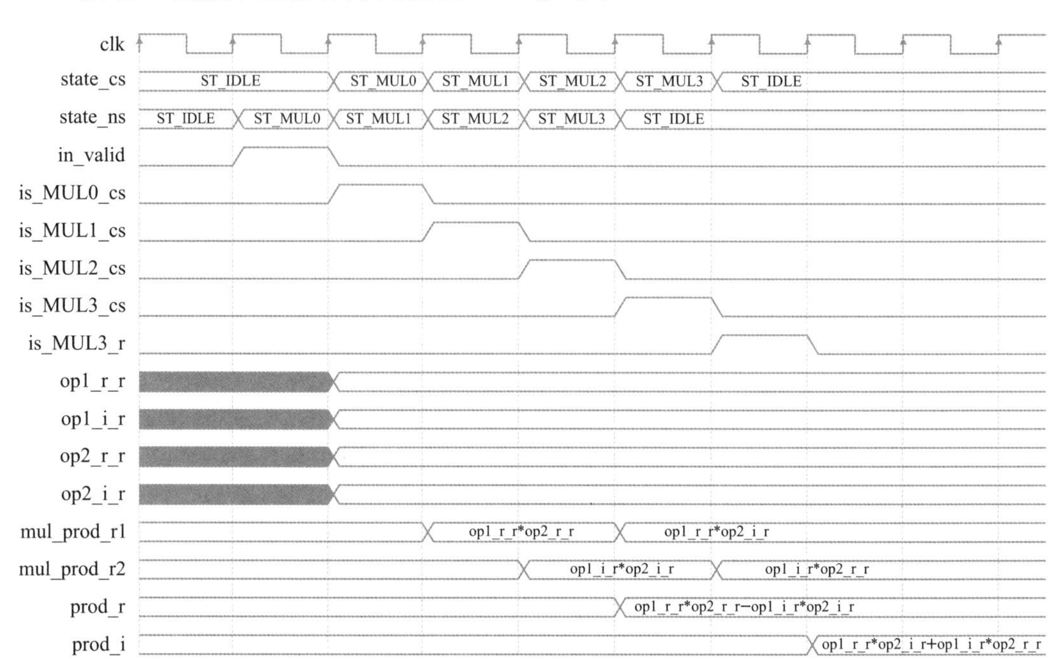

图 7.44　复数乘法器时序图

对应的 RTL 代码如下所示，其中有两个操作数，分别是 op1 = a_r+ja_r，op2 = b_r+jb_r，j = $\sqrt{-1}$，输出结果为 prod = $a \times b = a_r b_r - a_i b_i + (a_r b_i + a_i b_r)$。实部和虚部分别用后缀字母 r 和 i 表示。因此，结果 prod 的实部和虚部都需要两个实数乘法和一个实数加 / 减法。需要注意的是，在图 7.43 中，op1 的实部 / 虚部，即 a_r/a_i 用信号 op1_r/op1_i 表示，op2 的实部 / 虚部，即 b_r/b_i 用信号 op2_r/op2_i 表示。

```
// 复数乘法器模块
// 包括数据路径和控制单元
module comp_mul(out_valid, prod_r, prod_i, in_valid, op1_r,
  op1_i, op2_r, op2_i, clk, rst_n);
output out_valid;
output signed [8:-24] prod_r, prod_i;
input in_valid;
input signed [3:-12] op1_r, op1_i, op2_r, op2_i;
input clk, rst_n;
reg [2:0] state_ns, state_cs;
wire is_MUL0_cs, is_MUL1_cs, is_MUL2_cs, is_MUL3_cs;
reg is_MUL3_cs_r;
reg signed [3:-12] op1_r1, op1_i1, op2_r1, op2_i1;
wire signed [3:-12] mul_op1, mul_op2;
wire signed [7:-24] mul_prod, mul_prod_r1, mul_prod_r2;
wire signed [7:-24] sum_op1, sum_op2;
```

```
wire signed [8:-24] sum;
reg signed [8:-24] prod_r, prod_i;
//控制单元
parameter ST_IDLE = 3'b000; parameter ST_MUL0 = 3'b001;
parameter ST_MUL1 = 3'b011; parameter ST_MUL2 = 3'b010;
parameter ST_MUL3 = 3'b100;
assign is_MUL0_cs = state_cs == ST_MUL0;
assign is_MUL1_cs = state_cs == ST_MUL1;
assign is_MUL2_cs = state_cs == ST_MUL2;
assign is_MUL3_cs = state_cs == ST_MUL3;
always @ (*) begin
state_ns = state_cs;
case(state_cs)
  ST_IDLE:state_ns = in_valid ? ST_MUL0:ST_IDLE;
  ST_MUL0:state_ns = ST_MUL1;
  ST_MUL1:state_ns = ST_MUL2;
  ST_MUL2:state_ns = ST_MUL3;
  ST_MUL3:state_ns = ST_IDLE;
endcase
end
always @ (posedge clk or negedge rst_n)
  if (! rst_n) state_cs <= ST_IDLE;
  else state_cs <= state_ns;
always @ (posedge clk or negedge rst_n)
  if (! rst_n) is_MUL3_cs_r <= 1'b0;
  else is_MUL3_cs_r <= is_MUL3_cs;
// 数据路径
always @ (posedge clk)
  if (in_valid) begin
    op1_r_r <= op1_r;
    op1_i_r <= op1_i;
    op2_r_r <= op2_r;
    op2_i_r <= op2_i;
  end
assign mul_op1 = (is_MUL0_cs | is_MUL2_cs)? op1_r_r:op1_i_r;
assign mul_op2 = (is_MUL0_cs | is_MUL3_cs)? op2_r_r:op2_i_r;
assign mul_prod = mul_op1 * mul_op1;
always @ (posedge clk)
  if (is_MUL0_cs | is_MUL2_cs) begin
    mul_prod_r1 <= mul_prod;
  end
always @ (posedge clk)
```

```
    if (is_MUL1_cs | is_MUL3_cs)
      mul_prod_r2 <= mul_prod;
  assign sum_op1 = mul_prod_r1;
  assign sum_op2 = is_MUL2_cs ?-mul_prod_r2:mul_prod_r2;
  assign sum = sum_op1+sum_op2;
  always @ (posedge clk)
    if (is_MUL2_cs) prod_r <= sum;
  always @ (posedge clk)
    if (is_MUL3_cs_r) prod_i <= sum;
  endmodule
```

在绘制完架构框图并推导出定点数设计之后，数据路径单元的设计就非常简单了。

为了确保特定时间点操作的正确性，我们需要使用状态机作为控制单元来控制操作顺序，并产生相应的控制信号。

7.3.2 两个加法操作

图 7.45 使用两种数据路径实现了两个加法操作，其中各信号的位宽都已经注明。

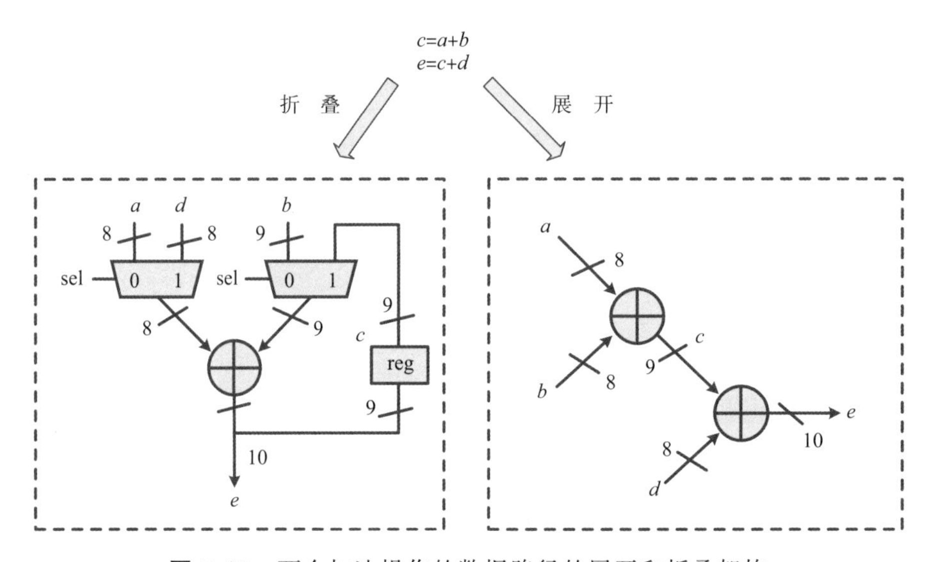

图 7.45 两个加法操作的数据路径的展开和折叠架构

需要注意的是，在折叠设计中，寄存器中存储着 $a+b$ 的 9 位结果。由于 $a+b$ 的加法结果的位宽为 9 位，所以 b 需要按照其符号拓展到 9 位。乍一看，使用两个加法器实现的电路似乎占用更多的资源（两个加法器），但具有更快的速度（每个时钟周期得到一个结果）；使用一个加法器的折叠方法似乎耗费更少的资源（只有一个加法器，忽略数据选择器的成本），但处理速度较长（两个时钟周期中得到一个结果）。

尽管如此，图 7.46 对关键路径进行了更深入的分析，从另一个角度给我们带来与前边不同的看法。

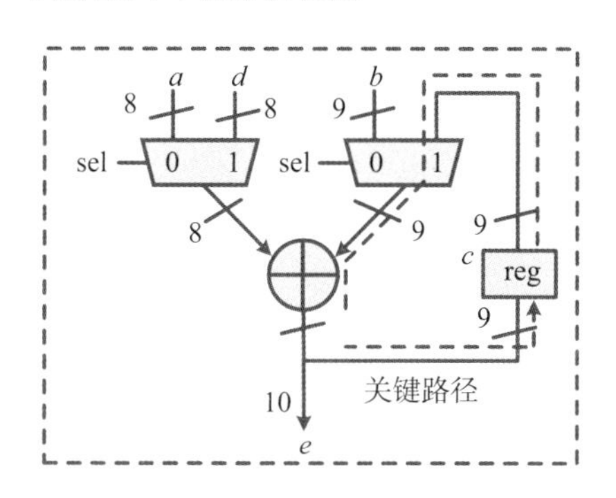

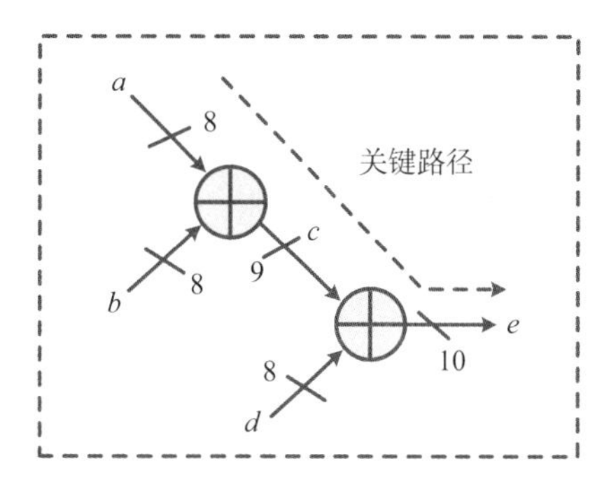

图 7.46 关键路径分析

使用两个加法器的实现具有较长的关键路径，因此其时钟周期更长，时钟速率也更慢。相比之下，另一种实现方法使用一个加法器，具有更短的关键路径，因此其时钟周期更短，时钟速率更快。如果数据选择器（和稍宽的加法器）的延迟可以忽略，则一个加法器的关键路径延迟是两个加法器的一半，因此采用一个加法器实现的电路的时钟速率可以翻倍。

加法操作的时序图比较简单，这里就不再赘述了。使用两个加法器的架构可以在一个时钟周期内产生一个结果。虽然使用一个加法器的体系结构在两个时钟周期内只能产生一个结果，但是一个加法器实现的吞吐量可以与两个加法器实现的吞吐量相媲美，并且前面提到了一个加法器的优势，即一个加法器比两个加法器实现占用的资源更少。因此，在决定进行 RTL 设计之前，应该仔细分析哪种体系结构更适合特定的使用场景。

7.3.3 有限冲激响应滤波器

对于有限脉冲响应滤波器，输出序列的每个值都是最新输入值的加权和：

$$y(n)=\sum_{m=0}^{M-1}h_m x(n-m) \tag{7.1}$$

图 7.47 是一个直接型滤波器结构的示例。

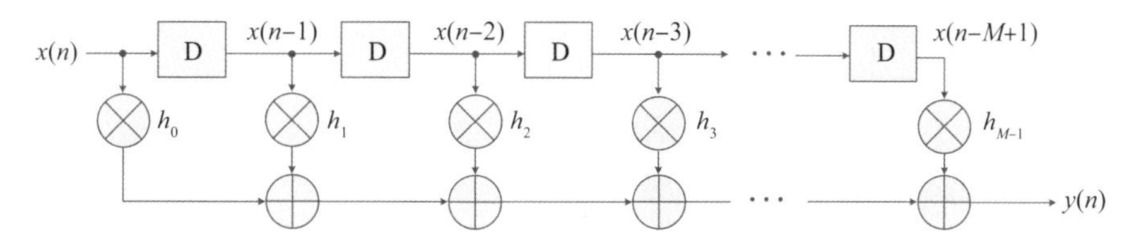

图 7.47 直接型滤波器

对于四阶 FIR 滤波器，即 M = 4，前四个输出为

$$\begin{cases} y(0)=h_0x(0)+h_1x(-1)+h_2(-2)+h_3(-3) \\ y(1)=h_0x(1)+h_1x(0)+h_2(-1)+h_3(-2) \\ y(2)=h_0x(2)+h_1x(1)+h_2(0)+h_3(-1) \\ y(3)=h_0x(3)+h_1x(2)+h_2(1)+h_3(0) \end{cases} \tag{7.2}$$

其中，$x(n)=0$，$\forall n < 0$。

下面介绍几种 FIR 滤波器的结构：

（1）如图 7.48 所示，其中 $x0$、$x1$、$x2$、$x3$ 和 y 分别代表 $x(n-3)$、$x(n-2)$、$x(n-1)$、$x(n)$ 和 $y(n)$。我们假设阶数为 4，输入和阶数的位宽分别为 8 位和 3 位。注意，4 个输入需要同时有效。关键路径包含一个乘法器和两个加法器。电路的面积复杂度为 4 个乘法器和 3 个加法器。

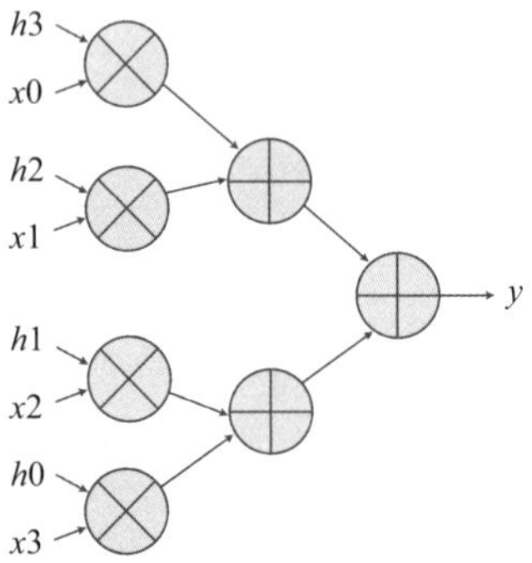

图 7.48 FIR 滤波器 1

对应的 RTL 代码如下：

```
// FIR滤波器1
module fir1(y, x0, x1, x2, x3, h0, h1, h2, h3);
output [12:0] y;
input [7:0] x0, x1, x2, x3;
input [2:0] h0, h1, h2, h3;
reg [12:0] y;
always @ (*)
  y = h0 * x3+h1 * x2+h2 * x1+h3 * x0;
endmodule
```

（2）输出是经过寄存器缓存的输出，因此该模块的关键路径不会影响那些使用滤波器输出的模块，RTL 代码如下所示：

```
//FIR滤波器2
module fir2(y, x0, x1, x2, x3, h0, h1, h2, h3, clk);
output [12:0] y;
input [7:0] x0, x1, x2, x3;
input [2:0] h0, h1, h2, h3;
input clk;
reg [12:0] y;
always @ (posedge clk)
  y <= h0 * x3+h1 * x2+h2 * x1+h3 * x0;
endmodule
```

（3）直接型 FIR 滤波器可以通过插入更多的寄存器来构建，使得每个时钟周期都有一项输入数据进入滤波器，这样更适合访问有限的内存，并且有利于减少引脚数，结构如图 7.49 所示，其中端口 x 和 y 分别为 $x(n)$ 和 $y(n)$。关键路径包含一个乘法器和两个加法器。电路的面积复杂度为 4 个乘法器、3 个加法器和 5 个寄存器。

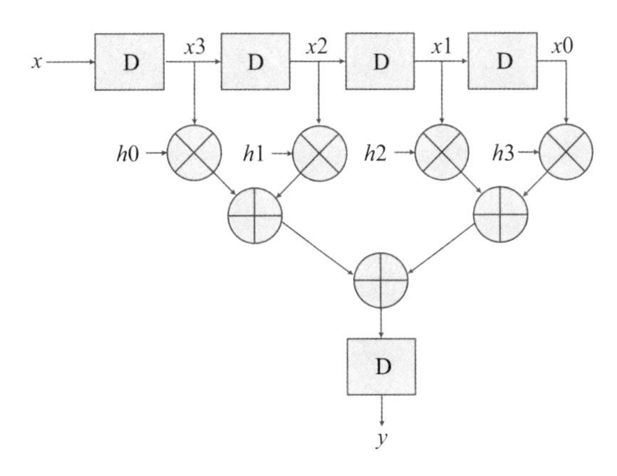

图 7.49 FIR 滤波器 3

FIR 滤波器 3 的 RTL 代码如下所示，这里需要注意的是，其正确结果是在第 5 个时钟周期后才输出的，之后，每个时钟周期都有一个输出可用。

```
//FIR 滤波器 3
module fir3(y, x, h0, h1, h2, h3, clk);
output [12:0] y;
input [7:0] x;
input [2:0] h0, h1, h2, h3;
input clk;
reg [12:0] y;
reg [7:0] x0, x1, x2, x3;
always @ (posedge clk) begin
  x3 <= x;
  x2 <= x3;
  x1 <= x2;
  x0 <= x1;
  y <= (h0 * x3+h1 * x2)+(h2 * x1+h3 * x0);
end
endmodule
```

（4）如果我们进一步流水线化滤波器，那么关键路径将会进一步缩短，如图 7.50 所示。由于乘法器的复杂性通常比加法器高得多（假设系数具有不可忽略的位数），因此，关键路径只包含一个乘法器。电路的面积复杂度为 4 个乘法器、3 个加法器和 9 个寄存器。

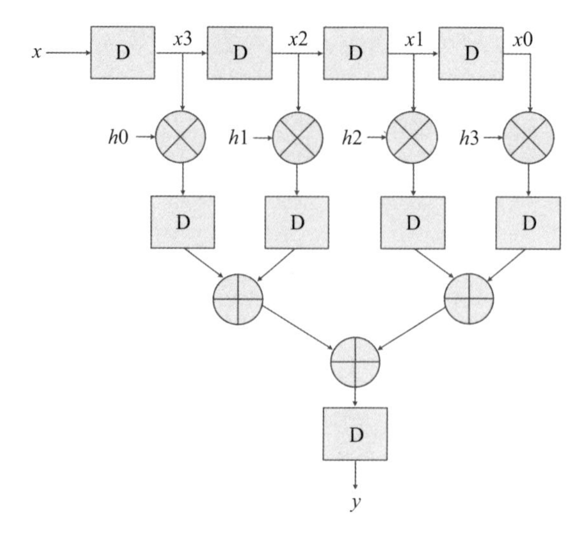

图 7.50 FIR 滤波器 4

FIR 滤波器 4 对应的 RTL 代码如下：

```
// FIR 滤波器 4
module fir4(y, x, h0, h1, h2, h3, clk);
output [12:0] y;
input [7:0] x;
input [2:0] h0, h1, h2, h3;
input clk;
reg [12:0] y;
reg [7:0] x0, x1, x2, x3;
reg [10:0] y0, y1, y2, y3;
always @ (posedge clk) begin
  x3 <= x;
  x2 <= x3;
  x1 <= x2;
  x0 <= x1;
  y3 <= h0 * x3;
  y2 <= h1 * x2;
  y1 <= h2 * x1;
  y0 <= h3 * x0;
  y <= (y3+y2)+(y1+y0);
end
endmodule
```

（5）另一种等效 FIR 滤波器结构使用转置形式，该转置形式可以通过交换输入和输出以及反转信号流的方向，从直接型 FIR 滤波器构建得来，如图 7.51 所示。关键路径此时包含一个加法器和一个乘法器。电路的面积复杂度为 4 个乘法器、3 个加法器和 3 个寄存器。

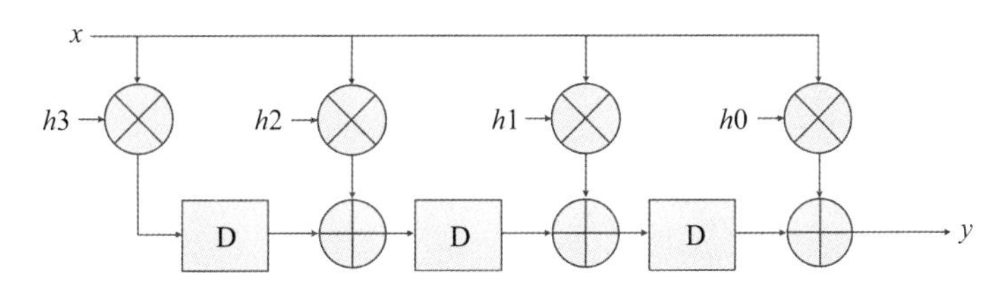

图 7.51 FIR 滤波器 5：转置形式的 FIR 滤波器

FIR 滤波器 5 对应的 RTL 代码如下：

```
// FIR 滤波器 5
module fir5(y, x, h0, h1, h2, h3, clk);
output [12:0] y;
input [7:0] x;
input [2:0] h0, h1, h2, h3;
input clk;
reg [10:0] y3;
reg [11:0] y2;
reg [12:0] y1;
reg [12:0] y0;
reg [10:0] y3_r;
reg [11:0] y2_r;
reg [12:0] y1_r;
assign y = y0;
always @ (*) begin
  y3 = h3 * x;
  y2 = h2 * x+y3_r;
  y1 = h1 * x+y2_r;
  y0 = h0 * x+y1_r;
end
always @ (posedge clk) begin
  y3_r <= y3;
  y2_r <= y2;
  y1_r <= y1;
end
endmodule
```

表 7.3 总结了不同结构的 FIR 滤波器的结果，其中 ⊗、⊕和 R 分别代表乘法器、加法器和寄存器。当阶数增加时，FIR 滤波器 5 的优点就变得显而易见，即它具有固定且（几乎）最短的关键路径以及（几乎）最小的面积。

本节展示了几种不同架构的 FIR 滤波器的实现，每种架构都有其特定的优点和缺点。设计人员必须综合考虑许多因素，并在编写 RTL 代码之前仔细探索、分析和优化不同的架构。

表 7.3 不同结构的 FIR 滤波器的总结

FIR 滤波器	关键路径	面 积
1	1⊗+2 ⊕	4⊗+3 ⊕
2	1⊗+2 ⊕	4⊗+3 ⊕ +1R
3	1⊗+2 ⊕	4⊗+3 ⊕ +5R
4	1⊗	4⊗+3 ⊕ +9R
5	1⊗+1 ⊕	4⊗+3 ⊕ +3R

7.4 霍夫曼编码设计

在本章的最后，我们展示一个完整的数字设计。霍夫曼编码是由大卫·阿尔伯特·霍夫曼于 1952 年首创的一种可变长度编码。为了减少所有符号对于内存的需求，根据符号出现的概率对其进行编码。出现概率较高的符号使用较短的代码，反之亦然。最终的结果是对数据进行压缩，也就是说，与使用相同比特位数对所有符号进行编码相比，生成符号代码所需的比特数更少。霍夫曼码也被称为熵码。为了能够区分短位串和长位串的前一部分，长位串不能使用类似于短位串作为前缀。

在霍夫曼编码中，提前预知每个符号出现的概率是至关重要的。下面的霍夫曼编码示例中，预先知道每个符号出现的概率。这里假设我们有 5 个符号 A_i，其中 i 的值为 1，2，…，5，每个符号发生的概率 $P(A_i)$ 如表 7.4 所示。

霍夫曼编码的产生分为三个阶段：初始化、组合和拆分。初始化阶段对所有符号的出现次数进行计数（以确定出现的概率），然后根据统计的频率整理排序这些符号，如表 7.5 所示。

表 7.4 每个符号发生的概率

符 号	$P(A_i)$
A_1	0.09
A_2	0.02
A_3	0.51
A_4	0.13
A_5	0.25

表 7.5 初始化阶段后出现概率的排序

$P(A_i)$	符 号
0.51	A_3
0.25	A_5
0.13	A_4
0.09	A_1
0.02	A_2

组合阶段将上面霍夫曼表中出现概率最低的两个符号进行合并，并将它们的出现概率相加，然后再次对剩余的出现概率进行排序，如图 7.52 所示。后面将要介绍的拆分阶段的树形结构在这里也展示了出来。在合并后的符号集中，出现概率较低的符号 A_2 被放到树形结构的左子树上，出现概率较高的符号 A_1 被放到树形结构的右子树上。A_1 和 A_2 发生的概率之和是 0.11。

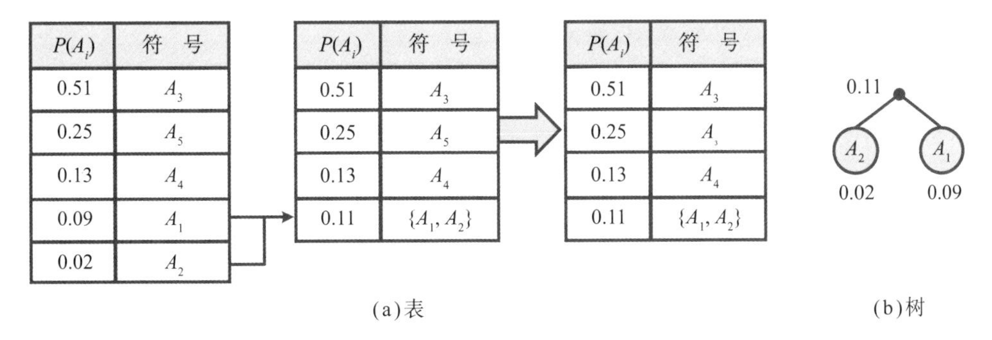

(a)表 (b)树

图 7.52 第一轮组合阶段

类似的，我们得到组合阶段第二轮的结果如图 7.53 所示。

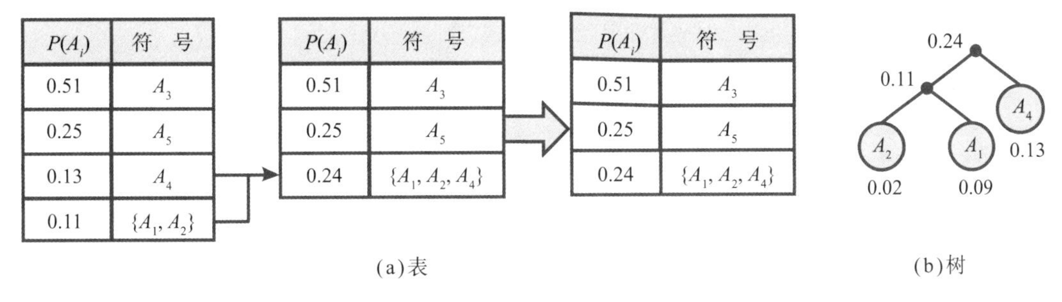

(a)表 (b)树

图 7.53 第二轮组合阶段

在新合并的符号集中，将之前合并的出现概率较低的符号集 $\{A_1, A_2\}$ 放在左子树上，将出现概率较高的符号集 A_4 放在右子树上。

组合阶段的第三轮和第四轮（最后一轮）如图 7.54 所示。第四轮后，组合阶段也就完成了。

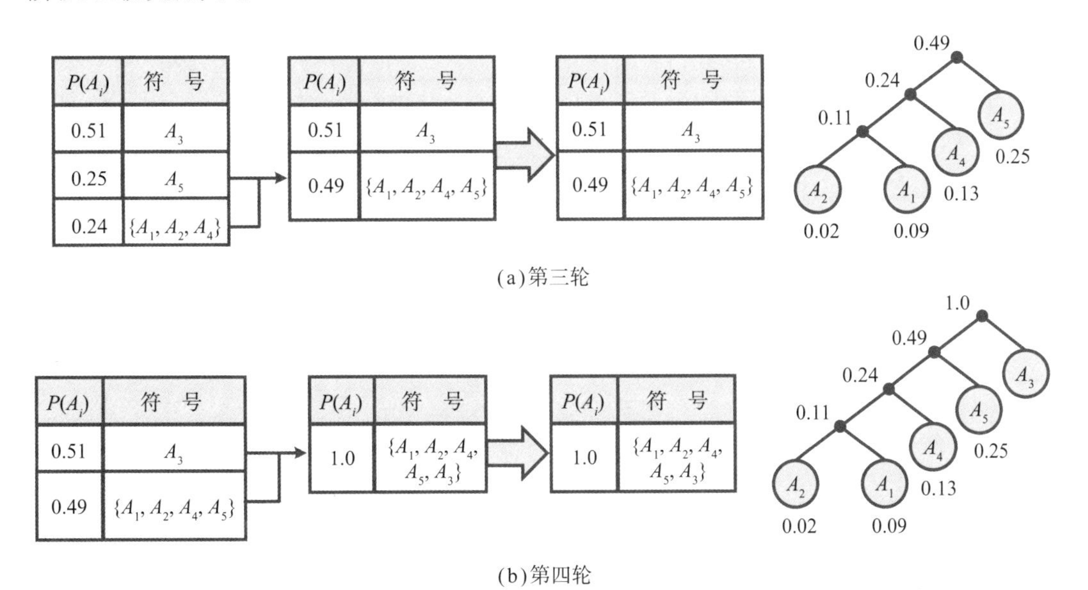

(a)第三轮

(b)第四轮

图 7.54 组合阶段

完整的霍夫曼表如图 7.55 所示。

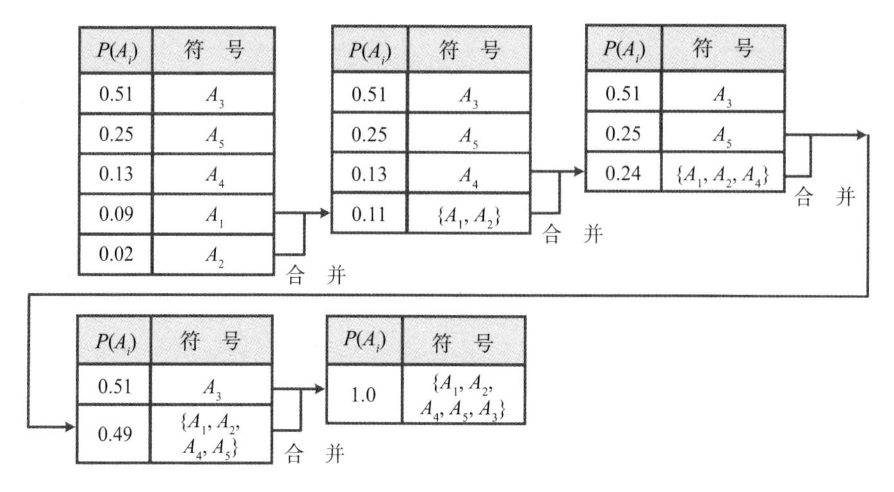

图 7.55 完整的霍夫曼表

最后一个阶段是拆分阶段，用于将符号编码成树形结构，如图 7.56 所示。在这里，符号 A_3 比符号集 $\{A_1, A_2, A_4, A_5\}$ 出现的概率更高，所以它被赋值为比

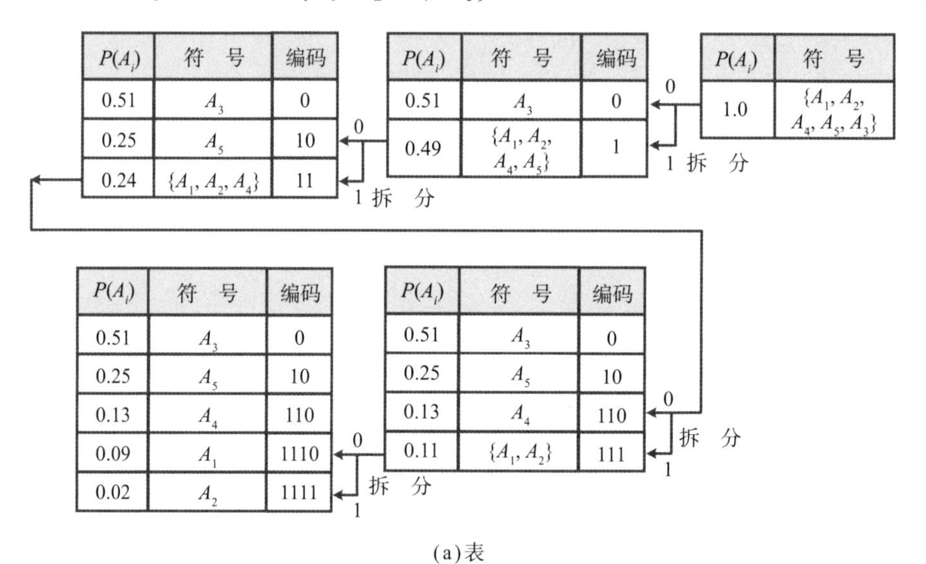

(a)表

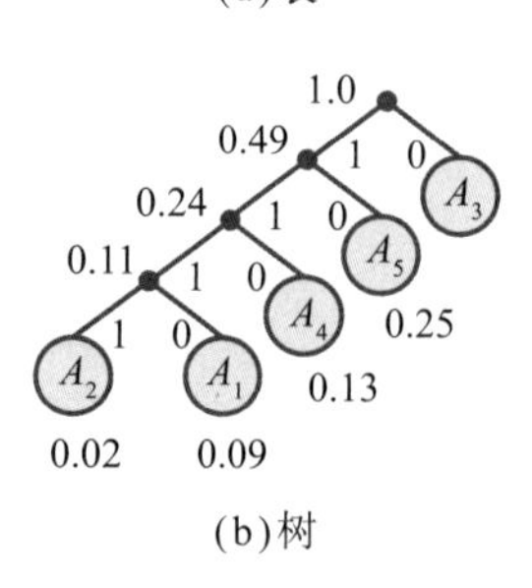

(b)树

图 7.56 拆分阶段

特 0，而符号集 $\{A_1, A_2, A_4, A_5\}$ 被赋值为比特 1。这就意味着，读取到的编码的 MSB 为 0 时，对应的符号就是 A_3；读取到的编码的 MSB 为 1 时，对应的符号可以是 $\{A_1, A_2, A_4, A_5\}$ 中的任何一个。因此，需要使用额外的比特位进行解码，以便可以选择正确的符号。所以，这个拆分的过程会一直持续下去，直到所有的符号都被赋予一个唯一的编码。

最终的霍夫曼编码如表 7.6 所示。

表 7.6 最终的霍夫曼编码

符 号	$P(A_i)$	霍夫曼编码
A_1	0.09	1110
A_2	0.02	1111
A_3	0.51	0
A_4	0.13	110
A_5	0.25	10

7.4.1 框图和接口

图 7.57 是系统方框图。

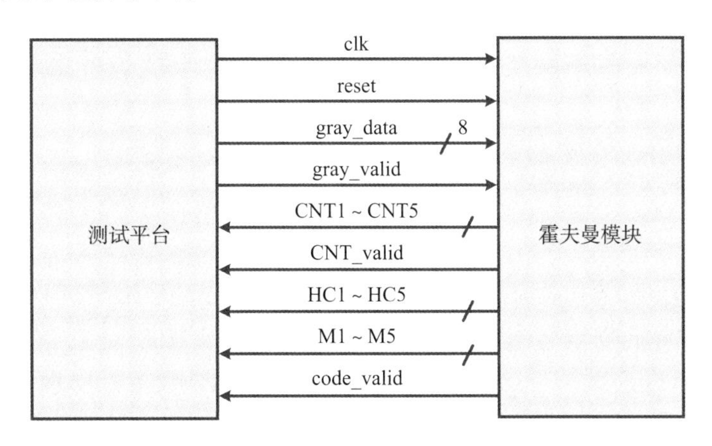

图 7.57 方框图

表 7.7 给出了 IO 接口，其中霍夫曼码的 5 个符号的最大码长是 4 位。

霍夫曼编码是一种可变长度编码器，它使用掩码来表示编码长度。例如，如果 A_5 的二进制霍夫曼码为 10，则 HC5 = XX10，M5 = 0011，这表示编码中最低有效的两位是 HC5 中的有效位，而最高两位为“不关心”位。

表 7.7 IO 接口

信号名	IO	说 明
clk	I	系统时钟
reset	I	复位信号，高电平有效

续表 7.7

信号名	IO	说 明
gray_valid	I	gray_data[7:0] 有效指示信号 假设有效数据的个数为 100
gray_data[7:0]	I	霍夫曼码对应的格雷码，当 gray_valid 有效时，该数据有效
CNT_valid	O	CNT1[6:0] ~ CNT5[6:0] 有效指示信号
CNT1[6:0] ~ CNT5[6:0]	O	分别对符号 A_1 ~ A_5 个数进行计数
code_valid	O	HC1[3:0] ~ HC5[3:0] 和 M1[3:0] ~ M5[3:0] 的有效指示位
HC1[3:0] ~ HC5[3:0]	O	符号 A_1 ~ A_5 的霍夫曼码
M1[3:0] ~ M5[3:0]	O	符号 A_1 ~ A_5 的霍夫曼码的位有效掩码

7.4.2 算法设计

为了实现霍夫曼编码，使用图 7.58 所示的状态机来指示计数、排序和合并任务，拆分任务并不是明确需要的。在这个例子中，我们假设有 5 个符号需要编码，并且出现的总次数为 100。然后，具有两个最低出现次数的两个符号集被逐一合并。因此，将存在 4 个合并状态，通过这些合并状态，所有 5 个符号（5 个原始集合，每个原始集合中有一个符号）将最终合并为一个集合。

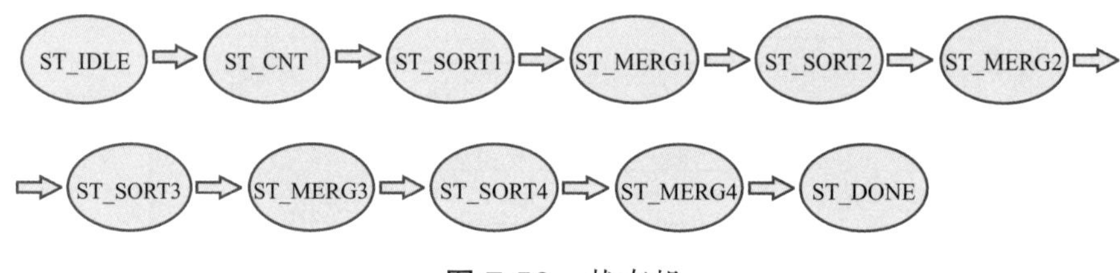

图 7.58 状态机

需要注意的是，用来决定如何对符号进行编码的是出现的次数，而不是出现的概率。初始化阶段包括状态 ST_CNT 和 ST_SORT1。状态 ST_CNT 计算第 i 个符号的出现次数 sym_cnt[i]，然后状态 ST_SORT1 对出现次数进行排序。另一个额外的变量 sym_bmap[i] 记录第 i 个符号（集合）的位映射。排序后，sym_cnt[0] 中存储最大出现次数，sym_bmap[0] 存储其相应的符号集，sym_cnt[1] 存储第二大出现次数，sym_bmap[1] 存储其符号集，其他以此类推。

在组合阶段，包括 ST_MERG1、ST_SORT2、ST_MERG2、ST_SORT3、ST_MERG3、ST_SORT4 和 ST_MERG4 等状态，构建霍夫曼表和霍夫曼码。因此，此时也没有明确的拆分阶段。在组合阶段，sym_cnt 和 sym_bmap 分别表示符号集的出现次数和位映射，sym_code 和 sym_mask 分别表示霍夫曼符号编码和对应符号的掩码。

在合并状态下，将出现次数最少的两个符号集合并。它们的出现次数相加，对应的位映射通过或操作记录（或者合并）了它们所包含的所有符号。同时，在这两个符号集中，将所有最低出现次数的符号集中的符号对应的霍夫曼码 sym_code 对应的符号掩码 sym_mask 的最左边的 1 位的左侧位预置为 1。类似的，所有属于出现次数第二低的符号集的符号的霍夫曼码都在前面预置 0。第 i 个符号集的成员由它的位映射 sym_bmap[i] 指示。符号掩码 sym_mask 最左侧 1 位左边的位设置的值，可以通过将符号掩码的所有位相加来确定。此外，为了得到新的符号掩码，最低两个符号集中的符号的符号掩码随着比特 1 的移入而左移。

在排序状态中，对所有存在的符号集的出现次数进行排序，就像 ST_SORT1 状态一样，实现了相同排序电路资源的共享。合并和排序状态相互交错，直到只剩下一个符号集。最后，在状态 ST_DONE 输出霍夫曼编码及其掩码。

图 7.59 是霍夫曼编码的示例，在状态 ST_CNT 中，对 5 个符号的出现次数进行计数，并对每个符号初始化 sym_bmap，A_1 的 0 位处初始化 1，A_2 的 1 位处初始化 1，以此类推。

在状态 ST_SORT1 中，根据符号出现的次数（即 sym_cnt）对符号进行排序，它们对应的位映射 sym_bmap 也相应地重新排序。在状态 ST_MERG1 中，出现次数最少的两个符号集 $\{A_1\}$ 和 $\{A_2\}$ 被合并，然后形成一个新的符号集 $\{A_1, A_2\}$，并通过将 A_1 和 A_2 的所有出现次数相加来计算新集合出现的次数。与此同时，出现次数最少的符号集 $\{A_2\}$ 和出现次数次之的符号集 $\{A_1\}$ 分别在其霍夫曼码 sym_code2 和 sym_code1 前加上比特 1 和比特 0。出现次数最少和第二少的符号集成员分别由位映射（在 ST_SORT1 状态之后）sym_bmap[4] 和 sym_bmap[3] 表示。相应地，出现次数最少的符号（对于 sym_mask[1]）和出现次数第二少的符号（对于 sym_mask[0]）的符号掩码，将随着比特 1 的移入而左移。

在状态 ST_SORT2 中，符号根据新的 sym_cnt 再次排序，它们的位映射 sym_bmap 也相应地重新排序。在状态 ST_MERG2 中，出现次数最少的两个符号集 $\{A_1, A_2\}$ 和 $\{A_4\}$ 被合并，然后形成一个新的符号集 $\{A_1, A_2, A_4\}$，通过将所有 $\{A_1, A_2\}$ 和 $\{A_4\}$ 的出现次数相加来获得新的符号集的出现次数。同时，在出现次数最少和第二少的符号集 $\{A_1, A_2\}$ 和 $\{A_4\}$ 对应的霍夫曼码前分别加上比特 1（给 sym_code2 和 sym_code1 添加）和比特 0（给 sym_code4 添加）。出现次数最少和第二少的符号集成员分别由对应的位映射（在 ST_SORT2 状态之后（sym_bmap[3] 和 sym_bmap[2] 表示。相应地，出现次数最少的符号（对应 sym_mask[0] 和 sym_mask[1]）和出现次数第二少的符号（对应 sym_mask[3]）的符号掩码，将随着比特 1 的移入而左移。此过程继续进行，直到所有符号都已编码为止。

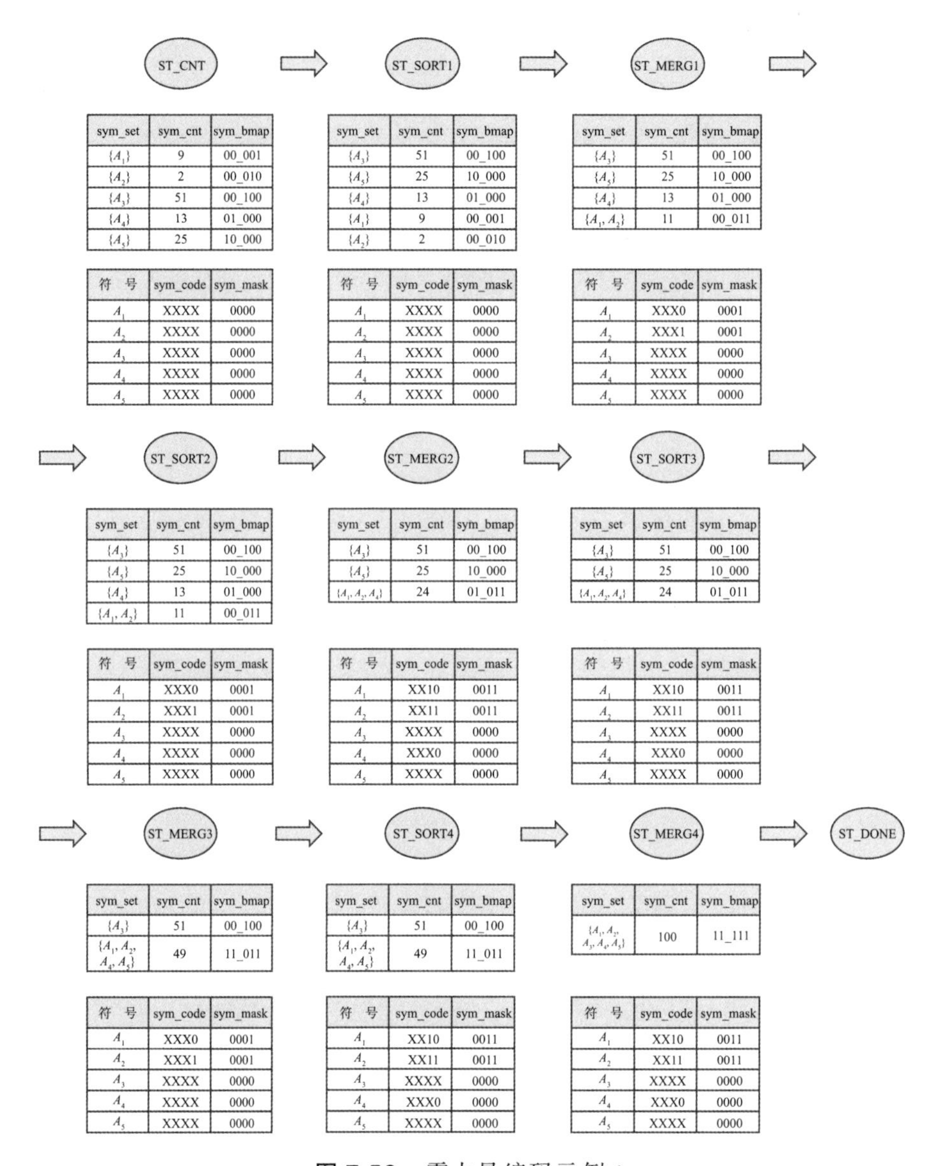

ST_CNT

sym_set	sym_cnt	sym_bmap
$\{A_1\}$	9	00_001
$\{A_2\}$	2	00_010
$\{A_3\}$	51	00_100
$\{A_4\}$	13	01_000
$\{A_5\}$	25	10_000

符 号	sym_code	sym_mask
A_1	XXXX	0000
A_2	XXXX	0000
A_3	XXXX	0000
A_4	XXXX	0000
A_5	XXXX	0000

ST_SORT1

sym_set	sym_cnt	sym_bmap
$\{A_3\}$	51	00_100
$\{A_5\}$	25	10_000
$\{A_4\}$	13	01_000
$\{A_1\}$	9	00_001
$\{A_2\}$	2	00_010

符 号	sym_code	sym_mask
A_1	XXXX	0000
A_2	XXXX	0000
A_3	XXXX	0000
A_4	XXXX	0000
A_5	XXXX	0000

ST_MERG1

sym_set	sym_cnt	sym_bmap
$\{A_3\}$	51	00_100
$\{A_5\}$	25	10_000
$\{A_4\}$	13	01_000
$\{A_1, A_2\}$	11	00_011

符 号	sym_code	sym_mask
A_1	XXX0	0001
A_2	XXX1	0001
A_3	XXXX	0000
A_4	XXXX	0000
A_5	XXXX	0000

ST_SORT2

sym_set	sym_cnt	sym_bmap
$\{A_3\}$	51	00_100
$\{A_5\}$	25	10_000
$\{A_4\}$	13	01_000
$\{A_1, A_2\}$	11	00_011

符 号	sym_code	sym_mask
A_1	XXX0	0001
A_2	XXX1	0001
A_3	XXXX	0000
A_4	XXXX	0000
A_5	XXXX	0000

ST_MERG2

sym_set	sym_cnt	sym_bmap
$\{A_3\}$	51	00_100
$\{A_5\}$	25	10_000
$\{A_1, A_2, A_4\}$	24	01_011

符 号	sym_code	sym_mask
A_1	XX10	0011
A_2	XX11	0011
A_3	XXXX	0000
A_4	XXX0	0000
A_5	XXXX	0000

ST_SORT3

sym_set	sym_cnt	sym_bmap
$\{A_3\}$	51	00_100
$\{A_5\}$	25	10_000
$\{A_1, A_2, A_4\}$	24	01_011

符 号	sym_code	sym_mask
A_1	XX10	0011
A_2	XX11	0011
A_3	XXXX	0000
A_4	XXX0	0000
A_5	XXXX	0000

ST_MERG3

sym_set	sym_cnt	sym_bmap
$\{A_3\}$	51	00_100
$\{A_1, A_2, A_4, A_5\}$	49	11_011

符 号	sym_code	sym_mask
A_1	XXX0	0001
A_2	XXX1	0001
A_3	XXXX	0000
A_4	XXXX	0000
A_5	XXXX	0000

ST_SORT4

sym_set	sym_cnt	sym_bmap
$\{A_3\}$	51	00_100
$\{A_1, A_2, A_4, A_5\}$	49	11_011

符 号	sym_code	sym_mask
A_1	XX10	0011
A_2	XX11	0011
A_3	XXXX	0000
A_4	XXX0	0000
A_5	XXXX	0000

ST_MERG4

sym_set	sym_cnt	sym_bmap
$\{A_1, A_2, A_3, A_4, A_5\}$	100	11_111

符 号	sym_code	sym_mask
A_1	XX10	0011
A_2	XX11	0011
A_3	XXXX	0000
A_4	XXX0	0000
A_5	XXXX	0000

图 7.59 霍夫曼编码示例 1

因此，霍夫曼编码的平均码长为 $4 \times 0.09+4 \times 0.02+1 \times 0.51+3 \times 0.13+2 \times 0.25 = 1.84$ 位。与不使用霍夫曼编码的系统（每 5 个符号需要 3 位）相比，使用霍夫曼编码时每个符号节省的位宽为 $3-1.84 = 1.16$ 位。

图 7.60 给出了另一个例子，霍夫曼编码的平均码长为 $2 \times 0.2+3 \times 0.2+3 \times 0.2+2 \times 0.2+2 \times 0.2 = 2.4$ 位。与未进行霍夫曼编码的情况相比，每个符号的霍夫曼码节省的位宽为 $3-2.4 = 0.6$ 位。

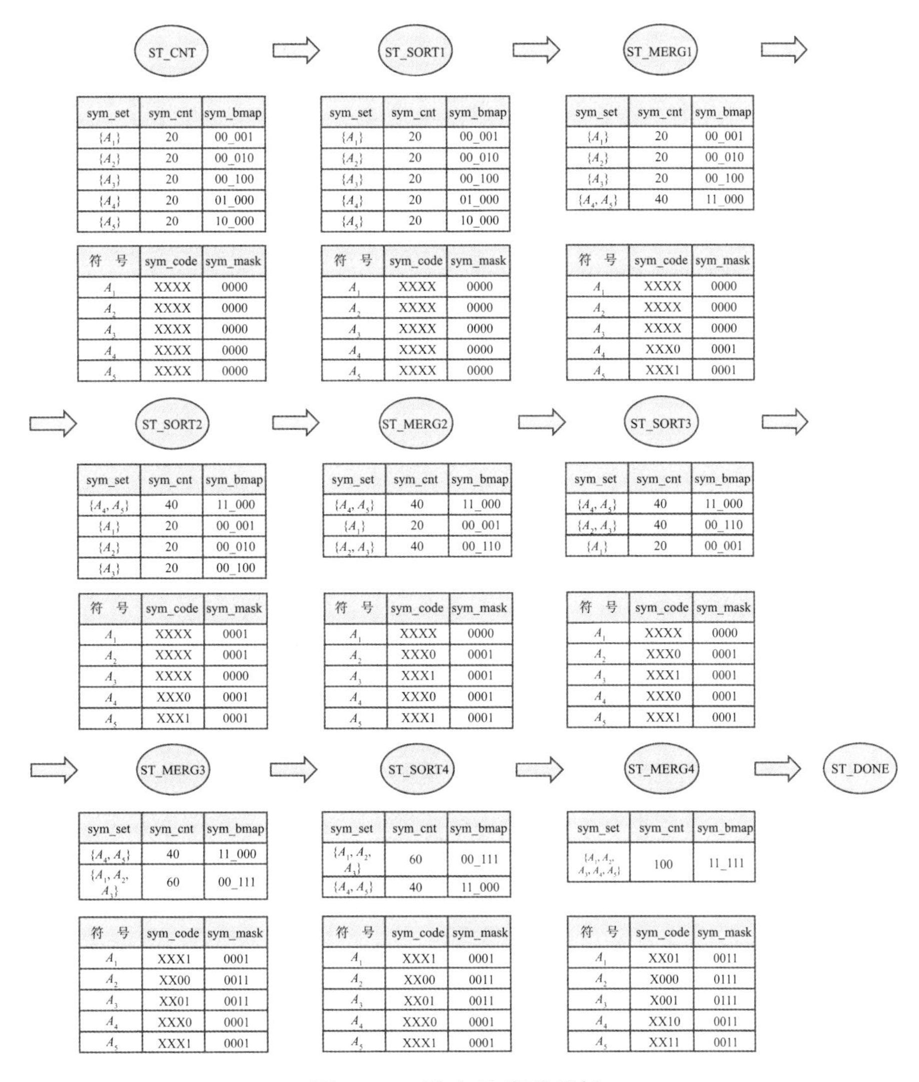

ST_CNT

sym_set	sym_cnt	sym_bmap
$\{A_1\}$	20	00_001
$\{A_2\}$	20	00_010
$\{A_3\}$	20	00_100
$\{A_4\}$	20	01_000
$\{A_5\}$	20	10_000

符　号	sym_code	sym_mask
A_1	XXXX	0000
A_2	XXXX	0000
A_3	XXXX	0000
A_4	XXXX	0000
A_5	XXXX	0000

ST_SORT1

sym_set	sym_cnt	sym_bmap
$\{A_1\}$	20	00_001
$\{A_2\}$	20	00_010
$\{A_3\}$	20	00_100
$\{A_4\}$	20	01_000
$\{A_5\}$	20	10_000

符　号	sym_code	sym_mask
A_1	XXXX	0000
A_2	XXXX	0000
A_3	XXXX	0000
A_4	XXXX	0000
A_5	XXXX	0000

ST_MERG1

sym_set	sym_cnt	sym_bmap
$\{A_1\}$	20	00_001
$\{A_2\}$	20	00_010
$\{A_3\}$	20	00_100
$\{A_4, A_5\}$	40	11_000

符　号	sym_code	sym_mask
A_1	XXXX	0000
A_2	XXXX	0000
A_3	XXXX	0000
A_4	XXX0	0001
A_5	XXX1	0001

ST_SORT2

sym_set	sym_cnt	sym_bmap
$\{A_4, A_5\}$	40	11_000
$\{A_1\}$	20	00_001
$\{A_2\}$	20	00_010
$\{A_3\}$	20	00_100

符　号	sym_code	sym_mask
A_1	XXXX	0001
A_2	XXXX	0001
A_3	XXXX	0000
A_4	XXX0	0001
A_5	XXX1	0001

ST_MERG2

sym_set	sym_cnt	sym_bmap
$\{A_4, A_5\}$	40	11_000
$\{A_1\}$	20	00_001
$\{A_2, A_3\}$	40	00_110

符　号	sym_code	sym_mask
A_1	XXXX	0000
A_2	XXX0	0001
A_3	XXX1	0001
A_4	XXX0	0001
A_5	XXX1	0001

ST_SORT3

sym_set	sym_cnt	sym_bmap
$\{A_4, A_5\}$	40	11_000
$\{A_2, A_3\}$	40	00_110
$\{A_1\}$	20	00_001

符　号	sym_code	sym_mask
A_1	XXXX	0000
A_2	XXX0	0001
A_3	XXX1	0001
A_4	XXX0	0001
A_5	XXX1	0001

ST_MERG3

sym_set	sym_cnt	sym_bmap
$\{A_4, A_5\}$	40	11_000
$\{A_1, A_2, A_3\}$	60	00_111

符　号	sym_code	sym_mask
A_1	XXX1	0001
A_2	XX00	0011
A_3	XX01	0011
A_4	XXX0	0001
A_5	XXX1	0001

ST_SORT4

sym_set	sym_cnt	sym_bmap
$\{A_1, A_2, A_3\}$	60	00_111
$\{A_4, A_5\}$	40	11_000

符　号	sym_code	sym_mask
A_1	XXX1	0001
A_2	XX00	0011
A_3	XX01	0011
A_4	XXX0	0001
A_5	XXX1	0001

ST_MERG4

sym_set	sym_cnt	sym_bmap
$\{A_1, A_2, A_3, A_4, A_5\}$	100	11_111

符　号	sym_code	sym_mask
A_1	XX01	0011
A_2	X000	0111
A_3	X001	0111
A_4	XX10	0011
A_5	XX11	0011

ST_DONE

图 7.60 霍夫曼编码示例 2

7.4.3 RTL设计

霍夫曼编码示例 1 中控制霍夫曼编码的时序图如图 7.61 所示。

状态机的 RTL 代码如下所示：

```
// 状态机
reg [3:0] state_ns, state_cs;
parameter ST_IDLE = 4'b0000; parameter ST_CNT = 4'b0001;
parameter ST_SORT1 = 4'b0011; parameter ST_MERG1 = 4'b0010;
parameter ST_SORT2 = 4'b0110; parameter ST_MERG2 = 4'b0111;
parameter ST_SORT3 = 4'b0101; parameter ST_MERG3 = 4'b0100;
parameter ST_SORT4 = 4'b1100; parameter ST_MERG4 = 4'b1101;
```

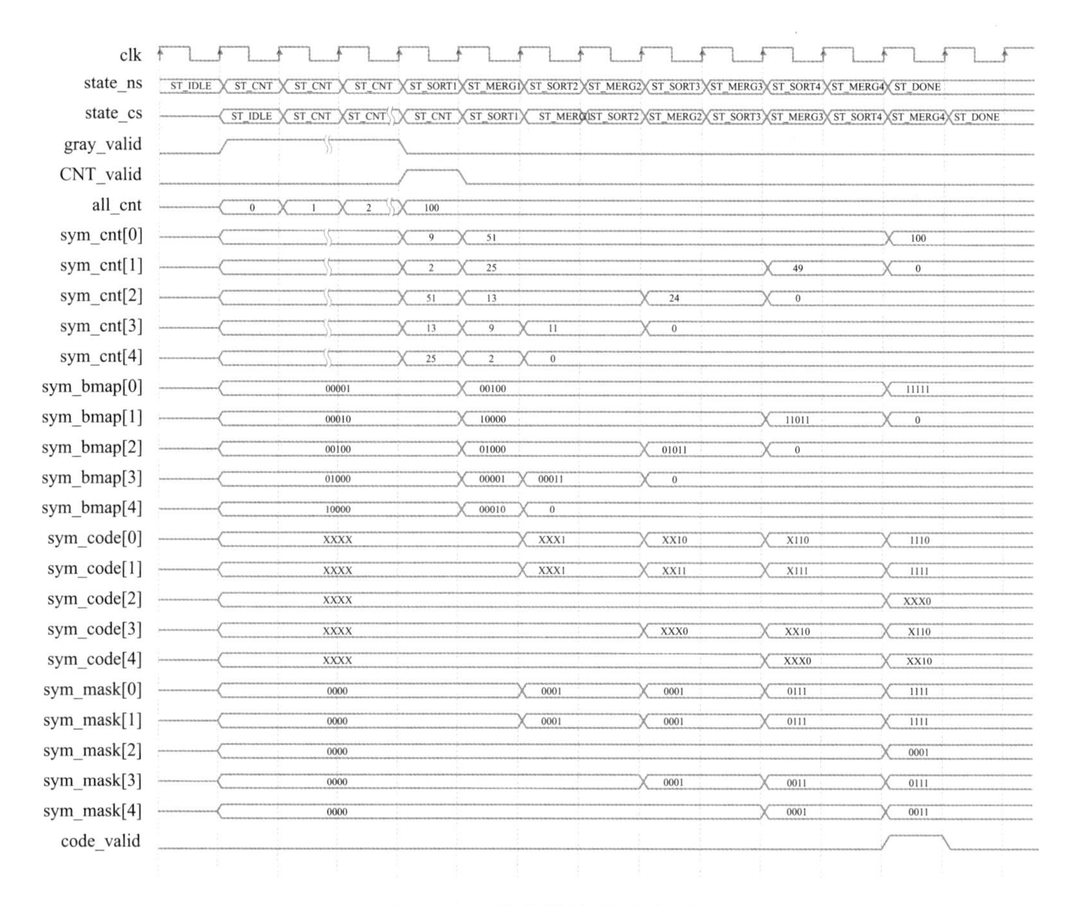

图 7.61 霍夫曼编码时序图

```
parameter ST_DONE = 4'b1111;
always @ (*) begin
  state_ns = state_cs;
  case(state_cs)
  ST_IDLE:if (gray_valid) state_ns = ST_CNT;
  ST_CNT:if (CNT_valid) state_ns = ST_SORT1;
  ST_SORT1:state_ns = ST_MERG1;
  ST_MERG1:state_ns = ST_SORT2;
  ST_SORT2:state_ns = ST_MERG2;
  ST_MERG2:state_ns = ST_SORT3;
  ST_SORT3:state_ns = ST_MERG3;
  ST_MERG3:state_ns = ST_SORT4;
  ST_SORT4:state_ns = ST_MERG4;
  ST_MERG4:state_ns = ST_DONE;
  ST_DONE:state_ns = ST_IDLE;
  endcase
end
always @ (posedge clk or posedge reset)
```

```
  if (reset) state_cs <= ST_IDLE;
  else state_cs <= state_ns;
```

依据状态机的工作机制和建议给出的时序图，我们可以将剩下的 RTL 代码描述如下：

```
reg [6:0] all_cnt;         // 最大值100
reg [6:0] sym_cnt [0:4];   // 即使合并，最大值仍为100
wire CNT_valid;
wire [6:0] CNT1, CNT2, CNT3, CNT4, CNT5;
integer i;
parameter SYM0_PAT = 8'h01; parameter SYM1_PAT = 8'h02;
parameter SYM2_PAT = 8'h03; parameter SYM3_PAT = 8'h04;
parameter SYM4_PAT = 8'h05;
assign CNT_valid = all_cnt == 8'd100;
always @ (posedge clk or posedge reset)
  if (reset)
    all_cnt <= 0;
  else if (gray_valid)
    all_cnt <= all_cnt+1'b1;
  else if (CNT_valid)
    all_cnt <= 0;
assign CNT1 = sym_cnt [0]; assign CNT2 = sym_cnt [1];
assign CNT3 = sym_cnt [2]; assign CNT4 = sym_cnt [3];
assign CNT5 = sym_cnt [4];
always @ (posedge clk or posedge reset)
  if (reset)
    for(i = 0; i <= 4; i = i+1)
      sym_cnt [i] = 0;
  else if (gray_valid)
    case(gray_data)
    SYM0_PAT:// 共享的自增计数器
      sym_cnt [0] <= sym_cnt [0]+1'b1;
    SYM1_PAT:// 共享的自增计数器
      sym_cnt [1] <= sym_cnt [1]+1'b1;
    SYM2_PAT:// 共享的自增计数器
      sym_cnt [2] <= sym_cnt [2]+1'b1;
    SYM3_PAT:// 共享的自增计数器
      sym_cnt [3] <= sym_cnt [3]+1'b1;
    SYM4_PAT:// 共享的自增计数器
      sym_cnt [4] <= sym_cnt [4]+1'b1;
    endcase
  else
```

```
      case(state_ns)
      ST_SORT1, ST_SORT2, ST_SORT3, ST_SORT4:
        for(i = 0; i <= 4; i = i+1)
          sym_cnt [i] <= sort_sym_cnt [i];
      ST_MERG1:begin
        // 共享的加法器
        sym_cnt [3] <= sym_cnt [3]+sym_cnt [4];
        sym_cnt [4] <= 0;
      end
      ST_MERG2:begin
        // 共享的加法器
        sym_cnt [2] <= sym_cnt [2]+sym_cnt [3];
        sym_cnt [3] <= 0;
      end
      ST_MERG3:begin
        // 共享的加法器
        sym_cnt [1] <= sym_cnt [1]+sym_cnt [2];
        sym_cnt [2] <= 0;
      end
      ST_MERG4:begin
        // 共享的加法器
        sym_cnt [0] <= sym_cnt [0]+sym_cnt [1];
        sym_cnt [1] <= 0;
        end
      endcase
  function [59:0] sort_result; // 被调用函数的定义
    input [6:0] sym_cnt0, sym_cnt1, sym_cnt2, sym_cnt3, sym_cnt4;
    input [4:0] sym_bmap0, sym_bmap1, sym_bmap2, sym_bmap3,
      sym_bmap4;
    reg [6:0] sort_sym_cnt [0:4];
    reg [4:0] sort_bmap [0:4];
    reg [6:0] tmp_cnt;
    reg [4:0] tmp_map;
    integer i, j;
    begin
      sort_sym_cnt [0] = sym_cnt0; sort_sym_cnt [1] = sym_cnt1;
      sort_sym_cnt [2] = sym_cnt2; sort_sym_cnt [3] = sym_cnt3;
      sort_sym_cnt [4] = sym_cnt4;
      sort_sym_bmap [0] = sym_bmap0;
      sort_sym_bmap [1] = sym_bmap1;
      sort_sym_bmap [2] = sym_bmap2;
      sort_sym_bmap [3] = sym_bmap3;
```

```
    sort_sym_bmap [4] = sym_bmap4;
    for(i = 3; i >= 0; i = i-1)
      for(j = 3; j >= 3-i; j = j-1)
        if (sort_sym_cnt [j+1]> sort_sym_cnt [j]) begin
          tmp_cnt = sort_sym_cnt [j]; // 符号计数值交换
          sort_sym_cnt [j] = sort_sym_cnt [j+1];
          sort_sym_cnt [j+1] = tmp_cnt;
          tmp_map = sort_sym_bmap [j]; // 位映射交换
          sort_sym_bmap [j] = sort_sym_bmap [j+1];
          sort_sym_bmap [j+1] = tmp_map;
        end
    sort_result = {sort_sym_bmap [0], sort_sym_bmap [1],
      sort_sym_bmap [2], sort_sym_bmap [3], sort_sym_bmap [4],
      sort_sym_cnt [0], sort_sym_cnt [1], sort_sym_cnt [2],
      sort_sym_cnt [3], sort_sym_cnt [4]};
  end
endfunction
```

寄存器 all_cnt 统计出现的总次数，直到达到 8'd100 为止。当 gray_valid 为真时，寄存器 sym_cnt[i] 计算第 i 个符号出现的次数。在状态 ST_SORT1 下，对原始符号的计数 sym_cnt[i]（$i = 0, 1, \cdots, 4$）进行排序，并且通过函数 sort_result 获得的排序结果 sort_sym_cnt，之后将结果再次存储到 sym_cnt 中。因此，sym_cnt[0] 具有最大符号计数，sym_cnt[1] 具有第二大的符号计数，以此类推。在其他排序状态下，sym_cnt 锁存着合并次数的排序结果。

要找到 sym_cnt[4]、sym_cnt[3]、…、sym_cnt[0] 这 5 个数字的最大值时，函数 sort_result 比较 sym_cnt[4] 和 sym_cnt[3]，并将它们的最大值放在 sym_cnt[3]；接着 sort_result 比较 sym_cnt[3] 和 sym_cnt[2]，并将它们的最大值放在 sym_cnt[2] 中；然后 sort_result 比较 sym_cnt[2] 和 sym_cnt[1]，并将它们的最大值放在 sym_cnt[1] 中；最后，sort_result 比较 sym_cnt[1] 和 sym_cnt[0]，并将它们的最大值放在 sym_cnt[0] 中。因此，最终最大值保存在 sym_cnt[0] 中。为了要查找剩余 4 个数 sym_cnt[4]、 sym_cnt[3]、…、sym_cnt[1] 中的最大值，执行上述类似的过程，第二大值将保存在 sym_cnt[1] 中，以此类推，这里就不再赘述了。

排序状态 ST_SORT1、ST_SORT2、ST_SORT3 和 ST_SORT4 分别对剩余的 5 个、4 个、3 个和 2 个符号集进行排序。在排序状态下，根据排序结果确定每个符号集的位映射 sym_bmap。也就是说，如果符号计数被交换，那么也要对相应的位映射进行交换。

在合并状态 ST_MERG1、ST_MERG2、ST_MERG3 和 ST_MERG4 期间，

通过将出现次数相加并对其位映射进行“或”运算处理，合并出现次数最少的两个符号集。注意，在RTL代码中，不同always块中的整数变量应该被指定为不同的变量，否则，就只能在命名块中使用局部变量。

```
reg [4:0] sym_bmap [0:4];
wire [6:0] sort_sym_cnt [0:4];
wire [4:0] sort_sym_bmap [0:4];
integer i1;
assign
{sort_sym_bmap [0], sort_sym_bmap [1], sort_sym_bmap [2],
  sort_sym_bmap [3], sort_sym_bmap [4], sort_sym_cnt [0],
  sort_sym_cnt [1], sort_sym_cnt [2], sort_sym_cnt [3],
  sort_sym_cnt [4]} = sort_result(sym_cnt, sym_bmap);
always @ (posedge clk or posedge reset)
  if (reset)
    for(i1 = 0; i1 <= 4; i1 = i1+1)
      sym_bmap [i1] <= 1'b1 << i1;
  else
    case(state_ns)
    ST_SORT1, ST_SORT2, ST_SORT3, ST_SORT4:
      for(i1 = 0; i1 <= 4; i1 = i1+1)
        sym_bmap [i1] <= sort_sym_bmap [i1];
    ST_MERG1:begin
      sym_bmap [3] <= sym_bmap [3]| sym_bmap [4];
      sym_bmap [4] <= 0;
    end
    ST_MERG2:begin
      sym_bmap [2] <= sym_bmap [2]| sym_bmap [3];
      sym_bmap [3] <= 0;
    end
    ST_MERG3:begin
      sym_bmap [1] <= sym_bmap [1]| sym_bmap [2];
      sym_bmap [2] <= 0;
    end
    ST_MERG4:begin
      sym_bmap [0] <= sym_bmap [0]| sym_bmap [1];
      sym_bmap [1] <= 0;
    end
endcase
```

属于出现次数最少的符号集的所有符号的霍夫曼码sym_code，在掩码sym_mask左边位的位置上预置1，而属于出现次数第二少的符号集的所有符号的霍夫曼码 sym_code 则在相同的位置处预置 0。掩码中第一个逻辑值为 1 的位的左侧的比特位置，可以通过将掩码 sym_mask 中的所有比特位相加来计算得到。然后，将掩码 sym_mask 向左移位，同时再移入一个额外的比特 1。

```
// 4 位宽即可满足最长的代码要求
reg [3:0] sym_code [0:4], sym_mask [0:4];
// 每个符号的第一个零位
reg [1:0] sym_mask_0_loc [0:4];
wire [3:0] HC1, HC2, HC3, HC4, HC5;
wire [3:0] M1, M2, M3, M4, M5;
integer i2, i3;
assign {HC1, HC2, HC3, HC4, HC5} = {sym_code [0], sym_code [1],
  sym_code [2], sym_code [3], sym_code [4]};
assign {M1, M2, M3, M4, M5} = {sym_mask [0], sym_mask [1],
  sym_mask [2], sym_mask [3], sym_mask [4]};
always @ (posedge clk or posedge reset)
  if (reset)
    for(i2 = 0; i2 <= 4; i2 = i2+1)
      sym_mask [i2] <= 0;
  else
    case(state_ns)
    ST_MERG1:for(i2 = 0; i2 <= 4; i2 = i2+1) begin
      if (sym_bmap [4][i2] == 1'b1) begin
        sym_code [i2][sym_mask_0_loc [i2]] <= 1'b1;
        sym_mask [i2] <= {sym_mask [i2][2:0], 1'b1};
      end
      if (sym_bmap [3][i2] == 1'b1) begin
        sym_code [i2][sym_mask_0_loc [i2]] <= 1'b0;
        sym_mask [i2] <= {sym_mask [i2][2:0], 1'b1};
      end
    end
    ST_MERG2:for(i2 = 0; i2 <= 4; i2 = i2+1) begin
      if (sym_bmap [3][i2] == 1'b1) begin
        sym_code [i2][sym_mask_0_loc [i2]] <= 1'b1;
        sym_mask [i2] <= {sym_mask [i2][2:0], 1'b1};
      end
      if (sym_bmap [2][i2] == 1'b1) begin
        sym_code [i2][sym_mask_0_loc [i2]] <= 1'b0;
        sym_mask [i2] <= {sym_mask [i2][2:0], 1'b1};
      end
    end
    ST_MERG3:for(i2 = 0; i2 <= 4; i2 = i2+1) begin
```

```
      if (sym_bmap [2][i2] == 1'b1) begin
        sym_code [i2][sym_mask_0_loc [i2]] <= 1'b1;
        sym_mask [i2] <= {sym_mask [i2][2:0], 1'b1};
      end
      if (sym_bmap [1][i2] == 1'b1) begin
        sym_code [i2][sym_mask_0_loc [i2]] <= 1'b0;
        sym_mask [i2] <= {sym_mask [i2][2:0], 1'b1};
      end
    end
    ST_MERG4:for(i2 = 0; i2 <= 4; i2 = i2+1) begin
      if (sym_bmap [1][i2] == 1'b1) begin
        sym_code [i2][sym_mask_0_loc [i2]] <= 1'b1;
        sym_mask [i2] <= {sym_mask [i2][2:0], 1'b1};
      end
      if (sym_bmap [0][i2] == 1'b1) begin
        sym_code [i2][sym_mask_0_loc [i2]] <= 1'b0;
        sym_mask [i2] <= {sym_mask [i2][2:0], 1'b1};
      end
    end
    endcase
always @ (*)
  for(i3 = 0; i3 <= 4; i3 = i3+1)
    sym_mask_0_loc [i3] = sum_bits(sym_mask [i3][2:0]);
function [1:0] sum_bits; // 函数定义
  input [2:0] val;
  sum_bits = val [0]+val [1]+val [2];
endfunction
```

最后，当当前状态 state_cs 为 ST_DONE 时，code_valid 置为有效。

```
// 通过组合逻辑电路
// 产生 code_valid
wire code_valid;
assign code_valid = state_cs == ST_DONE;
```

如果时序是关心的主要问题，那么最好采用如下方法对输出进行寄存：

```
// 使用时序逻辑电路产生 code_valid 信号
reg code_valid;
always @ (posedge clk or posedge reset)
if (reset) code_valid <= 0;
else if (state_ns == ST_DONE) code_valid <= 1;
else code_valid <= 0;
```

7.5 练习题

1. 针对示例 7.1 设计开发一个测试平台和一个作为黄金模型的行为级模型，用于验证设计的输出。

2. 在示例 7.2 中，当前状态停留在 ST_M0 状态时，仲裁器将检查主机 1、主机 2 和主机 3 的请求。但是，因为主机 0 具有最高的优先级，在这种状态下，仲裁器并不能真正公平地仲裁主机 1、主机 2 和主机 3。为此，重新设计一个公平的仲裁器。

3. 使用 Verilog 设计一个仲裁器，该仲裁器接收 4 个高优先级请求和 4 个低优先级请求，并输出 8 个授权信号。

（a）编写一个基线模块，使低优先级的请求无法满足。

（b）编写一个模块，在授权高优先级请求 4 个周期后将可以授权低优先级请求。对于具有同等优先级的请求，采用静态平局决胜机制。

（c）对上面的模块进行修改，实现一种轮询方式，打破具有相同优先级的一类请求。也就是说，在具有相同优先级的四个请求中，将依次授权每个请求。例如，请求 0 在被授权之前具有最高优先级，之后请求 1 将具有最高优先级，以此类推。

4. 实现一个具有主机、从机和仲裁器的系统。

（a）编写主机模块，可以发送一个请求计算 5 个格式为 $s(6.8)$ 的定点数字的平均值。

（b）实例化 4 个主机，主机 0 具有最高优先级。从机和仲裁器分别使用示例 7.1 和示例 7.2 中的设计。

（c）分析设计的吞吐量。如果需要，通过修改握手协议和设计来提高吞吐量，以使从机流水线在每个周期都能被充分利用。

（d）通过仿真验证上述设计。

5. 修改求 5 个数字平均值的模块 avg_value，将两个加法操作放在第一级流水实现，第二级流水只有一个加法操作。确定新设计的改进，验证你的设计，然后开发一个计算 5 个数平均值的行为级模型作为黄金模型，用于验证 avg_value 模块的结果。

6. 下面的存储单元由字数乘以每个字包含的位数来指定，指出每种情况下需要多少位地址线和输入输出数据线？

（a）8K × 16 位　　（b）2G × 8 位

（c）16M × 32 位　　　　　（d）256K × 164 位

7. 使用 case 语句实现一个 8 × 16 位的 ROM。

8. 针对示例 7.6 中的 RAM 模块，实现如下内容：

（a）将 rdata 的访问时间增加 1.2 个时间单位，即从时钟上升沿到输出可用数据所需的时间。

（b）对 RAM 包括 cen、wen、ren、addr 和 wdata 在内的所有输入端口，增加 1 个时间单位的建立时间检查和 0.2 个时间单位的保持时间检查。

（c）完成一个测试平台，验证上述时序约束。

9. 构建一个 256 × 16 位单端口存储器，该存储器具有 4 个信号：数据总线 data[15:0]、地址总线 addr[7:0]、低电平有效的输出使能 ren 和低电平有效的写使能 wen。存储器在时钟下降沿将 data[15:0] 存储到存储器中。当 ren 为低时，存储器会驱动数据到数据总线。

10. 对于 7.2.2 节中的 ROM 模块，实现如下内容：

（a）将 rdata 的访问时间增加 1.2 个时间单位，即从时钟的上升沿到输出可用数据所需的时间。

（b）对 ROM 包括 ren 和 addr 在内的所有输入端口，增加 1 个时间单位的建立时间检查和 0.2 个时间单位的保持时间检查。

（c）完成一个测试平台，验证上述时序约束。

11. 使用 Verilog 实现下列模型：

（a）一种由八位切片阵列组成的存储器，每个阵列具有 1K × 16 位。

（b）由 16 块阵列组成的存储器，每块为 512 × 128 位，只有被访问的块才被激活。

12. 设计一个深度为 50 的 FIFO，其中每个元素有 16 位。

（a）使用双端口 SSRAM 实现。

（b）使用单端口 SSRAM 实现。

（c）使用触发器重新设计 FIFO。说说使用触发器和 SSRAM 实现 FIFO 的优缺点。

13. 通过修改交叉互连结构，实现一个具有 M（= 8）个请求器和 N（= 4）个存储块的交叉存储器系统，其中每个存储块的大小为 16K × 32 位。

14. 设计一个滤波器，可以实现对于位序列“1011”的检测。例如，如果输入是“0011_1011_0110”，那么输出就是“0000_0001_0010”。

15. 设计一个滤波器，可以实现对于位序列“1011”和对应的取反序列“0100”的检测。例如，如果输入是“0100_1011_0110”，那么输出就是“0001_0001_0010”。

16. 设计两个可以检测位序列“1011”和“1101”的滤波器。例如，如果输入为“0011_1011_0110”，则输出为“0000_0011_0110”。

17. 如图 7.62 所示，设计一个实现 3 个数字相加的模块。使用两个加法器一次产生一个计算结果。输入 a，b 和 e 均是有符号数。不能产生溢出。必须对输出进行缓存或者寄存。数据路径不需要被复位。请添加控制信号 in_valid 和 out_valid，分别用于启动操作和指示结果有效。

18. 如图 7.63 所示，重新设计一个 3 数相加的模块。使用一个加法器，每 2 个周期产生一个结果。输入 a，b 和 e 均是有符号数。不能产生溢出。必须对输出进行缓存或者寄存。数据路径不需要被复位。请添加控制信号 in_valid 和 out_valid，分别用于启动操作和指示结果有效。

19. 设计一个具有单比特数据输入 S，并产生输出 y 的时序逻辑电路，其中当 S 在连续三个时钟周期内具有相同的值时，输出为 1，否则输出为 0。

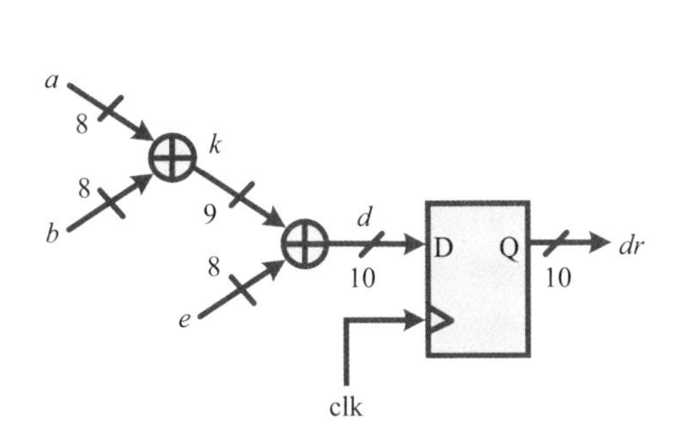

图 7.62 两个加法器实现的 3 数相加

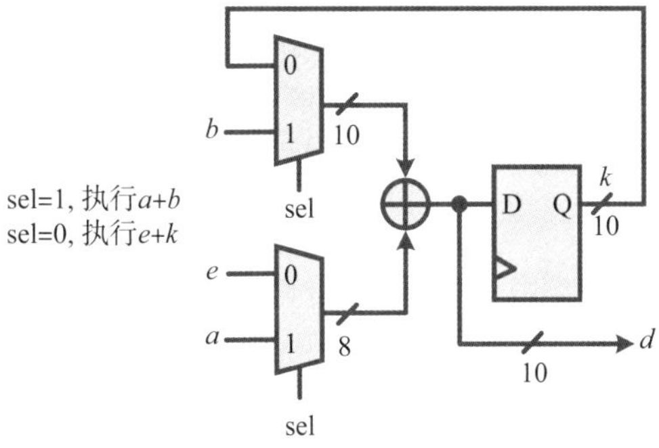

图 7.63 一个加法器实现的 3 数相加

20. 使用状态机设计一个单输入单输出的模块，该模块实现脉冲宽度的 3 分频，即在输入连续（非相邻的）有效三次后，输出触发一次。

21. 使用 Verilog 编写一个电路，该电路计算四个 16 位有符号数补码的平均值，不需要检查溢出。

22. 设计一个算术单元来实现（图 7.64）：

（a）当 cmd 为 0 时，四个 8 位无符号数的累加。

（b）当 cmd 为 1 时，两个 8 位无符号数的乘法。

当 cmd_valid 和 data_in_valid 为真时，cmd 和 data_in 分别有效。发出命

令后，每次输入一个相应的操作数。在 cmd 为 0/1 时，四个 / 两个操作数需要四个 / 两个周期来完成输入。完成计算后，在输出有效信号 data_out_valid 的指示下输出结果 data_out。如果结果的位宽小于 16 位，则在最高有效位填补零。

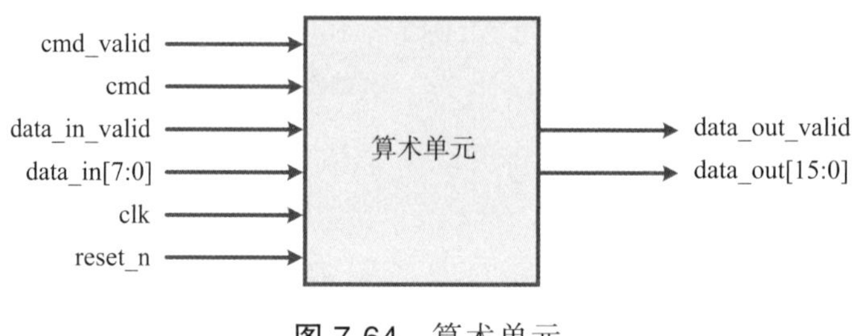

图 7.64 算术单元

23. 为顺序乘法器设计开发一个测试平台，验证乘法器计算的结果与使用实数乘法产生的结果相同。

24. 使用 Verilog 开发一个流水线电路模型，比较 a、b、c 三个输入对应值的最大值。流水线有两级，第一级确定 a 和 b 的较大值并保存 c 的值，第二级比较 c 与 a 和 b 中最大者的更大值。输入输出均为 14 位有符号整数。

25. 绘制一个采用流水线技术实现的复数乘法器的数据路径，该乘法器完成每个乘法操作需要五个周期；对于每对复数操作数，流水线乘法器应该只需要两个周期即可：一个周期用于实现四次乘法操作，一个周期用于实现加法和减法操作。输入数据流都是流水线化处理的。

26. 如果乘法器、加法器以及寄存器的时钟对 Q 的延迟分别为 7.3ns、2.6ns 和 1.2ns，请给出 7.3.3 节中各种 FIR 滤波器的关键路径延迟。

27. 通常，FIR 滤波器的系数是对称的。假设 FIR 滤波器 1 的系数为 $h_3 = h_0$ 和 $h_2 = h_1$，重新设计 FIR 滤波器 1 以使其面积最小化。

28. 重新设计 FIR 滤波器 5，插入一级新的流水，使其关键路径只有一个乘法器。将你的设计与 FIR 滤波器 4 进行比较。

29. 如果我们想节省 FIR 滤波器的成本，可以采用图 7.65 中的折叠技术来设计单一处理元件的 FIR 滤波器。如图所示，乘法累加（MAC）操作是 DSP 的基础。请写出对应的 RTL 代码。

30. 如图 7.66 所示，设计一个 4 位 SISO 移位器，该模块采用串行输入串行输出。清除信号是异步的。同时设计中还需要有一个输出有效指示信号。

31. 如图 7.67 所示，设计一个 4 位 SIPO 移位器，该模块采用串行输入并行输出。清除信号是异步的。同时设计中还需要有一个输出有效指示信号。

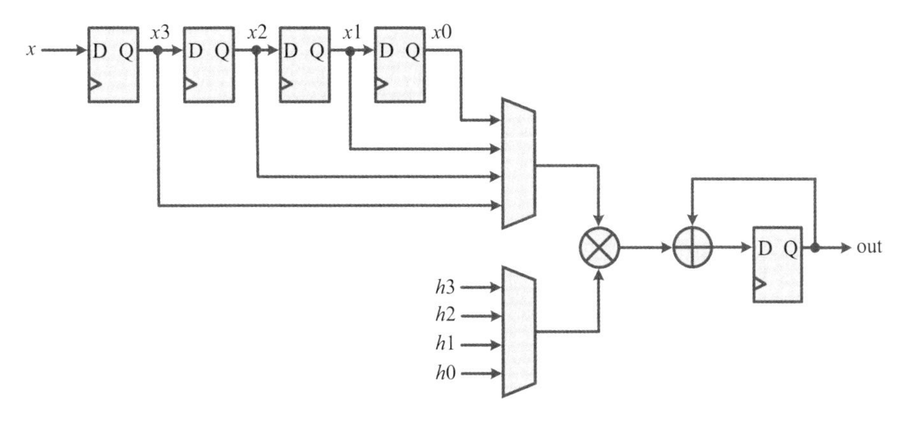

图 7.65 使用单一处理元件的 FIR 滤波器

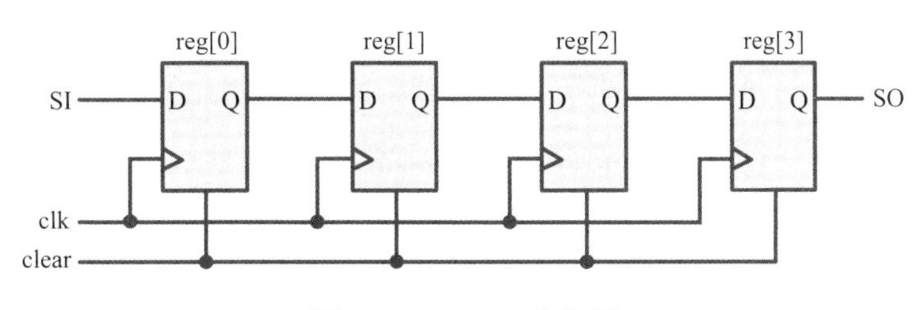

图 7.66 SISO 移位器

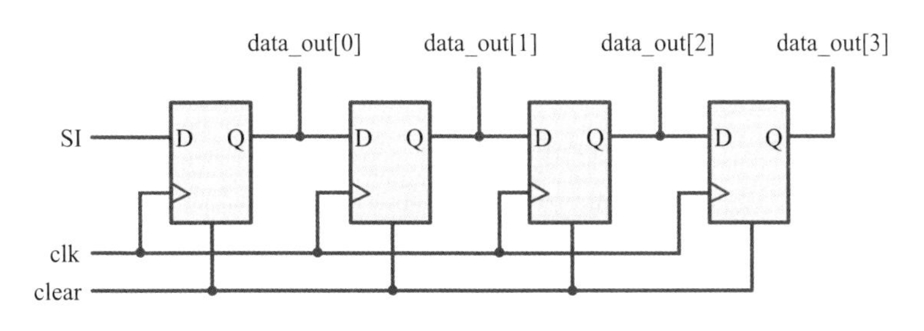

图 7.67 SIPO 移位器

32. 设计一个 4 位 PISO 移位器，该模块采用并行输入串行输出。清除信号是异步的。最多每 4 个时钟周期就要收到输入数据。同时设计中还需要有一个输出有效指示信号。

33. MAC 设计：

（a）设计一个 MAC，其数据路径如图 7.68 所示。

乘法器的两个操作数可能不同时到达，这是因为它们由控制信号 in_valid0 和 in_valid1（图中未示出）指示。整型操作数的位宽为 16 位。当两个操作数都到达输入端后，执行 MAC 操作。在完成 16 个 MAC 操作之后，输出结果并且指示信号 out_valid（图中未示出）有效。请设计该电路，要求不会产生溢出。需要注意的是，两个操作数以一一对应的方式到达输入，因此不需要对操作数进行缓存。

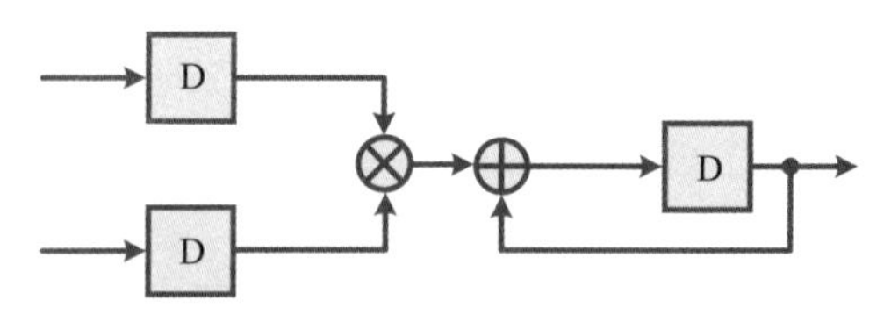

图 7.68 MAC 设计

（b）如果你想通过在乘法器的输出端插入一个 DFF（引入新的流水级）来对时序产生影响，以缩短关键路径，那么就需要重新对电路进行设计。

34. 在图 7.69 中，使用脉动阵列的处理元素来实现矩阵乘法操作，操作数位宽自行确定。

$$\begin{bmatrix} a_{11} & a_{12} \\ a_{21} & a_{22} \end{bmatrix}\begin{bmatrix} b_{11} & b_{12} \\ b_{21} & b_{22} \end{bmatrix}=\begin{bmatrix} c_{11} & c_{12} \\ c_{21} & c_{22} \end{bmatrix} \tag{7.3}$$

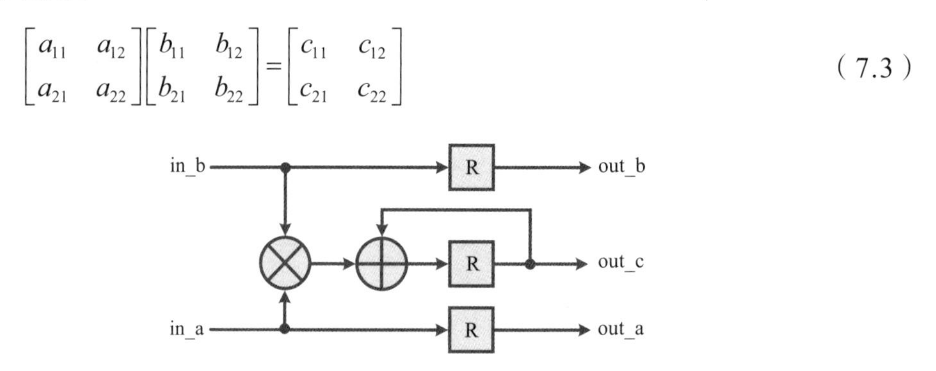

图 7.69 矩阵乘法的处理单元（R 表示寄存器）

35. 如图 7.70 所示，假设有一个系统，包括了一个可以提供 16 位宽数据流的数据源，以及一个针对数据流进行操作的处理单元。数据源以不规则的间隔提供连续的数值，有时候提供数据的速度快于处理速度，有时候慢于处理速度。当有数据可用时，会在一个时钟周期内产生一个值为 1 的有效输出。处理单元具有一个“start”输入控制信号，该信号用于启动处理，还有一个“done”输出信号，在处理数据时，该输出在一个周期内置为 1。请演示如何使用 FIFO 连接数据源和处理单元，需要体现出连接时所需要的控制序列。当数据源提供新的数据时，如果 FIFO 已满，则从数据流中删除该数据项。

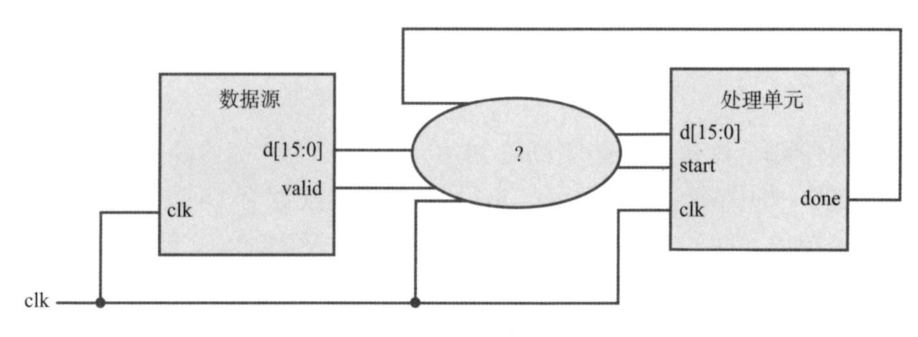

图 7.70 FIFO 作为两个模块之间的缓存

36. 请使用双端口 SSRAM 设计一个深度为 64 的堆栈。堆栈只有一个写指针，指向写地址，写指针的值减 1 表示对地址进行了一次读操作。初始时，指针指向堆栈底（即地址 0）。写操作时指针自动加 1，读操作时指针自动减 1。

37. 请用以下乘法器重新设计示例 7.11 中的复数乘数器：

（a）两个实数乘法器。

（b）四个实数乘法器。

38. 请重新设计示例 7.11 中的复数乘数，实现一个复数和另一个数的复数共轭的乘法。也就是说，如果 op1 = $a = a_r + \mathrm{j}a_i$ 且 op2 = $b = b_r + \mathrm{j}b_i$，则结果为 prod = $a \times b^* = a_r b_r + a_i b_i + \mathrm{j}(-a_r b_i + a_i b_r)$。

39. 如图 7.45 所示，请为两个加法操作的两种实现设计数据路径和控制单元。

40. 请使用 3 个实数乘法重新设计示例 7.11 中的复数乘法器。也就是说，如果 op1 = $a = a_r + \mathrm{j}a_i$，op2 = $b = b_r + \mathrm{j}b_i$，则结果是 prod = (prod1−prod2)+j(prod3−prod2−prod1)，其中 prod1 = arbr，prod2 = $a_i b_i$，prod3 = $(a_r + a_i)(b_r + b_i)$。

41. 请使用 MAC 的单个处理单元和表 7.2 中的系数重新设计 FIR 滤波器 1。在这个设计中，每 4 个时钟周期应产生一个有效输出。

42. 请为 8 个符号重新设计霍夫曼编码器，总出现次数为 128。

43. 请根据表 7.4 中的霍夫曼码，设计霍夫曼解码器。

44. 基于本章所述的霍夫曼编码，使用查找表（TLU）设计霍夫曼码产生器。

45. 基于本章讨论的霍夫曼编码示例，利用 TLU 设计霍夫曼解码器。

46. 使用 Verilog 中的 for 循环重新设计霍夫曼编码器，且其中所有的 for 循环块都要进行命名。

47. 利用 FSM 设计一个基于莫尔斯电码的 SOS（save our soul）检测器。莫尔斯电码是一种在电信应用中对文本字符进行编码的方法，例如像字母、数字和一些标点符号，使用开（on）/ 关（off）信号形成的两种不同持续时间信号的标准化序列，这个序列主要包括点和短划线。SOS 的莫尔斯电码的编码是三个点（S），一个空格，三个破折号（O），一个空格，再三个点（第二个 S）。在符号中，点和短划线分别是接通（on）信号的短周期和长周期。符号内的点和短划线由短周期的断开信号分隔，而符号则由长周期的断开信号编码的空格分割。我们假设一个点表示输入恰好在一个周期内为高，短划线表示输入恰好在三个周期内为高，一个符号中的点和短划线通过输入一个周期的低电平分割，而空格则由输入在三个或者更多周期保持低电平所表示。需要注意，输入正好在两个周期内为高或为低是非法情况。当出现非法情况时，必须删除并忽略以前检测到的字符。有了这样的定义描述，一个合法的 SOS 字符串应该是“101010001110111011100010101000”。

48. 图 7.71 是一个 8 点 DIT-FFT 的结构图。复数形式的输入输出分别采用并行输入和并行输出的方式。请设计一个采用流水线的 FFT，以使连续数据块可以连续输入。也就是说一个块中的输入数据是 $x[n]$（$n=0, 1, \cdots, 7$），对应的输出数据块为 $X[k]$（$k=0, 1, \cdots, 7$），并且在每个时钟周期都是可用的。输入数据 $x[n]$ 和旋转因子 $W_N^i=e^{-j2\pi/N}$（$i=0, 1, 2, 3$）都是 8 位数字。确定中间变量的比特宽度，使之不发生量化误差。对于各种随机输入，确保你的设计是正确的。

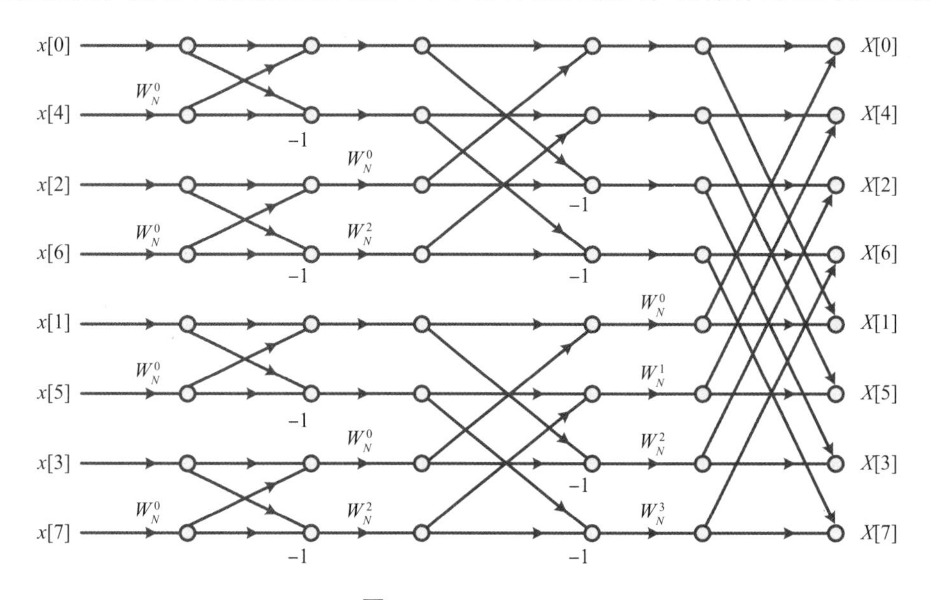

图 7.71 DIT FFT

49. 如图 7.72 所示，完成一款芯片的设计。主机为行为级模型，将与测试平台一并提供。在片上系统（SoC）中有三个主机、两个从机（MAC 和 FFT 加速器）和一个仲裁器。由仲裁器仲裁的数据总线在所有主机和从机之间共享。时序图和接口协议如图 7.73 所示。主机 i（$i=0, 1, 2$）分别通过信号 req[i] 和 slave_id[i] 向仲裁器请求数据总线和从机 j（$j=0, 1$）。如果 slave_id[i] = j，一旦仲裁器通过信号 gnt[i] 完成授权，则主机可以通过信号 m_data_out_i 通过数据总线向从机 j 发送数据。与此同时，从机 j 将被信号 sel[j] 选中接收数据。从机接收完数据后，立即开始操作。操作完成后，信号 ack[j] 将被触发，直到数据通过信号 s_data_out_ j 传输到主机 i。在 ack[j]、req[i]、gnt[i] 和 sel[j] 释放之后，将授权下一个主机的访问权限，并且重复上述握手机制。

（a）按照以下仲裁方式设计仲裁器：

· 轮询仲裁。

```
parameter IDLE = 2'b00;
```

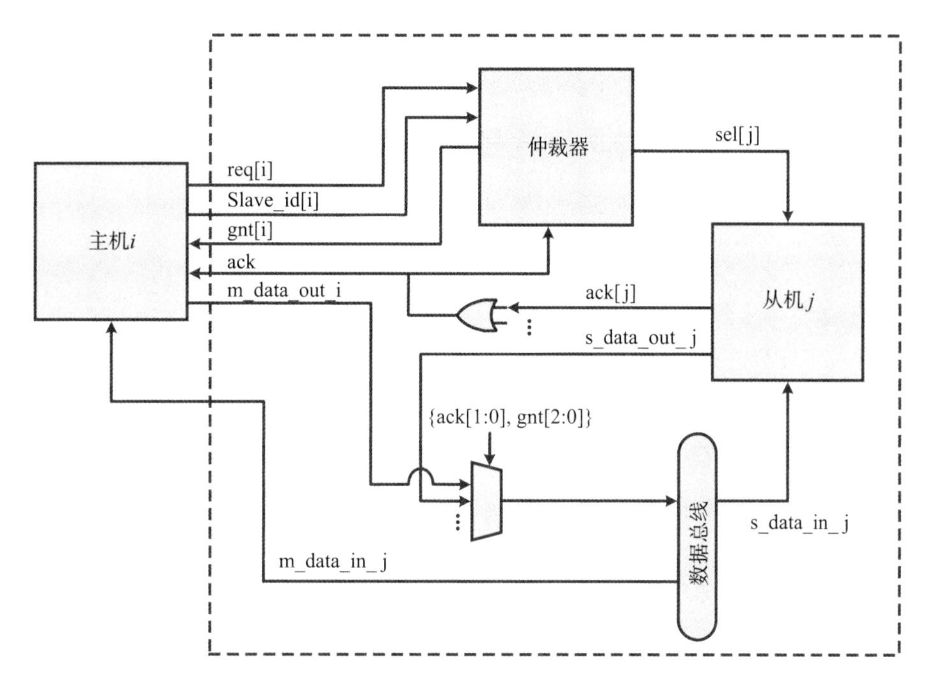

图 7.72 简单的 SoC

图 7.73 SoC 的时序图

```
parameter M0 = 2'b01;
parameter M1 = 2'b10;
parameter M2 = 2'b11;
always @ (*) begin
state_ns = state_cs;
case(state_cs)
  IDLE:if (req [0])
          state_ns = M0;
        else if (req [1])
          state_ns = M1;
        else if (req [2])
```

```
          state_ns = M2;
  M0:if (cmd_done & req [1])
        state_ns = M1;
      else if (cmd_done & req [2])
        state_ns = M2;
      else if (cmd_done)
        state_ns = IDLE;
  M1:if (cmd_done & req [2])
        state_ns = M2;
      else if (cmd_done & req [0])
        state_ns = M0;
      else if (cmd_done)
        state_ns = IDLE;
  M2:if (cmd_done & req [0])
        state_ns = M0;
      else if (cmd_done & req [1])
        state_ns = M1;
      else if (cmd_done)
        state_ns = IDLE;
endcase
end
always @ (posedge clk or negedge rst_n)
  if (! rst_n) state_cs <= IDLE;
  else state_cs <= state_ns;
assign cmd_done =~ ack & ack_r;
always @ (posedge clk)
  ack_r <= ack;
```

· 优先级仲裁，其中主机 0（M0）具有最高优先级，其次是主机 1（M1），主机 2（M2）优先级最低。

```
// 这里仅展示下一状态跳变的代码
// 其他部分的代码与轮询方式相同
always @ (*) begin
state_ns = state_cs;
case(state_cs)
  IDLE:if (req [0])
          state_ns = M0;
        else if (req [1])
          state_ns = M1;
        else if (req [2])
          state_ns = M2;
  M0:if (cmd_done & req [1])
```

```
      state_ns = M1;
    else if (cmd_done & req [2])
      state_ns = M2;
    else if (cmd_done)
      state_ns = IDLE;
  M1:if (cmd_done & req [0])
      state_ns = M0;
    else if (cmd_done & req [2])
      state_ns = M2;
    else if (cmd_done)
      state_ns = IDLE;
  M2:if (cmd_done & req [0])
      state_ns = M0;
    else if (cmd_done & req [1])
      state_ns = M1;
    else if (cmd_done)
      state_ns = IDLE;
endcase
end
```

（b）设计从机的接口，要求遵守上述握手协议。

（c）根据结构框图使用胶合逻辑集成整个芯片。

```
casex({ack [1:0], gnt [2:0]})
  5'b1x_xxx:data_bus = s_data_out_1;
  5'bx1_xxx:data_bus = s_data_out_0;
  5'b00_100:data_bus = m_data_out_2;
  5'b00_010:data_bus = m_data_out_1;
  5'b00_001:data_bus = m_data_out_0;
  default:data_bus = m_data_out_0;
endcase
```

（d）如何提高协议的效率？你能重新设计握手协议来提高效率吗？

50. 所有商用芯片的研制都需要进行可测试性设计，其目的是使你的设计可控和可观测，DFT 的方法论已经确立。为了测试数字电路，必须对电路的所有可能的输入组合进行分析。例如，要测试图 7.74 中所示的两输入 NAND 门，所有可能的输入“00”“01”“10”“11”都需要是可控的，其相应的输出是“1”“1”“1”和“0”，而这些输出也需要是可观测的。如果测试的所有结果都是正确的，那么该 NAND 门就不会产生缺陷。

为了进一步控制 NAND 门和 NOT 门的输入，需要在电路中使用图 7.75 中的扫描 DFF。

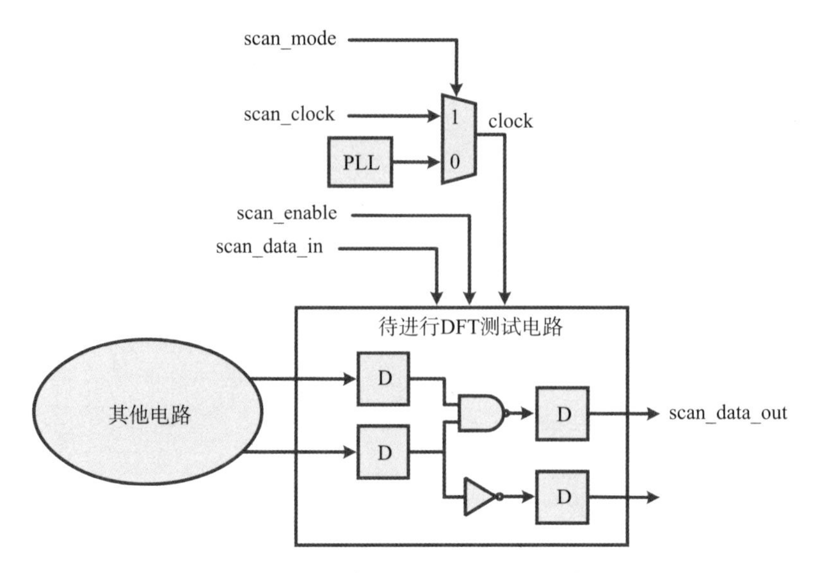

图 7.74 待进行 DFT 测试电路

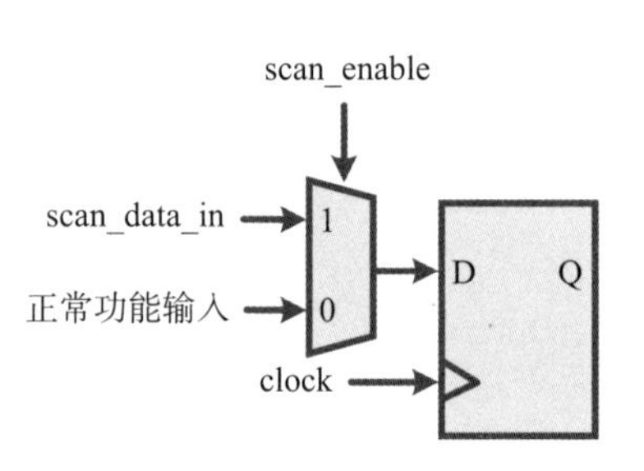

图 7.75 扫描用 DFF

此外，设计中的所有 FF 必须连接在一起，以控制所有 FF 的输出。扫描输入数据（scan_data_in），即扫描链中前一个 FF 的扫描输出，该输出通过控制信号 scan_enable 在扫描链中移位。也就是说，此时正常的输入功能被旁路。这里没有显示复位信号。正常功能的时钟由锁相环产生。为了实现对于时钟的控制，可以触发 scan_mode，从而可以选择 scan_clock，图 7.74 中的其他电路此处不涉及。请为图 7.74 方框中的电路（包括 NAND 和 NOT 门）手动设计 DFT。你需要将 DFF 替换为扫描 DFF，并将所有 FF 的连接起来。然后，编写待测试电路的测试模式。

51. 图 7.76 显示了用于实现抽取因子 $M = 2$ 的五阶抽取滤波器的三种不同结构：原始结构、广义 Noble 恒等衍生结构和折叠 FIR 结构。编写 RTL 代码和测试平台，并对 RTL 代码进行验证。同时介绍这三种不同架构的优缺点。

52. 请使用转置方式重新设计上述 51 题的抽取滤波器。

53. 接收到的样本 y_1 和 y_2 与已知传输数据 x_1 和 x_2 有如下关系：

$$\begin{bmatrix} y_1 \\ y_2 \end{bmatrix} = \begin{bmatrix} x_1 & x_2 \\ x_2 & x_1 \end{bmatrix} \begin{bmatrix} a_1 \\ a_2 \end{bmatrix} = a_1 \begin{bmatrix} x_1 \\ x_2 \end{bmatrix} + a_2 \begin{bmatrix} x_2 \\ x_1 \end{bmatrix} \tag{7.4}$$

其中，a_i、x_i 和 y_i（$i = 1, 2$）都是复数。已知的传输数据 x_1 和 x_2 绝对值的平方和为 1，即 $|x_1|^2+|x_2|^2 = 1$，另外 x_1 和 x_2 是正交的，即 $x^*_1x_2+x_1x^*_2 = 0$，其中表示复共轭。未知参数 a_1 和 a_2 的解可由下式得到

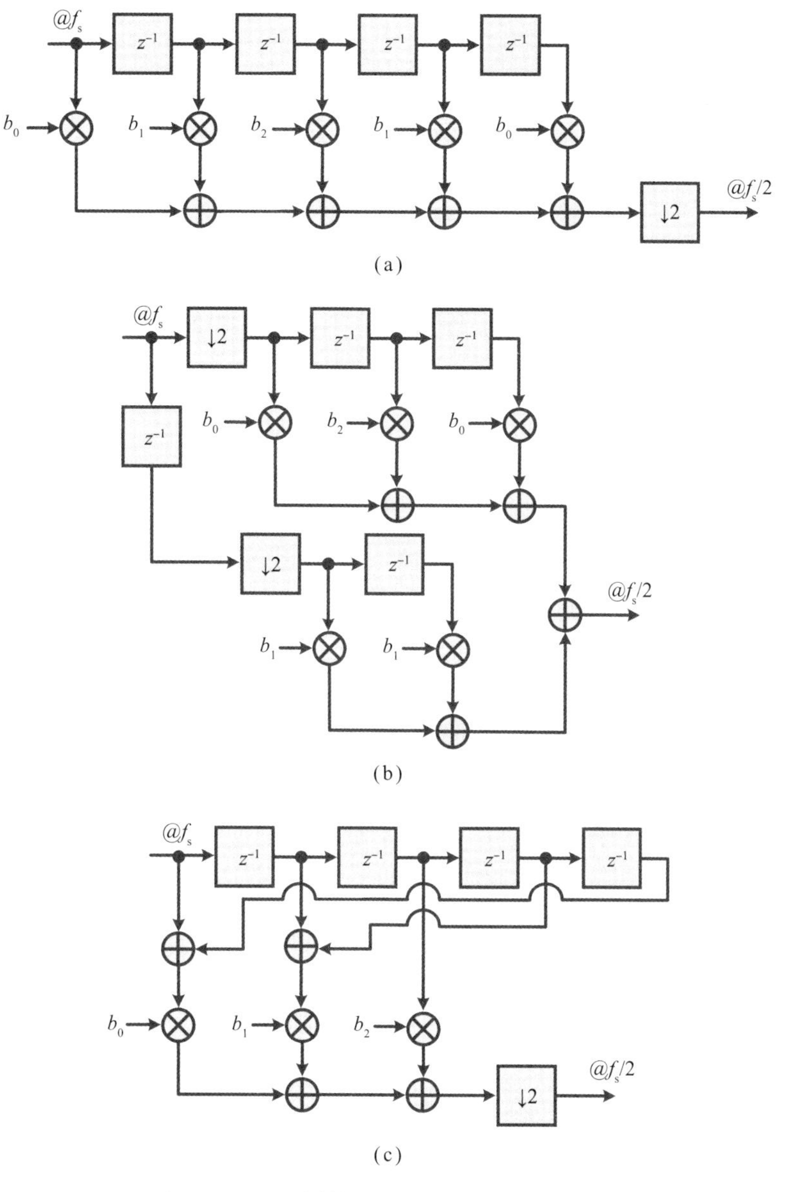

图 7.76 不同的五阶抽取滤波器的结构

$$
\begin{aligned}
&\begin{bmatrix} x_1^* & x_2^* \end{bmatrix}\begin{bmatrix} y_1 \\ y_2 \end{bmatrix} = a_1\begin{bmatrix} x_1^* & x_2^* \end{bmatrix}\begin{bmatrix} x_1 \\ x_2 \end{bmatrix} + a_2\begin{bmatrix} x_1^* & x_2^* \end{bmatrix}\begin{bmatrix} x_2 \\ x_1 \end{bmatrix} \\
&\Rightarrow \begin{bmatrix} x_1^* & x_2^* \end{bmatrix}\begin{bmatrix} y_1 \\ y_2 \end{bmatrix} = a_1\begin{bmatrix} x_1^* & x_2^* \end{bmatrix}\begin{bmatrix} x_1 \\ x_2 \end{bmatrix} \text{（正交化）} \\
&\Rightarrow a_1 = \begin{bmatrix} x_1^* & x_2^* \end{bmatrix}\begin{bmatrix} y_1 \\ y_2 \end{bmatrix} = x_1^* y_1 + x_2^* y_2 \text{（归一化）}
\end{aligned}
\tag{7.5}
$$

类似地，a_2 可表示为

$$a_2 = \begin{bmatrix} x_2^* & x_1^* \end{bmatrix} \begin{bmatrix} y_1 \\ y_2 \end{bmatrix} = x_2^* y_1 + x_1^* y_2 \tag{7.6}$$

复数的乘法如下：

$$x^* y = (x_r + jx_i)^* (y_r + jy_i) = (x_r y_r + x_i y_i) + j(x_r y_i - x_i y_r) \tag{7.7}$$

其中，x_r / y_r 和 x_i / y_i 分别表示 x/y 的实部和虚部，并且这里需要 4 个实数乘法操作。

（a）你可以用 16 个乘法器设计一个电路，并在一个周期内得到结果。绘制结构图，并在一个模块中完成对应的 RTL 代码设计。请使用参数定义 x 和 y 的位宽。

（b）确定上述架构的关键路径。

（c）我们的设计目标是设计一个具有面积小、性能令人满意的电路，即只使用 4 个乘法器，依据数据路径绘制设计的架构，不需要画出控制信号。

（d）确定上述架构的关键路径。

（e）绘制时序图，并尝试如何使用第一种架构获得相同的结果。

（f）我们的目标是设计一个面积最小的电路，即只有一个乘法器，请仅依据数据路径绘制电路架构，不需要画出控制信号。

（g）基于上述架构，绘制出关键路径。

（h）绘制时序图，展示如何使用第一种架构获得相同的结果。

54. 完成前面设计的练习：

（a）请使用第 53 题中的第二种架构，完整地表示出数据路径和控制信号（通过 FSM），并使用 Modelsim（通过时序图表示出来）进行仿真验证。

（b）请使用第 53 题中的第三种架构，完整地表示出数据路径和控制信号（通过 FSM），并使用 Modelsim（通过时序图表示出来）进行仿真验证。

55. 图 7.77 中的电路采用的是串行 CRC-4 架构。

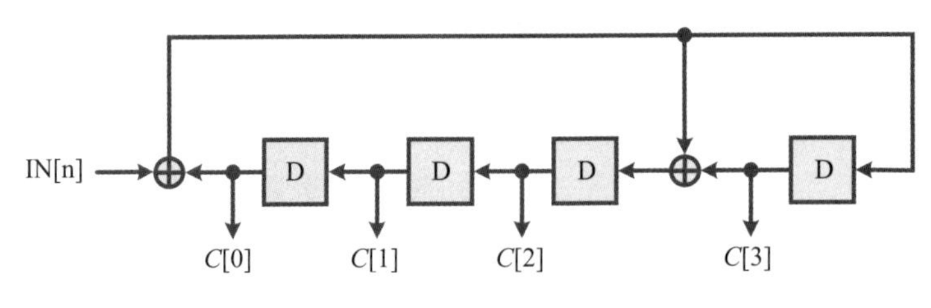

图 7.77 串行 CRC-4

其中，IN[n] 是串行输入，C[3:0] 是 CRC 计算的结果，$n = 0, 1, 2, \cdots$。电路可以转换为每次有 4 位输入 IN[3:0] 的并行架构，转换后结构如图 7.78 所示。

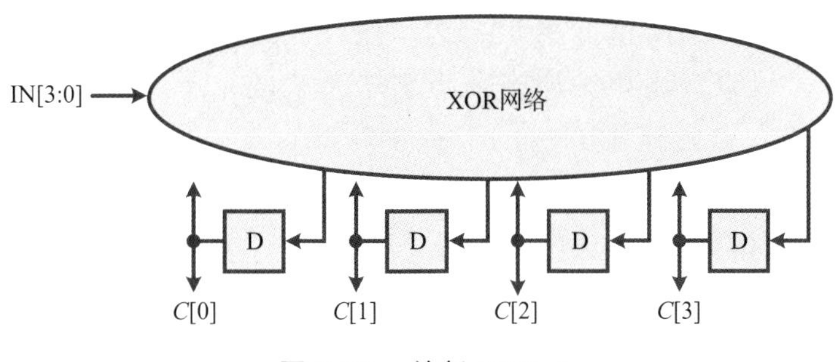

图 7.78 并行 CRC-4

基于串行结构，我们可以得到

$$\begin{aligned} C_{n+1}[0] &= C_n[1] \\ C_{n+1}[1] &= C_n[2] \\ C_{n+1}[2] &= IN[n] \oplus C_n[0] \oplus C_n[3] \\ C_{n+1}[3] &= IN[n] \oplus C_n[0] \end{aligned} \tag{7.8}$$

其中，⊕表示按位异或操作，下标 n+1 和 n 分别表示下一个状态和当前状态，这里令 $C_0[3:0] = C[3:0]$，于是我们有

$$\begin{aligned} C_1[0] &= C_0[1] = C[1] \\ C_1[1] &= C_n[2] \\ C_1[2] &= IN[0] \oplus C_0[3] = IN[0] \oplus C[0] \oplus C[3] \\ C_1[3] &= IN[0] \oplus C_0[0] = N[0] \oplus C[0] \end{aligned} \tag{7.9}$$

类似的，我们可以使用 $C[3:0]$ 表示 $C_2[3:0]$。重复这个过程，直到 $C_3[3:0]$ 可以用 $C[3:0]$ 表示为止。

（a）你得到了什么样的异或网络？

（b）使用 $IN[3:0]$ = 4'b1011 验证结果。在 CRC 计算开始之前，设置 $C[3:0]$ = 4'b1111，即 DFF 的初始状态。

56. 完成一个计算平方根近似值（SRA）的设计，用于计算复数 $z = a+b\mathrm{j}$ 的幅度，其中 a 和 b 分别表示实部和虚部，$\mathrm{j} = \sqrt{-1}$，如下所示：

$$|z| = \sqrt{a^2 + b^2} \approx \max\left(0.875x + 0.5y,\ x\right) \tag{7.10}$$

其中，

$$\begin{aligned} x &= \max(|a|, |b|) \\ y &= \min(|a|, |b|) \end{aligned} \tag{7.11}$$

min 和 max 分别表示操作数的最大值和最小值。

57. 图 7.79 是一个简单的树状结构。设计一个树距离分析器，可以输出树中所有节点对中最长的路径距离。例如，上面显示的树的节点 1 和节点 7 之间具有最长的路径，即 4。接口时序图如图 7.80 所示。所有节点的信息，从节点 1、2、3、…，开始依次输入。当信号 in_valid 为真时，第一个 in_data[6:0] 是当前节点的父节点，随后的 in_data[6:0] 是子节点，而对于叶节点，它没有子节点。当所有节点的信息传递完毕后，信号 last 为真。在处理完成之后，信号 out_valid 变为真，并且 out_data[6:0] 此时表示最长距离。在图 7.80 中，有 3 个节点。节点从节点 1、2、3 依次传输。第一个节点有 3 个子节点，第二个节点有 0 个子节点，第三个节点有 1 个子节点。所有节点只有一个父节点，根节点的父节点为 0。我们假设最大节点数为 100。每个节点最多有 3 个子节点。

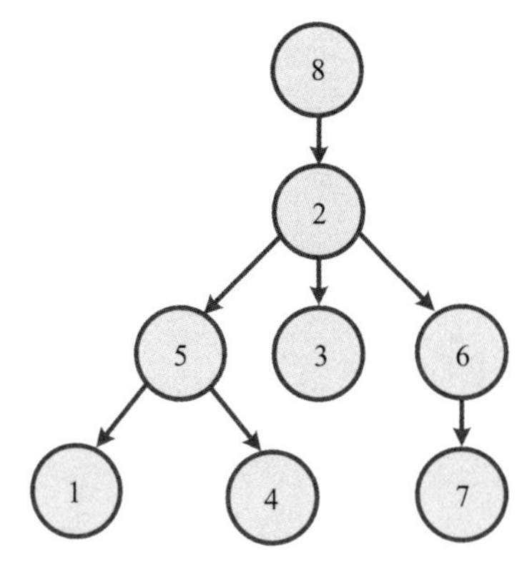

图 7.79 树状数据结构

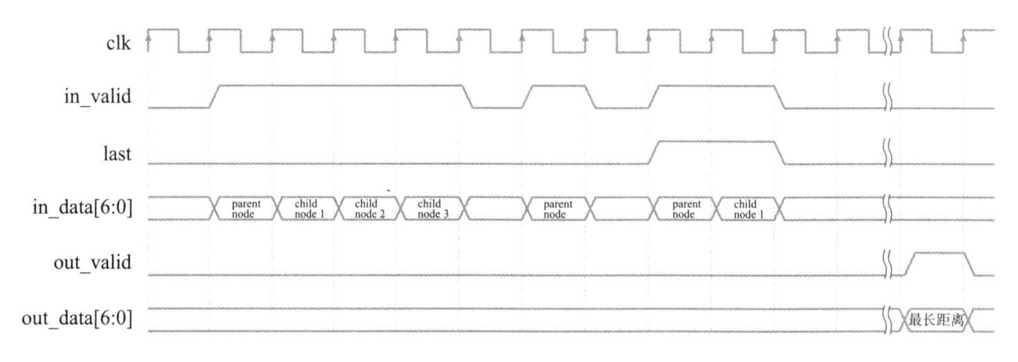

图 7.80 接口时序图

（a）编写 RTL 代码构建图 7.81 所示树形数据结构及其子结构数的表，节点 8 的父节点为 0。因此，节点 8 是根节点。

节点	parent	child 1	child 2	child 3
1	5	0	0	0
2	8	5	3	6
3	2	0	0	0
4	5	0	0	0
5	2	1	4	0
6	2	7	0	0
7	6	0	0	0
8	0	2	0	0

节点	child_cnt
1	0
2	3
3	0
4	0
5	2
6	1
7	0
8	1

图 7.81 树形数据结构及其子结构数

下面的 RTL 代码示例仅供参考：

```
parameter MAX_NODE = 100;
parameter MAX_CHNODE = 3;
reg [6:0] ttab_par [1:MAX_NODE];
reg [6:0] ttab_ch1 [1:MAX_NODE];
reg [6:0] ttab_ch2 [1:MAX_NODE];
reg [6:0] ttab_ch3 [1:MAX_NODE];
reg [1:0] ttab_chcnt [1:MAX_NODE];
reg [6:0] ttab_raddr;
reg [1:0] ttab_caddr;
reg [6:0] root;
reg in_valid_r, last_r;
integer i1, i2, i3;
always @ (posedge clk or posedge reset)
  if (reset)
    for(i1 = 1; i1 <= MAX_NODE; i1 = i1+1) begin
      ttab_par [i1] <= 0; ttab_ch1 [i1] <= 0;
      ttab_ch2 [i1] <= 0; ttab_ch3 [i1] <= 0;
    end
  else if (in_valid)
  case(ttab_caddr)
  2'd0:ttab_par [ttab_raddr] <= in_data;
  2'd1:ttab_ch1 [ttab_raddr] <= in_data;
  2'd2:ttab_ch2 [ttab_raddr] <= in_data;
  default:ttab_ch3 [ttab_raddr] <= in_data;
  endcase
always @ (posedge clk or posedge reset)
  if (reset) ttab_caddr <= 0;
  else if (in_valid) ttab_caddr <= ttab_caddr+1;
  else ttab_caddr <= 0;
always @ (posedge clk or posedge reset)
  if (reset) begin
    ttab_raddr <= 1;
    for(i2 = 1; i2 <= MAX_NODE; i2 = i2+1)
      ttab_chcnt [i2] <= 0;
  end
  else if (~ in_valid & in_valid_r) begin
    ttab_raddr <= ttab_raddr+1;
    ttab_chcnt [ttab_raddr] <= ttab_caddr-1;
  end
always @ (posedge clk) begin
```

```
  in_valid_r <= in_valid;
  last_r <= last;
end
always @ (*) begin
  root = 0;
  for(i3 = 1; i3 <= MAX_NODE; i3 = i3+1)
    if (ttab_par [i3] == 0) root = i3;
end
assign start =~ last & last_r;
```

（b）对于每个节点，找出它与其子节点之间的前2个最大距离。例如，在图7.79中，节点1没有子节点，因此，其前两个最大距离均为0。节点2有3个子节点，即节点5、节点3和节点6，最大距离分别为2、1和2，因此，它的前两个最大距离都是2。节点6有1个子节点，因此，它的前两个最大距离分别为1和0。

编写RTL代码构建图7.82所示的表，从根节点8开始，你需要遍历所有节点并找到它们的前两个最大距离max 1和max 2。标记为“已处理子节点”的列是所有节点的一组计数器，用于记录已处理子节点的数量。特定节点的计数器在其子节点之一完成后（在找到子节点的前2个最大距离之后）递增。当所有子节点都被处理完后，即计数器达到child_cnt所指示的最大值时，即可确定指定节点的最终前2个最大距离。

节点	max 1	max 2
1	0	0
2	2	2
3	0	0
4	0	0
5	1	1
6	1	0
7	0	0
8	3	0

节点	已处理子节点
1	0
2	3
3	0
4	0
5	2
6	1
7	0
8	1

图7.82 显示了节点与其子节点之间的前2个最大距离的表

下面给出的RTL代码仅供参考。

```
reg [1:0] state_ns, state_cs;
wire is_IDLE_cs, is_NEXT_cs, is_RETN_cs, is_DONE_cs,
  is_IDLE_ns, is_NEXT_ns, is_RETN_ns, is_DONE_ns;
reg [6:0] dtab_max1 [1:MAX_NODE];
reg [6:0] dtab_max2 [1:MAX_NODE];
```

```
reg [1:0] dtab_chid [1:MAX_NODE];
reg [6:0] cur_node, ch_node;
wire [6:0] pa_node, tmp_max;
integer i4, i5;
parameter ST_IDLE = 2'b00; parameter ST_NEXT = 2'b01;
parameter ST_RETN = 2'b11; parameter ST_DONE = 2'b10;
assign is_IDLE_cs = state_cs == ST_IDLE;
assign is_NEXT_cs = state_cs == ST_NEXT;
assign is_RETN_cs = state_cs == ST_RETN;
assign is_DONE_cs = state_cs == ST_DONE;
assign is_IDLE_ns = state_ns == ST_IDLE;
assign is_NEXT_ns = state_ns == ST_NEXT;
assign is_RETN_ns = state_ns == ST_RETN;
assign is_DONE_ns = state_ns == ST_DONE;
always @ (*) begin
  state_ns = state_cs;
  case(state_cs)
  ST_IDLE:if (start) state_ns = ST_NEXT;
  ST_NEXT:if (dtab_chid [cur_node] == ttab_chcnt [cur_node]
    && cur_node == root) state_ns = ST_DONE;
          else if (dtab_chid [cur_node] == ttab_chcnt
            [cur_node])
            state_ns = ST_RETN;
  ST_RETN:if (dtab_chid [cur_node] == ttab_chcnt [cur_node]
    && cur_node == root) state_ns = ST_DONE;
          else if (dtab_chid [cur_node] == ttab_chcnt
            [cur_node])
            state_ns = ST_RETN;
          else
            state_ns = ST_NEXT;
  ST_DONE:state_ns = ST_IDLE;
  endcase
end
always @ (posedge clk or posedge reset)
  if (reset) state_cs <= ST_IDLE;
  else state_cs <= state_ns;
always @ (posedge clk or posedge reset)
  if (reset) cur_node <= 0;
  else if (is_NEXT_ns)
    cur_node <= is_IDLE_cs ? root:ch_node;
  else if (is_RETN_ns) cur_node <= pa_node;
assign pa_node = ttab_par [cur_node];
```

```
assign pa_node = ttab_par [cur_node];
always @ (*)
  case(dtab_chid [cur_node])
  2'b00:ch_node = ttab_ch1 [cur_node];
  2'b01:ch_node = ttab_ch2 [cur_node];
  2'b10:ch_node = ttab_ch3 [cur_node];
  default:ch_node = 0;
  endcase
always @ (posedge clk or posedge reset)
  if (reset)
    for(i4 = 1; i4 <= MAX_NODE; i4 = i4+1) dtab_chid [i4] <= 0;
  else if (is_RETN_ns)
    dtab_chid [pa_node] <= dtab_chid [pa_node]+1;
assign tmp_max = dtab_max1 [cur_node]+1;
always @ (posedge clk or posedge reset)
  if (reset)
    for(i5 = 1; i5 <= MAX_NODE; i5 = i5+1) begin
      dtab_max1 [i5] <= 0; dtab_max2 [i5] <= 0;
    end
  else if (is_RETN_ns && dtab_chid [pa_node] == 0)
    dtab_max1 [pa_node] <= tmp_max;
  else if (is_RETN_ns && dtab_chid [pa_node] == 1)
    if (tmp_max > dtab_max1 [pa_node]) begin
      dtab_max1 [pa_node] <= tmp_max;
      dtab_max2 [pa_node] <= dtab_max1 [pa_node];
    end
    else dtab_max2 [pa_node] <= tmp_max;
  else if (is_RETN_ns) begin
    if (tmp_max > dtab_max1 [pa_node]) begin
      dtab_max1 [pa_node] <= tmp_max;
      dtab_max2 [pa_node] <= dtab_max1 [pa_node];
    end
    else if (tmp_max > dtab_max2 [pa_node])
      dtab_max2 [pa_node] <= tmp_max;
end
```

（c）根据所有节点的前 2 个最大距离，可以确定节点以下最长路径的距离，即节点的 max1+max2。例如图 7.83 中，节点 2 下方的最长距离为 4。

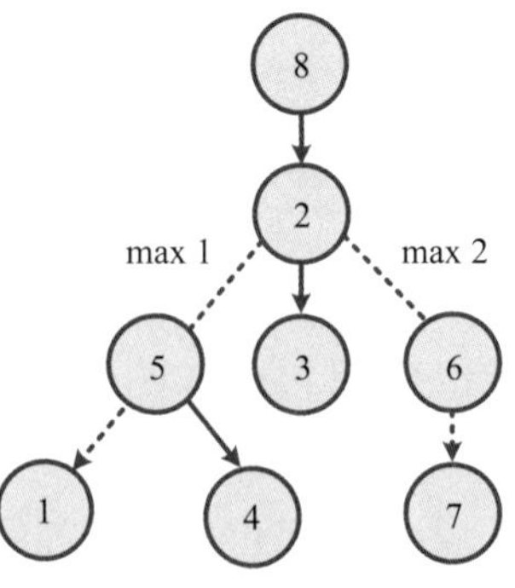

图 7.83 节点 2 下方的最长距离为 4

树中所有节点对的最大距离是根节点下最长路径距离，它是通过保存传输过程中所有完整节点的最大距离得到的，代码如下所示：

```
reg [6:0] ans;
wire [6:0] result, out_data;
assign result = dtab_max1 [cur_node]+dtab_max2 [cur_node];
always @ (posedge clk or posedge reset)
  if (reset) ans <= 0;
  else if ((is_RETN_ns | is_DONE_ns) && result > ans)
    ans <= result;
assign out_valid = is_DONE_cs;
assign out_data = ans;
```

使用如图 7.84 所示的时序图完成整个设计，其中 dtab_chid 表示“已处理子节点”的计数器集合，dtab_max1 和 dtab_max2 表示节点的前两个最大距离（与其子节点相关）。这里省略了用于建立树表 ttab_par、ttab_ch1、ttab_ch 2、ttab_ ch3 和 ttab_chcnt 的时序图。

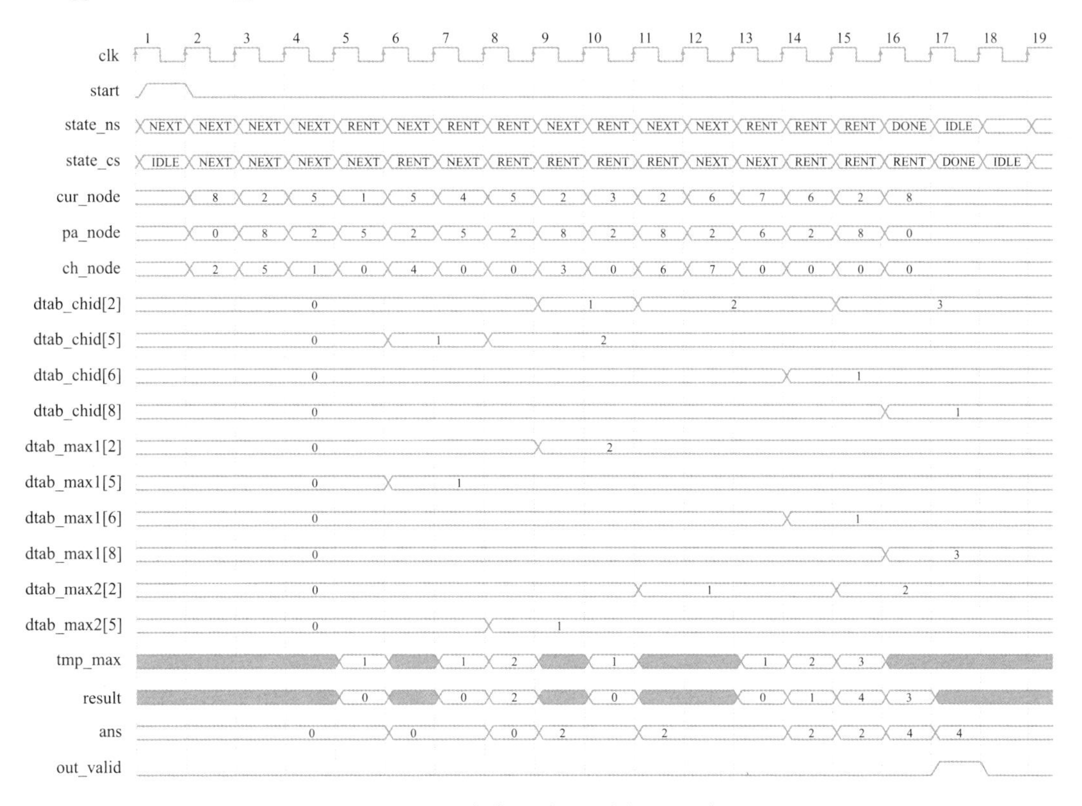

图 7.84 示例树的树距分析器时序图

（d）对于叶节点，在图 7.82 中，浪费了“max1”“max2”和“已处理子节点”的内存空间。请使用堆栈来存储“max1”“max2”和“已处理子节点”，以节省芯片面积。

参考文献

[1] David Money Harris, Sarah L. Harris. Digital design and computer ar chitecture, 2nd . Morgan Kaufmann, 2013.

[2] John F Wakerly. Digital design: principles and practices, 5th. Prentice Hall, 2018.

[3] Mark Gordon Arnold. Verilog digital computer design: algorithms into hardware. Prentice Hall, 1999.

[4] Michael D Ciletti. Advanced digital design with the Verilog HDL, 2nd. Prentice Hall, 2010.

[5] Peter J Ashenden. Digital design: an embedded systems approach using Verilog. Morgan Kaufmann Publishers, 2007.

[6] Stephen Brown, Zvonko Vranesic. Fundamentals of digital logic with Verilog design. McGraw-Hill, 2002.

[7] William J Dally, R Curtis Harting. Digital design: a systems approach. Cambridge University Press, 2012.

第 8 章　高级系统设计

本章讨论几个高级系统级设计问题，包括动态随机存储器（DRAM）、闪存（Flash）、同步器设计和加密处理器。DRAM 芯片通常作为主存使用。闪存是一种固态非易失性计算机存储器存储介质，可以电擦除，也可以重新编程。在 ASIC 中，只要信号从一个时钟域传输到另一个时钟域，就会用到同步器。我们将看到，违反建立时间和保持时间时，触发器可能会进入非法的不稳定状态，在这种状态下，其状态变量既不是逻辑 1，也不是逻辑 0。我们将通过三个部分全面介绍跨时钟域信号同步的系统设计问题：单比特同步器、确定性多位同步器和不确定性多位同步器（流程受控和不受控）。嵌入式协处理器可以减轻主处理器的负担。我们还将介绍一种用于高级加密标准（AES）的专用加密处理器。最后，从算法到 RTL 设计，给出一个组件标记引擎的数字设计。

8.1 DRAM

作为一种片外存储器，DRAM 的每比特成本最低。由于 DRAM 具有更高的容量和更低的成本，因此，常被用作计算机系统的主存储器。相比之下，虽然硬盘的每比特成本比 DRAM 低，但它的速度太慢，不能用作主存储器。现代 DRAM 芯片具有高达 8Gb 的容量，显著高于片上 SRAM 可以实现的容量。但是，也正是因为如此高的容量，也导致了其具有较高的访问延迟。

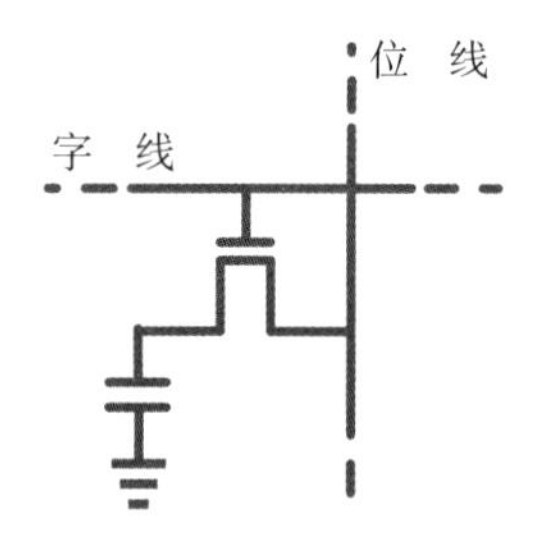

图 8.1 DRAM 单元

DRAM 和 SRAM 都是易失性存储器。SRAM 使用与 D 型锁存器类似的具有 6 个晶体管（6T）的存储单元，而 DRAM 的存储单元则使用单个晶体管和单个电容（1T1C），如图 8.1 所示。因此，DRAM 单元比 SRAM 单元小得多。但是，由于 DRAM 的高容量，DRAM 的读写访问时间比 SRAM 的长，并且 DRAM 的读写访问和控制的复杂性也高于 SRAM。

DRAM 单元上的电荷决定了其存储的逻辑 s 是 1 还是 0。当晶体管关断时，电容与位线分离，以维持电容上的电荷。为了写入单元，DRAM 控制电路通过字线接通晶体管，然后通过位线对电容器进行充放电。为了读取单元中的数据，DRAM 控制电路将位线预充到一个中间电压水平，然后导通晶体管。根据电容中的电荷，位线上的电压水平可能上升或下降。传感器检测并放大位线上电压的变化，以确定存储在单元中的逻辑电平。

由于数据访问会破坏存储在电容中的电荷，所以控制电路需要在晶体管关断前对其进行恢复，这也就导致 DRAM 的读取访问时间比 SRAM 长得多。此外，当通过关闭晶体管将 DRAM 单元与位线分离后，存储在电容上的电荷仍将逐渐泄漏。因此，控制电路使用一个称为刷新的过程，在电荷衰减过多之前恢复电容上的电荷。由于 DRAM 在刷新期间不能正常访问，因此，刷新必须与正常存储器访问交错进行。通常，刷新操作都是周期性的，并且 DRAM 控制器将其视为具有更高优先级的操作，而不是正常存储器访问。

DRAM 中的单元通常被组织成几个二维阵列，称为块。块由几行和几列组成。在 DRAM 中读写特定地址需要三个步骤：

（1）行激活：块的特定行被激活并读取到读出放大器中，同时电容器中存储的电荷也将被破坏。

（2）列访问：该命令用于对激活行的特定列进行读写操作。

（3）预充电：预充电命令将该行写回块中。

对于向同一块中的同一行的不同列发出的多次读写访问，不需要激活操作和预充电操作。但是位于不同块的行需要激活。

如图 8.2 所示，在周期 1 中对第 0 块第 0 行发出激活命令，在周期 2 中对第 3 块第 6 行发出激活命令。在延迟 t_{AC} 之后，在周期 3 对第 0 块第 0 行第 0 列发出列访问命令。t_{RA} 之后，数据在周期 7 输出，突发长度为 2。在对同一个块（第 0 块）的不同行 2 访问之前，必须在周期 7 完成对第 0 块第 0 行的预充电操作。DRAM 控制器必须等待 t_{PC}，以保证第 0 块的第 0 行完成预充电操作，然后在周期 11 对同一块（第 0 块）执行另一个行激活（行 2）。如果访问同一行中的不同列，则不需要预充电，例如，在周期 9 中对第 3 块第 6 行第 1 列进行的列访问读操作，是在第 3 块第 6 行第 2 列的列访问操作之后执行的。其他块的访问操作可以与第 0 块访问操作交叉进行。

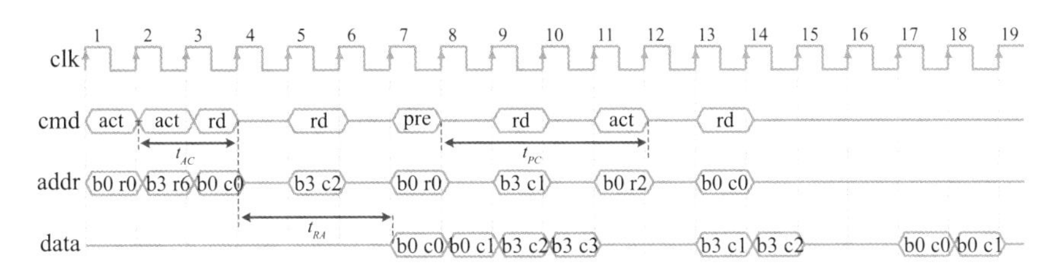

图 8.2　DRAM 芯片时序图

8.2 Flash

Flash 是一种电可擦除的可编程 ROM，在很多新的应用中都用到了它。Flash 被组织成存储块（大小通常为 16K、64K、128K 或 256K 字节），可以被立即擦除，然后对块中特定存储位置进行写操作。在老化之前，Flash 只允许有限次数的擦除和编程操作，通常是数十万次。Flash 因构成存储单元的技术不同，分为 NOR Flash 和 NAND Flash 两种，Flash 在进行写入之前必须全部擦除。

在 NOR Flash 中，数据可以以随机顺序读取（任意次数）和写入（每次擦除一次）。NOR Flash 芯片具有与 SRAM 相似的信号，具有相当的读访问时间，这些特点使其适用于作为嵌入式处理器的程序存储器。另一方面，在 NAND Flash 中，每次写入和读取通常为一页，即 2K 字节。要访问某个地址中的数据，首先要读访问包含给定地址的页，需要花费约几微秒，之后再从中选择该地址所需的数据。如果需要一页中所有的数据，那么此时顺序读取该页中的数据在时间上与读取 SRAM 中的数据相当。但是擦除块和写入一页数据要比写入 SRAM 慢得多。

由于 NAND Flash 和 SRAM 的访问方式不同，NAND Flash 的接口与 SRAM 的接口也不相同，并且 NAND Flash 的控制电路也要复杂得多。但是 NAND Flash 比 NOR Flash 具有更高的密度，因此，NAND Flash 更适用于需要存储大量数据的场合，例如，固态磁盘（SSD）和通用串行总线（USB）记忆棒。

8.3 同步器设计

8.3.1 同步失败

本节将讨论一些不可避免的时序约束违例的异常情况。要使触发器正常工作，必须满足其建立时间和保持时间的约束，对于同步设计来说，这些约束必须要得到满足。然而，对于数字系统中的异步接口，时序违例是不可避免的。我们将看到，建立时间和保持时间违例将会导致触发器进入一种不稳定的状态，在这种状态下，其状态变量既不是逻辑 1 也不是逻辑 0。更糟糕的是，在最终到达两个稳定状态（0 或 1）之一之前，它会在亚稳状态保持一段不确定的时间。在数字系统中，这种同步失败将会导致非常严重的问题，如果触发器输出的不稳定状态被采样到，将会导致不确定的结果。

在图 8.3 中，同步失败通常发生在两种不同的场景中：

（1）第一种场景，输入信号来自于真正的异步信号，它们在同步数字系统中使用之前必须进行同步处理。例如，一个人按下键盘就会产生一个异步信号，并且这个信号的产生传输可能发生在任何时候。

（2）第二种场景，同步信号从一个时钟域传递到另一个时钟域。简单来说，一个时钟域就是一组相对于单个时钟信号同步的信号。例如，在计算机系统中，处理器在一个时钟域中工作（pclk = 3GHz），而存储器系统在另一个时钟域中工作（mclk = 800MHz），这两个时钟域中时钟的频率不同。处理器系统产生的信号与pclk同步，但是，其中的数据不能直接用于同步于mclk的存储器系统，反之亦然。所以，信号在使用前必须要与目标时钟域同步。

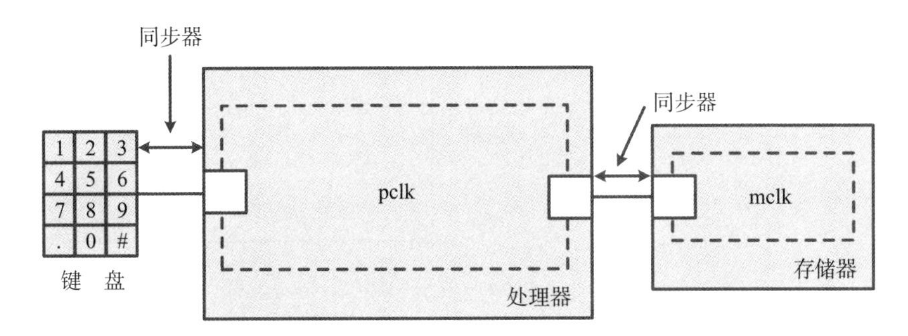

图 8.3 异步和同步系统之间使用同步器。在不同的时钟域，pclk 和 mclk 之间也需要使用同步器

8.3.2 亚稳态

违反时序约束，产生时序违例导致同步失败后，触发器的大多数非法状态都会衰减到合法的状态 1 或者状态 0。但是在到达合法的状态之前，非法的亚稳状态可能会持续任意一段时间。

图 8.4 是一个 CMOS 主从触发器。

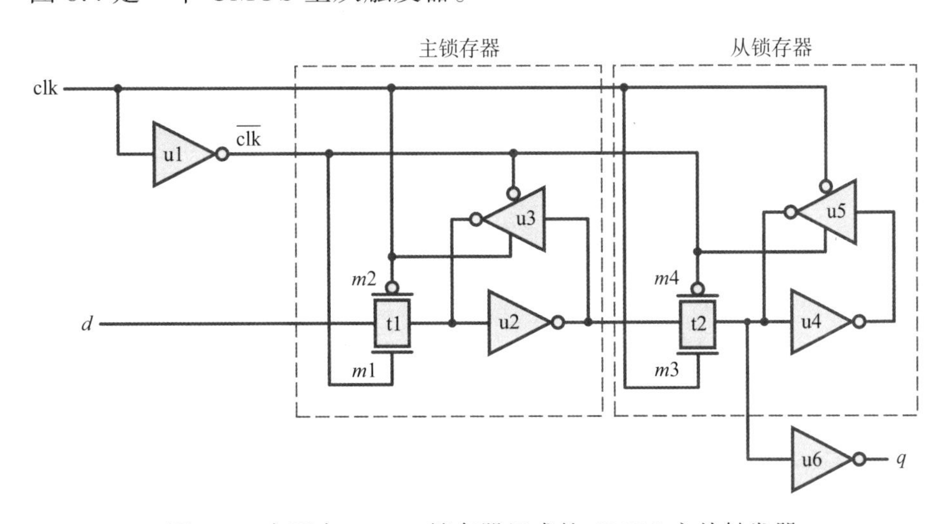

图 8.4 由两个 CMOS 锁存器组成的 CMOS 主从触发器

时钟上升沿之后，主锁存器的输入传输门 t1 关断，反馈回路的三态反相器 u3 使能。主锁存器此时就变成了两个背靠背的反相器。另外，从锁存器的传输门 t2 处于导通状态，反馈三态反相器 u5 处于不使能状态，此时从锁存器变成“透

明”的。因此，触发器的等效电路就成为两个背靠背的反相器，如图 8.5（a）所示。

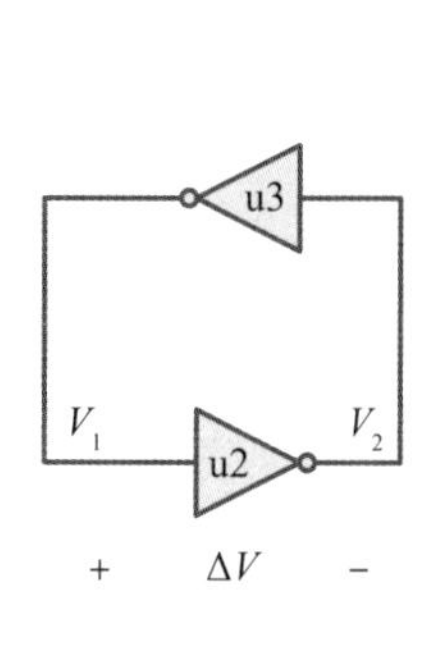

(a)时钟为高时，主锁存器相当于两个背靠背的反相器，从锁存器变成“透明”的

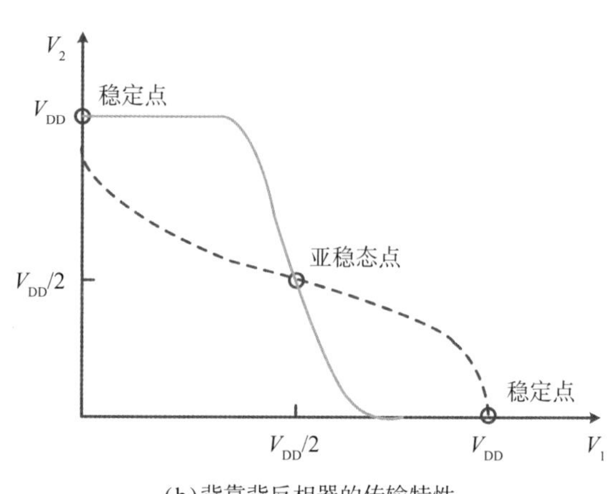

(b)背靠背反相器的传输特性

图 8.5

图 8.5（b）中，实线是正向反相器输出 V_2 的传输特性随 V_1 的变化情况，即 $V_2=f(V_1)$，其中 $f(\cdot)$ 指的是反相器的传输函数，虚线是反馈三态反相器的输出 V_1 的传递特性随 V_2 的变化情况，即 $V_1=f(V_2)$。图中的两条传输特性曲线有三个交叉点。在没有任何干扰的情况下，这些点都是稳定的，电压 V_1 和 V_2 不会发生变化。中间的那个稳定状态，一个小的扰动就会使系统离开这个状态，这个状态称为亚稳态。在这三个点以外的任何一点，电路会迅速收敛到外部两个稳定点之一，即 $\Delta V\equiv V_1-V_2=+V_{DD}$ 或 $\Delta V=-V_{DD}$。

例如，如果我们对中间亚稳态点的状态稍微进行扰动，那么状态会很快收敛到最近的外部稳定点。如图 8.6 所示，当 V_1 稍微增大时，它将通过轨迹 1 衰减到 $\Delta V=+V_{DD}$，即 $V_1=V_{DD}$，$V_2=0$。类似地，当 V_1 略有下降时，它将通过轨

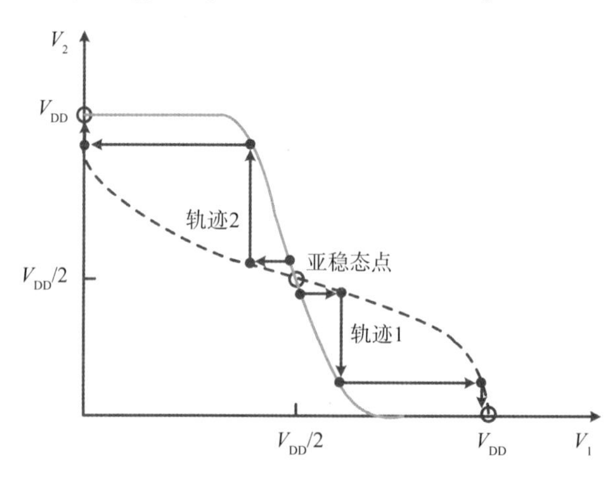

图 8.6 亚稳态上的两种扰动

迹 2 衰减到 $\Delta V=-V_{DD}$，即 $V_1=0$，$V_2=V_{DD}$。还有另外一种情况，如果我们扰动两个外部稳定点中的任何一个，状态偏离后会再次回到那个稳定点。另一个状态，就像中间的那个稳定状态，一个小的扰动就会使系统离开这个状态，这个状态称为亚稳态。

亚稳态的行为如图 8.7 所示。如果保持完全的平衡，小球将会保持在小坡顶部，而实际上没有什么是完美的，小球最终将会滑到两边中的任何一边。

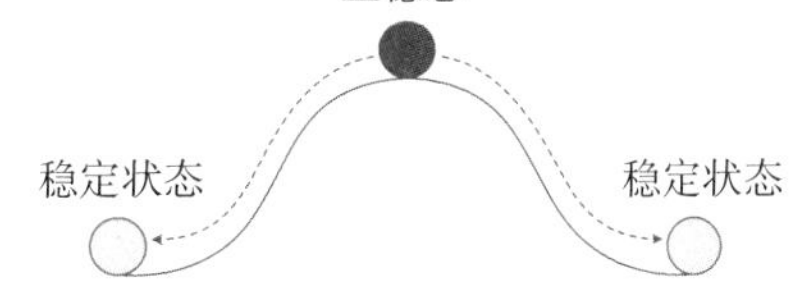

图 8.7 用小坡顶上的球表示亚稳态

图 8.8 是图 8.5（a）中晶体管级的详细原理图。假设 N 沟道 FET 的 k_n 和 P 沟道 FET 的 k_p 相等，其中 $k_n=\mu_n C_{OX}\left(\frac{W}{L}\right)_n$，是 N 沟道 FET 的器件特性参数（介电常数）；$k_p=\mu_p C_{OX}\left(\frac{W}{L}\right)_p$，是 P 沟道 FET 的器件特性参数；$\mu_n$ 和 μ_p 是电子和空穴的迁移率；C_{OX} 是栅氧的单位面积电容；$\left(\frac{W}{L}\right)_n$ 是 N 沟道 FET 的长宽比；$\left(\frac{W}{L}\right)_p$ 是 P 沟道 FET 的长宽比；V_{tn} 是 N 沟道 FET 阈值电压的绝对值；V_{pn} 是 P 沟道 FET 的阈值电压，即 $V_{tn}=-V_{tp}=V_t$。为了方便计算，假设两个反相器的电容寄生参数是一样的。

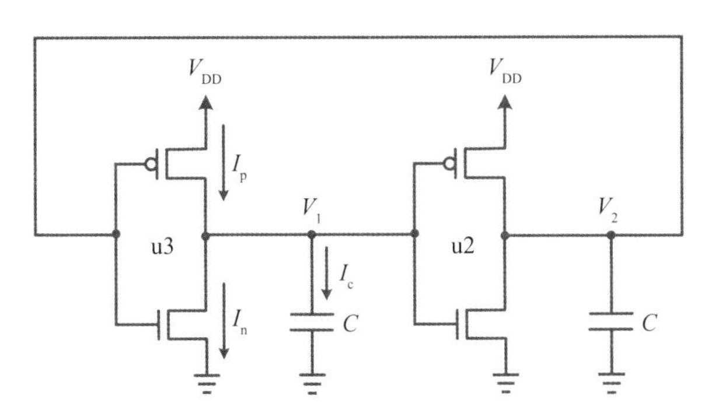

图 8.8 时钟为高时主从触发器的晶体管原理图

假设反相器 u2 和 u3 的初始状态都处于亚稳状态，即 $V_1=-V_2=V_{DD}/2$。在 $t=0$ 时刻，V_1 由于某种原因略有增加，产生了 I_C，V_2 相应地略有减少。因此，$\Delta V(0)=V_1-V_2>0$，且 ΔV 向 $+V_{DD}$ 收敛。此外，可以观察到所有晶体管都处于饱和区域。因为 u3 的 $I_p-I_n=I_C$，且 $I_C=C\frac{dV_1}{dt}$，所以我们可以得到下式

$$\frac{k}{2}(V_2-V_{DD}+V_t)^2-\frac{k}{2}(V_2-V_t)^2=C\frac{dV_1}{dt} \tag{8.1}$$

同样地，对于 u2 我们有

$$\frac{k}{2}\left(V_1 - V_{DD} + V_t\right)^2 - \frac{k}{2}\left(V_1 - V_t\right)^2 = C\frac{dV_2}{dt} \tag{8.2}$$

式（8.1）减去式（8.2）得

$$kV_{DD}\Delta V = C\frac{d\Delta V}{dt} \tag{8.3}$$

因此，两个背靠背反相器的变化率可以通过以下微分方程来表示

$$\frac{d\Delta V}{dt} = \frac{\Delta V}{\tau} \tag{8.4}$$

其中，$\tau = \frac{C}{kV_{DD}}$ 取决于器件的特性参数。换句话说，也就是 ΔV 的变化率与其大小成正比。事实上，除了亚稳态之外，每当晶体管处于饱和区域时，两个背靠背反相器的变化率都会保持不变。

这个微分方程的解可简单地由下式给出

$$\Delta V(t) = \Delta V(0)\exp\left(\frac{t}{\tau}\right) \tag{8.5}$$

正如图 8.9 所示，当 $\Delta V(0) > 0$ 时，$\Delta V(t)$ 将向 $\Delta V(t) = +V_{DD}$ 收敛，其中 t_{COV} 为收敛时间。相反，当 $\Delta V(0) < 0$ 时，$\Delta V(t)$ 将向 $\Delta V(t) = -V_{DD}$ 收敛。

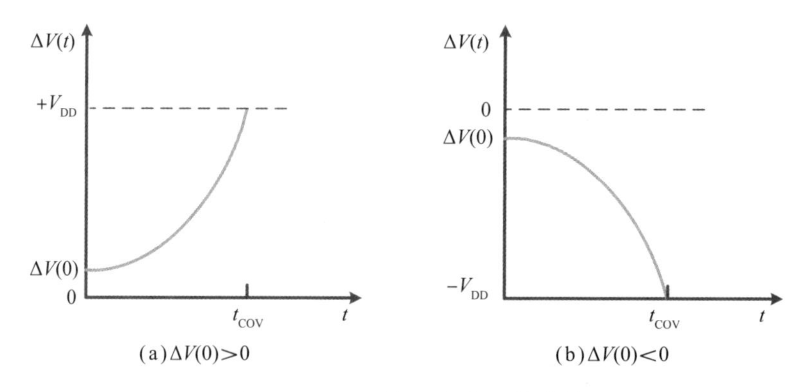

图 8.9 $\Delta V(t)$ 趋于稳态的收敛性

因此，$\Delta V(0) > 0$ 时，同步失败收敛到 $\Delta V = +V_{DD}$ 所需的时间可由下式给出：

$$t_{COV} = -\tau\log\left(\frac{\Delta V(0)}{V_{DD}}\right) \tag{8.6}$$

其中，$\log(\cdot)$ 表示的是以 e（≈ 2.71828）为底的自然对数。同样，对于 $\Delta V(0) \leqslant 0$，同步失败收敛到 $\Delta V = -V_{DD}$ 所需的时间也可以通过上述方式表示出来，这里不再赘述。收敛时间 t_{COV} 与 $\Delta V(0)$ 的关系如图 8.10 所示，当 $\Delta V(0) = 0$ 时，

触发器处于亚稳态，收敛时间 $t_{\mathrm{COV}}=\infty$；当 $\Delta V(0) = \pm V_{\mathrm{DD}}$ 时，触发器处于稳定状态，$t_{\mathrm{COV}}=0$。

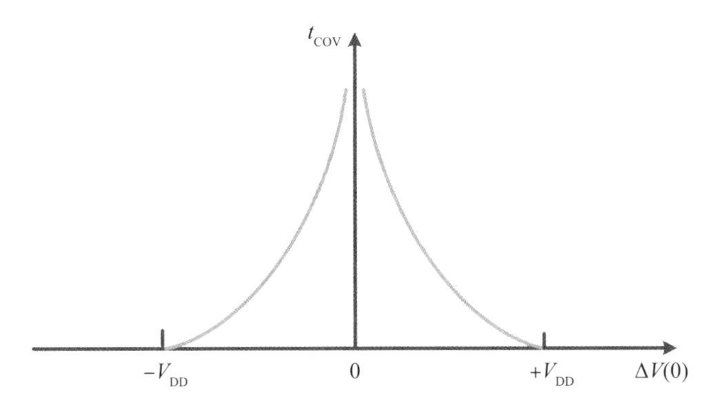

图 8.10 t_{COV} 与 $\Delta V(0)$ 的关系

假设触发器的 $\Delta V(0)$ 最初均匀分布在区间（0, $+V_{\mathrm{DD}}$）上，经过一段时间后达到稳定状态，即 $\Delta V(t)=V_{\mathrm{DD}}$，则 t_{COV} 收敛时间比等待时间 t_{W} 更长，状态错误的概率 P_{SE} 可表示为

$$P_{\mathrm{SE}}=P\left(t_{\mathrm{COV}}<t_{\mathrm{W}}\right)=P\left(\frac{\Delta V(0)}{V_{\mathrm{DD}}}>\exp\left(-\frac{t_{\mathrm{W}}}{\tau}\right)\right)=F_{\mathrm{U}}\left(\exp\left(-\frac{t_{\mathrm{W}}}{\tau}\right)\right) \tag{8.7}$$

其中，$P(\cdot)$ 为概率；$F_{\mathrm{U}}(\cdot)$ 为均匀随机变量的分布函数；$U=\dfrac{\Delta V(0)}{V_{\mathrm{DD}}}$。注意，$P_{\mathrm{SE}}$ 与 $U=\dfrac{\Delta V(0)}{V_{\mathrm{DD}}}<\exp\left(-\dfrac{t_{\mathrm{W}}}{\tau}\right)$ 的概率相等。当 U 均匀分布于 0 和 1 之间时，$F_{\mathrm{U}}(x)=x$，此时 P_{SE} 可简化为

$$P_{\mathrm{SE}}=\exp\left(-\frac{t_{\mathrm{W}}}{\tau}\right) \tag{8.8}$$

随着等待时间 t_{W} 的增加，状态错误概率 P_{SE} 呈指数递减。因此，减少状态错误概率的一个好方法是增加等待时间。

8.3.3 进入非法状态的概率

异步输入信号由具有时钟频率 f_{C}、建立时间 t_{S} 和保持时间 t_{H} 的触发器采样。触发器的输入必须在建立时间之前到达，并且保持到保持时间之后。换句话说，输入不能在图 8.11 中的斜线区域内改变，其中 $t_{\mathrm{C}}=1/f_{\mathrm{C}}$ 表示时钟周期。

在触发器的采样时钟周期内，假设异步输入信号在一个周期内的任意时刻发生变化的可能性相等，则导致触发器采样进入不稳定状态的建立时间或者保持时间的时序违例的错误概率 P_{SE} 可表示为

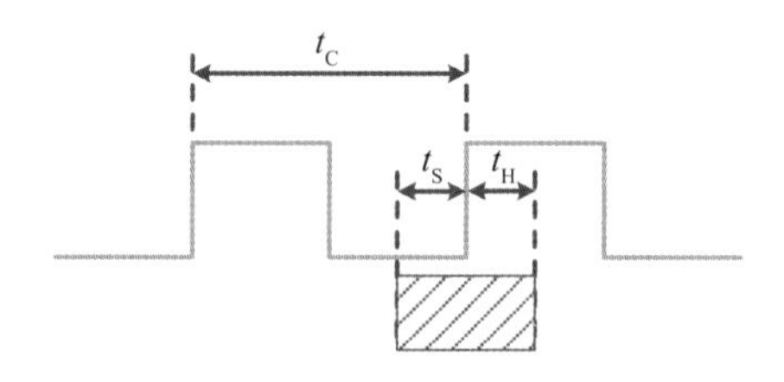

图 8.11 因为建立时间和保持时间的约束，输入不能在斜线区域内改变

$$P_{TE}=\frac{t_S+t_H}{t_C}=f_C\left(t_S+t_H\right) \tag{8.9}$$

如果异步输入信号的变化频率为f_I，那么时序错误的频率可表示为

$$f_{TE}=f_I P_{TE}=f_I f_C\left(t_S+t_H\right) \tag{8.10}$$

【示例 8.1】假设异步输入信号的变化在一个周期内的任何时刻都可能发生，且 $t_S=t_H=0.1\text{ns}$，$t_C=2\text{ns}$，$f_I=10\text{MHz}$，那么发生时序错误的频率是多少？

解答 将上述数值带入式（8.9）中：

$$P_{TE}=\frac{t_S+t_H}{t_C}=\frac{0.2\text{ns}}{2\text{ns}}=0.1$$

因此，由式（8.10）可知时序错误的频率为

$$f_{TE}=f_I P_{TE}=10\text{MHz}\times 0.1=1\text{MHz}$$

这个值相对来说比较高。

8.3.4 简单同步器

从上面的示例可以看到，直接对异步信号进行采样产生的高时序错误频率是不可接受的。对于这种频繁进入非法状态的问题，一个实际的解决办法是使其等待时间 t_W 之后，衰减到两个稳定状态之一。

如图 8.12 所示，将等待不稳定状态收敛到稳定状态与将潜在可能的不稳定信号分离这两种方法相结合，设计了一个可以有效降低同步失败率的同步器。单比特信号的同步通常使用简单的同步器来实现。触发器 FF1 对异步输入信号 a 进行采样，产生一个输出信号 a_r。因为时序错误发生的频率很高，信号 a_r 将会变得很不稳定，使 FF1 进入不稳定状态。为了保护系统的其余部分免受不安全信号的影响，我们需要等待一个（或多个）时钟周期，使 FF1 的任何非法状态衰减，然后 FF2 对其进行重新采样，以产生同步输出 a_{rr}。这样，输入信号就被输出时

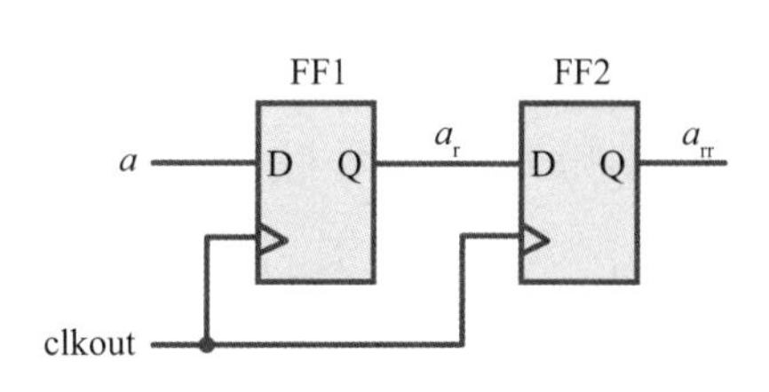

图 8.12 由两个背靠背触发器组成的简单同步器

钟采样了两次，正因为如此，这种简单的同步器也被称为两级同步器。两级同步方法隔离了不稳定信号 a_r 对 clkout 域的影响，并等待大约一个 clkout 周期，从而使 a_r 收敛到一个稳定的状态。

下面是两级同步器的 RTL 代码示例：

```
// 两级同步器 : 等待一个时钟周期
always @ (posedge clkout) begin
  a_r <= a;
  a_rr <= a_r;
end
```

图 8.13 是一个跨时钟域（CDC）问题。这里需要注意的是，输入信号 a 在时钟域 clkin 中必须缓存输出，这样在时钟上升沿信号 a 只发生一次传输，并且可以将信号的不稳定性问题降低到最小。此外，因为 clkout 的频率通常高于 clkin 的频率，所以同步信号 a 在时钟域 clkin 中如果是一个具有一个周期的高电平选通信号，则同步后的信号 a_{rr} 仍然可以捕获到该选通信号。

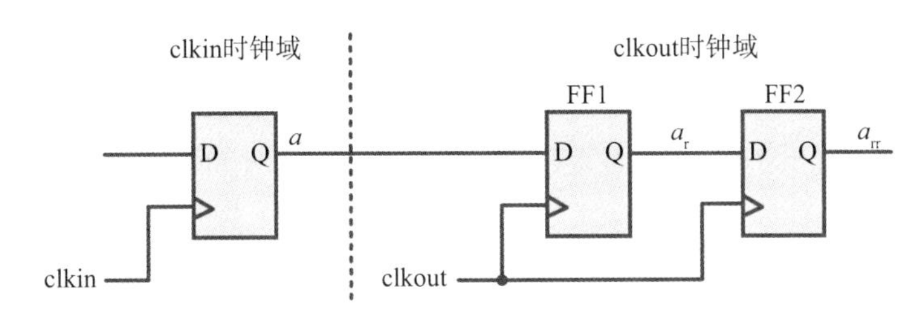

图 8.13 缓存输出 a 从时钟域 clkin 传递到时钟域 clkout

如图 8.14 所示，如果信号 a_r 的不稳定状态稳定到 a 的正确 / 错误逻辑，则同步信号 a_{rr} 迟早会出现正确的逻辑值。当 a_r 稳定到 a 的错误逻辑值时，在 clkout 的下一个上升沿，它将采样到 a 的正确逻辑值，并且不会有任何时序违例发生。

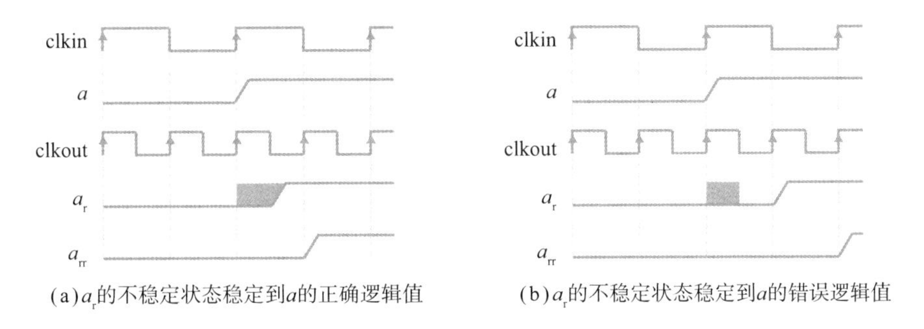

(a) a_r的不稳定状态稳定到a的正确逻辑值　(b) a_r的不稳定状态稳定到a的错误逻辑值

图 8.14

了解同步器的工作原理还是一件很有意思的事情。换句话说，需要导出 a_{rr} 在 a 传递后进入非法状态的概率，只有当 FF1 进入非法状态，并且该状态在被

FF2 重新采样之前没有收敛到稳定状态之一时，才会发生非法状态这种情况。FF1 进入非法状态的概率为 P_{TE}，等待时间 t_W 后保持非法状态的概率为 P_{SE}，则 FF2 进入非法状态的同步错误概率由下式给出

$$P_E = P_{TE}P_{SE} = \frac{t_S + t_H}{t_C}\exp\left(-\frac{t_W}{\tau}\right) \tag{8.11}$$

FF2 进入错误状态的同步错误频率为

$$f_E = f_I P_E \tag{8.12}$$

实际上，FF1 本身有一个延迟 t_{CQ} 反应在其输出 a_r 上。此外，FF2 在 clkout 的上升沿之前时间 t_S 捕获其输入 a_r。t_W、t_{CQ}、t_S 和 t_C 之间的关系如图 8.15 所示。

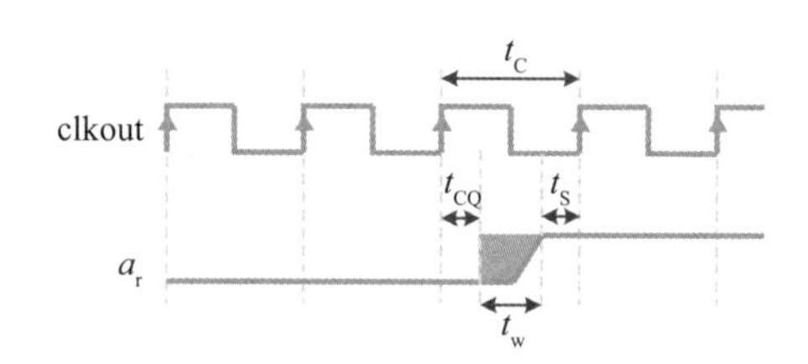

图 8.15 两级同步器中 t_W、t_{CQ}、t_S 和 t_C 之间的关系

因此，t_W 并不是一个完整的时钟周期，而是一个时钟周期减去一些必需的时间开销，如下式所示：

$$t_W = t_C - t_S - t_{CQ} \tag{8.13}$$

其中，t_{CQ} 是时钟到 Q 端的延迟。

【示例 8.2】 设 $t_S = t_H = t_{CQ} = \tau = 0.1\text{ns}$，$t_C = 2\text{ns}$，$f_1 = 10\text{MHz}$，求 FF2 进入错误状态的概率及同步失败的频率。

解答 由给出的条件得到 $t_W = 1.8\text{ns}$，FF2 进入错误状态同步错误的概率为 $P_e = \left(\frac{0.1\text{ns} + 0.1\text{ns}}{2\text{ns}}\right)\exp\left(-\frac{1.8\text{ns}}{0.1\text{ns}}\right) = 1.523\times10^{-9}$。因为信号 a 的传输频率为 $f_1 = 10\text{MHz}$，所以同步错误频率为 $f_E = f_1 P_E = (10\text{MHz})(1.523\times10^{-9}) = 0.0152\text{Hz}$。

如果同步失败的概率不够低，我们可以通过增加等待时间的方法来降低它，这主要是因为它与等待时间的指数成反比。最好为两个触发器添加一个时钟使能信号来实现这一点，并且触发器每 N 个时钟周期使能一次。图 8.16 中是 $N = 2$ 的两级同步器，clk_en 的频率是 clkout 频率的一半，所以在 clkout 时钟域，触发器 FF1 和 FF2 每 2 个时钟周期使能一次。

这样可以将等待时间延长到 $t_W = Nt_C - t_S - t_{CQ}$，如图 8.17 所示，其中的 $N = 2$。

使用时钟使能等待更长时间的方法，比使用多个触发器串联实现同步更有效。此外，除了触发器数量减少外，我们只需要在等待时间 t_W 中计算一次触发器开销时间（t_S+t_{CQ}）即可，不需要每个触发器都开销一次。

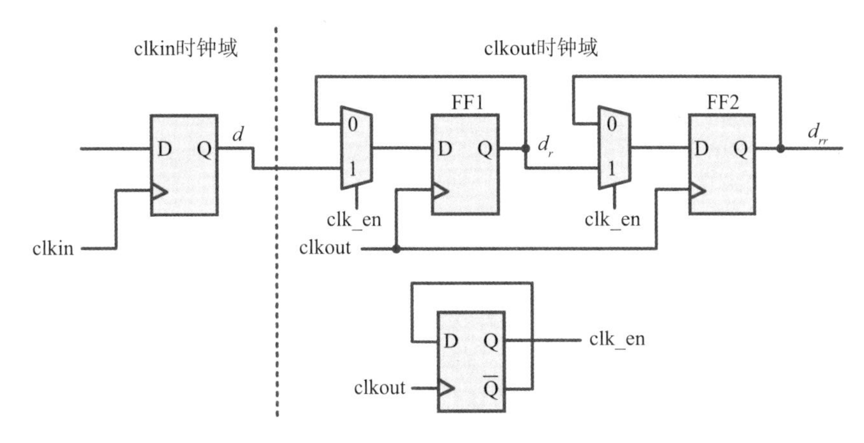

图 8.16　$N=2$ 的两级同步器，clkout 时钟域中的触发器每两个时钟周期使能一次

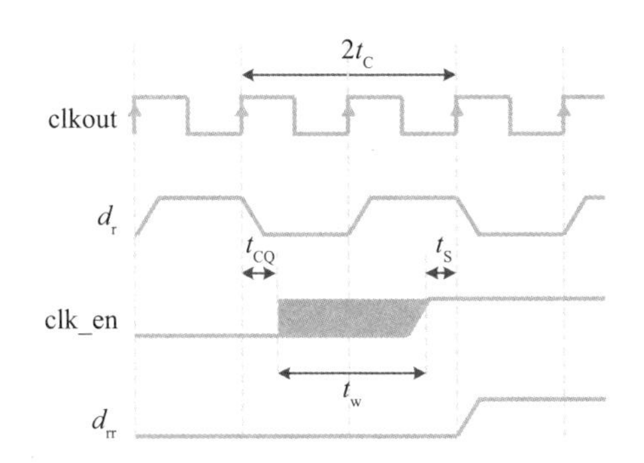

图 8.17　在 N=2 时，t_W、t_{CQ}、t_S 和 t_C 之间的关系

【示例 8.3】在上面的示例中，通过时钟使能信号修改简单的同步器，使简单的同步器等待两个时钟周期。

解答　等待时间此时变为 $t_W=Nt_C-t_S-t_{CQ}=2\times2-0.1-0.1=3.8\text{ns}$，FF2 进入错误状态的同步错误概率为 $P_E=0.1\exp(-38)=3.1391\times10^{-18}$。发生同步错误的频率为 $f_E=f_1P_E=(10\text{MHz})(3.1391\times10^{-18})=3.1391\times10^{-11}\text{Hz}$。

根据图 8.16 的电路结构，可以得到 $N=2$ 和时钟使能同步器的 RTL 代码，这里需要强调的一点是，虽然采样频率此时已经降低了一半，但是采样频率仍必须符合系统规范的要求。

```
// 两级同步器：等待两个时钟周期
// 采样频率减半
module sync(d_sync, d, clkout, rst_n);
output d_sync;
input d, clkout, rst_n;
```

```
reg d_r, d_rr, clk_en;
assign d_sync = d_rr;
always @ (posedge clkout or negedge rst_n)
  if (! rst_n) clk_en <= 1'b0;
  else clk_en <=~ clk_en;
always @ ( posedge clkout)
  if (clk_en) begin
    d_r <= d;
    d_rr <= d_r;
  end
endmodule
```

另一种方式是，通过增加触发器级联来增加等待时间，如图 8.18 所示。

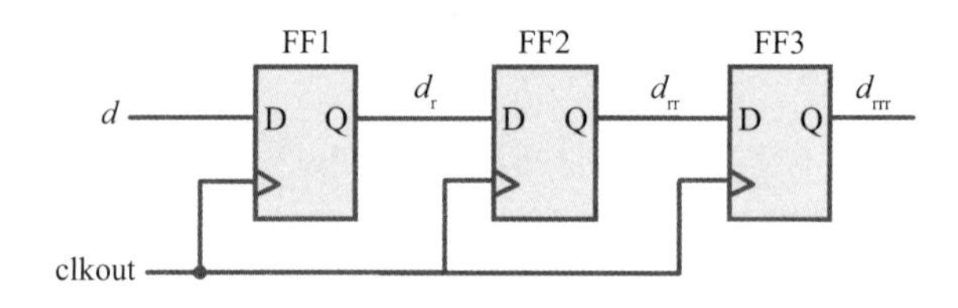

图 8.18 使用三个触发器级联实现的三级同步

采用触发器级联时，每增加一级触发器，等待时间就会增加 $t_C-t_S-t_{CQ}$。这是因为每个触发器都有一个时钟到 Q 的延迟 t_{CQ}，触发器采样的输入电压是在时钟上升沿之前的建立时间 t_S 处的电压。因此，N 个触发器级联同步时，等待时间为 $N(t_C-t_S-t_{CQ})$。所以三级同步等待的时间如图 8.19 所示。

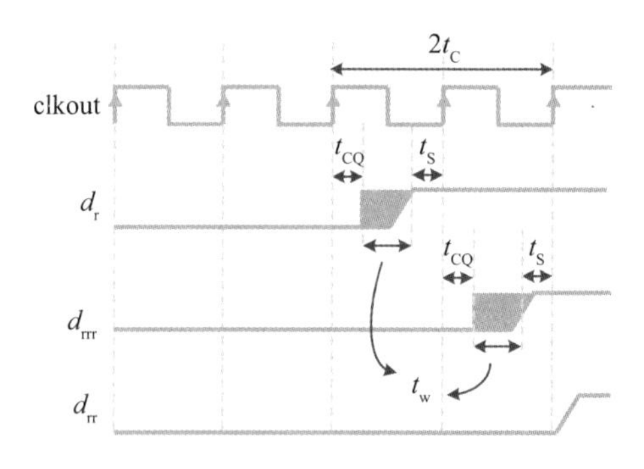

图 8.19 采用三级同步时，t_W、t_{CQ}、t_S 和 t_C 之间的关系

【示例 8.4】在上面的示例中，通过三个触发器级联的方式，实现简单同步器等待两个时钟周期。

解答 此时有 $t_W = N(t_C-t_S-t_{CQ}) = 2\times(2-0.1-0.1) = 3.6\text{ns}$，FF2 进入错误状态的同步错误概率为 $P_E = 0.1\exp(-36) = 2.3195\times10^{-10}\text{Hz}$，大约是上面示例的 10 倍。

根据图 8.16 的电路结构，可以得到 $N=2$ 和三级背靠背触发器级联同步器的 RTL 代码：

```
// 两级同步器：等待两个时钟周期
// 使用三个背靠背的触发器
module sync(d_sync, d, clkout);
output d_sync;
input d, clkout;
reg d_r, d_rr, d_rrr;
assign d_sync = d_rrr;
// 三级同步
always @ (posedge clkout ) begin
  d_r <= d;
  d_rr <= d_r;
  d_rrr <= d_rr;
end
endmodule
```

平均故障间隔时间（MTBF）可以表示为 $1/f_E=\dfrac{\exp\left(k_1 t_W\right)}{k_2 f_1 f_C}$，其中 k_1 和 k_2 是与触发器电气特性有关的常数。对于那些可靠性要求较高、异步输入较多的应用程序，应该研究我们所采用的实现结构的相关技术数据，并遵循制造商关于同步输入的建议。MTBF 与输入和采样时钟频率成反比。因此，更高的频率将导致更短的 MTBF，换句话说，会导致更频繁的同步失败。

同步失败的概率和 MTBF 取决于使用的系统及其用途。通常，我们希望使同步失败的概率明显小于其他一些系统故障或错误。例如，在通信系统中，线路的误码率为 10^{-8}，那么设计一个同步失败概率为 10^{-9} 或更低的同步器就够用了。

8.3.5 确定性多位同步器

简单的同步器只能同步单比特的信号。要对多比特信号进行同步，确保多比特信号的序列是确定的，必须要确保所有相邻的当前状态和下一状态一次只改变一比特。这样，将多比特信号的确定性同步问题简化为单比特信号的确定性同步问题，从而可以使用两级同步器进行同步，否则，就需要设计一个新的同步器。例如，在图 8.20 中，如果有一个 3 位计数器，从 3(3'b011) 计数到 4(3'b100)，在时钟 clk1 上升沿，计数器 cnt 的所有位都在变化。如果 clk1 和 clk2 是异步的，在 clk2 上升沿，cnt_r 的 3 个比特可能全部进入不稳定状态。在 clk2 的下一个上升沿时，如果 cnt_r 的任一位的不稳定状态没有稳定下来或者已经稳定下来，但收敛到错误的稳定状态时，则 cnt_rr 的 3 个触发器可能采样到错误的值。

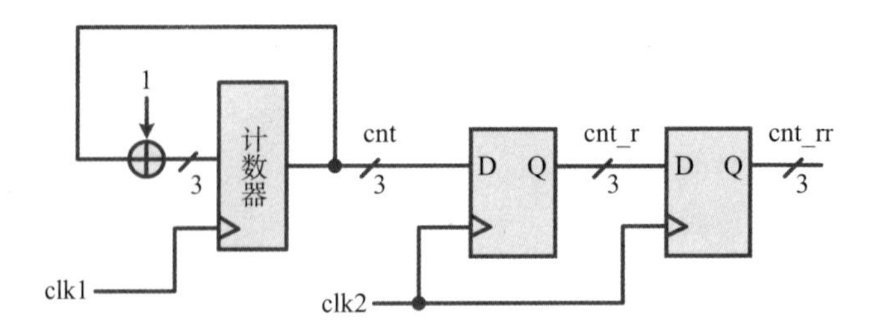

图 8.20 当计数器中的多个比特同时变化时，不正确的多比特信号同步方法

为了解决这样的问题，计数器的值可以使用流行的格雷码序列进行转换，格雷码序列每次改变时，所有相邻状态位只有一位发生变化，如图 8.21 所示。

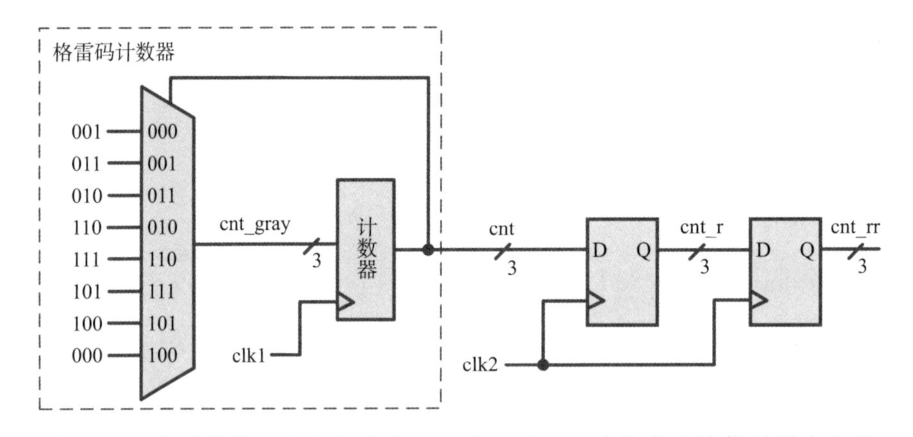

图 8.21 当计数器一次只能改变一个比特时，正确的多比特信号同步方法

生成此序列的 3 位格雷码计数器（cnt）的 Verilog 代码如下所示：

```
// 二级同步器前，进行二进制码转格雷码
reg [2:0] cnt, cnt_r, cnt_rr, cnt_gray;
always @ (posedge clk1 or posedge rst)
  if (rst) cnt <= 3'd0;
  else cnt <= cnt_gray;
always @ (*)
  case(cnt)
  3'b000:cnt_gray = 3'b001;
  3'b001:cnt_gray = 3'b011;
  3'b011:cnt_gray = 3'b010;
  3'b010:cnt_gray = 3'b110;
  3'b110:cnt_gray = 3'b111;
  3'b111:cnt_gray = 3'b101;
  3'b101:cnt_gray = 3'b100;
  default:cnt_gray = 3'b000;
  endcase
always @ (posedge clk2) begin
```

```
    cnt_r <= cnt;
    cnt_rr <= cnt_r;
  end
```

如果需要一个同步的非格雷码计数器，比如二进制计数器，那么，同步的格雷码计数器 cnt_rr 可以转换回二进码计数器，代码如下所示：

```
// 格雷码转换为二进制码
reg [2:0] cnt_bin;
always @ (*)
  case(cnt_rr)
  3'b001:cnt_bin = 3'b001;
  3'b011:cnt_bin = 3'b010;
  3'b010:cnt_bin = 3'b011;
  3'b110:cnt_bin = 3'b100;
  3'b111:cnt_bin = 3'b101;
  3'b101:cnt_bin = 3'b110;
  3'b100:cnt_bin = 3'b111;
  default:cnt_bin = 3'b000;
  endcase
```

n 位二进制码转格雷码可以使用下面的布尔表达式来实现：

$$\mathrm{gray}[i] = \mathrm{bin}[i+1] \oplus \mathrm{bin}[i]$$

其中，gray[i] 指的是格雷码，bin[i] 指的是二进制码（$i = 0, 1, \cdots, n-1$，bin[n] = 0）。

下面是用 Verilog 中的函数实现的 3 位二进制码转格雷码的代码：

```
// 二进制码转格雷码的函数
function [2:0] gray;
  input [2:0] bin;
  begin
    gray [2] = bin [2];
    gray [1] = bin [2] ^ bin [1];
    gray [0] = bin [1] ^ bin [0];
  end
endfunction
```

类似地，n 位格雷码转二进制码可使用下面的布尔表达式来实现：

$$\mathrm{bin}[i] = \mathrm{bin}[i+1] \oplus \mathrm{gray}[i]$$

其中，$i = 0, 1, \cdots, n-1$。

下面是用 Verilog 中的函数实现的 3 位格雷码转二进制码的代码：

```
// 格雷码转二进制码的函数
function [2:0] bin;
input [2:0] gray;
  begin
    bin [2] = gray [2];
    bin [1] = bin [2] ^ gray [1];
    bin [0] = bin [1] ^ gray [0];
  end
endfunction
```

可以看出，格雷码到二进制码的关键路径随着格雷码的位宽呈线性增加，而二进制码转格雷码的关键路径仅是一个异或门，且与位宽无关。当位宽变宽时，使用布尔表达式实现二进制码与格雷码之间的转换通常比使用 case 语句实现的关键路径更长，但面积更小。

生成由 2^N 个数字组成的格雷码序列很简单，其中 N 为大于等于 1 的整数。然而，你所期望的计数数目可能不是 2 的幂。尽管如此，如果我们想要一个具有任意偶数序列的格雷码，它仍然可以从具有 2^N 个数字序列的原始格雷码中导出。例如，在图 8.22 中给出了一个 $N = 3$ 的格雷码。可以观察到，在 LSB（无论是 1 还是 0）相同的一对相邻编码（图中圈出的编码）的前后，总是相差正好 1 位。

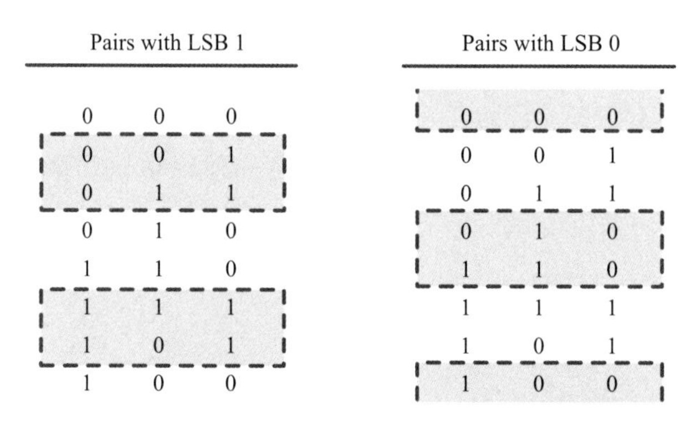

图 8.22 具有相同 LSB 的一对相邻格雷码

因此，可以将圈出的编码删除，以便剩余的编码仍然具有格雷码的属性。例如，如果我们将具有相同 LSB 的圈出的两个编码 001 和 011 去掉，就会得到一个有 6 个编码的序列，这个剩下的序列的相邻编码仍然只相差一位。如果我们进一步将具有相同 LSB（为 1）圈出的两个编码 111 和 101 删除，我们就会得到一个具有 4 个编码的序列。从而，最终可以获得具有任意偶数序列的格雷码。类似的方法可用于具有相同 LSB（为 0）圈出的编码。

但是，不可能以类似的方式导出具有任意奇数个数的格雷码。而实际上，可以通过折叠偶数格雷码来导出奇数格雷码。例如，为了得到 3 个编码的序列，假设有个 6 码序列 000、010、110、111、101 和 100，那么，6 码序列中以 3 个码分隔的码表示相同的二进制计数，也就是说，000 和 111 代表二进制 0,010 和 101 代表二进制 1,110 和 100 代表二进制 2。

8.3.6 不带流控的FIFO实现的不确定性多位同步器

对于随机数据，采样信号可以从任意当前状态转换到任意下一状态。此时，我们不能保证它的变化会像一个具有确定性序列的计数器，使用其中只有一位发生变化的格雷码进行表示。因此，我们不能对具有多个比特的任意随机信号使用简单的同步器。最常见的多比特同步器是使用 FIFO 的同步器，如图 8.23 所示。所有这些背后的关键概念就是将同步需求从多位数据路径的同步转换到具有单比特或格雷编码序列的控制路径的同步上。

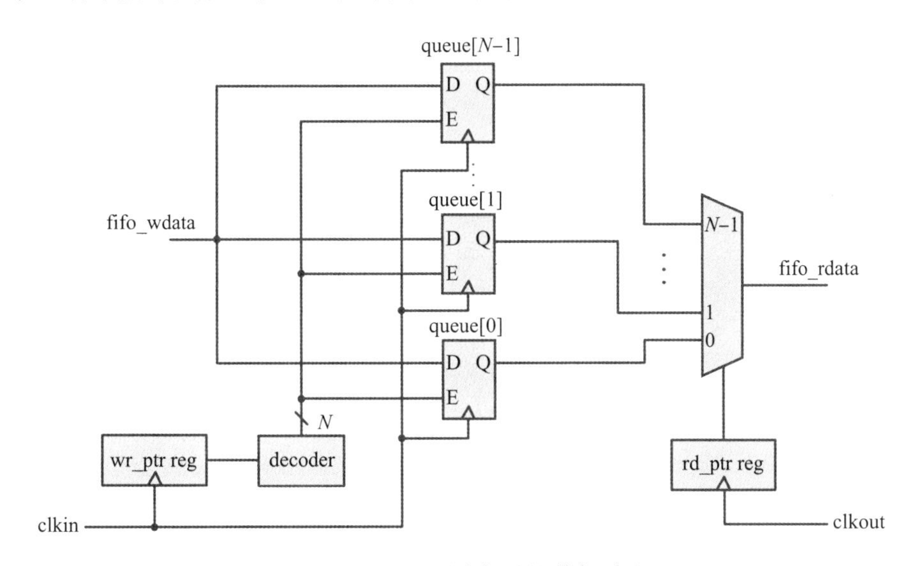

图 8.23 FIFO 同步器的数据路径

我们假设 FIFO 同步器使用一组 queue[0] 到 queue[N–1] 寄存器作为 FIFO 内存。数据在输入时钟（clkin）的控制下写入 FIFO 内存，在输出时钟（clkout）的控制下从 FIFO 内存中读出。写指针 wr_ptr 选择 FIFO 内存中下一个要写入的地址，读指针 rd_ptr 选择下一个要读取的地址。数据会写到 FIFO 写指针指向的地址，并从读指针指向的地址读出数据。数据被添加到 FIFO 写入指针（或尾部）指向地址，并从 FIFO 读指针（或头部）指向地址取出。读指针用于通过多路选择器的选择引脚选择 FIFO 输出数据。写指针由译码器译码为独热码来驱动对应寄存器的使能信号。再对计数器使用格雷码使它们能够在控制路径中通过简单的确定性的多比特同步器实现同步。

图 8.24 中的时序图显示了具有四个寄存器（queue[0] 到 queue[3]）的

FIFO 同步器的操作时序。输入时钟 clkin 通常比输出时钟 clkout 慢。在输入时钟 clkin 的每个上升沿，输入端口上的新数据 fifo_wdata 被写入写指针 wr_ptr 指向的寄存器，并且该写指针以格雷码（00、01、11、10）的形式重复递增。也就是说，第一个数据 *a* 写入寄存器 queue[0]，第二个数据 *b* 写入 queue[1]，*c* 写入 queue[3]，以此类推。这个 FIFO 是通过环形缓冲器的方式实现的。当写入最后一个元素 queue[2] 时，下一个要写入的元素将会是第一个元素 queue[0]。

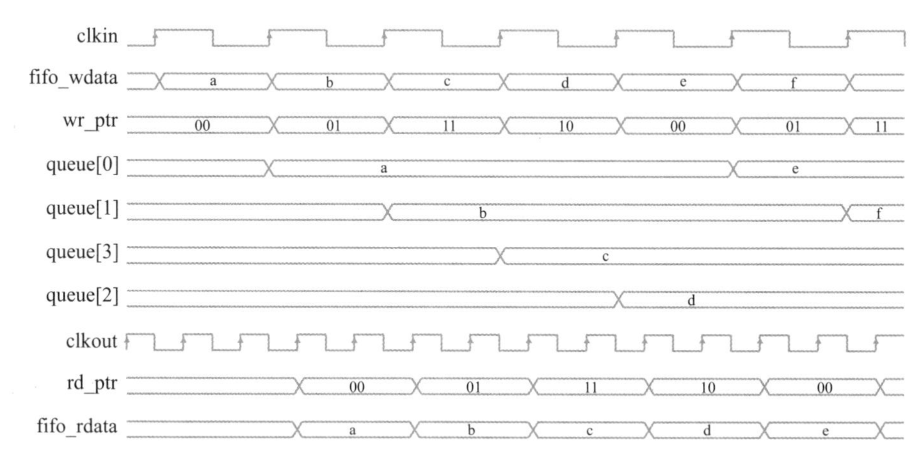

图 8.24 有四个寄存器（queue[0] 到 queue[3]）的 FIFO 同步器的时序图

在输出侧，在时钟 clkout 的每个上升沿格雷码编码的读指针都会递增，依次选取每个寄存器。刚开始，rd_ptr 是 00，它选择寄存器 queue[0] 的内容 *a* 来驱动输出端口 fifo_rdata。clkout 的第二个上升沿 rd_ptr 指向 01，并从 queue[1] 中选择 *b* 驱动到输出上。在第三个时钟沿，rd_ptr 指向 11，从 queue[3] 中选择 *c*，以此类推。当最后一个元素 queue[2] 被读取后，下一个要读取的元素就又是第一个元素 queue[0] 了。由此可以看出，存储在 queue[0] 到 queue[3] 中的数据已经扩展到 clkin 的四个时钟周期了。通过使用多个寄存器来延长输入数据的有效期，可以使 FIFO 同步器读取输出数据 fifo_rdata 时不再经历任何不稳定状态或者过渡状态。因此，如果读指针选择的数据是稳定的（在转换之后），则不可能违反 clkout 数据路径中的建立时间和保持时间，甚至在使用队列数据之前，可以有多个周期用于读取队列中的数据。

在 FIFO 同步器中，clkout 的频率通常高于 clkin 的频率，因此，读访问的频率通常高于写访问的频率。在这种情况下，FIFO 不会出现溢出，所以，FIFO 的输出和输入操作永远不会停止下来，否则，只需要使用流控机制将对于同步的需要转移到控制路径即可。clkin 域中的 wr_ptr 和 clkout 域中的 rd_ptr 分别用于实现写访问和读访问操作。

【示例 8.5】如图 8.25 所示，设计一个没有流控的 FIFO 同步器。因为不需要使用流控机制，所以输出数据的速度可以大于等于输入数据速度。请编写 RTL 代码，并确定 FIFO 在最坏情况下队列的深度，使之不会产生溢出。当 clkin 和 clkout 的频率相同时，此时队列深度最长。此外，这里假定读访问的频率与写访问的频率相同。

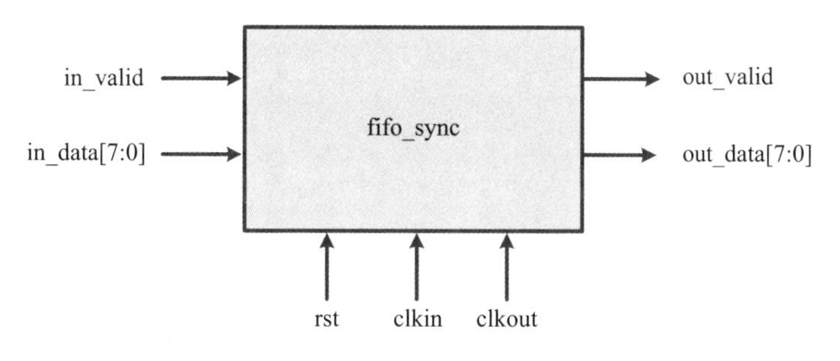

图 8.25 FIFO 同步器接口

输出有效信号 out_valid 用于指示 FIFO 队列的非空状态。当同步的 wr_ptr（到 clkout 域）与 rd_ptr 不同时，out_valid 为真。为了同步 wr_ptr，使用格雷码对其进行编码。即使设计了合理的 FIFO 同步器，并且保证不会产生溢出，FIFO 的队列深度也足够大，但是，因为 wr_ptr 从 clkin 到 clkout 域是两级同步的，所以，在 clkout 域可能仍然会导致（最坏情况）存在 2 个周期的延迟。

解答 图 8.26 展示了使用环形缓冲器实现的深度为 10 的 FIFO。当写指针 wr_ptr 和读取指针 rd_ptr 相同时，FIFO 可能为空，也可能为满。例如，在图 8.26 中，显示了初始状态的写指针和读指针，假设此时没有写访问，wr_ptr 就是固定不变的。在完成 4 次读访问操作之后，rd_ptr = wr_ptr = 2，此时 FIFO 为空。再举一个例子，假设没有读访问操作，则此时 rd_ptr 是固定不变的。在完成 6 次写访问操作之后，rd_ptr = wr_ptr = 8，此时表示 FIFO 已满。

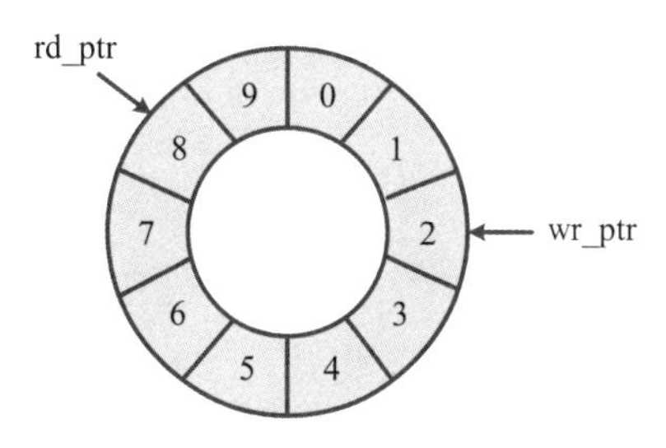

图 8.26 通过读写指针索引 FIFO 存储器

为了仅使用读写指针（没有使用队列长度计数器）轻松地区分 FIFO 空满状态，FIFO 中的一个空间通常故意不占用，因此，当写指针和读指针相同时，利用这个空间可以判定 FIFO 为空。当“下一个”写指针和读指针相同时，则 FIFO 是满的，因为此时 FIFO 中有一个空间没有被使用。因此，当写指针和读指针不相同时，out_valid 信号为真。

考虑到两级同步和突发写入操作，out_valid 触发得最晚（由于 wr_ptr 的两级触发器同步）情况对于队列深度（最长）来说也是一种最差的情况，其时序关系如图 8.27 所示。因为 wr_ptr 的两级同步作用，导致 out_valid 指示的读访问操作被延迟了。突 8.27 的时序图展示了两种可能的情况：

（1）没有时序违例。在第 3 个周期，正确的“wr_ptr_r = 0”出现。

（2）在 clkout 的第二个时钟上升沿存在时序违例，并且不幸的是，此时被采样的 wr_ptr_r 是在第 2 个周期中稳定的错误的逻辑值。因此，在 clkout 的第三个时钟上升沿，正确的“wr_ptr = 0”在第 3 个周期中才被 wr_ptr_r 捕获到。

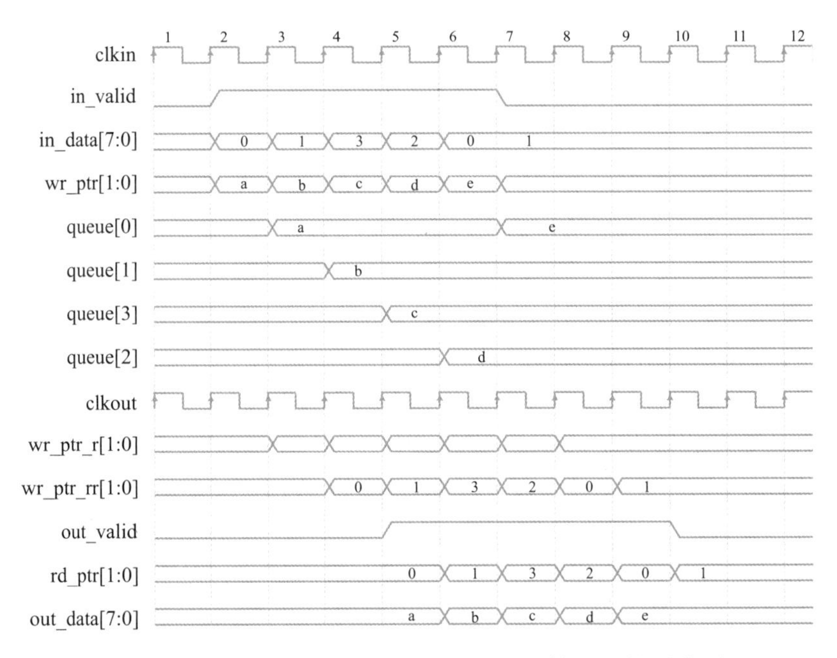

图 8.27 深度为 4 的同步 FIFO 在最差情况下的时序图
（clkin 和 clkout 的频率是一样的）

如前所述，out_valid 第一次触发是在第 5 个周期。在这个周期中，最后一个 queue[2] 被写入，queue[0] 被读走，此时仍然有一个空间未被占用。因此，为了防止溢出，这个队列的最长深度应为 4。

out_valid 触发最早的情况对于队列深度（最短）来说是一种最好的情况，其时序关系如图 8.28 所示。在这种情况下，clkout 的上升沿比 clkin 的上升沿稍微晚一点出现，并且幸运的是，在 clkout 的第 2 个上升沿，正确的“wr_ptr = 0”就被 wr_ptr_r 有效捕获到。因此，out_valid 会在第 4 个周期触发。在这个周期中，queue[3] 被写入，queue[0] 被有效读走。因此，此时可以有效防止溢出情况的出现，此时队列的最小深度是 3。

基于上述，我们将根据最坏情况的设计要求设计了一个队列深度为 4 的 FIFO。与示例 7.7 中的 fifo_ctrl 类似，在 clkin 域有一个 wr_ptr 指示写地址，在 clkout 域有一个 rd_ptr 用于指示读地址。为了降低同步器设计的复杂性，将格雷码编码的 wr_ptr 信号两级同步到 clkout 域，用于指示队列的非空（或 out_valid）状态。

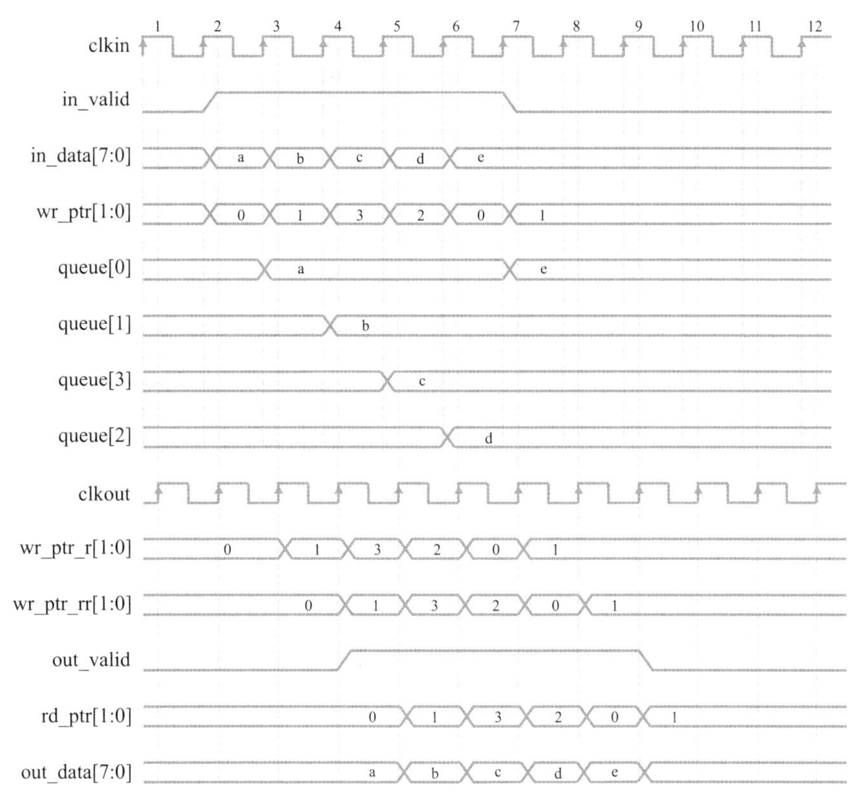

图 8.28 深度为 4 的同步 FIFO 在最好情况下的时序图（clkin 和 clkout 的频率是一样的）

FIFO 满时，读写指针相同；在 FIFO 空时，读写指针也是相同的。为了区分 FIFO 满状态和 FIFO 空状态，当下一个写指针等于当前的读指针时，FIFO 满触发。这就意味着会有一个寄存器未被占用，也意味着会浪费一个缓存空间。只要 rd_ptr 和同步写指针 wr_ptr_rr 不相同，就触发 out_valid。具体的 RTL 代码如下所示：

```
// 没有流控的 FIFO 同步器
module fifo_sync(out_valid, out_data, in_valid, in_data,
  clkin, clkout, rst );
output out_valid;
output [7:0] out_data;
input in_valid;
input [7:0] in_data;
input clkin, clkout, rst;
reg [1:0] wr_ptr, wr_ptr_r, wr_ptr_rr, rd_ptr;
reg [7:0] queue [0:3];
```

```
reg [7:0] out_data;
// ****************
// * clkin 域
// ****************
always @ (posedge clkin or posedge rst)
  if (rst) wr_ptr <= 0;
  else if (in_valid) begin
    case(wr_ptr) // 格雷码编码的指针
    2'b00:wr_ptr <= 2'b01;
    2'b01:wr_ptr <= 2'b11;
    2'b11:wr_ptr <= 2'b10;
    2'b10:wr_ptr <= 2'b00;
    endcase
  end
always @ (posedge clkin)
  if (in_valid) begin
    // case 语句可以很容易地替换为 queue [wr_ptr] <= in_data;
    case(wr_ptr) // 格雷码编码的指针
    2'b00:queue [0] <= in_data;
    2'b01:queue [1] <= in_data;
    2'b11:queue [3] <= in_data;
    2'b10:queue [2] <= in_data;
    endcase
  end
// ****************
// * clkout 域
// ****************
// 两级同步
always @ (posedge clkout or posedge rst)
  if (rst) begin
    wr_ptr_r <= 0;
    wr_ptr_rr <= 0;
  end
  else begin
    wr_ptr_r <= wr_ptr;
    wr_ptr_rr <= wr_ptr_r;
  end
assign out_valid = wr_ptr_rr != rd_ptr;
always @ (posedge clkout or posedge rst)
  if (rst) rd_ptr <= 0;
  else if (out_valid) begin
    case(rd_ptr) // 格雷码编码的指针
```

```
      2'b00:rd_ptr <= 2'b01;
      2'b01:rd_ptr <= 2'b11;
      2'b11:rd_ptr <= 2'b10;
      2'b10:rd_ptr <= 2'b00;
      endcase
    end
  always @ (*)
    // case 语句可以很容易地替换为 out_data = queue [rd_ptr];
    case(rd_ptr)
    2'b00:out_data = queue [0];
    2'b01:out_data = queue [1];
    2'b11:out_data = queue [3];
    2'b10:out_data = queue [2];
    endcase
  endmodule
```

【示例 8.6】重新设计不带流控的 FIFO 同步器，FIFO 所有的空间都必须利用。

解答 要想利用 FIFO 所有的空间，就必须使用 queue_length 计数器。为了方便生成 out_valid 信号，queue_length 计数器位于 clkout 域中。由于可以使用 queue_length 计数器生成 out_valid 信号，因此不再需要对 wr_ptr 进行两级同步。但是，我们需要对单信号 in_valid 进行同步，用于计算队列的长度，这样一来电路的面积就会减少。对应的 RTL 代码片段如下，其他部分代码与前面示例的 RTL 代码相同，在此不再赘述。

```
  // ****************
  // * clkout 域
  // ****************
  reg in_valid_r, in_valid_rr;
  reg [2:0] queue_length;
  // 两级同步
  always @ (posedge clkout or posedge rst)
    if (rst) begin
      in_valid_r <= 0;
      in_valid_rr <= 0;
      in_valid_rrr <= 0;
    end
    else begin
      in_valid_r <= in_valid;
      in_valid_rr <= in_valid_r;
      in_valid_rrr <= in_valid_rr;
    end
```

```
assign out_valid = queue_length != 0;
assign fifo_wr = in_valid_rr &~ in_valid_rrr;
assign fifo_rd = out_valid;
always @ (posedge clkout or negedge rst_n)
  if (! rst_n)
    queue_length <= 0;
  else if (fifo_wr &&! fifo_rd)
    queue_length <= queue_length + 1'b1;
  else if (fifo_rd &&! fifo_wr)
    queue_length <= queue_length-1'b1;
```

因为 clkin 的频率通常比 clkout 慢，所以，信号 in_valid 的同步信号 in_valid_rr 可能比较长，并且跨越了 clkout 的几个时钟周期。因此，应该通过 in_valid_rr 限定 in_valid_rrr，即 in_valid_rr& ~ in_valid_rrr，以便可以得到一个单周期输入的有效指示。

8.3.7 带流控的FIFO实现的不确定性多位同步器

一般来说，FIFO 同步器是一种常用的方法，可以将多位数据从一个时钟域传递到另一个时钟域。当两个时钟域的访问速度不同时，有时需要使用流控机制来防止 FIFO 的上下溢。当写入访问速度快于读取访问速度时，FIFO 将最终上溢，如果在 FIFO 满时写入数据，则数据将会丢失。为了避免数据的丢失，我们必须在输入接口中采用流控机制。同样，输出接口也应采用流控机制，以防止在 FIFO 为空时对 FIFO 进行读访问操作，读取到无效数据。

带有流控的 FIFO 同步器接口如图 8.29 所示。在输入和输出接口上，如果发送器在数据总线上有有效数据，则 valid 信号为真，如果接收器准备好接收新数据，则 ready 信号为真。只有当 valid 信号和 ready 信号都为真时，才会进行数据传输。

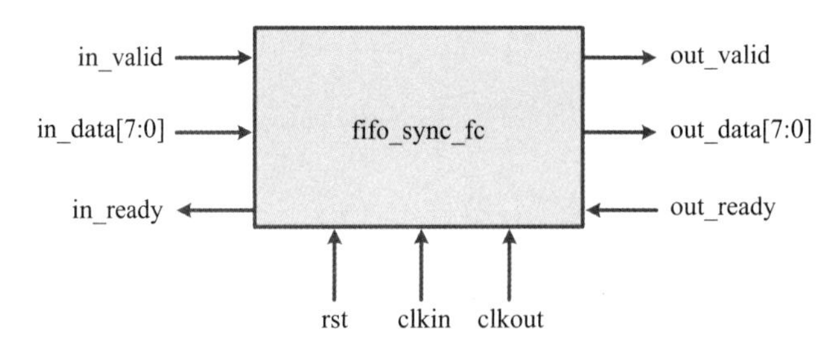

图 8.29 带有流控的 FIFO 同步器的接口

在输入接口这一侧，in_ready 信号指示 FIFO 队列的缓冲区的未满状态，它是通过比较读写指针得到的。但不幸的是，因为读写指针分别在不同的时钟域（即 clkin 域和 clkout 域），所以这种比较实际上就变得比较复杂了。通过确定性多位同步器，我们在 clkin 域生成一个被同步后的读指针 rd_ptr_rr。类似地，在输出接口这一侧，out_valid 信号指示 FIFO 队列中的缓冲区的非空状态，它也是通过比较写指针和读指针得到的。通过确定性多位同步器，我们在 clkout 域生成一个被同步后的写指针 wr_ptr_rr。

基于读写指针，可以得到 in_ready 信号和 out_valid 信号。但是，如果我们要使用 FIFO 所有的条目，那么当读写指针相同时，FIFO 队列此时可能处于满状态，也可能处于空状态。并且非常不幸的是，这两种情况很难区分，特别是当 clkin 和 clkout 的时钟频率不同时。因此，如下所示，当下一个写指针 next_wr_ptr 和读指针相同时，我们简单声明的深度为 4 的 FIFO 已满（有一个条目空间没有占用）。而当写指针和读指针不相同时，我们则认为 FIFO 此时非空。

```
// 流控机制
wire in_ready, out_valid;
reg [1:0] next_wr_ptr;
assign in_ready =~(next_wr_ptr == rd_ptr_rr);
always @ (*)
  case(wr_ptr) // 格雷码编码的指针
  2'b00:next_wr_ptr = 2'b01;
  2'b01:next_wr_ptr = 2'b11;
  2'b11:next_wr_ptr = 2'b10;
  2'b10:next_wr_ptr = 2'b00;
  endcase
assign out_valid =~ ( wr_ptr_rr == rd_ptr );
```

相较于最初的指针，同步操作会延迟读写指针，但这种延迟不会导致队列上下溢。也就是说，同步的 rd_ptr_rr 和 wr_ptr_rr 分别导致的写访问和读访问操作的延迟是允许的。因此，队列的满状态会延迟释放，同样的队列的非空状态也会滞后指示，这也将会使输入输出接口的读写访问操作在适当的时候停止下来。

具有流控的深度为 4 的不确定性 FIFO 同步器的 RTL 代码如下。除流控机制外，具有流控的 FIFO 同步器中的 RTL 代码大部分与不具有流控的 FIFO 同步器中的 RTL 代码相同，此处也不再赘述。

```
// 带有流控的 FIFO 同步器
module fifo_sync_fc(in_valid, in_data, in_ready, out_valid,
  out_data, out_ready, clkin, clkout, rst);
// 输入接口
input in_valid;
input [7:0] in_data;
```

```
output in_ready;
// 输出接口
output out_valid;
output [7:0] out_data;
input out_ready;
input clkin, clkout, rst;
reg [1:0] wr_ptr, rd_ptr, next_wr_ptr;
reg [7:0] queue [0:3];
wire in_wr_en;
reg [1:0] wr_ptr_r, wr_ptr_rr;
wire out_rd_en;
reg [1:0] rd_ptr_r, rd_ptr_rr;
reg [7:0] out_data;
// ****************
// * clkin 域
// ****************
assign in_ready =~(next_wr_ptr == rd_ptr_rr);
always @ (*)
  case( wr_ptr ) // 格雷码编码的指针
  2'b00:next_wr_ptr = 2'b01;
  2'b01:next_wr_ptr = 2'b11;
  2'b11:next_wr_ptr = 2'b10;
  2'b10:next_wr_ptr = 2'b00;
  endcase
// 两级同步
always @ (posedge clkin or posedge rst)
  if (rst) begin
    rd_ptr_r <= 0;
    rd_ptr_rr <= 0;
  end
  else begin
    rd_ptr_r <= rd_ptr;
    rd_ptr_rr <= rd_ptr_r;
  end
assign in_wr_en = in_valid & in_ready;
always @ (posedge clkin or posedge rst)
  if (rst) wr_ptr <= 0;
  else if (in_wr_en) begin
    case(wr_ptr) // 格雷码编码的指针
    2'b00:wr_ptr <= 2'b01;
    2'b01:wr_ptr <= 2'b11;
    2'b11:wr_ptr <= 2'b10;
```

```
    2'b10:wr_ptr <= 2'b00;
    endcase
  end
always @ (posedge clkin)
  if (in_wr_en) begin
    case(wr_ptr) // 格雷码编码的指针
    2'b00:queue [0] <= in_data;
    2'b01:queue [1] <= in_data;
    2'b11:queue [3] <= in_data;
    2'b10:queue [2] <= in_data;
    endcase
  end
// ****************
/ * clkout 域
// ****************
assign out_valid =~ (wr_ptr_rr == rd_ptr);
// Double sync
always @ (posedge clkout or posedge rst)
  if (rst) begin
    wr_ptr_r <= 0;
    wr_ptr_rr <= 0;
  end
  else begin
    wr_ptr_r <= wr_ptr;
    wr_ptr_rr <= wr_ptr_r;
  end
assign out_rd_en = out_valid & out_ready;
always @ (posedge clkout or posedge rst)
  if (rst) rd_ptr <= 0;
  else if (out_rd_en) begin
    case(rd_ptr) // 格雷码编码的指针
    2'b00:rd_ptr <= 2'b01;
    2'b01:rd_ptr <= 2'b11;
    2'b11:rd_ptr <= 2'b10;
    2'b10:rd_ptr <= 2'b00;
    endcase
  end
always @ (*)
case( rd_ptr )
  2'b00:out_data = queue [0];
  2'b01:out_data = queue [1];
  2'b11:out_data = queue [3];
```

```
    2'b10:out_data = queue [2];
    endcase
  endmodule
```

带流控的不确定性FIFO同步器的时序图如图8.30所示，假定信号out_ready每2个周期触发一次。

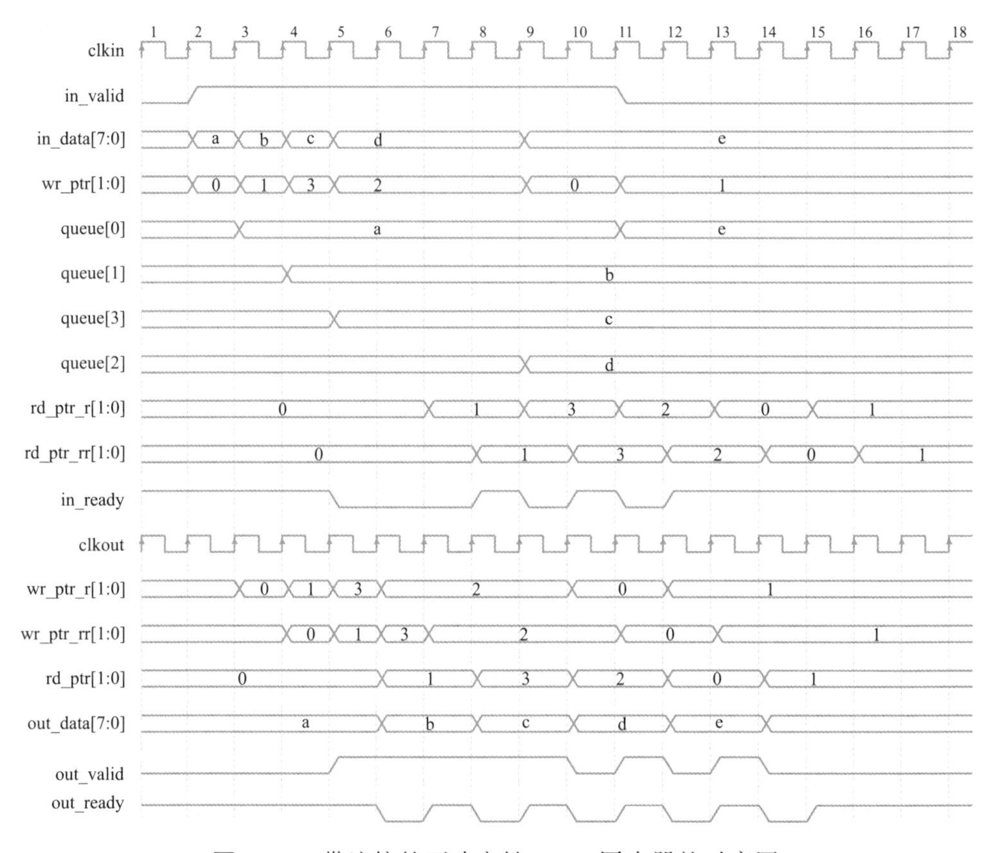

图8.30 带流控的不确定性FIFO同步器的时序图

8.4 计算机组成

8.4.1 嵌入式处理器

与通用的个人电脑不同，嵌入式系统中的处理器需要使用所需的资源完成特定的操作，如图8.31所示。处理器执行的程序以二进制码的形式存储在指令存储区中。程序所操作的数据则存储在数据存储区中。指令存储区和数据存储区在嵌入式系统中通常是分开的，这种结构也就是通常所说的哈佛结构。通常我们将指令存储在ROM或者FLASH中，数据则存储在RAM中，这是因为在嵌入式计算机中，指令通常在系统制造过程中是固定的，并且指令的存储空间也是事先已知的。I/O 控制器控制嵌入式处理器处理从外围设备输入的数据并输出结果。加速器是一种专用电路，用于实现特定的任务，并且实现起来比处理器更高效。

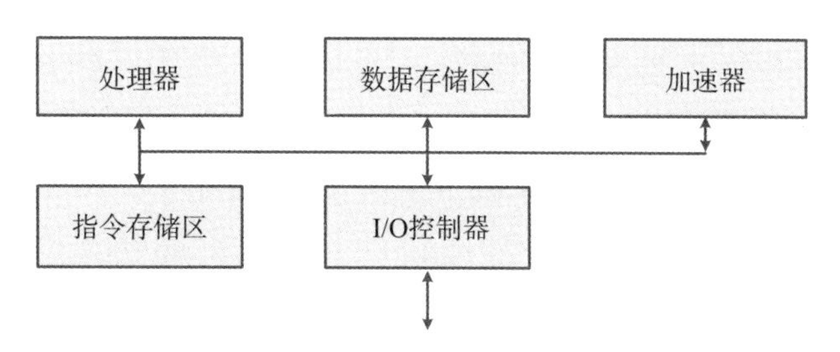

图 8.31 嵌入式计算机的组成

嵌入式计算机的互连可以采用简单的总线或者复杂的交叉开关。对于高性能的嵌入式系统，可能有单独的总线分别用于连接指令存储区、数据存储区和 I/O 控制器与 CPU，如图 8.32 所示

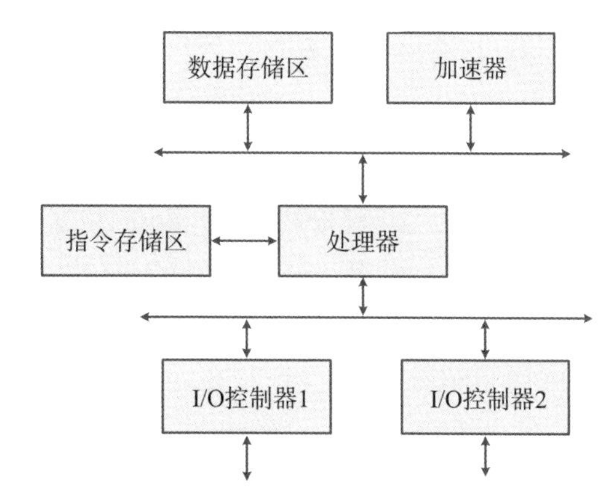

图 8.32 具有多条总线的高性能嵌入式计算机系统：用于指令存储区的总线、用于数据存储区和加速器的总线，以及用于 I/O 控制器的总线

DSP 是一种专用的处理元件，主要对数字化信号的各种操作进行优化，例如音频、视频和来自传感器的其他数据流。尽管如此，应用程序仍然需要一个通用处理器来执行其他一些任务，例如与用户交互，和系统操作进行协作等。因此，在异构多处理器系统中，DSP 经常与 CPU 结合使用。

8.4.2 指令和数据

CPU 执行的功能都是由一系列指令组成的程序指定的。给定 CPU 的指令系统是该 CPU 的指令集。我们还可以使用术语指令体系结构（ISA）来指代对程序员可见的指令集和 CPU 寄存器。程序的指令以二进制码的形式连续存储在指令存储区。CPU 执行程序的过程就是重复以下步骤：

（1）从指令区取指。

（2）对指令译码，以确定要执行的操作。

（3）执行操作。

为了追踪下一条要获取的指令，CPU 有一个叫做程序计数器的特殊寄存器 PC，其中保存着下一条指令的地址。在取指步骤中，CPU 根据 PC 中的内容，从指令存储区进行取指操作，然后自动完成对 PC 的递增。在解码步骤中，CPU 决定执行指令指定的操作所需的资源。在低端 CPU 中，译码步骤很简单，相比之下，在复杂 CPU 中，解码可能会涉及诸如资源冲突检查、数据可用性以及等待资源空闲等操作。在执行步骤中，CPU 会激活相应的资源来执行操作，这包括使用解码步骤中生成的控制信号来选择所需的操作数，使 ALU 能够执行所需的操作，并将结果发送到对应的目标寄存器。

在非流水线 CPU 中，这些步骤都是顺序执行的，当指令完成时，CPU 再次启动下一条指令的取指步骤。但是，现代高性能 CPU 可以实现这些步骤的交叠，就好像这些步骤是顺序执行的一样。在 CPU 内，用于实现并发执行多条指令的技术包括流水线技术和超标量技术。

8.4.3 加密处理器

我们将设计一个简单的 8 位加密处理器来实现 AES 加密算法。AES 的明文块大小固定为 128 位，密钥大小有 128 位、192 位或 256 位。128 位明文可以用以下二维数组表示：

$$\begin{bmatrix} a_{0,0} & a_{0,1} & a_{0,2} & a_{0,3} \\ a_{1,0} & a_{1,1} & a_{1,2} & a_{1,3} \\ a_{2,0} & a_{2,1} & a_{2,2} & a_{2,3} \\ a_{3,0} & a_{3,1} & a_{3,2} & a_{3,3} \end{bmatrix} \tag{8.14}$$

其中，$a_{i,j}$ 是一个 8 位二进制数，称之为 AES 的状态，$i, j = 0, 1, 2, 3$。

加密处理器的框图和接口如图 8.33 所示。稍后将详细介绍控制单元和数据路径的设计。程序存储在用 ROM 实现的指令存储区中，数据则存储在用 RAM 实现的数据存储区中。处理器需要一个 256 × 16 位的指令存储器和一个 256 × 8 位的数据存储器。因为最大密钥的大小为 256 位，所以我们需要 15 个密钥，每个密钥为 128 位（16 字节）。因此，数据存储区所需的最大空间为 (15 × 16 字节 (用于密钥)+16 字节 (用于明文)) = 256 字节。这里假定允许存储程序的最大 ROM 空间为 512 字节。通过单周期 start 信号使能加密处理器。当 start 为真时，信号 klen[1:0] 可选择的密钥大小分别为 128、192 或 256 位。密文存储到数据存储区后，信号 done 被触发。

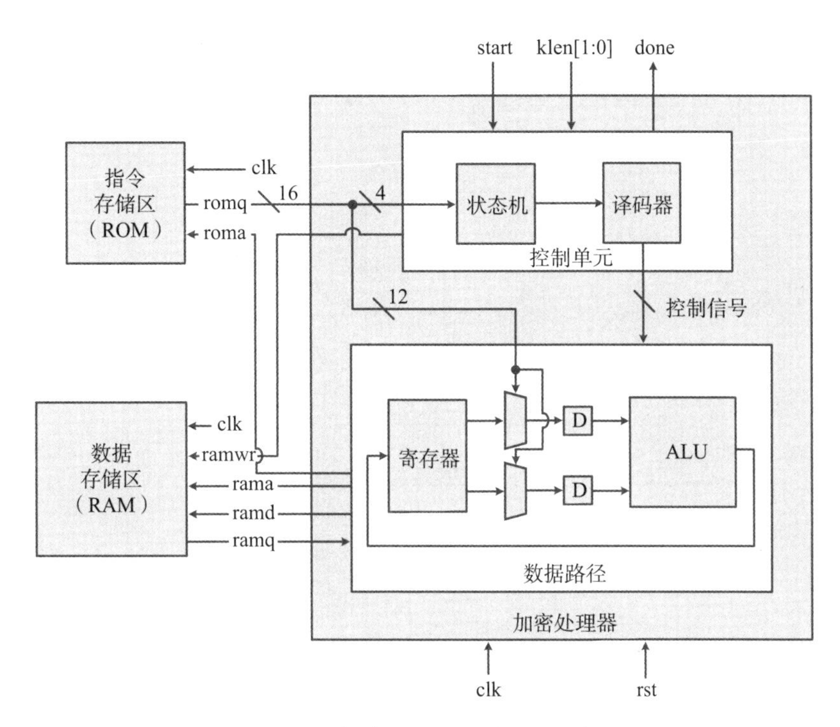

图 8.33 加密处理器的框图和接口

1. AES 算法

AES 密码的密钥大小可用于指示将输入（即明文）转换为最终输出（即密文）的轮次。其中加密轮数如下所示：

（1）128 位密钥需要 10 轮。

（2）192 位密钥需要 12 轮。

（3）256 位密钥需要 14 轮，

128 位密钥的 AES 加密算法整体结构如图 8.34 所示。通常，加密算法由多个加密（混淆和扩散）轮数组成，以保持密码的安全性。已经提供的轮密钥存储在数据存储区中，所以，密钥扩展功能可以忽略掉。

每一轮由以下几个处理步骤组成：

（1）初始轮密钥加：AddRoundKey（轮密钥加）。

（2）剩下的 9 轮（用于 128 位密钥）、11 轮（用于 192 位密钥）、13 轮（用于 256 位密钥）包括 SubBytes（字节代换）、ShiftRows（行移位）、MixColumns（列混淆）、AddRoundKey（轮密钥加）。

（3）末轮（总共进行 10、12 或 14 轮）：SubBytes（字节代换）、ShiftRows（行移位）、AddRoundKey（轮密钥加）。

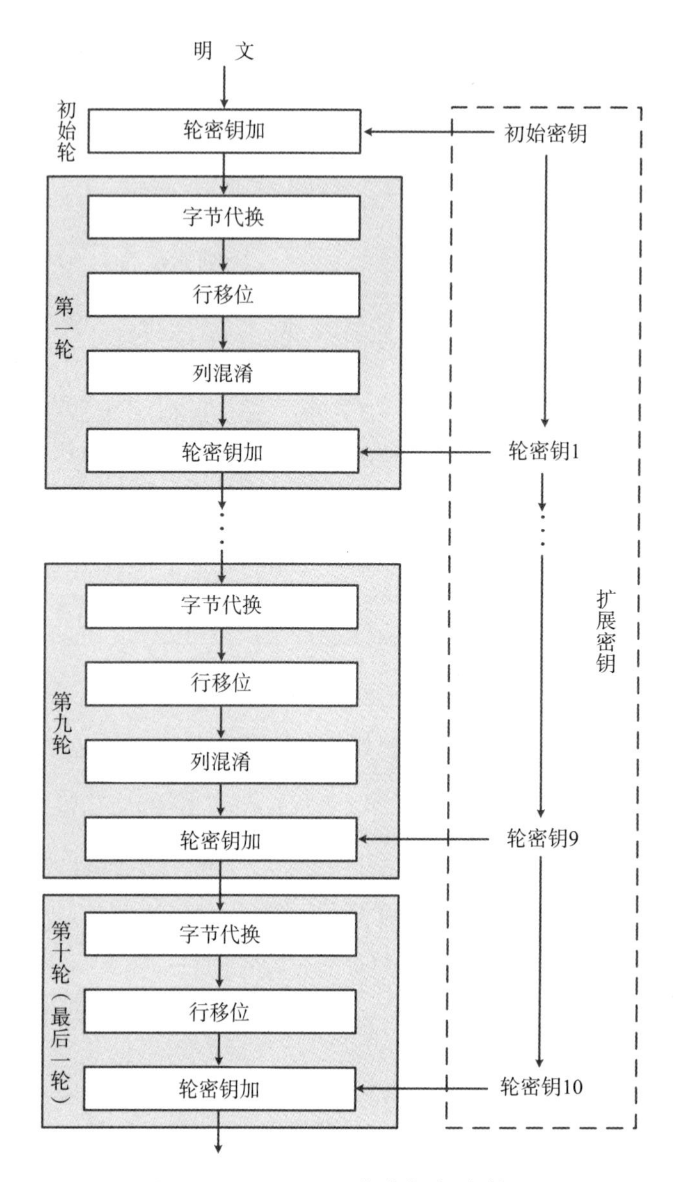

图 8.34 AES 128 位密钥加密算法

在 AddRoundKey 中，使用按位 XOR 操作，将状态的每个字节与轮密钥组合起来；SubBytes 是一个非线性替换步骤，其中每个字节根据查找表（称为 S 盒）替换为另一个字节，如表 8.1 所示；ShiftRows 是将状态的最后三行按一定的步数循环移动的一种换位步骤；MixColumns 完成对状态列的线性混合操作，将每列中的四个字节组合在一起。在初始加密密钥的基础上，使用密钥扩展功能从中导出轮密钥。AES 对于每个轮密钥和初始密钥加都需要多个 128 位的密钥。我们假设所有的密钥（包括初始密钥和轮密钥）都已计算并存储在数据存储区中。

表 8.1 S 盒（列由最低有效半字节确定，行由最高有效半字节决定。例如，值 0xc7 被转换为 0xc6）

	00	01	02	03	04	05	06	07	08	09	0a	0b	0c	0d	0e	0f
00	63	7c	77	7b	f2	6b	6f	c5	30	01	67	2b	fe	d7	ab	76
10	ca	82	c9	7d	fa	59	47	f0	ad	d4	a2	af	9c	a4	72	c0
20	b7	fd	93	26	36	3f	f7	cc	34	a5	e5	f1	71	d8	31	15
30	04	c7	23	c3	18	96	05	9a	07	12	80	e2	eb	27	b2	75
40	09	83	2c	1a	1b	6e	5a	a0	52	3b	d6	b3	29	e3	2f	84
50	53	d1	00	ed	20	fc	b1	5b	6a	cb	be	39	4a	4c	58	cf
60	d0	ef	aa	fb	43	4d	33	85	45	f9	02	7f	50	3c	9f	a8
70	51	a3	40	8f	92	9d	38	f5	bc	b6	da	21	10	ff	f3	d2
80	cd	0c	13	ec	5f	97	44	17	c4	a7	7e	3d	64	5d	19	73
90	60	81	4f	dc	22	2a	90	88	46	ee	b8	14	de	5e	0b	db
a0	e0	32	3a	0a	49	06	24	5c	c2	d3	ac	62	91	95	e4	79
b0	e7	c8	37	6d	8d	d5	4e	a9	6c	56	f4	ea	65	7a	ae	08
c0	ba	78	25	2e	1c	a6	b4	c6	e8	dd	74	1f	4b	bd	8b	8a
d0	70	3e	b5	66	48	03	f6	0e	61	35	57	b9	86	c1	1d	9e
e0	e1	f8	98	11	69	d9	8e	94	9b	1e	87	e9	ce	55	28	df
f0	8c	a1	89	0d	bf	e6	42	68	41	99	2d	0f	b0	54	bb	16

在 SubBytes 步骤中，使用 8 位 S 盒将状态数组中的每个字节 $a_{i,j}$ 替换为 $S(a_{i,j})$，如图 8.35 所示。

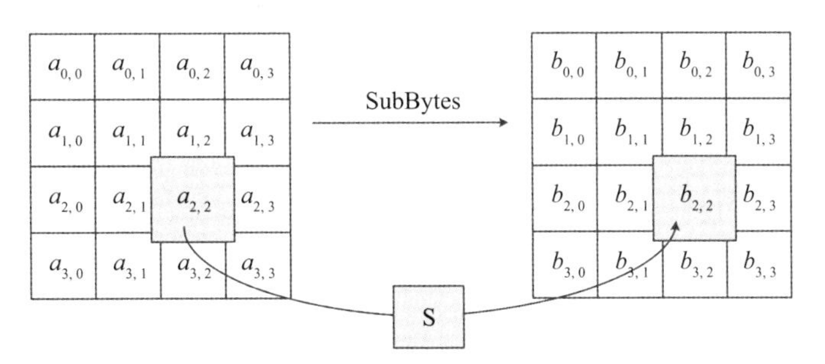

图 8.35 S 盒使用 $a_{i,j}$ 查找

在 ShiftRows 步骤中，每一行的状态都以一定的偏移量循环移动，如图 8.36 所示。

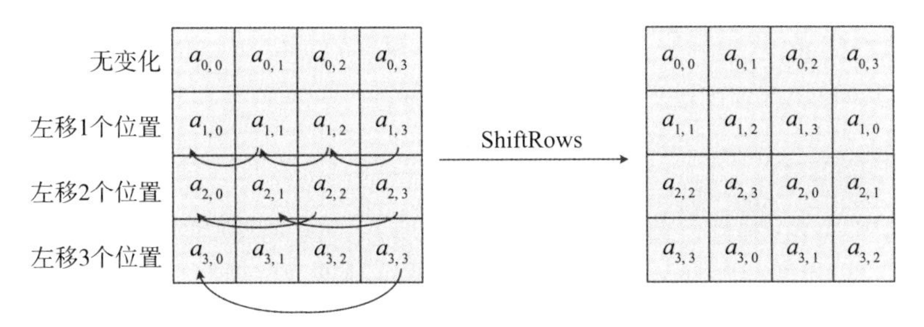

图 8.36 每行中的状态循环左移，且每行的移位次数不同

在 MixColumns 步骤中，使用一个固定矩阵对每一列进行转换（矩阵左乘每列得到状态中列的新值），它可以写成

$$\begin{bmatrix} a'_{0,j} \\ a'_{1,j} \\ a'_{2,j} \\ a'_{3,j} \end{bmatrix} = \begin{bmatrix} 02 & 03 & 01 & 01 \\ 01 & 02 & 03 & 01 \\ 01 & 01 & 02 & 03 \\ 03 & 01 & 01 & 02 \end{bmatrix} \begin{bmatrix} a_{0,j} \\ a_{1,j} \\ a_{2,j} \\ a_{3,j} \end{bmatrix}, j = 0,1,2,3 \tag{8.15}$$

其中，$a_{i,j}$ 表示新状态，$i = 0, 1, 2, 3$。$a_{i,j}$ 表示旧状态。常数矩阵的乘法可以简化，例如

$$\begin{aligned} a'_{0,j} &= \left(\{02\} \cdot a_{0,j}\right) \oplus \left(\{03\} \cdot a_{1,j}\right) \oplus a_{2,j} \oplus a_{3,j} \\ &= \text{xtime}\left(a_{0,j}\right) \oplus a_{1,j} \oplus \text{xtime}\left(a_{1,j}\right) \oplus a_{2,j} \oplus a_{3,j} \end{aligned} \tag{8.16}$$

其中，$\oplus$ 表示按位 XOR 操作；$\text{xtime}(a_{i,j}) \equiv \{02\} \cdot a_{i,j}$；$\{03\} \cdot a_{i,j} \equiv (\{01\} \oplus (\{02\}) \cdot a_{i,j} = a_{i,j} \oplus \text{xtime}(a_{i,j})$；函数 xtime(·) 是伽罗华域的乘 2 操作，可以通过下式导出

$$\text{xtime}(a_{i,j}) = \begin{cases} a_{i,j} \ll 1, & \text{if } a_{i,j}[7] \text{is } 1'b0 \\ \left(a_{i,j} \ll 1\right) \oplus \{8'h1b\}, & \text{if } a_{i,j}[7] \text{is } 1'b1' \end{cases} \tag{8.17}$$

其中，<< 表示左移操作。MixColumns 的可视化表示如图 8.37 所示。

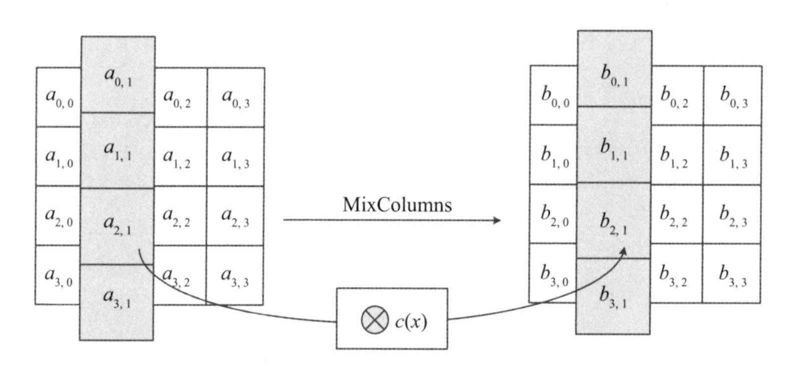

图 8.37 状态的每一列可以看作是与一个固定矩阵或固定多项式相乘，其中 $c(x)$ 指的是每一列的线性组合多项式

在步骤 AddRoundKey 中，使用按位 XOR 将状态的每个字节与子密钥（或回合密钥）的相应字节相加，如图 8.38 所示。

2. 处理器设计

处理器的优化是为了简化，如图 8.39 所示，指令有两种格式，分别是格式 A 和格式 B。对于格式为 A 的指令（不包括那些跳转指令），它们有三个字段，分别是操作码、目标寄存器（Rd）和源寄存器（Rs）。对于格式为 B 的跳转

指令（包括子程序调用），它们有两个字段，分别是操作码和一个 8 位立即数，表示跳转或调用子程序的地址。对于格式为 A 的指令，其操作取决于操作码，其中 6 位 Rd 和 / 或 6 位 Rs 字段可能不存在，可以用 Ra（数据存储区的地址寄存器）寻址数据存储区中的数据代替，或者简单地用 6 位立即数代替。

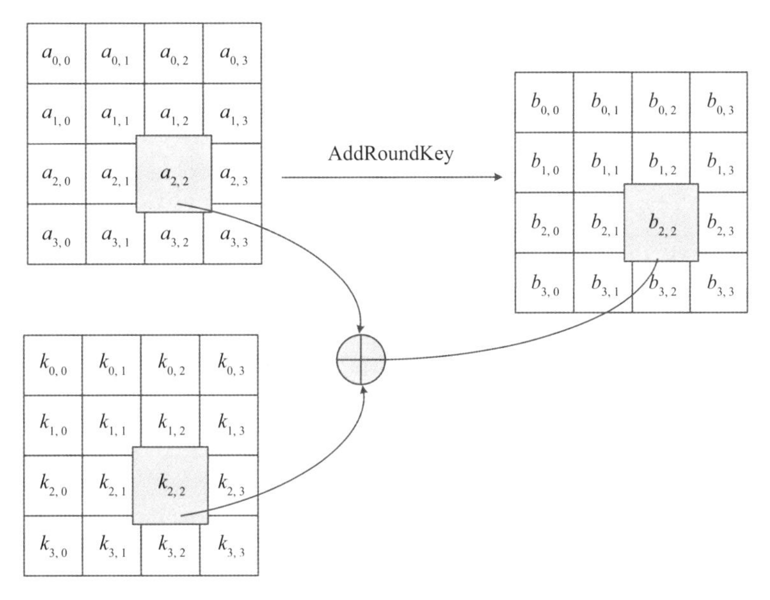

图 8.38 使用 XOR 操作将状态的每个字节与子密钥的相应字节进行组合

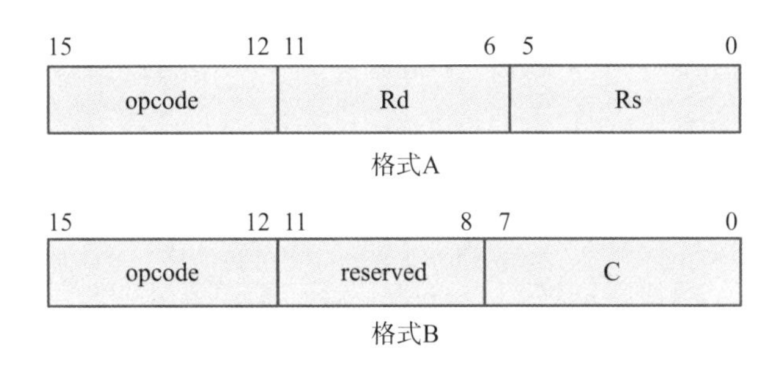

图 8.39 8 位加密处理器的指令格式

指令的主要字段是 4 位的操作码（opcode），它指定要执行的操作，并隐含地指定码字内其余字段的位置。处理器中的所有寄存器都是 8 位的。R0–R31 是通用寄存器，可用于存储 128 位明文和 128 位密钥，还有两个通用寄存器 R32 和 R33，以及程序计数器 PC、数据存储区的地址寄存器 Ra、只读状态寄存器 Ri。Ri 寄存器中的第 0 位是 E 位（即等价位），Ri 寄存器中的第 1 位是 P 位（即暂停位），Ri 寄存器中的其他位为保留位。由密钥大小信号 klen[1:0] 配置的只读轮询寄存器 Rr = 9、11 或 13，分别用于 128 位、192 位和 256 位密钥。堆栈存储区只有一个条目可以支持非嵌套子程序调用。只要保持字段的位置和使用规则，就可以使指令译码器电路变得简单。在具有大量各种指令的复杂处理器系统中，为了加快指令的译码速度，指令集通常对不同类别的指令采用不同的前缀进行编码。

基于 AES 算法，如表 8.2 所示，我们为其定义了专门的指令集，其中 Rd 为目的寄存器，Rs 为源寄存器，Ra 为数据存储区地址寄存器，（Ra）为 Ra 中的内容，C 为 jmp、jne、jsb 等指令中的 8 位常量或 mvc、adc 等指令中的 6 位常量，Ri 为状态寄存器，PC 为程序计数器。需要注意的是，Rd 和 Rs 可以是 R0–R33、Ra、PC、Ri、Rk 或 Rr。寄存器 Rk 是堆栈寄存器，其中只有一个条目用于在执行指令 jsb 和 ret 时保存和恢复 PC。但是，需要注意的是，不允许手动更新只读寄存器 PC、Ri、Rk 和 Rr。指令 ldm 和 stm 自动增加 Ra，而不需要显式地使用一条增量指令。

表 8.2 指令集

指 令	操作码	说 明
ldm Rd, (Ra)	4'b0000	将由 Ra 寻址的数据存入 Rd。Ra 自动完成递增
stm (Ra), Rs	4'b0001	将 Rs 存储到 Ra 寻址的数据存储区中。Ra 自动递增
mvr Rd, Rs	4'b0010	将 Rs 移到 Rd
mvc Rd, C	4'b0011	将 6 位常量 C 移到 Rd
cmp Rd, Rs	4'b0100	比较 Rd 和 Rs，如果相等，Ri 中的 E 位会置位
adc Rd, C	4'b0101	Rd 加 6 位常量 C，并将结果存入 Rd 中
sbt Rd	4'b0110	使用 S 盒替换 Rd，并将结果存储到 Rd 中
ml2 Rd, Rs	4'b0111	将 GF（2）中的 Rs 乘以 2，并将结果存储到 Rd 中
ml3 Rd, Rs	4'b1000	将 GF（2）中的 Rs 乘以 3，并将结果存储到 Rd 中
xor Rd, Rs	4'b1001	Rs 和 Rd 异或，并将结果存到 Rd 中
jmp C	4'b1010	无条件跳转到由 8 位常量 C 指定的地址
jne C	4'b1011	当 E 位为假，跳转到由 8 位常量 C 指定的地址
jsb C	4'b1100	跳转到由 8 位常量 C 指定的子程序，PC+1 自动完成并保存
ret	4'b1101	子程序调用返回。PC 自动完成恢复
dne	4'b1110	编程结束，输出完成（done）信号
wat	4'b1111	等待开始（start）信号，将 Ri 中的 P 位置位

为了减少指令内存的空间，我们支持使用指令 jsb 调用子例程。但是，嵌套的子程序调用不允许用于减少堆栈内存空间。子程序调用自动完成(PC+1)(下一个子程序调用），将值保存到堆栈内存中，并在遇到指令 ret 时恢复存储的 PC 值。jsb 必须与 ret 一起使用。wat 指令会将 Ri 中的 P 位置位，并等待 start 信号启动处理器。指令 dne 会触发 done 信号。

处理器的地址映射关系如表 8.3 所示。

当 CPU 复位时，PC 被清除，从指令存储区中的地址 0 开始获取第一条指令，并根据 start 信号开始进行“取指 – 译码 – 执行”的步骤。除非遇到跳转指令 jne 或 jsb，否则 PC 自动按顺序递增获取指令。

表 8.3 地址映射

寄存器	地 址	AES 算法中的作用
R0-R31	6'b000000(6'd0)-6'b011111(6'd31)	R0-R15：用于明文和密文 R16-R31：用于密钥
R32	6'b100000(6'd32)	在 ShiftRows 中作为每一行循环移位的临时寄存器
R33	6'b100001(6'd33)	加密轮数计数器
Ra	6'b100010(6'd34)	数据存储区地址。当 ldm 或者 stm 指令执行，自动完成自增操作
PC	6'b100011(6'd35)	程序计数器
Ri	6'b100100(6'd36)	未明确使用。其中 E 位是通过比较 R33 和 Rr 来确定算法结束的
Rk	6'b100101(6'd37)	堆栈寄存器，主要用于 jsb 和 ret 指令
Rr	6'b100110(6'd38)	轮数由密钥大小信号配置

图 8.33 中的控制单元有两个模块，分别是状态机和译码器。如图 8.40 所示，状态机有 4 个状态。在 start 信号出发以后，处理器开始对每个指令执行“取指 – 译码 – 执行”的步骤，直到遇到引起状态机跳转到状态 ST_WAIT 的 wat 指令为止。为了继续对下一个明文加密，应当再次出发 start 信号。译码器根据操作码产生数据路径对应的控制信号。

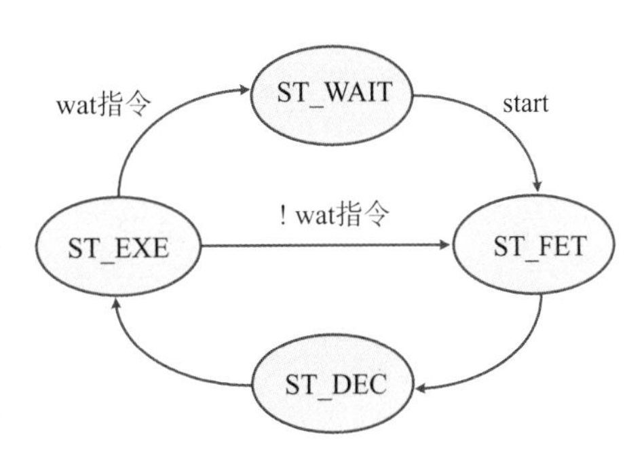

图 8.40 加密处理器状态机

指令集的时序图如图 8.41 所示。请注意，mvc、mul2 和 mul3 的时序图与 mvr 的时序图相似，jmp 和 jne 的时序图与 jsb 的时序图类似。但是，与 jsb 不同的是，指令 jmp 和 jne 不会将 PC 存储到堆栈寄存器 Rk 中。

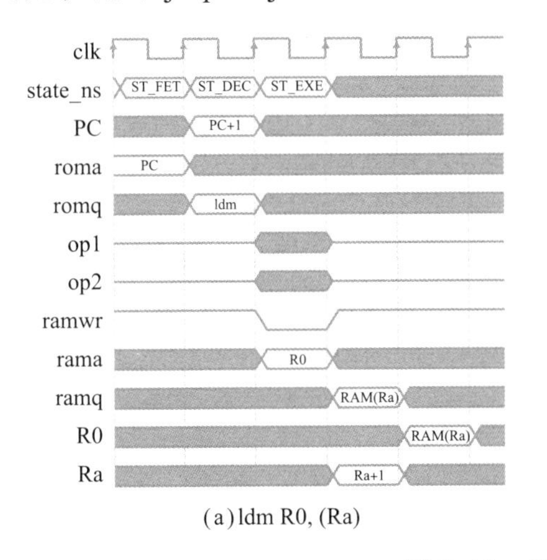

(a) ldm R0, (Ra)

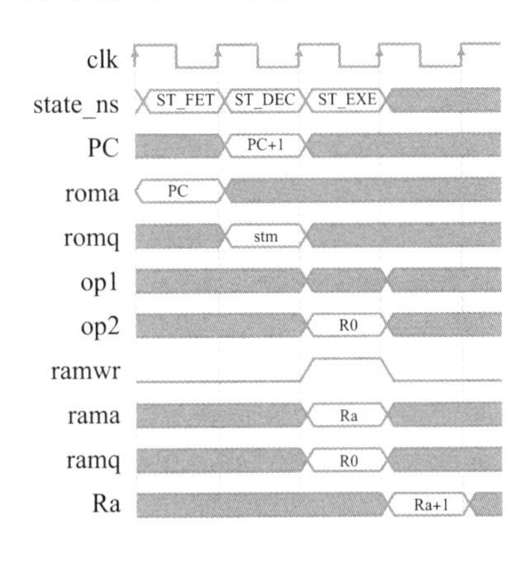

(b) stm(Ra), R0

图 8.41 指令时序图

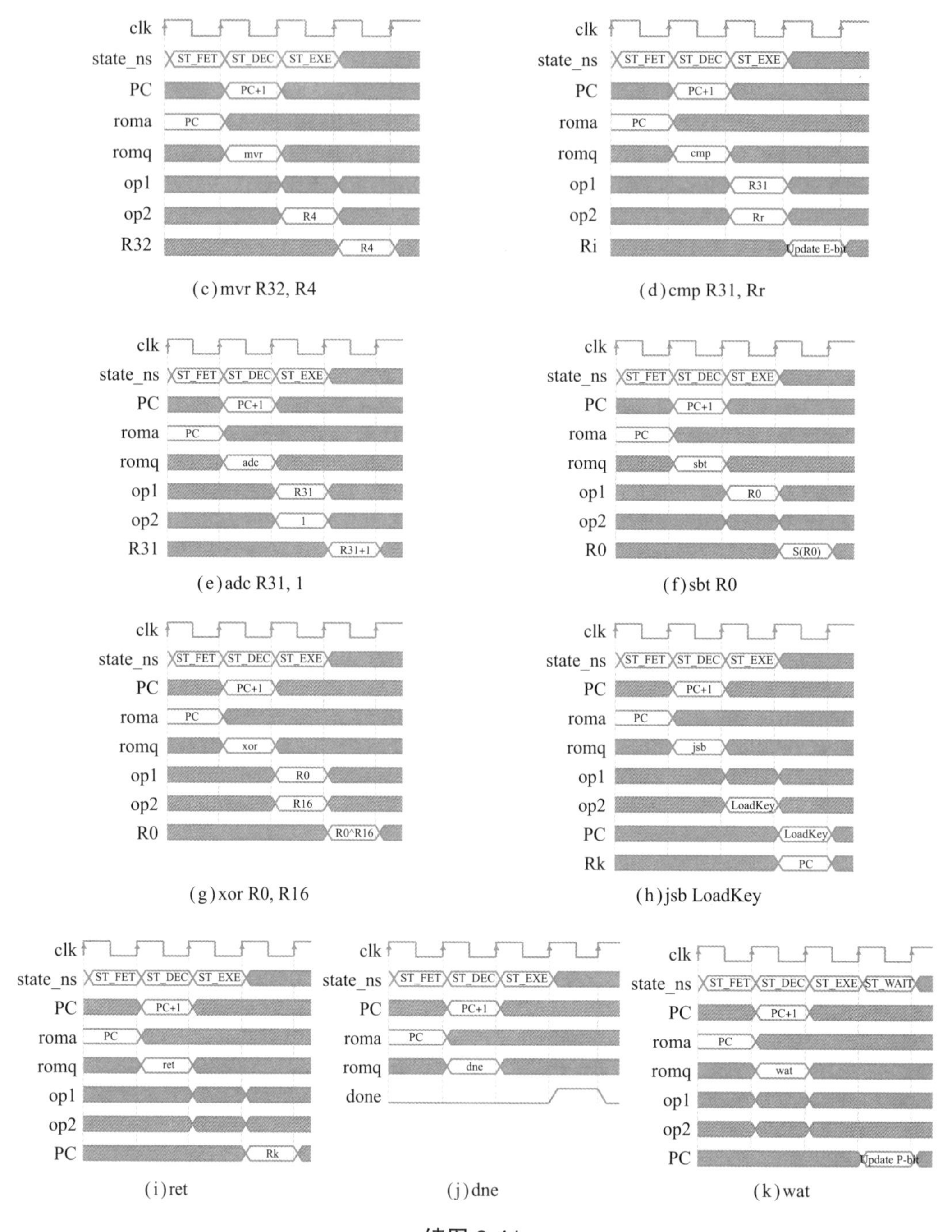

(c) mvr R32, R4

(d) cmp R31, Rr

(e) adc R31, 1

(f) sbt R0

(g) xor R0, R16

(h) jsb LoadKey

(i) ret

(j) dne

(k) wat

续图 8.41

图 8.33 中详细的数据路径如图 8.42 所示。

3. RTL 设计

在控制单元中，状态机的编码如下所示：

```
// 控制单元：加密处理器的状态机
```

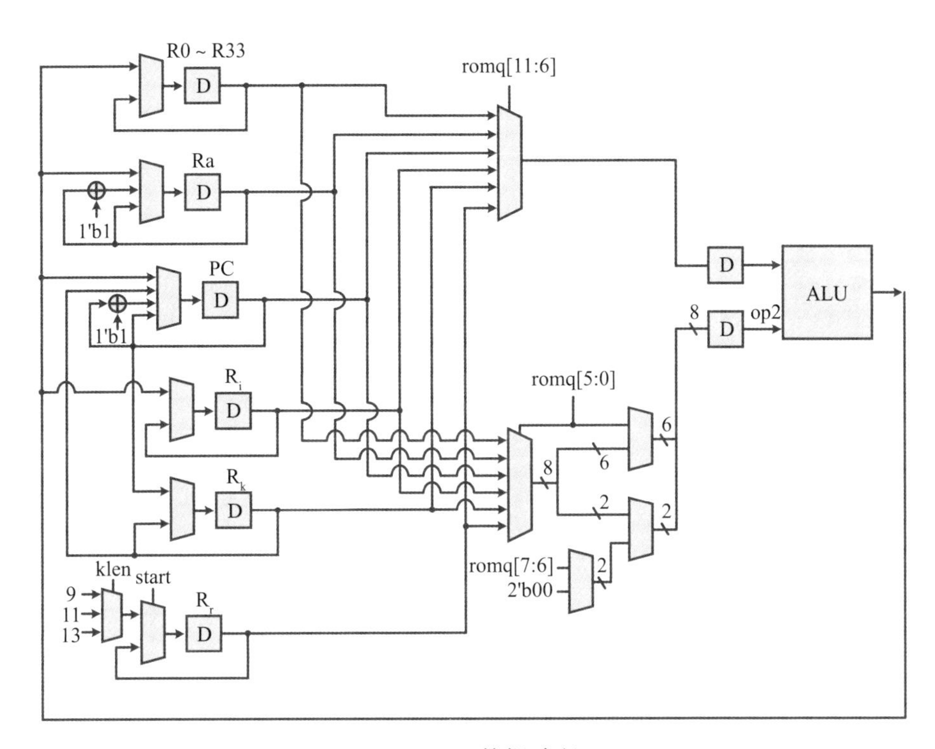

图 8.42 数据路径

```
reg [1:0] state_cs, state_ns;
parameter ST_WAIT = 2'b00; parameter ST_FET = 2'b01;
parameter ST_DEC = 2'b11; parameter ST_EXE = 2'b10
always @ (*) begin
  state_ns = state_cs;
  case(state_cs)
  ST_WAIT:state_ns = start ? ST_FET:ST_WAIT;
  ST_FET:state_ns = ST_DEC;
  ST_DEC:state_ns = ST_EXE;
  ST_EXE:state_ns = inst_dec15_rr ? ST_WAIT:ST_FET;
  default:state_ns = state_cs;
  endcase
end
always @ (posedge clk or posedge rst)
  if (rst) state_cs <= ST_WAIT;
  else state_cs <= state_ns;
```

在控制单元中，译码器的 RTL 码描述如下：

```
// 控制单元：加密处理器的译码器
wire [3:0] opcode;
wire [5:0] Rd;
wire inc_PC;
```

```
reg [15:0] inst_dec, inst_dec_r;
reg [34:0] wr_en, wr_en_r, wr_en_rr;
reg op1_en, op2_en, inst_dec0_rr, inst_dec15_rr;
reg [7:0] R [0:37];
integer i;
parameter INST_LDM = 4'b0000; parameter INST_STM = 4'b0001;
parameter INST_MVR = 4'b0010; parameter INST_MVC = 4'b0011;
parameter INST_CMP = 4'b0100; parameter INST_ADC = 4'b0101;
parameter INST_SBT = 4'b0110; parameter INST_ML2 = 4'b0111;
parameter INST_ML3 = 4'b1000; parameter INST_XOR = 4'b1001;
parameter INST_JMP = 4'b1010; parameter INST_JNE = 4'b1011;
parameter INST_JSB = 4'b1100; parameter INST_RET = 4'b1101;
parameter INST_DNE = 4'b1110; parameter INST_WAT = 4'b1111;
assign opcode = romq [15:12];
assign Rd = romq [11:6];
// PC 自增
assign inc_PC =(state_ns == ST_FET);
always @ (*) begin
  inst_dec = 16'd0;
  wr_en = 35'd0;
  op1_en = 1'b0;
  op2_en = 1'b0;
  if (state_ns == ST_DEC) begin
    case(opcode)
    INST_LDM:begin
      inst_dec [0] = 1'b1;
      for(i = 0; i <= 34; i = i + 1)
        if (Rd == i) wr_en [i] = 1'b1; // 更新 Rd
    end
    INST_STM:begin inst_dec [1] = 1'b1; op2_en = 1'b1; end
    INST_MVR:begin
      inst_dec [2] = 1'b1;
      for(i = 0; i <= 34; i = i + 1)
        if (Rd == i) wr_en [i] = 1'b1; // 更新 Rd
      op2_en = 1'b1;
    end
    INST_MVC:begin
      inst_dec [3] = 1'b1;
      for(i = 0; i <= 34; i = i + 1)
        if (Rd == i) wr_en [i] = 1'b1; // 更新 Rd
      op2_en = 1'b1;
    end
```

```
INST_CMP:begin
  inst_dec [4] = 1'b1;
  op1_en = 1'b1; op2_en = 1'b1;
end
INST_ADC:begin
  inst_dec [5] = 1'b1;
  for(i = 0; i <= 34; i = i + 1)
    if (Rd == i) wr_en [i] = 1'b1; // 更新 Rd
  op1_en = 1'b1;
  op2_en = 1'b1;
end
INST_SBT:begin
  inst_dec [6] = 1'b1;
  for(i = 0; i <= 34; i = i + 1)
    if (Rd == i) wr_en [i] = 1'b1; // 更新 Rd
  op1_en = 1'b1;
end
INST_ML2:begin
  inst_dec [7] = 1'b1;
  for(i = 0; i <= 34; i = i + 1)
    if (Rd == i) wr_en [i] = 1'b1; // 更新 Rd
  op2_en = 1'b1;
end
INST_ML3:begin
  inst_dec [8] = 1'b1;
  for(i = 0; i <= 34; i = i + 1)
    if (Rd == i) wr_en [i] = 1'b1; // 更新 Rd
  op2_en = 1'b1;
end
INST_XOR:begin
  inst_dec [9] = 1'b1;
  for(i = 0; i <= 34; i = i + 1)
    if (Rd == i) wr_en [i] = 1'b1; // 更新 Rd
  op1_en = 1'b1;
  op2_en = 1'b1;
end
INST_JMP:begin inst_dec [10] = 1'b1; op2_en = 1'b1; end
INST_JNE:begin inst_dec [11] = 1'b1; op2_en = 1'b1; end
INST_JSB:begin inst_dec [12] = 1'b1; op2_en = 1'b1; end
INST_RET:inst_dec [13] = 1'b1;
INST_DNE:inst_dec [14] = 1'b1;
INST_WAT:inst_dec [15] = 1'b1;
```

```
      endcase
    end
  end
  // 流水线控制信号
  always @ (posedge clk or posedge rst)
    if (rst) begin
      wr_en_r <= 35'd0;
      wr_en_rr <= 35'd0;
    end
    else begin
      wr_en_r <= wr_en;
      wr_en_rr <= wr_en_r;
    end
  always @ (posedge clk or posedge rst)
    if (rst) begin
      inst_dec_r <= 16'd0;
      inst_dec0_rr <= 1'b0;
      inst_dec15_rr <= 1'b0;
    end
    else begin
      inst_dec_r <= inst_dec;
      // 用于ldm锁存数据输出
      inst_dec0_rr <= inst_dec_r [0];
      inst_dec15_rr <= inst_dec_r [15];
  end
```

在ST_FET状态下，PC递增；在ST_DEC状态下，对操作码进行译码生成指令使能信号inst_dec[15:0]和写使能信号wr_en[31:0]，对于Ra和R33-R0，使能信号op1_en和op2_en为ALU锁存操作数。寄存器Rr的最低4位根据密钥大小进行编码，其余4位为保留位。信号inst_dec[15:0]和wr_en[34:0]是流水线传输的。

在下面的代码中，描述了数据路径中的ROM和RAM的接口、寄存器R0-R33、寄存器Ra、程序计数器PC、寄存器Ri、寄存器Rk和信号done。

```
  // 数据路径：接口信号的产生和寄存器的描述
  wire [7:0] Ra, PC, Ri, Rk, roma, rama, ramd;
  reg ramwr, done;
  integer i1;
  assign Ra = R [34]; assign PC = R [35]; assign Ri = R [36];
  assign Rk = R [37];
  assign roma = PC; assign rama = Ra; assign ramd = op2;
  always @ (posedge clk or posedge rst)
```

```
  if (rst) ramwr <= 1'b0;
  else if (inst_dec [1]) ramwr <= 1'b1; // stm
  else ramwr <= 1'b0;
// R0-R33:R [0]-R [33], Ra:R [34], PC:R [35], Ri:R [36],
  Rk:R [37], Rr:R [38]
always @ (posedge clk)
  if (inst_dec0_rr)
  for(i1 = 0; i1 <= 33; i1 = i1 + 1)
    if (wr_en_rr [i1])
      R [i1] <= ramq; // 将存储区中的数据存入 R [0]~R[33]
  else
    casex(inst_dec_r)
    16'bxxxx_xxxx_xxxx_x1xx, 16'bxxxx_xxxx_xxxx_1xxx:
      for(i1 = 0; i1 <= 33; i1 = i1 + 1)       // 写 R[0]~R[33]
        if (wr_en_r [i1]) R [i1] <= alu_out;
    16'bxxxx_xxxx_xx1x_xxxx, 16'bxxxx_xxxx_x1xx_xxxx,
    16'bxxxx_xxxx_1xxx_xxxx, 16'bxxxx_xxx1_xxxx_xxxx,
    16'bxxxx_xx1x_xxxx_xxxx:
      for(i1 = 0; i1 <= 33; i1 = i1 + 1)       // 写 R[0]~R[33]
        if (wr_en_r [i1]) R [i1] <= alu_out;
    endcase
always @ ( posedge clk or posedge rst )
  if (rst) R [34] <= 0;;
  else if ( inst_dec_r [0]| inst_dec_r [1])   // ldm 或 stm
    R [34] <= R [34] + 1'b1;                  // Ra 递增
  else if ( inst_dec0_rr & wr_en_rr [34])     // ldm
    R [34] <= ramq;                           // 加载到 Ra
always @ (posedge clk or posedge rst)
  if (rst) R [35] <= 1;                       // 从地址 1 开始执行
  else if (inc_PC) R [35] <= R [35] + 1'b1;   // PC 递增
  else if (inst_dec_r [10]| inst_dec_r [12])  // jmp 或 jsb
    R [35] <= alu_out;                        //加载分支地址
  else if (inst_dec_r [11])                   // jne
    R [35] <=~ R [36][0]? alu_out:R [35];     // 是否存在分支？
  else if (inst_dec_r [13])                   // ret
    R [35] <= R [37];                         // 由 Rk 返回
always @ (posedge clk or posedge rst)
  if (rst) R [36] <= 0;;
  else if (inst_dec_r [4]) R [36][0] <= alu_out [0]; // E 位
  else if (start) R [36][1] <= 1'b0;          // 清除 P 位
  else if (inst_dec_r [15]) R [36][1] <= 1'b1; // 设置 wat
always @ (posedge clk or posedge rst )
```

```
  if (rst) R [37] <= 0;;
  else if (inst_dec_r [12]) // jsb
    R [37] <= R [35];;      // 保存PC到Rk
always @ (posedge clk or posedge rst)
  if (rst) R [38] <= 8'd0;
  else if (start)
    case(klen)
    2'b00:R [38] <= {4'd0, 4'd9};
    2'b01:R [38] <= {4'd0, 4'd11};
    2'b10:R [38] <= {4'd0, 4'd13};
    endcase
always @ (posedge clk or posedge rst)
  if (rst) done <= 1'b0;
  else if (inst_dec_r [14]) done <= 1'b1;
  else done <= 1'b0;
```

在数据路径中，用于产生ALU操作数的数据选择器的描述如下：

```
// 数据路径:ALU操作数选择
wire [5:0] Rs;
wire [7:0] C;
reg [7:0] op1_sel, op2_sel_tmp, op2_sel, op1, op2;
assign Rs = romq [5:0];
assign C = romq [7:0];
always @ (*) begin
  op1_sel = 0;          // 默认值
  op1_sel = R [Rd];
end
always @ (*) begin
  op2_sel_tmp = 0;      // 默认值
  op2_sel_tmp = R [Rs];
end
always @ (*)
  if (inst_dec [3]| inst_dec [5]) begin
    op2_sel [5:0] = C [5:0];
    op2_sel [7:6] = 2'b00;
  end
  else if (inst_dec [10] | inst_dec [11] | inst_dec [12])
    op2_sel [7:0] = C [7:0];
  else op2_sel [7:0] = op2_sel_tmp;
always @ (posedge clk)
  if (op1_en) op1 <= op1_sel;
always @ (posedge clk)
```

```
  if (op2_en) op2 <= op2_sel;
```

在数据路径中，ALU 代码描述如下，其中 S 盒采用查找表的方式实现。

```
// 数据路径：ALU
reg [7:0] alu_out;
always @ (*) begin
  alu_out = op2;
  casex(inst_dec_r)
  16'bxxxx_xxxx_xxx1_xxxx:
    alu_out = {7'd0, (op1 == op2)};
  16'bxxxx_xxxx_xx1x_xxxx:
    alu_out = op1 + op2;
  16'bxxxx_xxxx_x1xx_xxxx:
    alu_out = Sbox(op1);
  16'bxxxx_xxxx_1xxx_xxxx:
    alu_out = ml2(op2);
  16'bxxxx_xxx1_xxxx_xxxx:
    alu_out = ml3(op2);
  16'bxxxx_xx1x_xxxx_xxxx:
    alu_out = op1 ^ op2;
  endcase
end
// 采用查找表方法实现 S 盒
function [7:0] Sbox;
  input [7:0] inbyte;
  case(inbyte)
  8'h00:Sbox = 63; 8'h01:Sbox = 7c; 8'h02:Sbox = 77;
    8'h03:Sbox = 7b;
  8'h04:Sbox = f2; 8'h05:Sbox = 6b; 8'h06:Sbox = 6f;
    8'h07:Sbox = c5;
  8'h08:Sbox = 30; 8'h09:Sbox = 01; 8'h0a:Sbox = 67;
    8'h0b:Sbox = 2b;
  8'h0c:Sbox = fe; 8'h0d:Sbox = d7; 8'h0e:Sbox = ab;
    8'h0f:Sbox = 76;
  8'h10:Sbox = ca; 8'h11:Sbox = 82; 8'h12:Sbox = c9;
    8'h13:Sbox = 7d;
  8'h14:Sbox = fa; 8'h15:Sbox = 59; 8'h16:Sbox = 47;
    8'h17:Sbox = f0;
  8'h18:Sbox = ad; 8'h19:Sbox = d4; 8'h1a:Sbox = a2;
    8'h1b:Sbox = af;
  8'h1c:Sbox = 9c; 8'h1d:Sbox = a4; 8'h1e:Sbox = 72;
    8'h1f:Sbox = c0;
  8'h20:Sbox = b7; 8'h21:Sbox = fd; 8'h22:Sbox = 93;
```

```
  8'h23:Sbox = 26;
8'h24:Sbox = 36; 8'h25:Sbox = 3f; 8'h26:Sbox = f7;
  8'h27:Sbox = cc;
8'h28:Sbox = 34; 8'h29:Sbox = a5; 8'h2a:Sbox = e5;
  8'h2b:Sbox = f1;
8'h2c:Sbox = 71; 8'h2d:Sbox = d8; 8'h2e:Sbox = 31;
  8'h2f:Sbox = 15;
8'h30:Sbox = 04; 8'h31:Sbox = c7; 8'h32:Sbox = 23;
  8'h33:Sbox = c3;
8'h34:Sbox = 18; 8'h35:Sbox = 96; 8'h36:Sbox = 05;
  8'h37:Sbox = 9a;
8'h38:Sbox = 07; 8'h39:Sbox = 12; 8'h3a:Sbox = 80;
  8'h3b:Sbox = e2;
8'h3c:Sbox = eb; 8'h3d:Sbox = 27; 8'h3e:Sbox = b2;
  8'h3f:Sbox = 75;
8'h40:Sbox = 09; 8'h41:Sbox = 83; 8'h42:Sbox = 2c;
  8'h43:Sbox = 1a;
8'h44:Sbox = 1b; 8'h45:Sbox = 6e; 8'h46:Sbox = 5a;
  8'h47:Sbox = a0;
8'h48:Sbox = 52; 8'h49:Sbox = 3b; 8'h4a:Sbox = d6;
  8'h4b:Sbox = b3;
8'h4c:Sbox = 29; 8'h4d:Sbox = e3; 8'h4e:Sbox = 2f;
  8'h4f:Sbox = 84;
8'h50:Sbox = 53; 8'h51:Sbox = d1; 8'h52:Sbox = 00;
  8'h53:Sbox = ed;
8'h54:Sbox = 20; 8'h55:Sbox = fc; 8'h56:Sbox = b1;
  8'h57:Sbox = 5b;
8'h58:Sbox = 6a; 8'h59:Sbox = cb; 8'h5a:Sbox = be;
  8'h5b:Sbox = 39;
8'h5c:Sbox = 4a; 8'h5d:Sbox = 4c; 8'h5e:Sbox = 58;
  8'h5f:Sbox = cf;
8'h60:Sbox = d0; 8'h61:Sbox = ef; 8'h62:Sbox = aa;
  8'h63:Sbox = fb;
8'h64:Sbox = 43; 8'h65:Sbox = 4d; 8'h66:Sbox = 33;
  8'h67:Sbox = 85;
8'h68:Sbox = 45; 8'h69:Sbox = f9; 8'h6a:Sbox = 02;
  8'h6b:Sbox = 7f;
8'h6c:Sbox = 50; 8'h6d:Sbox = 3c; 8'h6e:Sbox = 9f;
  8'h6f:Sbox = a8;
8'h70:Sbox = 51; 8'h71:Sbox = a3; 8'h72:Sbox = 40;
  8'h73:Sbox = 8f;
8'h74:Sbox = 92; 8'h75:Sbox = 9d; 8'h76:Sbox = 38;
  8'h77:Sbox = f5;
8'h78:Sbox = bc; 8'h79:Sbox = b6; 8'h7a:Sbox = da;
```

```
  8'h7b:Sbox = 21;
8'h7c:Sbox = 10; 8'h7d:Sbox = ff; 8'h7e:Sbox = f3;
  8'h7f:Sbox = d2;
8'h80:Sbox = cd; 8'h81:Sbox = 0c; 8'h82:Sbox = 13;
  8'h83:Sbox = ec;
8'h84:Sbox = 5f; 8'h85:Sbox = 97; 8'h86:Sbox = 44;
  8'h87:Sbox = 17;
8'h88:Sbox = c4; 8'h89:Sbox = a7; 8'h8a:Sbox = 7e;
  8'h8b:Sbox = 3d;
8'h8c:Sbox = 64; 8'h8d:Sbox = 5d; 8'h8e:Sbox = 19;
  8'h8f:Sbox = 73;
8'h90:Sbox = 60; 8'h91:Sbox = 81; 8'h92:Sbox = 4f;
  8'h93:Sbox = dc;
8'h94:Sbox = 22; 8'h95:Sbox = 2a; 8'h96:Sbox = 90;
  8'h97:Sbox = 88;
8'h98:Sbox = 46; 8'h99:Sbox = ee; 8'h9a:Sbox = b8;
  8'h9b:Sbox = 14;
8'h9c:Sbox = de; 8'h9d:Sbox = 5e; 8'h9e:Sbox = 0b;
  8'h9f:Sbox = db;
8'ha0:Sbox = e0; 8'ha1:Sbox = 32; 8'ha2:Sbox = 3a;
  8'ha3:Sbox = 0a;
8'ha4:Sbox = 49; 8'ha5:Sbox = 06; 8'ha6:Sbox = 24;
  8'ha7:Sbox = 5c;
8'ha8:Sbox = c2; 8'ha9:Sbox = d3; 8'haa:Sbox = ac;
  8'hab:Sbox = 62;
8'hac:Sbox = 91; 8'had:Sbox = 95; 8'hae:Sbox = e4;
  8'haf:Sbox = 79;
8'hb0:Sbox = e7; 8'hb1:Sbox = c8; 8'hb2:Sbox = 37;
  8'hb3:Sbox = 6d;
8'hb4:Sbox = 8d; 8'hb5:Sbox = d5; 8'hb6:Sbox = 4e;
  8'hb7:Sbox = a9;
8'hb8:Sbox = 6c; 8'hb9:Sbox = 56; 8'hba:Sbox = f4;
  8'hbb:Sbox = ea;
8'hbc:Sbox = 65; 8'hbd:Sbox = 7a; 8'hbe:Sbox = ae;
  8'hbf:Sbox = 08;
8'hc0:Sbox = ba; 8'hc1:Sbox = 78; 8'hc2:Sbox = 25;
  8'hc3:Sbox = 2e;
8'hc4:Sbox = 1c; 8'hc5:Sbox = a6; 8'hc6:Sbox = b4;
  8'hc7:Sbox = c6;
8'hc8:Sbox = e8; 8'hc9:Sbox = dd; 8'hca:Sbox = 74;
  8'hcb:Sbox = 1f;
8'hcc:Sbox = 4b; 8'hcd:Sbox = bd; 8'hce:Sbox = 8b;
  8'hcf:Sbox = 8a;
8'hd0:Sbox = 70; 8'hd1:Sbox = 3e; 8'hd2:Sbox = b5;
```

```
        8'hd3:Sbox = 66;
      8'hd4:Sbox = 48; 8'hd5:Sbox = 03; 8'hd6:Sbox = f6;
        8'hd7:Sbox = 0e;
      8'hd8:Sbox = 61; 8'hd9:Sbox = 35; 8'hda:Sbox = 57;
        8'hdb:Sbox = b9;
      8'hdc:Sbox = 86; 8'hdd:Sbox = c1; 8'hde:Sbox = 1d;
        8'hdf:Sbox = 9e;
      8'he0:Sbox = e1; 8'he1:Sbox = f8; 8'he2:Sbox = 98;
        8'he3:Sbox = 11;
      8'he4:Sbox = 69; 8'he5:Sbox = d9; 8'he6:Sbox = 8e;
        8'he7:Sbox = 94;
      8'he8:Sbox = 9b; 8'he9:Sbox = 1e; 8'hea:Sbox = 87;
        8'heb:Sbox = e9;
      8'hec:Sbox = ce; 8'hed:Sbox = 55; 8'hee:Sbox = 28;
        8'hef:Sbox = df;
      8'hf0:Sbox = 8c; 8'hf1:Sbox = a1; 8'hf2:Sbox = 89;
        8'hf3:Sbox = 0d;
      8'hf4:Sbox = bf; 8'hf5:Sbox = e6; 8'hf6:Sbox = 42;
        8'hf7:Sbox = 68;
      8'hf8:Sbox = 41; 8'hf9:Sbox = 99; 8'hfa:Sbox = 2d;
        8'hfb:Sbox = 0f;
      8'hfc:Sbox = b0; 8'hfd:Sbox = 54; 8'hfe:Sbox = bb;
        8'hff:Sbox = 16;
    endcase
  endfunction
  // xtim e或X2函数
  function [7:0] ml2;
    input [7:0] inbyte;
    reg [7:0] shiftone;
    begin
      shiftone = inbyte << 1;
      ml2 = shiftone {8'h1b & {8{inbyte [7]}}};
    end
  endfunction
  // 将X2和X1的结果相加，得到X3函数。
  function [7:0] ml3;
    input [7:0] inbyte;
    reg [7:0] ml2_result;
    begin
      ml2_result = ml2(inbyte);
      ml3 = ml2_result ^ inbyte;
    end
  endfunction
```

4. 汇编中的 AES

可以使用汇编语言编写程序，通过汇编器将程序翻译成二进制编码的指令序列。图 8.34 是使用汇编语言实现的 AES 算法的主程序。

第一条指令 wat 等待 start 信号。明文放在数据区的前 16 个字节中。明文之后是为密钥分配的最大所需空间，即 15 × 16 = 240 字节，如图 8.43 所示。明文被加载到 R0–R15 中，调用子程序 LoadKey，将密钥加载到 R16–R31 中。明文的 16 种状态存储在地址为 0, 1, …, 15 的数据存储区中。在 128 位、192 位和 256 位密钥大小中，总共有 13、15 和 17 个密钥（其中包括初始密钥和剩余的轮密钥），这些密钥分别存储在明文数据存储区之后的地址中。

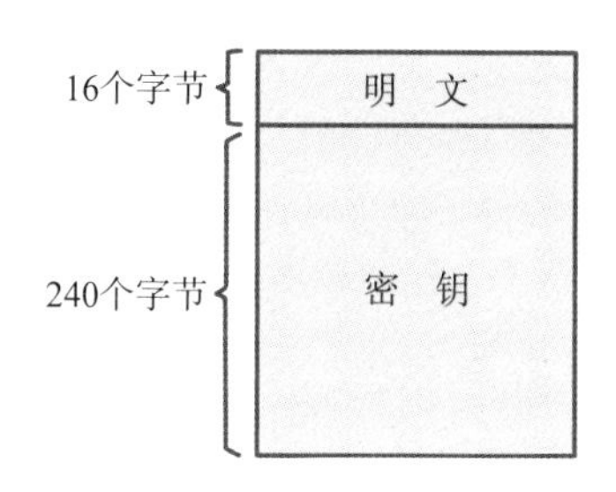

图 8.43 数据存储区分布

随后，AES 算法启动并调用子程序 AddRoundKey，对明文和密钥进行 XOR 操作。接着，分别对大小为 128 位、192 位和 256 位的密钥执行 9、11 和 13 个主轮（由 Rr 指定）。在 MainRound 期间，调用执行的子程序有 SubBytes、ShiftRows、MixColumns、LoadKey 和 AddRoundKey。然后，执行最后一轮，包括 SubBytes、ShiftRows、LoadKey 和 AddRoundKey 等子程序的调用。最后，将 R0–R15 中的密文存储到从地址 0 开始的数据存储区中，通过指令 dne 出发 done 信号，并跳转到主程序等待下一个明文。

在下面的汇编代码中，注释以“#”字符开始，直到行尾。需要注意的是，为了节省空间，代码中用“…”省略了类似的或者重复的指令。同时，我们可以在指令前放一个标签，标签后面可以跟着一个冒号。标签可以作为指令地址的标识。我们假定汇编器可以为我们计算出对应的地址，可以在指令中引用标签。

```
# wait for start signal
Main:wat
# load plaintext
  mvc Ra, 0
  ldm R0, (Ra)
  ldm R1, (Ra)
  ...
  ldm R15, (Ra)
# loadinitialkey jsb LoadKey
# xor plaintext and initial key jsb AddRoundKey
# repeat 9 rounds for 128-bit key,
# 11 rounds for 192-bit key, and
```

```
# 13 rounds for 256-bit key
               mvc R33, 0
# subroutine:MainRound
# A loop that executes Rr times
MainRound:jsb SubBytes
          jsb ShiftRows
          jsb MixColumns
          jsb LoadKey
          jsb AddRoundKey
          adc R33, 1
          cmp R33, Rr
          jne MainRound
LastRound:jsb SubBytes
          jsb ShiftRows
          jsb LoadKey
          jsb AddRoundKey
#store ciphertext into data memory
          mvc Ra, 0
          stm(Ra ), R0
          stm(Ra ), R1
          ...
          stm(Ra ), R15
          dne
          jmp Main
```

下面的子程序 LoadKey 将密钥加载到 R16–R31 中。

```
LoadKey:ldm R16, (Ra)
        ldm R17, (Ra)
        ...
        ldm R31, (Ra)
        ret
```

下面的子程序 AddRoundKey 对存储在 R0–R15 中的明文和存储在 R16–R31 中的密钥进行 XOR 操作。

```
AddRoundKey:xor R0, R16
            xor R1, R17
            ...
            xor R15, R31
            ret
```

下面的子程序 SubBytes 用 S 盒替换存储在 R0–R15 中的明文。

```
SubBytes:sbtR0
```

```
        sbt R1
        ...
        sbt R15
        ret
```

下面的子程序 ShiftRows 采用不同的步骤左移存储在 R0–R15 中明文的每一行。

```
# shift 2nd row
ShiftRows:mvr R32, R4
          mvr R4, R5
          mvr R5, R6
          mvr R6, R7
          mvr R7, R32
# shift 3rd row
          mvr R32, R8
          mvr R8, R10
          mvr R10, R32
          mvr R32, R9
          mvr R9, R11
          mvr R11, R32
# shift 4th row
          mvr R32, R15
          mvr R15, R14
          mvr R14, R13
          mvr R13, R12
          mvr R12, R32
          ret
```

下面的子程序 MixColumns 使用值为 0x01、0x02 和 0x03 的常量矩阵与存储在 R0–R15 中的明文的每列中的元素实现混合。在导出第一列（R0、R4、R8 和 R12）的新状态时，第一列的旧状态仍然保持它们的值。因此，第一列的新状态将被临时存储在 R16、R20、R24 和 R28 中；第二列的新状态将临时存储在 R17、R21、R25 和 R29 中，以此类推。最后，在 R16–R31 中的所有新状态可用后，它们将被复制到 R0–R15 中。

```
# mix 1st column
MixColumns:ml2 R16, R0 # 1st element
           ml3 R20, R4
           xor R16, R20
           xor R16, R8
           xor R16, R12
           ml2 R20, R4 # 2nd element
```

```
            ml3 R24, R8
            xor R20, R0
            xor R20, R24
            xor R20, R12
            ml2 R24, R8 # 3rd element
            ml3 R28, R12
            xor R24, R0
            xor R24, R4
            xor R24, R28
            ml2 R28, R12 # 4th element
            ml3 R0, R0 # R0 no longer needed
            xor R28, R0
            xor R28, R4
            xor R28, R8
# To mix the 2nd(3rd or 4th) column,
# change R0 to R1(R2 or R3 ), R4 to R5(R6 or R7 ),...
# in above codes.
            ...
# Move R16~R31 to R0~R15, respectively.
            mvr R0, R16
            mvr R1, R17
            ...
            mvr R15, R31
            ret
```

考虑到汇编程序实现的这些主要的方法: SubBytes、ShiftRows、MixColumns、LoadKey、AddRoundKey，以及加载和存储的明文和密文，需要执行的指令数略多于771条（对应 $771 \times 3 = 2313$ 个周期）。此时，如果时钟频率为200MHz，则AES加密的吞吐量就约为128位/（2313个时钟周期 ×5ns/一个时钟周期）≈ 11Mbps。

8.5 组件标签引擎的数字设计

在本章的最后，我们展示了一个完整的数字设计。我们想设计一个组件标签引擎（CLE），它可以识别 16×16 二值图像中的所有前景对象，如图8.44所示，该图像存储在 256×8 的SSRAM中。单个像素占用SSRAM的一个条目，其值为0（背景）或1（前景），即存储值分别为8'd0和8'd1。图像的像素从左到右、从上到下排列在SSRAM中，地址范围从0到255。

如图8.45所示，每个不相交的对象都必须有一个大于零的唯一识别码。识别码不需要连续，但必须是唯一的。识别码最后必须存储在存储原始像素值的同一 SSRAM 中。

X轴 →　Y轴 ↓

	00	01	02						…						14	15
00	0	0	0	0	0	0	0	0	0	0	0	0	0	0	0	0
01	0	0	0	1	0	0	0	1	0	0	0	0	0	0	0	0
02	0	0	1	1	0	0	0	1	1	0	1	0	0	0	0	0
	0	1	1	0	0	0	1	1	1	1	1	0	0	0	0	0
	0	0	0	0	0	0	0	0	0	0	0	0	1	0	0	0
	0	0	0	1	1	0	0	0	0	0	1	1	1	0	0	0
	0	0	0	0	1	0	1	0	0	1	1	0	1	1	0	0
	0	1	0	1	1	1	1	0	0	1	0	0	0	1	0	0
⋮	0	1	1	1	0	0	0	0	0	0	1	1	1	0	0	0
	0	0	0	0	0	0	0	0	0	0	0	0	0	0	0	0
	0	1	1	0	0	0	0	0	1	0	0	0	0	0	0	0
	0	0	1	0	0	0	1	1	1	0	0	0	0	0	0	0
	0	0	1	0	0	0	1	0	1	0	0	0	0	0	0	0
	0	0	0	1	0	1	0	0	0	1	0	0	0	0	0	0
14	0	0	0	0	1	0	0	1	1	1	0	0	0	0	0	0
15	0	0	0	0	0	0	0	0	0	0	0	0	0	0	0	0

图 8.44　16 × 16 二值图像

X轴 →　Y轴 ↓

	00	01	02						…						14	15
00	0	0	0	0	0	0	0	0	0	0	0	0	0	0	0	0
01	0	0	0	1	0	0	0	2	0	0	0	0	0	0	0	0
02	0	0	1	1	0	0	0	2	2	0	2	0	0	0	0	0
	0	1	1	0	0	0	2	2	2	2	2	0	0	0	0	0
	0	0	0	0	0	0	0	0	0	0	0	0	3	0	0	0
	0	0	0	4	4	0	0	0	0	0	3	3	3	0	0	0
	0	0	0	0	4	0	4	0	0	3	3	0	3	3	0	0
	0	4	0	4	4	4	4	0	0	3	0	0	0	3	0	0
⋮	0	4	4	4	0	0	0	0	0	0	3	3	3	0	0	0
	0	0	0	0	0	0	0	0	0	0	0	0	0	0	0	0
	0	8	8	0	0	0	0	0	8	0	0	0	0	0	0	0
	0	0	8	0	0	0	8	8	8	0	0	0	0	0	0	0
	0	0	8	0	0	0	8	0	8	0	0	0	0	0	0	0
	0	0	0	8	0	8	0	0	0	8	0	0	0	0	0	0
14	0	0	0	0	8	0	0	8	8	8	0	0	0	0	0	0
15	0	0	0	0	0	0	0	0	0	0	0	0	0	0	0	0

图 8.45　16 × 16 二进制图像的最终对象识别码

确定具有前景值的中心像素（黑色像素）与相邻对象（具有前景值）相连的情况有 8 种，如图 8.46 所示，相邻像素必须分类作为同一对象。

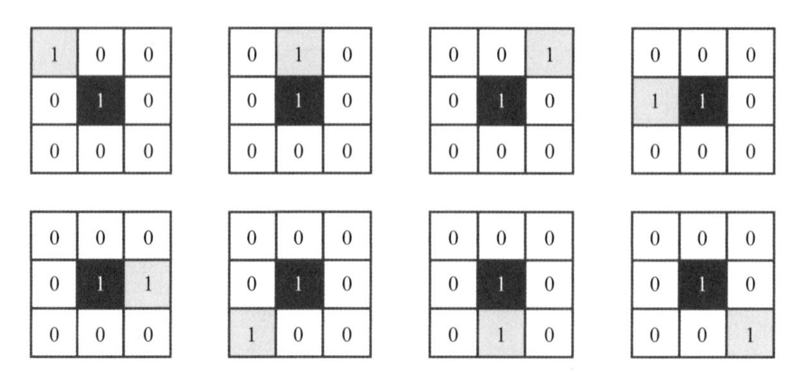

图 8.46 与中心像素相邻的像素

8.5.1 框图和接口

图 8.47 展示了系统的框图和 CLE 的接口。

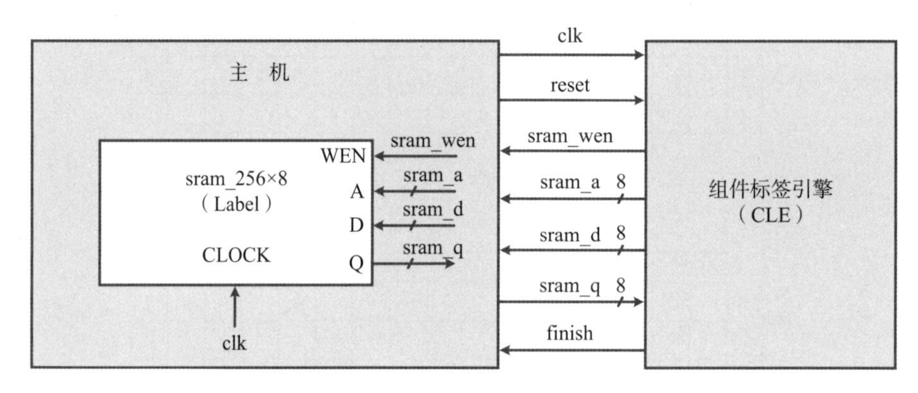

图 8.47 框图和 CLE 接口

8.5.2 算法设计

基于中心像素与相邻像素相邻的 8 种可能情况，在从左到右、从上到下扫描图像的所有像素时，我们可以使用图 8.48 所示的模式来检测像素（其中显示的黑色像素）与其前一个相邻像素的连通性。与图 8.46 中采用九个方格划分的方式相比，图 8.48 中采用的模式使用了已有的可用像素，这是因为其后的像素还没有被读取。图 8.48 中采用的模式将从左到右、从上到下扫描，直到扫描完图像的所有像素。这个过程一直持续到所有连接的相邻像素都被确定下来，因为使用这种方法，可以完全确信剩余的像素可用于识别所有先前已经连接的像素。

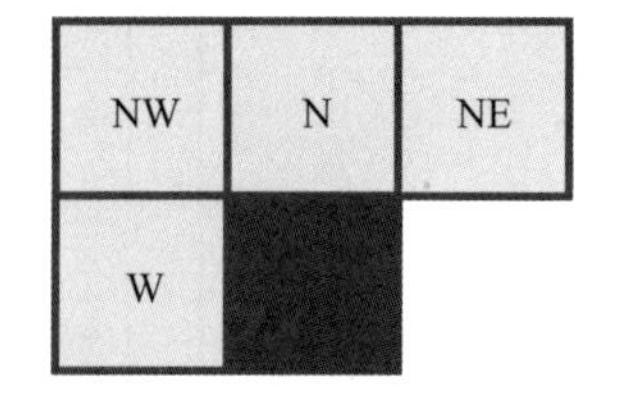

图 8.48 用于检测像素（标记为黑色）连通性的模式（NW、W、N 和 NE 分别代表西北、西、北和东北）

SSRAM 将存储所有像素的给定识别码。要检测当前像素的对象识别码，与其相邻的 4 个像素的识别码必须可用。因此，需要一个由 (16+1) × 8 个寄存器实现的 FIFO 缓冲器来实现该算法。FIFO 可以存储当前像素之前的所有像素对象的识别码，直到位于前一行的西北像素。FIFO 每个时钟周期都在被访问，因此 FIFO 中需要第一个、第二个、第三个和最后一个识别码，它们分别对应于 NW、W、N 和 NE 像素。该方法只需要读取原始像素一次，将检测的时间减少到最低限度。

对于这些例子，我们假设临时可识别对象的最大码为 254，即从 8'd1 到 8'd254。值得注意的是，临时可识别对象的识别码可能与最终可识别对象的识别码不同，这是因为“延迟连接性检测”（稍后介绍这个概念），一些对象可以合并。保留对象识别码 8'd255 来表示背景，对象识别码 8'd0 不再用于调试目的。

如果被识别像素的值为 0，则其识别码被置为 8'd255，但如果为 1，则有几种不同的可能性情况：如图 8.49（a）所示，像素被识别为“未连接到任何先前的像素”，因为它周围的识别码都是由背景号 8'd255 给出的，因此，为第一个新识别码提供一个新的临时识别码 8'd1，8'd2 用于第二个，以此类推；如图 8.49（b）所示，像素被识别为“与前一个识别码为 8'd1 的像素相连”，因此，将先前识别的对象的识别码分配给这个像素；如图 8.49（c）所示，像素被识别为“连接到两个先前的、可能未连接的、识别码分别为 8'd1 和 8'd2 的像素”，所以，这里假设将先前识别对象的最小识别码 8'd1 分配给了像素。需要注意的是，可以证明先前被认为是未连接的，但由于它们与被检测的新像素之间的关系，现在连接的像素的最大码是 2，这被称为“延迟连接性检测”，这两个先前识别的具有不同对象编号的对象稍后需要进行合并。

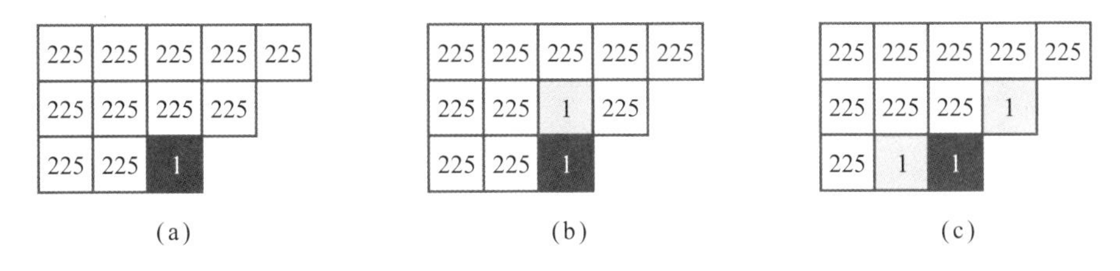

图 8.49 使用图 8.48 中的模式检测到三种可能的情况

采用这种检测方法会导致连通性检测滞后，因此需要使用标签表（label_tab）来记录识别码，由于新检测到的连接，这些记录的识别码需要合并的识别码。标签表共有 254 个条目，地址范围从 1 到 254。如图 8.50 所示，标签表的内容是根据它们对应的地址值进行初始化的。

obj_id_cnt 对临时识别的对象进行计数，并指向（或表示）新的临时识别码。如果被识别的像素值为0，则被赋予识别号8'd255。所以，原始像素值被8'd255取代，并被写入FIFO和相同的SSRAM地址中。连接的全局图像被保存在SSRAM中，而FIFO则存储着本地的连接。如果被识别的像素为1，则对于图8.49（a）的情况，被识别的像素被赋予一个新的临时识别码obj_id_cnt，并写入FIFO和相同的SSRAM地址，从而将原始像素值替换为obj_id_cnt，然后obj_id_cnt增加1。对于图8.49（b）的情况，像素被识别为“与前一个识别号为8'd1的像素相连”，因此，先前识别对象的识别号8'd1被分配给像素，并写入FIFO和相同的SSRAM地址中，而obj_id_cnt保持相同的值。对于图8.49（c）的情况，先前识别对象的最小识别码8'd1被分配给像素，并写入FIFO和相同的SSRAM地址中，obj_id_cnt仍然保持相同的值。

为了合并图8.49（c）中具有不同识别码的连接对象，将识别码较大的8'd2寻址的label_tab中的内容替换为识别码较小的8'd1，表示将识别码8'd2与识别码8'd1合并，如图8.51所示。

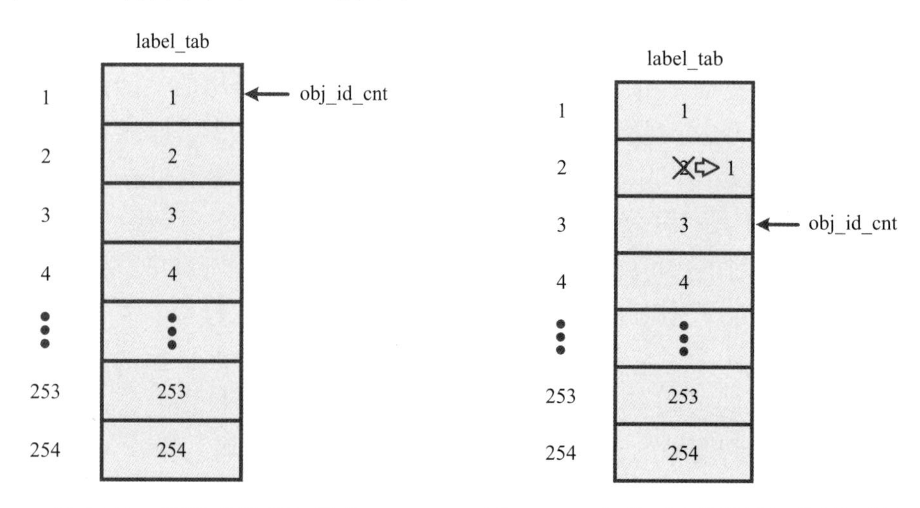

图8.50　标签表及其初始化

图8.51　合并两个识别码不同的连接对象8'd1和8'd2，在label_tab中记录相关的信息后使用

到目前为止，label_tab只包含成对连接的对象。也就是说，已经用于检测像素连接性的模式只保证相邻像素之间的连接性，但这并不保证它们的对象识别码相同。例如，图8.44中SSRAM的内容和二值图像的label_tab分别变成了图8.52（a）和8.52（b）中所示的内容，其中obj_id_cnt此时是12，意味着有11个临时识别对象。

要使用相同的对象号合并所有连接的对象，就必须彻底扫描图8.53中所示的label_tab，以便所有连接对象使用的识别码是唯一的。为此，从(obj_id_cnt-1)所指向的位置开始扫描label_tab中的每个条目，直到所有连接对象达到最小识别码，例如1。扫描特定条目时，会查找其内容并将其与地址进行比较。

如果它们不相同，则其内容将作为下一个地址。这个过程会一直持续到条目的内容和其地址具有相同值为止，这样的条目就表示了特定条目使用了唯一（且最小）的识别码。

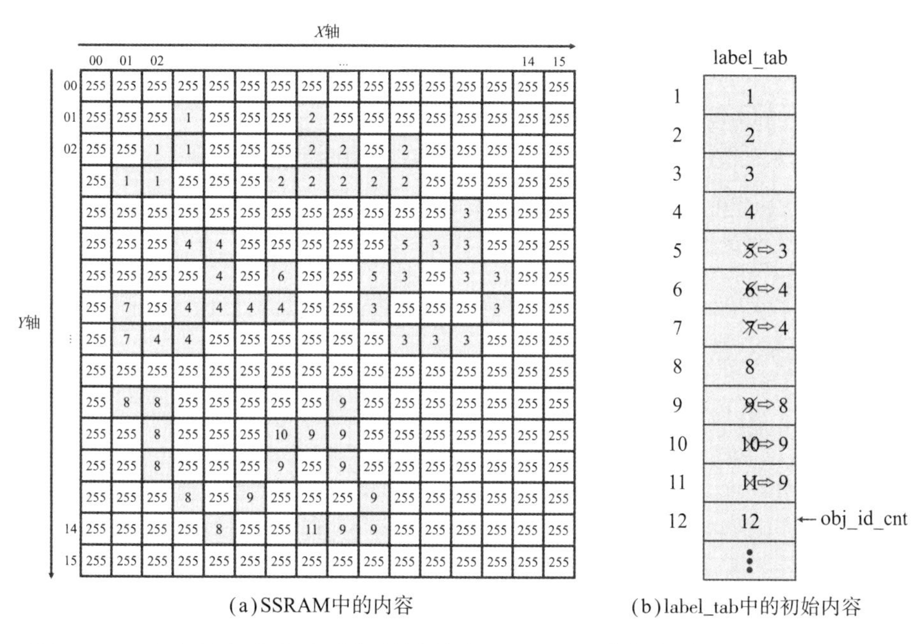

(a) SSRAM中的内容　　(b) label_tab中的初始内容

图 8.52 确定每个像素的对象识别码后，SSRAM 中的内容和 label_tab 中的初始内容将被需要合并的那些对象号覆盖

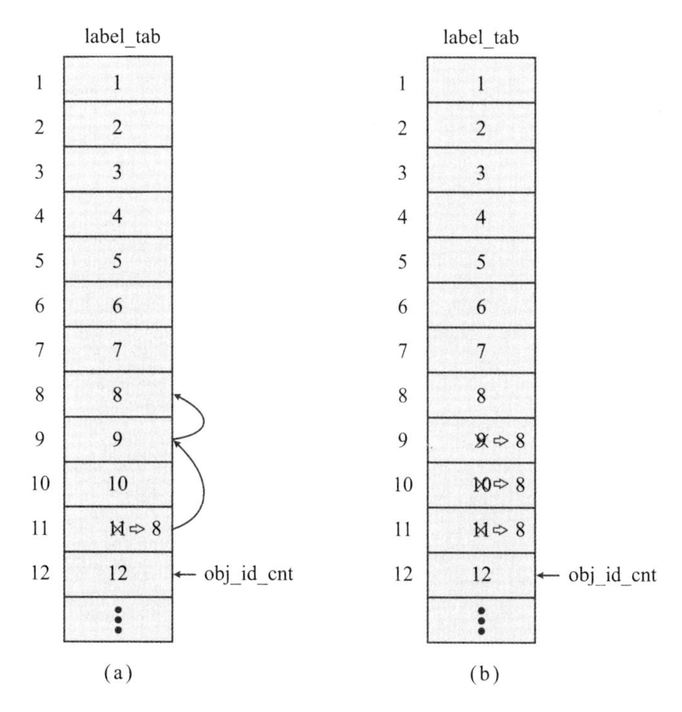

(a)　　(b)

图 8.53 合并（a）中临时识别对象码 8'd11 和（b）中所有临时识别对象，为所有连接的像素指定统一的对象号

例如，在图 8.53（a）中，临时识别的对象号 8'd11 最终与对象号 8'd8 合并，这可以通过查找寻址 8'd11 中条目的内容来实现。然后，由 8'd9 寻址的条目的内容表示 8'd9 应该与对象编号 8'd8 合并。此外，地址为 8'd8 的条目内容表明 8'd8 应该与对象号 8'd8 合并。此时，当地址及其内容变得相同时，对对象号 8'd11 的扫描停止。最后，将临时识别的对象编号 8'd11 的条目写入最小识别码 8'd8。此过程一直持续到所有临时标识的对象编号（从 obj_id_cnt−1 = 11 到 1）都已合并，如图 8.53（b）所示。最后，label_tab 指定对象编号（从 11 到 1），11、10 和 9 应与 8 合并，8（最小对象编号本身）又与 8 相同合并，7 和 6 应与 4 合并，5 应与 3 合并，4 又与 4 相同合并，以此类推。

最后，将存储在 SSRAM 中的识别码重新映射为 label_tab 中指定的识别码，并将背景识别码 8'd255 重新映射为 8'd0。

8.5.3 RTL设计

如图 8.54 所示，这里使用状态机控制 CLE 的各种操作。该状态机由三个主要阶段组成：扫描所有像素（包括状态 ST_RD_PIX 和 ST_WR_PIX）、合并所有识别的对象（包括状态 ST_MG_INI、ST_MG_CHK、ST_SCH_INI 和 ST_MG_SCH）和所有对象的重映射（包括状态 ST_RD_ID 和 ST_WR_ID）。在 ST_RD_PIX 状态期间读取像素值，并且在状态 ST_WR_PIX 期间将其对应的临时对象识别码写入与像素相同的地址中，直到完成所有像素值的读取，并识别其对象号为止。因此，一旦最初的像素已经被读取和重写，其最初的像素值就不再需要了。然而，由于其他的剩余像素，特别是下一行的像素，将使用与前一个像素相关的数据，因此关于前一个像素的信息（临时识别的对象号，不是像素值）也应存储在 FIFO 中以供将来使用。

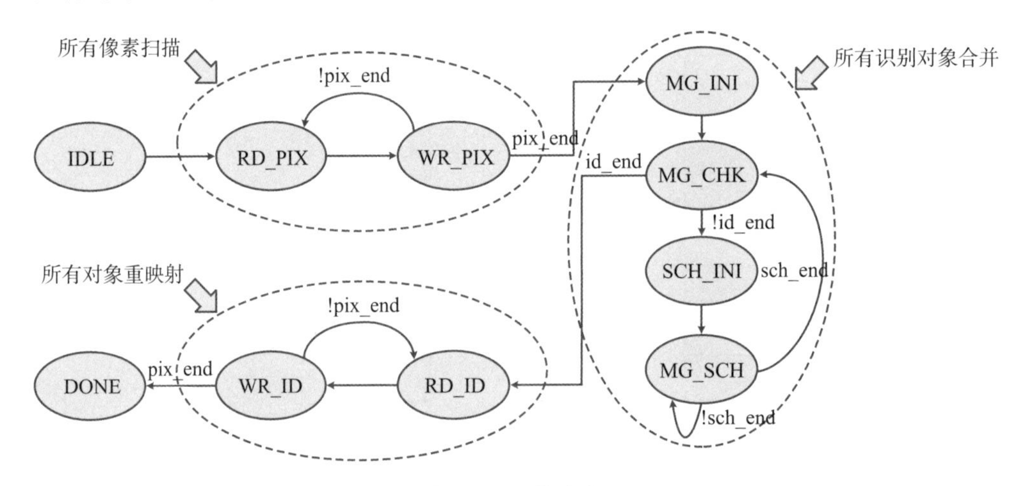

图 8.54 状态机

合并所有识别对象阶段实现了图 8.53 中所有连接对象（从 obj_id_cnt-1 到 1）的最小对象号的查找。这个过程实际上是两个嵌套的循环，对于每个临时识别的对象（从 obj_id_cnt-1 到 1），找到它的最小对象号，直到在 lab_tab 中找到一个具有相同内容和地址的条目为止。

所有对象的重映射阶段非常简单，只需要根据 lab_tab 重映射 SSRAM 中所有临时识别对象即可。

通过适当的算法，实现的 CLE 体系结构如图 8.55 和图 8.56 所示。在这个设计中有两个主要组件：用于存储本地连接性的 FIFO 缓冲区和用于记录所有识别码的 label_tab。FIFO 缓冲区和 SSRAM 接口的数据路径如图 8.55 所示。FIFO 有 4 个读端口，分别是 FIFO[0]、FIFO[1]、FIFO[2] 和 FIFO[DEPTH]，其中 DEPTH = 16，分别用于 NW、N、NE 和 W 等对象号。SSRAM 写数据 8'd255（背景对象号）、obj_id_cnt（图 8.49（a））和 obj_id_min（图 8.49（b）和图 8.49（c））都在状态 ST_WR_PIX 中执行，而写数据 8'd0（重新映射的背景对象号）和 lab_tab[sram_d]（重新映射的对象号）则在状态 ST_WR_ID 中执行。

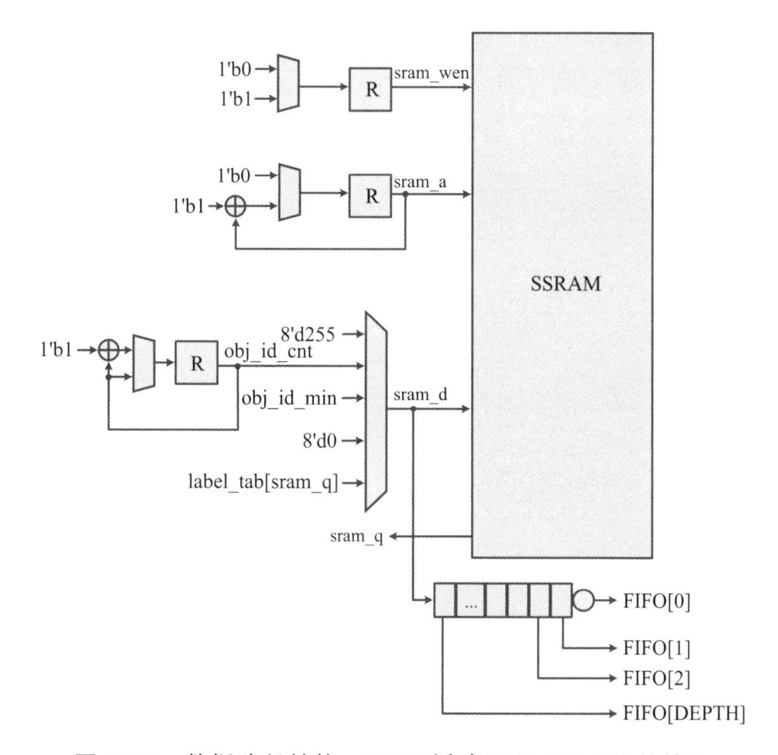

图 8.55 数据路径结构：FIFO 缓冲区和 SSRAM 的接口

label_tab 的数据路径如图 8.56 所示。

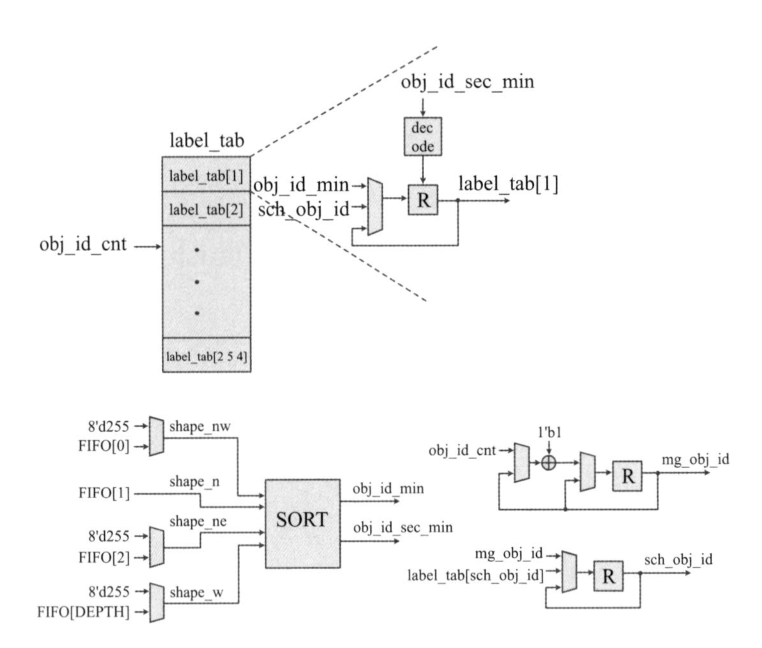

图 8.56 数据路径结构：label_tab

图 8.57 是基于适当的算法、状态机和架构实现的 CLE 操作控制的时序图。在时序图中，我们假设其中只有两个临时识别对象 2 和 1。此外，label_tab 指示了对象 2 需要与对象 1 进行合并。

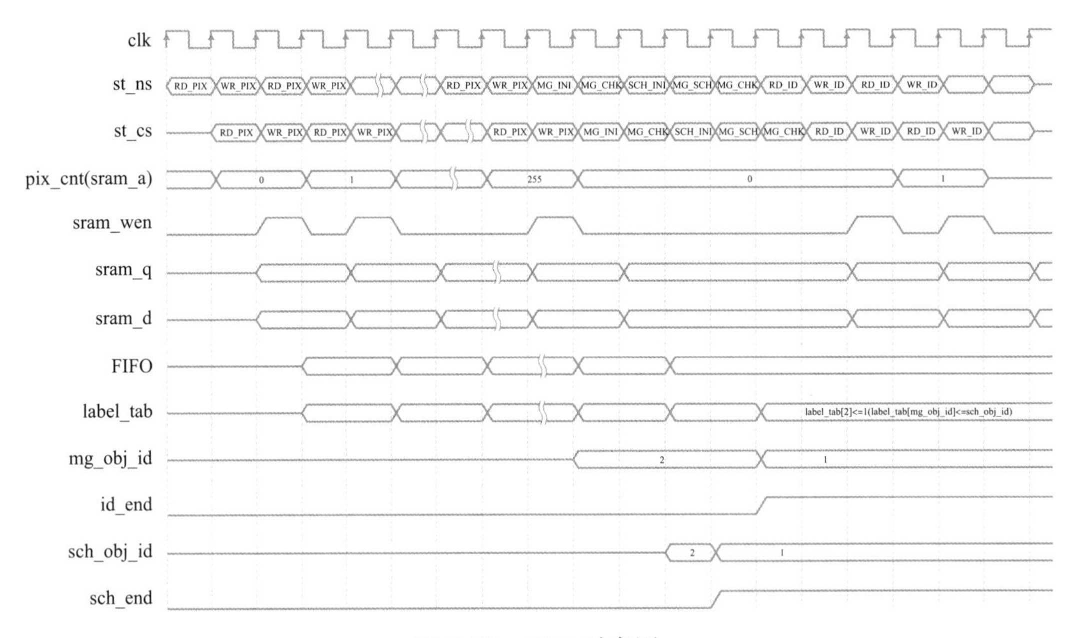

图 8.57 CLE 时序图

下面是状态机对应的 RTL 代码：

```
// 状态机编码
reg [3:0] state_cs, state_ns;
```

```
parameter ST_IDLE = 4'b0000; parameter ST_RD_PIX = 4'b0001;
parameter ST_WR_PIX = 4'b0011; parameter ST_MG_INI = 4'b0010;
parameter ST_MG_CHK = 4'b0110; parameter ST_SCH_INI = 4'b0111;
parameter ST_MG_SCH = 4'b0101; parameter ST_RD_ID = 4'b0100;
parameter ST_WR_ID = 4'b1100; parameter ST_DONE = 4'b1101;
always @ (*) begin
  state_ns = state_cs;
  case(state_cs)
  ST_IDLE:state_ns = ST_RD_PIX;
  ST_RD_PIX:state_ns = ST_WR_PIX;
  ST_WR_PIX:state_ns = pix_end ? ST_MG_INI:ST_RD_PIX;
  ST_MG_INI:state_ns = ST_MG_CHK;
  ST_MG_CHK:state_ns = id_end ? ST_RD_ID:ST_SCH_INI;
  ST_SCH_INI:state_ns = ST_MG_SCH;
  ST_MG_SCH:state_ns = sch_end ? ST_MG_CHK:ST_MG_SCH;
  ST_RD_ID:state_ns = ST_WR_ID;
  ST_WR_ID:state_ns = pix_end ? ST_DONE:ST_RD_ID;
  ST_DONE:state_ns = ST_DONE;
  endcase
end
always @ (posedge clk or posedge reset)
  if (reset) state_cs <= ST_IDLE;
  else state_cs <= state_ns;
```

像素计数寄存器 pix_cnt 用于扫描所有像素或根据 label_tab 重新映射所有对象，也用作访问 SSRAM 的地址，代码如下所示：

```
// pix_cnt 用于产生控制信号
reg [7:0] pix_cnt;
wire pix_end;
assign pix_end = pix_cnt == 8'd255;
always @ (posedge clk or posedge reset)
  if (reset) pix_cnt <= 0;
  else if (state_cs == ST_WR_PIX && state_ns == ST_MG_INI)
    pix_cnt <= 0; // 冗余
  else if (state_cs == ST_WR_PIX || state_cs == ST_WR_ID)
pix_cnt <= pix_cnt + 1;
```

“扫描所有像素”操作会读取每个最初的像素值，确定其对象识别码，并将对象识别码写入 SSRAM 和 FIFO 中。临时识别码依据图 8.48 所示的图形确定。在状态 ST_WR_PIX 期间，如果被识别的像素值为 0，则被赋予识别码 8'd255；如果识别的像素为 1，则可能有图 8.49 所示的三种结果。

在 ST_WR_ID 状态期间，临时识别码 8'd255，即保留的背景对象识别码 BG_OBJ_ID 被重新映射为 8'd0；否则，将依据 label_tab 进行重新映射。因此，SSRAM 在状态为 ST_WR_PIX 和 ST_WR_ID 时被写入，pix_cnt 也被用于 SSRAM 的地址中。

```
// SRAM 接口
reg sram_wen;
reg [7:0] sram_d, obj_id_cnt;
wire [9:0] sram_a;
parameter BG_OBJ_ID = 8'd255;
always @ (posedge clk or posedge reset)
  if (reset) sram_wen <= 0;
  else if (state_ns == ST_WR_PIX || state_ns == ST_WR_ID)
    sram_wen <= 1;
  else sram_wen <= 0;
assign sram_a = pix_cnt;
always @ (*)
  if (state_cs == ST_WR_PIX && sram_q [0] == 1'b0)
    sram_d = BG_OBJ_ID;
  else if (state_cs == ST_WR_PIX && sram_q [0] == 1'b1) begin
    if (obj_id_min == BG_OBJ_ID)            // 情况 (a)
      sram_d = obj_id_cnt;
    else                                    // 情况 (b) 和情况 (c)
      sram_d = obj_id_min;
    end
  else if (state_cs == ST_WR_ID)
    sram_d = sram_q == BG_OBJ_ID ?8'd0:
    label_tab [sram_q];
  else                                      // 不关心状态
sram_d = 8'd0;
```

在状态 ST_WR_PIX 中，待检测像素周围的四个像素的识别码存储在 FIFO[0]、FIFO[1]、FIFO[2] 和 FIFO[DEPTH] 中，并通过 SORT 函数进行排序，该函数再输出排序后对象的 ID。最小的对象 ID obj_id_min 是排序结果中的第一个。通过将所有排序结果与 obj_id_min 进行比较，得出与 obj_id_min 不同的第二小的 obj_id_sec_min。需要指出的是，对于第一列中被检测的像素，西北方向像素和西方像素的识别号不存在，这里假定为 BG_OBJ_ID，北方像素和东北方向像素的识别码分别为 FIFO[1] 和 FIFO[2]，对于最后一列中被检像素，东北方向像素的识别码也不存在，也假定为 BG_OBJ_ID。

寄存器 obj_id_cnt 统计已使用识别对象的数量。当 obj_id_min 为 BG_

OBJ_ID（即 8'd255）时，如果像素值为 1，那么目标像素周围四个像素的识别号都为 BG_OBJ_ID。之后，使用一个新的识别码，obj_id_cnt 的值增加 1。除了写入 SSRAM 之外，识别码还会写入 FIFO 中，以存储剩余像素的本地连接性。label_tab 存储本地合并后的识别码。当 obj_id_min 与 obj_id_sec_min 不相等且不等于 BG_OBJ_ID 时，通过将 obj_id_min 写入 label_tab 的地址 obj_id_sec_min 中，将较大的识别码与较小的识别码合并，记录该信息。

```
// FIFO缓冲区和 label_tab
wire is_first_column, is_last_column;
wire [7:0] shape_nw, shape_n, shape_ne, shape_w;
wire [31:0] shape_all_data;
wire [7:0] sort_result [0:3], obj_id_min, obj_id_sec_min;
reg [7:0] FIFO [0:DEPTH], label_tab [1:254];
integer i1, i2;
parameter DEPTH = 16;
assign is_first_column = pix_cnt [3:0] == 4'd0;
assign is_last_column = pix_cnt [3:0] == 4'd15;
// 注意第一列和最后一列
assign shape_nw = is_first_column ? BG_OBJ_ID:FIFO [0];
assign shape_n = FIFO [1];
assign shape_ne = is_last_column ? BG_OBJ_ID:FIFO [2];
assign shape_w = is_first_column ? BG_OBJ_ID:FIFO [DEPTH];
assign shape_all_data = {shape_nw, shape_n, shape_ne, shape_w};
assign {sort_result [0], sort_result [1], sort_result [2],
  sort_result [3]} = SORT(shape_all_data);
assign obj_id_min = sort_result [0];
always @ (*) begin
  obj_id_sec_min = sort_result [0];
  if (sort_result [1]!= obj_id_min )
    obj_id_sec_min = sort_result [1];
  else if (sort_result [2]!= obj_id_min)
    obj_id_sec_min = sort_result [2];
  else if ( sort_result [3]!= obj_id_min)
    obj_id_sec_min = sort_result [3];
end
always @ (posedge clk or posedge reset)
  if (reset)
    // id为0的对象不使用，255为保留值
    obj_id_cnt <= 1;
  else if (state_cs == ST_WR_PIX && sram_q [0] == 1'b1 &&
    obj_id_min == BG_OBJ_ID)
    obj_id_cnt <= obj_id_cnt + 1;
```

```
always @ (posedge clk or posedge reset)
  if (reset)
    for(i1 = 0; i1 <= DEPTH;i1 = i1 + 1)
      FIFO [i1] <= BG_OBJ_ID;
  else if (state_cs == ST_WR_PIX ) begin
    for(i1 = 0; i1 <= DEPTH-1; i1 = i1 + 1)
      FIFO [i1] <= FIFO [i1 + 1];
      FIFO [DEPTH] <= sram_d;
  end
always @ (posedge clk or posedge reset)
  if (reset)
    for(i2 = 1; i2 <= 254; i2 = i2 + 1)
      label_tab [i2] <= i2;
  else if (state_cs == ST_WR_PIX && sram_q [0] == 1'b1 &&
    obj_id_min != BG_OBJ_ID && obj_id_sec_min != BG_OBJ_ID &&
    obj_id_sec_min != obj_id_min)
    label_tab [obj_id_sec_min] <= obj_id_min;
  else if (state_cs == ST_MG_SCH && state_ns == ST_MG_CHK)
    label_tab [mg_obj_id] <= sch_obj_id;
// 对象id排序
function [31:0] SORT;// 调用函数定义
  input [31:0] shape_all_data;
  reg [7:0] temp_data;
  reg [7:0] data [0:3];
  integer i, j;
  begin
    data [0] = shape_all_data [31:24];
    data [1] = shape_all_data [23:16];
    data [2] = shape_all_data [15:8];
    data [3] = shape_all_data [7:0];
    for(i = 3; i > 0; i = i-1)
      for(j = 0; j < i;j = j + 1)
        if (data [3-j]< data [3-j-1]) begin
          temp_data = data [3-j-1];
          data [3-j-1]= data [3-j];
          data [3-j] = temp_data;
        end
    SORT = {data [0], data [1], data [2], data [3]};
  end
endfunction
```

寄存器mg_obj_id存储当前正在搜索的识别码，该识别码用于合并最小识别码。在状态 ST_MG_INI 下，使用基于识别码数量 obj_id_cnt−1 初始化的 mg_obj_id 来检查 label_tab 中的识别码是否合并。操作按从最后一个识别码到第一个识别码的相反顺序进行，在每次转换到 ST_MG_CHK 期间，mg_obj_id 就减少 1，以便检查下一个较小的识别码。

当 mg_obj_id 变为最小识别码时，合并停止。对于每一个正在被搜索的以找到可用于合并的最小识别码的当前识别码，寄存器 sch_obj_id 读出其在 label_tab 中对应的内容，即 label_tab[sch_obj_id]。当 sch_obj_id 和 label_tab[sch_obj_id] 相等时，表示已经找到了用于合并的最小识别码，并停止搜索。因此，label_tab 的合并过程实际上实现了两个 for 循环的嵌套。

```
// label_tab的合并
reg [7:0] mg_obj_id, sch_obj_id;
wire id_end, sch_end;
reg finish;
always @ (posedge clk or posedge reset)
  if (reset) mg_obj_id <= 0;
  else if (state_ns == ST_MG_INI) mg_obj_id <= obj_id_cnt-1;
  else if (state_ns == ST_MG_CHK && state_cs == ST_MG_SCH)
    mg_obj_id <= mg_obj_id-1;
assign id_end = mg_obj_id == 8'd1;
always @ (posedge clk or posedge reset)
  if (reset) sch_obj_id <= 0;
  else if (state_ns == ST_SCH_INI) sch_obj_id <= mg_obj_id;
  else if (state_ns == ST_MG_SCH) sch_obj_id <= label_tab
    [sch_obj_id];
assign sch_end = sch_obj_id == label_tab [sch_obj_id];
always @ (posedge clk or posedge reset)
  if (reset) finish <= 1'b0;
  else if (state_ns == ST_DONE) finish <= 1'b1;
```

最后，在状态 ST_WR_ID 期间，除了识别码 BG_OBJ_ID 被重新映射为 8'd0 之外，存储在 SSRAM 中的对象识别码根据 label_tab 指定的规则进行重新映射。此外，控制信号“finish”在状态机进入 ST_DONE 状态时触发。

8.6 练习题

1. 计算下列情况的值：

（a）如果 $\Delta V(0)=e^{-1}V_{\mathrm{DD}}$，请找到电路收敛到 $\Delta V(t)=V_{\mathrm{DD}}$ 的时刻。

（b）什么时候 $\Delta V(0)=e^{-2}V_{DD}$？

（c）什么时候 $\Delta V(0)=0.25V_{DD}$？

2. 对于稳定状态 $\Delta V(t)=+3V_{DD}$ 或者 $\Delta V(t)=-3V_{DD}$，$\Delta V(0)$ 收敛于小于 5τ 的最小值是多少？

3. 对于 $t_S=t_H=0.1\text{ns}$，$t_C=5\text{ns}$，$f_I=1\text{MHz}$，时序错误的频率 f_{TE} 是多少？

4. 请验证 8.3.5 节中的函数 bin_to_gray 和函数 gray_to_bin。

5. 在一个系统中，$f_I=100\text{kHz}$，$f_C=1\text{GHz}$，$t_S=t_H=50\text{ps}$，$\tau=100\text{ps}$，$t_{CQ}=80\text{ps}$，使用 3 个背靠背的触发器作为同步器，计算该系统的 MTBF。

6. 我们想要同步一个二值序列，该序列从 clkin 域传到 clkout 域。请找出下面确定性多位同步器存在的潜在问题，并进行修改：

```
always @ (posedge clkin or posedge rst)
  if (rst) cnt <= 3'd0;
  else cnt <= cnt + 1;
always @ (*)
  case(cnt)
  3'b000:cnt_gray = 3'b000;
  3'b001:cnt_gray = 3'b001;
  3'b010:cnt_gray = 3'b011;
  3'b011:cnt_gray = 3'b010;
  3'b100:cnt_gray = 3'b110;
  3'b101:cnt_gray = 3'b111;
  3'b110:cnt_gray = 3'b101;
  3'b111:cnt_gray = 3'b100;
  endcase
always @ (posedge clkout) begin
  cnt_r <= cnt_gray;
  cnt_rr <= cnt_r;
end
```

7. 使用带有流控具有 5 个条目的 FIFO 重新设计不确定性多位同步器。

8. 假设 FIFO 不会发生溢出现象，请使用不带流控的 FIFO 重新设计不确定多位同步器。

（a）如果 clkout 的频率是 clkin 的 2 倍，那么设计的队列的深度是多少？

（b）如果 clkout 的频率是 clkin 的 3 倍，那么设计的队列的深度是多少？

9. 如果 $t_S=50\text{ps}$，$t_H=20\text{ps}$，$\tau=40\text{ps}$，$t_{CQ}=20\text{ps}$，$f_I=200\text{MHz}$，$f_C=2\text{GHz}$，计算下面同步器的 MTBF。

（a）等待一个周期进行同步。

（b）等待五个周期进行同步。

（c）使用五个背靠背的触发器进行同步。

10. 使用 2 位简单同步器对跨时钟域的两位格雷码信号进行传输，位翻转需要经过的最短时间是多少？也就是说，格雷码传输的最大时钟速率是多少？

11. 有一个 FIFO 同步器，其中使用了由三个背靠背的触发器组成的简单同步器，对读写指针进行同步。假设输入和输出时钟以大约相同的频率（±10%）运行，那么，在支持全速率数据传输时，FIFO 的最小深度是多少？

12. 请设计一个包含 5 个元素的格雷码序列。

13. 请对 8 位加密处理器进行验证，完成剩余的 RTL 代码和汇编代码，并将汇编代码翻译成可以由处理器直接执行的二进制机器码。二进制机器码由汇编代码依据指令格式、操作码和寄存器的地址映射转换而来。

14. 状态寄存器 Ri 在执行 cmp 指令时进行更新。因此，如果 cmp 指令在子程序中执行，则主程序中产生的 Ri 的内容变为无效。要在执行完子程序后恢复 Ri（或其他寄存器），必须在执行 jsb 指令时将 Ri（或其他寄存器）自动保存到堆栈中。请将堆栈寄存器扩展到具有 2 个条目，分别在遇到 jsb 和 ret 指令时，可以实现对 Ri 和 PC 的压栈出栈操作。

15. 请重新设计 8 位加密处理器，包括 ISA、RTL 代码和汇编代码，以实现 AES 解密算法。

16. 请重新设计 8 位加密处理器，包括汇编代码，以及必要的指令和数据存储器，以便实现 2 块明文的密文分组链接（CBC）的 AES 操作模式。两个明文块放在数据存储区的前两个 16 字节中。然后，接着是 16 字节的初始向量。最后，为密钥分配的最大所需空间（$15 \times 16 = 240$ 字节）在初始向量之后。

17. 请重新设计 8 位加密处理器，实现 AES 加解密算法。有两个 256×8 的 ROM 分别用于加解密程序集，还有两个 256×8 的 RAM 分别用于明文（用于加密）和密文（用于加密）。因为加解密操作码是共享的，所以，8 位加密处理器不需要扩展到 16 位。为了实现加解密之间的切换，可以通过输入信号选择模式以及所需的 ROM 和 RAM。

18. 请重新设计加密处理器并将其扩展到 32 位，这样一条指令一次就可以处理 4 种明文状态。请问，此时设计的吞吐量是多少？性能提高了多少？

19. 最初的 8 位加密处理器的指令阶段没有经过流水线处理，请重新设计具有流水线的 8 位加密处理器，使取指 – 译码 – 执行等步骤可以并发执行。此时设计的吞吐量是多少？性能又提高了多少？

20. 请重新设计 8 位加密处理器，包括 ISA、RTL 代码和汇编代码，以便实现数据加密标准（DES）加密算法。

21. 请重新设计 CLE，以便背景临时识别码可以由 8'd0 得到。

22. 请重新设计 CLE，使用一个具有 3 × 8 寄存器组成的小型 FIFO 来用于存储 NW、N 和 W 等像素的对象 ID。为此，必须访问存储区两次，一次用于读取被检测的像素值，另一次用于NE像素的对象ID。请将新设计与由 (32+1) × 8 个寄存器组成的 FIFO 的原始 CLE 设计进行比较。

23. 请给所有的 for 循环使用命名块，重写 CLE 的 Verilog 代码。

24. 请设计一个边缘译码器，它可以计算强度信号在 x 和 y 方向上的导数，用于检测强度的突然变化，特别是在对象的边界处。我们假设有一个 480 × 640 像素的单色图像，每个像素为 8 位。图像的像素，从左到右，从上到下，存储在 76800 × 32 的 SRAM 中，四个像素存放在 SRAM 的一个地址中。像素值为范围从 0（黑色）到 255（白色）之间的无符号整数。我们可以使用 Sobel 边缘检测器，它通过一个称为卷积的过程来近似得到每个像素在每个方向上的导数。这涉及将 9 个相邻像素乘以 9 个系数，这些系数通常由两个 3 × 3 卷积掩模矩阵 Gx 和表示，如图 8.58 所示，然后将 9 个乘积相加，形成导数图像的两个偏导数 Dx 和。

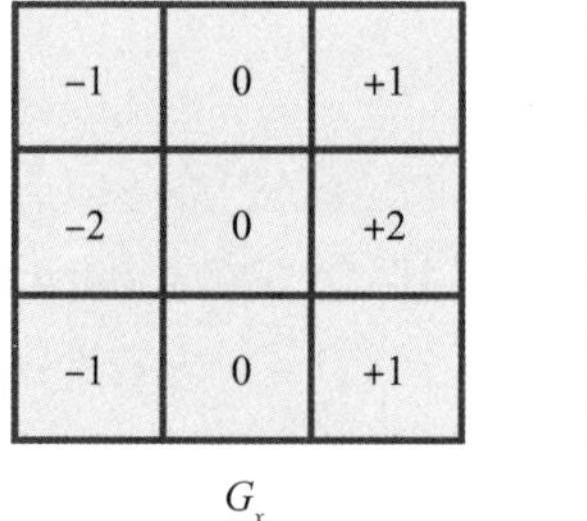

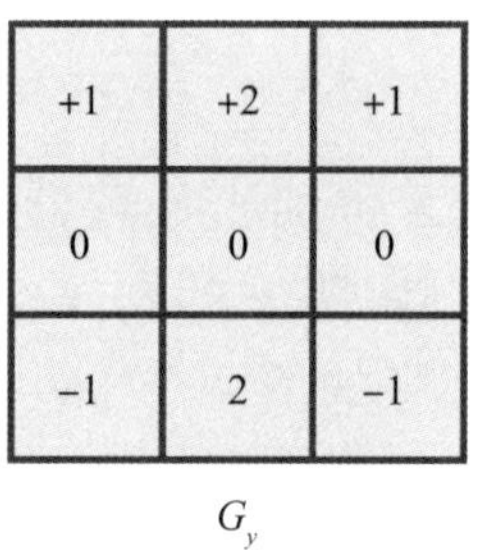

图 8.58 Sobel 卷积掩模 G_x 和 G_y

图像像素的导数幅值可以写为

$$|D| = \sqrt{D_x^2 + D_y^2} \tag{8.18}$$

但是，由于我们只对找到幅值的最大值和最小值感兴趣，所以，一个近似的值可表示为

$$|D| = |D_x| + |D_y| \tag{8.19}$$

需要注意的是，图像边缘周围的像素没有完整的相邻像素集，因此我们需要单独处理它们。最简单的方法是将边缘像素的导数值 $|D|$ 设置为 0。下面给出了一段伪代码。设 $P[r][c]$ 表示原始图像中的像素值，$D[r][c]$ 表示导数图像中的像素，其中行索引 r 的取值范围为 0 到 479，列索引 c 的取值范围为 0 到 639。此外，设 $G_x[i][j]$ 和 $G_y[i][j]$ 分别表示 x 轴和 y 轴的卷积掩码，其中 $i, j = -1, 0, +1$。

```
// 边缘像素的导数值设置为 0
r = 0;                    // 第一行+
for(c = 0; c <= 639; c = c + 1) D [r][c] = 0;
r = 479;                  // 最后一行
for(c = 0; c <= 639; c = c + 1) D [r][c] = 0;
c = 0;                    // 第一列
for(r = 0; r <= 479; r = r + 1) D [r][c] = 0;
c = 639;                  // 最后一列
for(r = 0; r <= 479; r = r + 1) D [r][c] = 0;
// 其他像素
for(r = 1; r <= 478; r = r + 1) begin
  for(c = 1; c <= 638; c = c + 1) begin
    sum_x = 0; sum_y = 0;
    for(i = -1; i <= 1; i = i + 1) begin
      for(j = -1; j <= 1; j = j + 1) begin
        sum_x = sum_x + P [r + i][c + j]* G_x [i][j];
        sum_y = sum_y + P [r + i][c + j]* G_y [i][j];
      end
    end
    D [r][c] = abs(sum_x) + abs(sum_y);
  end
end
```

（a）在不产生溢出的情况下，确定 D_x、D_y 和 $|D|$ 的位宽。

（b）导数值 $|D|$ 被写入相同的 SRAM 中，每个导数为 8 位。因此，每个像素的导数值被截断为 8 位。与最初的像素一样，四条编译指令的值存储在每个 SRAM 的地址中。请设计一种对内存访问次数没有任何限制的边缘检测器。

（c）请重新设计边缘检测器，限制可以访问内存的次数，使每个内存只允许被读一次。

25. 设计并验证基于 Sobel 加速器的视频边缘检测。

26. 使用像素只能被读取一次的模型，设计并验证基于 Sobel 加速器的视频边缘检测。

参考文献

[1] Clive(MAX) Maxfield. How to generate Gray Codes for non-power-of-2 Sequences. EDN Network, United States, 2007[2021. 06. 17]. https: //www. edn. com/how-to-generate-gray-codes-fornon-power-of-2-sequences/.

[2] David Money Harris, Sarah L Harris. Digital design and computer architecture, 2nd. Morgan Kaufmann, 2013.

[3] John F Wakerly. Digital design: principles and practices, 5th. Prentice Hall, 2018.

[4] Mark Gordon Arnold. Verilog digital computer design: algorithms into Hardware. Prentice Hall, 1999.

[5] Michael D Ciletti. Advanced digital design with the Verilog HDL, 2nd. Prentice Hall, 2010.

[6] Peter J Ashenden. Digital design: an embedded systems approach using Verilog. Morgan Kaufmann Publishers, 2007.

[7] Ronald W Mehler. Digital integrated circuit design using Verilog and Systemverilog. Elsevier, 2014.

[8] Stephen Brown, Zvonko Vranesic. Fundamentals of digital logic with Verilog design. McGraw-Hill, 2002.

[9] William J Dally, R Curtis Harting. Digital design: a systems approach. Cambridge University Press, 2012.

第9章　I/O接口

内部存储器和外部 I/O 设备之间传递信息的方式一般称之为 I/O 接口。I/O 接口与物理世界进行交互是通过 I/O 设备实现的，例如，显示器的人机接口和键盘等。

总线是一种可以在计算机内部或计算机之间传输数据的通信系统。一些总线用于连接电路板上的独立芯片，另一些总线则用于连接系统中单独的电路板。总线规范和协议根据其预期用途的要求而发生变化。片外总线中，具有多个数据源的信号一般使用三态驱动器，例如，PCI 总线用于将附加卡连接到计算机上，片上总线主要用于 IC 内部子模块的连接。这些总线都具有独立的输入和输出信号，并且允许使用多路选择器和多路分配器来连接不同的组件。例如 ARM 的 AMBA 总线、IBM 的 CoreConnect 总线和 OpenCores 组织的 Wishbone 总线等。

为了方便地集成不同团队设计的组件，已经发布了许多通用总线协议。使用总线连接的组件应符合相应的总线协议，否则，就需要使用一些接口胶合逻辑。总线协议规范一般包括用于连接兼容组件的信号列表，以及用于实现各种总线操作的操作序列和信号时序的描述。总线的地址宽度决定了可以寻址的存储空间，而总线的数据宽度导会影响数据的传输速率。

本章将介绍一种键盘 I/O 控制器（I/O 处理器可用于对 I/O 控制器进行编程或控制）、多路复用总线、三态总线和开漏输出总线，以及几种串行传输协议。嵌入式系统中的程序与通用计算机中的程序的主要区别在于，嵌入式软件必须能够在事件发生时迅速作出反应，为此，我们将介绍嵌入式系统的一些 I/O 接口使用的方法，如轮询、中断和定时器。最后，对 FFT 处理器的加速器从算法到 RTL 设计进行了说明。

9.1 I/O控制器

键盘的 I/O 控制器使用开关来检测按下的按钮，如图 9.1 所示。为了减少信号的数量，特别是对于大型键盘，开关通常以矩阵形式进行排列。为了扫描矩阵中的闭合触点，I/O 控制器一次驱动一行为低电平。生成行信号 row[3:0] 的方式是 I/O 控制器一次依次选择每一行。然后，列信号 col[2:0] 被 I/O 控制器锁存以确定按下的按钮。例如，当第二行通过触发信号 row[1] 为逻辑 0，并且其余行的线逻辑为 1（即 row[3:0] = 4'b1101）时，如果数字 4、5 或 6 中的任何一个被按下，则其相应的列信号将被拉低并被检测到。当所有的键开关都打开时，所有列线都通过电阻被拉高。

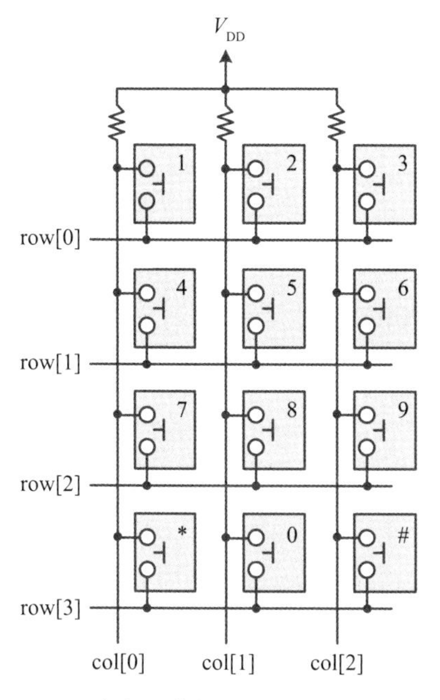

(a)扫描矩阵中排列的键盘开关

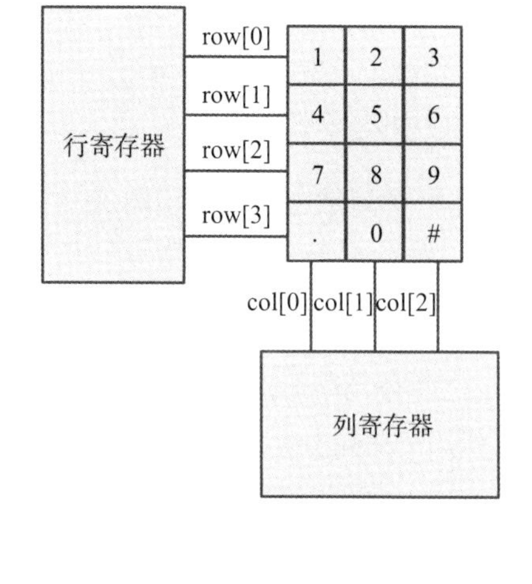

(b)带有输出寄存器（行寄存器，用于驱动行线）和输入寄存器（列寄存器，用于锁存列线）的键盘矩阵

图 9.1

如图 9.2 所示，行信号由处理器通过其 I/O 接口进行控制，数据总线 din[7:0] 和 dout[7:0] 分别为 8 位宽。当 cen 为真时，发出写（wen = 1'b1）或读（wen = 1'b0）I/O 命令。控制器提供了 3 个 I/O 口，它们通过地址信号 addr[1:0] 译码选择。端口号 0、1 和 2 分别用于访问状态寄存器、行寄存器和列寄存器。状态寄存器的位 0 表示列信号 col[2:0] 被有效采样。状态寄存器的第 7 位到第 1 位为保留位。行寄存器的第 3 位到第 0 位驱动行信号 row[3:0]，行寄存器的第 7 位到第 4 位为保留位。列寄存器的第 2 位到第 0 位保存有效列信号 col[2:0]，第 7 位到第 3 位为保留位。

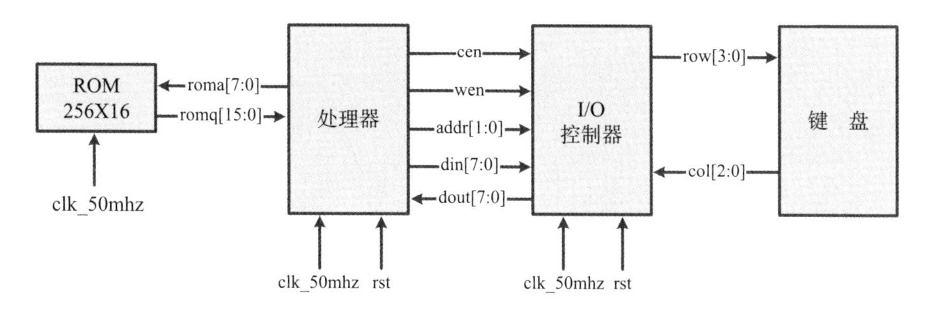

图 9.2 键盘控制器的 I/O 接口

但是，用户可以在任意时间按下按钮或者开关，并且更糟糕的情况是，当开关关闭时，触点可能会来回反弹好几次，这就可能导致电路在最终保持稳

定和关闭状态之前会多次打开和关闭。因此，应该对列信号进行同步以消除故障，并对其进行去抖动以产生稳定的列信号。这里假设每行的最小扫描周期为2ms，去抖动间隔为1ms。

处理器决定按键的步骤是：

（1）配置行寄存器。

（2）通过读取状态寄存器来等待一个有效的和去抖动的列信号。状态寄存器的第0位被读后会自动清零。

（3）读取稳定的列寄存器。通过比较两个相隔1ms的列信号从而可以获得去抖动的列信号。如果它们相同，即得到了去抖动的列信号。否则，需要增加1ms的等待时间。

我们使用Verilog开发了一个键盘控制器模型，该模型可以产生一个稳定的信号指示12个按键的状态，具体代码如下所示，其中系统时钟频率为50MHz。

```
// I/O 控制器模块
module io_ctrl(row, dout, col, cen, wen, addr, din,
  clk_50mhz, rst);
output [3:0] row;
output [7:0] dout;
input [2:0] col;
input [1:0] addr;
input [7:0] din;
input cen, wen, clk_50mhz, rst;
reg [3:0] row_reg;
reg [15:0] cnt;
wire time_1ms;
reg [2:0] col_r, col_rr, col_old, col_reg;
reg [7:0] dout;
reg [1:0] state_ns, state_cs;
reg col_valid;
parameter ST_WAIT = 2'b00; parameter ST_DET = 2'b01;
parameter ST_DEBD = 2'b11;
always @ (*) begin
state_ns = state_cs;
case(state_cs)
ST_WAIT:state_ns = (cen && wen && addr == 1)? ST_DET:ST_WAIT;
ST_DET:state_ns = (time_1ms && col_old == col_rr)?
  ST_DEBD:ST_DET;
ST_DEBD:state_ns = (cen &&! wen && addr == 0)? ST_WAIT:ST_DEBD;
```

```
endcase
end
always @ (posedge clk_50mhz or posedge rst)
  if (rst) state_cs <= ST_WAIT;
  else state_cs <= state_ns;
// 行寄存器
assign row = row_reg;
always @ (posedge clk_50mhz or posedge rst)
  if (rst) row_reg <= 0;
  else if (state_cs == ST_WAIT && state_ns == ST_DET)
    row_reg <= din [3:0];
// 读数据
always @ (posedge clk_50mhz or posedge rst)
  if (rst) dout <= 0;
  else if (cen &&! wen)
    case(addr)
    2'd0:dout <= {7'd0, col_valid};
    2'd1:dout <= {4'd0, row_reg};
    2'd2:dout <= {5'd0, col_reg};
    endcase
// 1ms 计时
always @ (posedge clk_50mhz or posedge rst)
  if (rst) cnt <= 0;
  else if (time_1ms) cnt <= 0;
  else if (state_cs == ST_DET && state_ns == ST_DET)
    cnt <= cnt+1;
assign time_1ms = cnt == 49999;
// 两级同步
always @ (posedge clk_50mhz) begin
  col_r <= col;
  col_rr <= col_r;
end
// 旧的 col 信号
always @ (posedge clk_50mhz)
  if (time_1ms) col_old <= col_rr;
// 检测到的列寄存器
always @ (posedge clk_50mhz or posedge rst)
  if (rst) col_reg <= 3'b111;
  else if (state_cs == ST_DET && state_ns == ST_DEBD)
    col_reg <= col_rr;
// 检测列寄存器的有效位
always @ (posedge clk_50mhz or posedge rst)
```

```
    if (rst) col_valid <= 1'b0;
    else if (state_cs == ST_DET && state_ns == ST_DEBD)
      col_valid <= 1'b1;
    else if (state_cs == ST_DEBD && state_ns == ST_WAIT)
      col_valid <= 1'b0;
endmodule
```

9.1.1 简易处理器

为了实现专用于键盘I/O控制器的处理器，我们定义了表9.1中的指令集。与第8章定义的指令集类似（图8.39），本部分的指令集也有两种格式：对于格式为A的指令（不包括那些跳转指令），它们有操作码、目标寄存器（Rd）和源寄存器（Rs）三个字段；对于格式为B的跳转指令，它们有操作码和一个8位立即数两个字段，表示要跳转的地址。对于格式为A的指令，由其操作码格式可知，6位的Rd或6位的Rs字段都可以简单地替换为6位立即数。I/O指令out和inp用于指定端口数，有6位宽。因此，最大端口数为 $2^6 = 64$。

表9.1 指令集

指 令	操作码	说 明
mvc Rd, C	4'b0000	将6位常数 *C* 移到Rd中
cmpc Rd, C	4'b0001	将Rd与6位常数 *C* 进行比较，如果Rd与 *C* 相等，则Ri的E位置位；如果Rd大于 *C*，则Ri的P位置位；否则，Ri的N位置位
jmp C	4'b0010	无条件跳转到由8位常数 *C* 指定的地址
jne C	4'b0011	当E位为假时，跳转到8位常数 *C* 指定的地址
jp C	4'b0100	当P位为真时，跳转到8位常数 *C* 指定的地址
jsb C	4'b0101	跳转到由8位常数 *C* 指定的子程序。PC+1自动保存
ret	4'b0110	从子程序调用返回。PC自动恢复
out C, Rs	4'b0111	输出Rs至6位常数 *C* 指定的输出端口
inp Rd, C	4'b1000	由6位常数 *C* 指定的输入端口到Rd

4位操作码（opcode）是指令的主要字段，它指定了要执行的操作，同时也隐含指定了码字中其他字段的位置。处理器中的所有寄存器都是8位的，这些寄存器主要有通用寄存器R0–R3、程序计数器PC和用于比较指令的只读状态寄存器Ri（其中第0位是E位（等效位）、第1位是P位（正位）、第2位是N位（负位），其他位是保留位）。堆栈中只有一个条目，即堆栈寄存器Rk，用于非嵌套子程序调用。这里需要注意的是，Rd和Rs可以是R0–R3、PC、Ri或Rk中的任何一个。尽管如此，不允许手动更新只读寄存器PC、Ri和Rk。

处理器的地址映射关系如表9.2所示，其中寄存器Rk是堆栈寄存器（只有一个条目），可用于在执行指令jsb和ret时保存和恢复PC。

表 9.2 地址映射

寄存器	地 址	备 注
R0–R3	6'b000000(6'd0)–6'b000011(6'd3)	通用寄存器
PC	6'b000100(6'd4)	程序计数器
Ri	6'b000101(6'd5)	状态寄存器
Rk	6'b000110(6'd6)	用于 jsb 和 ret 指令的堆栈寄存器

复位后，处理器从 PC = 0 开始执行“取指 – 译码 – 执行”的步骤，除非遇到跳转指令 jmp、jne、jp 或 jsb 等，否则 PC 自动按顺序递增取指。

指令集的时序图如图 9.3 所示，需要注意，jmp、jne 和 jp 的时序图与 jsb 的时序图相似，在此不再赘述。但是 jmp、jne 和 jp 不会把 PC 存储到堆栈寄存器 Rk 中。

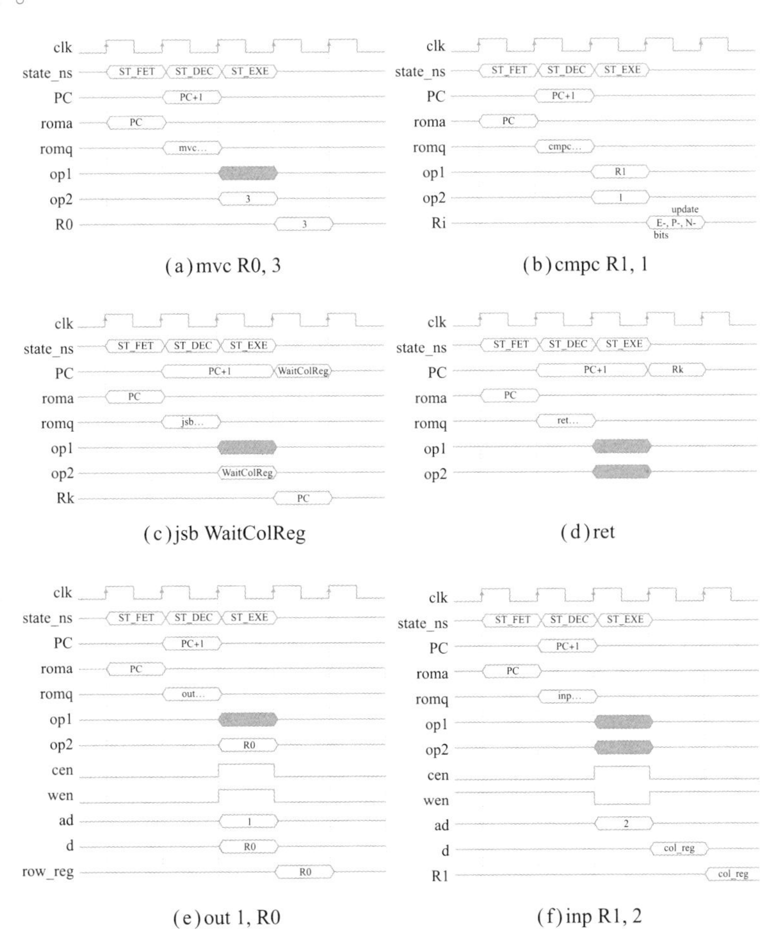

图 9.3 指令时序图

处理器详细的数据路径如图 9.4 所示。

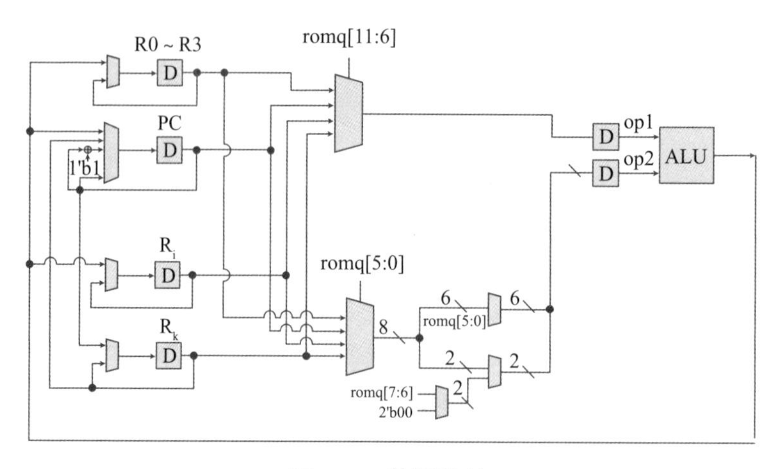

图 9.4 数据路径

1. RTL 设计

控制单元中的状态机的编码如下所示，CPU 通过重复执行“取指 – 译码 – 执行”的步骤来实现程序的运行。

```
// 控制单元：状态机
reg [1:0] state_ns, state_cs;
parameter ST_FET = 2'b00; parameter ST_DEC = 2'b01;
parameter ST_EXE = 2'b11;
always @ (*) begin
  state_ns = state_cs;
  case(state_cs)
  ST_FET:state_ns = ST_DEC;
  ST_DEC:state_ns = ST_EXE;
  ST_EXE:state_ns = ST_FET;
  endcase
end
always @ (posedge clk or posedge rst)
  if (rst)state_cs <= ST_FET;
  1else state_cs <= state_ns;
```

控制单元中的译码器的 RTL 代码描述如下所示。在 ST_FET 状态下，PC 递增；在 ST_DEC 状态下，对操作码进行译码，生成指令使能信号 inst_dec[8:0]、写使能信号 wr_en[3:0]（对于 R3–R0，使能信号为 ALU 锁存操作数）、op1_en 和 op2_en。其中信号 inst_dec[8:0] 和 wr_en[3:0] 采用流水线方式处理。

```
// 控制单元：译码器
wire [3:0] opcode;
wire [5:0] Rd;
```

```
wire inc_PC;
reg [8:0] inst_dec, inst_dec_r;
reg [3:0] wr_en, wr_en_r, wr_en_rr;
reg op1_en, op2_en, inst_dec8_rr;
integer i;
parameter INST_MVC = 4'b0000; parameter INST_CMPC = 4'b0001;
parameter INST_JMP = 4'b0010; parameter INST_JNE = 4'b0011;
parameter INST_JP = 4'b0100; parameter INST_JSB = 4'b0101;
parameter INST_RET = 4'b0110; parameter INST_OUT = 4'b0111;
parameter INST_INP = 4'b1000;
assign opcode = romq [15:12];
assign Rd = romq [11:6];
assign inc_PC = (state_ns == ST_FET); // 增量 PC
always @ (*) begin
  inst_dec = 9'd0;
  wr_en = 4'd0;
  op1_en = 1'b0;
  op2_en = 1'b0;
  if (state_ns == ST_DEC) begin
    case(opcode)
    INST_MVC:begin
      inst_dec [0] = 1'b1;
      for(i = 0; i <= 3; i = i+1)
        if (Rd == i) wr_en [i] = 1'b1; // Rd 更新
      op2_en = 1'b1;
    end
    INST_CMPC:begin
      inst_dec [1] = 1'b1;
      op1_en = 1'b1; op2_en = 1'b1;
    end
    INST_JMP:begin
      inst_dec [2] = 1'b1;
      op2_en = 1'b1;
    end
    INST_JNE:begin
      inst_dec [3] = 1'b1;
      op2_en = 1'b1;
    end
    INST_JP:begin
      inst_dec [4] = 1'b1;
      op2_en = 1'b1;
    end
```

```
        INST_JSB:begin
          inst_dec [5] = 1'b1;
          op2_en = 1'b1;
        end
        INST_RET:inst_dec [6] = 1'b1;
        INST_OUT:begin
          inst_dec [7] = 1'b1;
          op2_en = 1'b1;
        end
        INST_INP:begin
          inst_dec [8] = 1'b1;
          for(i = 0; i <= 3; i = i+1)
            if (Rd == i) wr_en [i] = 1'b1; // Rd 更新
        end
        endcase
      end
    end
    // 流水线控制
    always @ (posedge clk or posedge rst)
      if (rst) begin
        wr_en_r <= 4'd0;
        wr_en_rr <= 4'd0;
      end
      else begin
        wr_en_r <= wr_en;
        wr_en_rr <= wr_en_r;
      end
    always @ (posedge clk or posedge rst)
      if (rst) begin
        inst_dec_r <= 9'd0;
        inst_dec8_rr <= 1'b0;
      end
      else begin
        inst_dec_r <= inst_dec;
        // inp 从输出端口锁存数据
        inst_dec8_rr <= inst_dec_r [8];
      end
```

数据路径中的 ROM、I/O 接口、R0-R3 寄存器、PC、Ri 和 Rk 的相关描述如下：

```
    // ROM、I/O 接口和相关寄存器的描述
    // R0-R3:R [0] -R [3], PC:R [4], Ri:R [5], Rk:R [6]
```

```
reg [7:0] R [0:6];
reg [5:0] addr;
reg wen, cen;
wire [7:0] din;
integer i1;
assign Rs = romq [5:0];
assign roma = PC;
assign PC = R [4]; assign Ri = R [5]; assign Rk = R [6];
always @ (posedge clk or posedge rst)
  if (rst)
    wen <= 1'b0;
  else if (inst_dec [7]) wen <= 1'b1; // out
  else wen <= 1'b0;
always @ (posedge clk or posedge rst)
  if (rst)
    cen <= 1'b0;
  else if (inst_dec [7]| inst_dec [8]) cen <= 1'b1; // out 和 inp
  else cen <= 1'b0;
always @ (posedge clk)
  if (inst_dec [7]) addr <= Rd; // out
  else if (inst_dec [8]) addr <= Rs; // inp
assign din = op2;
always @ (posedge clk or posedge rst)
  if (rst)
    for(i1 = 4; i1 <= 6; i1 = i1+1) R [i1] <= 0;
  else if (inc_PC) R [4] <= R [4]+1'b1;
  else if (inst_dec8_rr)
    for(i1 = 0; i1 <= 3; i1 = i1+1)
      if (wr_en_rr [i1]) R [i1] <= dout;
  else
    casex(inst_dec_r)
    9'bx_xxxx_xxx1:
      for(i1 = 0; i1 <= 3; i1 = i1+1)
        if (wr_en_r [i1]) R [i1] <= alu_out;
    9'bx_xxxx_xx1x:R [5][2:0] <= alu_out [2:0];
    9'bx_xxxx_x1xx:R [4] <= alu_out;
    9'bx_xxxx_1xxx:R [4] <=~ R [5][0]? alu_out:R [4];
    9'bx_xxx1_xxxx:R [4] <= R [5][1]? alu_out:R [4];
    9'bx_xx1x_xxxx:begin
     R [4] <= alu_out; R [6] <= R [4];
    end
    9'bx_x1xx_xxxx:R [4] <= R [6];
```

```
    9'bx_1xxx_xxxx:; // 无寄存器更新
endcase
```

在数据路径中，数据选择器用于产生 ALU 的操作数，具体描述如下：

```
// ALU 操作数的选择
reg [7:0] op1_sel, op2_sel_tmp, op2_sel, op1, op2;
wire [7:0] C;
assign C = romq [7:0];
always @ (*) begin
  op1_sel = 0;              // 默认值
  op1_sel = R [Rd [2:0]];
end
always @ (*) begin
  op2_sel_tmp = 0;          // 默认值
  op2_sel_tmp = R [Rs [2:0]];
end
always @ (*)
  if (inst_dec [0] | inst_dec [1]) begin
    op2_sel [5:0] = C [5:0];
    op2_sel [7:6] = 2'b00;
  end
  else if (inst_dec [2]| inst_dec [3]| inst_dec [4]|
    inst_dec [5])
    op2_sel [7:0] = C [7:0];
  else op2_sel [7:0] = op2_sel_tmp;
always @ (posedge clk)
  if (op1_en) op1 <= op1_sel;
always @ (posedge clk)
  if (op2_en) op2 <= op2_sel;
```

在数据路径中，仅由比较器组成的 ALU 的代码描述如下：

```
// ALU
reg [7:0] alu_out;
always @ (*) begin
  alu_out = op2;
  casex(inst_dec_r)
  9'bx_xxxx_xx1x:alu_out = {5'd0, (op1 < op2), (op1 > op2),
    (op1 == op2)};
  endcase
end
```

2. I/O 控制程序的汇编语言表示

可以使用汇编语言编写程序，并由汇编器翻译成二进制编码的指令序列。基于 ISA，用汇编语言编写的键盘控制器主程序描述如下：

```
# 端口地址定义
KEY_STATUS equ 0
ROW_REG equ 1
COL_REG equ 2
Main:mvc R0, 14 # 选择第一行
      out ROW_REG, R0
      jsb WaitColReg
      cmpc R2, 6 # 第一列的按键被按下
                 # 第一列的按键被按下
      cmpc R2, 5 # 第二列的按键被按下
                 # 第二列的按键被按下
      cmpc R2, 3 # 第三列的按键被按下
                 # 第三列的按键被按下
      mvc R0, 13 # 选择第二行
      ...
      mvc R0, 11 # 选择第三行
      ...
      mvcR0, 7 # 选择第四行
      ...
      jmp Main # 重复扫描所有行
```

指令 equ 定义了一个常数。寄存器 R0、R1 和 R2 分别作为 I/O 控制器的行寄存器、状态寄存器和列寄存器。通过配置 I/O 控制器中的行寄存器进行行扫描。在获得一个有效的去抖动的列寄存器之后，可以使用 R2 来决定对应行的按键。

在汇编程序中，“#”后的内容为注释，可以扩展至当前行尾。注意，为了节省空间，示例中省略了类似的和重复的代码，并用“…”表示。我们也可以在指令前放置一个标签，后面跟一个冒号，标签可作为指令地址的标识。假设汇编器可以为我们计算出汇编程序的地址，之后我们就可以访问指令中的标签。

在设置了行寄存器之后，如下所示的子程序 WaitColReg 会一直处于等待状态，直到检测到有效的列寄存器，并由 I/O 控制器中状态寄存器的第 0 位指示。

```
WaitColReg:inp R1, KEY_STATUS
           cmpc R1, 1
           jne WaitColReg
           inp R2, COL_REG
           ret
```

9.2 总 线

总线是一种可以在组件之间传递数据的互连结构。到目前为止，我们见到的最简单的总线结构是点对点连接，其中一个组件充当数据源，另一个组件作为目的地。但是，如图 9.5 所示，在很多系统中，需要使用通用接口，将多个源端与目的端连接通信。这种互连结构可以实现数据和控制信号在总线上按照一定的序列完成特定的操作。下面将介绍 3 种可以有效避免总线竞争的解决方案。

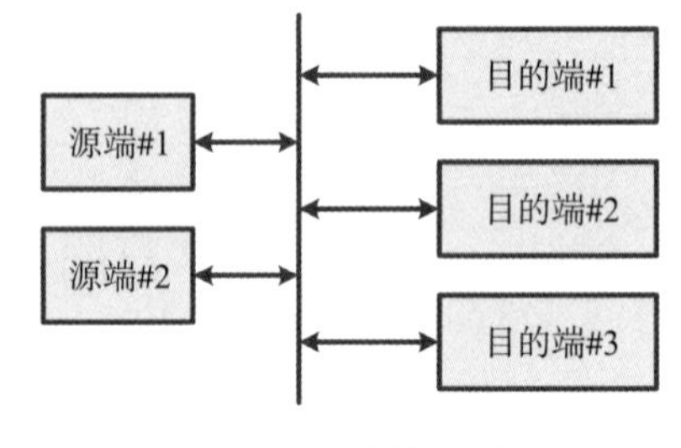

图 9.5 总线互连

9.2.1 复用总线

图 9.6 是总线的详细实现。仲裁器用于解决多个源同时驱动总线时发生竞争的情况。当一个源获得总线的所有权时，其对应要访问的目的端的信号由多路选择器 u0（选择引脚由仲裁器控制）选择，再通过数据分配器 u1（选择引脚由仲裁器控制）路由到对应的目的端。

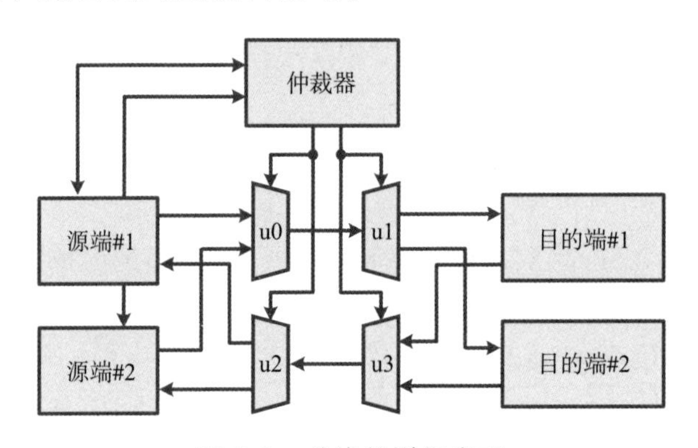

图 9.6 总线的详细实现

9.2.2 三态总线

建立一个总线的第二种解决方案是使用三状态缓冲器，如图 9.7 所示。当三态缓冲器的使能信号为低电平时，该缓冲器的输出为高阻态。相反，当使能端为高电平时，该缓冲器的行为就与普通缓冲器一样。一般多位总线需要使用多个三态缓冲器。

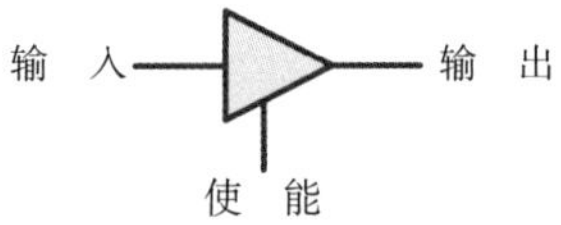

输 入
输 出
使 能

图 9.7 三态缓冲器

三态总线的主要优点之一是降低了连线的复杂性。此外，组件可以在需要时接入到总线中，而不需要任何胶合逻辑（例如数据选择器和数据分配器等）。另外，由于总线连接所有源组件和目标组件，所以，总线一般情况下都比较长并且具有较大的负载，导致的结果就是总线的线延迟较大，使高速数据的传输变得比较困难。

三态总线仍需要一个仲裁器来解决驱动冲突。但是，很难设计一些控制信号，在使能一些总线驱动器的同时又禁用其他驱动器。这是因为当数据源变更为另一个数据源时，可能会导致总线冲突，在转换的过程中可能会有一个重叠的间隔，此时被使能的驱动器驱动的一些位上的逻辑，可能会被驱动到被禁用的其他驱动器驱动的逻辑位上，这种重叠会导致电源和地之间产生直流电，甚至损坏电路。

控制信号必须保证在任何时候只有一个驱动器驱动总线，从而避免总线冲突。也就是说，在使能新驱动器之前，必须确保之前的总线驱动器被禁用并处于高阻态。因此，我们需要考虑驱动器在禁用（t_{off}）和使能（t_{on}）时所涉及的控制信号的时序，如图 9.8 所示。最好不同源的驱动器在使能时提供一个切换周期（$t_{handover}$）。一种保守的方法是将要使能的新的驱动器的使能推迟到原驱动器禁用之后的一个时钟周期或者更长时间之后再使能。

另外，未指定逻辑电平的悬空总线会导致某些设计的切换问题。总线信号的电平值可能浮动到总线目的端输入晶体管开关阈值附近。我们可以在总线信号上附加一个弱保持器来避免总线信号上出现未指定逻辑电平的情况，如图 9.9 所示。当所有驱动器都禁用并处于高阻态时，总线保持器将保持总线源驱动器的逻辑电平。总线保持器中的晶体管一般较小并且具有相对较高的导通电阻。这个逻辑状态很容易被三态总线驱动器覆盖，因为总线保持器不能提供或吸收太多电流。

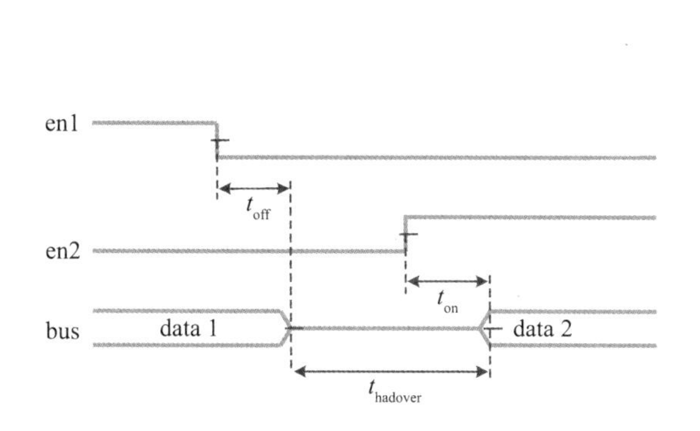

图 9.8 切换周期避免总线冲突

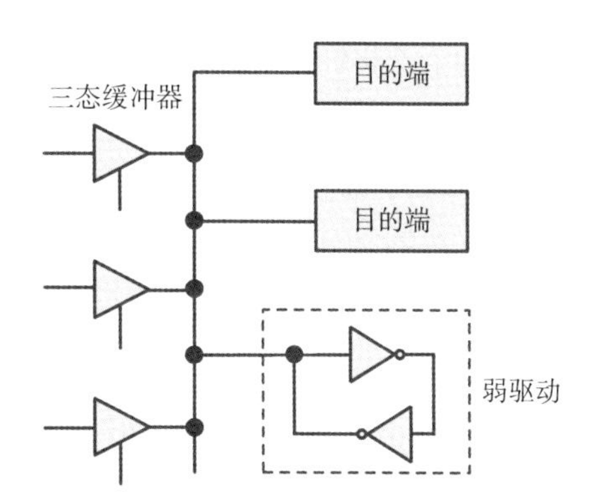

图 9.9 总线保持器维持一个有效的逻辑电平

三态缓冲器是可综合的。但是，在进行 RTL 设计时，最好在片上使用数据选择器而不是三态缓冲器，这是因为三态缓冲器测试起来比较困难。此外，并非所有的可实现结构（例如许多 FPGA 器件）都为内部连接提供了三态驱动器，它们仅为芯片 I/O 提供三态驱动器，以便与其他芯片进行外部连接。如果我们想设计一个在不同工艺中实现的电路，并且改动尽可能地小，那么最好避免使用三态总线。

9.2.3 开漏输出总线

第三种可以避免总线冲突的解决方案是采用开漏输出驱动器，如图 9.10 所示。使用开漏输出驱动器可实现 wand 线网。驱动器将晶体管的漏极端连接到总线信号上，当所有晶体管都关断时，总线信号将通过电阻被拉高；而当任何一个晶体管打开时，总线信号将会被拉低。如果有多个驱动器试图去驱动一个逻辑低电平，那么这些晶体管将会共享来自电源的灌电流。因此，可以得到输入 wand 逻辑，即 $y = a_0a_1a_2a_3$。

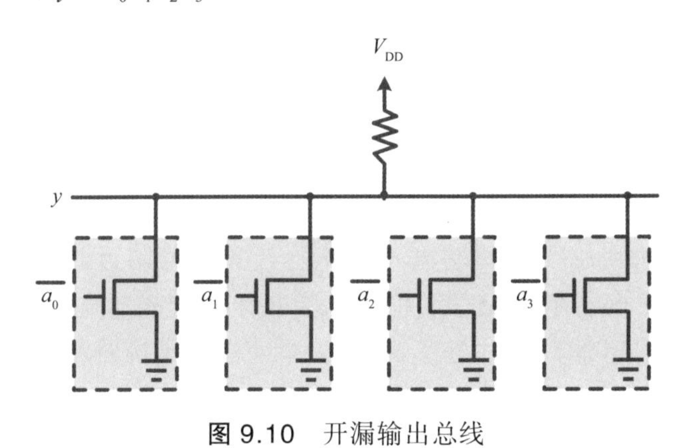

图 9.10 开漏输出总线

9.3 串行传输技术

并行传输技术提供了一种以每秒比特数计算的最快数据传输方法。但是，这种技术增加了布线的复杂性，并显著增加了电路的面积，使电路的布局布线变得更加复杂，结果，导致延迟增加，并且平行导线之间的串扰情况也变得更加严重。另外，对于芯片之间的并行传输，需要更多的 I/O 焊盘和引脚，以及更大的 PCB 走线和面积。更糟的是，在并行信号之间还存在偏斜的问题。相比之下，串行传输在一条线上一次发送一比特，可以在较低的传输速率下解决上述问题。

9.3.1 串行传输协议

我们可以使用移位寄存器将并行信号转换为串行信号，反之亦然。在发送端，将并行数据加载到移位寄存器中，每次移出其中一位，在寄存器的另一端输出并驱动信号。在接收端，信号被移位到移位寄存器中，当所有数据位都到达后，这个并行数据就可以使用了。串行传输可以优化信号路径，使信号能够以非常高的数据速率传输，例如，可以超过每秒 10 吉比特。

【示例 9.1】一个 32 位的数据在系统中的两端串行传输。对应的传输时序图如图 9.11 所示。假设发送端和接收端属于同一个时钟域。选通信号 load_en 表示数据已准备好传输。发送端输出数据的第一位来自于最低有效位。当 load_en 选通时，信号 tx_valid 表示串行数据在 32 个周期内有效，将串行数据移入接收器。在数据传输完成之后，接收端产生选通信号 rx_valid。

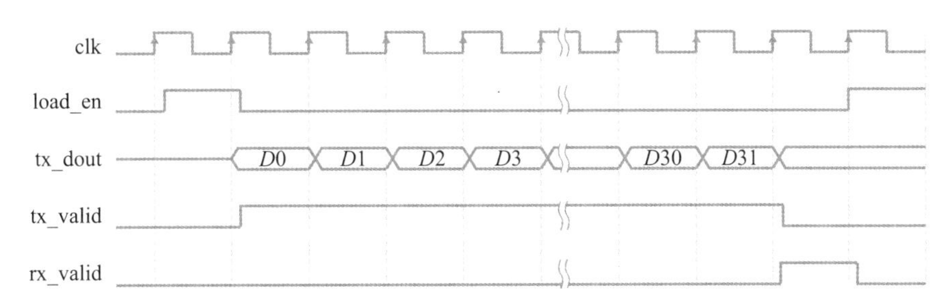

图 9.11 串行传输时序图

解答 发送端的 RTL 代码如下所示，在发送端，还需要有一个具有并行加载控制功能的 32 位移位寄存器。

```
// 32 位串行传输模块
module TX(tx_valid, tx_dout, load_en, tx_din, clk, rst);
output tx_valid, tx_dout;
input load_en, clk, rst;
input [31:0] tx_din;
reg tx_valid;
reg [31:0] tx_shift_reg;
reg [4:0] tx_cnt;
assign tx_dout = tx_shift_reg [0];
always @ (posedge clk or posedge rst)
  if (rst) tx_shift_reg <= 0;
  else if (load_en) tx_shift_reg <= tx_din;
  else if (tx_cnt != 0) tx_shift_reg <= tx_shift_reg >>1;
always @ (posedge clk or posedge rst)
  if (rst) tx_cnt <= 0;
  else if (load_en) tx_cnt <= 5'd31;
  else if (tx_cnt != 0) tx_cnt <= tx_cnt-1;
always @ (posedge clk or posedge rst)
  if (rst) tx_valid <= 1'b0;
```

```
  else if (load_en) tx_valid <= 1'b1;
  else if (tx_cnt == 0) tx_valid <= 1'b0;
endmodule
```

在接收端，我们仍需要一个32位移位寄存器，具体代码如下：

```
// 32 位串行接收模块
module RX(rx_valid, rx_dout, tx_valid, tx_dout, clk, rst);
output rx_valid;
output [31:0] rx_dout;
input tx_valid, tx_dout, clk, rst;
reg rx_valid;
reg [31:0] rx_shift_reg;
reg [4:0] rx_cnt;
always @ (posedge clk)
  if (tx_valid)
    rx_shift_reg <= {tx_dout, rx_shift_reg [31:1]};
always @ (posedge clk or posedge rst)
  if (rst) rx_cnt <= 0;
  else if (tx_valid) rx_cnt <= rx_cnt+1;
always @ (posedge clk or posedge rst)
  if (rst) rx_valid <= 1'b0;
  else if (rx_cnt == 31) rx_valid <= 1'b1;
  else rx_valid <= 1'b0;
endmodule
```

9.3.2 时序同步

串行传输具有较低的连线复杂度，但在发送端和接收端仍然存在时序同步问题。时序同步需要获取传输边界和每个输入数据位的采样时间。有三种基本的方法来同步发送端和接收端：

（1）如前面部分提到的，时钟可以在单独的信号线上传输。

（2）发送端发出信号，表示串行传输任务的开始，接收端按照预先定义的标准追踪每一位间隔的数据。传输的边界分别由表示传输开始和结束的开始位和停止位界定。发送端和接收端一般具有比串行比特率快几倍的独立时钟。发送端采用自己的时钟进行数据的传输，接收端在捕获到起始位后，使用自己的时钟确定采样数据的最佳时刻，如图9.12所示，其中每次传输8位数据。信号采用非归零（NRZ）编码。当没有数据要传输时，信号保持高电平。起始位通过在一个比特间隔内变低来表示传输的开始。之后，每个数据位以一比特间隔传输，0位和1位分别代表低电平和高电平。最后，停止位通过在一个比特间隔内变低来指示传输的结束。

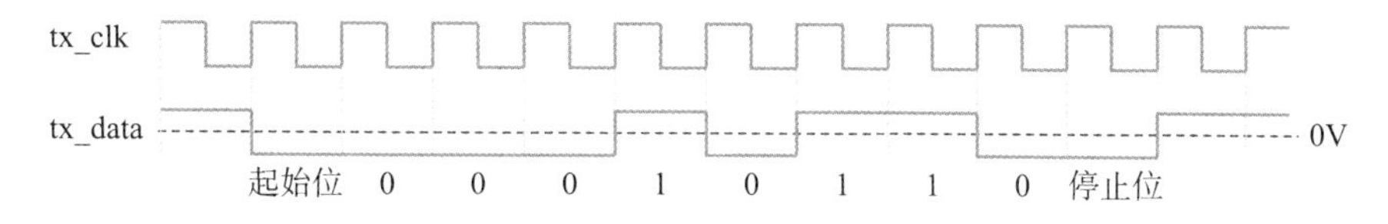

图 9.12 传输 NRZ 串行数据 00010110

在接收端，接收端监控信号的电平。当接收端监测到起始位的低电平后，就开始准备接收数据。直到每个位间隔的中间，对信号进行采样，并将采样到的数据接收到移位寄存器中。接收端通过停止位返回到空闲状态。发送端和接收端的时钟频率可能有些细微的差异，即时钟漂移，并且在相位上不相关。但是，只要每次传输时间不太长，因时钟漂移产生的问题就不会太严重。从以前的经验看，计算机中有一个称为通用异步收发器（UART）的组件，用于串行通信端口，在数字调制解调器中广泛使用，并且该模块的比特率和其他传输参数都是可编程。

（3）使用曼彻斯特编码将时钟与数据一起传输。如图 9.13 所示，在曼彻斯特编码中，当在一个位间隔中，有一个从低到高的跳变，则表示比特 0，如果有一个从高到低的跳变，则此时表示比特 1。因为在一个数据位的中间有一个转换跳变的指示，所以，对于每一个比特位的采样就避免了对复杂时钟同步的需要了。

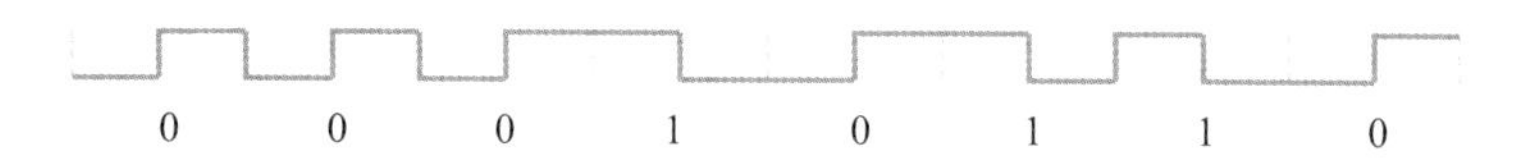

图 9.13 串行数据 00010110 的曼彻斯特编码

由于发送端的时钟信息嵌入在编码中，因此接收端需要能够从接收到的信号中恢复发送的时钟和数据。接收端采用的锁相环（PLL）是一个振荡器，其频率和相位可以调整为与参考时钟信号一致。为了实现同步，发送端在发送正常数据之前先发送比特为 1 的连续编码数据序列。接收端的锁相环锁定编码的 1 位序列（由 PLL_locked 信号指示），给出一个用于确定传输数据位间隔的参考时钟，如图 9.14 所示。

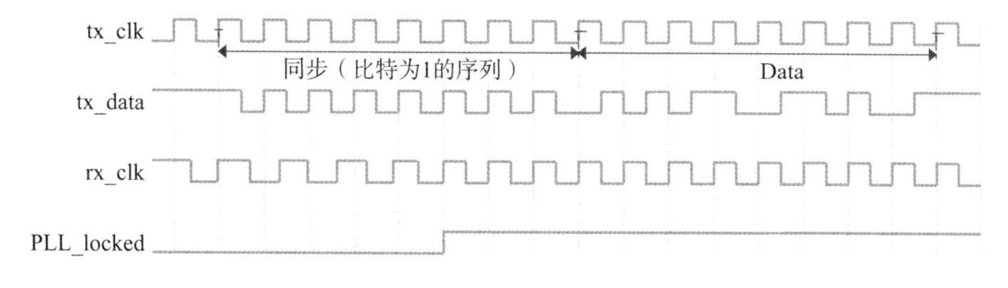

图 9.14 用锁相环实现收发时钟的同步

曼彻斯特编码的优点是可以省略一个单独的时钟线，缺点是曼彻斯特编码的带宽是传统 NRZ 编码的两倍。尽管如此，曼彻斯特编码已被许多串行传输标准所采用，例如，以太网标准。

9.4 嵌入式软件I/O接口

在介绍了 I/O 的硬件方面相关内容之后，我们将把注意力转向相应的嵌入式软件方面的内容。嵌入式系统程序与通用计算机程序的主要区别在于，嵌入式软件必须能够在事件发生时立即做出响应。在本节中，我们将重点讨论具有 I/O 事件的嵌入式软件的几种同步机制。

9.4.1 轮 询

嵌入式软件中的轮询是 I/O 同步中最简单的机制。嵌入式程序通过一个忙循环来持续监视来自于控制器的状态输入，以监测事件的发生。如果发生多个事件，程序将按一定的顺序一次处理一个事件。

【示例 9.2】图 9.15 是一个基于处理器实现的工厂自动化系统，其中包括两个设备，并且该处理器的指令集如表 9.1 所示。该系统中，第一个设备中有一个温度传感器，第二个设备中有一个压力传感器。传感器数据的采集是通过 I/O 控制器完成的。程序读取的第一个设备的温度用 8 位无符号整数表示，来自于 I/O 控制器中地址为 8 的输入寄存器，温度由该数和表示。对于第二个设备，处理器检测其压力，表示压力的数据格式为 $u(4.4)$ 的 8 位无符号数，来自于 I/O 控制器中地址为 9 的输入寄存器。如果第一个设备的温度高于 60℃或第二个设备的压力大于 1.5atm，则通过将逻辑 1 写入 I/O 控制器地址为 10 的输出寄存器的第 0 位来启用报警，而写入 0 则表示禁用报警。开发一个嵌入式程序来监控输入，并在出现任何异常情况时激活报警。

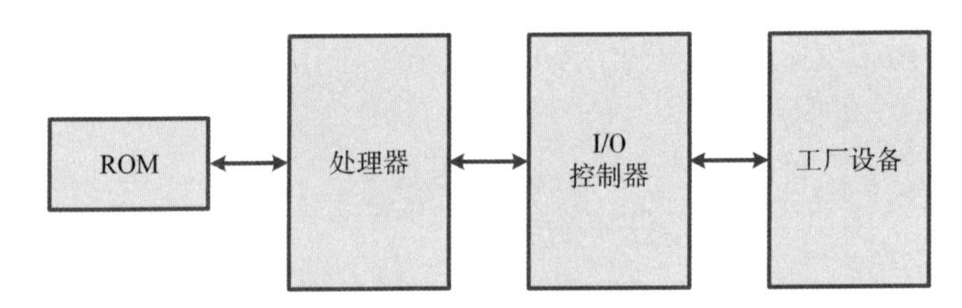

图 9.15 工厂自动化系统框图

解答 即使没有异常事件，轮询循环也必须不停地读取输入寄存器，具体的汇编代码如下所示：

```
# 端口地址定义
TEMP_REG equ 8
```

```
PRES_REG equ 9
ALAR_REG equ 10
Main:   inp  R0, TEMP_REG   # 轮询温度
        cmpc R0, 60         # 和 60 比较
        jp   SetAlarm       # 如果大于 60，则报警
        inp  R1, PRES_REG   # 轮询压力
        cmpc R1, 24         # 与 u(4. 4) 格式的 1.5 比较
        jp   SetAlarm       # 如果大于 2.0，则报警
        out  ALAR_REG, 0    # 清除报警
        jmp  Main           # 循环
```

下面给出子程序 SetAlarm 的实现，SetAlarm 用于设置报警，并跳转到主循环，而不是返回到子程序调用命令的下一条指令。这样的操作方式并不会清除报警，直到异常情况被清除为止。

```
SetAlarm:out ALAR_REG, 1 # 设置报警
        jmp Main         # 循环
```

轮询机制本身非常简单，除了 I/O 控制器的输入和输出寄存器外，不需要其他额外的电路。但是，即使没有事件需要处理，处理器仍然需要连续执行。另外，如果程序正忙于处理另一个事件，处理器将无法立即响应其他事件。

9.4.2 中 断

中断是 I/O 同步机制中经常使用的方法之一。处理器可以执行其正常的任务，但是当有事件发生时，相应的 I/O 控制器会中断处理器，处理器会停止它正在做的事情，然后开始执行中断处理程序，最后恢复其内部状态，并跳转到发生中断之前的指令处。一些处理器为不同的控制器提供了不同的优先级，以便高优先级的事件可以中断低优先级事件的执行，但是，反之则不行。

为了实现中断机制，处理器需要具有以下特点：

（1）信号 int_req 是由各个控制器的请求信号通过线与产生的，这些请求信号连接到具有开漏或开集驱动器的信号上。

（2）处理器在执行某些不可中断的指令序列时必须能够阻止中断。例如，中断处理程序之间共享信息的更新指令，如果处理器正在更新这些信息，中断处理程序将看到不完整的信息，为此，处理器通常都具有可以禁用中断（disi）和使能中断（eni）的指令。

（3）在进入中断服务程序（ISR）之前，程序计数器（PC）和状态寄存器（Ri）必须能够自动保存，并在中断返回指令（reti）返回后恢复。为简单起见，不支持嵌套中断。因此，中断处理程序会在触发 int_req 时自动禁用中断，并在 reti 时使能中断。

（4）为简便起见，ISR 被放置在指令存储区中地址为 1 的空间。所以，指令存储区中地址 0 处的指令就是跳转到主程序的跳转指令。

（5）为了存储中断处理程序中使用的寄存器，必须分别通过 push 和 pop 指令进行保存和恢复。

（6）为了允许存在多个中断源，每个控制器必须在状态寄存器中提供对应的状态信息，以表明其是否请求了中断。通过写中断状态寄存器来确认和清除中断。

1. 具有中断的简单处理器

除了第 9.1.1 节中设计的指令集之外，我们还提供了一些支持中断的指令，如表 9.3 所示。

表 9.3　指令集

指　令	操作码	说　明
reti	4'b1001	中断返回，PC 和 Ri 自动恢复
disi	4'b1010	禁止中断
eni	4'b1011	使能中断
push Rs	4'b1100	Rs 压入堆栈
pop Rd	4'b1101	Rd 弹出堆栈

此外，如图 9.16 所示，堆栈 stk_mem 中有 6 个条目，用于程序计数器、状态寄存器和 ISR 中使用的其他寄存器中数值的存储。堆栈采用后进先出的策略，并且只有一个指针 stk_ptr，该指针指向堆栈中可用条目的顶部，即堆栈的写地址。指针分别根据 push 和 pop 指令自动实现递增和递减操作。在最开始，stk_ptr 值为 0。

表 9.3 中指令的时序图如图 9.17 所示。状态机中的新状态 ST_INT 表示有中断事件已经发生，正如信号 int_req_g 所指示的。int_dis 信号被设置为阻止嵌套中断，PC 跳转到 ROM 中地址 1 处的 ISR，PC 和 Ri 分别保存在 stk_mem 中的地址 stk_ptr（旧指针）和 stk_ptr+1（旧指针）中，之后 stk_ptr（新指针）将指向下一个写地址 stk_ptr+2（旧指针）。ISR 通过指令 reti 返回，该指令的行为与中断事件的行为刚好相反。

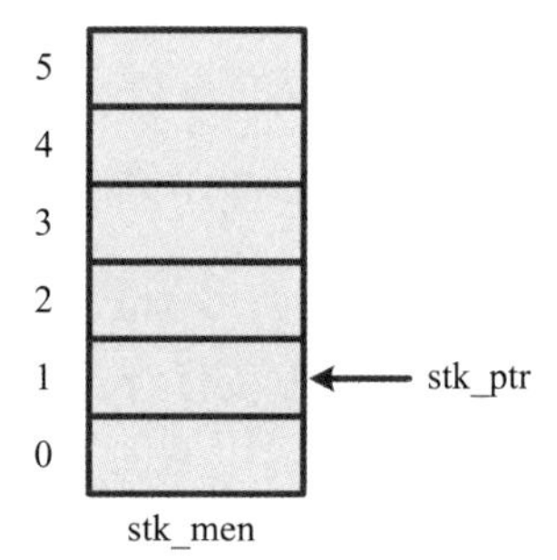

图 9.16　堆栈和堆栈指针

下面的代码中，信号 int_req_g 是初始中断请求 int_req 和两个中断禁用信号 int_dis 和 int_dis1 的门控信号。其中任一中断禁用信号都可以禁用中断，信号 int_dis 由处理器进行控制维护。当中断发生时，int_dis 将被设置为阻止中断嵌套；而当遇到指令 reti 时，它将被清除。相比之下，信号 int_dis1 是通过

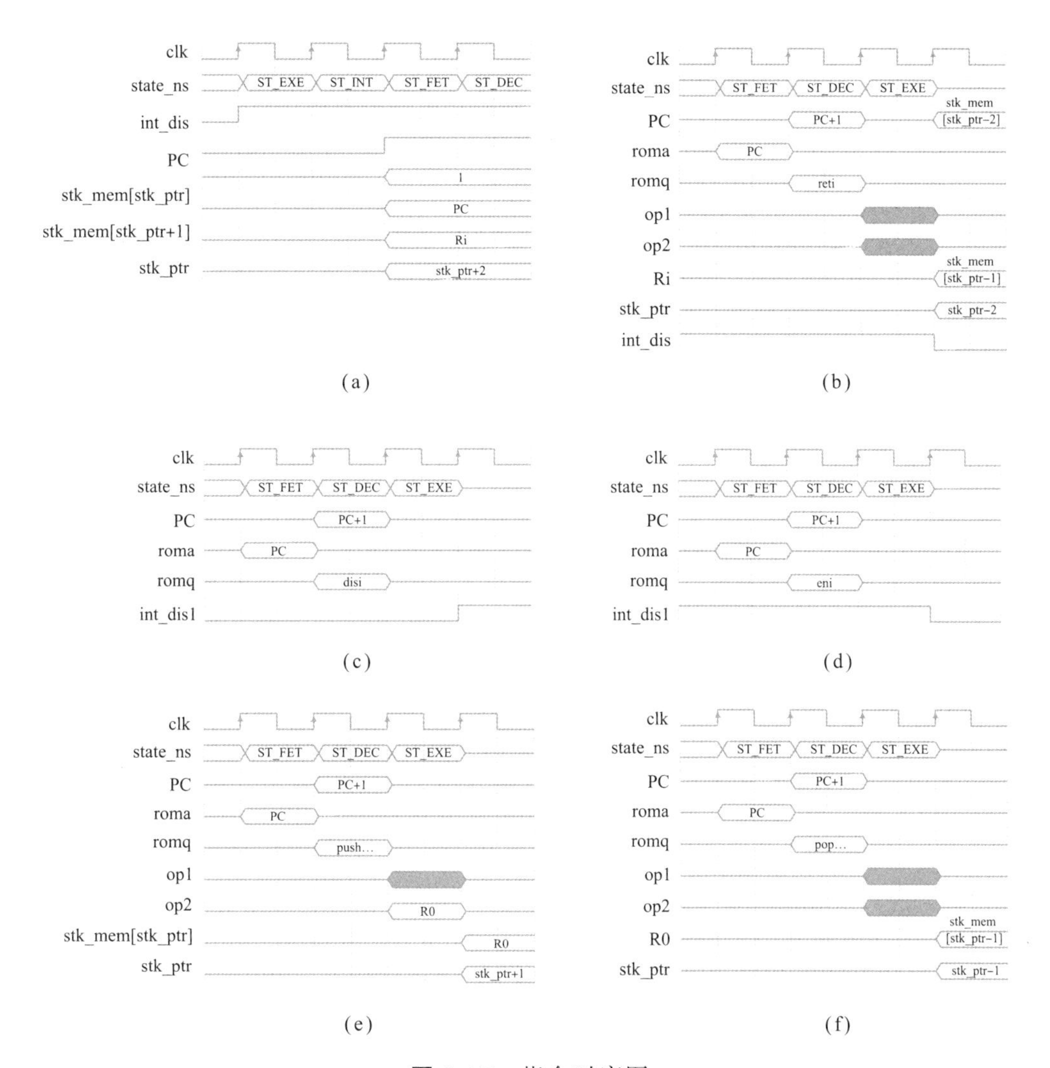

图 9.17 指令时序图

程序维护，在指令 disi 执行时设置，在指令 eni 执行时清除，其中指令 disi 和 eni 同时执行。

```
assign int_req_g = int_req & ~ int_dis & ~ int_dis1;
```

除了 PC 和 Ri 在中断程序返回时应该恢复之外，ISR 中使用的其他额外寄存器也可以分别使用 push 和 pop 指令保存和恢复。push 和 pop 指令分别实现对 stk_ptr 进行递增和递减的操作。

2. 具有中断的键盘 I/O 控制器

I/O 控制器负责为键盘生成行信号，并在 16 段 LED 显示屏上显示按下的数字。为此，你可以在 I/O 控制器中添加一个额外的寄存器 char_reg[3:0] 和一个端口 led[15:0]，通过端口号 3 访问寄存器，然后将寄存器 char_reg[3:0] 解码为信号 led[15:0]，从而驱动 LED 的每个段。

当列寄存器的状态改变时，就会产生中断，之后，我们将端口 0 处的初始状态寄存器中的内容更改为键盘 I/O 控制器中中断状态寄存器的内容。

```
// 具有中断的 I/O 控制器
module io_ctrl(row, dout, led, int_req, col, cen, wen, addr,
  din, clk_50mhz, rst);
output [3:0] row;
output [7:0] dout;
output [15:0] led;
output int_req;
input [2:0] col;
input [1:0] addr;
input [7:0] din;
input cen, wen, clk_50mhz, rst;
reg [3:0] row_reg;
reg [15:0] cnt;
wire time_1ms;
reg [2:0] col_r, col_rr, col_old, col_reg, col_reg_old [0:3];
reg [7:0] dout;
reg [1:0] state_ns, state_cs;
reg int_req;
reg [15:0] led;
parameter ST_WAIT = 2'b00; parameter ST_DET = 2'b01;
parameter ST_DEBD = 2'b11; parameter ST_INT = 2'b10;
always @ (*) begin
  state_ns = state_cs;
  case(state_cs)
  ST_WAIT:state_ns = ST_DET;
  ST_DET:state_ns = (time_1ms && col_old == col_rr)?
    ST_DEBD:ST_DET;
  ST_DEBD:state_ns = (row_reg == 4'b1110 && col_reg !=
    col_reg_old [0] | row_reg == 4'b1101 && col_reg !=
    col_reg_old [1] | row_reg == 4'b1011 && col_reg !=
    col_reg_old [2] | row_reg == 4'b0111 && col_reg !=
    col_reg_old [3])? ST_INT:ST_WAIT;
  ST_INT:state_ns = (cen && wen && addr == 0) ST_WAIT:ST_INT;
  endcase
end
always @ (posedge clk_50mhz or posedge rst)
  if (rst) state_cs <= ST_WAIT;
  else state_cs <= state_ns;
assign row = row_reg;
always @ (posedge clk_50mhz or posedge rst)
```

```
  if (rst) row_reg <= 4'b1110;
  else if (state_cs == ST_WAIT && state_ns == ST_DET)
    row_reg <= {row_reg [2:0], row_reg [3]};
always @ (posedge clk_50mhz or posedge rst)
  if (rst) char_reg <= 4'b0000;
  else if (cen && wen && addr == 3)
    char_reg <= din [3;0];
// 驱动16端LEB显示
always @ (*)
  case(char_reg)
  4'd0:led = {1'b1, 1'b1, 1'b1, 1'b0, 1'b0, 1'b0, 1'b1, 1'b0,
    1'b1, 1'b1, 1'b0, 1'b0, 1'b0, 1'b1, 1'b1, 1'b1};
  ...
  endcase
always @ (posedge clk_50mhz or posedge rst)
  if (rst) dout <= 0;
  else if (cen &&! wen)
    case(addr)
    2'd0:dout <= {7'd0, int_req};
    2'd1:dout <= {4'd0, row_reg};
    2'd2:dout <= {5'd0, col_reg};
    2'd3:dout <= {4'd0, char_reg};
    endcase
always @ (posedge clk_50mhz or posedge rst)
  if (rst) cnt <= 0;
  else if (time_1ms) cnt <= 0;
  else if (state_cs == ST_DET && state_ns == ST_DET)
    cnt <= cnt+1;
assign time_1ms = cnt == 49999;
always @ (posedge clk_50mhz) begin
  col_r <= col;
  col_rr <= col_r;
end
always @ (posedge clk_50mhz)
  if (time_1ms) col_old <= col_rr;
always @ (posedge clk_50mhz or posedge rst)
  if (rst) col_reg <= 3'b111;
  else if (state_cs == ST_DET && state_ns == ST_DEBD)
    col_reg <= col_rr;
always @ (posedge clk_50mhz)
  if (state_cs == ST_INT && state_ns == ST_WAIT)
    case(row_reg)
```

```
    4'b1110:col_reg_old [0] <= col_reg;
    4'b1101:col_reg_old [1] <= col_reg;
    4'b1011:col_reg_old [2] <= col_reg;
    4'b0111:col_reg_old [3] <= col_reg;
    endcase
always @ (posedge clk_50mhz or posedge rst)
  if (rst) int_req <= 1'b0;
  else if (state_cs == ST_DEBD && state_ns == ST_INT)
    int_req <= 1'b1;
  else if (state_cs == ST_INT && state_ns == ST_WAIT)
    int_req <= 1'b0;
endmodule
```

3. I/O 控制器中具有中断的汇编程序

示例 9.2 中工厂自动化系统的 I/O 控制器，当任一设备检测到报警时就会产生中断。中断状态寄存器的端口号为 11。

如图 9.18 所示，我们需要基于带有中断的处理器，实现键盘和上述工厂自动化系统的 I/O 控制器。

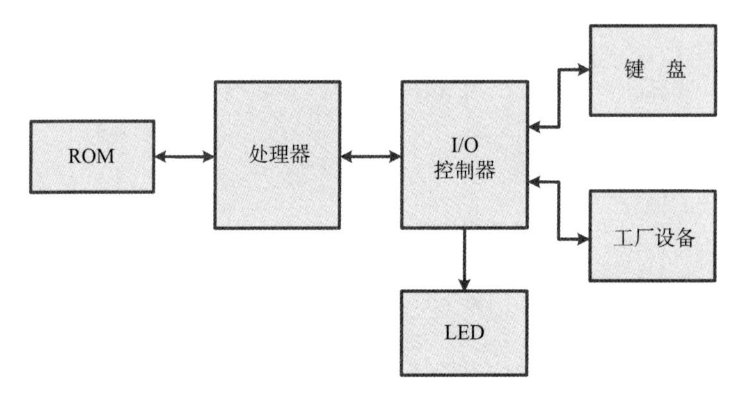

图 9.18 键盘和工厂自动化系统框图

对应的汇编代码如下所示：

```
INT_STS1   equ 0
ROW_REG    equ 1
COL_REG    equ 2
CHA_REG    equ 3
TEMP_REG   equ 8
PRES_REG   equ 9
ALAR_REG   equ 10
INT_STS2   equ 11
           jmp Main
ISR:       push R0               # 保存在stk_mem中
```

```
          push R1           # 保存在stk_mem中
          push R2           # 保存在stk_mem中
          push R3           # 保存在stk_mem中
ISR1:    inp  R0, INT_STS1  # 读取键盘输入
          cmpc R0, 1        # 检查键盘输入
          jne  ISR2         # 设置报警
          out  INT_STS1, 0  # 清除输入
          inp  R1, ROW_REG  # 读取reg行
          inp  R2, COL_REG  # 读取reg列
          ...               # 确定按下按键并输入R3
          out  CHA_REG, R3  # display led
ISR2:    inp  R0, INT_STS2  # 读取报警信息
          cmpc R0, 1        # 清除报警信息
          jne  EXITI        # 退出int
          out  INT_STS1, 0  # 清除int
          out  ALAR_REG, 1  # 设置报警
EXITI:   pop  R3            # 从stk还原
          pop  R2           # 从stk还原
          pop  R1           # 从stk还原
          pop  R0           # 从stk还原
          reti              # 从stk返回
Main:    ...                # 正常功能
          jmp Main          # 循环
```

9.4.3 定时器

嵌入式系统通常需要基于实时时钟以周期性间隔进行响应。可编程定时器向处理器生成一个中断请求，然后中断处理程序执行需要完成的周期性过程。

【示例 9.3】使用 Verilog 设计一个实时时钟控制器。该控制器根据 50 MHz 系统时钟得到一个周期为 20μs 的定时器。可编程定时器采用下行计数器实现，该计数器具有一个 8 位的输出寄存器，该寄存器也被称为计数值寄存器。写入计数器值寄存器的值会被计数器加载用于计数。当下行计数器达到 0 后，会从计数器值寄存器中重新加载计数值并产生中断。计数器中有一个中断状态寄存器，对该中断状态寄存器进行写操作可实现中断清除。该控制器还有一个中断屏蔽寄存器，当该寄存器第 0 位为 1 时，来自控制器的中断被屏蔽，当它为 0 时，中断不被屏蔽。

解答 该控制器的 Verilog 代码如下，其中中断状态寄存器、中断屏蔽寄存器、计数值寄存器对应的端口号分别为 16、17 和 18。

```
// 实时时钟控制器
module rtc_ctrl(dout, int_req, cen, wen, addr, din,
```

```
    clk_50mhz, rst);
  output [7:0] dout;
  output int_req;
  input [4:0] addr;
  input [7:0] din;
  input cen, wen, clk_50mhz, rst;
  reg [9:0] base_cnt;
  wire time_20us;
  reg [7:0] timer_cnt, int_val;
  wire time_out;
  reg [7:0] dout;
  reg int_mask;
  reg int_req_reg;
  always @ (posedge clk_50mhz or posedge rst)
    if (rst) dout <= 0;
    else if (cen &&! wen)
      case(addr)
      5'd16:dout <= {7'd0, int_req};
      5'd17:dout <= {7'd0, int_mask};
      5'd18:dout <= {int_val};
      endcase
  always @ (posedge clk_50mhz or posedge rst)
    if (rst) base_cnt <= 0;
    else if (time_20us) base_cnt <= 0;
    else base_cnt <= base_cnt+1;
  assign time_20us = base_cnt == 999;
  always @ (posedge clk_50mhz or posedge rst)
    if (rst) timer_cnt <= 8'hff;
    else if (cen && wen && addr == 5'd18) timer_cnt <= din;
    else if (time_out) timer_cnt <= int_val;
    else timer_cnt <= timer_cnt-1;
  assign time_out = timer_cnt == 0;
  always @ (posedge clk_50mhz or posedge rst)
    if (rst) int_val <= 8'hff;
    else if (cen && wen && addr == 5'd18) int_val <= din;
  always @ (posedge clk_50mhz or posedge rst)
    if (rst) int_mask <= 1'b0;
    else if (cen && wen && addr == 5'd17) int_mask <= din [0];
  assign int_req = int_req_reg &~ int_mask;
  always @ (posedge clk_50mhz or posedge rst)
    if (rst) int_req_reg <= 1'b0;
    else if (time_out) int_req_reg <= 1'b1;
```

```
  else if (cen && wen && addr == 5'd16) int_req_reg <= 1'b0;
endmodule
```

9.5 加速器

嵌入式处理器按顺序处理所有任务。然而，许多耗时或关键的任务可以通过定制的硬件实现加速，同时通过加速还可以减轻处理器的负担。加速器的关键性能是其并行性，即独立的任务可以并行执行。

处理器通过并行执行“取指、译码和执行”，可以实现指令级的并行性，从而提升处理器的性能。也就是说，基于流水线技术，在新指令取指时，可以对前一条指令进行译码，同时可以执行前一条指令之前的一条指令。在一些高端处理器中，可以通过多个译码单元和 ALU 一次性实现“取指、译码和执行”多条指令。尽管如此，低成本处理器的优势仍然在于可以使用定制的硬件加速器，为许多关键重要的任务提供有效的解决方案，特别是对于那些结构规则的数据，例如，视频数据等。加速器的性能仅受数据依赖关系和数据的可用性限制。

我们可以通过加速内核（即要加速的关键部分）来实现算法性能增益的量化。假设一个系统需要时间 t 来执行算法，其中时间 t 的 f（小数）倍花在了执行内核上。执行内核以外的代码花费了时间 t 的 $1-f$（小数）倍。所以，最初的原始时间可以写成

$$t=ft+(1-f)t \tag{9.1}$$

如果我们的加速器将内核的执行速度提高了一个因子 α，那么使用加速器后的总执行时间为 t'，即减少到

$$t'=\frac{ft}{\alpha}+(1-f)t \tag{9.2}$$

总加速 s 是原始执行时间与减少到的执行时间之比：

$$s=\frac{t}{t'}=\frac{ft+(1-f)t}{\frac{ft}{\alpha}+(1-f)t}=\frac{1}{\frac{f}{\alpha}+(1-f)} \tag{9.3}$$

这个方程也称为阿姆达尔定律。

【示例 9.4】假设在一个算法中有两个核，一个占用 50% 的执行时间，另一个占用 10% 的执行时间。使用硬件加速器，可以将第一个内核的执行速度提高 2 倍，或将第二个内核的执行速度提高 5 倍。问哪种加速器的整体性能提升最好？

解答 第一个核的总加速度 s_1 为

$$s_1=\frac{1}{\frac{0.5}{2}+(1-0.5)}\approx 1.33$$

第二个核的总加速度 s_2 为

$$s_2=\frac{1}{\frac{0.1}{5}+(1-0.1)}\approx 1.09$$

因为 $s_1 > s_2$，所以第一个核的加速性能更好。

实现并行性的主要方法有如下两种：

（1）简单地复制不同独立数据上执行的组件，与没有复制的情况相比，此时所获得的加速在理想情况下等于被复制组件的数量。

（2）将整个任务分解为一系列更简单的任务阶段，每个阶段都可以像流水线一样并行执行，如图 9.19 所示。采用流水线技术和采用非流水线技术的执行时间大致相同。但是，如果可以在每个时钟周期提供一个数据，则采用流水线技术可以在每个周期完成一个数据的处理。因此，在理想情况下，与采用非流水线技术相比，加速提升的倍数与流水线级数相当。该方法适用于涉及复杂处理步骤的应用程序，这些步骤可以分解为更简单的步骤。有些应用程序中包含一些独立的复杂任务，为此，我们可以采用复制流水线的方法，提高任务执行的并行性。

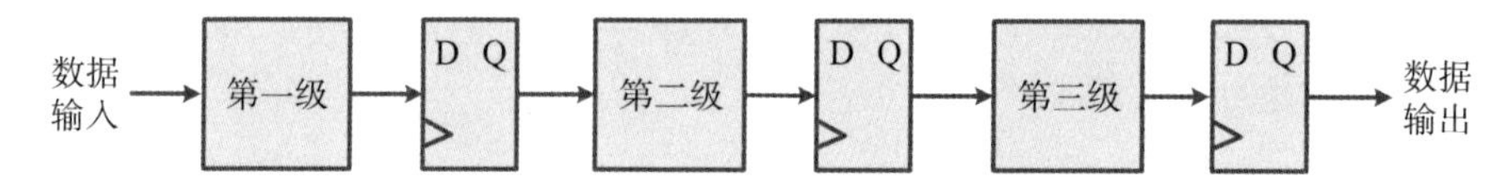

图 9.19 加速器的三级流水结构

通过软件在内存和加速器之间移动数据是一种低效的方法。相反，加速器通常包含在软件控制下的直接存储器访问（DMA），从而实现硬件自动地在内存中传输数据。软件也可以方便地通过加速器中的控制寄存器配置 DMA，然后监测加速器中的状态寄存器。如果 DMA 要与用于访问内存的处理器共享同一总线，则此时需要有一个仲裁器来解决访问冲突的问题，如图 9.20 所示。

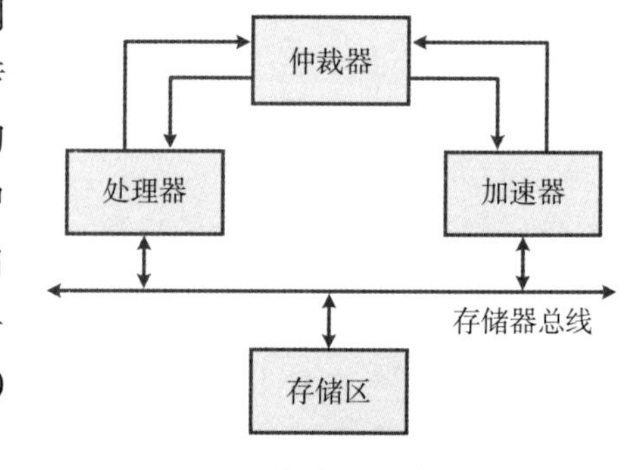

图 9.20 具有仲裁器的存储总线系统

【示例 9.5】设计一个 8 点 FFT 加速器。n 点 FFT 快速离散傅里叶变换算法可表示为

$$X(k)=\sum_{n=0}^{N-1} W_N^{nk} x(n),\ k=0,\ 1,\ \cdots,\ N-1$$

其中，$x(n)$ 和 $X(k)$ 分别表示时域和频域数据，$\mathrm{j}=\sqrt{-1}$，$W_N=\mathrm{e}^{-\mathrm{j}2\pi/N}$。8 点 FFT 的结构如图 9.21 所示。上面的简单离散傅里叶变换算法需要 N^2 次复数乘法操作，而 FFT 算法具有 $\log_2(N)$ 级，每一级只需要进行 $N/2$ 次复数乘法。

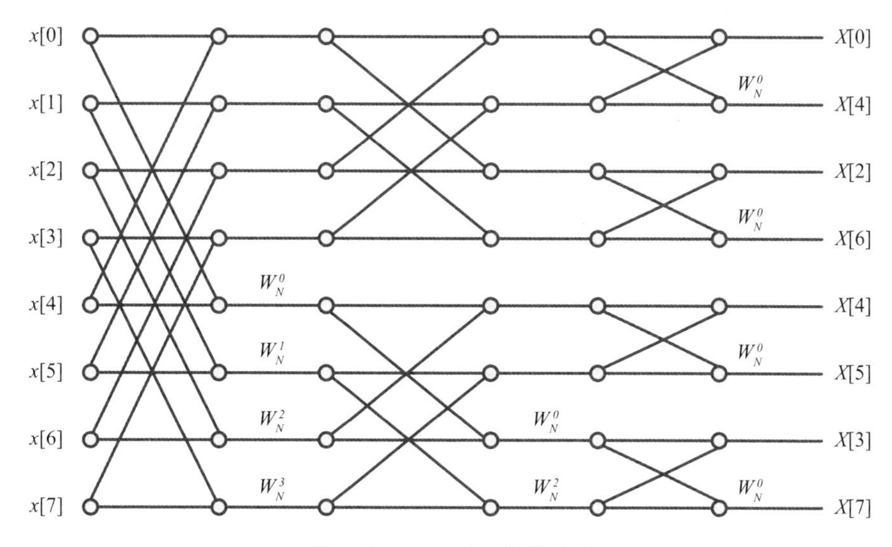

图 9.21 FFT 加速器结构

FFT 加速器的接口如图 9.22 所示。输入端 data[31:0] 包含了 x 的实部（x_r）和虚部（x_i），也就是说，data[31:0] = {x_r[7:−8], x_i[7:−8]}，x_r 和 x_i 的定点格式均为 s(8.8)。输出端 fft_di（$i=0,\ 1,\ \cdots,\ 7$）包括 X 的实部（X_r）和虚部（X_i），即 {X_r[7:−8], Xi[7:−8]}，X_r 和 X_i 的定点格式均为 s(8.8)。

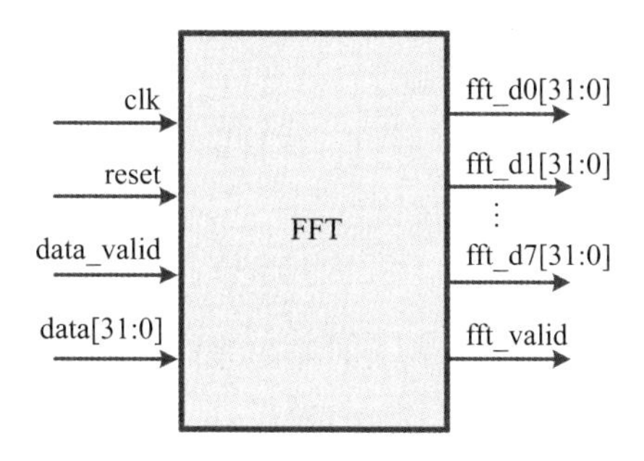

图 9.22 FFT 加速器接口

图 9.23 给出了接口的时序图，输入数据为串行输入，输出为并行输出。

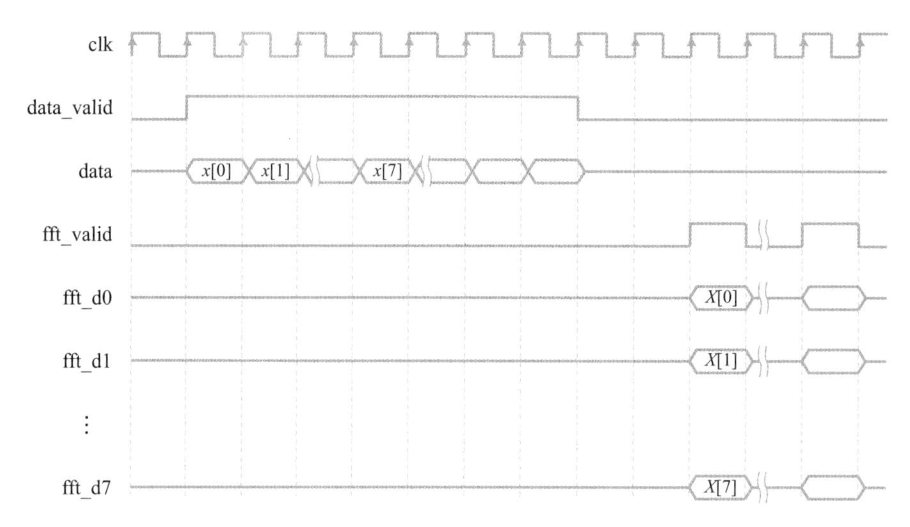

图 9.23 接口时序图

解答 FFT 最基本的单元是图 9.24 所示的蝶形运算，其中的 $(\cdot)^*$ 表示的是复共轭运算。每个蝶形有两个输入数据和两个输出数据。输出数据只是重写存储相应输入数据的寄存器，这被称为 FFT 原位运算。

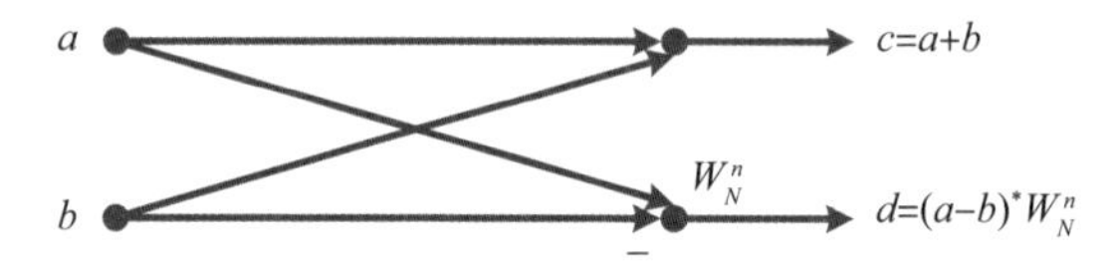

图 9.24 蝶形运算（a、b、c、d 和 W_N 均为复数）

设计的目标是使用尽可能小的电路面积来处理输入流数据。在 FFT 的每一级中有 4 个蝶形运算，所以一个块在三级中有 $4 \times 3 = 12$ 个蝶形运算。输入一个 FFT 数据块需要 8 个周期，完成一个 FFT 数据块的处理需要 8 个周期。因此，在每一个周期中，我们必须完成 $\lceil 12/8 \rceil = 2$ 个蝶形运算，其中 $\lceil \cdot \rceil$ 表示向上取整。

具有 2 个蝶形运算的电路的时序图如图 9.25 所示，两个蝶形运算的输入按照特定格式输入，可以方便硬件设计。我们必须存储 2 个 FFT 数据块，因为当第二个块到达时，第一个块仍在处理中。因此，当一个缓冲区用于 FFT 操作时，另一个缓冲区正在接收输入数据。用于存储 FFT 数据的 2 个块（R[0] ~ R[7] 和 R[8] ~ R[15]）的乒乓缓冲区，可以将 I/O 操作与数据处理操作重叠。

每个蝶形运算的过程都很简单。但是，如果我们使用一个状态机来控制两个蝶形操作，控制单元将会变得复杂，这是因为两个蝶形运算的组合状态比较多。相比之下，可以看出，单个蝶形块的处理是比较容易的。对于蝶形 0 来说，当一个新块进入时，它只需等待 5 个周期，然后开始按固定的模式依次处理点（R[0], R[4]）（图 9.25 中的 0 和 4）、（R[1], R[5]）（图 9.25 中的 1 和 5）、（R[0], R[2]）（图 9.25 中的 0 和 2）、（R[1], R[3]）（图 9.25 中的 1 和 3）、

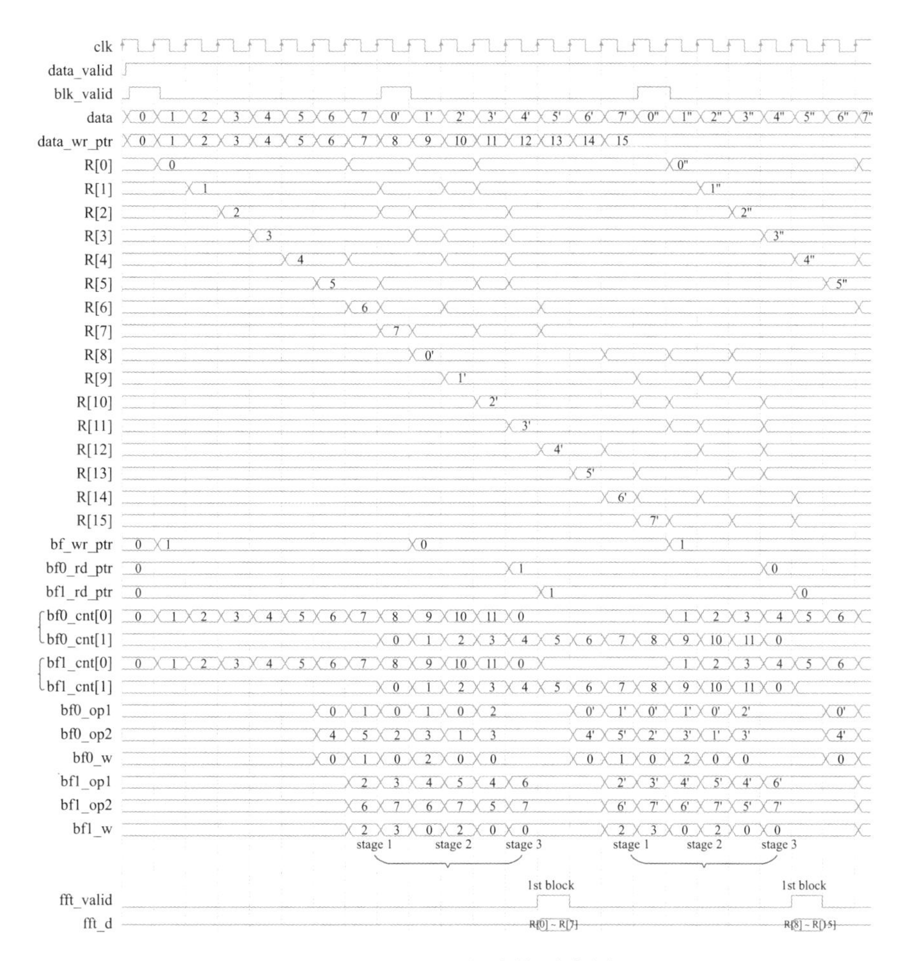

图 9.25　FFT 电路的时序图

（R[0], R[1]）（图 9.25 中的 0 和 1）、（R[2], R[3]）（图 9.25 中的 2 和 3）。对于蝶形 1 来说，当一个新块进入时，它只需等待 6 个周期，然后依次开始处理点（R[2], R[6]）（图 9.25 中的 2 和 6）、（R[3], R[7]）（图 9.25 中的 3 和 7）、（R[4], R[6]）（图 9.25 中的 4 和 6）、（R[5], R[7]）（图 9.25 中的 5 和 7）、（R[4], R[5]）（图 9.25 中的 4 和 5）、（R[6], R[7]）（图 9.25 中的 6 和 7）、最后（R[6], R[7]）（图 9.25 中的 6 和 7）。蝶形 0 和蝶形 1 并行执行，并且对同一块的操作，蝶形 1 比蝶形 0 的操作要晚一个周期。

FFT 加速器的数据路径如图 9.26（a）所示。为了简单起见，输入数据存储在乒乓数据缓冲区（R[0] ~ R[7] 和 R[8] ~ R[15]）中，这里使用有 16 个条目的 FIFO 实现，即 R[0] ~ R[15]。在图 9.26（b）中，FIFO（data_FIFO）中有一个写指针 data_wr_ptr，但每个蝶形都有一个读指针，即总共有两个读指针 bf0_rd_ptr 和 bf1_rd_ptr。因此，两个蝶形的处理过程是可以解耦的，为此提出的架构可以使两个蝶形操作临时处理不同的块。

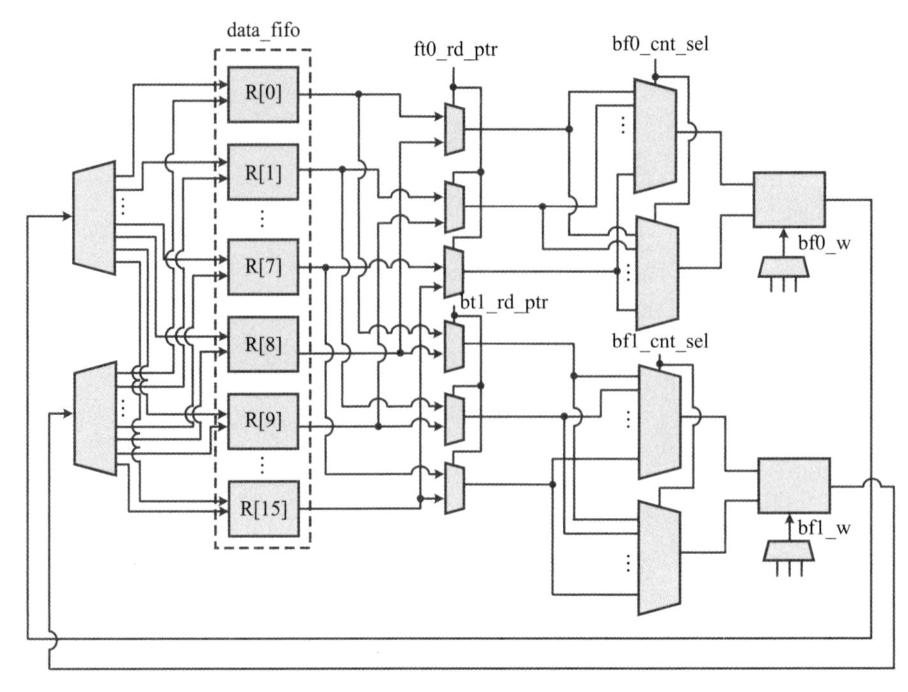

(a)数据路径

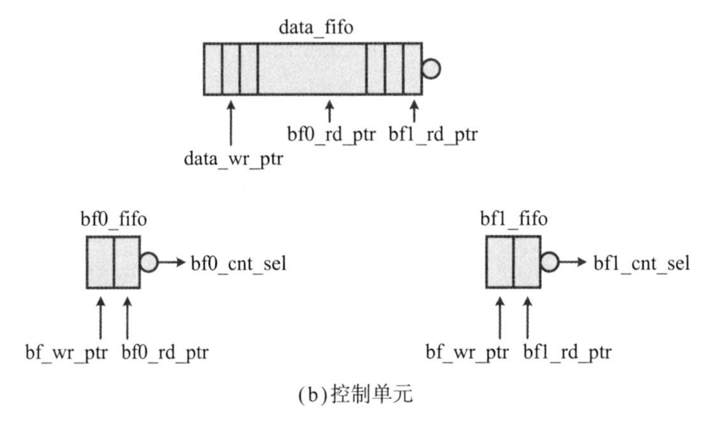

(b)控制单元

图 9.26 电路结构，bf0_fifo 包括 bf0_cnt[0] 和 bf0_cnt[1] 两个条目，bf1_fifo 包括 bf1_cnt[0] 和 bf1_cnt[1] 两个条目

当 data_valid 为真时，数据 FIFO 的写指针 data_wr_ptr 就会向前推进递增。蝶形 0/1 中数据 FIFO 的读指针 bf0_rd_ptr/bf1_rd_ptr 在蝶形 0/1 完成一个块操作后，也会向前推进递增。蝶形 0 的一个块操作完成用 bf0_cnt_sel == 11 表示，蝶形 1 的一个块操作完成用 bf1_cnt_sel == 12 表示。因此，如时序图所示，两个蝶形完成同一个块的用时是不同的。当蝶形 0 正在处理一个块时，蝶形 1 可以基于提出的架构处理另一个块，从而使得两个蝶形看上去似乎分别独立执行它们各自的操作。

另外，我们使用两个额外的 FIFO（bf0_fifo 和 bf1_fifo）来对两个蝶形处理进行解耦，一个蝶形一个 FIFO。每个 FIFO 有两个条目，蝶形 0 中的是 bf0_cnt[0] 和 bf0_cnt[1]，蝶形 1 中的是 bf1_cnt[0] 和 bf1_cnt[1]。一个条目专用于一个块，从而可以分别记录一个蝶形的两个块数据的状态并对其进行解耦。通过这样的设计，可以使相邻的两个块的流水操作更容易、更规则。蝶形 FIFO 中的数据是一个简单的递增计数器，当有一个新块进入时，计数器有效（由 blk_valid 指示）并自动递增，一直计数到其对应的蝶形操作完成为止，此时蝶形 0/1 对应计数值分别为 11/12。每个蝶形 FIFO 有一个读指针和一个写指针。写指针 bf_wr_ptr 对于 bf0_fifo 和 bf1_fifo 都是一样的，并且在新块到达时向前递增，由 blk_valid 指示。蝶形 FIFO 的读取指针 bf0_rd_ptr 和 bf1_rd_ptr 与用于数据 FIFO 的读指针相同。

在完成结构设计之后，我们需要决定每一个变量的位宽。旋转因子 $W_N^n = W_{N,r}^n+\mathrm{j}W_{N,i}^n$ 的实部和虚部分别为 $W_{N,r}^n$ 和 $W_{N,i}^n$，都采用 $s(2.16)$ 的定点格式表示。输出 $c = c_\mathrm{r}+\mathrm{j}c_\mathrm{i}$ 和 $d = d_\mathrm{r}+\mathrm{j}d_\mathrm{i}$ 可以使用 $a = a_\mathrm{r}+\mathrm{j}a_\mathrm{i}$、$b = b_\mathrm{r}+\mathrm{j}b_\mathrm{i}$ 和旋转因子 $W_N^n = W_{N,r}^n+\mathrm{j}W_{N,i}^n$ 表示如下：

$$
\begin{aligned}
c_r &= a_r+b_r \\
c_i &= a_i+b_i \\
d_r &= (a_r-b_r)W_{N,r}^n+(b_i-a_i)W_{N,i}^n \\
d_i &= (a_r-b_r)W_{N,i}^n+(a_i-b_i)W_{N,r}^n
\end{aligned}
$$

为了减少量化误差，数据 FIFO 中数据寄存器（R[0] ~ R[15]）的小数部分应为 16 位。因此，数据路径的位宽设计如图 9.27 所示，其中块 Q 使用截断的方式对输入进行量化处理。

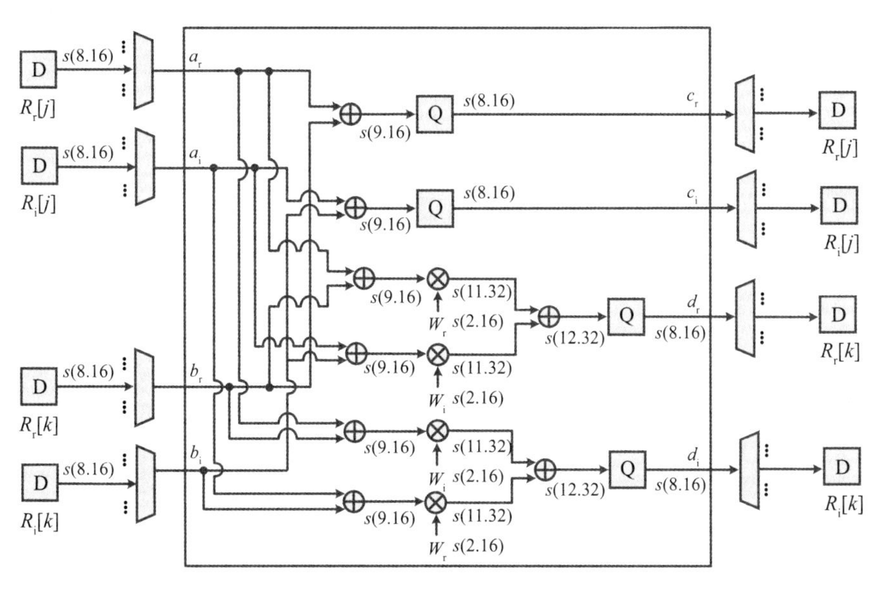

图 9.27 结构和蝶形位宽

最后，本例的 RTL 代码编写如下：

```
// FFT 处理器模块
module fft(fft_valid, fft_d0, fft_d1, fft_d2, fft_d3, fft_d4,
  fft_d5, fft_d6, fft_d7, data_valid, data, clk, reset);
output fft_valid;
output [31:0] fft_d0, fft_d1, fft_d2, fft_d3;
output [31:0] fft_d4, fft_d5, fft_d6, fft_d7;
input data_valid;
input [31:0] data;
input clk, reset;
reg fft_valid;
reg [7:-16] Rr [0:15], Ri [0:15];
reg [7:-16] bf0_op1r, bf0_op1i, bf0_op2r, bf0_op2i;
reg [7:-16] bf1_op1r, bf1_op1i, bf1_op2r, bf1_op2i;
reg [7:-16] bf0_wr, bf0_wi, bf1_wr, bf1_wi;
wire [7:-16] bf0_out1r, bf0_out1i, bf0_out2r, bf0_out2i;
wire [7:-16] bf1_out1r, bf1_out1i, bf1_out2r, bf1_out2i;
// 数据队列
reg [7:-16] data_fifor [0:15], data_fifoi [0:15];
reg [3:0] data_wr_ptr;
// 蝶形队列
reg [3:0] bf0_cnt [0:1], bf1_cnt [0:1];
wire [3:0] bf0_cnt_sel, bf1_cnt_sel;
wire blk_valid, bf0_blk_end, bf1_blk_end;
reg bf_wr_ptr, bf0_rd_ptr, bf1_rd_ptr;
integer i;
parameter signed [1:-16] wr0 = 18'h10000, wi0 = 18'h00000;
parameter signed [1:-16] wr1 = 18'h0B504, wi1 = 18'h34AFC;
parameter signed [1:-16] wr2 = 18'h00000, wi2 = 18'h30000;
parameter signed [1:-16] wr3 = 18'h34AFC, wi3 = 18'h34AFC;
// 蝶形例化
bf bf0(.cr(bf0_out1r), .ci(bf0_out1i), .dr(bf0_out2r),
  .di(bf0_out2i), .ar(bf0_op1r), .ai(bf0_op1i), .br
  (bf0_op2r), .bi(bf0_op2i), .wr(bf0_wr), .wi(bf0_wi));
bf bf1(.cr(bf1_out1r), .ci(bf1_out1i), .dr(bf1_out2r),
  .di(bf1_out2i), .ar(bf1_op1r), .ai(bf1_op1i), .br
  (bf1_op2r), .bi(bf1_op2i), .wr(bf1_wr), .wi(bf1_wi));
always @ (posedge clk or posedge reset)
  if (reset) fft_valid <= 0;
  else if (bf1_blk_end) fft_valid <= 1'b1;
  else fft_valid <= 0;
// FFT 输出数据选择
```

```
assign fft_d0 = {bf1_rd_ptr ? data_fifor [0][7:-8]:data_fifor [8]
  [7:-8], bf1_rd_ptr ? data_fifoi [0][7:-8]:data_fifoi [8][7:-8]};
assign fft_d1 = {bf1_rd_ptr ? data_fifor [1][7:-8]:data_fifor [9]
  [7:-8], bf1_rd_ptr ? data_fifoi [1][7:-8]:data_fifoi [9][7:-8]};
assign fft_d2 = {bf1_rd_ptr ? data_fifor [2][7:-8]:data_fifor
  [10][7:-8], bf1_rd_ptr ? data_fifoi [2][7:-8]:data_fifoi [10]
  [7:-8]};
assign fft_d3 = {bf1_rd_ptr ? data_fifor [3][7:-8]:data_fifor
  [11][7:-8], bf1_rd_ptr ? data_fifoi [3][7:-8]:data_fifoi [11]
  [7:-8]};
assign fft_d4 = {bf1_rd_ptr ? data_fifor [4][7:-8]:data_fifor
  [12][7:-8], bf1_rd_ptr ? data_fifoi [4][7:-8]:data_fifoi [12]
  [7:-8]};
assign fft_d5 = {bf1_rd_ptr ? data_fifor [5][7:-8]:data_fifor
  [13][7:-8], bf1_rd_ptr ? data_fifoi [5][7:-8]:data_fifoi [13]
  [7:-8]};
assign fft_d6 = {bf1_rd_ptr ? data_fifor [6][7:-8]:data_fifor
  [14][7:-8], bf1_rd_ptr ? data_fifoi [6][7:-8]:data_fifoi [14]
  [7:-8]};
assign fft_d7 = {bf1_rd_ptr ? data_fifor [7][7:-8]:data_fifor
  [15][7:-8], bf1_rd_ptr ? data_fifoi [7][7:-8]:data_fifoi [15]
  [7:-8]};
// 蝶形 0 输入数据选择
always @ (*) begin
  case(bf0_cnt_sel)
  4'd6:begin
    bf0_op1r = (bf0_rd_ptr)? Rr [8]:Rr [0];
    bf0_op1i = (bf0_rd_ptr)? Ri [8]:Ri [0];
    bf0_op2r = (bf0_rd_ptr)? Rr [12]:Rr [4];
    bf0_op2i = (bf0_rd_ptr)? Ri [12]:Ri [4];
    bf0_wr = wr0; bf0_wi = wi0;
  end
  4'd7:begin
    bf0_op1r = (bf0_rd_ptr)? Rr [9]:Rr [1];
    bf0_op1i = (bf0_rd_ptr)? Ri [9]:Ri [1];
    bf0_op2r = (bf0_rd_ptr)? Rr [13]:Rr [5];
    bf0_op2i = (bf0_rd_ptr)? Ri [13]:Ri [5];
    bf0_wr = wr1; bf0_wi = wi1;
  end
  4'd8:begin
    bf0_op1r = (bf0_rd_ptr)? Rr [8]:Rr [0];
    bf0_op1i = (bf0_rd_ptr)? Ri [8]:Ri [0];
    bf0_op2r = (bf0_rd_ptr)? Rr [10]:Rr [2];
```

```
      bf0_op2i = (bf0_rd_ptr)? Ri [10]:Ri [2];
      bf0_wr = wr0; bf0_wi = wi0;
    end
    4'd9:begin
      bf0_op1r = (bf0_rd_ptr)? Rr [9]:Rr [1];
      bf0_op1i = (bf0_rd_ptr)? Ri [9]:Ri [1];
      bf0_op2r = (bf0_rd_ptr)? Rr [11]:Rr [3];
      bf0_op2i = (bf0_rd_ptr)? Ri [11]:Ri [3];
      bf0_wr = wr2; bf0_wi = wi2;
    end
    4'd10:begin
      bf0_op1r = (bf0_rd_ptr)? Rr [8]:Rr [0];
      bf0_op1i = (bf0_rd_ptr)? Ri [8]:Ri [0];
      bf0_op2r = (bf0_rd_ptr)? Rr [9]:Rr [1];
      bf0_op2i = (bf0_rd_ptr)? Ri [9]:Ri [1];
      bf0_wr = wr0; bf0_wi = wi0;
    end
    4'd11:begin
      bf0_op1r = (bf0_rd_ptr)? Rr [10]:Rr [2];
      bf0_op1i = (bf0_rd_ptr)? Ri [10]:Ri [2];
      bf0_op2r = (bf0_rd_ptr)? Rr [11]:Rr [3];
      bf0_op2i = (bf0_rd_ptr)? Ri [11]:Ri [3];
      bf0_wr = wr0; bf0_wi = wi0;
    end
    default:begin
      bf0_op1r = (bf0_rd_ptr)? Rr [8]:Rr [0];
      bf0_op1i = (bf0_rd_ptr)? Ri [8]:Ri [0];
      bf0_op2r = (bf0_rd_ptr)? Rr [12]:Rr [4];
      bf0_op2i = (bf0_rd_ptr)? Ri [12]:Ri [4];
      bf0_wr = wr0; bf0_wi = wi0;
    end
    endcase
  end
  // 蝶形 1 输入数据选择
  always @ (*) begin
    case(bf1_cnt_sel)
    4'd7:begin
      bf1_op1r = (bf1_rd_ptr)? Rr [10]:Rr [2];
      bf1_op1i = (bf1_rd_ptr)? Ri [10]:Ri [2];
      bf1_op2r = (bf1_rd_ptr)? Rr [14]:Rr [6];
      bf1_op2i = (bf1_rd_ptr)? Ri [14]:Ri [6];
      bf1_wr = wr2; bf1_wi = wi2;
```

```
end
4'd8:begin
  bf1_op1r = (bf1_rd_ptr)? Rr [11]:Rr [3];
  bf1_op1i = (bf1_rd_ptr)? Ri [11]:Ri [3];
  bf1_op2r = (bf1_rd_ptr)? Rr [15]:Rr [7];
  bf1_op2i = (bf1_rd_ptr)? Ri [15]:Ri [7];
  bf1_wr = wr3; bf1_wi = wi3;
end
4'd9:begin
  bf1_op1r = (bf1_rd_ptr)? Rr [12]:Rr [4];
  bf1_op1i = (bf1_rd_ptr)? Ri [12]:Ri [4];
  bf1_op2r = (bf1_rd_ptr)? Rr [14]:Rr [6];
  bf1_op2i = (bf1_rd_ptr)? Ri [14]:Ri [6];
  bf1_wr = wr0; bf1_wi = wi0;
end
4'd10:begin
  bf1_op1r = (bf1_rd_ptr)? Rr [13]:Rr [5];
  bf1_op1i = (bf1_rd_ptr)? Ri [13]:Ri [5];
  bf1_op2r = (bf1_rd_ptr)? Rr [15]:Rr [7];
  bf1_op2i = (bf1_rd_ptr)? Ri [15]:Ri [7];
  bf1_wr = wr2; bf1_wi = wi2;
end
4'd11:begin
  bf1_op1r = (bf1_rd_ptr)? Rr [12]:Rr [4];
  bf1_op1i = (bf1_rd_ptr)? Ri [12]:Ri [4];
  bf1_op2r = (bf1_rd_ptr)? Rr [13]:Rr [5];
  bf1_op2i = (bf1_rd_ptr)? Ri [13]:Ri [5];
  bf1_wr = wr0; bf1_wi = wi0;
end
4'd12:begin
  bf1_op1r = (bf1_rd_ptr)? Rr [14]:Rr [6];
  bf1_op1i = (bf1_rd_ptr)? Ri [14]:Ri [6];
  bf1_op2r = (bf1_rd_ptr)? Rr [15]:Rr [7];
  bf1_op2i = (bf1_rd_ptr)? Ri [15]:Ri [7];
  bf1_wr = wr0; bf1_wi = wi0;
end
default:begin
  bf1_op1r = (bf1_rd_ptr)? Rr [10]:Rr [2];
  bf1_op1i = (bf1_rd_ptr)? Ri [10]:Ri [2];
  bf1_op2r = (bf1_rd_ptr)? Rr [14]:Rr [6];
  bf1_op2i = (bf1_rd_ptr)? Ri [14]:Ri [6];
  bf1_wr = wr2; bf1_wi = wi2;
```

```
    end
    endcase
  end
  // data_fifo 重新格式化为 R，作为蝶形输入数据使用
  always @ (*)
    for(i = 0; i < 16; i = i+1) begin
      Rr [i] = data_fifor [i];
      Ri [i] = data_fifoi [i];
    end
  // data_fifo 写指针
  always @ (posedge clk or posedge reset)
    if (reset) data_wr_ptr <= 0;
    else if (data_valid) data_wr_ptr <= data_wr_ptr+1'b1;
  // ****************************************************
  // data_fifo 写操作
  // data_fifo 需要存储 fft 的输入数据和
  // 蝶形的输出数据
  // ****************************************************
  always @ (posedge clk) begin
    // data_fifo [0]
    if (data_valid & data_wr_ptr == 0) begin
      data_fifor [0] <= {data [31:16], 8'h00};
      data_fifoi [0] <= {data [15:0], 8'h00};
    end
    else if (bf0_rd_ptr == 0 && (bf0_cnt_sel == 4'd6 || bf0_cnt_
      sel == 4'd8 || bf0_cnt_sel == 4'd10)) begin
      data_fifor [0] <= bf0_out1r;
      data_fifoi [0] <= bf0_out1i;
    end
    // data_fifo [1]
    if (data_valid & data_wr_ptr == 1) begin
      data_fifor [1] <= {data [31:16], 8'h00};
      data_fifoi [1] <= {data [15:0], 8'h00};
    end
    else if (bf0_rd_ptr == 0 && (bf0_cnt_sel == 4'd7 || bf0_
      cnt_sel == 4'd9)) begin
      data_fifor [1] <= bf0_out1r;
      data_fifoi [1] <= bf0_out1i;
    end
    else if (bf0_rd_ptr == 0 && bf0_cnt_sel == 4'd10) begin
      data_fifor [1] <= bf0_out2r;
      data_fifoi [1] <= bf0_out2i;
```

```
end
// data_fifo [2]
if (data_valid & data_wr_ptr == 2) begin
  data_fifor [2] <= {data [31:16], 8'h00};
  data_fifoi [2] <= {data [15:0], 8'h00};
end
else if (bf0_rd_ptr == 0 && bf0_cnt_sel == 4'd8) begin
  data_fifor [2] <= bf0_out2r;
  data_fifoi [2] <= bf0_out2i;
end
else if (bf0_rd_ptr == 0 && bf0_cnt_sel == 4'd11) begin
  data_fifor [2] <= bf0_out1r;
  data_fifoi [2] <= bf0_out1i;
end
else if (bf1_rd_ptr == 0 && bf1_cnt_sel == 4'd7) begin
  data_fifor [2] <= bf1_out1r;
  data_fifoi [2] <= bf1_out1i;
end
// data_fifo [3]
if (data_valid & data_wr_ptr == 3) begin
  data_fifor [3] <= {data [31:16], 8'h00};
  data_fifoi [3] <= {data [15:0], 8'h00};
end
else if (bf0_rd_ptr == 0 && (bf0_cnt_sel == 4'd9 ||
  bf0_cnt_sel == 4'd11)) begin
  data_fifor [3] <= bf0_out2r;
  data_fifoi [3] <= bf0_out2i;
end
else if (bf1_rd_ptr == 0 && bf1_cnt_sel == 4'd8) begin
  data_fifor [3] <= bf1_out1r;
  data_fifoi [3] <= bf1_out1i;
end
// data_fifo [4]
if (data_valid & data_wr_ptr == 4) begin
  data_fifor [4] <= {data [31:16], 8'h00};
  data_fifoi [4] <= {data [15:0], 8'h00};
end
else if (bf0_rd_ptr == 0 && bf0_cnt_sel == 4'd6) begin
  data_fifor [4] <= bf0_out2r;
  data_fifoi [4] <= bf0_out2i;
end
else if (bf1_rd_ptr == 0 && (bf1_cnt_sel == 4'd9 ||
```

```
    bf0_cnt_sel == 4'd11)) begin
    data_fifor [4] <= bf1_out1r;
    data_fifoi [4] <= bf1_out1i;
  end
  // data_fifo [5]
  if (data_valid & data_wr_ptr == 5) begin
    data_fifor [5] <= {data [31:16], 8'h00};
    data_fifoi [5] <= {data [15:0], 8'h00};
  end
  else if (bf0_rd_ptr == 0 && bf0_cnt_sel == 4'd7) begin
    data_fifor [5] <= bf0_out2r;
    data_fifoi [5] <= bf0_out2i;
  end
  else if (bf1_rd_ptr == 0 && bf1_cnt_sel == 4'd10) begin
    data_fifor [5] <= bf1_out1r;
    data_fifoi [5] <= bf1_out1i;
  end
  else if (bf1_rd_ptr == 0 && bf1_cnt_sel == 4'd11) begin
    data_fifor [5] <= bf1_out2r;
    data_fifoi [5] <= bf1_out2i;
  end
  // data_fifo [6]
  if (data_valid & data_wr_ptr == 6) begin
    data_fifor [6] <= {data [31:16], 8'h00};
    data_fifoi [6] <= {data [15:0], 8'h00};
  end
  else if (bf1_rd_ptr == 0 && (bf1_cnt_sel == 4'd7 ||
    bf0_cnt_sel == 4'd9)) begin
    data_fifor [6] <= bf1_out2r;
    data_fifoi [6] <= bf1_out2i;
  end
  else if (bf1_rd_ptr == 0 && bf1_cnt_sel == 4'd12) begin
    data_fifor [6] <= bf1_out1r;
    data_fifoi [6] <= bf1_out1i;
  end
  // data_fifo [7]
  if (data_valid & data_wr_ptr == 7) begin
    data_fifor [7] <= {data [31:16], 8'h00};
    data_fifoi [7] <= {data [15:0], 8'h00};
  end
  else if (bf1_rd_ptr == 0 && (bf1_cnt_sel == 4'd8 ||
    bf1_cnt_sel == 4'd10 || bf1_cnt_sel == 4'd12)) begin
```

```
  data_fifor [7] <= bf1_out2r;
  data_fifoi [7] <= bf1_out2i;
end
// data_fifo [8]
if (data_valid & data_wr_ptr == 8) begin
  data_fifor [8] <= {data [31:16], 8'h00};
  data_fifoi [8] <= {data [15:0], 8'h00};
end
else if (bf0_rd_ptr == 1 && (bf0_cnt_sel == 4'd6 ||
  bf0_cnt_sel == 4'd8 || bf0_cnt_sel == 4'd10)) begin
  data_fifor [8] <= bf0_out1r;
  data_fifoi [8] <= bf0_out1i;
end
// data_fifo [9]
if (data_valid & data_wr_ptr == 9) begin
  data_fifor [9] <= {data [31:16], 8'h00};
  data_fifoi [9] <= {data [15:0], 8'h00};
end
else if (bf0_rd_ptr == 1 && (bf0_cnt_sel == 4'd7 ||
  bf0_cnt_sel == 4'd9)) begin
  data_fifor [9] <= bf0_out1r;
  data_fifoi [9] <= bf0_out1i;
end
else if (bf0_rd_ptr == 1 && bf0_cnt_sel == 4'd10) begin
  data_fifor [9] <= bf0_out2r;
  data_fifoi [9] <= bf0_out2i;
end
// data_fifo [10]
if (data_valid & data_wr_ptr == 10) begin
  data_fifor [10] <= {data [31:16], 8'h00};
  data_fifoi [10] <= {data [15:0], 8'h00};
end
else if (bf0_rd_ptr == 1 && bf0_cnt_sel == 4'd8) begin
  data_fifor [10] <= bf0_out2r;
  data_fifoi [10] <= bf0_out2i;
end
else if (bf0_rd_ptr == 1 && bf0_cnt_sel == 4'd11) begin
  data_fifor [10] <= bf0_out1r;
  data_fifoi [10] <= bf0_out1i;
end
else if (bf1_rd_ptr == 1 && bf1_cnt_sel == 4'd7) begin
  data_fifor [10] <= bf1_out1r;
```

```
    data_fifoi [10] <= bf1_out1i;
  end
  // data_fifo [11]
  if (data_valid & data_wr_ptr == 11) begin
    data_fifor [11] <= {data [31:16], 8'h00};
    data_fifoi [11] <= {data [15:0], 8'h00};
  end
  else if (bf0_rd_ptr == 1 && (bf0_cnt_sel == 4'd9 ||
    bf0_cnt_sel == 4'd11)) begin
    data_fifor [11] <= bf0_out2r;
    data_fifoi [11] <= bf0_out2i;
  end
  else if (bf1_rd_ptr == 1 && bf1_cnt_sel == 4'd8) begin
    data_fifor [11] <= bf1_out1r;
    data_fifoi [11] <= bf1_out1i;
  end
  // data_fifo [12]
  if (data_valid & data_wr_ptr == 12) begin
    data_fifor [12] <= {data [31:16], 8'h00};
    data_fifoi [12] <= {data [15:0], 8'h00};
  end
  else if (bf0_rd_ptr == 1 && bf0_cnt_sel == 4'd6) begin
    data_fifor [12] <= bf0_out2r;
    data_fifoi [12] <= bf0_out2i;
  end
  else if (bf1_rd_ptr == 1 && (bf1_cnt_sel == 4'd9 ||
    bf0_cnt_sel == 4'd11)) begin
    data_fifor [12] <= bf1_out1r;
    data_fifoi [12] <= bf1_out1i;
  end
  // data_fifo [13]
  if (data_valid & data_wr_ptr == 13) begin
    data_fifor [13] <= {data [31:16], 8'h00};
    data_fifoi [13] <= {data [15:0], 8'h00};
  end
  else if (bf0_rd_ptr == 1 && bf0_cnt_sel == 4'd7) begin
    data_fifor [13] <= bf0_out2r;
    data_fifoi [13] <= bf0_out2i;
  end
  else if (bf1_rd_ptr == 1&& bf1_cnt_sel == 4'd10) begin
    data_fifor [13] <= bf1_out1r;
    data_fifoi [13] <= bf1_out1i;
```

```
  end
  else if (bf1_rd_ptr == 1 && bf1_cnt_sel == 4'd11) begin
    data_fifor [13] <= bf1_out2r;
    data_fifoi [13] <= bf1_out2i;
  end
  // data_fifo [14]
  if (data_valid & data_wr_ptr == 14) begin
    data_fifor [14] <= {data [31:16], 8'h00};
    data_fifoi [14] <= {data [15:0], 8'h00};
  end
  else if (bf1_rd_ptr == 1 &&(bf1_cnt_sel == 4'd7 ||
    bf0_cnt_sel == 4'd9)) begin
    data_fifor [14] <= bf1_out2r;
    data_fifoi [14] <= bf1_out2i;
  end
  else if (bf1_rd_ptr == 1 && bf1_cnt_sel == 4'd12) begin
    data_fifor [14] <= bf1_out1r;
    data_fifoi [14] <= bf1_out1i;
  end
  // data_fifo [15]
  if (data_valid & data_wr_ptr == 15) begin
    data_fifor [15] <= {data [31:16], 8'h00};
    data_fifoi [15] <= {data [15:0], 8'h00};
  end
  else if (bf1_rd_ptr == 1 && (bf1_cnt_sel == 4'd8 ||
    bf1_cnt_sel == 4'd10 || bf1_cnt_sel == 4'd12)) begin
    data_fifor [15] <= bf1_out2r;
    data_fifoi [15] <= bf1_out2i;
  end
end
// 两个蝶形队列的写时序时间
assign blk_valid = data_valid & data_wr_ptr [2:0] == 0;
// 两个蝶形队列的写指针
always @ (posedge clk or posedge reset)
  if (reset) bf_wr_ptr <= 0;
  else if (blk_valid) bf_wr_ptr <=~ bf_wr_ptr;
// 使用蝶形 0 完成对一个块的处理
assign bf0_blk_end = bf0_cnt_sel == 11;
// 使用蝶形 1 完成对一个块的处理
assign bf1_blk_end = bf1_cnt_sel == 12;
// 蝶形 0 中蝶形队列的读端口
assign bf0_cnt_sel =~ bf0_rd_ptr ? bf0_cnt [0]:bf0_cnt [1];
```

```
// 蝶形 1 中蝶形队列的读端口
assign bf1_cnt_sel =~ bf1_rd_ptr ? bf1_cnt [0]:bf1_cnt [1];
// 蝶形 0 中蝶形队列的读指针
always @ (posedge clk or posedge reset)
  if (reset) bf0_rd_ptr <= 0;
  else if (bf0_blk_end) bf0_rd_ptr <=~ bf0_rd_ptr;
// 蝶形 1 中蝶形队列的读指针
always @ (posedge clk or posedge reset)
  if (reset) bf1_rd_ptr <= 0;
  else if (bf1_blk_end) bf1_rd_ptr <=~ bf1_rd_ptr;
// 蝶形 0 的蝶形队列
always @ (posedge clk or posedge reset)
  if (reset) begin
    bf0_cnt [0] <= 0;
    bf0_cnt [1] <= 0;
  end
  else begin
    if ((blk_valid && bf_wr_ptr == 0) || bf0_cnt [0] != 0)
      bf0_cnt [0] <= (bf0_cnt [0] == 11)?0:(bf0_cnt [0]+1);
    if ((blk_valid && bf_wr_ptr == 1) || bf0_cnt [1] != 0)
      bf0_cnt [1] <= (bf0_cnt [1] == 11)?0:(bf0_cnt [1]+1);
  end
// 蝶形 1 的蝶形队列
always @ (posedge clk or posedge reset)
  if (reset) begin
    bf1_cnt [0] <= 0;
    bf1_cnt [1] <= 0;
  end
  else begin
    if ((blk_valid && bf_wr_ptr == 0) || bf1_cnt [0] != 0)
      bf1_cnt [0] <= (bf1_cnt [0] == 12)?0:(bf1_cnt [0]+1);
    if ((blk_valid && bf_wr_ptr == 1) || bf1_cnt [1] != 0)
      bf1_cnt [1] <= (bf1_cnt [1] == 12)?0:(bf1_cnt [1]+1);
  end
endmodule
// 蝶形模块
module bf (cr, ci, dr, di, ar, ai, br, bi, wr, wi);
output signed [7:-16] cr, ci, dr, di;
input signed [7:-16] ar, ai, br, bi, wr, wi;
reg signed [8:-16] tmp_cr, tmp_ci;
reg signed [11:-32] tmp_dr, tmp_di;
assign cr = tmp_cr [7:-16]; assign ci = tmp_ci [7:-16];
```

```
assign dr = tmp_dr [7:-16]; assign di = tmp_di [7:-16];
always @ (*) begin
  tmp_cr = ar + br; tmp_ci = ai + bi;
end
always @ (*) begin
  tmp_dr = (ar - br) * wr+(bi - ai) * wi;
  tmp_di = (ar - br) * wi+(ai - bi) * wr;
end
endmodule
```

由时序图可知，在输出前一个数据块时，下一个数据块只输入了一半，所以最优的寄存器数量是 12，即 R[0] ~ R[11]。因此，为了节省数据缓冲区的空间，乒乓缓冲区可以改为有 12 个条目的 FIFO。新的架构图作为思考题留给大家。

9.6 练习题

1. 图 9.28 是一个可以显示字母和数字的 16 段 LED 灯。对键盘的 I/O 控制器进行扩展，实现在 LED 显示屏上显示键入的数字，为此，可以在 I/O 控制器中添加一个额外的寄存器 char_reg[3:0] 和一个端口 led[15:0]，通过端口号 3 实现对寄存器的访问，然后，将寄存器 char_reg[3:0] 解码为信号 led[15:0]，驱动 LED 对应段。

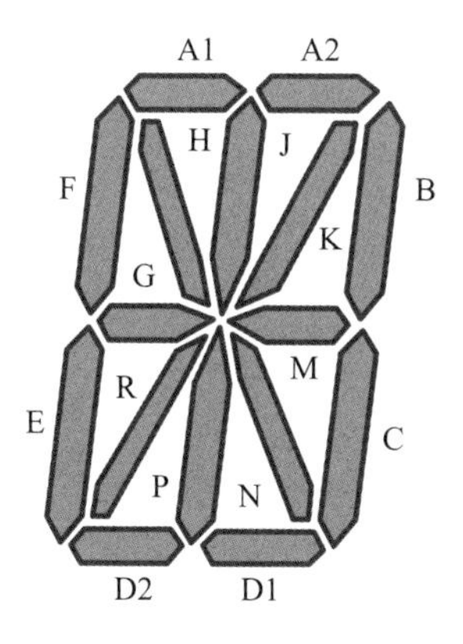

图 9.28 16 段 LED 灯

2. 为 9.4.1 节的工厂自动化系统设计一个 I/O 控制器。

3. 使用 9.4.2 节提供的指令集，设计一个具有中断功能的处理器。

4. 写出键盘控制器、报警控制器和实时时钟控制器的汇编代码。实时时钟的周期为 2ms，主程序从初始化控制器和中断开始，中断处理程序位于指令存储区的地址 1。在响应中断时，从实时时钟控制器开始，检查每个 I/O 控制器的中断状态寄存器以确定中断源。中断处理程序在返回被中断的程序之前将继续检查其他的中断源。在实时时钟的 ISR 中设置一个 rtc_flag 标志，然后处理器将使用该标志进行进一步的实时处理。处理结束后，处理器会清除 rtc_flag 标志。

5. FFT 加速器中，原来的蝶形需要 4 个实数乘法器实现。使用 3 个实数乘法器重新设计蝶形，并评估可以节省的门数。

6. 将 16 点 FFT 的输出改为适用于 SRAM 接口的串行输出。使用尽可能少的数据寄存器重新设计 FFT 加速器。

7. 将 8 点 FFT 的数据缓冲区从具有 16 个内存空间的乒乓缓冲区改用具有 12 个条目的 FIFO。

8. 将前面问题中的 FFT 加速器与 9.4.2 节中具有中断的简易处理器进行集成。如图 9.20 所示，处理器和加速器共享相同的 256 × 8 的数据存储区。仲裁器将最高优先级赋予处理器。加速器有两个输出寄存器用于 FFT 处理，分别是中断状态寄存器和命令寄存器。中断状态寄存器的第 0 位是"完成"位，其他位是保留的。命令寄存器的第 0 位为"启动"位，第 7 至 5 位为"块号"字段位。每个时域 FFT 块需要 16 × 32 位，即 64 字节。因此，在 256 字节数据内存中的最大的块数为 4。处理器为加速器准备好时域数据后，处理器通过命令寄存器的"启动"位和"块号"字段位对加速器进行编程配置。当"启动"置位后，加速器中的 DMA 就开始读取数据，而 FFT 根据"块号"字段中指定的"块号"开始对数据进行处理。当加速器处理完成，中断状态寄存器的"完成"位置位，然后会中断处理器的执行。通过对中断状态寄存器的写入操作，实现中断的清除。之后，加速器可以等待下一次 FFT 计算。

（a）重新设计时序图，以便可以更早地处理一个块，并减少寄存器的数量。

（b）重新设计 FFT 加速器。

（c）集成处理器、FFT 加速器和数据存储区。

（d）完成汇编程序，验证你的设计。

参考文献

[1] David Money Harris, Sarah L Harris. Digital design and computer architecture, 2nd. Morgan Kaufmann, 2013.

[2] John F Wakerly. Digital design: principles and practices, 5th. Prentice Hall, 2018.

[3] Peter J Ashenden. Digital design: an embedded systems approach using Verilog. Morgan Kaufmann Publishers, 2007.

第 10 章　使用Design Compiler进行逻辑综合

使用像 always 和连续赋值语句这样的高级结构描述 RTL 设计，使我们可以根据其功能进行设计，而无须过多考虑实现方法。实际上，在早期实现阶段，只需要描述一下你想要的电路功能，而不必担心如何去实现。关于电路功能实现的细节，比如逻辑门及其互连，将在稍后使用逻辑综合来解决。

但是，这并不意味着我们可以任意使用 HDL 的所有结构进行设计。Verilog 的许多特性和功能只适用于在验证平台上进行高级行为建模，这些结构是无法综合成等效的门级电路。因此，通常只使用 Verilog 的一个子集来编写 RTL 结构，并且只有使用具有可综合结构的代码才能推断出相应的硬件。例如，Synopsys 公司的综合工具 DC（Design Compiler）就要求同步寄存器使用带有正沿或负沿时钟触发的 always 块表示。本章假设你有一个综合工具和标准单元库可以使用。

本章重点描述综合的设计规则；然后分别描述综合的过程和步骤，包括时序、面积和功耗优化的方法，以及读取设计、描述设计环境、约束设计、编译设计、设计报告分析和保存设计等，并给出了用于动态功耗和静态功耗优化的综合命令；最后，举例说明了解决建立时间违例、保持时间违例、多端口连线、时序环路和命名规则等技巧。

10.1 可综合设计

可综合设计的指导规则如下：

（1）了解可综合的 Verilog 结构：可综合的 Verilog 结构包括参数声明、wire、tri、wand、wor、reg、input、output、inout、连续赋值、模块和门的实例化、always、函数和任务、for 循环、if-else、case、casex、casez 等。可综合的 Verilog 原语包括 and、or、not、nand、nor、xor、xnor、bufif0、bufif1、notif0 和 notif1。可综合的 Verilog 操作符包括按位操作符（~、&、|、∧、~∧）、缩减操作符（&、~&、|、~|、∧、~∧）、逻辑操作符（!、&&、||）、算术操作符（+、-、*、/、%）、关系操作符（>、<、>=、<=）、相等操作符（==、!=）、逻辑移位操作符（<<、>>）、算术移位操作符（<<<、>>>）、拼接操作符（{}）、复制操作符（{{}}）、条件操作符（?:）等。

（2）了解不可综合的 Verilog 结构：不可综合的 Verilog 构造包括延迟、initial、repeat、wait、fork and join、event、force 和 release、用户定义原语（UDP）、time、triand、trior、tri1、tri0、trireg、nmos、pmos、cmos、rnmos、rpmos、rcmos、pullup、pulldown、rtran、tranif0、tranif1、rtranif0、 rtranif1、forever、全等操作符（===）和非操作符（!==）、取模操作符（modulus operator）等。

（3）理解 wire（包括 tri、wand、wor）和 reg 的声明：wire 声明用于连续赋值，而 reg 声明用于过程块，例如 always 块和函数。如果有多个信号驱动相同的线网，则它必须声明为 tri、wand 或 wor 等线网类型。

（4）组合逻辑推断：reg 数据类型可能不会被准确地综合成真正的硬件寄存器。如果在 always 的敏感列表中不使用 posedge 或 negedge 关键字，则综合后会得到一个组合逻辑。必须在 always 块中使用阻塞赋值推断出一个组合逻辑，完整地列出敏感列表，否则，RTL 仿真和门级仿真的结果可能不匹配。另一种推断组合逻辑的方法是通过连续赋值或函数。

（5）寄存器推断：如果在 always 块的敏感信号列表中使用 @(posedge clk) 或 @(negedge clk)，则会推断出寄存器。必须在 always 块中对实际硬件寄存器的输出使用非阻塞赋值，以推断出触发器。

（6）避免推断锁存器：如果一个变量没有在 always 块的敏感列表出现，并且敏感列表也不是 @(posedge clk) 或 @(negedge clk) 的结构，则将推断出锁存器。

（7）避免组合逻辑回路：组合逻辑回路的输出对于静态时序分析来说是不确定的和有问题的。

（8）for 循环语句：在综合中，for 循环必须具有固定的迭代次数，工具先展开，然后再综合。因此，循环索引必须为整数类型，其最小值、最大值和步进值必须为常量。

（9）case 和 if-else 语句，以及条件运算符：它们可以嵌套并提供复杂的条件运算，通常用于多路数据选择器。

（10）具有寄存器输出的组合逻辑电路：可以在敏感列表中使用 @(posedge clk) 或 @(negedge clk) 编写单个 always 块描述组合电路的寄存器输出，或者使用两个 always 块分别描述组合电路（敏感列表中没有 @(posedge clk) 或 @(negedge clk)) 和时序电路（敏感列表中带有 @(posedge clk) 或 @(negedge clk)）。有限状态机通常采用这种风格编写。

（11）编译（或综合）指令：如果你没有指定所有可能的 if 和 case 语句的分支，为了防止锁存器的产生，可以使用“synopsys full_case ”指令来指定所有可能分支都已完全覆盖。此外，如果 DC 不能确定条件分支是否并行，则将综合出优先级多路数据选择器。另外，你可以在 case 语句中使用“synopsys parallel_case”指令来强制执行产生并行的结构。

（12）DesignWare 库：DesignWare 库包含许多与生产工艺无关的软核，如加法器和乘法器等，这些软核可被综合为使用目标库的门电路。DesignWare 库使用户能够通过 Verilog 的行为级建模综合大而复杂的算术运算，如除法和取模运算等。每个软核，比如加法器，包含多种架构，允许 DC 评估速度和面积，并进行权衡，选择最合适的实现方式。我们可以通过实例化的方式来调用 DesignWare 库中的组件（如三角函数等复杂的函数运算）。

10.2 综合流程

当物理设计的结果不能满足我们的设计要求时，必须对其进行修改和优化。这是一个平衡的过程。设计的三个主要目标是时序、面积和功耗，我们经常通过设计约束寻求这三者之间的优化和平衡。这三者属性相互关联，并且经常相互冲突。设计早期做出的架构设计和划分，通常对其具有最大的影响。例如，如果我们比较并行和流水线架构，可以预见并行架构具有更高的性能，但它也将消耗更大的芯片面积。如果我们想要一个性能好、面积适中的设计，那么流水线设计可能是最佳的选择。

如果发现后端无法实现我们的设计，我们可能需要回到更早的前端设计阶段，重新修改或做出新的架构设计和划分。但当我们进入设计流程的后期阶段时，将很难对设计做出重大改进。如果微调设计无法解决这些问题，我们不得不重新审视前期阶段的设计，并做出更实质性的改变。实际的设计流程通常是周期性和非线性的。

图 10.1 概述了逻辑综合的流程。DesignWare 库包含数据路径和 IP 模块，它们被紧密集成到综合环境中。DC 映射 Synopsys 设计模块或通用技术库（GTECH，不含时序信息）到用户指定的技术库的门级描述（包含时序信息）。

库包含三类单元：标准单元、I/O 单元和全定制的硬核。库中包含的单元信息表示是抽象的，包括了时序模型、功率模型和逻辑模型。

下面列出了综合的所有步骤（设计约束的设置和设计编译将在下一节介绍）。注意，DC 命令是使用工具命令语言 Tcl 语言编写的。

（1）读入 RTL 设计。

（2）描述并设置设计应用环境。

（3）约束设计。

（4）编译设计。报告和分析设计结果。

（5）保存设计。

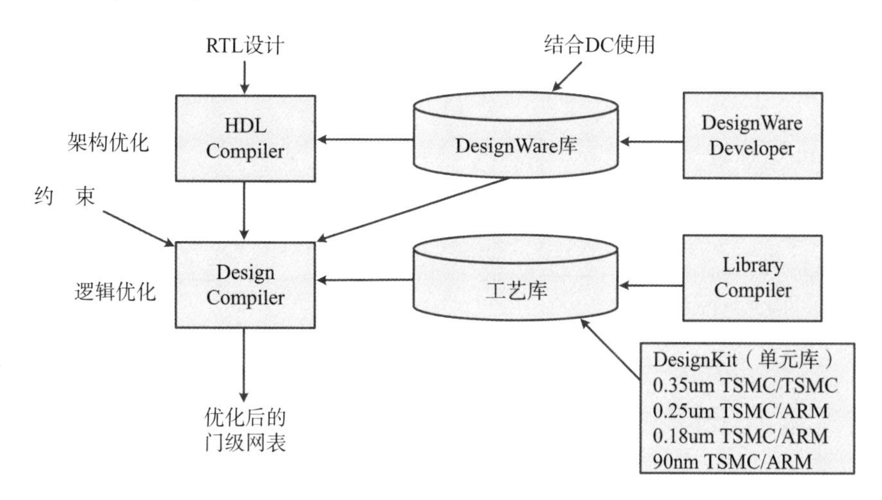

图 10.1 逻辑综合概述

10.2.1 设计对象

在介绍综合步骤之前，首先了解下设计对象，如图 10.2 所示。

· design（或者 reference）：执行一个或多个逻辑功能的电路。

· cell：设计实例。

· port：设计的输入、输出或双向端口。

· pin：单元的输入、输出或双向端口。

· net：连接端口或单元引脚的线网。

· clock：波形应用到端口或引脚，通常被识别为时钟源。

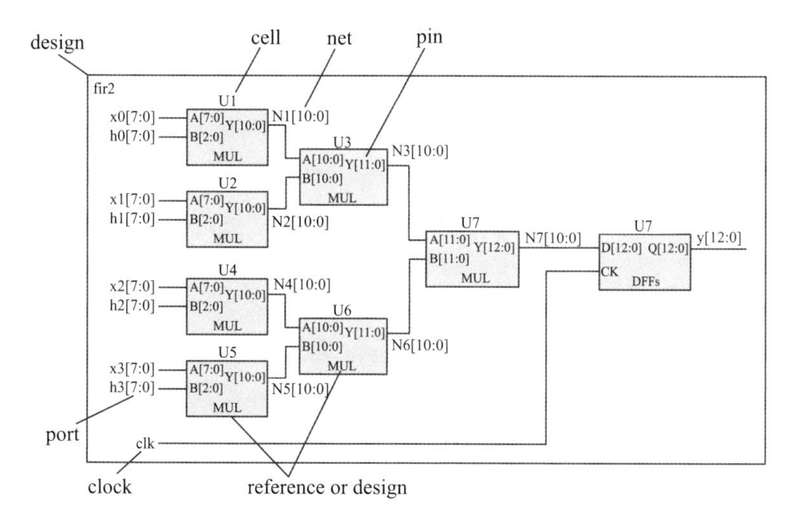

图 10.2 fir2 中的设计对象

模块 fir2 编写如下：

```
module fir2(y, x0, x1, x2, x3, h0, h1, h2, h3, clk);
  output [12:0] y;
  input [7:0] x0, x1, x2, x3;
  input [2:0] h0, h1, h2, h3;
  input clk;
  reg [12:0] y;
  always @ (posedge clk)
  y <= (x3 * h3+x2 * h2)+(x1 * h1+x0 * h0);
endmodule
```

10.2.2 读入设计

可以按照如下方式将网表或其他设计文件读入到 DC 中：

```
read_file-format verilog_design.v
```

如有需要，可以采用以下方式读入更多设计文件：

```
read_file-format verilog design1.v design2.v ...
```

DC 现在支持如下 AutoRead 命令：

```
read_file -autoread-top design-recursive {your_rtl_dir}
```

其中，design 是顶层模块名称，your_rtl_dir 是包含设计文件的目录。

或者不去直接读入设计代码，而是通过分析设计检查 Verilog 的语法和可综合性，然后解析设计，将其带入使用 GTECH 格式的 DC 环境中。下面给出了分析和解析设计的示例：

```
analyze-format verilog design.v
elaborate design-architecture verilog
```

如果有多个实例引用相同的设计，则必须启用 DC 来区分它们。物理设计必须是唯一存在的，即使它们都有相同的功能。使用以下命令将允许多个不同的实例引用相同的设计进行综合：

```
uniquify
```

10.2.3 设计环境描述

通常情况下，工具的默认值可能不是你设计的实际工作条件，这时，你必须手动指定工作环境，这不仅会影响从目标库中对于组件的选择，而且也会影响设计的时序和面积，如图 10.3 所示。

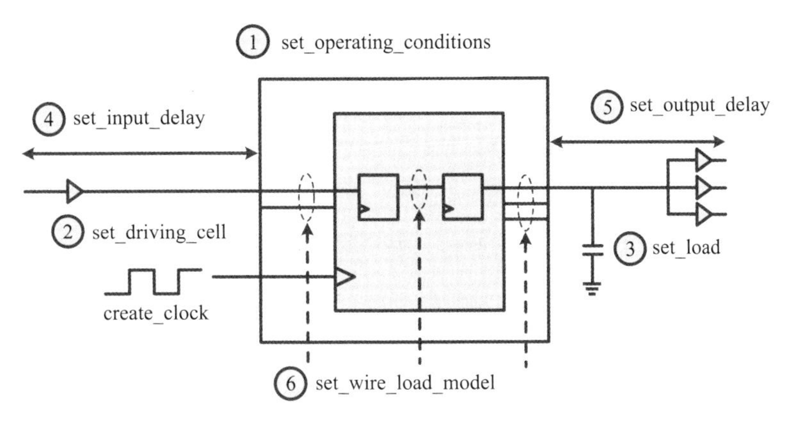

图 10.3 设计环境

你也可以使用下面给出的命令指定工作条件：

```
set_operating_conditions-max_library slow-max slow-min_
  library fast-min fast
```

上述命令中，slow.db/fast.db 分别用于计算最坏 / 最佳情况下的最大 / 最小（max/min）延迟。

如果设计的输入是由 TSMC 0.18μm 工艺中的 PDIDGZ 组成的输入 pad 驱动，则可按如下方式设置输入驱动强度：

```
set_driving_cell-library tpz973gvwc-lib_cell PDIDGZ-pin {C}
  [get_ports your_input_port_name]
```

在这个命令中，I/O pad 库 tpz973gvwc 中输入 pad PDIDGZ 的引脚 C 会驱动名为 your_input_port_name 的输入端口。

你也可以使用 [all_inputs] 将所有输入端口指定为相同的驱动源驱动，格式如下：

```
set_driving_cell-library tpz973gvwc-lib_cell PDIDGZX-pin
  {C}[all_inputs]
```

如果输出使用 TSMC 0.18μm 工艺的 PDI16DGZ 作为输出负载，则可以按如下方式设置输出负载：

```
set_load [load_of "tpz973gvwc/PDI16DGZ/I"][all_outputs]
```

在这个命令中，I/O pad 库 tpz973gvwc 中的 PDIDGZ/I 作为所有输出的负载。

图 10.4 的设计有三个时序路径：FF1 到 FF2、FF2 到 FF3、FF3 到 FF4。只要时钟是完全同步的，确保所有信号在时钟上升沿之前都是稳定的，则 FF1 到 FF2 的路径延迟为

$$t_{CQ}+M+N=1+4+6=11\text{ns}$$

考虑到建立时间，t_S = 0.5ns 时，FF1 到 FF2 的时钟周期必须大于 11+0.5 = 11.5ns。

FF2 到 FF3 的路径延迟为

$$t_{CQ}+X = 1+11 = 12\text{ns}$$

考虑到建立时间，t_S = 0.5ns 时，FF2 到 FF3 的时钟周期必须大于 12+0.5 = 12.5ns。

FF3 到 FF4 的路径延迟为

$$t_{CQ}+S+T = 1+3+7 = 11\text{ns}$$

考虑到建立时间，t_S = 0.5ns 时，FF3 到 FF4 的时钟周期必须大于 11+0.5 = 11.5ns。

综合考虑到所有三条时序路径，最小时钟周期将为 12.5ns。

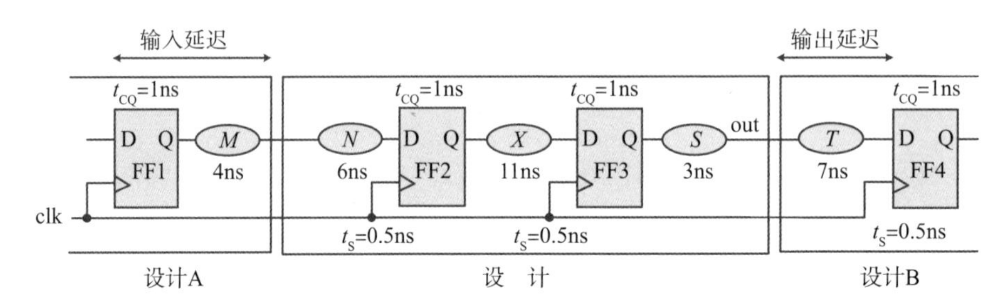

图 10.4 输入和输出延时的时序要求

在上述设计中，要正确地约束从 FF1 到 FF2 和 FF3 到 FF4 的时序路径，可以通过如下所示的命令指定输入和输出的最大延迟时间：

```
set_input_delay-clock clk-max 5 [get_ports in]
set_output_delay-clock clk-max 7.5 [get_ports out]
```

除了建立时间外，还必须满足保持时间的要求。在图 10.5 的设计中，要正确地将 FF1 和 FF2 的时序路径约束到 FF3，可以分别指定输入最大延迟和输入最小延迟作为建立时间和保持时间的检查：

```
set_input_delay-clock clk-max 8.4 [get_ports in]
set_input_delay-clock clk-min 8.4 [get_ports in]
```

设计的布线通常也会对输出的负载产生影响，可以使用以下命令指定线负载模型：

```
set_wire_load_model-name tsmc18_wl10-library slow
```

命令中选择 slow.db 库中的线负载模型 tsmc18_wl10。应该注意的是，在综合阶段，通过芯片的面积来确定线负载模型，这种预估通常不是很准确。准确的线负载只有在你的设计完成了布局和布线后才能获得。

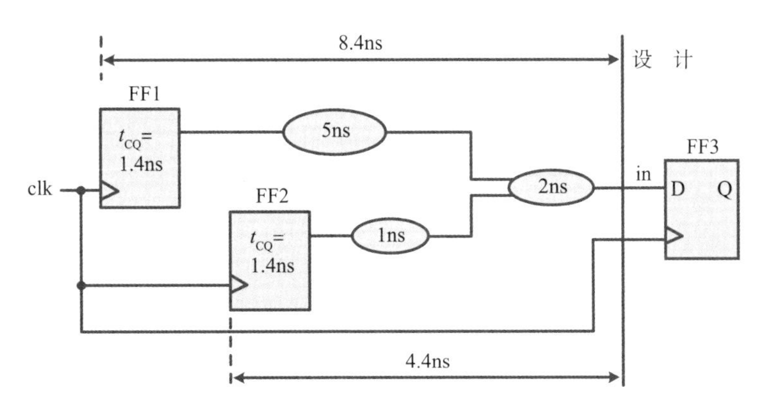

图 10.5 输入最大延迟和输入最小延迟（输入最大延迟通常用于建立时间检查，输入最小延迟通常用于保持时间检查）

有三种线负载模式：顶层、分段和封闭，这些是根据设计的面积指定的。如图 10.6 所示，有一根导线分为 a、b、c 三部分，分别给出了各模块的导线负载方式和作用区域。

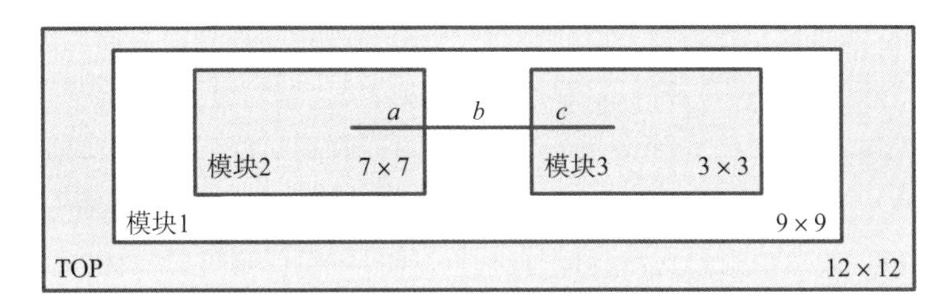

图 10.6 线负载模式

顶层模式指定顶层设计的连线负载模型，例如，如果线负载模式为 TOP，则 a、b 和 c 的线负载模型将全部遵循 12 × 12 的顶层模式；分段模式指定导线使用封闭每个导线的块的线负载模型，例如，如果采用了分段模式的线负载模式，则 a、b、c 的线负载模式分别为模块 2 的 7 × 7、模块 1 的 9 × 9 和模块 3 的 3 × 3 线负载模型；封闭模式指定导线使用被封闭块的线负载模块，例如，如果线负载模式是封闭的，则 a，b 和 c 的线负载模式将都为 9 × 9（模块 1）。因此，顶层的线负载模式是最保守也是最严格的，而分段的线负载模式为最激进和最宽松的。

10.2.4 设计分析和报告

在介绍如何报告设计之前，需要强调的是所有的错误和警告信息都必须仔细检查。所有错误消息都必须处理和修复，一些警告信息也必须修复，直到绝对清楚任何剩余的警告信息都不会产生严重的问题。

1. 设计报告

可以使用 report_design 命令报告设计的情况，通过该命令可以确认工作条件并对线负载模型进行仔细检查。也可以使用 report_hierarchy 来显示每个模块中使用的组件及其在整体层次结构中的位置。还可以使用 report_port -verbose 命令来检查输出端口的负载和输入输出端口的设计约束。report_clock 命令则可以报告时钟相关的约束。图 10.7 给出了一个时钟报告的例子。

```
-------------------------
Reports : clocks
Design  : TOP
Version : C-2009.06-SP2
Date    : Mon May 11 11:03:43 2020
-------------------------
Attributes:
     d - dont touch network
     f - fx hold
     p - propagated clock
     G - generated clock
Clock        Period        Waveform        Attrs        Sources
--------------------------------------------------------------------
ext_clk      10.00         {0, 5}          d f          {ext_clk}
int_clk      20.00         {0, 10}         G d f        {int_clk}
--------------------------------------------------------------------
Generated     Master       Generated       Master       Waveform
Clock         Source       Source          Clock        Modification
--------------------------------------------------------------------
int_clk       ext_clk      {CLK_GEN/ul/Q}  ext_clk      divide_by (2)
--------------------------------------------------------------------
```

图 10.7　设计时钟报告存在一个外部时钟 ext_clk 和一个生成时钟 int_clk

应以如下方式确定和报告高扇出网络：

```
report_net_fanout-high_fanout
```

指定为理想网络的高扇出网络的电容负载将显示为 0。

在读入设计之后，check_design 命令报告错误和警告信息，这些信息非常重要，需要仔细分析。例如，如果你实例化一个模块，假如端口数量多于其模块定义的数量，则报告错误消息；如果模块的端口没有连接到任何连线，则会报告警告。在设置约束之后，check_timing 命令将用来验证是否有不受时序约束的路径。

门控时钟（稍后会介绍）报告命令如下所示：

```
report_clock_gating-gating_elements
```

门控时钟报告的示例如图 10.8 所示。

2. 时序报告

可以使用 report_timing 命令报告建立时间检查结果，如下所示：

```
report_timnig-delay max
```

为了报告保持时间检查结果，可以将选项改为“–delay min”。

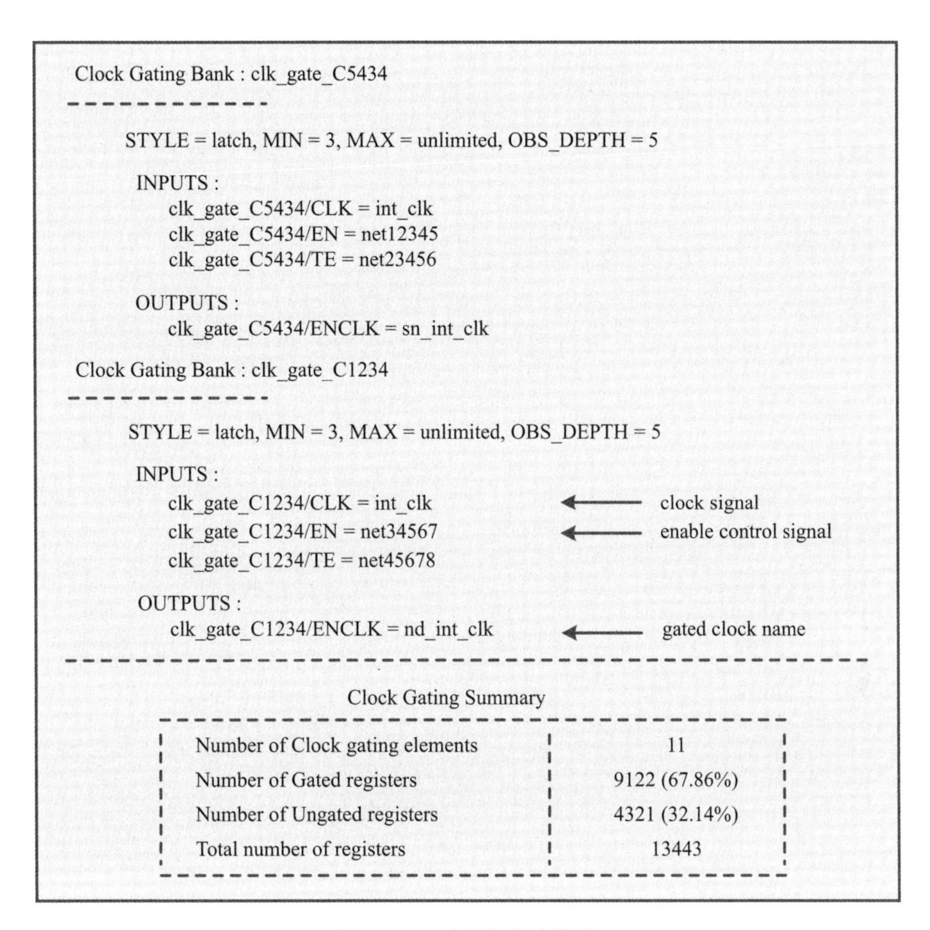

图 10.8 门控时钟报告

图 10.9 显示了一个建立时间时序报告的示例。缺省情况下，只显示一个设计中的最大或最小延迟路径（取决于工作条件）。选项“-max_paths”用于显示更多时序路径。在本报告中，起点为 enable 输入信号，终点为 timer/time_1ms_reg[0]/D。要分析另一条路径，可以使用选项“-from”指定起点，使用选项“-to”指定终点。“Incr”指定的列表示合并的线网和单元延迟的增量延迟。“Path”指定的列表示从起点到一个特定组件的输出的总路径延迟。字母 r 或 f 表示信号的上升或下降转换。SDF 文件可用于单个线网和单元延迟。

在本时序报告中，起始点 enable 的输入延迟为 1ns。终点（触发器 time_1ms_reg[0] 或 time_1ms_reg[0]/D 的 D 输入）的到达时间为 4.6145ns。时钟网络（稍后介绍）的周期为 4ns，时钟网络延迟为 1ns，时钟余量为 0.1ns。根据 time_1ms_reg[0] 建立时间检查的要求，需要数据 time_1ms_reg[0]/D 到达时间在 4.8180 ns。由于数据到达的时间比要求的要早，所以满足时序约束，且 slack = 4.8180-4.6145 = 0.2035 为正（或满足）。

```
Startpoint: enable (input port clocked by clk)
Endpoint: timer/time_lms_reg[0]
          (rising edge-triggered flip-flop clocked by clk)
Path Group: clk
Path Type: max

Des/Clust/Port    Wire Load Model    Library
-----------------------------------------------
top               G5K                slow

Point                                          Incr        Path
-------------------------------------------------------------------
clock clk (rise edge)                          0.0000      0.0000
clock network delay (ideal)                    1.0000      1.0000
input external delay (ideal)                   1.0000      2.0000 f
enable (in)                                    0.0129      2.0129 f
...
timer/time_lms_reg[0]/D (QDFFX1)               2.6016      4.6145 f
data arrival time                                          4.6145

clock clk (rise edge)                          4.0000      4.0000
clock network delay (ideal)                    1.0000      5.0000
clock uncertainty                             -0.1000      4.9000
timer/time_lms_reg[0]/CK (QDFFRBX1)            0.0000      4.9000 r
library setup time                            -0.0820      4.8180
data required time                                         4.8180
-------------------------------------------------------------------
data required time                                         4.8180
data arrival time                                         -4.6145
-------------------------------------------------------------------
slack (MET)                                                0.2035
```

图 10.9　建立时间时序分析报告

图 10.10 显示了一个保持时间报告的示例。保持时间检查是指在最佳工作条件下，使用 fast.db 库进行时序检查。报告显示一个寄存器（time_1ms_reg[1]/CK）到寄存器（time_1ms_reg[2]/D）的时序路径。终点（time_1ms_reg[2]/D）的到达时间为 1.1319 ns。数据 time_1ms_reg[2]/D 的要求时间是 1.1016ns。由于数据到达的时间比要求的时间要晚，因此满足时序约束，且 slack = 1.1319-1.1016 = 0.0303 为正（或满足）。

下面的命令将生成一个只违反了建立时间违例的时序报告：

```
report_constraints-all_viol-max-verbose
```

如果想只报告保持时间违例的时序报告，需要将选项改为“-min”。

3. 面积报告

生成芯片面积的命令如下：

```
report_area-hier
```

面积报告如图 10.11 所示。

```
Startpoint: timer/time_1ms_reg[1]
            (rising edge-triggered flip-flop clocked by clk)
Endpoint: timer/time_1ms_rcg[2]
            (rising edge-triggered flip-flop clocked by clk)
Path Group: clk
Path Type: min
Des/Clust/Port Wire Load Model Library
------------------------------------
top              G5K            fast
Point                                          Incr        Path
---------------------------------------------------------------------
clock clk (rise edge)                          0.0000      0.0000
clock network delay (ideal)                    1.0000      1.0000
timer/time_1ms_reg[1]Q(QDFFRBX1)               0.0000      1.0000 r
timer/time_1ms_reg[1]Q(QDFFRBX1)               0.0975      1.0975 f
    …
timer/time_1ms_reg[2]/D(QDFFRBX1)              0.0344      1.1319 f
data arrival time                                          1.1319

clock clk (rise edge)                          0.0000      0.0000
clock network delay (ideal)                    1.0000      1.0000
clock uncertainty                              0.1000      1.1000
timer/time_1ms_reg[2]/CK (QDFFRBX1)            0.0000      1.1000 r
library hold time                              0.0016      1.1016
data required time                                         1.1016
---------------------------------------------------------------------
data required time                                         1.1016
data arrival time                                          -1.1319
---------------------------------------------------------------------
slack (MET)                                                0.0303
```

图 10.10 保持时间时序分析报告

```
Library(s)used:
    slow (File: /user/A/design/slow.db)

Number of ports:                 35
Number of nets:                  46
Number of cell:                  5
Number of references:            5

Combinational area:              1456.864521
Noncombinational area:           1674.896431
Net interconnect area:           89642.658422

Total cell area:                 3131.760952
Total area:                      92774.419374
```

图 10.11 面积报告

在图 10.11 所示的报告中，只需要考虑单元的总面积。网络互连预估的面积取决于线负载模型，综合阶段可以不用考虑这部分面积消耗。

芯片面积取决于半导体工艺，因此，比较采用不同工艺制造的两种设计的芯片面积通常是不公平的。相反，等效门数的方法与半导体工艺无关，并且通常会对电路的面积大小产生良好的影响。等效门数是指芯片大致由多少个 2 输入 NAND（NAND2X1）门的个数决定，计算公式如下：

门数 = 芯片面积 /NAND2X1 门面积 （10.1）

NAND2X1 单元的面积可以在标准单元库的文档中查找得到。

4. 功耗报告

功耗报告的命令如下：

```
report_power-hier
```

功耗报告的示例如图 10.12 所示。这份报告是用每个连线的等效负载来计算的（这主要取决于电路的面积）。此外，综合工具并不知道设计相关的翻转率信息。在后续的设计中，更精确的动态功耗分析必须依赖于通过模拟仿真得出的翻转率。

```
Cell internal power = 343.9944 uW        (45%)
Net switching power = 420.4376 uW        (55%)
                          --------
Total dynamic power = 764.4321 uw        (100%)
Cell leakage power = 6.3256 uW
```

图 10.12 功耗报告

10.2.5 保存设计

在退出 DC 之前可以将设计保存到文件中。使用“write”命令写出综合后的门级网表（Verilog 格式），可以用于门级仿真。把网表输出到文件“design.vg”的命令如下所示：

```
write-format verilog-hierarchy-output design.vg
```

该文件扩展名指定为“.vg”，以强调它是 Verilog 门级网表而不是 Verilog RTL 模型。

可以利用前仿真验证综合的约束写出设计的 SDF（design.sdf）：

```
write_sdf-version 2.1-context verilog design.sdf
```

在预布局阶段，默认情况下，互连延迟（interconnect）不会在 SDF 文件中单独写出来。相反，它们作为每个标准单元的器件延迟的一部分，因为现阶段互连延迟是根据线负载模型计算的。

相比之下，布线后的互连延迟是根据实际布线抽取出来的。在后续设计中，互连延迟应单独写到布局后的 SDF 文件中。

STA 工具可能会考虑到具有负值的路径延迟，而时序仿真工具可能不得不将这种负延迟解释为零。因此，虽然使用同一 SDF 文件中的时序数据，但 STA 和仿真工具之间可能存在差异，从而导致分析结果的偏差。在写 SDF 或反标 SDF 文件时，必须注意警告信息，所有的负延迟会被视为零。当存在负延迟时，则可能发生时序违例，但 STA 正常。写入 SDF 文件时，将互连延迟包含到单元延迟中可以解决这样的问题。否则，你可能会需要选择一个可以反标负延迟的仿真工具，如 Synopsys VCS Verilog 仿真器。要反标负延迟并做检查，必须使用 -negdelay 和 +neg_tchk 选项，如下所示：

```
vcs-R test.v chip.vg-v library.v+typdelays(or+mindelays
  or+maxdelays)-negdelay+neg_tchk+v2k
```

选项 -R 表示 VCS 在链接后立即运行可执行文件，将可执行文件和 +v2k 选项一起使用可以使能 IEEE 1364-2001 标准 Verilog 的新功能。

设计约束也可以写成脚本文件，用在随后的布局布线工具或者 STA 检查中，命令如下：

```
write_sdc design.sdc
```

10.3 设置设计约束

设计约束是指 DC 用目标工艺库优化设计的约束文件。约束有两种：设计规则约束（DRC）和优化约束。

设计规则约束显示了特定工艺和条件的限制，例如最大转换时间、最大扇出数和最大电容。DRC 由芯片生产商定义和提供，并在库文件中指定，因此我们不需要在综合脚本中指定它们，除非我们想要指定更严格的设计规则，例如我们可以将最大扇出数限制为 4，以减少高扇出信号的负载。

优化约束指定设计的目标和需求，例如最大和最小延迟（受时钟约束）、最大面积和最大功耗等。DC 工具尝试在编译过程中满足所有的时序约束。

10.3.1 优化约束

1. 创建时钟

在同步设计中，我们需要在设计初期精确指定时钟方案的细节，以实现时序收敛，包括周期、波形、余量（或偏差 + 抖动）、时钟网络延迟、输入和时钟转换时间等。时钟抖动指的是时钟源一个可能的周期与真实周期的最大偏差。所有寄存器到寄存器的时序路径都受时钟的限制。下面的命令定义了一个周期为 10ns 的时钟 clk：

```
create_clock-period 10 [get_ports clk]
```

下面的命令定义了一个时钟 clk，周期为 10ns，占空比为 10ns 的 40%：

```
create_clock-period 10-waveform {0 4}[get_ports clk]
```

在综合阶段，时钟网络必须是理想的，没有要求插入缓冲器以减少高扇出时钟网络的负载。高扇出网络，如时钟和复位信号，一般在布局布线阶段通过插入缓冲器来解决。理想的网络是通过命令 set_ideal_network 指示给综合工具的，具体命令用法如下所示：

```
set_ideal_networdk [get_ports clk]
```

另外，必须告知综合工具缓冲器不能插入时钟网络，命令如下：

```
set_dont_touch_network [get_ports clk]
```

最好将时钟网络的驱动设置为无穷大，以获得理想的时钟网络延迟，命令如下：

```
set_drive 0 [get_ports clk]
```

2. 时钟延迟

时钟延迟是从实际时钟源点到触发器时钟引脚的传输时间。时钟延迟包括源延迟和网络延迟。源延迟是从实际时钟源到时钟定义端口的延迟，例如锁相环或其他门控时钟逻辑引入的延迟，网络延迟指时钟树网络延迟，如图 10.13 所示。

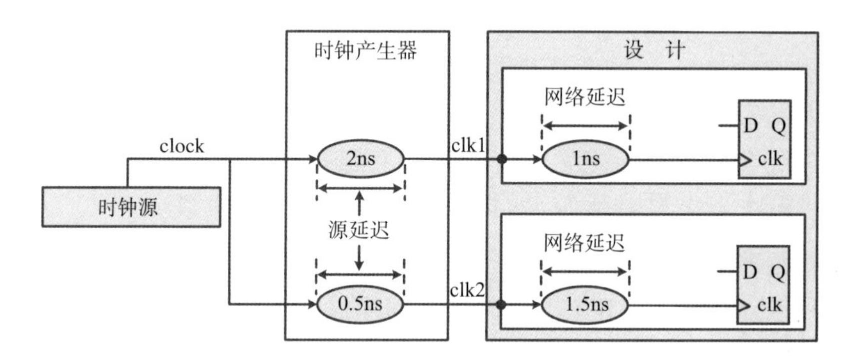

图 10.13 时钟延迟

图 10.13 中的时钟延迟可以描述如下：

```
create_clock-name ori_clk-period 10
create_generated_clock-source ori_clk-divide_by1
  [get_ports clk1]
create_generated_clock-source ori_clk-divide_by1
  [get_ports clk2]
set_clock_latency-source 2 [get_ports clk1]
set_clock_latency-source 0.5 [get_ports clk2]
set_clock_latency 1 [get_ports clk1]
set_clock_latency 1.5 [get_ports clk2]
```

值得注意的是，时钟 ori_clk 是一个虚拟时钟，它没有与任何管脚 / 端口相关联。create_generated_clock 指定使用虚拟时钟 ori_clk 生成 clk1 和 clk2，且 clk1 和 clk2 与 ori_clk 具有相同的频率。在本例中，clk1 和 clk2 的源延迟分别为 2 和 0.5ns，它们的时钟树网络延迟分别为 1 和 1.5ns。

3. 时钟转换时间

时钟转换是指时钟信号的上升和下降时间。了解实际的时钟转换时间可以实现更准确的延迟估计。我们假设时钟转换时间如图 10.14 所示。

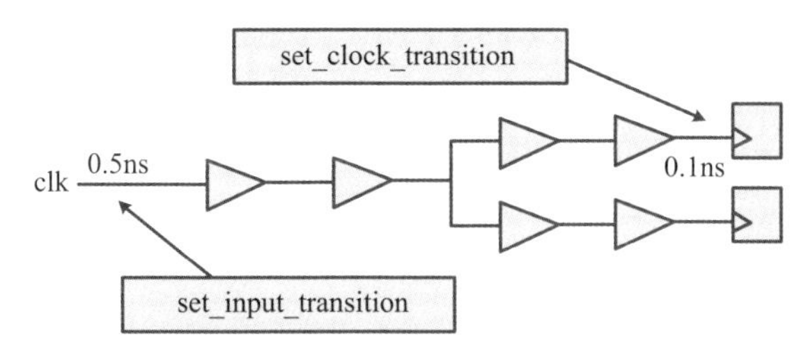

图 10.14 时钟转换时间

时钟转换时间可以用以下命令定义：

```
set_input_transition 0.5 [get_ports clk]
set_clock_transition 0.1 [get_ports clk]
```

4. 时钟余量

时钟余量（或时钟偏差 + 时钟抖动）是指时钟信号到达同一时钟域内或不同时钟域之间的时序单元的最大偏差。在综合过程中，利用时钟余量来预估可能发生的相邻触发器的时钟到达时间之间的差异。在 RTL 仿真中，通常假定时钟同时到达所有触发器。也就是说，时钟余量为 0。然而，在时钟树综合（CTS）之后，对于高扇出的时钟网络，由于时钟网络延迟的影响，会产生一定的时钟偏差。例如，在图 10.15 中，每个触发器的时钟延迟不同：$P_1 = 0.3$ns，$P_2 = 0.6$ns，$P_3 = 0.4$ns，$P_4 = 0.5$ns，因此时钟偏差为 0.6ns−0.3ns = 0.3ns。时钟抖动是一组时钟信号边缘相对于其理想值的时序变化，即时钟周期。时钟源频率为 25MHz（周期为 40ns），它的抖动为 200ppm，这将增加时钟的余量为 $40\text{ns} \times 200 \times 10^{-6} = 8\text{ps}$。

考虑到 CTS 后的时钟余量，时钟余量由时钟偏差和时钟抖动引起，可以按如下方式添加到时钟网络中：

```
set_clock_uncertainty 0.308 [get_ports clk]
```

另外，考虑到时钟余量、时钟到 Q 的延迟和触发器的建立时间约束，时钟周期应修改如下：

$$时钟到Q的延迟 + 关键路径延迟 + 建立时间 + 时钟余量 < 时钟周期$$

同样地，考虑到时钟余量和时钟到 Q 的延迟，触发器的保持时间约束必须修改如下：

时钟到 Q 的延迟 + 关键路径延迟 > 保持时间 + 时钟余量

CTS 在物理实现中的作用如图 10.16 所示。CTS 的布线优先级高于正常信号的布线。放置标准单元后，CTS 通过平衡时钟网络延迟的方法来获得一个最小时钟偏差的时钟树。在布局时，物理子块的分区可以使用区域 / 组约束来指定那些关键时序路径。

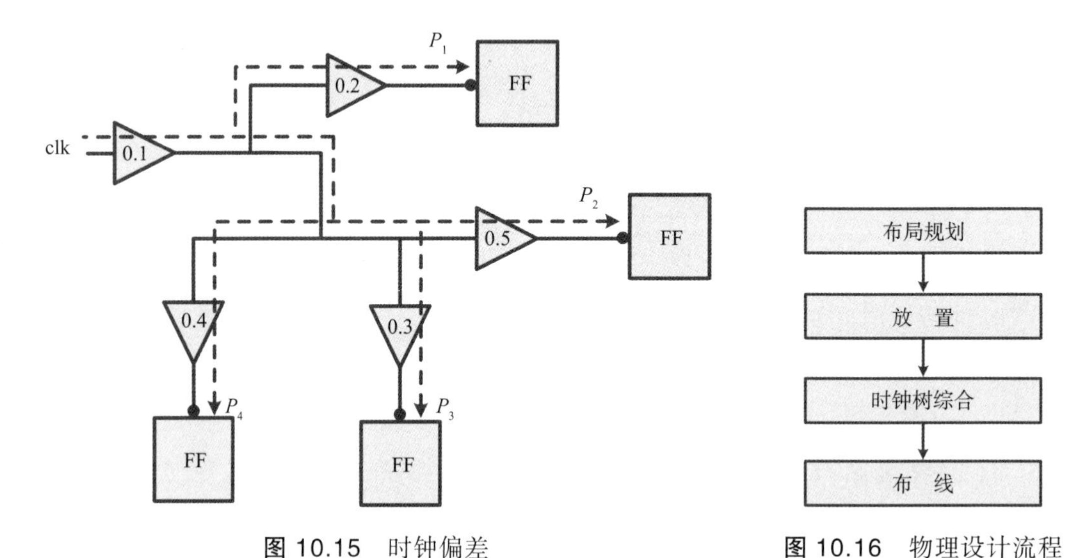

图 10.15 时钟偏差

图 10.16 物理设计流程

5. 时钟树建模的影响

对于图 10.17 中的电路，假设时钟端口 clk 的源延迟为 2ns，网络延迟为 3ns，时钟余量为 1ns，要求所有触发器的建立时间为 0.5ns。

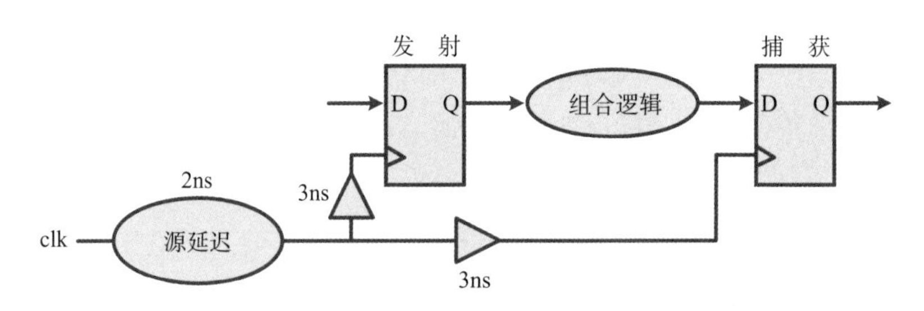

图 10.17 时钟延迟的说明

时钟可以描述如下：

```
create_clock-period 10-waveform {0 5}[get_ports clk]
set_clock_latency-source 2 [get_ports clk]
set_clock_latency 3 [get_ports clk]
set_clock_uncertainty 1 [get_ports clk]
```

时钟波形如图 10.18 所示，这是最坏工作环境，捕获时钟的时间提前了一个时钟余量，即 1ns。如果建立时间要求为 0.5 ns，则捕获触发器的 D 输入必须在 13.5s 前到达。

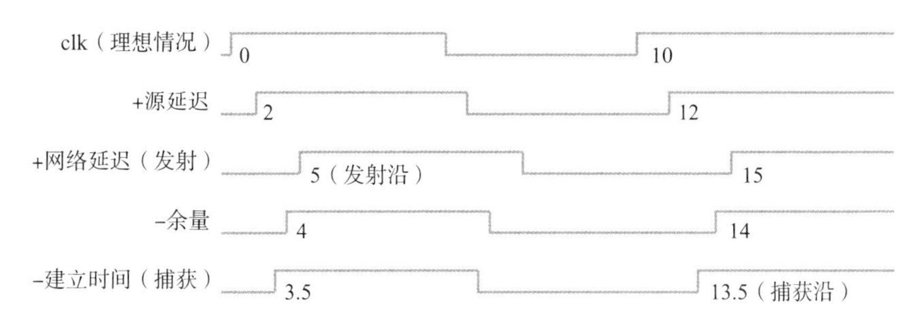

图 10.18 用于建立时间检查的时钟波形

在最坏工作环境下，捕获时钟保持时间的最坏情况是它滞后一个时钟余量，即 1ns。如果保持时间要求为 0.3 ns，则捕获触发器的 D 输入必须在 6.3ns 后到达，如图 10.19 所示。

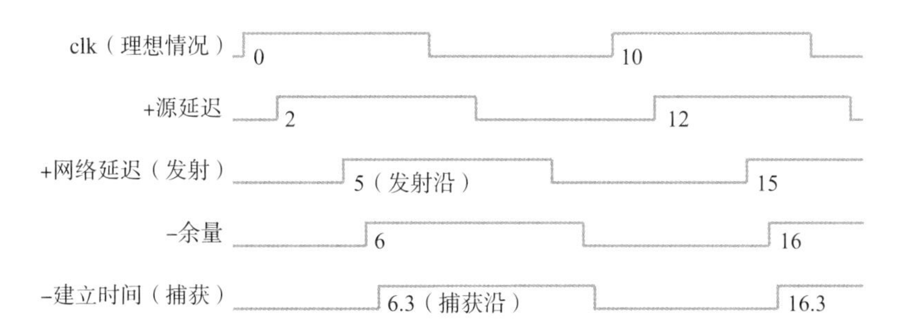

图 10.19 用于保持时间检查的时钟波形

6. 更多关于时钟树建模的影响

时钟偏差可能会影响到建立时间和保持时间的时序约束。然而，在 CTS 之后，它仍然可以被用来解决一些关键时序路径的问题。如图 10.20（a）所示，发射触发器的时钟延迟比捕获触发器的时钟延迟早 0.3ns，当时钟的周期在 10ns 时，该路径的要求时间是 10.3ns，因此建立时间检查不像没有任何时钟偏差的情况那么严格。相比之下，图 10.20（b）中的发射触发器的时钟延迟比捕获触发器的时钟延迟晚 0.3ns，该路径的要求时间是 9.7ns，建立时间检查比没有任何时钟偏差的情况更严格。

综上所述，如果到达捕获触发器的时钟早于到达启动触发器的时钟，则为正时钟偏差（启动触发器的时钟延迟 – 捕获触发器的时钟延迟＞0），会影响时钟周期约束。虽然不理想，但负时钟偏差（启动触发器的时钟延迟 – 捕获触发器的时钟延迟＜0）可以看作是有帮助的，因为它可以缓解时钟周期的约束

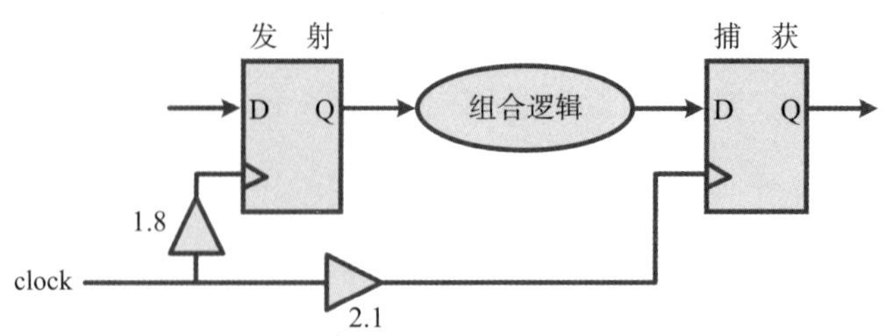

(a)发射触发器的时钟延迟比捕获触发器的时钟延迟早0.3ns

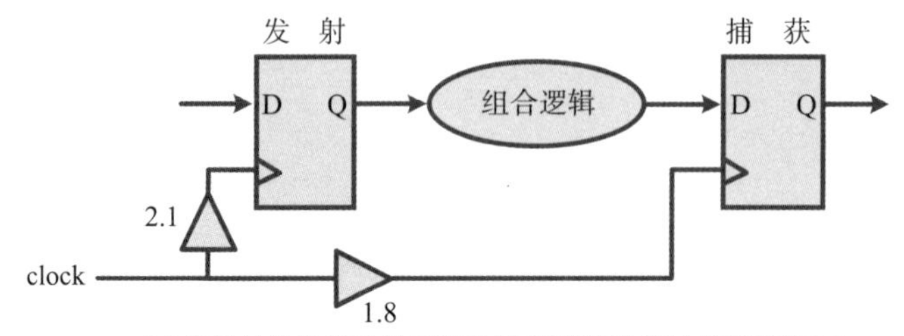

(b)发射触发器的时钟延迟比捕获触发器的时钟延迟晚0.3ns

图 10.20　时钟余量的影响

限制。保持时间违例不需要使用时钟偏差来解决，可以简单地通过插入缓冲器来解决。

然而，使用时钟偏差来解决建立时间违例问题需要特别小心，它可能会影响从捕获触发器开始的时序路径。此外，时钟偏差应该在所有的工作模式中通盘考虑，比如扫描模式。

7. 生成时钟

生成时钟 int_clk 通常由主时钟生成，如图 10.21 所示。

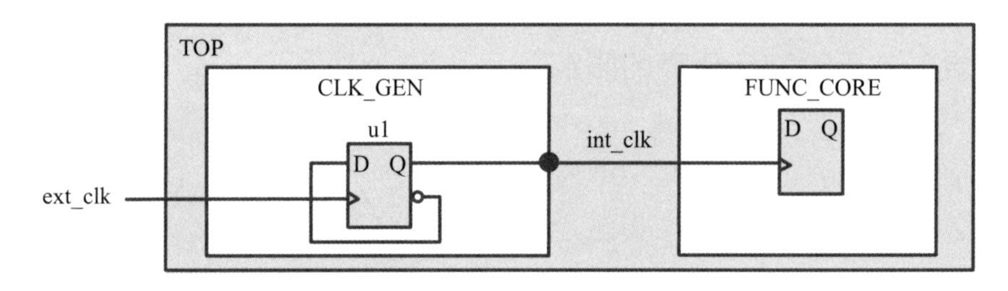

图 10.21　int_clk（生成时钟）

生成时钟 int_clk 是由 100MHz 的主时钟 ext_clk 分频生成的，可以按如下方式指定：

```
create_clock-period 10 [get_ports ext_clk]
create_generated_clock-source ext_clk-divide_by 2
  [get_pins CLK_GEN/u1/Q]
set_ideal_network [get_ports ext_clk]
set_ideal_network [get_pins CLK_GEN/u1/Q]
```

```
set_dont_touch_network [get_ports ext_clk]
set_dont_touch_network [get_pins CLK_GEN/u1 /Q]
set_drive 0 [get_ports ext_clk]
set_drive 0 [get_pins CLK_GEN/u1/Q]
```

一个电路通常可以有多个时钟源，如图 10.22 所示。

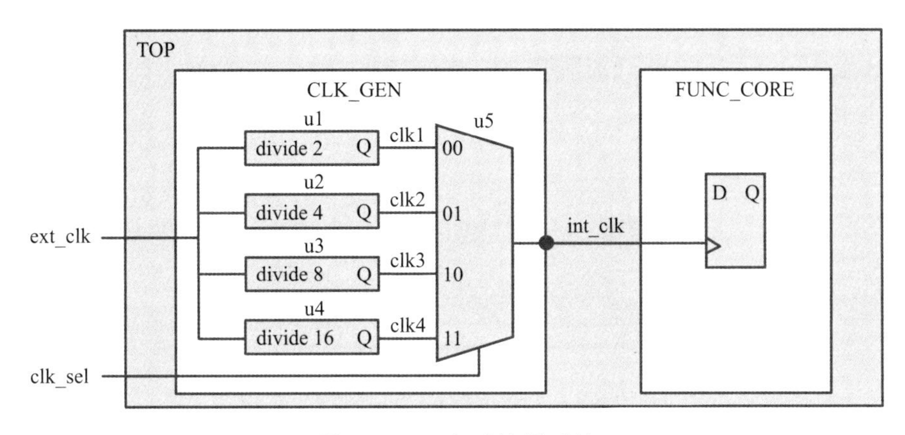

图 10.22 多时钟源系统

这些时钟可以按如下方式指定：

```
create_clock-period 10 [get_ports ext_clk]
create_generated_clock-source ext_clk-divide_by 2 [get_pins
  CLK_GEN/u1/Q]
create_generated_clock-source ext_clk-divide_by 4 [get_pins
  CLK_GEN/u2/Q]
create_generated_clock-source ext_clk-divide_by 8 [get_pins
  CLK_GEN/u3/Q]
create_generated_clock-source ext_clk-divide_by 16 [get_
  pins CLK_GEN/u4/Q]
```

为了分析这种情况下的时序，通常选择最严格的时钟进行综合：

```
set_case_analysis 0 [get_ports clk_sel]
```

有时，我们更喜欢手动实例化时钟生成器的多路选择器。在这种情况下，你可以告诉 DC 工具不要更改实例化的单元，如下所示：

```
set_dont_touch [get_cells CLK_GEN/u5]
```

如果不使用库中的某些标准单元，例如 JK 触发器，可以通过使用以下命令从综合中排除：

```
set_dont_use [get_cells slow/JKFF*]
set_dont_use [get_cells fast/JKFF*]
```

正负沿时钟之间的路径无须特别标注，如图 10.23 所示。DC 能够正确地进行 STA 检查。派生的负沿时钟也可以由 DC 自动识别。你只需要采用如下命令描述时钟端口即可：

```
create_clock-period 10 [get_ports clk]
```

即便如此，仍然不鼓励同时使用正沿和负沿时钟，这意味着实际时钟周期数的减少。此外，负沿触发的触发器在芯片测试时也比较麻烦。

DC 工具也可以自动识别派生的门控时钟（稍后介绍），此时你只需要描述原始时钟即可。

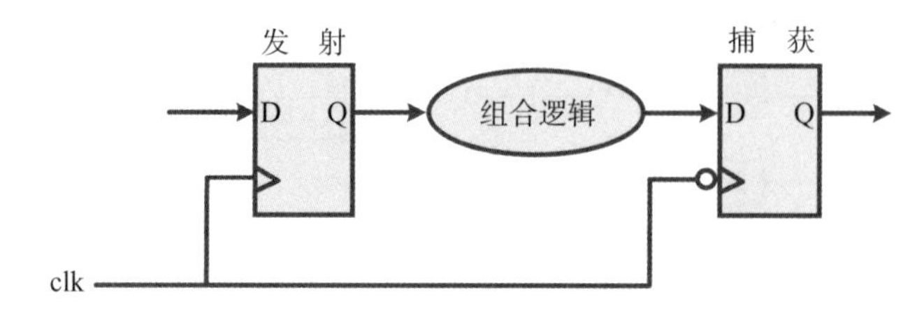

图 10.23 正负沿时钟之间的时序路径

8. 多时钟设计

下面描述了一个带有 3 个时钟的设计，如图 10.24 所示。

```
create_clock-period 10 [get_ports clk1]
create_clock-period 20 [get_ports clk2]
create_clock-period 25 [get_ports clk3]
```

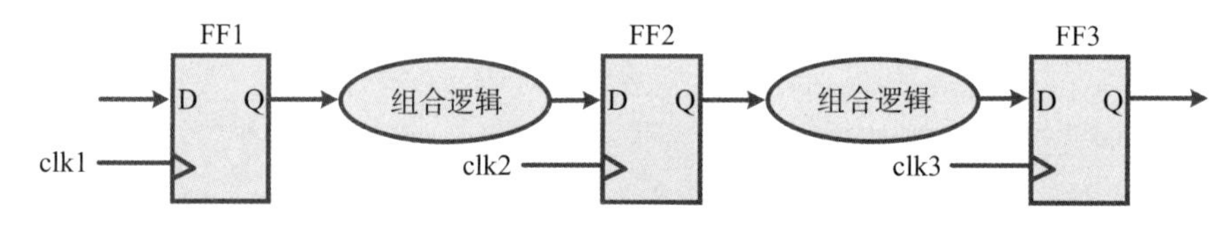

图 10.24 有 3 个时钟的设计

在图 10.24 中，时钟是同步的，但频率不同。检查时序时，应选择最严格的时钟边沿进行检查，以保证在任何情况下都满足时序约束。例如，如图 10.25 所示，从 FF1 到 FF2，最严格的时序检查是从 clk1 的第二个时钟沿到 clk2 的第二个时钟沿，即 10ns，而不是从 clk1 的第一个时钟沿到 clk2 的第二个时钟沿，即 20ns。同样，从 FF2 到 FF3 的最严格时序检查是 5ns。

当时钟是异步时，必须使用第 8 章介绍的 FIFO 同步器。然而，最严格的时钟边沿可能非常接近，使得很难满足时序要求。幸运的是，这些跨越不同时钟域的路径都是假路径，稍后将介绍。

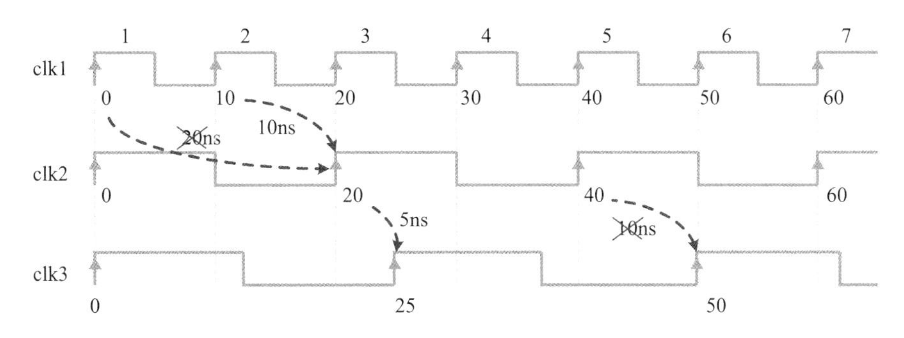

图 10.25 时钟边沿用于检查启动触发器和捕获触发器的时间

9. CTS 之后的传播时钟

在 CTS 之后，可以识别出时钟缓冲器的真实延迟和真实时钟偏差，不再需要对这部分进行估计，这样可以更准确地描述物理实现的属性。例如，假设下面列出的时钟和输入 / 输出延迟是在 CTS 之前指定的，时钟余量为 0.3 ns，它由 0.1 ns 的时钟抖动和 0.2 ns 的估计时钟偏差组成。

```
create_clock-name ori_clk-period 10
create_generated_clock-source ori_clk-divide_by 1
  [get_ports clk]
set_clock_latency 1 [get_clock sclk]
set_clock_uncertainty 0.3 [get_clock sclk]
set_input_delay-clock ori_clk-max 5-min 4 [get_ports in]
set_output_delay-clock ori_clk-max 7.5-min 6
  [get_ports out]
```

在 CTS 之后，假设发现真正的时钟树延迟在 1.5 ns 左右，现在可以通过删除估计的时钟延迟、偏差以及输入和输出延迟来修改时序约束。set_propagated_clock 使用触发器的真实时钟偏差，因此只需要对时钟不确定性中的时钟抖动进行建模。可以创建一个新的虚拟时钟 ori_clk1，以供输入和输出信号引用。可以给 ori_clk1 增加一个 1.5 ns 的时钟延迟，使输入输出信号的时钟（ori_clk1）与设计的时钟（clk）同步。因此，除了 CTS 之前使用的那些约束之外，还可以按照如下方式指定其他约束：

```
create_clock-name ori_clk1-period 10
remove_clock_latency [get_clock sclk]
remove_clock_uncertainty [get_clock sclk]
remove_input_delay [get_ports in]
remove_output_delay [get_ports out]
set_clock_latency 1.5 ori_clk1
set_clock_uncertainty 0.1 [get_clock sclk]
set_propagated_clock [get_clock sclk]
```

```
set_input_delay-clock ori_clk1-max 5-min 4 [get_ports in]
set_output_delay-clock ori_clk1-max 7.5-min 6
  [get_ports out]
```

10. 组合电路的最大延迟

纯组合电路没有时钟，因此其中的路径不受时钟规范的约束。为了约束纯组合逻辑电路，第一种方法是指定组合电路中每个路径的最大延迟：

```
set_max_delay 3-from [all_inputs] -to [all_outputs]
```

当然，你也可以使用虚拟时钟以及输入和输出延迟来约束纯组合逻辑电路：

```
create_clock-name clk-period 5
set_input_delay-clock clk-max 1 [all_inputs]
set_output_delay-clock clk-max 1 [all_outputs]
```

11. 时序特例

在某些设计中，允许两个寄存器之间的组合逻辑延迟超过一个时钟周期，如图 10.26 所示。

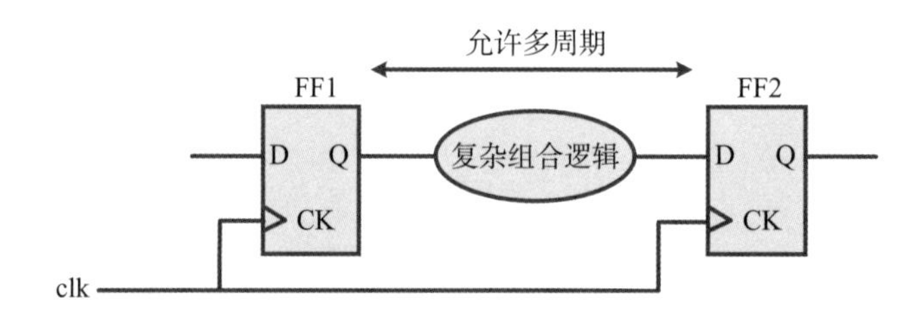

图 10.26 多周期路径

如果图 10.26 中复杂组合逻辑的路径延迟大于一个时钟周期，将违反时钟周期约束。然而，如果这个地方允许多时钟周期路径，则这个时序违例是可以忽略的。假设允许组合逻辑延迟 2 个时钟周期，在这种情况下，多周期路径可以设置如下：

```
set_multicycle_path 2-from [get_pints FF1/CK] -to
  [get_pins FF2/D]
```

假路径也是一种时序特例，指该路径的时序约束异常而被忽略。例如，在图 10.27 中，从 A 到 C 到 OUT 的时序路径为假路径，我们可以按如下方式设置假路径：

```
set_false_path-from [A] -through {C}-to [OUT]
```

跨时钟域的路径通常都是假路径，如图 10.28 所示。第 8 章介绍的 FIFO 同步器可以保证信号跨越不同时钟域功能的正确。

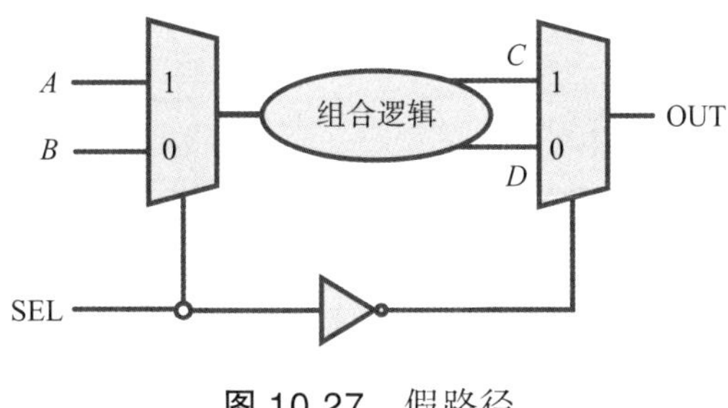

图 10.27 假路径

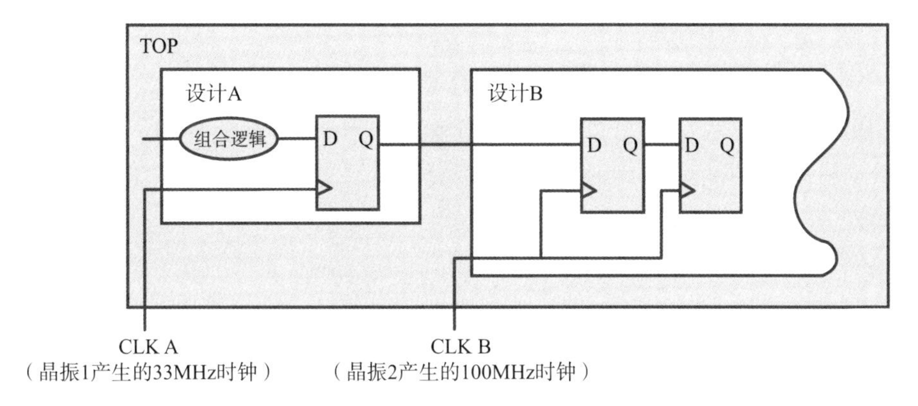

图 10.28 跨不同时钟域的假路径

我们可以设置从时钟域 CLKA 到时钟域 CLKB 的所有信号为假路径，命令如下：

```
set_false_path-from [get_clocks CLKA] -to [get_clocks CLKB]
```

如果也有从时钟域 CLKB 到时钟域 CLKA 的信号，我们可以设置时钟域 CLKB 到时钟域 CLKA 的所有信号为假路径，命令如下：

```
set_false_path-from [get_clocks CLKB] -to [get_clocks CLKA]
```

在异步接口中，发射触发器和捕获触发器的时钟边沿可以变得如此之小，以至于最终会发生违反时序的情况。然而，同步器解决了信号跨时钟域的不稳定问题，它们的时序违例是假警报，这些错误警报受到综合工具的错误路径的约束。

为了消除门级仿真（反标之后）过程中的误报，同步器中的第一个触发器（面向异步时钟）应该替换为具有相同原始功能但没有时序检查的标准单元。没有时序检查的触发器模型将需要手动精心制作。类似地，在门级网表中引用它们的单元也必须是手动更换。

10.3.2 设计规则约束

图 10.29 所示是芯片制造商强制的设计规则，根据电容、转换时间和扇出限制一个单元可以连接多少个其他单元。

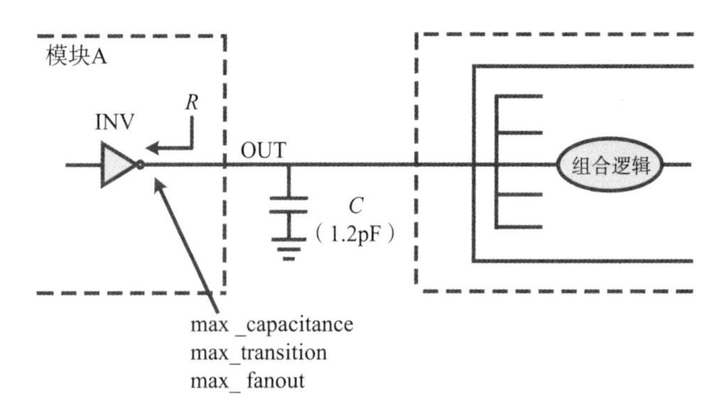

图 10.29 设计规则约束

可以应用更保守的设计规则来适应给定模块将面对的环境，这样做的好处是防止一个设计中的单元在接近其极限时，性能会迅速下降。下面给出了一个示例：

```
set_max_capacitance 1.2 [get_ports A/OUT]
set_max_transition 0.2 [get_ports A/OUT]
set_max_fanout 6 [get_ports A/OUT]
```

10.4 设计编译

在综合优化过程中，存在一个约束优先级，按降序排列为如下：

（1）设计规则约束。

（2）时序约束。

（3）功耗约束。

（4）面积约束。

DC尝试满足所有约束条件，但默认情况下设计规则约束具有最高优先级，因为它们是功能设计的基本需求。

下面分别列出了时序、面积和功耗的优化。

10.4.1 时序优化

时序优化的目的是确保设计达到必要的性能约束或设计规范。换句话说，目标是最大化每个时钟周期的操作次数，或者相反，最小化每个操作的时钟周期。在设计流程的架构阶段所做的更改将对性能产生重大的影响，例如并行性的应用，它仅受数据依赖性的限制。由于并行性需要额外的资源，占用更大的面积并消耗更多的功耗，因此增加并行性与减少面积和功耗是冲突的。相比之下，流水线技术通常可以在面积和功耗适度增加的前提下获得较好的性能。当然，实际中，必须在并行性和流水线技术之间进行权衡。

我们需要评估可实现的时钟频率，因为它是候选体系结构性能分析的一部分。另一种方式是，根据系统要求，预先指定时钟频率。无论我们采用何种方式，时钟周期都将作为设计流程后续阶段的设计约束。

当我们按照设计流程推进时，设计的重点将逐渐从性能设计转向时序设计。在同步设计中，时钟周期限制了寄存器和寄存器之间的组合电路的传播延迟。这包括从输入端口通过组合逻辑到寄存器输入的路径、从寄存器输出到寄存器输入的路径、从寄存器输出通过组合逻辑到输出端口的路径、从输入端口直接通过组合逻辑到输出端口的路径，如图 10.30 所示。

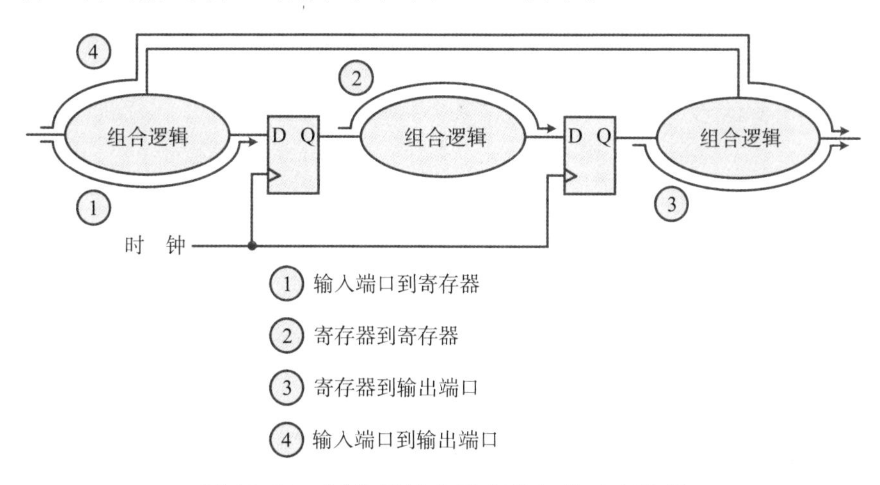

图 10.30 同步设计中约束的各种时序路径

特别是在不同的模块由不同的设计师设计的情况下，重要的是要保证在一个模块内从寄存器输出的组合路径到另一个模块的寄存器的输入过程中，满足时钟周期的约束。其中一种方法是通过指定从一个模块中的寄存器输出到其输出端口的最大输出延迟，以及从输入端口到另一个模块中的寄存器的最大输入延迟，为每个模块分配时序预算。由于有时很难准确估计组合电路的传播延迟，通常的做法是要求每个模块都是寄存器输出。在大型高速设计中，跨不同块的布线延迟可能很大，因此对每个模块做到寄存输入也是需要的。

通常使用静态时序分析（STA）的方法对设计进行优化和分析。在图 10.30 中，STA 有 4 种时序路径。静态时序分析预估每个标准单元的时序信息，以及简单的线负载模型。下例是使用选项 medium 的典型编译命令：

```
compile-map_effort medium
```

在综合阶段，由于设计尚未放置标准单元和布线，因此只能预估单元和导线的延迟。然而，使用预估足以指导这个阶段的时序优化。为了应对估计延迟和实际延迟之间可能的不匹配，时钟周期约束可以保守配置为目标时钟周期的90%。静态时序分析确定是否满足时钟周期约束，当然你也可以自己辨识设计中的关键路径。如果有必要，你还可以修改设计以减少它的关键路径延迟。

在物理设计阶段，我们可以配置设计的纵横比和（面积）利用率，并通过布局规划选择硬核和软核的位置。经过布局规划后，模块之间的互连线可以是全局布线。如果没有布线拥塞，可以执行详细的放置和布线。但是，这个过程的计算量非常大。当物理设计完成后，可以提取单元和导线的真实延迟值。在这个阶段，我们可以使用精确的延迟来进行静态定时分析，再次验证时序约束的正确性。

如果综合网表或物理设计不满足时序约束，我们仍然可以使用不同的综合、放置和布线命令对设计的时序进行微调。但是，如果设计仍然不能满足时序约束，那么除了重新回到设计的早期阶段，在更高的抽象级别上选择不同的体系结构之外，可能别无选择。

10.4.2 面积优化

芯片的成本与晶圆制造成本成正比，因此与芯片的面积成正比。芯片的良率与芯片面积成反比。更大的芯片会在晶圆边缘附近浪费更多的面积，并且散发更多的热量。此外，更大的芯片通常需要更多的引脚，这将导致封装成本上升。散发更多的热量，也需要更多的封装成本。如果芯片有缺陷，其制造、测试和封装的成本将完全被浪费掉。考虑到所有因素，最终的芯片成本大约与芯片面积的平方成正比。毫无疑问，如果可能的话，芯片面积越小越好。

与设计的时序很类似，在设计流程的早期做出的选择对芯片面积的影响也最大。如下所示，在综合阶段，我们可以通过命令指定对芯片面积的约束：

```
set_max_area 0
compile-map_effort medium
```

当设计的延迟优化后，面积较小的单元将取代非时序关键路径上的单元。

在物理设计阶段，可以通过预布局、放置和布线阶段的策略来优化芯片面积。芯片面积的微调是可能的。对于布线复杂度简单的设计，可以实现高（面积）利用率，而对于布线复杂度高的设计，则需要在高（面积）利用率和满足时序之间做出平衡。

10.4.3 功耗优化

随着数字系统越来越小、越来越复杂，功耗成为一个越来越重要的问题。电路所消耗的功率将转化为热量，需要通过芯片和封装散发掉。许多之前提到的最小化芯片面积的方法仍然对降低功耗有用。因为更大的芯片有更多的晶体管，它将消耗更多的功率。当然，还有其他方法可以降低功耗，例如确定系统每个模块的空闲时间，空闲模块的时钟可以关闭，空闲模块的电压水平可以降低甚至关闭。或者，当性能要求不高时，可以通过控制时钟频率来实现对功耗的管理。

虽然关闭系统中的一些模块可以节省大量的功耗，但这是一个复杂的过程。特别是，如果一个激活模块与已关闭电源的模块相连，则必须禁用相关接口信号，以避免在激活模块中产生虚假激活。此外，当电源供应到被关闭的模块时，需要相当多的时钟周期才能使其恢复正常工作。

1. 功耗模型

在数字系统中，动态功耗的主要来源是打开和关闭晶体管所消耗的功率。扇出负载越大，负载在逻辑 0 和 1 之间转换所需的功耗就越高。在时钟同步数字系统中，一个全局时钟信号需要驱动多个触发器。在触发器内部，即使触发器的输出没有改变，也会有几个晶体管在时钟边沿切换它们的状态。因此，触发器的这些内部转换不可避免地会产生功耗。

如图 10.31 所示，主要有两种类型的功耗：动态功耗和静态功耗。CMOS 缓冲器功耗模型的动态功耗主要包括用于对输出负载 CL（通过 I_L 产生）和内部负载 C_{IL}（通过 I_{IL} 产生）充电的动态开关功耗以及短路功耗（由于 I_{short} 产生）。给负载 C 充电时产生的动态开关功耗可表示如下：

$$P_D = \frac{1}{2}\alpha fCV_{DD}^2 \tag{10.2}$$

式中，α 为翻转率；f 为时钟频率；C 为容性负载；V_{DD} 为电源电压。要想减少

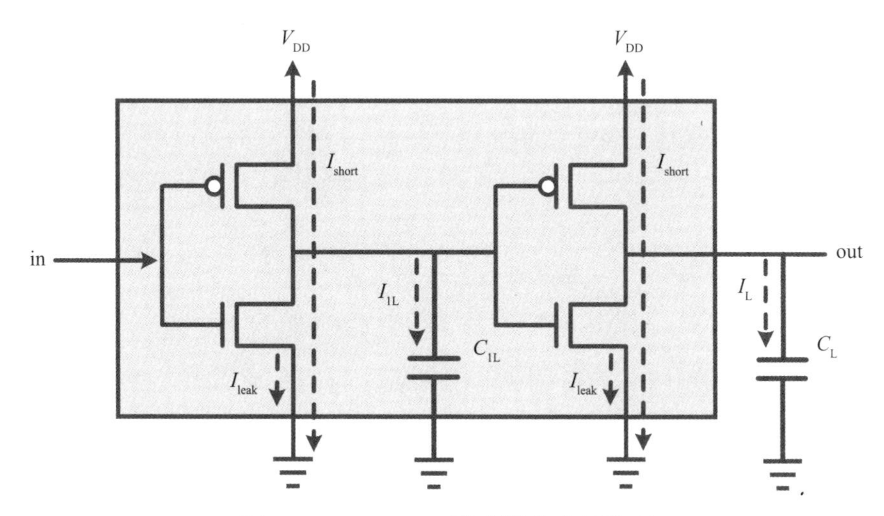

图 10.31 CMOS 缓冲器的功耗模型

给负载充电的动态功耗，可以减少翻转率、时钟频率、容性负载或电源电压。通过调整时钟频率和电源电压来适应各种工作要求的技术称为动态电压频率调整（DVFS）。

当对输出或内部负载充电时，NMOS 和 PMOS 都可能在短时间内同时打开从而产生短路电流。在短路期间，其功耗可表示为

$$P_S = \alpha f I_{short} V_{DD} \tag{10.3}$$

静态功耗指在没有信号转换的情况下的泄漏功耗（I_{leak}）。泄漏功耗是一个复杂概念（这里忽略），它与电源电压 V_{DD}、晶体管的阈值电压 V_t、栅极的 W/L 等有关。

动态功耗优化是通过 RTL 代码的门控时钟、综合工具进行的门级优化以及多电源（MVMS）库来实现的。静态功率优化则是通过使用多 V_t 库（其中包括具有不同阈值电压的单元）来减少功耗泄漏的。通过使用多 V_t 库，关键路径上的低 V_t 单元可以改善它们的时序，而在非关键路径上的高 V_t 单元则可以节省功耗。因此，低泄漏功耗和高性能的设计可以通过使用多 V_t 库一起实现。

从统计的角度来看，门控时钟可以节省 20% ~ 40% 的动态功耗，但这取决于你的设计；而使用综合工具的门级优化可以节省 2% ~ 6% 的动态功耗，但使用综合工具可节省 20% ~ 80% 的静态功耗。

2. 门控时钟

另一种降低 CMOS 逻辑功耗的常见方法是门控时钟，这涉及关闭部分寄存器的时钟，其存储值不需要更新。我们可以使用时钟使能信号来控制单个寄存器的活动。使用门控时钟时，当时钟关闭时，寄存器接收不到时钟的转换。如图 10.32 所示，时钟被门控关闭了两个周期。在此期间，因为不需要转换信号（包括寄存器中的信号），甚至不需要转换时钟信号，寄存器不消耗动态功耗。

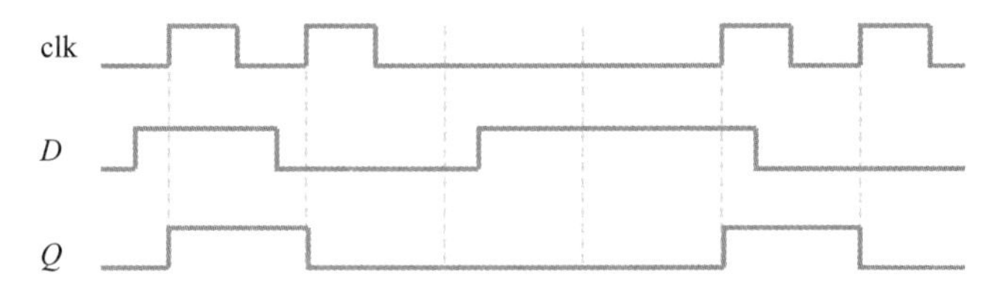

图 10.32 具有门控时钟的波形图

对时钟进行门控并不是在时钟信号中插入与门那么简单，因为插入的与门的延迟会使时钟的相位发生偏移，从而导致更高的时钟偏差，使其难以满足时序约束。此外，如果一个门控信号通过组合逻辑产生，这种方法可能导致门控时钟信号出现毛刺，如图 10.33 所示。这个毛刺可能导致不期望的寄存器触发。

解决的方法是在电路的 RTL 描述中不使用门控时钟。相反，我们应该将门控时钟作为功耗优化的一部分，在综合过程中通过门控时钟插入工具来实现。因此，有几种综合工具是可以实现这种功耗优化的。

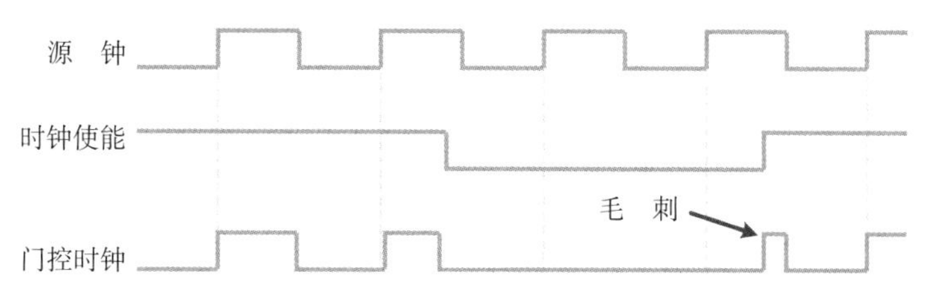

图 10.33 产生毛刺的门控时钟应避免

如果你的 RTL 代码符合一定的编码风格要求，那么 Synopsys 公司的 Power Compiler 可以自动执行门控时钟。例如，可以使用如下所示的 if 语句、条件操作符或 case 语句来推断无毛刺的门控时钟，要求进行门控的时钟和产生使能信号的时钟是相同的时钟。

```
// 三种推断出门控时钟的方法
always @ (posedge clk)
  if (enable) q1 <= a^b;
always @ (posedge clk)
  q2 <= enable ? a^b:q2;
always @ (posedge clk)
  case(enable)
  1'b0:q3 <= q3; // 冗余
  1'b1:q3 <= a^b;
  endcase
```

带门控时钟和不带门控时钟的电路如图 10.34 所示。

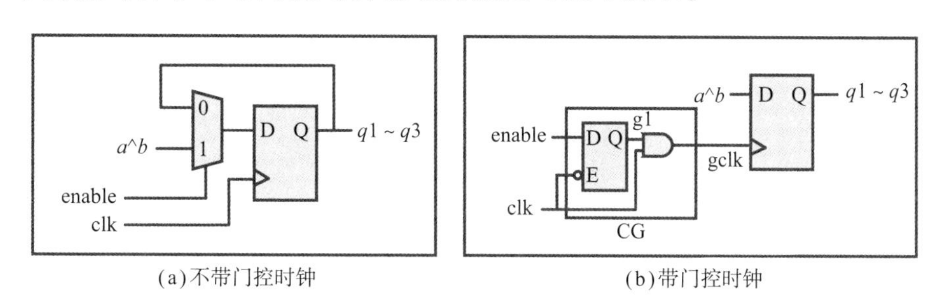

(a)不带门控时钟 (b)带门控时钟

图 10.34 原理图

除了与门之外，门控时钟也可以使用锁存器。在图 10.35 中，门控时钟在门控时钟 gclk 上不会产生毛刺。

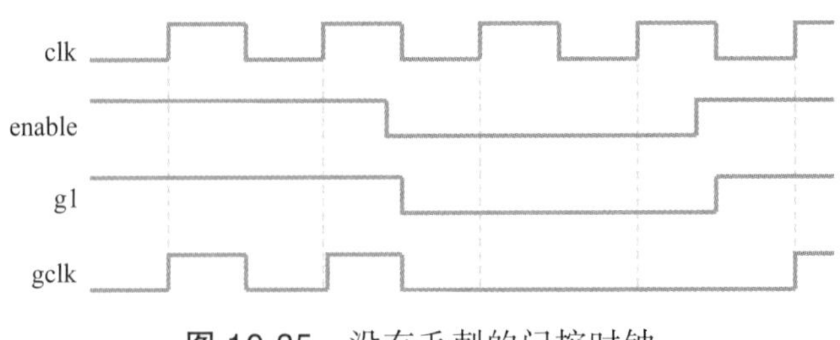

图 10.35 没有毛刺的门控时钟

自动插入门控时钟的脚本如下所示：

```
insert_clock_gating
compile
```

该脚本还可以编写如下：

```
compile-gated_clock
```

门控时钟可以手动插入 RTL 代码中，尽管不鼓励这样做。但是，如果确定这是较好的解决方案，那么，应该在编译之前使用以下命令来综合门控时钟：

```
replace_clock_gates-global
```

3. 动态功耗优化

设计中的高翻转率会导致总体动态功耗增加，因此有必要实现可以减少产生过度翻转的设计功能。为了精确地优化翻转率，我们需要为电路翻转率确定一个最真实的功耗模型。例如，在图 10.36 中可以考虑使用 3 级或 4 级全加器来实现加法运算。在图 10.36（a）中，高翻转率输入信号通过三个全加器，而在图 10.36（b）中，高翻转率输入信号仅通过一个完整的加法器，这样就可以降低功耗。

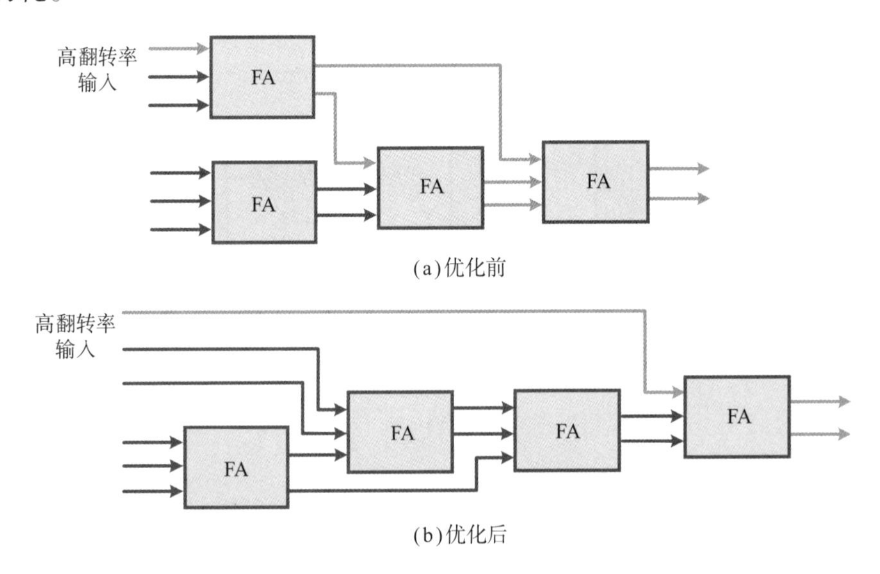

图 10.36 调整操作以适应高翻转率活动，其中 FA 表示全加器

我们还可以使用如下所示的综合工具命令来优化 RTL 功耗：

```
set_dynamic_optimization true
compile-map_effort medium-area_effort low-power_effort high
```

图 10.37 是另一个设计例子，需要根据每个时钟周期的 sel[1:0] 信号决定相应的一个算法操作。

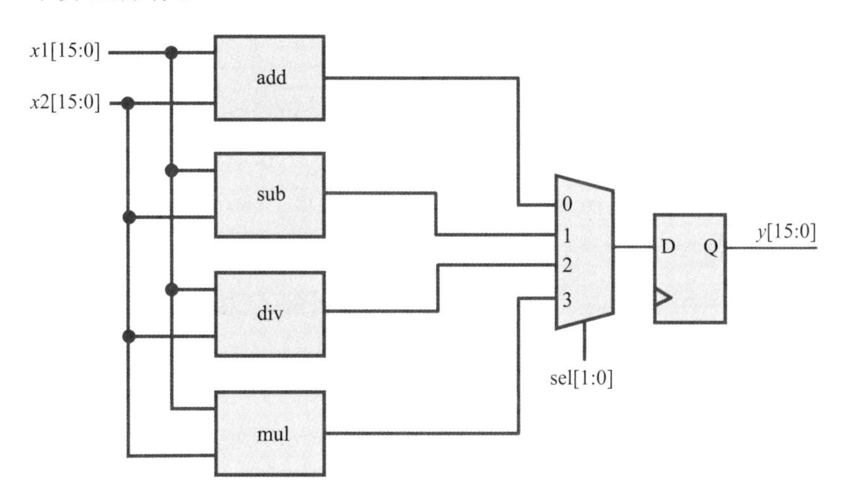

图 10.37 一种可以采用操作数隔离的电路

如图 10.38 所示，通过操作数隔离的方法可以组织数据输入 DW 算术组件，DC 可以自动插入激活逻辑，作为用于隔离加法器操作数的与门。但是，操作数隔离的操作可能会影响组合电路的逻辑深度，进而影响时序。

操作数隔离的脚本如下所示：

```
set do_operand_isolation true
read_file-f verilog design.v
source design_constraints.tcl
set_operand_isolation_style-logic adaptive
# 权重:0~1
set_operand_isolation_slack 0.5-weight 1
compile
```

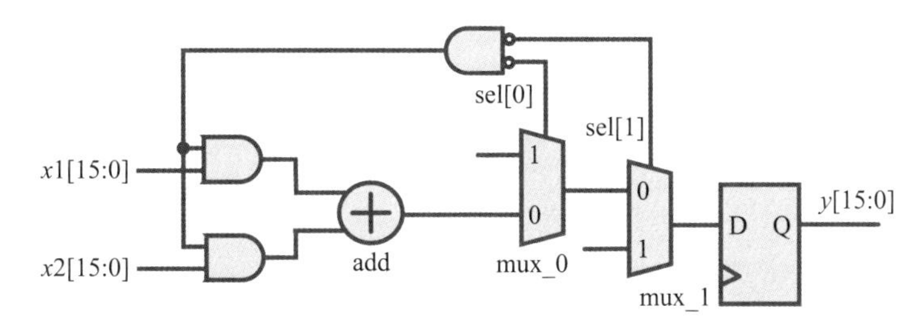

图 10.38 插入激活逻辑

命令 set_operand_isolation_slack 中的 weight = 1，如果时序裕量比之前差

0.5ns，则终止操作数隔离。如果 weight = 0，则工具可以决定是否将执行操作数隔离。

在门级，我们可以增量地优化功耗，命令如下所示：

```
set_dynamic_optimization true
compile-inc
```

4. 功耗分析

功耗分析工具可以根据信号转换率估算电路的功耗。一种获取信号变化比较好的方法是通过电路的网表仿真，监测其中信号数值的变化。要实现这一点，你需要在仿真期间将结果存储成 VCD 文件。然后，你可以使用 Synopsys 公司的 vcd2saif 应用程序将 VCD 文件转换为开关行为内部交换格式（SAIF）文件。

功耗分析工具可以通过工艺库提供的信息并结合互连信号的线负载模型计算出功耗，如下所示：

```
create_power_model
read_saif-input design.saif-instance your_design
report_rtl_power
```

文件 design.saif 是 saif 格式。

10.4.4 映射的效能

效能水平分为低、中、高三档，决定了在编译的映射阶段所耗费的 CPU 时间。

（1）Low：快速的综合，不执行所有算法。

（2）Medium：默认设置，适合大多数设计。

（3）High：可以执行关键路径重新综合，但会使用更多的 CPU 时间。在一些时序很难满足的设计中，编译可能不会终止。

为了减少综合时间，下面的命令支持多核综合，其中有 4 个 CPU 内核可用于综合：

```
set_host_options-max_cores 4
```

我们还可以指导综合工具优化跨模块边界进行逻辑优化，命令如下：

```
compile-boundary_optimization
```

对于图 10.39 中的情况，可以对边界逻辑进行优化。

DC-Ultra 能够综合关键时序路径，特别是针对超高性能的设计。默认情况下，DC-Ultra 将自动扁平化所有设计的模块，以获得超高性能的设计。特别是对于一个非常复杂的设计，建议使用 DC-Ultra 产生的网表与 RTL 代码仔细进行形式等价性检查。

```
compile_ultra
```

DC-Ultra 有非常多的选项，这些选项如下：

- scan：使用 scan 触发器，用于测试准备编译。
- no_autoungroup：禁止自动划分优化。
- no_boundary_optimization：禁止边界优化。

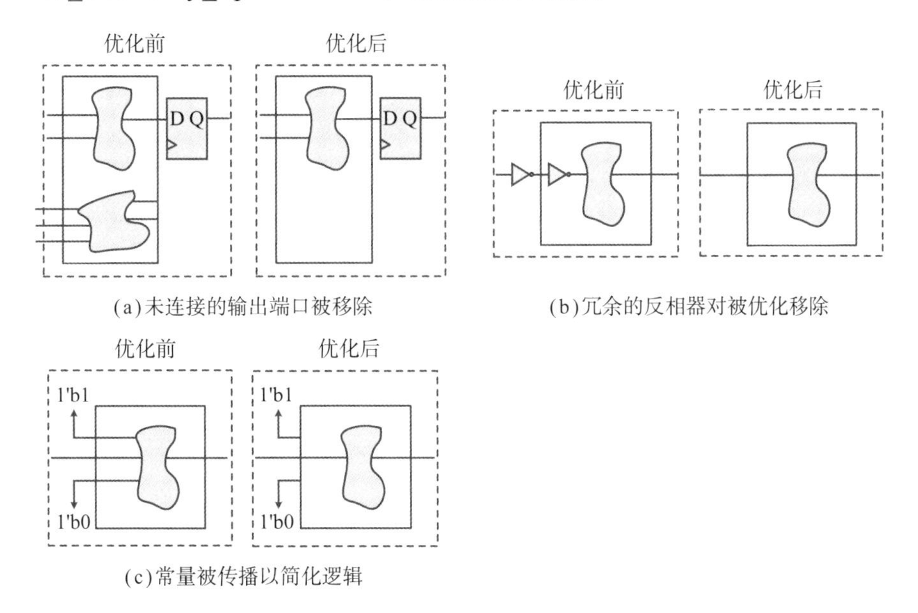

图 10.39

10.4.5 解决建立时间违例问题

如下所示，你可以选择执行增量门级优化而不采用逻辑级优化：

```
compile-incremental_mapping-map_effort high
```

或者，通过扁平化设计来打破设计的层次结构，逻辑的扁平化可以使编译器获得更好的优化设计：

```
ungroup-all-flatten
compile-incremental_mapping-map_effort high
```

图 10.40 所示的设计实现中，有几个关键的约束：时钟周期为 10ns，时钟到 Q 延迟（t_{CQ}）为 1ns，输入端口延迟为 1ns，建立时间 t_s 为 1ns。如果你的设计中最坏的负裕量仍然太大或者有太多负裕量的路径，最好回到架构设计阶段开始重新设计。

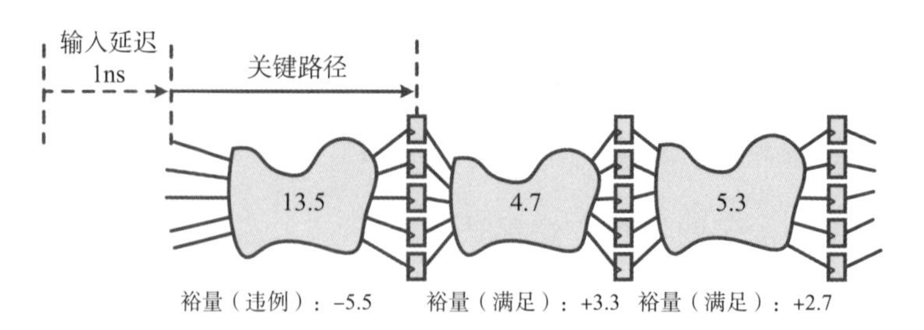

图 10.40　具有较大负裕量的设计实现

在综合阶段，通常应用 optimize_registers 重新调整寄存器，如图 10.41 所示。

compile 或 compile_ultra 命令只优化组合逻辑，而不改变寄存器的位置。optimize_registers、pipeline_registers 和 balance_registers 三个命令用于寄存器的重新调整，可以移动寄存器。除了更改寄存器的位置外，optimize_registers 命令还将优化该区域面积并增量编译设计。pipeline_registers 命令只为纯组合逻辑插入寄存器。balance_registers 命令只更改寄存器的位置，而无需优化面积或增量编译设计。

如果不满足建立时间时序约束，可以降低时钟速度来解决建立时间违例的问题，尽管系统规格要求仍将不满足。

10.4.6　解决保持时间违例问题

保持时间违例通常发生在最佳工作条件下，因为在这种情况下，延迟是最小的，这会对保持时间违例产生最坏的负面影响。只进行保持时间违例的修复，而忽略其他设计规则时，必须采用 set_fix_hold 命令。当建立时间违例已经修复完成后，你可以再次增量编译以修复保持时间违例，命令如下：

```
set_operating_conditins best
set_fix_hold
compile-inc-only_hold_time
```

通常，缓冲器被插入到那些有保持时间违例的路径中，这些组合逻辑的路径延迟通常过小。如果保持时间违例没有消除，电路可能无法在任何时钟速度下运行。因此，在任何情况下都必须解决保持时间违例的问题。

10.4.7　解决多端口网络

偶尔会出现一些输出端口由相同的线驱动、输出端口直接由输入端口驱动或者输出端口为定值的情况，如图 10.42 所示。

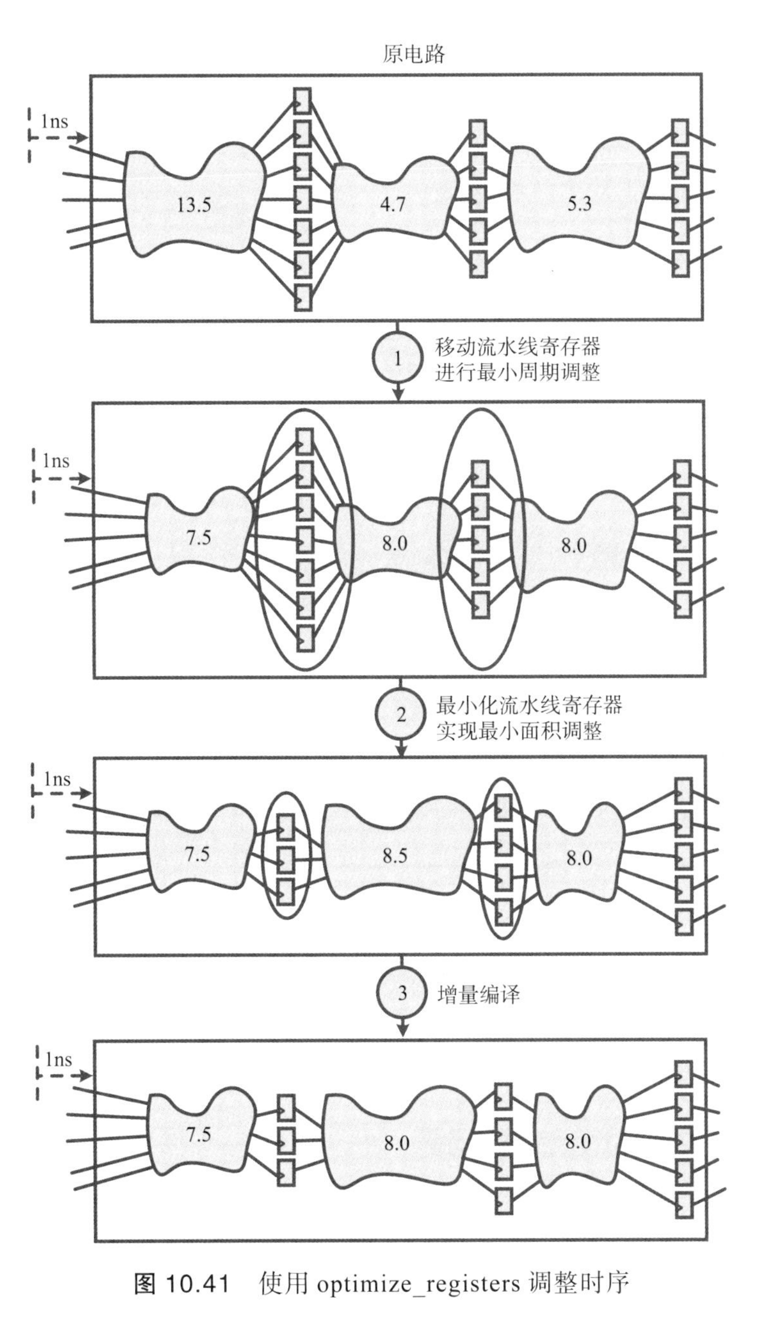

图 10.41 使用 optimize_registers 调整时序

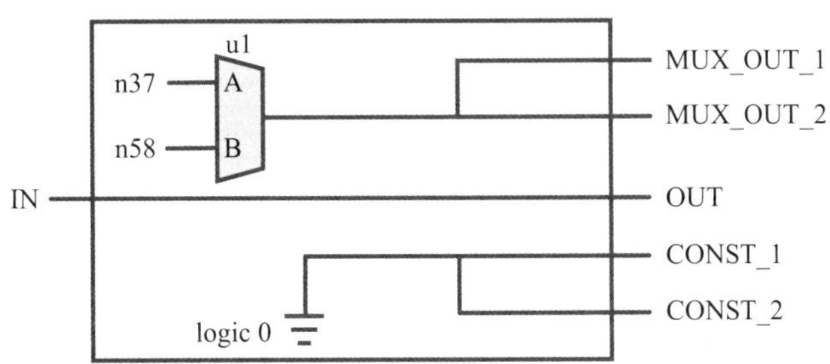

图 10.42 多端口网络

在这种情况下，给出的 Verilog 门级网表可能如下所示，包含 assign 结构：

```
output MUX_OUT_1, MUX_OUT_2, OUT, CONST_1, CONST_2, ...
MUX U1(.Y(MUX_OUT_1), .A(n37), .B(n58));
assign MUX_OUT_2 = MUX_OUT_1;
assign OUT = IN;
assign CONST_1 = 1'b0;
assign CONST_2 = 1'b0;
```

不幸的是，布局布线工具可能无法处理 Verilog 网表中的 assign 语句。要确保网表中不包含 assign 语句，你可以在编译过程中采用如下命令分离多个端口网络：

```
set_fix_multiple_port_nets-all-buffer_constants [get_designs *]
```

上述命令中，选项“-all”修复了馈通信号和常量，选项“-buffer_constants”对常量增加了缓冲器，而不是复制它们。

综合逻辑结果如图 10.43 所示。

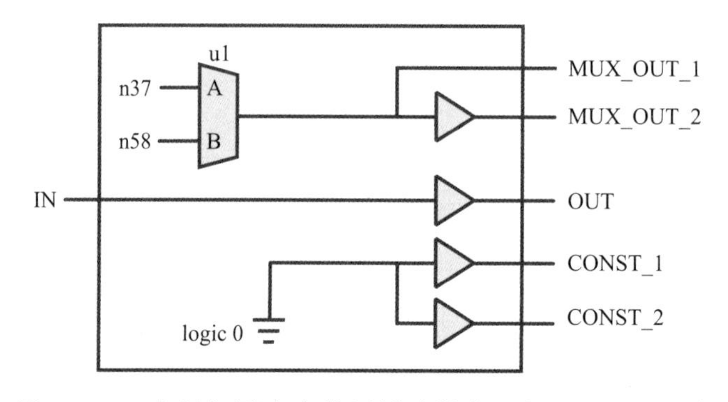

图 10.43 在门级网表中使用缓冲器防止出现 assign 语句

10.4.8 解决大的for循环问题

默认情况下，用于综合的 for 循环的最大迭代次数限制为 4096。如果你描述了一个迭代次数为 8192 的 for 循环的设计，尽管 RTL 仿真在一个大的 for 循环中表现正常，但 DC 综合将失败并提示错误消息，例如“循环超过最大迭代限制”。要解决这个问题，可以在 synopsys_dc.setup 中将 hdlin_while_loop_iterations 变量设置为更大的数值，具体命令如下：

```
set hdlin_while_loop_iterations 8192
```

不幸的是，尽管 for 循环的迭代限制可以扩展，但它仍然存在 10000 的最大上限。如果你的设计包含 for 循环，迭代次数为 16384，综合最终将中断并再次出现上述错误信息。

```
always @ (posedge clk) begin
      a [0] <= in;
      for(i = 1; i <16384; i = i+1)
        a [i] <= a [i-1];
end
```

为了解决这个问题，可以将一个大的 for 循环分成几个小的 for 循环，示例如下：

```
always @ (posedge clk) begin
      a [0] <= in;
      for(i = 1; i <4096; i = i+1)
        a [i] <= a [i-1];
end
always @ (posedge clk) begin
      a [4096] <= a [4095];
      for(i1 = 1; i1 <4096; i1 = i1+1)
        a [4096+i1] <= a [4096+i1-1];
end
always @ (posedge clk) begin
      a [8192] <= a [8191];
      for(i2 = 1; i2 <4096; i2 = i2+1)
        a [8192+i2] <= a [8192+i2-1];
end
always @ (posedge clk) begin
      a [12288] <= a [12287];
      for(i3 = 1; i3 <4096; i3 = i3+1)
        a [12288+i3] <= a [12288+i3-1];
end
```

10.4.9 解决命名规则问题

有些工具可能不接受门级网表的命名样式。例如，总线名称 bus[2] 可能不被接受。你可能需要将其更改为 bus_2_。在这种情况下，你可以设置新的命名规则，如下所示：

```
set_bus_inference_style {%s_%d_}
set_bus_naming_style {%s_%d_}
```

然后，你可以在写出网表之前应用新的命名规则，如下所示：

```
change_names-hierarchy-rules script_of_your_rules
```

10.5 自适应阈值引擎

我们想设计一个自适应阈值引擎 (ATE)，从灰度图像中分离出前景图像，如图 10.44 所示。阈值是最简单的分离图像的方法，使用阈值可以从灰度图像创建二值图像。假设图像有 8×8 像素。阈值由最大和最小像素数据的平均值计算得到：

$$\text{thershold} = \frac{\max + \min}{2}$$

式中，max 和 min 分别表示最大和最小像素数据。

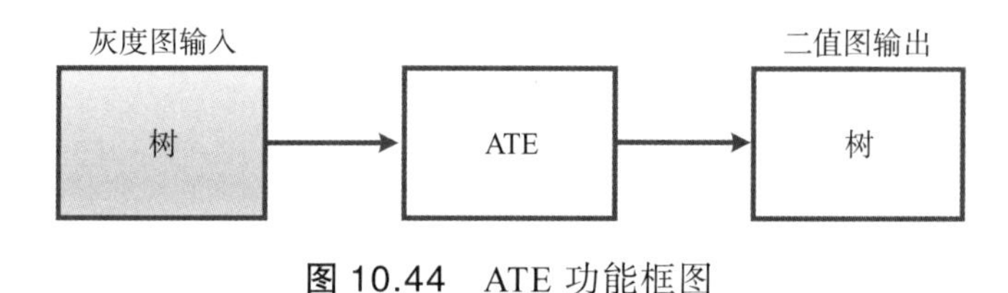

图 10.44 ATE 功能框图

基于阈值，二值图像的数据 bin_data 由灰度图像的像素数据 gray_data[7:0] 决定：

$$\text{bin\_data} = \begin{cases} 0, & \text{gray\_data} < \text{threshold} \\ 1, & \text{gray\_data} \geqslant \text{threshold} \end{cases} \tag{10.4}$$

系统框图如图 10.45 所示。

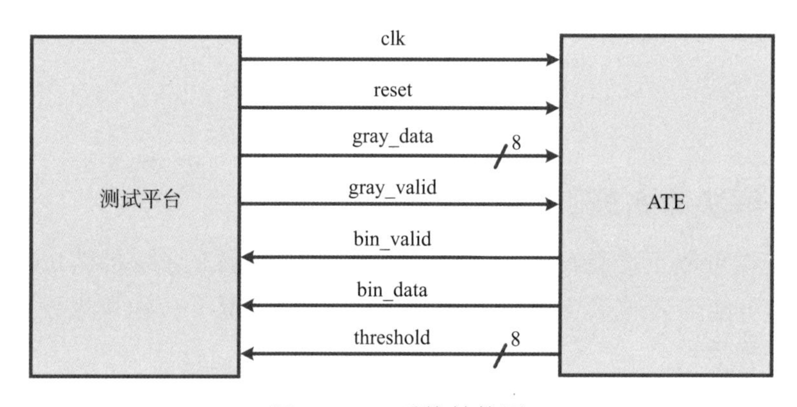

图 10.45 系统结构图

I/O 接口如表 10.1 所示。

接口时序图如图 10.46 所示，有 64 个灰度数据，$d[i]$, $i=0, 1, \cdots, 63$；64 个二进制数据，$b[i]$, $i=0, 1, \cdots, 63$。随着二进制数据的不同，阈值有效期为 64 个周期。

表 10.1 I/O 接口

信号名	I/O	描 述
clk	I	系统时钟
reset	I	高电平有效的复位信号
gray_valid	I	表示对 gray_data[7:0] 进行验证。有效数据数为 64
bin_valid	O	表示 bin_data 和 threshold[7:0] 的有效性
bin_data	O	二值图像的二进制数据
threshold[7:0]	O	阈值数据

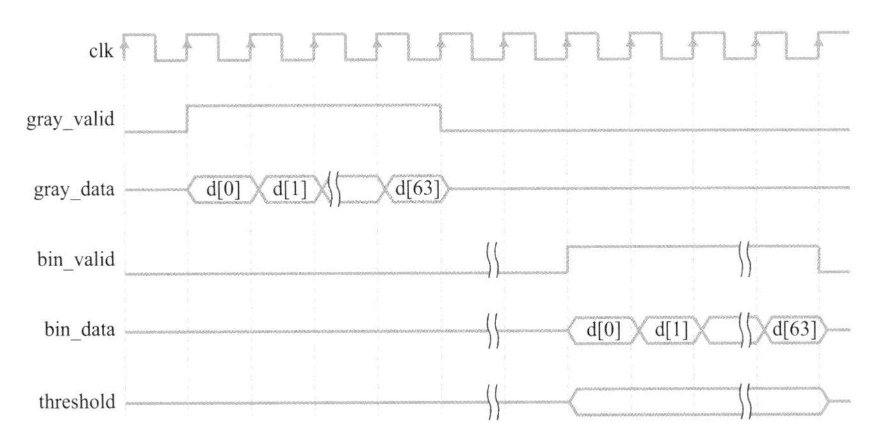

图 10.46 接口时序图

由于阈值只有在接收到 64 个像素数据后才能确定，因此 64 个像素的数据必须存入 FIFO 来决定二进制数据。该串行 FIFO 不需要流控。FIFO 对 64 个像素数据的读访问是在对 64 个像素数据的写访问之后进行的，因此读写操作只需要共享一个读写指针 wrrd_ptr 即可。FIFO 具体实现如下，其中宏 CLOG2 在第 3 章中定义：

```
// 有一个指针的 FIFO
parameter DEPTH = 64;
parameter BITS = 8;
parameter DEPTH_BITS = 'CLOG2(DEPTH);
reg [DEPTH_BITS-1:0] wrrd_ptr;
reg [BITS-1:0] fifo_rdata;
reg [BITS-1:0] fifo_mem [0:DEPTH-1];
reg gray_valid_r;
wire rd_stb;
// FIFO 读写指针
always @ (posedge clk or negedge rst_n)
  if (! rst_n)
    wrrd_ptr <= 0;
  else if (gray_valid | bin_valid)
```

```
    wrrd_ptr <= wrrd_ptr+1'b1;
assign bin_valid =~ gray_valid &(rd_stb |~(wrrd_ptr == 0));
assign rd_stb =~ gray_valid & gray_valid_r;
always @ (posedge clk or negedge rst_n)
  if (! rst_n) gray_valid_r <= 0;
  else gray_valid_r <= gray_valid;
// FIFO 读写端口
// FIFO 写操作
always @ (posedge clk)
  if (gray_valid) fifo_mem [wrrd_ptr] <= gray_data;
// FIFO 读操作
always @ (*)
  fifo_rdata = fifo_mem [wrrd_ptr];
```

ATE算法实现代码如下所示：

```
// ATE 算法
reg [BITS-1:0] max, min;
wire [BITS:0] sum;
wire [BITS-1:0] threshold;
reg bin_data;
// 最大像素
always @ (posedge clk)
  if (gray_valid && wrrd_ptr == 0)
    max <= gray_data;
  else if (gray_valid &&(gray_data > max))
    max <= gray_data;
// 最小像素
always @ (posedge clk)
  if (gray_valid && wrrd_ptr == 0)
    min <= gray_data;
  else if (gray_valid &&(gray_data < min))
    min <= gray_data;
// 阈值
assign sum = max+min;
assign threshold = sum >>1;
// 二值数据
always @ (*)
  if (fifo_rdata < threshold) bin_data = 1'b0;
  else bin_data = 1'b1;
```

需要注意的是，阈值的分数部分被无条件截断。bin_valid、bin_data和threshold是组合逻辑输出。如果需要插入流水级，则需要采用寄存器输出。

综合脚本如下：

```
### 创建时钟 ###
set cycle 10
create_clock-period $cycle  [get_ports clk]
set_ideal_network           [get_ports clk]
set_dont_touch_network      [get_ports clk]
set_drive               0   [get_ports clk]
set_clock_uncertainty   1   [get_ports clk]
set_clock_latency       0   [get_ports clk]
set_fix_hold                [get_ports clk]
### 设计环境 ###
set_input_delay-clock [get_clocks] -max 4 [remove_from_
  collection [all_inputs][get_clocks]]
set_input_delay-clock [get_clocks] -min 2 [remove_from_
  collection [all_inputs][get_clocks]]
set_output_delay-clock [get_clocks] -max 4 [all_outputs]
set_output_delay-clock [get_clocks] -min 2 [all_outputs]
set_load [load_of "slow/INVX1/A"][all_outputs]
set_driving_cell-library slow-lib_cell INVX1-pin {Y}[remove_
  from_collection [all_inputs][get_clocks]]
set_operating_conditions-min_library fast-min fast-max_
  library slow-max slow
set_wire_load_model-name tsmc18_wl10-library slow
### 编译设计 ###
compile-map_effort medium
```

10.6 练习题

1. 确定图 10.47 中电路的设计对象：

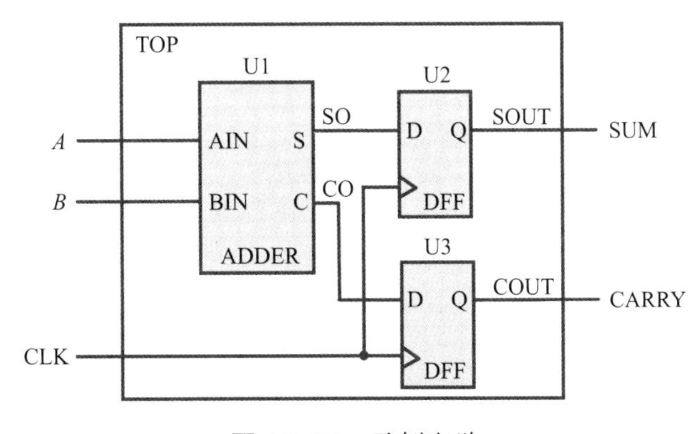

图 10.47 示例电路

（a）列出设计中的所有端口。

（b）列出名称中有字母“U”的所有单元。

（c）列出所有以“CLK”结尾的线网。

（d）列出设计中所有的“Q”引脚。

（e）列出所有参考单元的名称。

2. 综合以下模块：

（a）指定从所有输入到所有输出的最大延迟为 5ns 的约束文件。输入延迟约束为 1ns，输出延迟约束为 1.5ns。

（b）报告所有通过输出端口的时序路径。

（c）报告所有通过模块 decode_3_8/u0 的时序路径。

```
module decode_3_8(E, X, Y);
output [7:0] Y;
input E;
input [2:0] X;
wire E1, G1, G2;
not u0(E1, X [2]);
and u1(G1, E, X [2]);
and u2(G2, E, E1);
decoder_2_4 u0(G1, X [1:0], Y [7:4]);
decoder_2_4 u1(G2, X [1:0], Y [3:0]);
endmodule
module decoder_2_4(Y, E, X);
output [3:0] Y;
input E;
input [1:0] X;
assign Y = E?1'b1 << X:4'h0;
endmodule
```

3. 使用以下步骤综合 7.3.3 节中的 fir2 模块：

（a）指定时钟频率为 100MHz，时钟余量为 0.3ns。输入端口延迟为 1ns，输出端口延迟为 1.5ns。

（b）通过 report_design、report_hierarchy、report_port、report_clock、report_net_fanout 和 check_timing 来分析设计和约束。

（c）报告时序。

（d）报告面积。

（e）报告功耗。

（f）写出 Verilog 门级网表和 SDF。

（g）运行动态功能仿真（pre-sim）。

（h）使用 VCD 文件来获得更好的门级设计的功耗分析模型。

4. 输入和输出延迟的参考时钟更换为时钟负沿，使用模块 fir2，重复问题 3。

5. 在模块 fir2 中重复问题 3。由于 FIR 滤波器的输入系数（h0, h1, h2, h3）是常数，在操作过程中不会改变，将此处时序例外设置为错误路径。

6. 对模块 fir2 重复问题 3，但在这种情况下时钟信号 clk 是由下面的时钟生成器 clk_gen 生成：

```
module clk_gen(clk0, clk1, clk2, clk3, sel, clk);
output clk;
input clk0, clk1, clk2, clk3;
input [1:0] sel;
always @ (*)
  case(sel)
  2'b00:clk = clk0;
  2'b01:clk = clk1;
  2'b10:clk = clk2;
  2'b11:clk = clk3;
  default:clk = clk0;
  endcase
endmodule
```

假设 clk0、clk1、clk2、clk3 的时钟频率分别为 100MHz、200MHz、300MHz、400MHz。

（a）将两个模块 fir2 和 clk_gen 整合成一个命名的芯片。

（b）修改脚本文件，芯片综合。

（c）运行 pre-sim，确认设计在任何时钟下都没有时序违例。

7. 在模块 fir2 中重复问题 3。时钟信号由下面的时钟生成器 clk_gen1 创建：

```
module clk_gen1(clk0, sel, clk, rst_n);
output clk;
input clk0;
input sel;
input rst_n;
reg clk1;
always @ (posedge clk0 or negedge rst_n)
```

```
  if (! rst_n) clk1 <= 1'b0;
  else clk1 <=~ clk1;
always @ (*)
  case(sel)
  1'b0:clk = clk0;
  1'b1:clk = clk1;
  default:clk = clk0;
  endcase
endmodule
```

时钟 clk1 是一个二分频的生成时钟，假设 clk0 的时钟频率为 100MHz。

（a）将模块 fir2 和 clk_gen1 集成为一个命名的芯片。

（b）修改脚本文件，综合芯片。

（c）运行 pre-sim 以确认设计可以分别在 sel = 0, 1 下运行且没有时序违例。

8. 绘制图 10.34 中带门控时钟和不带门控时钟电路的时序图。验证 10.34(b) 中的无毛刺的门控时钟。

9. 假设时钟同步设计使用建立时间为 1.2ns 的寄存器，且时钟到 Q 的延迟为 0.6ns，时钟余量为 0.3ns。三个组合电路中的寄存器到寄存器路径的传播延迟分别为 2.6ns、1.9ns、3.3ns。

（a）数据通路可以工作的最大时钟频率是多少？

（b）如果对延迟为 3.3ns 的路径进行优化，使其延迟降低到 2.3 ns，优化后的数据路径的最大时钟频率是多少？

10. 假设有一个时钟同步设计，建立时间为 200ps，时钟到 Q 延迟为 100ps，时钟频率为 800MHz。通过数据路径和控制路径中组合电路的传播延迟如图 10.48 所示，控制路径使用 Mealy FSM 实现。

（a）确认系统中的关键路径。

（b）时钟频率是否满足时序约束？

（c）如果将 Mealy FSM 更改为 Moore FSM，可实现的时钟最高频率是多少？关键路径会改变吗？时序约束条件能满足吗？

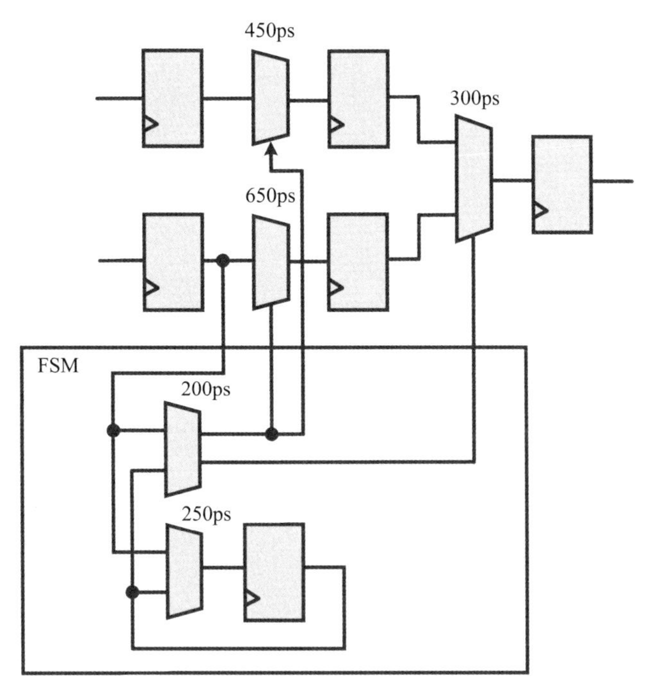

图 10.48 示例电路

参考文献

[1] Donald E Thomas, Philip R Moorby. The Verilog hardware description language, 5th. Kluwer Academic Publishers, 2002.

[2] John F Wakerly. Digital design: principles and practices, 5th. Prentice Hall, 2018.

[3] M J S Smith. Application-specific integrated circuits. Addison-Wesley, 1997.

[4] Michael D Ciletti. Advanced digital design with the Verilog HDL, 2nd. Prentice Hall, 2010.

[5] National Chip Implementation Center. Lecture notes: cell-based digital integrated-circuit design and implementation, 2015.

[6] Samir Palnitkar,. Verilog HDL: a guide to digital design and synthesis, 2nd. Pearson, 2011.

[7] Stephen Brown, Zvonko Vranesic. Fundamentals of digital logic with Verilog design. McGraw-Hill, 2002.

[8] Vaibbhav Taraate. Digital logic design using Verilog: coding and RTL synthesis. Springer, 2016.

[9] Zainalabedin Navabi. Verilog digital system design: RT level synthesis, testbench, and verification. McGraw-Hill, 2005.

附　录

附录A 基本逻辑门和用户定义的原语

CMOS 逻辑门是现代数字设计的核心。本附录介绍基本逻辑门的晶体管级设计。除了内置的门级原语之外，我们还可以使用 UDP 对预定义的原语集进行参数化。

A.1 基本逻辑门

一个结构良好的逻辑电路必须具有恢复能力，这样衰减的输入电平才会恢复到输出电平。为了达到这个目的，输出端的电压必须是由电源电压驱动，即正电源（V_{DD}）或地（GND），而不是由一个输入信号驱动。静态 CMOS 逻辑门电路的实现逻辑函数为 $f(\cdot)$，同时产生与其输入信号匹配的输出，如图 A.1 所示。当函数 $f(\cdot)$ 为真时，PMOS 网络将输出端口 Y 连接到 V_{DD}；当函数 $f(\cdot)$ 为假时，NMOS 网络将输出端口 Y 连接到 GND。很重要的一点是，PMOS 网络所能实现的功能和 NMOS 网络所能实现的功能是互补的，因此可以避免从 V_{DD} 到 GND 的短路。短路会产生大量的电流，这可能会对电路造成永久性的损坏。

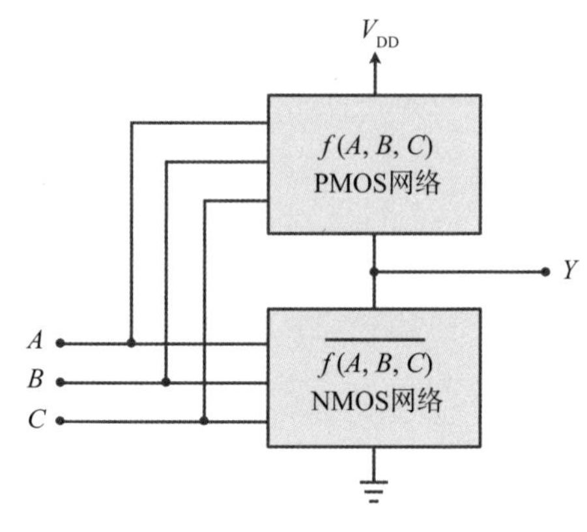

图 A.1 CMOS 逻辑门电路

最著名的 IC 数字逻辑系列是 CMOS（互补金属氧化物半导体）。数字逻辑系列需要重点关注扇入、扇出、传播延迟、功耗和噪声裕度等指标。

扇入是栅极中可用的输入数。扇出指在不损害或过载的情况下能够驱动的标准单元的数量，扇出的多少取决于一个栅极驱动其他栅极时所能产生或吸收的电流。逻辑门的最大扇出是衡量其负载驱动能力的指标，即一个逻辑门的输出连接到其他逻辑门的输入。逻辑门提供有限的输出电流，而它驱动的逻辑门的输入需要一定的输入电流才能正常工作。因此，逻辑门的最大扇出是可以连接到它的输出的其他逻辑门的最大输入数。例如，我们假设制造商的数据表指定了一个典型的输入电容 C_{in} 为 3pF，与门的最大传播延迟为 4.0ns，负载电容 C_L 为 30pF，则与门的最大扇出为 $C_L/C_{in} = 30\text{pF}/3\text{pF} = 10$。实际上，在一个门的输出和其他门的输入之间的其他寄生电容，例如线负载，也会降低最大扇出数。

传播延迟是指信号从逻辑门的输入到输出传播的平均延迟时间。例如，如果反相器的输入从逻辑 0 到 1，则其输出将经过传播延迟后从逻辑 1 改变到 0。

功耗是指逻辑门从供电电源消耗的总功率，有两种主要的类型：动态功耗和静态功耗。静态功耗包括泄漏功耗，而动态功率是由于信号转换所产生的，包括动态开关功耗和瞬态短路功耗。

逻辑门之间导线上的电感会在导线的连接处产生不必要的电平变化，这些不必要的信号被称为噪声。噪声裕度是指在不影响输出结果的情况下，能添加到逻辑门输入端的最大外部噪声。

我们在这里简要介绍几种 CMOS 逻辑门。为了理解它们的工作原理，我们应该知道以下内容：

（1）NMOS 在栅源电压为正时导通（并且大于其阈值电压）。

（2）PMOS 在栅源电压为负时导通（并且小于其阈值电压）。

（3）如果 NMOS 或 PMOS 的栅源电压为零，则关闭。

1. 反相器

CMOS 的基本逻辑门是反相器（非门），它由一个 PMOS 晶体管和一个 NMOS 晶体管组成。当输入为低电平时，PMOS 和 NMOS 的栅极均为 0，NMOS 的栅源电压 V_{GSN} 为 0、PMOS 的栅源电压 V_{GSP} 为 $-V_{DD}$，因此 NMOS 关闭而 PMOS 打开，在这种情况下，输出电压变为 V_{DD}；当输入为高电平时，则发生相反情况，输出电压为 0。

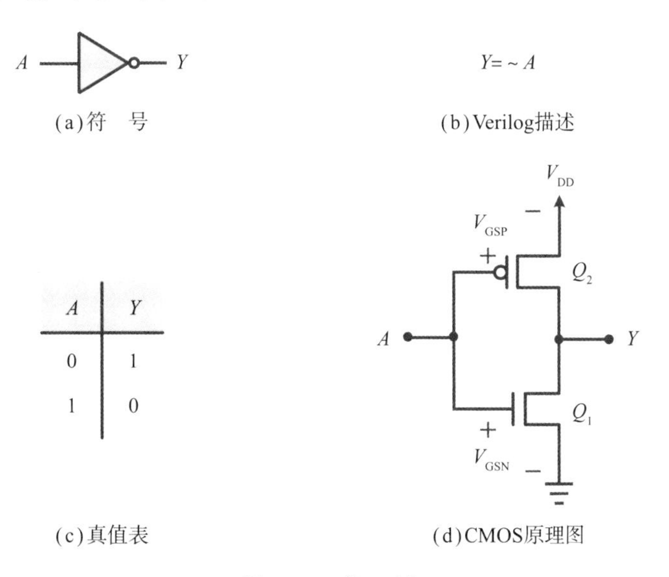

图 A.2　非　门

2. 缓冲器

缓冲器由两个背靠背的反相器构成，其布尔表达式是非门的反。当逻辑门驱动一个大的容性负载时，缓冲器可以减少逻辑门的传播延迟。

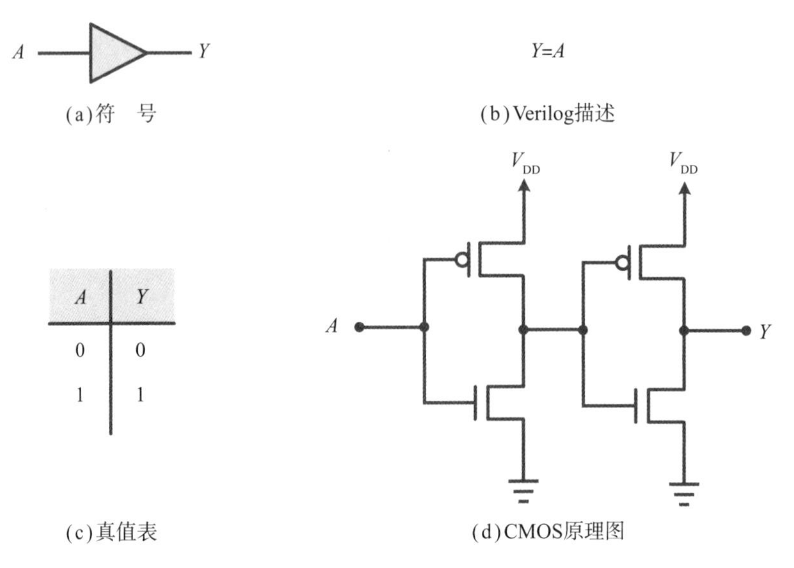

(a)符 号

(b)Verilog描述

A	Y
0	0
1	1

(c)真值表

(d)CMOS原理图

图 A.3 缓冲器

3. 与非门

与非门由 GND 和漏极输出之间的两个 NMOS 晶体管串联组成，并确保漏极输出仅在门的两个输入 A 和 B 都是高电平时（逻辑 1）才被驱动为低电平（逻辑 0）。两个 PMOS 晶体管在 V_{DD} 和漏极输出之间互补并联，确保了当 A 和 B 中的一个为低或两个输入都为低（逻辑 0）时，漏极输出被驱动为高电平（逻辑 1）。

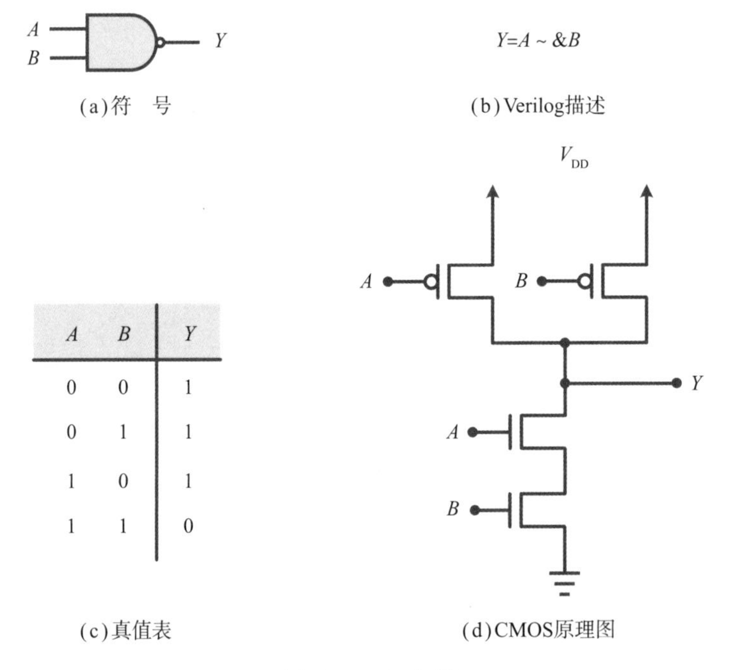

(a)符 号

(b)Verilog描述

A	B	Y
0	0	1
0	1	1
1	0	1
1	1	0

(c)真值表

(d)CMOS原理图

图 A.4 与非门

4. 与　门

与门由一个与非门和一个非门串联而成，它的布尔表达式是与非门的反。

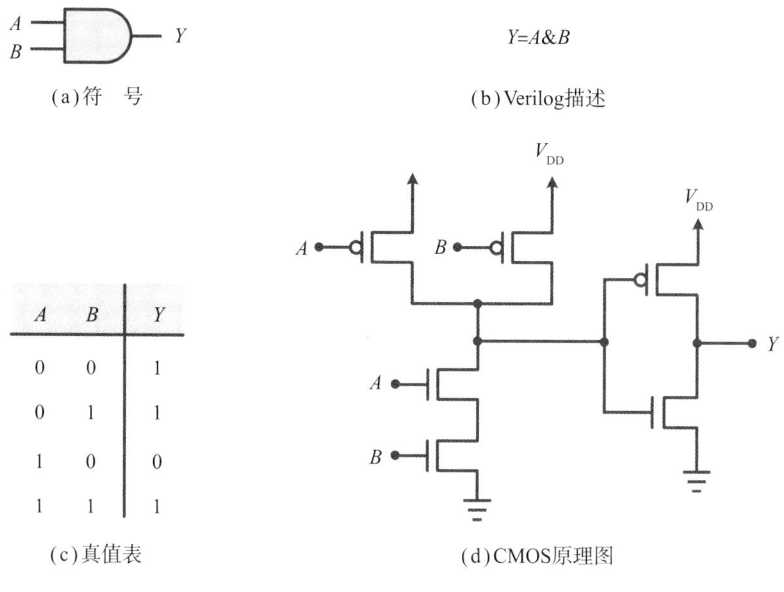

(a)符　号　　(b)Verilog描述

A	B	Y
0	0	1
0	1	1
1	0	0
1	1	1

(c)真值表　　(d)CMOS原理图

图 A.5　与　门

5. 或非门

或非门由 GND 和漏极输出之间的两个 NMOS 晶体管并联组成，确保漏极输出仅在门的两个输入 A 和 B 任意一个或者两个为高（逻辑 1）时才被驱动为低（逻辑 0)。两个 PMOS 晶体管在 V_{DD} 和漏极之间互补串联，当两个门的输入都是低的（逻辑 0）时，漏极输出被驱动为高电平（逻辑 1）。

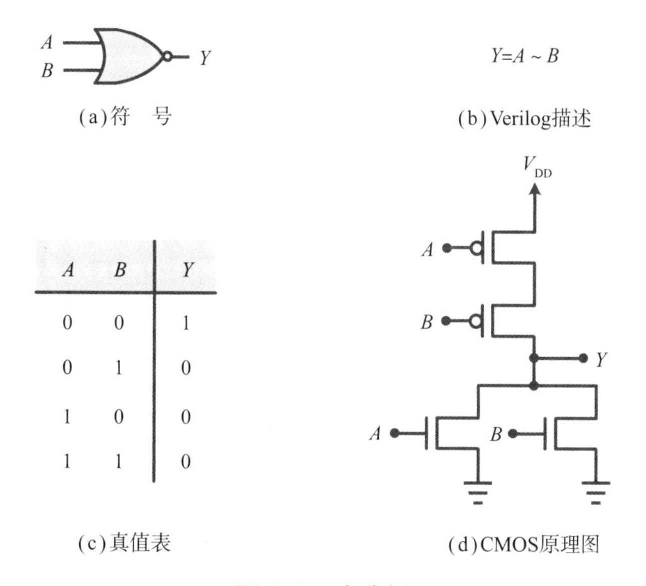

(a)符　号　　(b)Verilog描述

A	B	Y
0	0	1
0	1	0
1	0	0
1	1	0

(c)真值表　　(d)CMOS原理图

图 A.6　或非门

6. 或 门

或门由一个或非门和一个非门串联而成，它的布尔表达式是或非门的反。

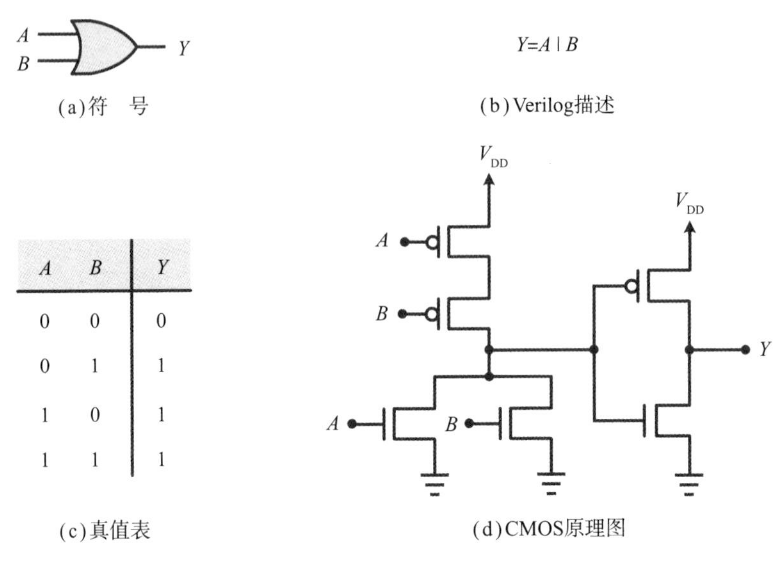

(a)符 号 (b)Verilog描述

A	B	Y
0	0	0
0	1	1
1	0	1
1	1	1

(c)真值表 (d)CMOS原理图

图 A.7 或 门

7. 多路选择器

多路选择器（MUX）由一个 OR 门、两个与门和一个非门构成。当 S 为逻辑 1 时，$Y=B$；当 S 为逻辑 0 时，$Y=A$。

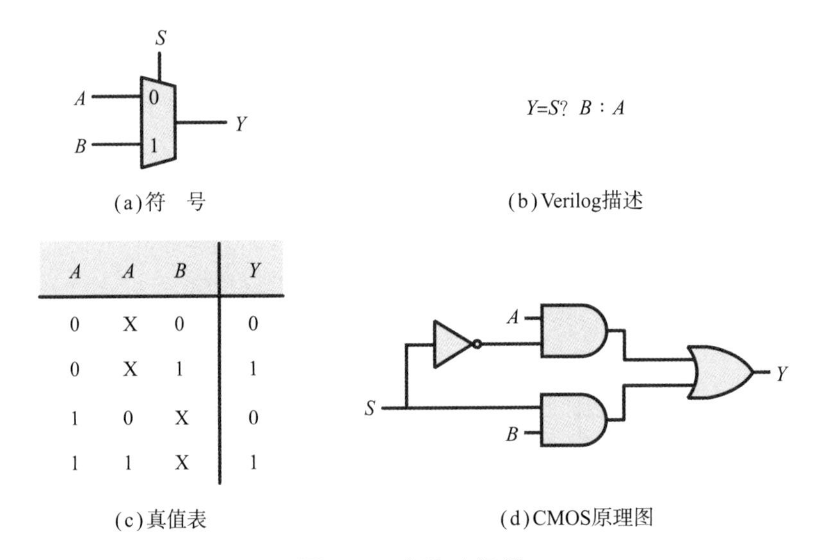

(a)符 号 (b)Verilog描述

A	A	B	Y
0	X	0	0
0	X	1	1
1	0	X	0
1	1	X	1

(c)真值表 (d)CMOS原理图

图 A.8 多路选择器

8. 异或门

异或门由 GND 和漏极输出之间串联的两个 NMOS 晶体管并联组成，只有

当输入 A 和 B 都为高（逻辑 1）或它们都为低（逻辑 0）时，输出才被驱动为低电平（逻辑 0）。PMOS 晶体管与 NMOS 晶体管以互补的方式连接。

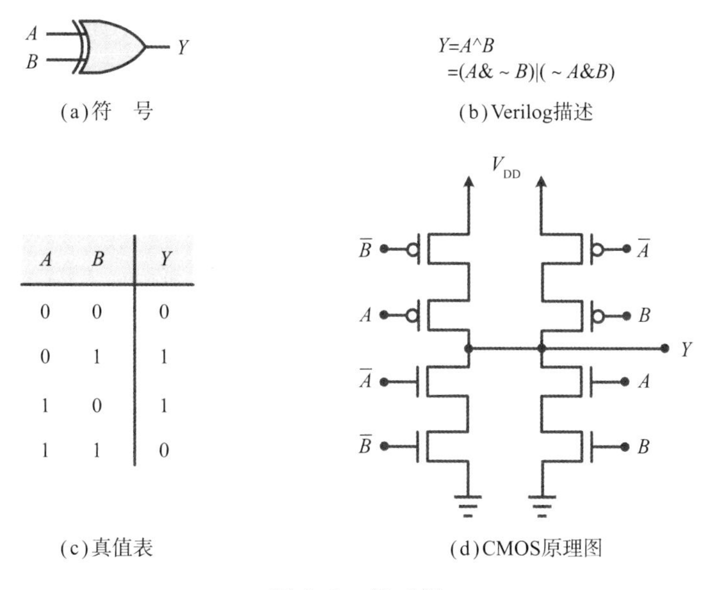

(a)符　号　　(b)Verilog描述

A	B	Y
0	0	0
0	1	1
1	0	1
1	1	0

(c)真值表　　(d)CMOS原理图

图 A.9　异或门

9. 同或门

同或门由 GND 和漏极输出之间串联的两个 NMOS 晶体管并联组成，并确保漏极输出只有在栅极输入 A 和 B 具有相反的逻辑值时才被驱动为低电平（逻辑 0）。PMOS 晶体管以互补方式连接到 NMOS 晶体管。

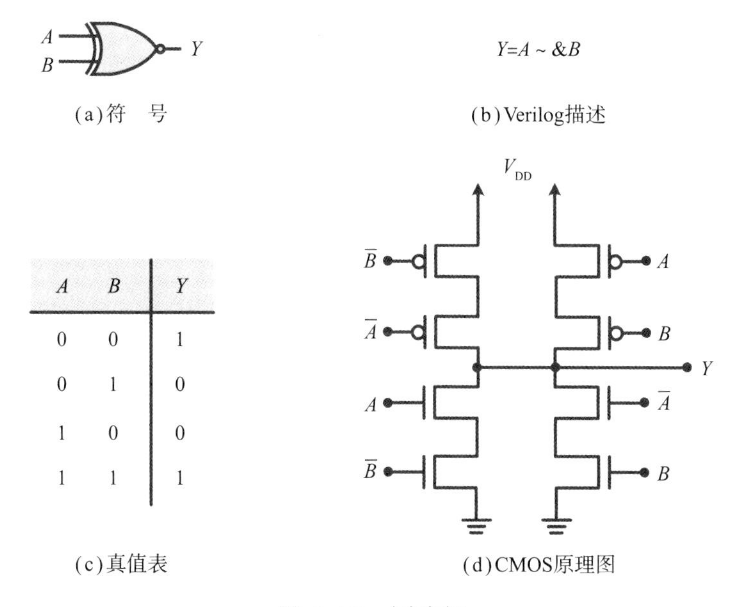

(a)符　号　　(b)Verilog描述

A	B	Y
0	0	1
0	1	0
1	0	0
1	1	1

(c)真值表　　(d)CMOS原理图

图 A.10　同或门

10. 传输门

CMOS 传输门可以实现信号的双向传输，其工作原理类似于电压控制开关，由具有共同源极和漏极的一个 NMOS 晶体管和一个 PMOS 晶体管连接而成。两个晶体管的栅级分别由 E 和 $\overline{E}$ 控制。当 $E=1$ 时，两个晶体管都是非导通的，此时输出 Y 处于高阻抗状态。相反，当 $E=0$ 时，两个晶体管都导通，在这种情况下，输出 Y 直接连接到输入 A。传输门不是静态 CMOS 门，因为它的输出不是输入的恢复逻辑函数。

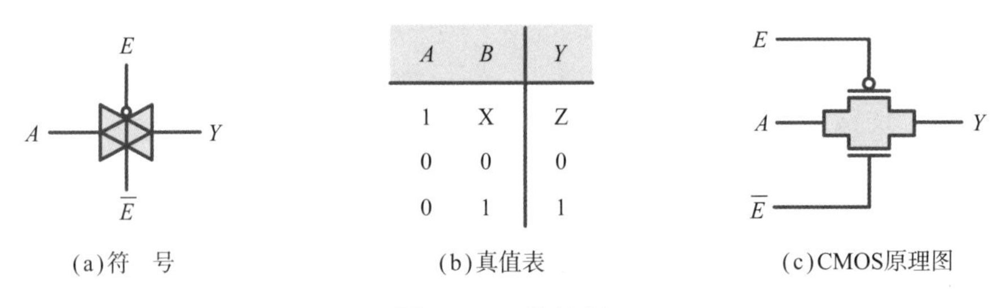

A	B	Y
1	X	Z
0	0	0
0	1	1

(a)符 号 (b)真值表 (c)CMOS原理图

图 A.11 传输门

此时，可能会产生一个问题，“为什么会存在并行的 NMOS 和 PMOS 呢？”首先，通过 NMOS 和 PMOS 的并行路径可以提供更大的电流来驱动传输门的负载。其次，如图 A.12（a）所示，当 $E=0$，$A=1$，$Y=0$ 时，电荷通过 NMOS，Y 从 0 变为 V_{DD}。必须强调的一点是，在传输门中使用的 NMOS 和 PMOS 是对称的，它的源极和漏极是可互换的。在这种情况下，NMOS 的源极和漏极分别位于右侧和左侧。栅源电压 V_{GSN} 也逐渐减小。然而，当 $V_{GSN} \geqslant V_{TN}$ 时，NMOS 导通，其中 $V_{TN}>0$，表示 NMOS 的阈值电压。因此，如果传输门通过 NMOS 将 Y 拉高，Y 将为弱 1（由于 $V_{SN} \leqslant V_{GN}-V_{TN}=V_{DD}-V_{TN}$，因此 $V_{SN}<V_{DD}$），其中 V_{SN} 和 V_{GN} 分别为 NMOS 的源电压和栅电压。

如图 A.12（b）所示，当 $E=0$，$A=1$，$Y=0$ 时，电荷通过 PMOS，Y 从 V_{DD} 变为 0。PMOS 的源端和漏端分别位于左侧和右侧。当 $V_{GSP} \leqslant V_{TP}$ 时，PMOS 导通，其中 $V_{TP}<0$，为 PMOS 的阈值电压。由于 $V_{GSP}=0-V_{DD}=-V_{DD} \leqslant V_{TP}$，为常数，所以 PMOS 总是导通，电荷会通过它直到 $Y=V_{DD}$，这是一个强 1。

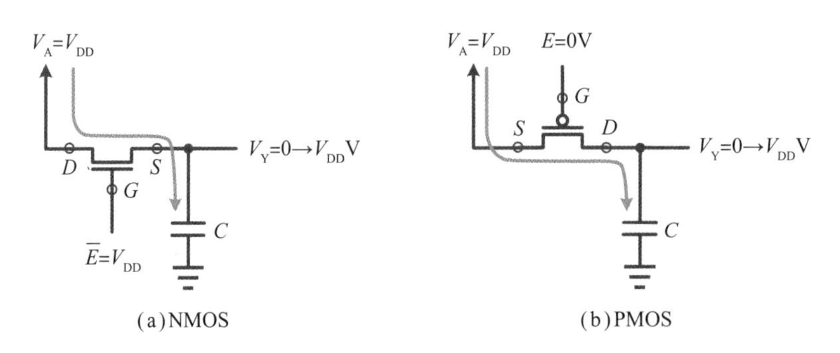

(a)NMOS (b)PMOS

图 A.12 通过 NMOS 和 PMOS 充电

同样，如图 A.13（a）所示，当 $E=0$，$A=0$，$Y=1$ 时，电荷通过 NMOS，所以 Y 从 V_{DD} 变化到 0。在这种情况下，NMOS 的源极和漏极分别位于左侧和右侧。栅源电压 $V_{GSN}=V_{DD}$，为常数，因此 NMOS 将导通，电流一直流过它，直到 $V_Y=0$，此时产生一个强零。

相比之下，如图 A.13（b）所示，当 $E=0$，$A=0$，$Y=1$ 时，电荷通过 PMOS 将 Y 拉低。PMOS 的源极和漏极分别在右侧和左侧。PMOS 必须导通至其栅源电压 $V_{GSP} \leqslant V_{TP}$。因为 $V_{SP} \geqslant V_{GP}-V_{TP}=-V_{TP}>0$，所以 Y 为弱 0，式中 V_{SP} 和 V_{GP} 分别为 PMOS 的源电压和栅电压。

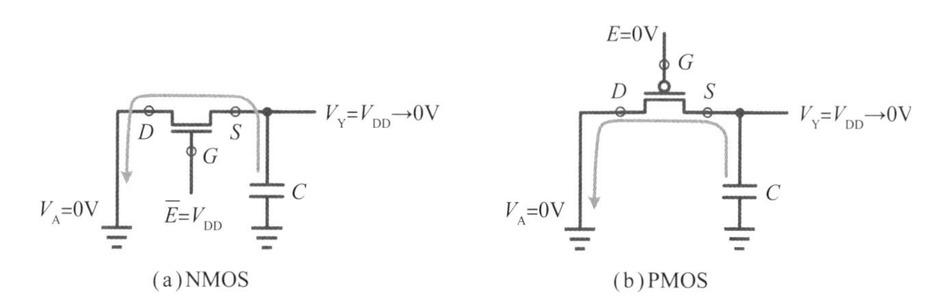

图 A.13　通过 NMOS 和 PMOS 放电

综上所述，在传输门中，PMOS 可以很好地传递逻辑 1，NMOS 可以很好地传递逻辑 0。为了同时提供强逻辑 1 和逻辑 0，将 PMOS 和 NMOS 并联。

11. 三态门

三态门由一个缓冲器和一个传输门构成。在计算机工程中，三态总线是由多个三态缓冲器实现的。三态门不是静态 CMOS 门，因为它的输出不是输入的恢复逻辑函数。如果同时使能多个三态门，则会发生总线冲突。例如，当一个源想要驱动总线逻辑 1 而另一个源想要驱动总线逻辑 0 时，将引起短路。总线的电压将不确定，并且功耗显著增加。更糟糕的是，大电流可能导致金属蒸发

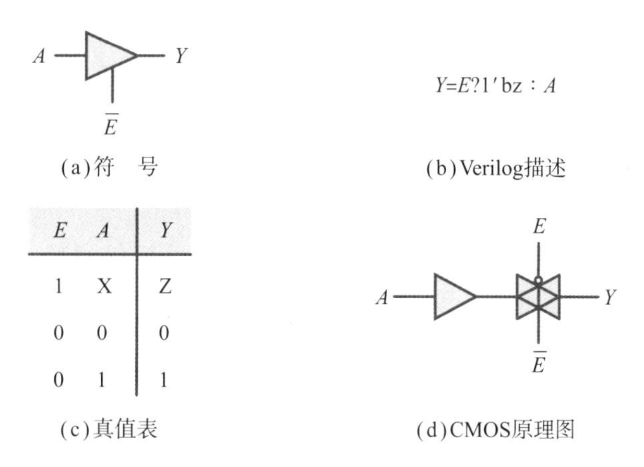

E	A	Y
1	X	Z
0	0	0
0	1	1

图 A.14　三态门

（EM）并损坏芯片。三态门应该避免这种潜在的短路，特别是对于那些具有较大时钟偏差的使能信号。如果除了使用三态门之外别无选择，那么插入一个空闲周期（所有使能信号都为低）是一个非常好的选择。

12. D 触发器

D 触发器由 6 个 NAND 门和 3 个 SR 锁存器构成，如图 A.15 所示。

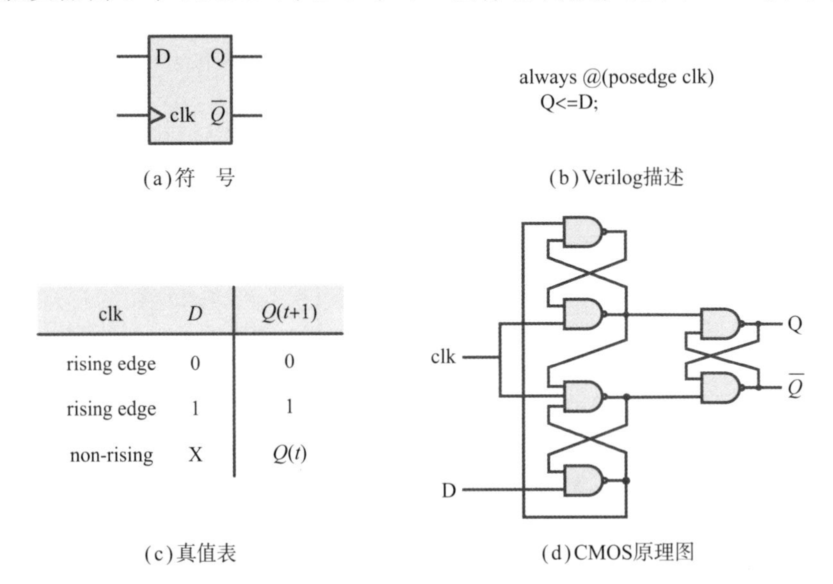

clk	D	$Q(t+1)$
rising edge	0	0
rising edge	1	1
non-rising	X	$Q(t)$

图 A.15 D 触发器图

A.2 用户定义的源语

在 Verilog 建模中，可以使用内置的门级原语或自己定义的 UDP。UDP 对于 ASIC 库单元设计以及中小型芯片设计非常有用。可以使用 UDP 来扩展预定义的原语集。UDP 是自包含的，其中不实例化其他模块。你可以设计自己的组合逻辑 UDP 和时序逻辑 UDP，也可以像实例化内建原语一样实例化自定义的 UDP。

UDP 的功能用真值表来描述。一个 UDP 只能有一个输出。如果需要有多个输出，则需要将多个其他原语与 UDP 的输出拼接一起使用。UDP 可以有 1 ~ 10 个输入吗，所有输入和输出必须是标量和单向的。不支持 Z 逻辑值，它将被视为 X。输出端口必须列在端口列表的首位。要对时序逻辑建模，它的输出可以使用初始化语句初始化为已知状态。UDP 不支持综合。

UDP 在模块外部定义。对于表中未描述的任何输入组合，其输出变为 X。在表的每一行中，首先指定输入，然后输出，如下所示：

```
primitive multiplexer(o, x, y, s);
```

```
output o;
input x, y, s;
table
// x, y, s:o
0?1:0;
1?1:1;
?00:0;
?10:1;
00x:0;
11x:1;
endtable
endprimitive
```

输入和输出用冒号（:）分隔，? 表示 0、1 或 X。

附录B 不可综合结构

除了正文中描述的那些不可综合的代码外，本附录给出了其他一些不可综合的代码的代码结构。

B.1 不可综合的Verilog语句

1. forever

forever 循环执行一个语句（或语句块），直到仿真结束。下面的代码段描述了周期为 20 个时间单位的时钟的生成：

```
reg clk;
initial begin
  clk = 0;
  forever begin
    #10 clk = 1;
    #10 clk = 0;
  end
end
```

2. while

当 expression 条件满足时，while 循环将一直执行，其语法如下所示：

```
while(expression) begin
  // 语句
end
```

下面的代码段描述了周期为20个时间单位的时钟的生成：

```
reg clk;
initial begin
  clk = 0;
  while(1) begin
    #10 clk = 1;
    #10 clk = 0;
  end
end
```

3. repeat

重复循环，以固定的次数重复执行一条语句（或语句块），其语法如下所示：

```
repeat(iteration_number) begin
// 语句
end
```

如果 iteration_number 是常量，它可以被综合。但是，建议仅仅在测试平台中使用 repeat。

4. wait

在下面的示例中，在 reset_n 触发之后，等待撤销低电平有效的 reset_n 复位信号，撤销之后执行正常功能。

```
initial begin
  wait(! reset_n); // 等待低电平有效 reset_n 的触发
  wait(reset_n); // 等待 reset_n 的撤销
  // 正常功能
end
```

5. fork 和 join

默认情况下，初始块中的描述是按顺序处理的。但是，初始块中 fork-join 内的描述是并行执行的。在下面的例子中，a 在时间单位2时被赋值为1，并且 b 在时间单位4时被赋值2，而不是时间单位6。

```
initial
fork
  #2 a = 1;
  #4 b = 2;
join
```

6. event

可以定义自己的事件，并以事件驱动的方式编写Verilog代码。事件是一种数据类型，可以在过程块中触发它以引起操作。在引用它之前必须对其进行声明，如下所示：

```
always @ (event_name) begin
// 语句
end
```

下面给出了一个示例。

```
event receive_data;
event check_data_format;
always @ (posedge clk)
begin
  // 当last_data_packet为真时，
  // 触发事件receive_data和check_data_format
  // 内部的描述近似于并行执行
  if (last_data_packet)
  begin
   -> receive_data;
   -> check_data_format;
  end
end
always @ (receive_data)
begin
  // 接收数据的语句
end
always @ (check_data_format)
begin
  // 检查数据的语句
end
```

上述示例中，“->”操作符用于指定事件触发。

7. force和release

如果某些情况很少发生，你可以通过force信号赋值来声明。force语句在功能仿真中用起来很方便。在下面的示例中，第一行强制A0.B0.data[0] = 1。在200个时间单位之后，释放A0.B0.data[0]的值，因此它的原始数据被恢复：

```
force A0 . B0 .data [0] = 1'b1;
#200 release A0 .B0 .data [0];
```

附录C 高级线网数据类型

本节将介绍三种高级线网数据类型：tri（三态）、wand（线与）和 wor（线或）。如果有多个源驱动同一个线网，则必须将其声明为 tri、wand 或 wor 等线网类型。

线网在物理上可以有三种状态：0、1 和 Z（高阻态）。在 Verilog 中，Z 表示高阻态。采用高阻态用于模拟开路，即与逻辑门的输出所连接的网络表现为断开，而与该高阻线网相连的其他逻辑门的输入则不受其影响。

驱动 tri 线网的所有变量都需要是高阻态，除了设计人员指定的一个变量除外，代码示例如下：

```
// 只有一个驱动可以驱动 tri 线网
module test_tri(tri_out, condition)
  output tri_out;
  input [1:0] condition;
  reg a, b, c;
  tri tri_out;
  assign tri_out = a;
  assign tri_out = b;
  assign tri_out = c;
  always @ (condition)
  begin
    a = 1'bz; b = 1'bz; c = 1'bz; // 默认值
    case(condition)
      2'b00:a = 1'b1;
      2'b01:b = 1'b1;
      2'b10:c = 1'b1;
    endcase
  end
endmodule
```

当 condition 为 2'b00 时，*a*、*b*、*c* 分别为 1、Z、Z，也就是说，只有 *a* 驱动 tri_out，*b* 和 *c* 为高阻抗 (Z)。当条件为 2'b01、2'b10 和 2'b11 时，分别只有 *b*、*c* 和无驱动 tri_out。tri 线网具有状态 (0, 1, Z)，是使用三态缓冲器实现的。

当多根线网驱动同一根线网时，就会产生未知的 X，如下所示：

```
wire w;
assign w = a;
assign w = b; // 错误产生
```

线网 a 和 b 驱动同一根线网 w。

wand 或 wor 的声明可以解决驱动强度导致的冲突，线与线网在以下情况下使用：

```
wand w;
assign w = a;
assign w = b;
```

线网 a 和线网 b 以与逻辑方式连接，实际上是为了根据驱动强度产生线网 w，如图 C.1 所示。

线与线网也可以通过使用开漏驱动的方式实现，如图 C.2 所示。只有当 $\overline{a}$ 和 $\overline{b}$ 都是逻辑 0 时，才将其连接到 V_{DD}，导线 w 是逻辑 1。否则，w 为逻辑 0，也就是说，最终结果是 $w=\overline{\overline{a}\,\overline{b}}=ab$。

线或网在以下情况下使用：

```
wor w;
assign w = a;
assign w = b;
```

输入 a 和 b 像或逻辑一样连接在一起，根据 a 和 b 的驱动强度产生线或 w，如图 C.3 所示。

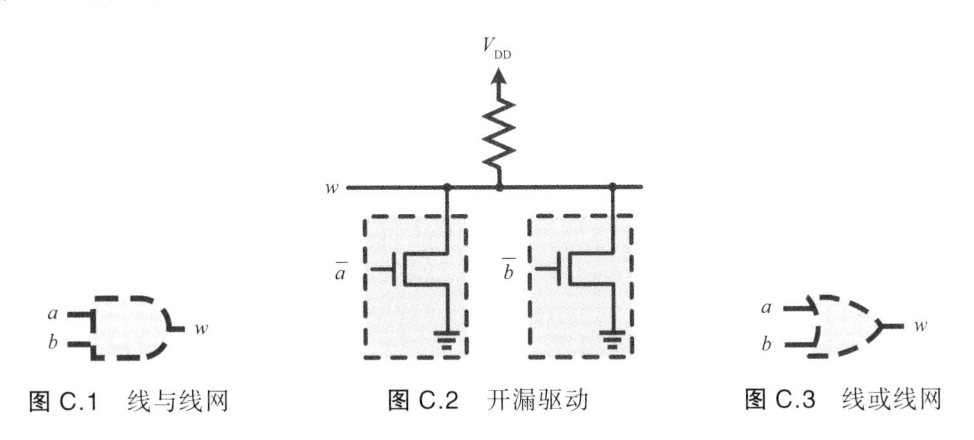

图 C.1　线与线网　　图 C.2　开漏驱动　　图 C.3　线或线网

附录D　有符号乘法器

本节专门介绍无符号乘法器和有符号乘法器的综合。乘法器是 DSP 系统中最重要的算术单元。本节给出无符号乘法器和有符号乘法器的并行数组结构。

D.1 有符号乘法器的综合

无符号数乘法，手工计算和硬件计算是一样的。当 n 位数乘以 n 位数时，其结果是 $2n$ 位。无符号数乘法有一个规则：当加法的位数不够时，直接填入（符号位）0，如图 D.1 所示。

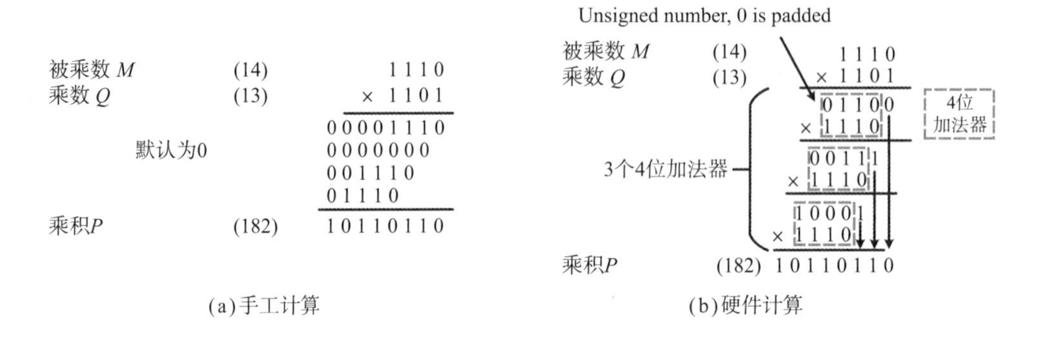

图 D.1 无符号数乘法

在硬件中，无符号数（4 × 4 乘法器）的乘法使用脉动阵列，如图 D.2 所示，其中 $PS_{i,k}$ 表示第 k 位的和 PS_i（$i = 0, 1$；$k = 0, 1, 2, 3$）。需要注意的是 $PS_{i,0} = P_{i+1}$。脉动阵列可以非常容易地用流水线方式实现。例如，在虚线处使用寄存器，

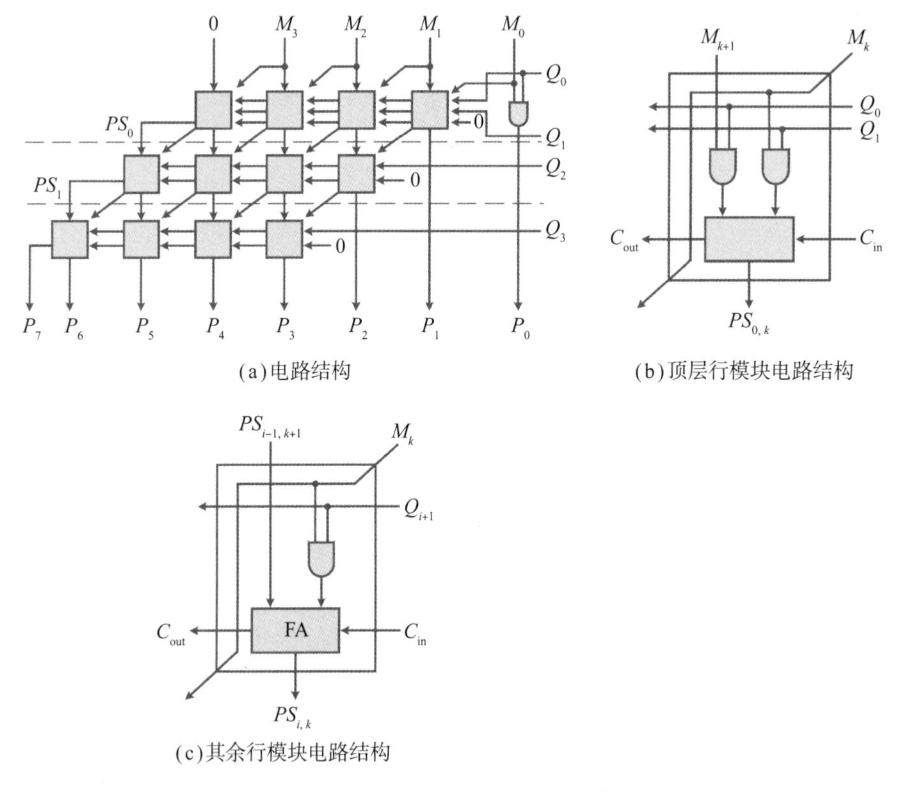

图 D.2 无符号乘法实现电路

在无符号数乘法的结构中增加两级流水线。需要额外注意的是，P_0 和 P_1 也需要两级流水线，P_2 只需要一级流水线。增加流水线之后，电路就像一个脉动阵列，其中的时钟就像心跳一样。

图 D.3 说明了有符号数（5×5）乘法的两种方法。方法一只是将符号位扩展到所需的最大位数。相反，方法二使用部分积，并且只在需要时进行符号扩展。在本例中，被乘数为负，乘数为正。比较这两种方法，方法二只需要 4 个 5 位加法器，比方法一少。但是，方法二的符号扩展是不规则的，不适合硬件实现。

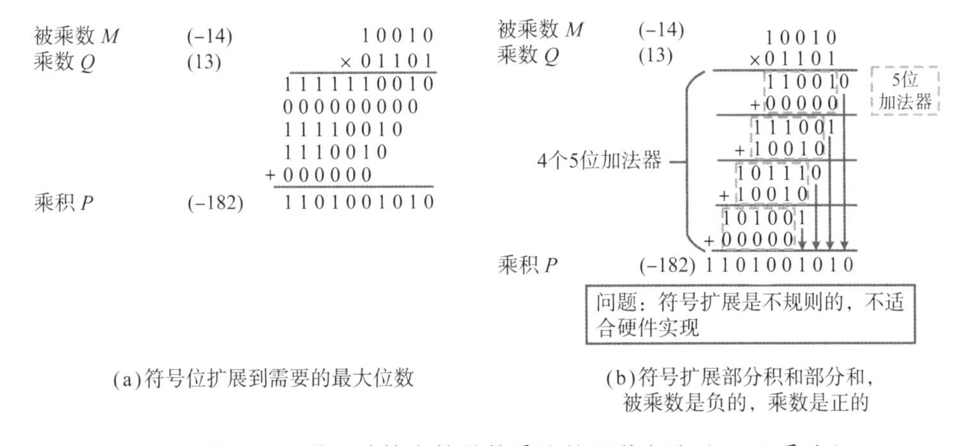

图 D.3　手工计算有符号数乘法的两种方法（5×5 乘法）

图 D.4 演示了使用方法三（使用部分积）进行 5×5 有符号数乘法器的操作，这种方法非常适合硬件实现。如图所示，方法三需要 4 个 6 位加法器，比方法二稍多。这里必须强调的是，当乘数为负（图 D.4（c）和（d））时，最后一个加法器应该使用减法器来实现，因为乘法器 Q 是负数且其符号位表示的值为 -2^{n-1}。当乘数 Q 为正（图 D.4（a）和（b））时，其符号位产生的部分积

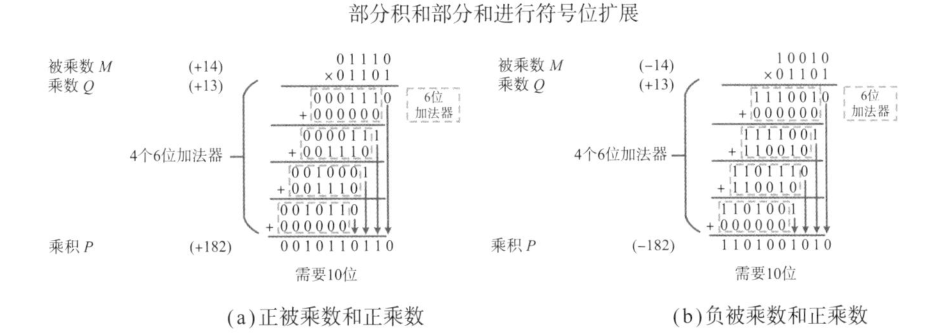

图 D.4　方法三：使用部分积的 5×5 有符号数乘法器硬件实现。在这个例子中，有 4 种不同的情况

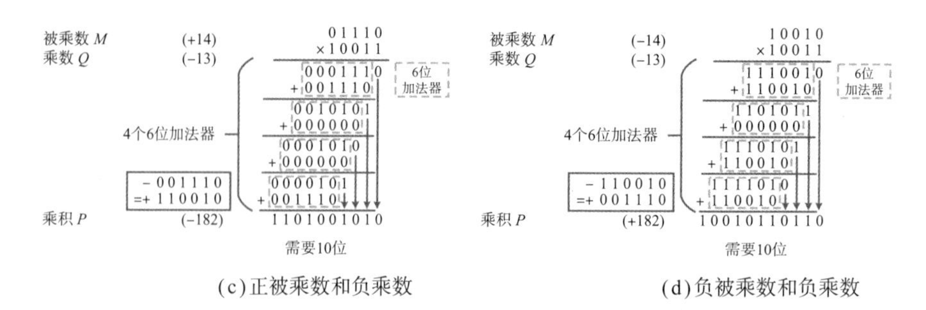

(c)正被乘数和负乘数　　(d)负被乘数和负乘数

续图 D.4

为 0，也可以使用减法器实现，因为减 0 和加 0 是一样的。因此，从上面推导可以得出，最后一个部分积（由乘数的符号位产生），无论乘数的符号是什么，都应该被减去。

有符号数的乘法（5×5 乘法器）在硬件中使用脉动阵列，如图 D.5 所示。顶层行模块和中间行的模块的原理图分别与图 D.2（b）和图 D.2（c）相同。最下面一行实现最后一个部分积的减法（对最后的部分积的每个位使用 NAND 门进行取反），并将逻辑 1 连接到加法器的进位端。

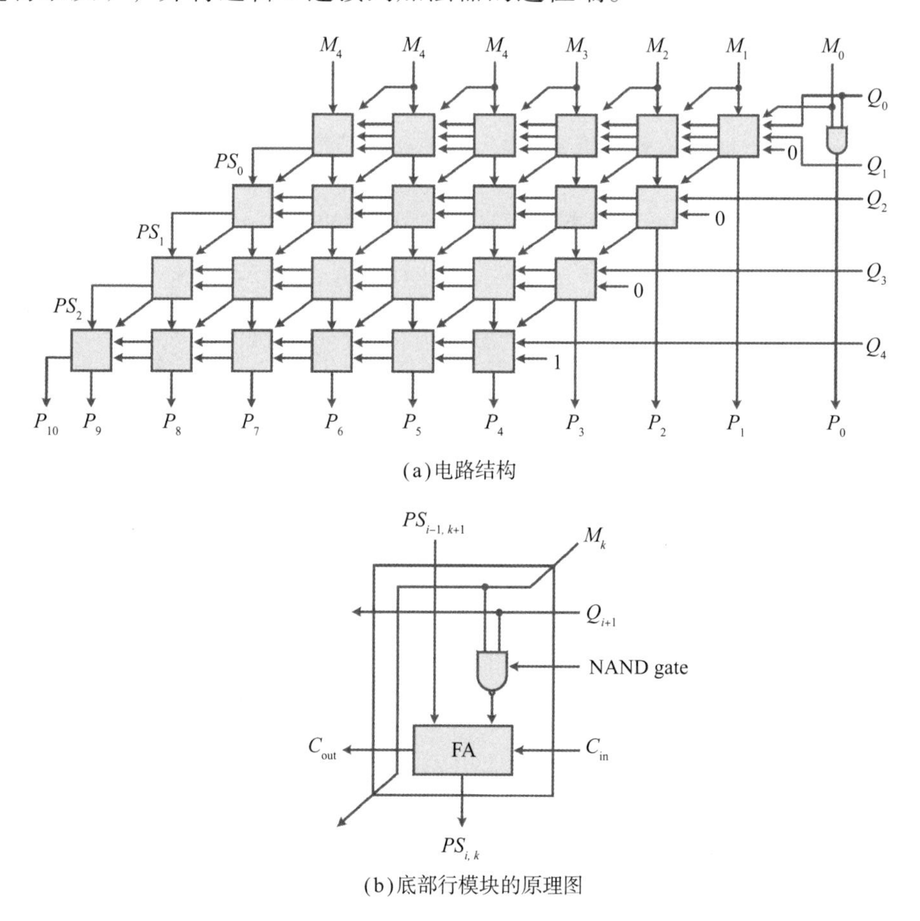

(a)电路结构

(b)底部行模块的原理图

图 D.5　有符号数乘法电路

附录E 设计规则和指南

使用良好的 RTL 编码风格来描述组合逻辑和时序逻辑，遵循设计规则是至关重要的。这些设计规则和指南对于提高设计的性能、可重用性、可读性和可测试性很有帮助。因此，我们提出了使用良好的 Verilog 编码风格来实现可综合模块的设计规则，这些模块最终可以映射到对应的物理硬件上。本书中的 Verilog 示例代码遵循这种风格，而另一种编码风格相对比较自由，常用于编写测试平台。

合法的 Verilog 代码可能包含好的和坏的两种编码风格。因此，除了合法的 Verilog 代码之外，我们还通过设计规则和指南介绍了什么是好的 Verilog 代码。基于这些规则和指南，设计师可以开发和维护高质量的代码。许多设计公司采用自己的编码风格管理自己的数字设计的质量。一些 EDA 供应商也提供了代码风格检查工具，比如 lint，用于检查 Verilog 代码是否符合编码规范。

为了在整个设计流程中处理不同的设计版本，通常使用某种版本管理工具来管理数字设计项目，例如并发版本系统（concurrent version system，CVS）。版本管理工具通过维护不同代码版本的存储库来协调团队成员之间的工作。在自己的代码副本中确认更改后，可以独立提交，然后集成修改后的代码。代码的同步是由该工具实现的，旧的副本会自动备份到存储库中。

E.1 基本原则

我们在这里列出了几个必不可少的基本设计原则：

（1）硬件思维：不要忘记你是在设计硬件电路。一个数字电路是否可以工作取决于两个基本因素，即功能和时序。认真思考输入和输出的功能有助于在概念和物理实现之间架起一座桥梁，弥合两者之间的差距。实际上，数字电路是并行执行的。与之相反，计算机程序是顺序执行的。由于 Verilog 是用来描述硬件行为的，所以不要将 Verilog 视为另一种“软件”语言，例如 C 语言。

（2）架构探索：在采用不同架构（如流水线或并行技术）的设计之间存在权衡，这些架构具有不同的性能并需要不同的硬件资源。因此，时序图也应进行相应的设计。为此，你必须了解你的模块将被综合成什么结构，分析哪些资源应该共享或优化，并确定如何实现对应的组件。例如，使用 SRAM 或触发器作为存储器。经验丰富的设计师甚至可以预估各种架构的时序路径。

（3）架构设计：一旦确定了系统架构，就必须将其划分为可管理的子系统或模块。这可以被认为是一个分而治之的过程，在这个过程中，将庞大且复杂的整体系统划分为可管理的子系统，然后单独设计。在编写 RTL 模块之前，除了如何描述它们之外，你还必须知道要定义的电路类型，比如是组合逻辑或时序逻辑。然后，使用阻塞赋值来描述组合逻辑，使用非阻塞赋值来描述时序逻辑，如触发器。这可以通过绘制电路的结构图来实现。请记住，如果不能清楚地确定由 Verilog 代码建模的电路，则 CAD 工具也不太可能综合出一个期望获得的正确电路。最后但并非最不重要的是，请记住，有规律和简单的设计是最好的。

（4）时序图：设计的功能符合其设计文档是至关重要的。然而，同样重要的是要在正确的时间段执行所需的任务。这可以通过绘制设计时序图来实现。在了解了操作顺序后，控制信号可以使用类似有限状态机这样的设计来实现。

（5）验证计划：通过项目的架构图和时序图，设计的响应将是可预测的。之后，思考一下设计在哪种情况下将出错，并尝试提供一些断言方便检查模块中的错误条件。除了验证方法之外，验证计划通常需要列出了系统每个功能的所有测试模式。

（6）综合技能：综合工具是时序约束驱动的，因此我们应该知道如何设定正确的时序约束条件。除此之外，我们还可以学习通过不同的综合命令或综合策略获得高效的设计。现在的逻辑综合工具在优化组合逻辑方面做得很好，包括算术电路和逻辑电路等。然而，综合工具仍然不擅长进行高级优化，例如流水线或并行。综合工具在资源共享和逻辑分区方面仍然有一定的局限性。

（7）电路分析：随着设计流程的进行，设计的重点将逐渐从性能设计转移到时序设计。设计师应该具备通过综合工具分析面积、时序和功耗的能力。通过对比 RTL 模型和其对应的门级网表，可以学到更多的东西。

（8）设计可读性：在项目开发过程中，一个模块可能会修改很多次。此外，一个设计可以在不同的项目中使用，并由其他工程师维护。为了方便起见，模块的可读性就非常重要。设计功能应该被清晰地描述出来。设计必须遵循一致的命名规则，包括模块和信号名称、参数名称等。注释应该说明这么做的目的，而不是简单重复代码表达的内容。

E.2 设计指南

下面，我们分别给出设计规则和编码指南。

虽然一个文件内可以包含多个设计模块（或定义），但强烈建议一个文件只包含一个模块，且文件名和模块的名称必须相同，这样做可以使你的设计管理更加容易。

顶层模块应该只包含子模块的实例化和连接。如果存在一些胶合逻辑（glue logic），应该将它们分组到一个模块中。因此，在顶层模块中，没有胶合逻辑的描述，子模块可以单独综合，顶层模块只需要将它们连接起来。例如，时钟生成器模块（clk_gen）专门用于实现时钟方案。因此，可以很容易地通过使用多路选择器或分频器产生各种派生时钟源的复杂时钟方案。同样，复位生成器模块 rst_gen 也可以用来描述复杂的复位的实现方案。

如果你是一个（新手）设计师，强烈建议你至少会绘制数据路径单元的架构图，这样做可以清楚地理解设计中包括哪些组件，以及设计中潜在的关键路径在哪里。除了物理时序规范，如触发器的建立时间和保持时间约束外，时序图可以清楚地说明输入和输出之间的关系，以及流水线 RTL 设计的操作顺序。因此，也强烈建议在编写 RTL 代码之前绘制设计的时序图。这样做可以清楚地了解信号的变化过程，以便在正确的时间做正确的事情。如果性能问题需要提升，则一些流水线设计可能需要进行调整。

有很多方法可以描述组合逻辑电路的行为，包括连续赋值、always 块和函数等。函数允许设计人员编写更多可重用和可维护的代码。相比之下，always 块只有一种方法可以用来编写时序电路。

按名称采用端口映射是一种很好的做法，你不需要担心模块实例化时实际端口位置（在不同的设计版本中可能会更改）的变化。否则，连接错误可能导致功能错误。

for 循环被“展开”，而声明为整型的循环索引是假的，不能表示任何硬件组件。要使 for 循环可综合（和可展开），循环索引必须是常量而不能是变量。可综合的 for 循环迭代次数极限为最大 4096。如果你的设计包含 for 循环，且循环迭代次数为 16384，你可以将一个大的 for 循环拆分成几个较小的 for 循环来实现。

不允许使用组合逻辑回路。你需要对组合逻辑的输入和输出的名称声明不同的信号名。否则，只能采用时序逻辑来打破组合逻辑回路。

最好是手动优化电路，而不是过于依赖综合工具。例如，下面两段代码描述了相同的功能。然而，直接选择函数 sum3 的输入操作数是一个更好的做法，如下所示：

```
wire [1:0] sel;
wire [3:0] a, b, c;
reg a_sel, b_sel, c_sel;
wire [1:0] out;
always @ (sel or a or b or c) begin
```

```
    case(sel [1:0])
    2'b00:begin
              a_sel = a [0];
              b_sel = b [0];
              c_sel = c [0];
           end
    2'b01:begin
              a_sel = a [1];
              b_sel = b [1];
              c_sel = c [1];
           end
    2'b10:begin
              a_sel = a [2];
              b_sel = b [2];
              c_sel = c [2];
           end
    default:begin
              a_sel = a [3];
              b_sel = b [3];
              c_sel = c [3];
           end
    endcase
  end
  assign out = sum3(a_sel, b_sel, c_sel);
```

相反，下面的代码是由综合工具优化得到的，产生了一个组合逻辑sum3，其操作数由sel信号选择。因此，这两段代码可以推断出相同的逻辑。但即便如此，在这段代码中，sum3被调用（或实例化）4次。

```
// 工具优化
wire [1:0] sel;
wire [3:0] a, b, c;
reg [1:0] out;
always @ (sel or a or b or c) begin
  case(sel [1:0])
  2'b00:out = sum3(a [0], b [0], c [0]);
  2'b01:out = sum3(a [1], b [1], c [1]);
  2'b10:out = sum3(a [2], b [2], c [2]);
  default:out = sum3(a [3], b [3], c [3]);
  endcase
end
```

必须保证组合逻辑敏感信号列表的完整性，以避免RTL和门级网表之间的不匹配。同样，为了防止出现锁存器，组合逻辑电路的输出必须完全指定所有可能的情况。相反，如果输出没有完全指定，则会产生锁存器，因为对于那些未指定的条件，输出将保持其原始值，这是锁存器的行为，它属于时序电路，可以用作存储器。显式指定完整条件或隐式分配默认值，对于组合电路来说是一种很好的编码方式。

initial 模块是不可综合的，它们不能出现在 RTL 代码中。使用 always 块描述变量的功能应该放在一个完整 always 块中。例如，寄存器的复位和正常功能的实现不应该用两个 always 块分别描述。

通常，POR（上电复位）和硬件复位（由复位按钮）使用异步复位，而正常功能则使用同步复位来复位（或清除）一个块或数字电路的一部分。具体地说，低电平有效的 POR 和硬件复位通过与操作的方式，生成异步复位信号。

一个线网不能有多个驱动，除非它被声明为 tri、wand 或 wor 等线网类型。

将触发器的下一状态和当前状态分开是一种很好的编码风格，特别是对于没有经验的设计师。这样可以清晰地推断出组合逻辑电路和时序逻辑电路，下面的代码可以避免关于阻塞和非阻塞赋值的困惑。

```
assign next_count = clear?0:counter+1;
always @ (posedge clk or negedge reset_n)
  if (! reset_n) counter <= 0;
  else counter <= next_count;
```

相比之下，下面的描述则隐藏了下一个状态和它产生的组合逻辑电路。

```
always @ (posedge clk or negedge reset_n)
  if (! reset_n) counter <= 0;
  else if (clear) counter <= 0;
  else counter <= counter+1;
```

除了二进制编码的状态机，还可以采用格雷码和独热码。由于不需要用于生成状态机控制信号的解码器，格雷码可以降低状态机的动态功耗，而独热码可以实现更快的时序电路。

将具有相同控制信号的变量分组在一个 always 块中可以节省仿真时间，也是一种很好的编码风格，例如：

```
always @ (posedge clk)
  if (! reset_n) begin
    counter1 <= 0;
    counter2 <= 0;
  end
  else if (enable) begin
```

```
    counter1 <= counter1+1;
    counter2 <= counter2+2;
end
```

相反，不同的变量需要放入不同的 always 块中，如图 E.1 所示。

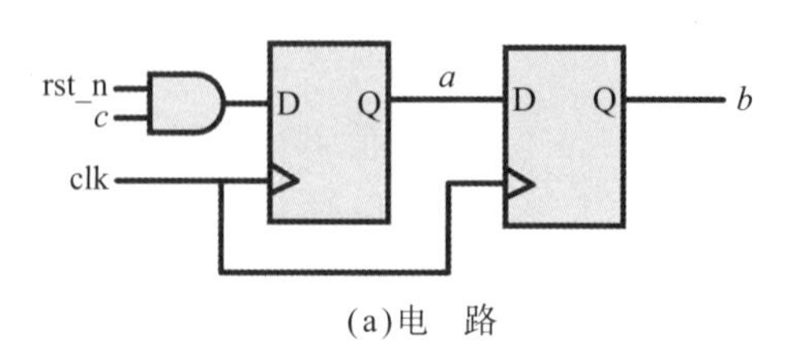

(a)电　路

错误代码

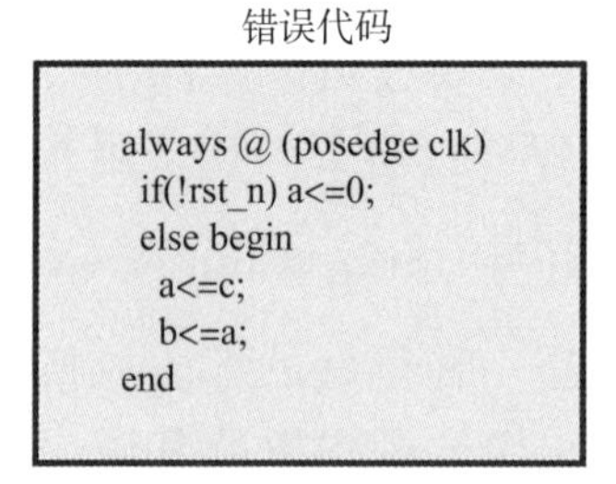

(b)错误代码将不同的变量放入相同的always块

好的代码

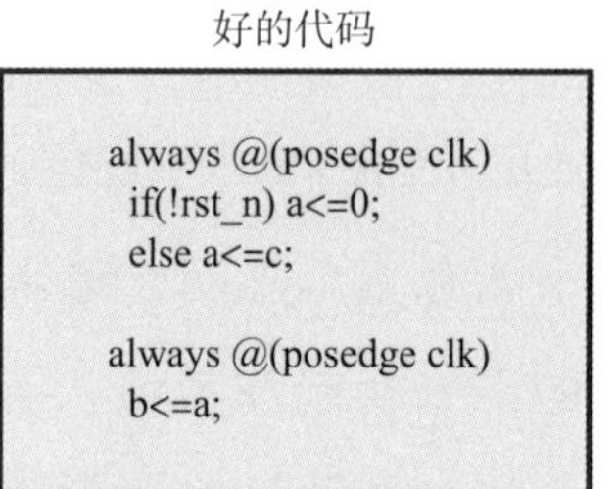

(c)好的代码将不同的变量放入不同的always块

图 E.1 触发器的不同编码风格（a 为有同步复位，b 为无同步复位）

对于图 E.2 中的示例，我们假设“state_cs == S0”和“enable”是相互排斥的。变量 a 和 b 由不同的信号控制，因此它们最好用两个 always 块来描述。

错误代码

```
always @(posedge clk or negedge rst_n)
  if(!rst_n) begin
    a<=0;
    b<=0;
  end
  else if(state_cs==S0)
    a<=a+1;
  else if(enable)
    b<=1;
  else
    b<=0;
```

(a)错误的代码，a和b放入同一个always块

好的代码

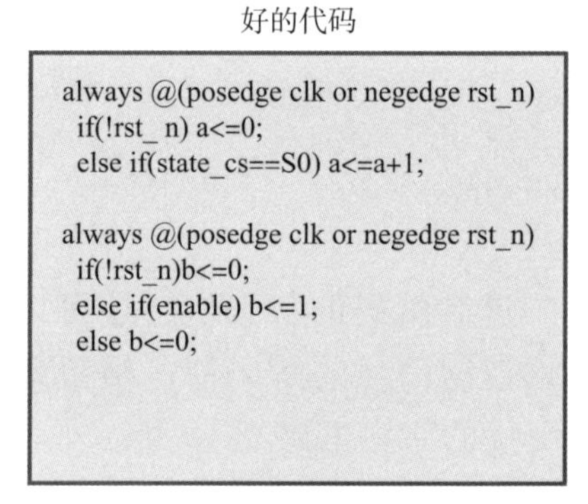

(b)好的代码，a和b放入不同的always块

图 E.2 另一个例子

对于图 E.3 中的示例，最好只描述已更改的条件，而未更改的条件则隐含推断。

if-else 语句和条件操作符暗示了多路选择器。好的风格利用了 if-else 优先级，这种优先级可以被共同共享，如图 E.4 所示。

错误代码

```
always @(posedge clk or negedge rst_n)
if (!rst_n) a<=0;
else if (state_cs!=S0) a<=a;
else a<=a+1;
```

(a)错误代码，首先描述未改变条件

好的代码

```
always @(posedge clk or negedge rst_n)
if (!rst_n) a<=0;
else if (state_cs==S0) a<=a+1;
```

(b)好的代码，只描述已更改的条件，而未更改的条件是隐含的

图 E.3　另一个例子

错误代码

```
always @(*)
  case(state_cs)
        IDLE: counter = 0;
        S0: counter = clear? 0: load_data;
        S1: counter = clear? 0: next_count;
        ...
```

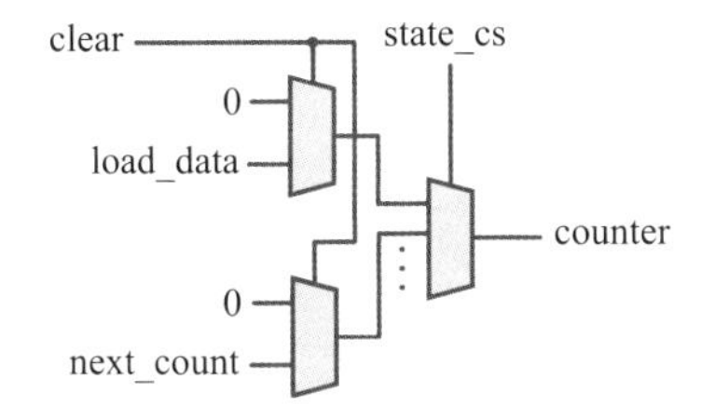

好的代码

```
always @(*)
  if (clear) counter = 0;
  else
    case(state_cs)
        IDLE: counter = 0;
        S0: counter = load_data;
        S1: counter = next_count;
        ...
```

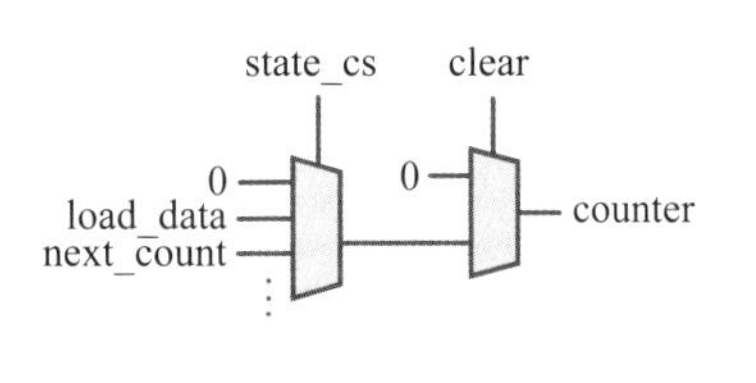

图 E.4　利用 if-else 优先级

通过对中间变量的赋值来共享复杂表达式的公共部分是一种很好的编码风格。例如，在以下原始代码中：

```
assign addr1 = (base1*256)+(base2<<4)+offset1;
assign addr2 = (base1*256)+(base2<<4)+offset2;
```

(base1*256)+(base2<<4) 是这两个表达式的共同部分，可以为公共部分声明一个额外的变量 base，并在两个表达式中共享它，如下所示：

```
always @ (base1, base2, offset1, offset2) begin
  base = (base1 *256)+(base2 <<4);
  addr1 = base+offset1;
  addr2 = base+offset2;
end
```

变量 base 不是组合电路的输入，它是一个中间变量，因为每次块被激活时都会给它分配一个新变量，然后，base 在后续表达式中被使用。因此，该变量不需要被包含在敏感信号列表中。我们需要在代码中使用阻塞赋值，因为在组合逻辑电路中语句是按照顺序执行的。

现代逻辑综合工具非常擅长于小型组合逻辑电路模块的优化。相反，它们在大型模块的优化上表现不佳。因此，这些模块应该以最容易综合的方式编写。保持模块更小也让它们更具可读性。众所周知，大型模块应该通过连接其他模块的实例化来实现结构化，并且不用质疑一个结构化模块的综合效果。

数据路径通常不需要复位以节省面积开销。相反，外部和内部的控制信号必须复位。例如，在下面的代码片段中，so_valid 是生成的输出控制信号，cur_st 和 counter 是内部控制信号，它们必须被复位以防止未知情况的发生。相比之下，只要 so_valid 为真，那么 so_data 就不需要复位，so_data 就会有有效的值。关于这一点，需要设计人员保证。

```
always @ (posedge clk or posedge rst)
  if (rst) counter <= 0;
  else if (state_cs == S0) counter <= 0;
  else if (state_cs == S1) counter <= counter+1;
always @ (posedge clk or posedge rst)
  if (rst) so_valid <= 0;
  else if (counter == 7) so_valid <= 1;
always @ (posedge clk)
  so_data <= buffer [counter];
```

case 语句暗示了多路选择器，具有平衡路径延迟的设计非常有利于时序。例如，由并行 case 语句推断的多路选择器比使用 if-else-if 语句更均衡，并且具有更短的最长延迟。

此外，在均衡设计中使用“( )”操作符更有利于时序。例如，表达式 $Y1 = (A+B)+(C+D)$，其关键路径有两个加法器，优于 $Y3 = A+B+C+D$，后者的关键路径有三个加法器，如图 E.5 所示。

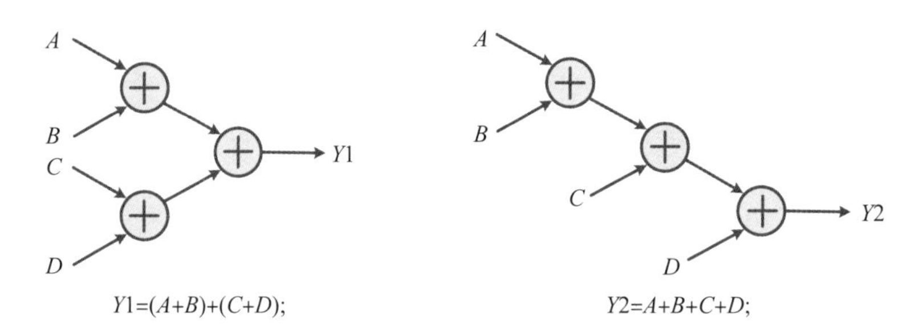

图 E.5 均衡加法器

比较器可以使用 XNOR 或 XOR 门来减少电路延迟。XNOR 门和 XOR 门会比较两个比特是否是相同的。在下面的示例中，使用 XNOR 门来比较信号 a[7:0] 与一个常数 8'hA5 是否相同。

```
assign is_the_same = & (a ~^8'hA5);
```

在流水线之间插入FIFO缓冲区，可以消除吞吐量的变化。这可以在不中断上游和不闲置下游的情况下实现全吞吐量。此外，FIFO非常擅长解决流水线不同阶段之间的数据交互。因此，如果能充分利用FIFO，可以大大简化设计的复杂度。

FIFO控制器可以使用读写指针和队列长度计数器来实现。这样的FIFO设计可以充分利用FIFO空间。另一种常用的FIFO控制器是只使用读写指针而不使用队列长度计数器。需要注意的是，当读和写指针相同时，此时FIFO可能空也可能满。为了区分FIFO的满状态和空状态，当下一个写指针等于当前读指针时，FIFO为满，这样的FIFO设计意在留下一个未占用的元素，从而某种程度上浪费了缓冲空间。

尝试使用更小的存储器来构建更大的存储器，并通过位切片或者分块技术增加带宽和容量。一个更小的存储器可以减少它的访问时间。另外，禁用那些不需要访问的存储器块，可以节省存储器的访问功耗。然而，太多的硬核（如sram）可能会增加布局阶段物理实现的难度。

关于模块的I/O信号，其中输出信号最好采用寄存器输出，以防止任何时序问题。重要的控制信号，如存储器接口的控制信号（例如写入和读取使能信号），也应该采用寄存器输出。

如果需要低级RTL（或门级）设计，则实例化逻辑门应使用Verilog原语而不是单元库中的原语。这样的话，设计可以做到与工艺无关，方便在不同的工艺之间迁移，同样也可通过工具进行优化。

我们通常使用语句间延迟来建模时序电路的时钟到Q延迟。对组合逻辑电路的输出延迟进行建模通常使用语句内延迟。

常数十进制数（例如 -12）被视为有符号数，但基于常量的数字（有或没有宽度，例如 -'d12）则被视为无符号数。因此，在表示负数时不要使用基数。将RHS赋值给LHS时，如果RHS的位宽小于LHS，且RHS的结果为有符号的，则符号数通过符号位扩展得到；如果RHS的位宽小于LHS，且RHS的结果为无符号的，则无符号数符号位扩展为零；如果RHS的位宽大于LHS，则RHS被截断。

扫描链可以通过为扫描模式（scan_mode）分配引脚来分别插入扫描时钟（scan_clk）、扫描使能（scan_en）、扫描输入（scan_in）和扫描输出（scan_out）。如果存在多个扫描链（为了节省测试时间），则需要多个扫描输入和输出。不同的扫描链之间的触发器的数量应做到平衡。为了使设计可控，所有触发器的时钟应由外部扫描时钟通过多路数据选择器实现，代码如下所示：

```
// 系统有两个时钟域：clk1 和 clk2
```

```
// 正常功能时，分别由 ori_clk1 和 ori_clk2 驱动
// 对于扫描模式，由 scan_clk 驱动
assign clk1 = scan_mode?scan_clk:ori_clk1;
assign clk2 = scan_mode?scan_clk:ori_clk2;
```

对于带有触发器的模块，另外三个端口专用于扫描测试，如下所示，其中包括 scan_en、scan_in 和 scan_out，它们为由综合工具编译的扫描链使用。

```
module scan_test(scan_out, scan_en, scan_in, ...);
output scan_out;
input scan_en, scan_in;
...
endmodule
```

这三个端口将在扫描链插入期间自动连接到图 E.6 中的扫描触发器上。当 scan_en 为真时，选择 scan_in。因此，在扫描模式（由 scan_mode = 1 配置）期间，在每一个 scan_clk 的上升沿，scan_in 被扫描触发器锁存。对于那些扫描链中的扫描触发器，它们存储的数据将在时钟边缘被移进移出，这样做会使所有存储在扫描触发器的数据可控。

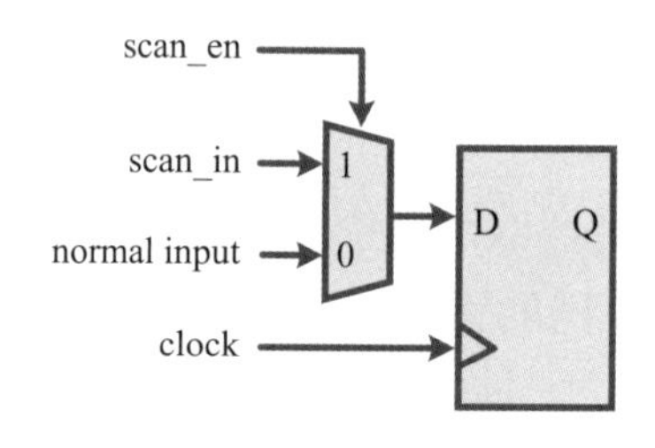

图 E.6　扫描触发器

在扫描模式下，当 scan_en 为假时，选择正常功能输入并在时钟的上升沿捕获。由于组合逻辑的输入连接到可控扫描触发器的输出，正常功能输入是可预测的，可用于确认组合逻辑和时序逻辑是否存在缺陷。

在布局布线之后，扫描链可以根据其物理位置重新排序以减少导线长度。

E.3　其他编码和命名风格

对于同步电路设计，应避免混合使用正沿触发器和负沿触发器，否则会导致时钟周期缩短。此外，它可能对芯片测试产生问题，应仔细慎重处理。门控时钟也应避免使用，除非需要进行功耗优化。有些工具对处理这些特殊设计时可能存在限制。

如图 E.7 所示，直接或间接地将时钟输入到寄存器的数据输入，可能导致时序违例和竞争的发生。如果必须这样做，应该避免或小心处理这样的设计。

如果使用Synopsys公司的Design Compiler（DC）作为你的综合工具，那么你可以通过“synopsys full_case” 指令为if和case语句指定所有可能的分支，防止出现锁存器，当然前提是你知道其他分支永远不会发生。此外，你可以使用“synopsys parallel_case”指令指明case语句为并行case语句。

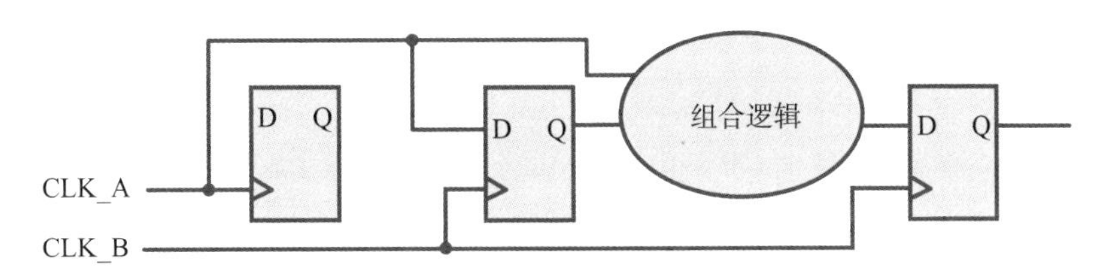

图E.7 时钟编码风格

参数化设计是一种很好的编码风格。参数化提高了设计的可重用性。例如，如果将m1改为n，则可以将w1设置为(n+1)位导线（如果m1 = 10，则w1变为11位线；如果m1 = 4，则w1变为5位线）。参数可在实例化参数化模块时被重写覆盖。下面的代码通过实例化将参数m1更改为10。

```
// 参数m1在例化时修改为10
param_test #(10) param_test(...);
```

使用符号常量更容易阅读。符号名称可以作为常量（使用Verilog中的'define定义）或参数（使用parameter语句）关联到常数值上。

```
'define RED_LIGHT_TIME 9
if (counter == 'RED_LIGHT_TIME)
...
```

通常，长信号被分成许多子字段。例如，16位指令可以分成一个4位的操作码和2个6位的地址：

```
case(instruction [15:12]) ...
```

这样的语句很难理解，而且有得到错误索引的风险，特别是对于操作码子字段的新定义。当为这些子字段定义符号名称后，代码可读性就变得更好了。我们可以声明一个新信号opcode，如下所示：

```
wire [3:0] opcode = instruction [15:12];
case(opcode) ...
```

命名方法对一个项目来说也很重要。例如，你可以使用小写字母用于所有信号名称和端口名称，而大写字母用于常量名称。对低电平有效的信号，信号名称以下划线后跟小写字符的方式表示，例如rst_n。如果你的信号名称描述了它们的功能，那么你的代码将更易于阅读。考虑一下下面的两个语句，其中上面的语句比下面的语句更易于阅读。

```
base = (base1*256)+(base2<<4);
b = (b1*256)+(b2<<4);
```

如果语句适合放在一行，那么就更容易理解。冗长的名称虽然易于阅读，但会使代码看起来很混乱。使用适当的命名规则和支持文档，一些不太短或缩写的名称仍然具有可读性，例如下面示例中的 ba 表示基址：

```
ba = (ba1*256)+(ba2<<4);
```

initial 块（在测试平台中）和 always 块（在设计中）之间的数据交互可能引起竞争。为了解决竞争问题，我们对设计的主要输入在特定的时刻进行赋值而不是在时钟沿，或尝试在测试平台中使用非阻塞赋值。

仅在顶层（测试平台）中使用 timescale，并且所有子模块都继承使用。

写得好的代码应该有很多高质量的注释。注释应该描述设计原理和目标。参考下面的代码片段：

```
assign out1 = sel?a+b:c+d;      // sel == 1, do a+b;
                                // sel == 0, do c+d
assign out2 = sel?a-b:c-d;      // sel == 1, do a-b;
                                // sel == 0, do c-d
```

这些注释没有传达任何信息，它们只是描述了代码，应该可以被删除。而且，乍一看，有 4 个算术单位（两个针对 out1，两个针对 out2）。现在，考虑下面新的代码和注释：

```
// 手动分解操作数 op1 和 op2
// 为 out1 和 out2 共享
// 算术单元是手动优化
// 因为一些综合工具对于连续赋值的优化不是很好
// 连续赋值的优化不是很好
// 因此，需要一个加法器和一个减法器
assign op1 = sel?a:c;      // 共享 out1 和 out2 的公用操作数
assign op2 = sel?b:d;      // 共享 out1 和 out2 的公用操作数
assign out1 = op1+op2;     // 需要一个加法器
assign out2 = op1-op2;     // 需要一个减法器
```

新的代码和注释提供了代码的整体视图：操作数 op1 和 op2 是手动分解的，并为 out1 和 out2 共享；算术单元是手动优化的，只需要一个加法器和一个减法器。

参考文献

[1] Donald E Thomas, Philip R Moorby. The Verilog hardware description language, 5th. Kluwer Academic Publishers, 2002.

[2] John F Wakerly. Digital design: principles and practices, 5th. Prentice Hall, 2018.

[3] John Michael Williams. Digital VLSI design with Verilog: a textbook from Silicon Valley Polytechnic Institute, 2nd. Springer, 2014.

[4] M Morris Mano, Michael D Ciletti. Digital design, 4th. Prentice Hall, 2006.

[5] M. J S Smith. Application-specific integrated circuits. Addison-Wesley, 1997.

[6] Stephen Brown, Zvonko Vranesic. Fundamentals of digital logic with Verilog design. McGraw-Hill, 2002.

[7] Michael D Ciletti. Advanced digital design with the Verilog HDL, 2nd. Prentice Hall, 2010.

[8] Ronald W Mehler. Digital integrated circuit design using Verilog and Systemverilog. Elsevier, 2014.

[9] Vaibbhav Taraate. Digital logic design using Verilog: coding and RTL synthesis. Springer, 2016.

[10] John Michael Williams. Digital VLSI design with Verilog: a textbook from Silicon Valley Polytechnic Institute, 2nd. Springer, 2014.

[11] Samir Palnitkar. Verilog HDL: a guide to digital design and synthesis, 2nd. Pearson, 2011.

[12] Joseph Cavanagh. Computer arithmetic and Verilog HDL fundamentals. CRC Press, 2010.

[13] Stephen Brown, Zvonko Vranesic. Fundamentals of digital logic with Verilog design. McGraw-Hill, 2002.

[14] William J Dally, R Curtis Harting. Digital design: a systems approach. Cambridge University Press, 2012.